全国高等教育自学考试指定教材

高等数学(工本)

［含：高等数学(工本)自学考试大纲］

(2023年版)

全国高等教育自学考试指导委员会 组编

主编 陈兆斗 马 鹏

北京大学出版社
PEKING UNIVERSITY PRESS
1902

图书在版编目(CIP)数据

高等数学：工本：2023年版/陈兆斗，马鹏主编. —北京：北京大学出版社，2023.4
全国高等教育自学考试指定教材
ISBN 978-7-301-33829-2

Ⅰ.①高… Ⅱ.①陈… ②马… Ⅲ.①高等数学－高等教育－自学考试－教材 Ⅳ.①O13

中国国家版本馆 CIP 数据核字(2023)第 045904 号

书　　名　高等数学（工本）（2023年版）
　　　　　GAODENG SHUXUE（GONGBEN）（2023 NIAN BAN）
著作责任者　陈兆斗　马　鹏　主编
责任编辑　曾琬婷
标准书号　ISBN 978-7-301-33829-2
出版发行　北京大学出版社
地　　址　北京市海淀区成府路205号　100871
网　　址　http://www.pup.cn　新浪微博：@北京大学出版社
电子邮箱　编辑部 zyjy@pup.cn　总编室 zpup@pup.cn
电　　话　邮购部 010-62752015　发行部 010-62750672　编辑部 010-62754819
印 刷 者　河北文福旺印刷有限公司
经 销 者　新华书店
　　　　　787毫米×1092毫米　16开本　21.5印张　528千字
　　　　　2006年8月第1版
　　　　　2019年10月第2版
　　　　　2023年4月第3版　2024年8月第3次印刷
定　　价　62.00元

组编前言

21世纪是一个变幻莫测的世纪，是一个催人奋进的时代，科学技术飞速发展，知识更替日新月异．希望、困惑、机遇、挑战，随时随地都有可能出现在每一个社会成员的生活之中．抓住机遇、寻求发展、迎接挑战、适应变化的制胜法宝就是学习——依靠自己学习、终身学习．

作为我国高等教育组成部分的自学考试，其职责就是在高等教育这个水平上倡导自学、鼓励自学、帮助自学、推动自学，为每一位自学者铺就成才之路．组织编写供读者学习的教材就是履行这个职责的重要环节．毫无疑问，这种教材应当适合自学，应当有利于学习者掌握、了解新知识、新信息，有利于学习者增强创新意识，培养实践能力，形成自学能力，也有利于学习者学以致用，解决实际工作中所遇到的问题．具有如此特点的书，我们虽然沿用了“教材”这个概念，但它与那种仅供教师讲、学生听，教师不讲、学生不懂，以“教”为中心的教科书相比，已经在内容安排、编写体例、行文风格等方面都大不相同了．希望读者对此有所了解，以便从一开始就树立起依靠自己学习的坚定信念，不断探索适合自己的学习方法，充分利用已有的知识基础和实际工作经验，最大限度地发挥自己的潜能，以达到学习的目标．

欢迎读者提出意见和建议．

祝每一位读者自学成功！

全国高等教育自学考试指导委员会

2022年8月

目　　录

高等数学(工本)自学考试大纲

高等数学(工本)

全国高等教育自学考试

高等数学(工本)自学考试大纲

全国高等教育自学考试指导委员会　制定

大纲前言

为了适应社会主义现代化建设事业的需要，鼓励自学成才，我国在20世纪80年代初建立了高等教育自学考试制度. 高等教育自学考试是个人自学、社会助学和国家考试相结合的一种高等教育形式. 应考者通过规定的专业考试课程并经思想品德鉴定达到毕业要求的，可获得毕业证书；国家承认学历并按照规定享有与普通高等学校毕业生同等的有关待遇. 经过30多年的发展，高等教育自学考试为国家培养造就了大批专门人才.

课程自学考试大纲是国家规范自学者学习范围、要求和考试标准的文件. 它是按照专业考试计划的要求，具体指导个人自学、社会助学、国家考试、编写教材、编写自学辅导书的依据.

随着经济社会的快速发展，新的法律法规不断出台，科技成果不断涌现，原考试大纲中有些内容过时、知识陈旧. 为更新教育观念，深化教学内容和方式、考试制度、质量评价制度改革，使自学考试更好地提高人才培养的质量，各专业委员会按照专业考试计划的要求，对原课程自学考试大纲组织了修订或重编.

修订后的考试大纲，在层次上，本科参照一般普通高校本科的水平，专科参照一般普通高校专科或高职院校的水平；在内容上，力图反映学科的发展变化，增补了自然科学和社会科学近年来研究的成果，对明显陈旧的内容进行了删减.

全国高等教育自学考试指导委员会公共课课程指导委员会组织制定了《高等数学(工本)自学考试大纲》，经教育部批准，现颁发施行. 各地教育部门、考试机构应认真贯彻执行.

全国高等教育自学考试指导委员会

2019年7月

Ⅰ. 课程性质与课程目标

一、课程性质和特点

高等数学(工本)是工科各专业本科段自学考试规划中一门重要的基础理论课,它是为满足我国对工程技术人才的培养要求而设置的.本课程面向自学考试中对数学要求较高的本科专业的实际需要,担负着为考生提供学习专业基础课和专业课所必需的数学基础的任务.本课程又是一门重要的素质培养课.通过学习,考生在逻辑推理能力、运算能力以及运用数学知识分析问题、解决问题的能力等方面将得到进一步的培养和提高.

二、课程目标

本课程包括空间解析几何与向量代数、多元函数的微分学、重积分、曲线积分与曲面积分、常微分方程以及无穷级数等内容.要求考生在自学过程中认真阅读指定的教材,独立完成足够数量的习题,切实掌握上述这些内容中所包含的基本概念、基本理论和基本运算,会用所学知识解决某些简单的实际问题,为学习后续课程打好必要的基础.

三、与相关课程的联系与区别

因为多元微积分是一元微积分的推广和发展,常微分方程是一元微积分的延伸和应用,因此学习本课程必须先修高等数学(工专)中一元微积分的内容.另外,学习本课程的空间解析几何与向量代数还应具备中学平面解析几何的基础知识.本课程作为工科各专业一门重要的基础理论课,与一元微积分一起,是学习后续的其他数学课、物理课、专业基础课和专业课的必不可少的工具.

四、课程重点和难点

本课程重点要求的内容为:多元函数的微分学和积分学的有关概念、计算及简单应用,微分方程的求解及简单应用,幂级数的概念、性质及函数展开成幂级数.

本课程的难点为多元函数的积分学.

Ⅱ. 考核目标

本大纲按照识记、领会、简单应用和综合应用四个认知层次规定在考核中应达到的能力层次要求. 四个认知层次是递进关系，各认知层次的含义是：

识记：能对考试大纲中的概念、定理、公式、性质、法则等有清晰准确的认识，并能做出正确的判断和选择.

领会：要求对大纲中的概念、定理、公式、性质、法则等有一定的理解，清楚它们与有关知识点的联系和区别，并能给出准确的表述和解释.

简单应用：会用大纲中各部分的少数几个知识点解决简单的计算、证明或应用问题.

综合应用：在对大纲中的概念、定理、公式、性质、法则等理解和熟悉的基础上，会运用多个知识点，经过分析、计算或推导解决稍复杂一些的问题.

需要特别说明的是，试题的难易与认知层次的高低虽然有一定的关联，但是二者并不完全一致，在每个认知层次中都可以有不同的难度.

Ⅲ. 课程内容与考核要求

第一章 空间解析几何与向量代数

一、学习目的与要求

本章内容既是学习多元微积分的预备知识，同时其自身也是十分重要的数学工具，在很多后续课程中有广泛应用. 由于向量的表示、运算及处理方法与数量有很大区别，初学者比较生疏，而掌握空间图形也要求有较强的空间想象能力，这都给初学者带来一定困难，因此自学时要注意掌握重点，多做习题. 特别要掌握运用向量建立平面、直线方程的方法，以及常用的曲面、曲线的方程和图形，这是学习后续内容必需的基本知识.

本章总的要求是：理解向量的概念、向量的几何与坐标表示，熟练掌握向量的各种运算；掌握平面、直线方程，会根据方程判断直线与直线、直线与平面以及平面与平面的相互关系；了解柱面、旋转面、二次曲面的标准方程.

二、课程内容

§1 空间直角坐标系

§2 向量代数

§3 向量的数量积与向量积

§4 空间中的曲面和曲线

§5 空间中的平面与直线

§6 二次曲面

三、考核知识点与考核要求

(一) 考核知识点

1. 空间直角坐标系.
2. 向量的概念及其线性运算.
3. 向量的坐标.
4. 向量的数量积.
5. 平面方程.
6. 直线方程.
7. 曲面方程.
8. 曲线方程.
9. 二次曲面.

(二) 考核要求

1. 空间直角坐标系,要求达到"识记"层次.

(1) 知道空间直角坐标系的定义,了解空间点的坐标属性.

(2) 会求空间中两点间的距离.

2. 向量的概念及其线性运算,要求达到"领会"层次.

(1) 知道向量的定义及其几何表示.

(2) 知道向量的模、零向量、单位向量.

(3) 了解向量的加法、减法和数量乘法等线性运算的几何意义,熟练掌握其运算律.

3. 向量的坐标,要求达到"领会"层次.

(1) 知道向量分解的意义及向量的坐标表示.

(2) 熟练掌握向量运算的坐标表示法.

4. 向量的数量积,要求达到"领会"层次.

(1) 了解数量积的定义及其几何和物理意义.

(2) 熟练掌握数量积的坐标表示法及运算律.

(3) 会计算两个向量的夹角,会用坐标判断两个向量相互垂直和平行.

(4) 知道数量积与向量的模、方向余弦的关系,会用向量的坐标计算向量的模和方向余弦.

5. 平面方程,要求达到"简单应用"层次.

(1) 掌握平面的点法式方程.

(2) 知道平面的一般方程与截距式方程.

(3) 会求两个平面的夹角,会判断两个平面相互垂直和平行.

6. 直线方程,要求达到"简单应用"层次.

(1) 掌握直线的对称式方程和参数方程,了解直线的一般方程.

(2) 会根据直线的对称式方程和参数方程求两条直线的夹角,会判断两条直线相互平行和垂直.

7. 曲面方程,要求达到"简单应用"层次.

(1) 知道曲面与方程的关系.

(2) 了解母线平行于坐标轴的柱面方程.

(3) 会根据坐标面上曲线的方程写出曲线绕坐标轴旋转所生成旋转面的方程.

8. 曲线方程,要求达到"领会"层次.

(1) 知道空间曲线的参数方程和一般方程.

(2) 掌握一般方程表示的曲线在坐标面上的投影.

9. 二次曲面,要求达到"识记"层次.

知道二次曲面的定义,熟知椭球面、双曲面、椭圆抛物面、椭圆锥面等二次曲面的标准方程及图形.

四、本章重点、难点

重点: 向量的各种运算,平面、直线、柱面、旋转面以及一些常见二次曲面的标准方程及图形.

难点: 向量的运算,空间曲线在坐标面上的投影.

第二章 多元函数的微分学

一、学习目的与要求

多元函数的微分学是一元函数的微分学的推广和发展,两者的处理方法有不少相似之处,但由于自变量个数的增加也产生了很多新内容,如偏导数、全微分、方向导数、条件极值等.因为研究二元函数与更多元的函数在处理方法上无本质的差异,所以本章以二元函数为主讲授有关内容.

本章总的要求是:理解二元函数的极限、连续、偏导数、全微分、梯度等有关概念;掌握求偏导数(包括复合函数与隐函数的导数和偏导数)、全微分、极值和最值的方法;会用有关的方法解决偏导数的几何应用及一些简单的实际应用问题.

二、课程内容

§1 多元函数的基本概念

§2 偏导数与全微分

§3 复合函数与隐函数的导数和偏导数

§4 偏导数的应用

三、考核知识点与考核要求

(一) 考核知识点

1. 多元函数的概念.
2. 二元函数的极限与连续.
3. 偏导数.
4. 高阶偏导数.
5. 方向导数和梯度.
6. 全微分.
7. 复合函数求导法则.
8. 隐函数求导法则.
9. 空间曲线的切线与法平面、曲面的切平面与法线.
10. 二元函数的极值.

(二) 考核要求

1. 多元函数的概念,要求达到“识记”层次.

(1) 了解平面点集的几种类型,知道二元函数的定义及几何意义.

(2) 知道多元初等函数及其定义域.

2. 二元函数的极限与连续,要求达到“识记”层次.

(1) 了解二重极限的概念.

(2) 知道二元函数连续的概念.

(3) 知道二元连续函数在有界闭区域上的最值定理和介值定理.

3. 偏导数,要求达到“简单应用”层次.

(1) 熟知二元函数偏导数的定义.

(2) 熟练掌握多元初等函数求偏导数的方法.

4. 高阶偏导数,要求达到“简单应用”层次.

(1) 了解多元函数高阶偏导数的定义.

(2) 知道二元函数的两个二阶混合偏导数相等的条件.

(3) 掌握二阶偏导数的求法.

5. 方向导数和梯度,要求达到“领会”层次.

(1) 知道方向导数与梯度的概念和意义.

(2) 会求方向导数和梯度.

6. 全微分,要求达到“领会”层次.

(1) 知道二元函数全微分的定义.

(2) 知道可微与偏导数的关系.

7. 复合函数求导法则,要求达到“简单应用”层次.

(1) 知道复合函数求导的链式法则.

(2) 对于抽象函数,熟练掌握以下三种类型复合函数的一阶偏导数的求法:

① $w=f(u,v),u=u(x),v=v(x)$;

② $w=f(u),u=u(x,y)$;

③ $w=f(u,v),u=u(x,y),v=v(x,y)$.

8. 隐函数求导法则 ,要求达到“简单应用”层次.

掌握求由一个方程确定的隐函数的一阶偏导数或导数的方法.

9. 空间曲线的切线与法平面、曲面的切平面与法线,要求达到“简单应用”层次.

(1) 会根据空间曲线的参数方程求曲线的切线方程和法平面方程.

(2) 会求曲面的切平面方程和法线方程.

10. 二元函数的极值,要求达到“综合应用”层次.

(1) 理解二元函数极值的概念及其与最值的关系.

(2) 会用二元函数极值的必要条件和充分条件求极值.

(3) 了解条件极值的概念,知道拉格朗日乘数法.

(4) 会解简单的最值应用问题.

四、本章重点、难点

重点:偏导数,极值及其应用.

难点:复合函数的偏导数,求多元函数极值的方法及其应用.

第三章 重积分

一、学习目的与要求

重积分是定积分的推广,它们的定义有许多相似性,从而它们的许多性质也是类似的,但重积分的计算比定积分要复杂得多,其基本方法是化为累次积分.

本章总的要求是：二重积分和三重积分的概念、性质、计算与应用.

二、课程内容

§1　二重积分

§2　三重积分

§3　重积分的应用

三、考核知识点与考核要求

(一) 考核知识点

1. 二重积分和三重积分的定义与性质.
2. 二重积分的计算.
3. 三重积分的计算.
4. 重积分的应用.

(二) 考核要求

1. 二重积分和三重积分的定义与性质,要求达到"识记"层次.

(1) 理解二重积分的定义及其几何意义.

(2) 知道三重积分的定义.

(3) 掌握二重积分和三重积分的基本性质.

2. 二重积分的计算,要求达到"综合应用"层次.

(1) 熟练掌握直角坐标下二重积分的计算,知道用对称奇偶性简算二重积分.

(2) 熟练掌握极坐标下二重积分的计算.

(3) 会交换二次积分的积分次序.

3. 三重积分的计算,要求达到"简单应用"层次.

(1) 掌握直角坐标下三重积分的计算,知道用对称奇偶性简算三重积分.

(2) 掌握柱面坐标下三重积分的计算.

4. 重积分的应用,要求达到"简单应用"层次.

(1) 会用二重积分计算平面图形的面积、曲面的面积、曲顶柱体的体积、平面薄板的质量.

(2) 会用三重积分计算空间立体的体积和物体的质量.

四、本章重点、难点

重点：重积分的计算.

难点：重积分化为累次积分.

第四章　曲线积分与曲面积分

一、学习目的与要求

曲线积分和曲面积分是多元函数的积分学的重要组成部分,它们都有自己的物理应用背景.所以,对本章的概念应结合它们的物理应用背景来理解.本章的综合程度很高,涉及之前学过的很多知识.

本章总的要求是:理解曲线积分与曲面积分的定义和性质,了解它们在几何学与物理学中的应用实例;掌握曲线积分与曲面积分的计算方法;理解格林公式以及平面曲线积分与路径无关的条件;会用曲线积分与曲面积分解决简单的几何和物理问题.

二、课程内容

§1　对弧长的曲线积分
§2　对坐标的曲线积分
§3　格林公式及其应用
§4　对面积的曲面积分
§5　对坐标的曲面积分

三、考核知识点与考核要求

(一) 考核知识点

1. 两类曲线积分的定义与性质.
2. 两类曲线积分的计算.
3. 格林公式.
4. 平面曲线积分与路径无关的条件.
5. 两类曲面积分的定义与性质.
6. 两类曲面积分的计算.

(二) 考核要求

1. 两类曲线积分的定义与性质,要求达到“领会”层次.
(1) 知道对弧长的曲线积分的定义.
(2) 知道对坐标的曲线积分的定义.
(3) 了解两类曲线积分的性质.
2. 两类曲线积分的计算,要求达到“简单应用”层次.
(1) 掌握对弧长的曲线积分的计算.
(2) 掌握对坐标的曲线积分的计算.
3. 格林公式,要求达到“简单应用”层次.
掌握平面简单闭曲线所围成的单连通区域上的格林公式.
4. 平面曲线积分与路径无关的条件,要求达到“领会”层次.
(1) 知道平面曲线积分与路径无关的概念.
(2) 了解平面曲线积分与路径无关的等价条件.
(3) 会用平面曲线积分与路径无关的性质计算曲线积分.
5. 两类曲面积分的定义与性质,要求达到“领会”层次.
(1) 知道对面积的曲面积分的定义.
(2) 知道对坐标的曲面积分的定义.
(3) 了解两类曲面积分的性质.

6. 两类曲面积分的计算,要求达到“简单应用”层次.
(1) 掌握对面积的曲面积分的计算.
(2) 掌握对坐标的曲面积分的计算.

四、本章重点、难点

重点: 曲线积分和曲面积分的概念及计算,格林公式.
难点: 对坐标的曲线积分与曲面积分的计算,平面曲线积分与路径无关的条件.

第五章　常微分方程

一、学习目的与要求

微分方程是数学建模的有力工具,它的应用几乎渗透科学技术的所有领域.本章主要讨论几类经典微分方程的初等解法及应用实例.在学习时要注意识别微分方程的类型.有关微分方程的基本概念,如微分方程的阶、通解、特解、初始条件等也必须很好地理解.解微分方程用到很多不定积分和代数式的演算,要求考生在这方面具有较好的演算能力.

本章总的要求是:理解微分方程及其有关的基本概念;会解给定类型的微分方程.

二、课程内容

§1　微分方程的基本概念
§2　一阶微分方程
§3　可降阶的二阶微分方程
§4　二阶线性微分方程解的结构
§5　二阶常系数线性微分方程

三、考核知识点与考核要求

(一) 考核知识点
1. 微分方程的一般概念.
2. 三类一阶微分方程.
3. 三类可降阶的二阶微分方程.
4. 二阶线性微分方程解的结构.
5. 二阶常系数线性齐次微分方程.
(二) 考核要求
1. 微分方程的一般概念,要求达到“识记”层次.
熟知微分方程的阶、通解、特解、初始条件的含义.
2. 三类一阶微分方程,要求达到“简单应用”层次.
会求解可分离变量的微分方程、齐次方程、一阶线性微分方程.
3. 三类可降阶的二阶微分方程,要求达到“领会”层次.
会用降阶法求解三类可降阶的二阶微分方程: $y''=f(x)$, $y''=f(x,y')$, $y''=f(y,y')$.

4. 二阶线性微分方程解的结构,要求达到"领会"层次.

(1) 会判定两个函数的线性无关性.

(2) 知道二阶线性齐次微分方程解的性质及通解的结构.

(3) 知道二阶线性非齐次微分方程通解的结构.

5. 二阶常系数线性齐次微分方程,要求达到"简单应用"层次.

(1) 知道二阶常系数线性齐次微分方程的特征方程与特征根.

(2) 会根据特征根的情况,熟练写出二阶常系数线性齐次微分方程的通解.

四、本章重点、难点

重点:三类一阶微分方程,二阶常系数线性齐次微分方程.

难点:微分方程类型的识别,二元一次方程的复根.

第六章 无穷级数

一、学习目的与要求

无穷级数是有限个数或函数的加法运算的推广.无穷级数的基本问题是敛散性问题.讨论敛散性的基本手段是极限理论,这也是自学考生感到困难的地方.函数项级数中的幂级数和傅里叶级数是表示函数及进行数值计算的有力工具,因此要掌握把函数展开成幂级数和傅里叶级数的方法.

本章总的要求是:了解数项级数的基本概念、性质,掌握数项级数的审敛法;了解幂级数及其收敛域的结构,知道幂级数的和函数的性质(连续性、可积性、可导性),会用间接法求一些简单函数的泰勒级数展开式;会求以 2π 为周期的函数的傅里叶级数展开式,并知道傅里叶级数的收敛性.

二、课程内容

§1 数项级数的概念及基本性质

§2 数项级数的审敛法

§3 幂级数

§4 函数的幂级数展开式

§5 傅里叶级数

三、考核知识点与考核要求

(一) 考核知识点

1. 数项级数的基本概念.

2. 数项级数的基本性质.

3. 正项级数及其审敛法.

4. 一般项级数的审敛法.

5. 幂级数的收敛性及其和函数的性质.

6. 函数的泰勒级数展开式.
7. 傅里叶级数.

(二) 考核要求

1. 数项级数的基本概念,要求达到“识记”层次.
(1) 熟知数项级数的通项、部分和、收敛与发散等基本概念.
(2) 掌握等比级数的敛散性并会求和.
2. 数项级数的基本性质,要求达到“领会”层次.
了解数项级数收敛的基本性质.
3. 正项级数及其审敛法,要求达到“综合应用”层次.
(1) 知道正项级数收敛的充要条件是其部分和数列有界.
(2) 掌握 p 级数的敛散性.
(3) 会用比较审敛法的不等式形式和极限形式判别正项级数的敛散性.
(4) 能熟练运用比值审敛法和根值审敛法判别正项级数的敛散性.
4. 一般项级数的审敛法,要求达到“简单应用”层次.
(1) 会用莱布尼茨审敛法判别交错级数的收敛性.
(2) 知道级数的绝对收敛和条件收敛的概念.
(3) 会判断一般项级数的绝对敛散性.
5. 幂级数的收敛性及其和函数的性质,要求达到“简单应用”层次.
(1) 理解幂级数的收敛半径、收敛区间(开区间)、收敛域的概念.
(2) 能熟练求出幂级数的收敛域.
(3) 知道幂级数的和函数连续、可逐项求导及可逐项积分等性质.
(4) 了解幂级数的加法和减法运算及其收敛性质.
6. 函数的泰勒级数展开式,要求达到“综合应用”层次.
(1) 知道函数可展开为泰勒级数的有关结论.
(2) 熟记函数 $\frac{1}{1-x}$, e^x, $\sin x$, $\cos x$, $\ln(1+x)$的麦克劳林级数展开式.
(3) 会用间接法将函数展开成幂级数.
(4) 会求简单幂级数的和函数.
7. 傅里叶级数,要求达到“简单应用”层次.
(1) 知道三角函数系的正交性.
(2) 了解傅里叶级数的狄利克雷收敛定理.
(3) 会求区间$[-\pi,\pi)$上的函数的傅里叶级数展开式.

四、本章重点、难点

重点: 数项级数,幂级数,将函数展开成泰勒级数.
难点: 数项级数敛散性的判定,用间接法将函数展开为幂级数.

Ⅳ. 关于大纲的说明与考核实施要求

一、课程自学考试大纲的目的和作用

课程自学考试大纲是根据专业自学考试计划的要求,结合自学考试的特点而确定的,其目的是对个人自学、社会助学和课程考试命题进行指导和规定.

课程自学考试大纲明确了课程学习的内容以及深广度,规定了课程自学考试的范围和标准.因此,它是编写自学考试教材和辅导书的依据,是社会助学组织进行自学辅导的依据,是自学者学习、掌握课程知识范围和程度的依据,也是进行自学考试命题的依据.

二、课程自学考试大纲与教材的关系

课程自学考试大纲是进行学习和考核的依据,教材是学习、掌握课程知识的基本内容与范围,教材的内容是考试大纲所规定的课程知识和内容的扩展与发挥.课程内容在教材中可以体现一定的深度或难度,但在考试大纲中对考核的要求一定要适当.

考试大纲与教材所体现的课程内容应基本一致,考试大纲中的课程内容和考核知识点在教材中一般也要有.反过来,教材中的内容,在考试大纲中就不一定体现.

三、关于自学教材

《高等数学(工本)(2023 年版)》,全国高等教育自学考试指导委员会组编,陈兆斗、马鹏主编,北京大学出版社,2023 年.

四、关于自学要求和自学方法的指导

本大纲的课程基本要求是依据专业考试计划和专业培养目标而确定的.课程基本要求还明确了课程的基本内容以及对基本内容掌握的程度.课程基本要求中的知识点构成了课程内容的主体部分.因此,课程的基本内容掌握程度、考核知识点是高等教育自学考试考核的主要内容.

为了有效地指导个人自学和社会助学,本大纲已指明了课程的重点和难点,在章节的基本要求中一般也指明了章节内容的重点和难点.

学习本课程时应注意以下几点:

1. 根据自学考试的特点,考生应注意学习方法和自学能力的培养.应注意防止两种倾向:一是只满足于会做题,忽略了对于基本概念和理论的理解.过分依赖自考辅导材料解题,反而会使得独立解题的能力下降,知识水平得不到提高.二是自认为一切都学懂了而忽略了做题的环节,或做的题量太少,达不到真正学懂和巩固知识的目的.考生要随时总结经验教训,摸索适合自己特点的学习方法,提高学习效率,在自学过程中提高学习能力.

2. 由于本课程中绝大部分内容都与一元微积分有密切关系,因此考生在自学时,一定要把一元微积分的有关知识掌握好,它们都属于高等数学(工专)的内容.

3. 自学考生要注意初等数学知识的复习,它们大多是中学数学的内容.由于网络技术的发展,很多这方面的内容都可以在网上查到.

4. 自学时间的安排:

本课程共10学分,下表是本课程各章的建议自学学时数,供参考.

章次	内容	学时数
一	空间解析几何与向量代数	54
二	多元函数的微分学	72
三	重积分	54
四	曲线积分与曲面积分	54
五	常微分方程	62
六	无穷级数	64
总计		360

五、对社会助学的要求

1. 辅导教师应熟知考试大纲要求和考核知识点的分布;辅导时应以考试大纲为依据,不宜随意增删内容.

2. 辅导教师应以讲授有关知识为主,不应压题、猜题;应培养学生的自学能力和独立解题能力,不要搞题海战术.

3. 助学单位在安排该课程辅导时,建议不低于自学学时的四分之一,即90学时.

六、对考核内容的说明

本课程要求考生学习和掌握的知识点都作为考核内容.课程中各章的内容均由若干知识点组成,在自学考试中成为考核知识点.因此,考试大纲中所规定的考试内容是以分解为考核知识点的方式给出的.由于各知识点在课程中的地位、作用以及知识点自身的特点不同,自学考试将对各知识点分别按四个认知层次(识记、领会、简单应用、综合应用)确定其考核要求,见"Ⅱ.考核目标"部分.

七、关于考试命题的若干规定

1. 本课程考试采用闭卷笔试方式考核,考试时间为150分钟.

2. 考试大纲所规定的基本要求、知识点及知识点下的知识细目都属于考核的内容.考试命题既要覆盖到章,又要避免面面俱到;要注意突出本课程的重点、章节重点,加大重点内容的覆盖度.

3. 命题不应超出考试大纲中考核知识点范围,考核目标不得高于考试大纲中所规定相应的最高认知层次要求;命题应着重考核自学者对基本概念、基本知识和基本理论是否了解或掌握,对基本方法是否会用或熟练,不应出与基本要求不符的偏题或怪题.

4. 本课程在试卷中对不同认知层次要求的分值比例大致为:"识记"占20%,"领会"占30%,"简单应用"占30%,"综合应用"占20%.

5. 要合理安排试题的难易程度,试题的难度可分为:易、较易、较难和难,其在每份试卷中的分值比例一般为 2:4:3:1.

6. 试题的题型为:单项选择题、计算题、综合题;试题量依次为:10 题、10 题、2 题,共 22 题;所占分值依次为:30 分、60 分、10 分. 满分为 100 分,60 分为及格线.

7. 本课程的考试适用于高等教育自学考试工科类各本科专业的考生.

8. 考生在考试时只允许带钢笔、签字笔、铅笔、圆规、三角板、橡皮等文具用品,不允许带计算器、有关参考书等.

高等数学(工本)试题样卷

一、单项选择题：本大题共 10 小题，每小题 3 分，共 30 分. 在每小题列出的备选项中只有一项是最符合题目要求的，请将其选出.

1. 下列向量中与向量$\{3,0,4\}$平行的单位向量是　　（　　）

A. $\{6,0,8\}$；　　B. $\left\{\frac{3}{5},\frac{4}{5},0\right\}$；

C. $\left\{-\frac{3}{5},0,-\frac{4}{5}\right\}$；　　D. $\left\{\frac{3}{5},0,-\frac{4}{5}\right\}$.

2. 设函数 $z=xy$，则点$(0,0)$是该函数的　　（　　）

A. 间断点；　　B. 极大值点；

C. 极小值点；　　D. 驻点.

3. 设 $x>0$，下列函数中是微分方程 $x^2y'+xy=1$ 的通解的为　　（　　）

A. $y=\frac{\ln x+4}{x}$；　　B. $y=\frac{C\ln x}{x}$；

C. $y=\frac{\ln x+C}{x}$；　　D. $y=\frac{\ln x}{x}+C$.

4. 设级数 $\sum_{n=0}^{\infty}nq^n$ 收敛，则 q 的取值可为下列数值中的　　（　　）

A. 0.5；　　B. 1；　　C. 1.5；　　D. 2.

5. 设 D：$0\leqslant x\leqslant 1,-1\leqslant y\leqslant 0$，则二重积分 $I=\iint\limits_D x\,\mathrm{e}^{xy}\,\mathrm{d}x\,\mathrm{d}y=$　　（　　）

A. $\mathrm{e}^{-1}-1$；　　B. e^{-1}；　　C. 1；　　D. e.

6. 与两个平面 $x+y+z+1=0$ 及 $x+2z-3=0$ 都垂直的平面是　　（　　）

A. $x-y=0$；　　B. $2x+y-z-5=0$；

C. $2x-y-z-4=0$；　　D. $x+2y+3z=0$.

7. 设函数 $z=\arctan\frac{y}{x}$，则 $\frac{\partial^2 z}{\partial x^2}=$　　（　　）

A. $\frac{2xy}{(x^2+y^2)^2}$；　　B. $\frac{-2xy}{(x^2+y^2)^2}$；

C. $\frac{-2xy^2}{(x^2+y^2)^2}$；　　D. $\frac{-2x^2y}{(x^2+y^2)^2}$.

8. 设 Ω 是球体 $x^2+y^2+(z-1)^2\leqslant 1$，则 $I=\iiint\limits_{\Omega}(x+y+3)\,\mathrm{d}x\,\mathrm{d}y\,\mathrm{d}z=$　　（　　）

A. π；　　B. 2π；　　C. 3π；　　D. 4π.

9. 级数 $\sum_{n=2}^{\infty}\frac{1}{(n+1)(n+2)}$ 的和为　　（　　）

A. 1；　　B. $\frac{1}{2}$；　　C. $\frac{1}{3}$；　　D. $\frac{1}{4}$.

10. 设 C, C_1, C_2 是任意常数,则微分方程 $y''=6x+1$ 的通解为 (　　)

A. $x^3+\frac{1}{2}x^2+x+C$；　　B. $x^3+\frac{1}{2}x^2+C_1x+C_2$；

C. $x^3+C_1x^2+x+C_2$；　　D. $x^3+x^2+C_1x+C_2$.

二、计算题:本大题共 10 小题,每小题 6 分,共 60 分.

11. 经过点$(-1,2,0)$向平面 $x+2y-z+1=0$ 作垂线,求垂足的坐标.

12. 求出平面 $x+2y+3z-6=0$ 在三条坐标轴上的截距.

13. 求曲线 L：$x=\frac{t}{t+1}, y=\frac{t+1}{t}, z=t^2$ 在点$\left(\frac{1}{2},2,1\right)$处的切线方程和法平面方程.

14. 求函数 $u=x^2+xy+y^2+z^2$ 在点$(1,-1,2)$处的梯度.

15. 设函数 $F(u,v,w)$可微,求由方程 $F(x,x+y,x+y+z)=0$ 所确定的隐函数 $z=z(x,y)$的偏导数 $\frac{\partial z}{\partial x},\frac{\partial z}{\partial y}$.

16. 计算二重积分 $\iint\limits_D \arctan\frac{y}{x}\mathrm{d}x\mathrm{d}y$,其中 D 为圆 $x^2+y^2=9, x^2+y^2=1$ 与直线 $y=x$, $y=0$ 所围成的位于第一象限的闭区域.

17. 设椭圆 L：$\frac{x^2}{4}+\frac{y^2}{3}=1$ 的周长为 a,计算曲线积分 $\oint_L (3x^2+4y^2)\mathrm{d}s$.

18. 计算 $I=\oint_L x^2y\mathrm{d}x-xy^2\mathrm{d}y$,其中曲线 L：$x^2+y^2=1$ 取逆时针方向.

19. 设函数 $f(x)=\begin{cases}x, & -\pi<x\leqslant 0\\ 0, & 0<x\leqslant\pi\end{cases}$,其傅里叶级数展开式为

$$\frac{a_0}{2}+\sum_{n=1}^{\infty}(a_n\cos nx+b_n\sin nx),$$

求系数 a_5.

20. 验证 $y=-x+\frac{1}{3}$ 是微分方程 $y''-2y'-3y=3x+1$ 的一个特解,并求该微分方程满足初始条件 $y\big|_{x=0}=0, y'\big|_{x=0}=0$ 的特解.

三、综合题:本大题共 2 小题,每小题 5 分,共 10 分.

21. 求幂级数 $\sum_{n=1}^{\infty}\frac{(x-1)^n}{n}$ 的收敛域.

22. 计算曲面积分 $I=\iint\limits_{\Sigma} y\mathrm{d}z\mathrm{d}x$,其中 Σ 是平面 $x+y+z=1$ 被三个坐标面所截得部分,取上侧.

高等数学(工本)试题样卷参考答案

一、单项选择题

1. C.　**2.** D.　**3.** C.　**4.** A.　**5.** B.　**6.** C.　**7.** A.　**8.** D.
9. C.　**10.** B.

二、计算题

11. $\left(-\frac{5}{3},\frac{2}{3},\frac{2}{3}\right)$.　**12.** 在 x 轴、y 轴、z 轴上的截距分别为 6,3,2.

13. 切线方程：$\frac{x-\frac{1}{2}}{1}=\frac{y-2}{-4}=\frac{z-1}{8}$;法平面方程：$2x-8y+16z-1=0$.

14. $\{1,-1,4\}$.　**15.** $\frac{\partial z}{\partial x}=-\frac{F_1+F_2+F_3}{F_3}$, $\frac{\partial z}{\partial y}=-\frac{F_2+F_3}{F_3}$.

16. $\frac{\pi^2}{8}$.　**17.** $12a$.

18. $-\frac{\pi}{2}$.　**19.** $\frac{2}{25\pi}$.

20. $y=\frac{1}{6}e^{3x}-\frac{1}{2}e^{-x}-x+\frac{1}{3}$.

三、综合题

21. 区间$[0,2)$.　**22.** $\frac{1}{6}$.

大纲后记

《高等数学(工本)自学考试大纲》是根据全国高等教育自学考试工科类公共课的考核要求编写的.2019年5月公共课课程指导委员会召开审稿会议,对本大纲进行了讨论评审,修改后,经主审复审定稿.

本大纲由中国地质大学(北京)陈兆斗教授主持编写,邢永丽副教授参与编写;由北京交通大学王兵团教授主审,北京联合大学曾庆黎教授及北京科技大学许三星副教授参加了审稿并提出了宝贵的修改意见.

本大纲最后由全国高等教育自学考试指导委员会审定.

本大纲编审人员付出了辛勤劳动,特此表示感谢.

全国高等教育自学考试指导委员会

公共课课程指导委员会

2019年7月

全国高等教育自学考试指定教材

高等数学（工本）

(2023年版)

全国高等教育自学考试指导委员会　组编

主编　陈兆斗　马　鹏

内 容 简 介

本书是根据全国高等教育自学考试指导委员会2019年最新修订的《高等数学(工本)自学考试大纲》进行编写的,是工科各专业本科“高等数学”课程自考教材.本书作者具有丰富的教学经验,且参与了本课程考试大纲的修订工作,对自学考试的要求及自考生的情况有深刻的了解.

全书共分六章,内容包括:空间解析几何与向量代数、多元函数的微分学、重积分、曲线积分与曲面积分、常微分方程、无穷级数.每节配有适量的习题,每章配有复习题,且书后附有习题的参考答案,每章末附有该章的内容小结.另外,每章补充了两道样题及其详细解答.

本书注重考虑自学考试的特点,叙述由浅入深、思路清晰、说理透彻,尤其对教学难点阐释详细;例题丰富典型,解题过程详尽、启发性强;尽量给出直观说明,图文并茂,利于自学.为了更好地帮助考生备考,对书中部分例题及全部补充样题配置了讲解视频.

本书除可作为工科各专业本科“高等数学”课程自考教材外,也可作为普通高等学校工科各专业本科“高等数学”课程的教材或参考书.

修 订 说 明

本书是全国高等教育自学考试指定教材.本次修订工作是在《高等数学(工本)(2019 年版)》的基础上,根据自学考试在新时代的发展需要做出的.新版教材的基本架构和内容没有大的改变,它仍相当于普通高等学校工科各业专本科“高等数学”课程第二学期的教学内容.具体的修订说明如下:

1. 对部分内容做了修改,其中主要有:

● 对原教材第二章§1 中有关二元函数的定义进行了更为精准的描述.由于单值函数与多值函数的概念不影响本书的内容叙述,因此删除了容易引起误解的多值函数概念.

● 对原教材第四章§2 中变力做功问题的解决思路做了一般性的解释.

● 对原教材第五章§1 中微分方程的定义做了更精细的描述,并对微分方程通解定义中的“任意常数”做了更规范的限定.

2. 重编或添加部分例题,并录制了这些例题的讲解视频,以方便考生学习和训练.这些例题是:

● 第一章:§1 中的例 4,§2 中的例 7,§3 中的例 3,§4 中的例 6 和例 7,§5 中的例 10 和例 13.

● 第二章:§1 中的例 5,§2 中的例 5,§3 中的例 3 和例 10,§4 中的例 3 和例 11.

● 第三章:§1 中的例 4 和例 11,§2 中的例 3 和例 8,§3 中的例 1.

● 第四章:§1 中的例 7,§2 中的例 6,§3 中的例 7,§4 中的例 5,§5 中的例 6.

● 第五章:§1 中的例 3,§2 中的例 3 和例 9,§3 中的例 5,§4 中的例 4,§5 中的例 3.

● 第六章:§1 中的例 3,§2 中的例 8 和例 11,§3 中的例 4,§4 中的例 6 和例 9,§5 中的例 4.

3. 根据考试大纲,每章补充了两道样题,并附上详细解答及讲解视频,以帮助考生更好地进行复习备考.

在本教材中用“*”标识超出大纲范围的内容,并且将它们“涂灰”,请考生和助学单位注意.

欢迎广大读者对本教材提出宝贵的建议!并请通过电子邮箱:mapeng@cupk.edu.cn 与我们联系,我们将不胜感谢.

作者　陈兆斗　马　鹏

2023 年 1 月

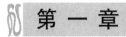

第一章 空间解析几何与向量代数

掌握空间解析几何与向量代数的基本知识是学习多元微积分的基础.此外,向量代数在力学、物理学和工程技术中有着广泛的应用.本章主要介绍向量的坐标表示、向量的运算及空间图形的方程.

§1 空间直角坐标系

1.1 空间直角坐标系的建立

经过空间定点 O 作三条互相垂直的数轴,它们都以点 O 为原点,具有相同的单位长度.这三条数轴分别称为 x 轴(横轴)、y 轴(纵轴)、z 轴(竖轴),统称为**坐标轴**,并且各坐标轴正向之间的顺序要求符合右手法则,即以右手的拇指对准 x 轴的正向,食指对准 y 轴的正向,顺势伸出中指,此时中指的指向与 z 轴的正向一致[图 1-1(a)];或者以右手握住 z 轴,让除大拇指外的四指从 x 轴的正向以 90°的角度转向 y 轴的正向,这时大拇指所指的方向就是 z 轴的正向[图 1-1(b)].这样组合的三条坐标轴构成一个**空间直角坐标系**.三条坐标轴中的任意两条都可以确定一个平面,称为**坐标面**,它们是:由 x 轴及 y 轴所确定的 Oxy 平面;由 y 轴及 z 轴所确定的 Oyz 平面;由 x 轴及 z 轴所确定的 Ozx 平面.这三个相互垂直的坐标面把空间分成八部分,每一部分称为一个**卦限**(图 1-2).位于 x 轴、y 轴、z 轴正半轴的卦限称为第一卦限,从第一卦限开始,在 Oxy 平面上方的卦限,按逆时针方向依次称为第二、三、四卦限;第一、二、三、四卦限下方的卦限依次称为第五、六、七、八卦限.

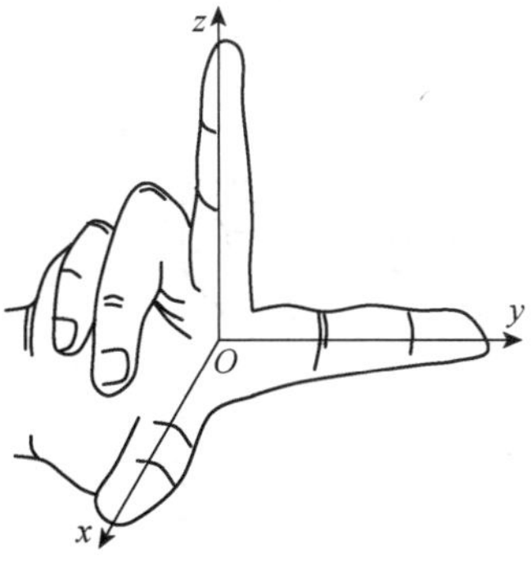

(a)

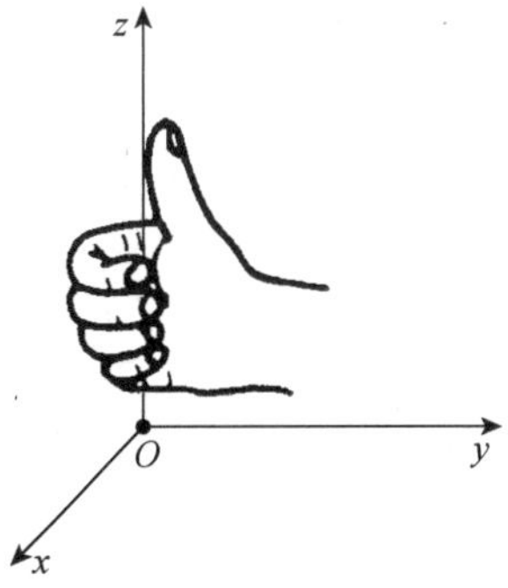

(b)

图 1-1

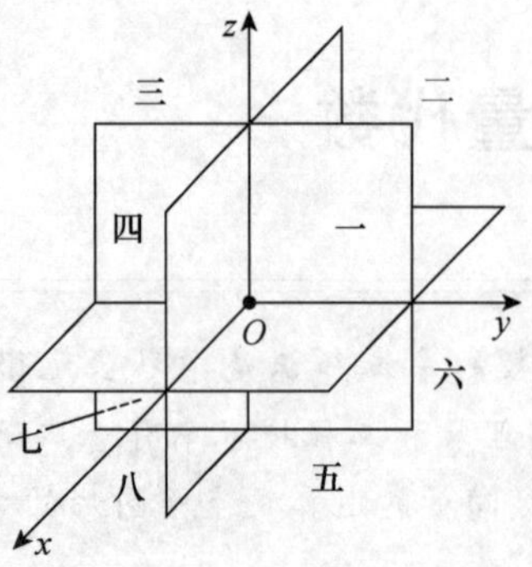

图 1-2

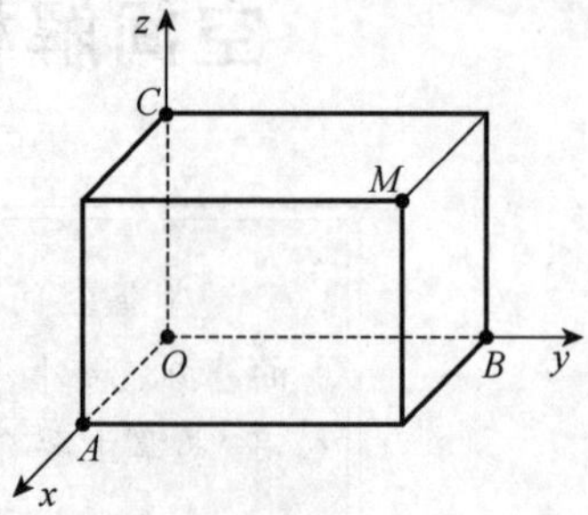

图 1-3

在建立空间直角坐标系之后，对于空间中任意一点 M，过点 M 分别作垂直于 x 轴、y 轴、z 轴的平面，它们与三条坐标轴分别相交于点 A,B,C(图 1-3). 设这三点在 x 轴、y 轴、z 轴上的坐标依次为 x,y,z，则点 M 唯一确定了一组有序数 x,y,z. 反之，给定一组有序数 x,y,z，设它们在 x 轴、y 轴、z 轴上对应的点依次为 A,B,C. 过这三点分别作平面垂直于其所在的坐标轴，则这三个平面唯一的交点就是点 M. 这样，空间中的点 M 就可与一组有序数 x,y,z 之间建立一一对应关系. 这时，有序数组 x,y,z 称为点 M 的**坐标**，记为 $M(x,y,z)$，其中 x,y,z 分别称为点 M 的**横坐标**、**纵坐标**、**竖坐标**.

显然，原点 O 的坐标为 $(0,0,0)$；坐标轴上的点至少有两个坐标为 0；坐标面上的点至少有一个坐标为 0. 例如，x 轴上点的坐标为 $(x,0,0)$ 的形式，Oxy 平面上点的坐标为 $(x,y,0)$ 的形式. 读者可以自行归纳出其他坐标轴和坐标面上点的坐标特征.

1.2 空间中两点间的距离公式

给定空间中两点 $P_1(x_1,y_1,z_1)$，$P_2(x_2,y_2,z_2)$，求它们间的距离 $|P_1P_2|$. 过这两点各作三个平面分别垂直于三条坐标轴，形成如图 1-4 所示的长方体，这两点间的距离就是该长方体的对角线长度. 由于该长方体的三个棱长分别是

$$a=|x_2-x_1|,\quad b=|y_2-y_1|,\quad c=|z_2-z_1|,$$

所以

$$|P_1P_2|=\sqrt{a^2+b^2+c^2}=\sqrt{(x_2-x_1)^2+(y_2-y_1)^2+(z_2-z_1)^2}. \tag{1}$$

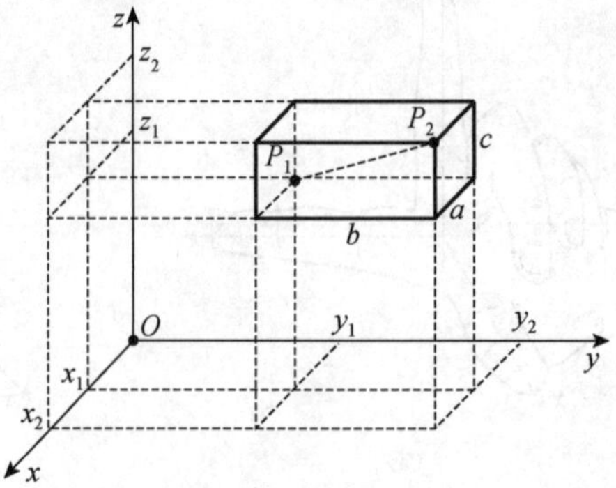

图 1-4

特别地,点 $P(x,y,z)$ 与原点 $O(0,0,0)$ 的距离为

$$|OP|=\sqrt{x^2+y^2+z^2}. \tag{2}$$

例 1 求两点 $P(1,2,3)$ 与 $Q(2,-1,4)$ 的距离 $|PQ|$.

解 由公式(1)得

$$|PQ|=\sqrt{(2-1)^2+(-1-2)^2+(4-3)^2}=\sqrt{11}.$$

例 2 在 x 轴上求点 P,使得它与点 $Q(4,1,2)$ 的距离为 $\sqrt{30}$.

解 因点 P 在 x 轴上,故可设点 P 的坐标为 $(x,0,0)$,从而应有

$$|PQ|=\sqrt{30}, \quad 即 \quad \sqrt{(4-x)^2+(1-0)^2+(2-0)^2}=\sqrt{30}.$$

于是

$$(x-4)^2+5=30, \quad 即 \quad x=-1 或 x=9.$$

故所求的点有两个:$P_1(-1,0,0)$ 和 $P_2(9,0,0)$.

例 3 给定三点 $M_1(4,3,1)$,$M_2(7,1,2)$,$M_3(5,2,3)$,证明:$\triangle M_1M_2M_3$ 是等腰三角形.

证 只需证明 $\triangle M_1M_2M_3$ 中两条边的长度相等即可.我们有

$$|M_1M_2|=\sqrt{(7-4)^2+(1-3)^2+(2-1)^2}=\sqrt{14},$$

$$|M_2M_3|=\sqrt{(5-7)^2+(2-1)^2+(3-2)^2}=\sqrt{6},$$

$$|M_3M_1|=\sqrt{(4-5)^2+(3-2)^2+(1-3)^2}=\sqrt{6}.$$

由于 $|M_2M_3|=|M_3M_1|$,所以 $\triangle M_1M_2M_3$ 是等腰三角形.

例 4 求点 $(1,-2,3)$ 到三条坐标轴及三个坐标面的距离.

解 设空间中有一点 $M(a,b,c)$,它在 x 轴、y 轴、z 轴上的投影点①分别为 A,B,C(图 1-5),则由坐标的定义知这三个投影点的坐标依次为 $(a,0,0)$,$(0,b,0)$,$(0,0,c)$.于是,点 M 到 x 轴的距离为

$$|MA|=\sqrt{(a-a)^2+(0-b)^2+(0-c)^2}=\sqrt{b^2+c^2}.$$

同理,点 M 到 y 轴和 z 轴的距离分别是

$$|MB|=\sqrt{a^2+c^2}, \quad |MC|=\sqrt{a^2+b^2}.$$

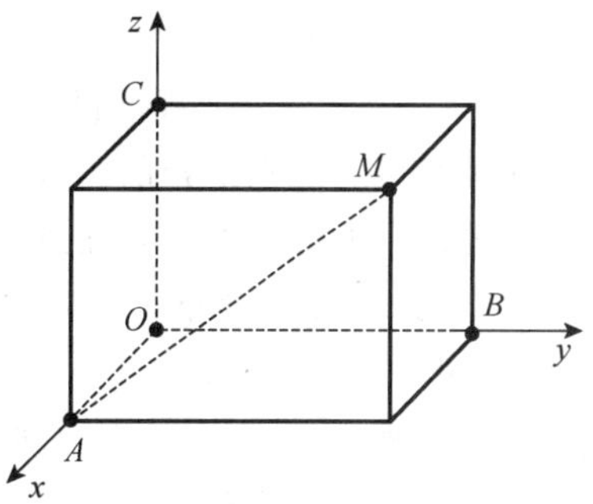

图 1-5

从图形上易看出,点 M 到 Oxy 平面的距离与点 $C(0,0,c)$ 到原点的距离相等,其距离是 $|c|$.同理,点 M 到 Oyz 平面和 Ozx 平面的距离分别是 $|a|$ 和 $|b|$.

于是,点 $(1,-2,3)$ 到 x 轴、y 轴、z 轴的距离分别为 $\sqrt{(-2)^2+3^2}=\sqrt{13}$,$\sqrt{1^2+3^2}=\sqrt{10}$,$\sqrt{1^2+(-2)^2}=\sqrt{5}$;点 $(1,-2,3)$ 到 Oxy 平面、Oyz 平面、Ozx 平面的距离分别为 $|3|=3$,$|1|=1$,$|-2|=2$.

习 题 1-1

1. 研究空间直角坐标系各卦限内点的坐标特征,指出下列各点在哪个卦限:

$A(1,-2,3)$, $B(2,3,-4)$, $C(2,-3,-4)$, $D(-2,-3,1)$, $E(1,2,4)$.

---

① 对于空间中的点 M,如果过点 M 向某条直线作垂线,则称垂足为点 M 在该直线上的**投影点**;如果过点 M 向某个平面作垂线,则称垂足为点 M 在该平面上的**投影点**.

2. 研究空间直角坐标系中各坐标面和各坐标轴上点的坐标特征,指出下列各点在哪个坐标面或哪条坐标轴上:

$$A(3,4,0),\quad B(0,4,3),\quad C(3,0,0),\quad D(0,-1,0),\quad E(0,0,7).$$

3. 点 (a,b,c) 关于各坐标面、各坐标轴、原点的对称点是什么?

4. 求点 $(-2,3,-1)$ 在各坐标面及各坐标轴上的投影点.

5. 求顶点为 $A(2,5,0)$,$B(11,3,8)$,$C(5,1,11)$ 的三角形各边的长度.

6. 求点 $A(4,-3,5)$ 到各坐标轴的距离,即求点 A 与其在各坐标轴上的投影点的距离.

§2 向量代数

2.1 向量的概念

在力学、物理学研究和工程应用中所遇到的量可以分为两类:一类是完全由数值大小决定的量,如质量、温度、时间、面积、体积、密度等.我们将这类量称为**数量(或标量)**.另一类是只知道其数值大小还不能完全确定的量,如力、速度、加速度等,它们不仅有大小,还有方向.我们将这类既有大小又有方向的量称为**向量**.

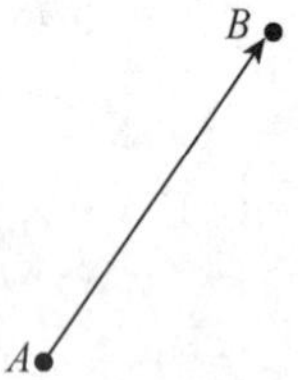

图 1-6

空间中以 A 为起点,B 为终点的线段称为**有向线段**(图 1-6).从点 A 指向点 B 的箭头表示了这条线段的方向,线段的长度表示了这条线段的大小.向量就可用这样一条有向线段来表示,记为 $\overrightarrow{AB}$.如果不强调起点和终点,向量也简记为 $\boldsymbol{\alpha},\boldsymbol{\beta},\cdots$ 或 $\boldsymbol{a},\boldsymbol{b},\cdots$.将向量 $\overrightarrow{AB}$ 或 $\boldsymbol{\alpha}$ 的大小记为 $|\overrightarrow{AB}|$ 或 $|\boldsymbol{\alpha}|$,称为**向量的模**.

如果向量 $\boldsymbol{\alpha}$ 的模为零,即 $|\boldsymbol{\alpha}|=0$,则称 $\boldsymbol{\alpha}$ 为**零向量**,记为 $\mathbf{0}$.可以将零向量理解为起点与终点重合的向量.从直观意义上讲,零向量不可能表示任何方向,但在数学上有时将零向量的方向看作是任意的,这为处理一些问题带来很大方便.

定义 1 如果两个向量 $\boldsymbol{\alpha}$ 与 $\boldsymbol{\beta}$ 的大小相等且方向相同,则称这两个向量是**相等的向量**,记为 $\boldsymbol{\alpha}=\boldsymbol{\beta}$.

也就是说,一个向量在空间中平移到任何位置而得到的向量与原向量相等.所以,这里所规定的向量也称为**自由向量**.因此,向量的方向和大小(模)是确定一个向量的两个要素.如果两个向量 $\boldsymbol{\alpha},\boldsymbol{\beta}$ 相等,将它们平移,则当它们的起点重合时,它们的终点也必然重合.

对于若干个向量,将它们的起点平移到同一个点后,如果它们的起点和终点都位于同一条直线上,则称这些向量是**共线**的;如果它们的起点和终点都位于同一个平面上,则称这些向量是**共面**的.不论大小,只要两个向量 $\boldsymbol{\alpha},\boldsymbol{\beta}$ 的方向相同或相反,则称 $\boldsymbol{\alpha}$ 与 $\boldsymbol{\beta}$ **平行**,记为 $\boldsymbol{\alpha}/\!/\boldsymbol{\beta}$.显然,零向量与任何向量都是共线的;两个向量共线的充要条件是这两个向量相互平行;空间中任何两个向量都是共面的.

2.2 向量的加法

给定两个非零向量 $\boldsymbol{\alpha},\boldsymbol{\beta}$,将它们的起点平移到同一个点 O,它们的终点分别设为 A 和 B,则 $\overrightarrow{OA}=\boldsymbol{\alpha}$,$\overrightarrow{OB}=\boldsymbol{\beta}$.以 $\overrightarrow{OA}$,$\overrightarrow{OB}$ 为邻边可构造一个平行四边形 $OBCA$.以 O 为起点,C 为终点的向量 $\boldsymbol{\gamma}=\overrightarrow{OC}$ 称为**向量 $\boldsymbol{\alpha}$ 与 $\boldsymbol{\beta}$ 的和**,记为

$$\boldsymbol{\alpha}+\boldsymbol{\beta}=\boldsymbol{\gamma},\quad 即\quad \overrightarrow{OA}+\overrightarrow{OB}=\overrightarrow{OC}.$$

这种确定两个向量的和的方法称为**平行四边形法则**[图 1-7(a)].

对于给定的两个向量 $\boldsymbol{\alpha}$,$\boldsymbol{\beta}$,如果将 $\boldsymbol{\beta}$ 平移,使其起点平移到 $\boldsymbol{\alpha}$ 的终点[图 1-7(b)],此时 $\boldsymbol{\beta}$ 的终点与用平行四边形法则确定的点 C 重合,从而 $\boldsymbol{\beta}=\overrightarrow{AC}$,于是 $\boldsymbol{\alpha}$ 与 $\boldsymbol{\beta}$ 的和也为 $\overrightarrow{OA}+\overrightarrow{AC}=\overrightarrow{OC}$. 这种确定两个向量的和的方法称为**三角形法则**.

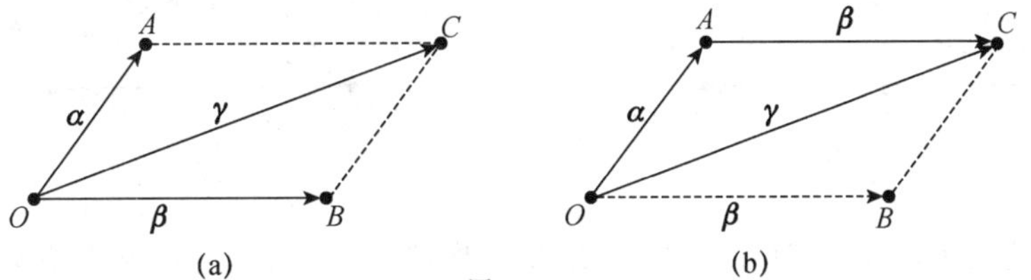

图 1-7

由于零向量的起点与终点重合,对于任何向量 $\boldsymbol{\alpha}$,根据三角形法则可以得到

$$\boldsymbol{\alpha}+\mathbf{0}=\mathbf{0}+\boldsymbol{\alpha}=\boldsymbol{\alpha}.$$

向量加法的逆运算称为**向量减法**. 给定向量 $\boldsymbol{\alpha}$ 与 $\boldsymbol{\beta}$,如果存在 $\boldsymbol{\gamma}$,使得 $\boldsymbol{\alpha}=\boldsymbol{\beta}+\boldsymbol{\gamma}$,则称 $\boldsymbol{\gamma}$ 是**向量 $\boldsymbol{\alpha}$ 与 $\boldsymbol{\beta}$ 的差**,记为 $\boldsymbol{\alpha}-\boldsymbol{\beta}=\boldsymbol{\gamma}$.

如果设 $\overrightarrow{OA}=\boldsymbol{\alpha}$,$\overrightarrow{OB}=\boldsymbol{\beta}$,则由三角形法则可知 $\overrightarrow{OA}=\overrightarrow{OB}+\overrightarrow{BA}$[图 1-8(a)]. 于是

$$\boldsymbol{\alpha}-\boldsymbol{\beta}=\overrightarrow{OA}-\overrightarrow{OB}=\overrightarrow{BA}.$$

也就是说,将 $\boldsymbol{\alpha}$ 与 $\boldsymbol{\beta}$ 的起点放在一起,则从 $\boldsymbol{\beta}$ 的终点到 $\boldsymbol{\alpha}$ 的终点的向量即为 $\boldsymbol{\alpha}-\boldsymbol{\beta}$.

向量加法与减法的几何意义:设 $\boldsymbol{\alpha}$,$\boldsymbol{\beta}$ 为非零向量,则 $\boldsymbol{\alpha}+\boldsymbol{\beta}$ 与 $\boldsymbol{\alpha}-\boldsymbol{\beta}$ 分别是以 $\boldsymbol{\alpha}$ 和 $\boldsymbol{\beta}$ 为邻边的平行四边形的两条对角线向量[图 1-8(b)].

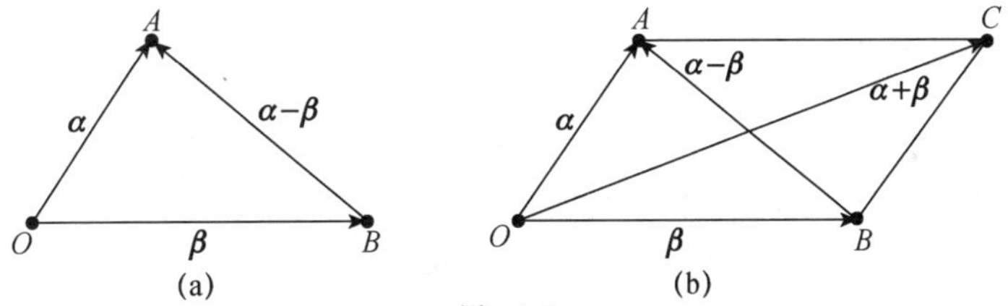

图 1-8

向量的加法满足我们熟知的加法运算的规律:

1) **交换律**:$\boldsymbol{\alpha}+\boldsymbol{\beta}=\boldsymbol{\beta}+\boldsymbol{\alpha}$.

若 $\boldsymbol{\alpha}$,$\boldsymbol{\beta}$ 中有一个为零向量,显然成立. 若 $\boldsymbol{\alpha}$,$\boldsymbol{\beta}$ 均为非零向量,如图 1-9 所示,设 $OBCA$ 为平行四边形,并设 $\overrightarrow{OA}=\boldsymbol{\alpha}$,$\overrightarrow{OB}=\boldsymbol{\beta}$,则由向量相等的定义有

$$\overrightarrow{OA}=\overrightarrow{BC}=\boldsymbol{\alpha},\quad \overrightarrow{OB}=\overrightarrow{AC}=\boldsymbol{\beta}.$$

由三角形法则可得

$$\overrightarrow{OA}+\overrightarrow{AC}=\overrightarrow{OC}=\boldsymbol{\alpha}+\boldsymbol{\beta},\quad \boldsymbol{\beta}+\boldsymbol{\alpha}=\overrightarrow{OB}+\overrightarrow{BC}=\overrightarrow{OC},$$

从而 $\boldsymbol{\alpha}+\boldsymbol{\beta}=\boldsymbol{\beta}+\boldsymbol{\alpha}$,即交换律成立.

2) **结合律**:$(\boldsymbol{\alpha}+\boldsymbol{\beta})+\boldsymbol{\gamma}=\boldsymbol{\alpha}+(\boldsymbol{\beta}+\boldsymbol{\gamma})$.

如图 1-10 所示,设 $\overrightarrow{OA}=\boldsymbol{\alpha}$,$\overrightarrow{AB}=\boldsymbol{\beta}$,$\overrightarrow{BC}=\boldsymbol{\gamma}$,则由三角形法则可得

$$(\boldsymbol{\alpha}+\boldsymbol{\beta})+\boldsymbol{\gamma}=(\overrightarrow{OA}+\overrightarrow{AB})+\overrightarrow{BC}=\overrightarrow{OB}+\overrightarrow{BC}=\overrightarrow{OC},$$

$$\boldsymbol{\alpha}+(\boldsymbol{\beta}+\boldsymbol{\gamma})=\overrightarrow{OA}+(\overrightarrow{AB}+\overrightarrow{BC})=\overrightarrow{OA}+\overrightarrow{AC}=\overrightarrow{OC},$$

从而结合律成立.

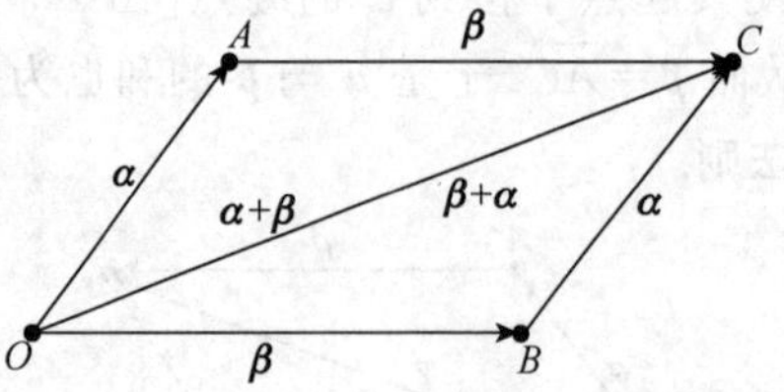

图 1-9

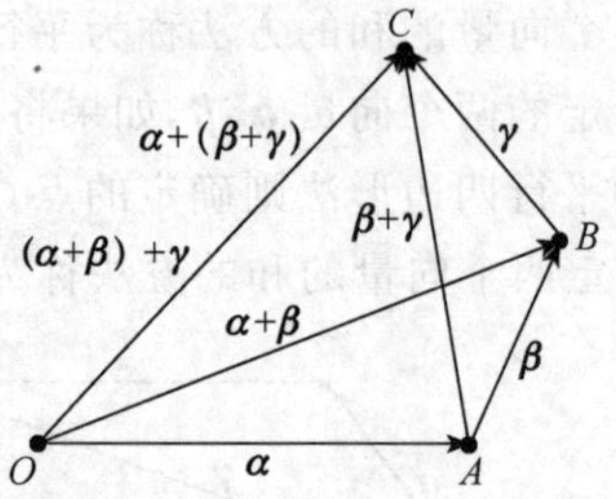

图 1-10

当三个向量 $\boldsymbol{\alpha},\boldsymbol{\beta},\boldsymbol{\gamma}$ 相加时，由于结合律与交换律成立，因此可以不考虑它们相加的次序而写为 $\boldsymbol{\alpha}+\boldsymbol{\beta}+\boldsymbol{\gamma}$，$\boldsymbol{\alpha}+\boldsymbol{\gamma}+\boldsymbol{\beta}$ 或 $\boldsymbol{\beta}+\boldsymbol{\alpha}+\boldsymbol{\gamma}$ 等.

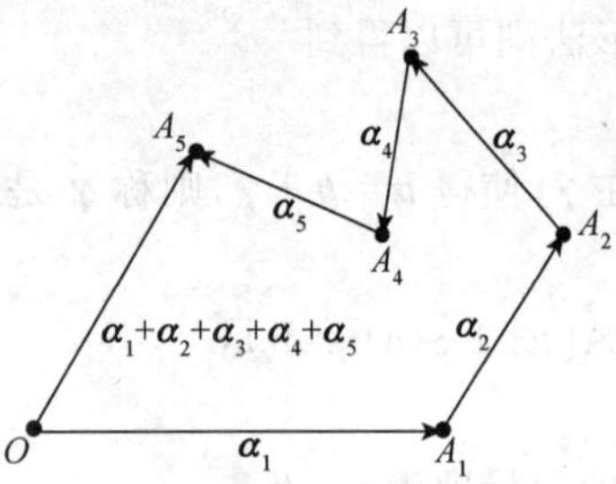

图 1-11

两个向量相加的三角形法则可以推广到 n 个向量相加. 设有 n 个向量 $\boldsymbol{\alpha}_1,\boldsymbol{\alpha}_2,\cdots,\boldsymbol{\alpha}_n$ 相加，可以将 $\boldsymbol{\alpha}_1$ 的终点与 $\boldsymbol{\alpha}_2$ 的起点相接，$\boldsymbol{\alpha}_2$ 的终点与 $\boldsymbol{\alpha}_3$ 的起点相接……$\boldsymbol{\alpha}_{n-1}$ 的终点与 $\boldsymbol{\alpha}_n$ 的起点相接，最后从 $\boldsymbol{\alpha}_1$ 的起点到 $\boldsymbol{\alpha}_n$ 的终点的有向线段就是这 n 个向量的和 $\boldsymbol{\alpha}_1+\boldsymbol{\alpha}_2+\cdots+\boldsymbol{\alpha}_n$.

图 1-11 是五个向量 $\boldsymbol{\alpha}_1,\boldsymbol{\alpha}_2,\cdots,\boldsymbol{\alpha}_5$ 相加的示意图，从向量 $\boldsymbol{\alpha}_1$ 开始，依次将它们首尾相接. 设 $\boldsymbol{\alpha}_1=\overrightarrow{OA_1}$，$\boldsymbol{\alpha}_2=\overrightarrow{A_1A_2}$，$\boldsymbol{\alpha}_3=\overrightarrow{A_2A_3}$，$\boldsymbol{\alpha}_4=\overrightarrow{A_3A_4}$，$\boldsymbol{\alpha}_5=\overrightarrow{A_4A_5}$，可得到它们的和为

$$\boldsymbol{\alpha}_1+\boldsymbol{\alpha}_2+\boldsymbol{\alpha}_3+\boldsymbol{\alpha}_4+\boldsymbol{\alpha}_5=\overrightarrow{OA_1}+\overrightarrow{A_1A_2}+\overrightarrow{A_2A_3}+\overrightarrow{A_3A_4}+\overrightarrow{A_4A_5}=\overrightarrow{OA_5}.$$

2.3 向量与数的乘法

定义 2 给定实数 λ 及向量 $\boldsymbol{\alpha}$，规定 λ 与 $\boldsymbol{\alpha}$ 的**乘积** $\lambda\boldsymbol{\alpha}$ 是一个向量，它的模规定为 $|\lambda\boldsymbol{\alpha}|=|\lambda||\boldsymbol{\alpha}|$，它的方向规定为：当 $\lambda>0$ 时，$\lambda\boldsymbol{\alpha}$ 的方向与 $\boldsymbol{\alpha}$ 的方向相同；当 $\lambda<0$ 时，$\lambda\boldsymbol{\alpha}$ 的方向与 $\boldsymbol{\alpha}$ 的方向相反. λ 与 $\boldsymbol{\alpha}$ 的乘积运算称为向量的**数量乘法**(简称**数乘**).

设 $\boldsymbol{\alpha}=\overrightarrow{OA}$，$\lambda\boldsymbol{\alpha}=\overrightarrow{OB}$，数量乘法的几何意义见图 1-12(a)，(b). 可以看到，当 $\lambda>0$ 时，向量 $\lambda\boldsymbol{\alpha}$ 是 $\boldsymbol{\alpha}$ 在它原有的方向上模伸缩为原来的 λ 倍；当 $\lambda<0$ 时，向量 $\lambda\boldsymbol{\alpha}$ 是 $\boldsymbol{\alpha}$ 在它的反方向上模伸缩为原来的 $|\lambda|$ 倍.

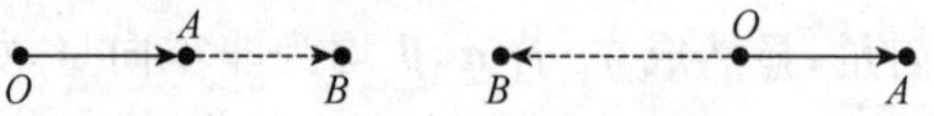

(a) $\lambda>0$ (b) $\lambda<0$

图 1-12

由数量乘法的定义可知 $0\boldsymbol{\alpha}=\mathbf{0}$ 及 $\lambda\mathbf{0}=\mathbf{0}$.

由于 $1\boldsymbol{\alpha}=\boldsymbol{\alpha}$，亦记 $(-1)\boldsymbol{\alpha}=-\boldsymbol{\alpha}$，它表示与 $\boldsymbol{\alpha}$ 大小相同、方向相反的向量，从而

$$\boldsymbol{\alpha}-\boldsymbol{\beta}=\boldsymbol{\alpha}+(-\boldsymbol{\beta}) \quad (\text{图 } 1\text{-}13).$$

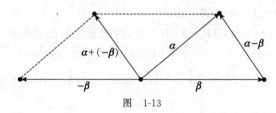

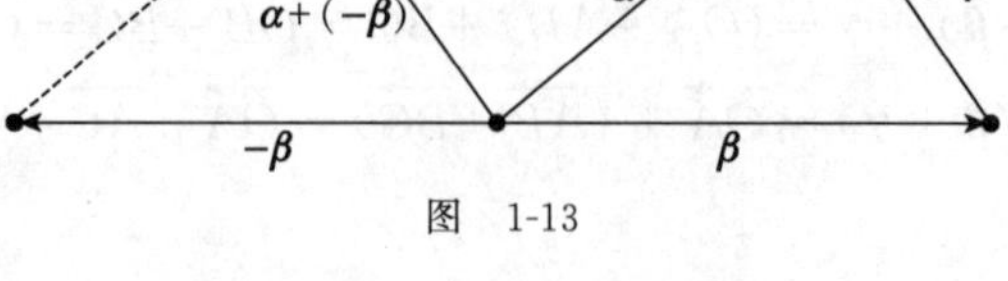

图 1-13

可以证明数量乘法有如下运算规律(其中 λ 与 μ 是实数):

1) **结合律**: $\lambda(\mu\boldsymbol{\alpha})=\mu(\lambda\boldsymbol{\alpha})=(\lambda\mu)\boldsymbol{\alpha}$;

2) 对于数量加法的**分配律**: $(\lambda+\mu)\boldsymbol{\alpha}=\lambda\boldsymbol{\alpha}+\mu\boldsymbol{\alpha}$;

3) 对于向量加法的**分配律**: $\lambda(\boldsymbol{\alpha}+\boldsymbol{\beta})=\lambda\boldsymbol{\alpha}+\lambda\boldsymbol{\beta}$.

这些运算规律都是我们应该掌握的,证明省略. 向量的加法和数量乘法统称为向量的**线性运算**.

例 1 根据向量的加法和数量乘法的运算规律,化简 $(3\boldsymbol{a}+\boldsymbol{b})+(2\boldsymbol{a}-\boldsymbol{b})-(4\boldsymbol{a}-3\boldsymbol{b})$.

解

$$\begin{aligned}(3\boldsymbol{a}+\boldsymbol{b})+(2\boldsymbol{a}-\boldsymbol{b})-(4\boldsymbol{a}-3\boldsymbol{b})&=3\boldsymbol{a}+\boldsymbol{b}+2\boldsymbol{a}-\boldsymbol{b}-4\boldsymbol{a}+3\boldsymbol{b}\\&=(3\boldsymbol{a}+2\boldsymbol{a}-4\boldsymbol{a})+(\boldsymbol{b}-\boldsymbol{b}+3\boldsymbol{b})=(3+2-4)\boldsymbol{a}+(1-1+3)\boldsymbol{b}\\&=\boldsymbol{a}+3\boldsymbol{b}.\end{aligned}$$

定理 1 设向量 $\boldsymbol{\alpha}\neq\boldsymbol{0}$,则向量 $\boldsymbol{\beta}$ 平行于 $\boldsymbol{\alpha}$ 的充要条件是,存在实数 λ,使得 $\boldsymbol{\beta}=\lambda\boldsymbol{\alpha}$.

证 充分性 设 $\boldsymbol{\beta}=\lambda\boldsymbol{\alpha}$. 当 $\lambda\neq0$ 时,由数量乘法的定义知 $\boldsymbol{\beta}$ 平行于 $\boldsymbol{\alpha}$. 当 $\lambda=0$ 时,必有 $\boldsymbol{\beta}=\boldsymbol{0}$. 由于零向量的方向可以看作是任意的,因此我们可认为零向量与任何向量都平行.

必要性 设 $\boldsymbol{\beta}$ 与 $\boldsymbol{\alpha}$ 平行,此时 $\boldsymbol{\beta}$ 与 $\boldsymbol{\alpha}$ 的方向要么相同,要么相反. 取 $|\lambda|=\dfrac{|\boldsymbol{\beta}|}{|\boldsymbol{\alpha}|}$,且 $\boldsymbol{\beta}$ 与 $\boldsymbol{\alpha}$ 同向时 λ 取正值,反向时 λ 取负值. 于是,$\boldsymbol{\beta}$ 与 $\lambda\boldsymbol{\alpha}$ 同向,并且有

$$|\lambda\boldsymbol{\alpha}|=|\lambda||\boldsymbol{\alpha}|=\frac{|\boldsymbol{\beta}|}{|\boldsymbol{\alpha}|}|\boldsymbol{\alpha}|=|\boldsymbol{\beta}|.$$

因此,两个向量 $\boldsymbol{\beta}$ 与 $\lambda\boldsymbol{\alpha}$ 方向相同,大小相等. 根据向量相等的定义,知 $\boldsymbol{\beta}=\lambda\boldsymbol{\alpha}$.

如果向量 $\boldsymbol{\alpha}$ 的模为 1,即 $|\boldsymbol{\alpha}|=1$,则称 $\boldsymbol{\alpha}$ 为**单位向量**. 如果 $\boldsymbol{\alpha}\neq\boldsymbol{0}$,记 $\boldsymbol{\alpha}^0=\dfrac{1}{|\boldsymbol{\alpha}|}\boldsymbol{\alpha}$,称之为 $\boldsymbol{\alpha}$ 的**单位化向量**. 由数量乘法的定义可知 $\boldsymbol{\alpha}^0$ 与 $\boldsymbol{\alpha}$ 同向,$\boldsymbol{\alpha}^0$ 的模为 $|\boldsymbol{\alpha}^0|=\dfrac{1}{|\boldsymbol{\alpha}|}|\boldsymbol{\alpha}|=1$,并且有

$$\boldsymbol{\alpha}=|\boldsymbol{\alpha}|\boldsymbol{\alpha}^0.$$

2.4 向量的投影

将非零向量 $\boldsymbol{\alpha},\boldsymbol{\beta}$ 的起点放在一起,它们之间的夹角 φ 记为 $(\widehat{\boldsymbol{\alpha},\boldsymbol{\beta}})$,规定 $0\leqslant\varphi\leqslant\pi$ [图 1-14(a)]. 由于零向量的方向可以看作是任意的,规定零向量与任何向量的夹角 φ 可取 $[0,\pi]$ 中的任何值.

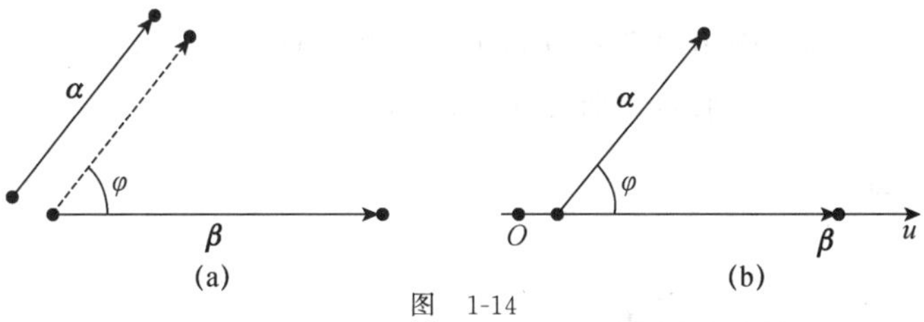

图 1-14

给定数轴 u 及非零向量 $\boldsymbol{\alpha}$,在数轴 u 上取与数轴 u 同向的非零向量 $\boldsymbol{\beta}$,规定 $\boldsymbol{\alpha}$ 与数轴 u 的夹角为 $\boldsymbol{\alpha}$ 与 $\boldsymbol{\beta}$ 的夹角,记为 $(\widehat{\boldsymbol{\alpha},u})$ [图 1-14(b)].

若非零向量 $\boldsymbol{\alpha}$ 与 $\boldsymbol{\beta}$ 的夹角 $(\widehat{\boldsymbol{\alpha},\boldsymbol{\beta}})=\dfrac{\pi}{2}$,则称 $\boldsymbol{\alpha}$ 与 $\boldsymbol{\beta}$ **垂直**. 规定零向量与任何向量垂直.

给定向量 $\boldsymbol{\alpha}=\overrightarrow{AB}$ 及数轴 u，过点 A，B 分别向数轴 u 作垂线，设垂足依次为 A'，B'，这两个点在数轴 u 上的坐标分别为 u_A，u_B. 称 A'，B'分别为点 A，B 在数轴 u 上的**投影点**；称向量 $\overrightarrow{A'B'}$ 为 $\overrightarrow{AB}$ 在数轴 u 上的**投影向量**；记 $\mathrm{Prj}_u\overrightarrow{AB}=u_B-u_A$，称之为 $\overrightarrow{AB}$ 在数轴 u 上的**投影**.

由于$|\overrightarrow{A'B'}|=|\mathrm{Prj}_u\overrightarrow{AB}|$，因此 $\mathrm{Prj}_u\overrightarrow{AB}$ 在一定程度上反映了向量 $\overrightarrow{AB}$ 在数轴 u 上投影的"大小"(图 1-15).

如果平移向量 $\overrightarrow{AB}$，则它在数轴 u 上的投影向量不变，从而平移后的投影也不变. 简言之，向量在数轴 u 上的投影具有平移不变性，从而相同向量的投影值是唯一的.

给定非零向量 $\boldsymbol{\beta}$，作与 $\boldsymbol{\beta}$ 同方向的数轴 u. 称向量 $\boldsymbol{\alpha}$ 在数轴 u 上的投影为 $\boldsymbol{\alpha}$ 在向量 $\boldsymbol{\beta}$ 上的**投影**，记为 $\mathrm{Prj}_{\boldsymbol{\beta}}\boldsymbol{\alpha}$.

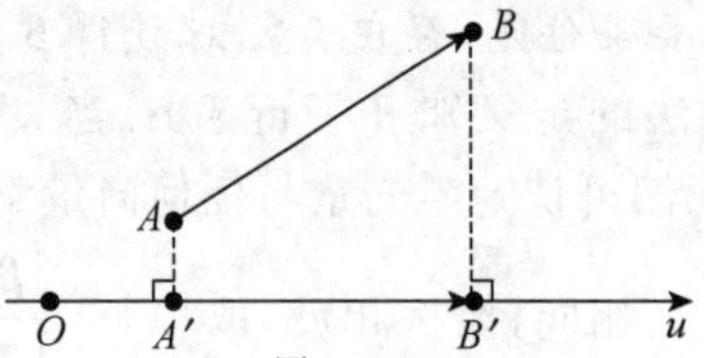

图 1-15

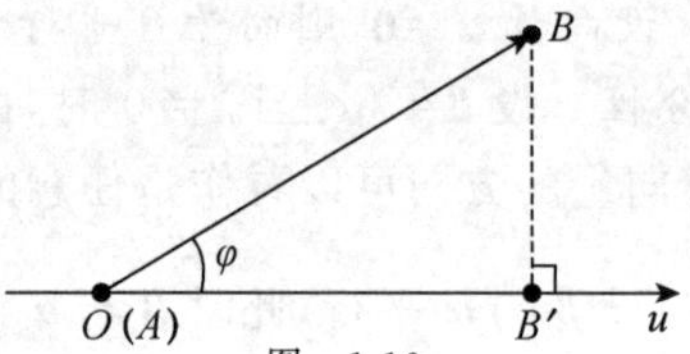

图 1-16

定理 2(投影定理) 对于任意向量 $\boldsymbol{\alpha}$，有

$$\mathrm{Prj}_u\boldsymbol{\alpha}=|\boldsymbol{\alpha}|\cos\varphi,$$

其中 φ 是 $\boldsymbol{\alpha}$ 与数轴 u 的夹角.

证 由投影的平移不变性，将向量 $\boldsymbol{\alpha}=\overrightarrow{AB}$ 的起点平移到数轴 u 的原点 O(图 1-16)，则点 A 与 O 重合，A 在数轴 u 上的投影点就是 O，其坐标为 0. 记点 B 在数轴 u 上的投影点 B'的坐标为 u_B，于是

$$\mathrm{Prj}_u\boldsymbol{\alpha}=u_B=|\boldsymbol{\alpha}|\cos\varphi.$$

由投影定理可知：$\boldsymbol{\alpha}$ 与数轴 u 垂直的充要条件是 $\mathrm{Prj}_u\boldsymbol{\alpha}=0$；当 φ 是锐角时，$\mathrm{Prj}_u\boldsymbol{\alpha}>0$；当 φ 是钝角时，$\mathrm{Prj}_u\boldsymbol{\alpha}<0$.

定理 3(投影的线性性质) 对于任意向量 $\boldsymbol{\alpha}$，$\boldsymbol{\beta}$，有

1) $\mathrm{Prj}_u(\boldsymbol{\alpha}+\boldsymbol{\beta})=\mathrm{Prj}_u\boldsymbol{\alpha}+\mathrm{Prj}_u\boldsymbol{\beta}$，$\mathrm{Prj}_u(\boldsymbol{\alpha}-\boldsymbol{\beta})=\mathrm{Prj}_u\boldsymbol{\alpha}-\mathrm{Prj}_u\boldsymbol{\beta}$；

2) 设 λ 是实数，则 $\mathrm{Prj}_u(\lambda\boldsymbol{\alpha})=\lambda\mathrm{Prj}_u\boldsymbol{\alpha}$.

证 只证 $\boldsymbol{\alpha}$，$\boldsymbol{\beta}$ 为非零向量时 1)中的第一个式子. 如图 1-17 所示，将 $\boldsymbol{\alpha}$ 的终点与 $\boldsymbol{\beta}$ 的起点相接，并设 $\boldsymbol{\alpha}=\overrightarrow{AB}$，$\boldsymbol{\beta}=\overrightarrow{BC}$，则由三角形法则知 $\boldsymbol{\alpha}+\boldsymbol{\beta}=\overrightarrow{AC}$(图 1-17). 设点 A，B，C 在数轴 u 上的投影点分别为 A'，B'，C'，坐标分别为 u_A，u_B，u_C，则

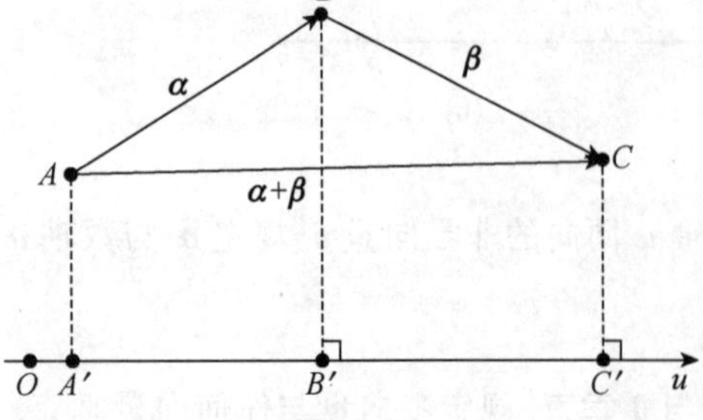

图 1-17

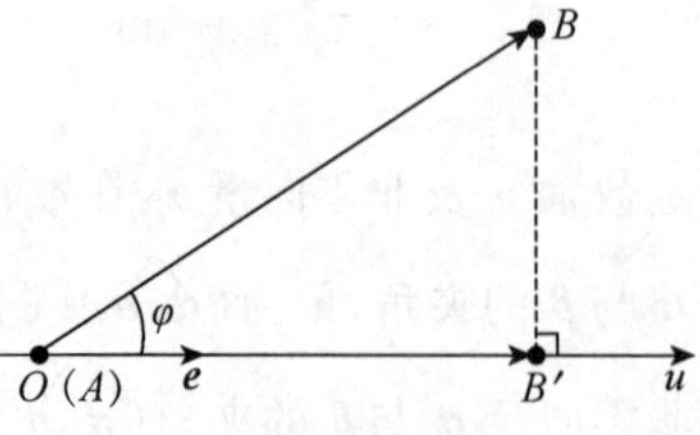

图 1-18

$$\mathrm{Prj}_u(\boldsymbol{\alpha}+\boldsymbol{\beta})=u_C-u_A=(u_B-u_A)+(u_C-u_B)=\mathrm{Prj}_u\boldsymbol{\alpha}+\mathrm{Prj}_u\boldsymbol{\beta}.$$

例 2 设 $\boldsymbol{e}$ 是与数轴 u 同方向的单位向量，$\overrightarrow{AB}$ 在数轴 u 上的投影向量为 $\overrightarrow{A'B'}$，投影为 $\lambda=\mathrm{Prj}_u\overrightarrow{AB}$，证明：$\overrightarrow{A'B'}=\lambda\boldsymbol{e}$.

证 当 $\overrightarrow{AB}$ 为零向量时，显然成立.

当 $\overrightarrow{AB}$ 为非零向量时，根据投影向量的平移不变性，可将向量 $\overrightarrow{AB}$ 的起点平移到数轴 u 的原点 O(图 1-18)，则点 A 与 O 重合，点 A 在数轴 u 上的投影点就是 O. 仍设点 B 在数轴 u 上的投影点为 B'，于是 $\overrightarrow{AB}$ 在数轴 u 上的投影向量为 $\overrightarrow{OB'}$，即 $\overrightarrow{A'B'}=\overrightarrow{OB'}$. 根据数量乘法的定义及投影定理，可得

$$\overrightarrow{A'B'}=\overrightarrow{OB'}=(|\overrightarrow{AB}|\cos\varphi)\boldsymbol{e}=(\mathrm{Prj}_u\overrightarrow{AB})\boldsymbol{e}=\lambda\boldsymbol{e},$$

其中 φ 是 $\overrightarrow{AB}$ 与数轴 u 的夹角.

2.5 向量的坐标

在空间直角坐标系中，与 x 轴、y 轴、z 轴三条坐标轴同方向的单位向量分别记为 $\boldsymbol{i},\boldsymbol{j},\boldsymbol{k}$，称为**基本单位向量**. 给定空间中的点 $M(a,b,c)$，向量 $\overrightarrow{OM}$ 称为**向径**. 显然，$\overrightarrow{OM}$ 在三条坐标轴上的投影分别为

$$\mathrm{Prj}_x\overrightarrow{OM}=a,\quad \mathrm{Prj}_y\overrightarrow{OM}=b,\quad \mathrm{Prj}_z\overrightarrow{OM}=c.$$

如图 1-19 所示，设点 M 在 x 轴、y 轴、z 轴上的投影点分别为 A,B,C，则由例 2 中的结论可知向径 $\overrightarrow{OM}$ 在 x 轴、y 轴、z 轴上的投影向量分别为

$$\overrightarrow{OA}=a\boldsymbol{i},\quad \overrightarrow{OB}=b\boldsymbol{j},\quad \overrightarrow{OC}=c\boldsymbol{k},$$

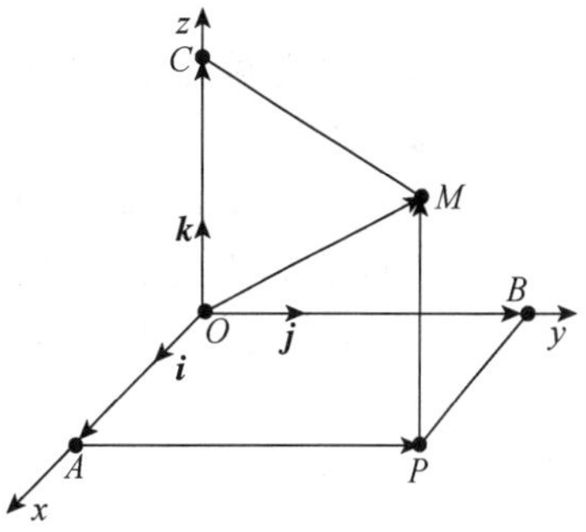

图 1-19

称之为 $\overrightarrow{OM}$ 在相应坐标轴上的**分向量**. 设点 P 是点 M 在 Oxy 平面上的投影点，则 $\overrightarrow{OB}=\overrightarrow{AP}$，$\overrightarrow{OC}=\overrightarrow{PM}$. 由向量的加法法则有 $\overrightarrow{OM}=\overrightarrow{OA}+\overrightarrow{AP}+\overrightarrow{PM}$，从而 $\overrightarrow{OM}=\overrightarrow{OA}+\overrightarrow{OB}+\overrightarrow{OC}$，即

$$\overrightarrow{OM}=a\boldsymbol{i}+b\boldsymbol{j}+c\boldsymbol{k}. \tag{1}$$

称(1)式为 $\overrightarrow{OM}$ 的**分解式**.

若另有 $\overrightarrow{OM}=a'\boldsymbol{i}+b'\boldsymbol{j}+c'\boldsymbol{k}$，考虑 $\overrightarrow{OM}$ 在 x 轴上的投影，由投影的线性性质并注意到 $\boldsymbol{j},\boldsymbol{k}$ 与 x 轴垂直，可得

$$\mathrm{Prj}_x\overrightarrow{OM}=a'\mathrm{Prj}_x\boldsymbol{i}+b'\mathrm{Prj}_x\boldsymbol{j}+c'\mathrm{Prj}_x\boldsymbol{k}=a'+0+0=a'.$$

由向量投影的唯一性可知 $a=a'$. 同理，考虑 $\overrightarrow{OM}$ 在 y 轴和 z 轴上的投影，可得 $b=b'$，$c=c'$. 这说明，向径 $\overrightarrow{OM}$ 的分解式表示法是唯一的.

对于空间中的两点 $M_1(x_1,y_1,z_1)$，$M_2(x_2,y_2,z_2)$，向量 $\overrightarrow{M_1M_2}$ 在 x 轴、y 轴、z 轴上的投影分别为 x_2-x_1，y_2-y_1，z_2-z_1. 可将 $\overrightarrow{M_1M_2}$ 平移为向径 $\overrightarrow{OM}$，于是 $\overrightarrow{OM}=a\boldsymbol{i}+b\boldsymbol{j}+c\boldsymbol{k}$，其中 a,b,c 分别为 $\overrightarrow{OM}$ 在 x 轴、y 轴、z 轴上的投影. 由于向量的投影具有平移不变性，从而 $a=x_2-x_1$，$b=y_2-y_1$，$c=z_2-z_1$，因此由 $\overrightarrow{M_1M_2}=\overrightarrow{OM}$ 可知

$$\overrightarrow{M_1M_2}=a\boldsymbol{i}+b\boldsymbol{j}+c\boldsymbol{k}=(x_2-x_1)\boldsymbol{i}+(y_2-y_1)\boldsymbol{j}+(z_2-z_1)\boldsymbol{k}. \tag{2}$$

上式说明，任何向量都可以用 $\boldsymbol{i},\boldsymbol{j},\boldsymbol{k}$ 的线性运算表示出来，且由于向量及其投影的平移不变性，这种表示法还是唯一的.

如果 $\boldsymbol{\alpha}=a\boldsymbol{i}+b\boldsymbol{j}+c\boldsymbol{k}$，则 a,b,c 分别称为 $\boldsymbol{\alpha}$ 的三个**坐标**. 由坐标的唯一性，此时可将 $\boldsymbol{\alpha}$ 简记为 $\{a,b,c\}$，其意义为 $\{a,b,c\}=a\boldsymbol{i}+b\boldsymbol{j}+c\boldsymbol{k}$.

(2)式还给出了由空间中两点 $M_1(x_1,y_1,z_1)$，$M_2(x_2,y_2,z_2)$ 所确定的向量 $\overrightarrow{M_1M_2}$ 的坐标表示，即

$$\overrightarrow{M_1M_2}=\{x_2-x_1,y_2-y_1,z_2-z_1\}.$$

由于 $|\overrightarrow{M_1M_2}|=\sqrt{(x_2-x_1)^2+(y_2-y_1)^2+(z_2-z_1)^2}$，它就是两点 M_1,M_2 间的距离，因此如果 $\boldsymbol{\alpha}=\{a,b,c\}$，则

$$|\boldsymbol{\alpha}|=\sqrt{a^2+b^2+c^2}. \tag{3}$$

例 3 求零向量和基本单位向量的坐标与模.

解 零向量：$\mathbf{0}=\{0,0,0\}$，$|\mathbf{0}|=\sqrt{0^2+0^2+0^2}=0$.

基本单位向量：

$$\boldsymbol{i}=\{1,0,0\},\quad |\boldsymbol{i}|=\sqrt{1^2+0^2+0^2}=1;$$

$$\boldsymbol{j}=\{0,1,0\},\quad |\boldsymbol{j}|=\sqrt{0^2+1^2+0^2}=1;$$

$$\boldsymbol{k}=\{0,0,1\},\quad |\boldsymbol{k}|=\sqrt{0^2+0^2+1^2}=1.$$

定理 4(向量线性运算的坐标表示) 设向量 $\boldsymbol{\alpha}=\{a_1,a_2,a_3\}$，$\boldsymbol{\beta}=\{b_1,b_2,b_3\}$，$\lambda$ 为实数，则

1) $\boldsymbol{\alpha}+\boldsymbol{\beta}=\{a_1+b_1,a_2+b_2,a_3+b_3\}$，$\boldsymbol{\alpha}-\boldsymbol{\beta}=\{a_1-b_1,a_2-b_2,a_3-b_3\}$；

2) $\lambda\boldsymbol{\alpha}=\{\lambda a_1,\lambda a_2,\lambda a_3\}$，特别地有 $-\boldsymbol{\alpha}=\{-a_1,-a_2,-a_3\}$.

证 只证 1)中的加法公式，其他公式类似可证.

此时 $\boldsymbol{\alpha}=a_1\boldsymbol{i}+a_2\boldsymbol{j}+a_3\boldsymbol{k}$，$\boldsymbol{\beta}=b_1\boldsymbol{i}+b_2\boldsymbol{j}+b_3\boldsymbol{k}$，由向量线性运算的规律知

$$\boldsymbol{\alpha}+\boldsymbol{\beta}=(a_1+b_1)\boldsymbol{i}+(a_2+b_2)\boldsymbol{j}+(a_3+b_3)\boldsymbol{k},$$

于是

$$\boldsymbol{\alpha}+\boldsymbol{\beta}=\{a_1+b_1,a_2+b_2,a_3+b_3\}.$$

例 4 设向量 $\boldsymbol{\alpha}=\{1,-1,0\}$，$\boldsymbol{\beta}=\{0,2,3\}$，求 $3\boldsymbol{\alpha}-2\boldsymbol{\beta}$.

解 $3\boldsymbol{\alpha}-2\boldsymbol{\beta}=3\{1,-1,0\}-2\{0,2,3\}=\{3,-3,0\}-\{0,4,6\}=\{3,-7,-6\}$.

例 5 给定两个非零向量 $\boldsymbol{\alpha}=\{a_1,a_2,a_3\}$，$\boldsymbol{\beta}=\{b_1,b_2,b_3\}$，则 $\boldsymbol{\alpha}/\!/\boldsymbol{\beta}$ 的充要条件是它们对应的坐标成比例，即 $\dfrac{a_1}{b_1}=\dfrac{a_2}{b_2}=\dfrac{a_3}{b_3}$.

证 必要性 设 $\boldsymbol{\alpha}/\!/\boldsymbol{\beta}$. 由定理 1 知，存在实数 λ，使得 $\boldsymbol{\alpha}=\lambda\boldsymbol{\beta}$. 由向量的坐标表示，则有

$$\{a_1,a_2,a_3\}=\{\lambda b_1,\lambda b_2,\lambda b_3\}.$$

再由向量坐标表示的唯一性得到 $a_1=\lambda b_1$，$a_2=\lambda b_2$，$a_3=\lambda b_3$，于是

$$\frac{a_1}{b_1}=\frac{a_2}{b_2}=\frac{a_3}{b_3}=\lambda,$$

结论成立.

充分性的证明只需反推回去，此处省略.

注 因 $\boldsymbol{\beta}=\{b_1,b_2,b_3\}\neq\mathbf{0}$，故由向量坐标表示的唯一性知，它的三个坐标 b_1,b_2,b_3 不全为零，但是不能排除个别坐标为零，如 $\boldsymbol{\beta}=\{0,0,2\}\neq\mathbf{0}$. 因此，如果在比例式 $\dfrac{a_1}{b_1}=\dfrac{a_2}{b_2}=\dfrac{a_3}{b_3}$ 中某个分母为零，则规定相应的分子也为零. 从例 5 推导过程中的等式 $a_1=\lambda b_1$，$a_2=\lambda b_2$，$a_3=\lambda b_3$ 可知，这样的规定是合理的. 例如，对于 $\boldsymbol{\alpha}=\{a_1,a_2,a_3\}$，$\boldsymbol{\beta}=\{0,0,2\}$，若 $\boldsymbol{\alpha}/\!/\boldsymbol{\beta}$，则 $\dfrac{a_1}{0}=\dfrac{a_2}{0}=\dfrac{a_3}{2}$

的意义是 $\frac{0}{0}=\frac{0}{0}=\frac{a_3}{2}$,即 $a_1=0,a_2=0$,这样显然有$\{0,0,a_3\}/\!/\{0,0,2\}$.

例 6 给定非零向量 $\boldsymbol{v}=\{a_1,a_2,a_3\}$,求它分别与 x 轴、y 轴、z 轴的夹角 α,β,γ 的余弦.

解 由投影定理有 $\mathrm{Prj}_x\boldsymbol{v}=|\boldsymbol{v}|\cos\alpha$,$\mathrm{Prj}_y\boldsymbol{v}=|\boldsymbol{v}|\cos\beta$,$\mathrm{Prj}_z\boldsymbol{v}=|\boldsymbol{v}|\cos\gamma$,再根据向量坐标的意义得 $\mathrm{Prj}_x\boldsymbol{v}=a_1$,$\mathrm{Prj}_y\boldsymbol{v}=a_2$,$\mathrm{Prj}_z\boldsymbol{v}=a_3$,于是可得 $\cos\alpha=\frac{a_1}{|\boldsymbol{v}|}$,$\cos\beta=\frac{a_2}{|\boldsymbol{v}|}$,$\cos\gamma=\frac{a_3}{|\boldsymbol{v}|}$,即

$$\cos\alpha=\frac{a_1}{\sqrt{a_1^2+a_2^2+a_3^2}},\quad \cos\beta=\frac{a_2}{\sqrt{a_1^2+a_2^2+a_3^2}},\quad \cos\gamma=\frac{a_3}{\sqrt{a_1^2+a_2^2+a_3^2}}. \tag{4}$$

非零向量 $\boldsymbol{v}$ 分别与 x 轴、y 轴、z 轴的夹角 α,β,γ 称为 $\boldsymbol{v}$ 的**方向角**;$\cos\alpha,\cos\beta,\cos\gamma$ 称为 $\boldsymbol{v}$ 的**方向余弦**. 由(4)式可得

$$\cos^2\alpha+\cos^2\beta+\cos^2\gamma=1.$$

将非零向量 $\boldsymbol{v}$ 单位化,得到

$$\begin{aligned}\boldsymbol{v}^0&=\frac{1}{|\boldsymbol{v}|}\boldsymbol{v}=\frac{1}{\sqrt{a_1^2+a_2^2+a_3^2}}\{a_1,a_2,a_3\}\\&=\left\{\frac{a_1}{\sqrt{a_1^2+a_2^2+a_3^2}},\frac{a_2}{\sqrt{a_1^2+a_2^2+a_3^2}},\frac{a_3}{\sqrt{a_1^2+a_2^2+a_3^2}}\right\}.\end{aligned}$$

由(4)式及向量坐标表示的唯一性可得 $\boldsymbol{v}^0=\{\cos\alpha,\cos\beta,\cos\gamma\}$. 可见,$\boldsymbol{v}^0$ 的三个坐标就是 $\boldsymbol{v}$ 的方向余弦.

例 7 已知两点 $M_1(3,5,\sqrt{2})$,$M_2(2,6,0)$,求向量 $\overrightarrow{M_1M_2}$ 的模、方向余弦、方向角以及与 $\overrightarrow{M_1M_2}$ 平行的单位向量.

解 因为 $\overrightarrow{M_1M_2}=\{-1,1,-\sqrt{2}\}$,所以

$$|\overrightarrow{M_1M_2}|=\sqrt{(-1)^2+1^2+(-\sqrt{2})^2}=2.$$

设向量 $\overrightarrow{M_1M_2}$ 的方向角依次为 α,β,γ. 将 $\overrightarrow{M_1M_2}$ 单位化,可得

$$\boldsymbol{e}=\frac{\overrightarrow{M_1M_2}}{|\overrightarrow{M_1M_2}|}=\frac{\{-1,1,-\sqrt{2}\}}{2}=\left\{-\frac{1}{2},\frac{1}{2},-\frac{\sqrt{2}}{2}\right\}.$$

可验证

$$|\boldsymbol{e}|=\sqrt{\left(-\frac{1}{2}\right)^2+\left(\frac{1}{2}\right)^2+\left(-\frac{\sqrt{2}}{2}\right)^2}=\sqrt{\frac{1}{4}+\frac{1}{4}+\frac{1}{2}}=1.$$

于是$\{\cos\alpha,\cos\beta,\cos\gamma\}=\boldsymbol{e}$,从而 $\overrightarrow{M_1M_2}$ 的方向余弦即为

$$\cos\alpha=-\frac{1}{2},\quad \cos\beta=\frac{1}{2},\quad \cos\gamma=-\frac{\sqrt{2}}{2},$$

方向角为

$$\alpha=\arccos\left(-\frac{1}{2}\right)=\frac{2\pi}{3},\quad \beta=\arccos\frac{1}{2}=\frac{\pi}{3},\quad \gamma=\arccos\left(-\frac{\sqrt{2}}{2}\right)=\frac{3\pi}{4}.$$

与 $\overrightarrow{M_1M_2}$ 同向的单位向量是 $\boldsymbol{e}$,它显然与该向量平行. 向量 $-\boldsymbol{e}$ 与 $\boldsymbol{e}$ 方向相反,所以 $-\boldsymbol{e}$ 也平行于 $\overrightarrow{M_1M_2}$,并且 $|-\boldsymbol{e}|=|\boldsymbol{e}|=1$. 故 $-\boldsymbol{e}$ 也是平行于 $\overrightarrow{M_1M_2}$ 的单位向量.

习 题 1-2

1. 利用向量的运算规律化简下列向量的线性运算：

(1) $\boldsymbol{a}+2\boldsymbol{b}-(\boldsymbol{a}-2\boldsymbol{b})$；

(2) $\boldsymbol{a}-\boldsymbol{b}+5\left(-\frac{1}{2}\boldsymbol{b}+\frac{\boldsymbol{b}-3\boldsymbol{a}}{5}\right)$；

(3) $(m-n)(\boldsymbol{a}+\boldsymbol{b})-(m+n)(\boldsymbol{a}-\boldsymbol{b})$.

2. 设向量 $\boldsymbol{u}=\boldsymbol{i}-\boldsymbol{j}+2\boldsymbol{k}$，$\boldsymbol{v}=-\boldsymbol{i}+3\boldsymbol{j}-\boldsymbol{k}$，计算 $2\boldsymbol{u}-3\boldsymbol{v}$.

3. 给定向量 $\boldsymbol{a}=\{3,5,-1\}$，$\boldsymbol{b}=\{2,2,3\}$，$\boldsymbol{c}=\{4,-1,-3\}$，求：

(1) $2\boldsymbol{a}$；　(2) $\boldsymbol{a}+\boldsymbol{b}-\boldsymbol{c}$；　(3) $2\boldsymbol{a}-3\boldsymbol{b}+4\boldsymbol{c}$；　(4) $m\boldsymbol{a}+n\boldsymbol{b}$.

4. 给定两点 $A(-3,-3,3)$ 及 $B(3,4,-3)$，求与 $\overrightarrow{AB}$ 平行的单位向量.

5. 给定两点 $A(4,0,5)$ 及 $B(7,1,3)$，求与 $\overrightarrow{AB}$ 同向的单位向量.

6. 设三个向量的方向余弦分别满足：(1) $\cos\alpha=0$；(2) $\cos\beta=1$；(3) $\cos\alpha=0,\cos\beta=0$. 问：这三个向量与坐标轴的关系如何？

7. 求向量 $\boldsymbol{a}=\{1,\sqrt{2},1\}$ 的单位化向量 $\boldsymbol{a}^0$，并求 $\boldsymbol{a}$ 与各坐标轴的夹角.

8. 证明下列结论：

(1) $\lambda\boldsymbol{\alpha}=\boldsymbol{0}$ 的充要条件是 $\lambda=0$ 或 $\boldsymbol{\alpha}=\boldsymbol{0}$；

(2) 如果 $\boldsymbol{\alpha}$ 是单位向量且 $\boldsymbol{\beta}=\lambda\boldsymbol{\alpha}$，则 $|\boldsymbol{\beta}|=|\lambda|$.

§3 向量的数量积与向量积

3.1 向量的数量积

一、数量积的概念与性质

定义 1 给定两个向量 $\boldsymbol{\alpha}$ 和 $\boldsymbol{\beta}$，定义它们的**数量积**为

$$\boldsymbol{\alpha}\cdot\boldsymbol{\beta}=|\boldsymbol{\alpha}||\boldsymbol{\beta}|\cos\varphi, \tag{1}$$

其中 φ 是 $\boldsymbol{\alpha}$ 与 $\boldsymbol{\beta}$ 的夹角.

与向量的数量乘法不同，两个向量的数量积不是向量，而是数量. 数量积也称为**点积**.

由上一节的投影定理，可以得到数量积与投影的关系：

$$\boldsymbol{\alpha}\cdot\boldsymbol{\beta}=|\boldsymbol{\alpha}|\mathrm{Prj}_{\boldsymbol{\alpha}}\boldsymbol{\beta}=|\boldsymbol{\beta}|\mathrm{Prj}_{\boldsymbol{\beta}}\boldsymbol{\alpha}, \tag{2}$$

其中 $\boldsymbol{\alpha},\boldsymbol{\beta}$ 为非零向量.

由于 $\boldsymbol{\alpha}$ 与 $\boldsymbol{\alpha}$ 的夹角为 $\varphi=0$，因此有

$$\boldsymbol{\alpha}\cdot\boldsymbol{\alpha}=|\boldsymbol{\alpha}||\boldsymbol{\alpha}|\cos 0=|\boldsymbol{\alpha}|^2. \tag{3}$$

通常将 $\boldsymbol{\alpha}\cdot\boldsymbol{\alpha}$ 记为 $\boldsymbol{\alpha}^2$. 数量积的引入有很多实际的应用背景.

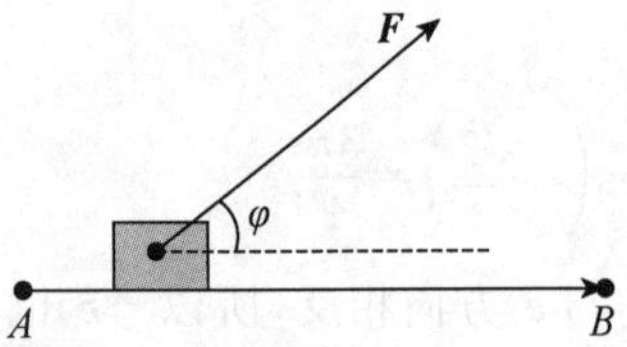

图 1-20

例 1 设一个物体在常力 $\boldsymbol{F}$ 作用下由点 A 沿直线移动到点 B，移动的距离为 L，$\boldsymbol{F}$ 与 $\overrightarrow{AB}$ 的夹角为 φ(图 1-20)，求力 $\boldsymbol{F}$ 所做的功 W.

解 由物理意义可知 $W=|\boldsymbol{F}|L\cos\varphi$，而 $L=|\overrightarrow{AB}|$，因此根据数量积的定义知

$$W=\boldsymbol{F}\cdot\overrightarrow{AB}.$$

定理 1(数量积的运算规律) 对于任意向量 $\boldsymbol{\alpha},\boldsymbol{\beta},\boldsymbol{\gamma}$,有

1) **交换律**:$\boldsymbol{\alpha}\cdot\boldsymbol{\beta}=\boldsymbol{\beta}\cdot\boldsymbol{\alpha}$;

2) **结合律**:$\lambda(\boldsymbol{\alpha}\cdot\boldsymbol{\beta})=(\lambda\boldsymbol{\alpha})\cdot\boldsymbol{\beta}=\boldsymbol{\alpha}\cdot(\lambda\boldsymbol{\beta})$,其中 λ 是实数;

3) **分配律**:$(\boldsymbol{\alpha}+\boldsymbol{\beta})\cdot\boldsymbol{\gamma}=\boldsymbol{\alpha}\cdot\boldsymbol{\gamma}+\boldsymbol{\beta}\cdot\boldsymbol{\gamma}$.

证 只证 3)分配律.若 $\boldsymbol{\gamma}$ 为零向量,显然成立.若 $\boldsymbol{\gamma}$ 为非零向量,则由公式(2)得

$$\begin{aligned}(\boldsymbol{\alpha}+\boldsymbol{\beta})\cdot\boldsymbol{\gamma}&=|\boldsymbol{\gamma}|\operatorname{Prj}_{\boldsymbol{\gamma}}(\boldsymbol{\alpha}+\boldsymbol{\beta})=|\boldsymbol{\gamma}|\operatorname{Prj}_{\boldsymbol{\gamma}}\boldsymbol{\alpha}+|\boldsymbol{\gamma}|\operatorname{Prj}_{\boldsymbol{\gamma}}\boldsymbol{\beta}\\&=\boldsymbol{\alpha}\cdot\boldsymbol{\gamma}+\boldsymbol{\beta}\cdot\boldsymbol{\gamma}.\end{aligned}$$

定理 2(向量垂直与数量积的关系) 向量 $\boldsymbol{\alpha}$ 与 $\boldsymbol{\beta}$ 垂直的充要条件是 $\boldsymbol{\alpha}\cdot\boldsymbol{\beta}=0$.

证 *必要性* 设 $\boldsymbol{\alpha}$ 与 $\boldsymbol{\beta}$ 垂直.如果 $\boldsymbol{\alpha}=\boldsymbol{0}$ 或 $\boldsymbol{\beta}=\boldsymbol{0}$,则 $|\boldsymbol{\alpha}|=0$ 或 $|\boldsymbol{\beta}|=0$.由数量积的定义可知 $\boldsymbol{\alpha}\cdot\boldsymbol{\beta}=0$,必要性成立.如果 $\boldsymbol{\alpha}$ 与 $\boldsymbol{\beta}$ 都是非零向量,它们相互垂直时的夹角为 $\varphi=\dfrac{\pi}{2}$,于是

$$\boldsymbol{\alpha}\cdot\boldsymbol{\beta}=|\boldsymbol{\alpha}|\,|\boldsymbol{\beta}|\cos\frac{\pi}{2}=|\boldsymbol{\alpha}|\,|\boldsymbol{\beta}|\cdot 0=0,$$

必要性也成立.

充分性 设 $\boldsymbol{\alpha}\cdot\boldsymbol{\beta}=0$.如果 $\boldsymbol{\alpha},\boldsymbol{\beta}$ 中有一个是零向量,则 $\boldsymbol{\alpha}$ 与 $\boldsymbol{\beta}$ 垂直.如果 $\boldsymbol{\alpha}$ 与 $\boldsymbol{\beta}$ 都是非零向量,则 $|\boldsymbol{\alpha}|$ 和 $|\boldsymbol{\beta}|$ 都不为零.由数量积的定义得 $\boldsymbol{\alpha}\cdot\boldsymbol{\beta}=|\boldsymbol{\alpha}|\,|\boldsymbol{\beta}|\cos\varphi=0$($\varphi$ 为 $\boldsymbol{\alpha}$ 与 $\boldsymbol{\beta}$ 的夹角),从而只有 $\cos\varphi=0$.这说明 $\boldsymbol{\alpha}$ 与 $\boldsymbol{\beta}$ 的夹角为 $\varphi=\dfrac{\pi}{2}$,所以 $\boldsymbol{\alpha}$ 与 $\boldsymbol{\beta}$ 垂直.

二、数量积的坐标表示

下面我们来研究数量积的坐标表示.设向量 $\boldsymbol{\alpha}=\{a_1,a_2,a_3\}$,$\boldsymbol{\beta}=\{b_1,b_2,b_3\}$,则

$$\boldsymbol{\alpha}=a_1\boldsymbol{i}+a_2\boldsymbol{j}+a_3\boldsymbol{k},\quad \boldsymbol{\beta}=b_1\boldsymbol{i}+b_2\boldsymbol{j}+b_3\boldsymbol{k}.$$

根据数量积的运算规律,可得

$$\begin{aligned}\boldsymbol{\alpha}\cdot\boldsymbol{\beta}&=(a_1\boldsymbol{i}+a_2\boldsymbol{j}+a_3\boldsymbol{k})\cdot(b_1\boldsymbol{i}+b_2\boldsymbol{j}+b_3\boldsymbol{k})\\&=(a_1\boldsymbol{i}+a_2\boldsymbol{j}+a_3\boldsymbol{k})\cdot(b_1\boldsymbol{i})+(a_1\boldsymbol{i}+a_2\boldsymbol{j}+a_3\boldsymbol{k})\cdot(b_2\boldsymbol{j})\\&\quad+(a_1\boldsymbol{i}+a_2\boldsymbol{j}+a_3\boldsymbol{k})\cdot(b_3\boldsymbol{k})\\&=(a_1b_1)\boldsymbol{i}\cdot\boldsymbol{i}+(a_2b_1)\boldsymbol{j}\cdot\boldsymbol{i}+(a_3b_1)\boldsymbol{k}\cdot\boldsymbol{i}\\&\quad+(a_1b_2)\boldsymbol{i}\cdot\boldsymbol{j}+(a_2b_2)\boldsymbol{j}\cdot\boldsymbol{j}+(a_3b_2)\boldsymbol{k}\cdot\boldsymbol{j}\\&\quad+(a_1b_3)\boldsymbol{i}\cdot\boldsymbol{k}+(a_2b_3)\boldsymbol{j}\cdot\boldsymbol{k}+(a_3b_3)\boldsymbol{k}\cdot\boldsymbol{k}.\end{aligned}\tag{4}$$

因 $\boldsymbol{i},\boldsymbol{j},\boldsymbol{k}$ 都是单位向量且相互垂直,由(3)式可得 $\boldsymbol{i}\cdot\boldsymbol{i}=|\boldsymbol{i}|^2=1$,$\boldsymbol{j}\cdot\boldsymbol{j}=1$,$\boldsymbol{k}\cdot\boldsymbol{k}=1$.再由向量垂直与数量积的关系知,在(4)式中,除含有 $\boldsymbol{i}\cdot\boldsymbol{i}$,$\boldsymbol{j}\cdot\boldsymbol{j}$,$\boldsymbol{k}\cdot\boldsymbol{k}$ 的项外,其他数量积都为零.于是

$$\boldsymbol{\alpha}\cdot\boldsymbol{\beta}=a_1b_1+a_2b_2+a_3b_3.\tag{5}$$

这就是**数量积的坐标表示**,它表明 $\boldsymbol{\alpha}$ 与 $\boldsymbol{\beta}$ 的数量积是它们对应坐标的乘积之和.

再由定理 2 可知,**$\boldsymbol{\alpha}$ 与 $\boldsymbol{\beta}$ 垂直的充要条件**是 $a_1b_1+a_2b_2+a_3b_3=0$.

通过数量积的坐标表示,可以推出两个向量夹角余弦的坐标表示.给定两个非零向量 $\boldsymbol{\alpha}=\{a_1,a_2,a_3\}$ 和 $\boldsymbol{\beta}=\{b_1,b_2,b_3\}$,它们之间的夹角为 φ.由数量积的定义 $\boldsymbol{\alpha}\cdot\boldsymbol{\beta}=|\boldsymbol{\alpha}|\,|\boldsymbol{\beta}|\cos\varphi$ 及公式(5),可以得到

$$\cos\varphi=\frac{\boldsymbol{\alpha}\cdot\boldsymbol{\beta}}{|\boldsymbol{\alpha}|\,|\boldsymbol{\beta}|}=\frac{a_1b_1+a_2b_2+a_3b_3}{\sqrt{a_1^2+a_2^2+a_3^2}\cdot\sqrt{b_1^2+b_2^2+b_3^2}}.\tag{6}$$

例2 已知三点 $A(1,1,1)$,$B(2,2,1)$,$C(2,1,2)$,求直线 AB 与 AC 的夹角 $\varphi(0\leqslant\varphi\leqslant\pi)$.

解 因夹角 φ 被限制在 0 到 π 之间,故求出向量 $\overrightarrow{AB}$ 与 $\overrightarrow{AC}$ 的夹角即可. 由于 $\overrightarrow{AB}=\{1,1,0\}$,$\overrightarrow{AC}=\{1,0,1\}$,又由公式(6)得

$$\cos\varphi=\frac{1\times1+1\times0+0\times1}{\sqrt{1^2+1^2+0^2}\times\sqrt{1^2+0^2+1^2}}=\frac{1}{2},$$

所以

$$\varphi=\arccos\frac{1}{2}=\frac{\pi}{3}.$$

例3 设 $|\boldsymbol{a}|=3$,$|\boldsymbol{b}|=5$,试确定 k,使得向量 $\boldsymbol{a}+k\boldsymbol{b}$ 与 $\boldsymbol{a}-k\boldsymbol{b}$ 垂直.

解 若使得这两个向量垂直,应有数量积

$$(\boldsymbol{a}+k\boldsymbol{b})\cdot(\boldsymbol{a}-k\boldsymbol{b})=0.$$

将上式左端展开,得

$$\boldsymbol{a}\cdot\boldsymbol{a}+k\boldsymbol{b}\cdot\boldsymbol{a}-k\boldsymbol{a}\cdot\boldsymbol{b}-k^2\boldsymbol{b}\cdot\boldsymbol{b}=0.$$

由 $\boldsymbol{a}\cdot\boldsymbol{a}=|\boldsymbol{a}|^2$,$\boldsymbol{b}\cdot\boldsymbol{b}=|\boldsymbol{b}|^2$ 可得

$$|\boldsymbol{a}|^2-k^2|\boldsymbol{b}|^2=0.$$

将题设的条件 $|\boldsymbol{a}|=3$,$|\boldsymbol{b}|=5$ 代入,则有

$$9-25k^2=0,\quad 解出\quad k=\pm\frac{3}{5}.$$

*3.2 向量的向量积

一、向量积的概念与性质

定义2 给定两个向量 $\boldsymbol{\alpha}$ 和 $\boldsymbol{\beta}$,它们的**向量积**规定为一个向量 $\boldsymbol{\gamma}$,它由下述方式确定:

1) $\boldsymbol{\gamma}$ 的模为 $|\boldsymbol{\gamma}|=|\boldsymbol{\alpha}||\boldsymbol{\beta}|\sin\varphi$,其中 φ 是 $\boldsymbol{\alpha}$ 与 $\boldsymbol{\beta}$ 的夹角;

2) $\boldsymbol{\gamma}$ 垂直于 $\boldsymbol{\alpha}$ 与 $\boldsymbol{\beta}$ 所确定的平面($\boldsymbol{\gamma}$ 既垂直于 $\boldsymbol{\alpha}$,又垂直于 $\boldsymbol{\beta}$),$\boldsymbol{\gamma}$ 的方向按照右手法则由 $\boldsymbol{\alpha}$ 转到 $\boldsymbol{\beta}$ 来确定(图 1-21).

按照上述方法确定的向量积 $\boldsymbol{\gamma}$ 记为 $\boldsymbol{\alpha}\times\boldsymbol{\beta}$,因此向量积也称为**叉积**. 需注意,与定义 1 中的数量积不同,向量积不是数量,而是向量.

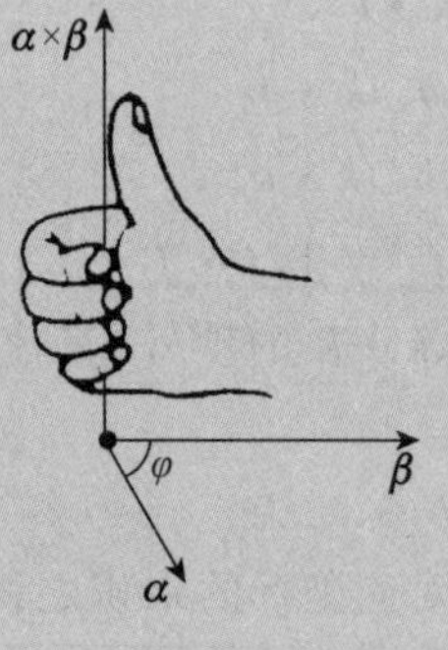

图 1-21

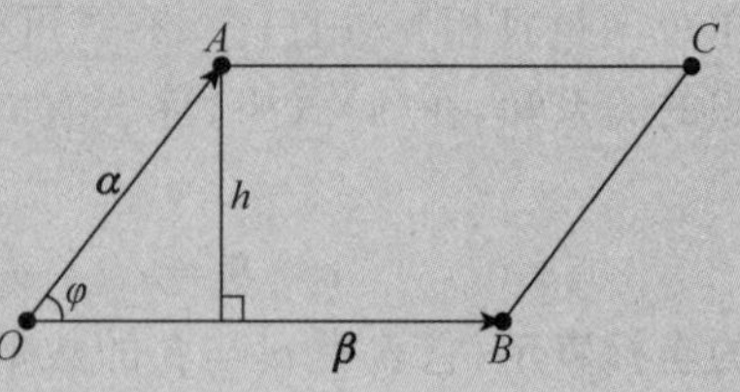

图 1-22

例4(向量积的模的几何意义) 设非零向量 $\boldsymbol{\alpha}=\overrightarrow{OA}$,$\boldsymbol{\beta}=\overrightarrow{OB}$,则模 $|\boldsymbol{\alpha}\times\boldsymbol{\beta}|$ 表示了以 $\boldsymbol{\alpha}$ 和 $\boldsymbol{\beta}$ 为邻边的平行四边形 $OBCA$ 的面积(图 1-22).

证 底边 OB 上的高为 $h=|\boldsymbol{\alpha}|\sin\varphi$($\varphi$ 为 $\boldsymbol{\alpha}$ 与 $\boldsymbol{\beta}$ 的夹角),所以平行四边形 $OBCA$ 的面积为

$$S=h|\boldsymbol{\beta}|=|\boldsymbol{\alpha}||\boldsymbol{\beta}|\sin\varphi=|\boldsymbol{\alpha}\times\boldsymbol{\beta}|.$$

定理 3(向量积的运算规律)

1) **反交换律**：$\boldsymbol{\alpha}\times\boldsymbol{\beta}=-(\boldsymbol{\beta}\times\boldsymbol{\alpha})$；

2) **结合律**：$\lambda(\boldsymbol{\alpha}\times\boldsymbol{\beta})=(\lambda\boldsymbol{\alpha})\times\boldsymbol{\beta}=\boldsymbol{\alpha}\times(\lambda\boldsymbol{\beta})$，其中 λ 是实数；

3) **分配律**：$\boldsymbol{\gamma}\times(\boldsymbol{\alpha}+\boldsymbol{\beta})=\boldsymbol{\gamma}\times\boldsymbol{\alpha}+\boldsymbol{\gamma}\times\boldsymbol{\beta}$，$(\boldsymbol{\alpha}+\boldsymbol{\beta})\times\boldsymbol{\gamma}=\boldsymbol{\alpha}\times\boldsymbol{\gamma}+\boldsymbol{\beta}\times\boldsymbol{\gamma}$.

证 1) 首先，$|\boldsymbol{\alpha}\times\boldsymbol{\beta}|=|\boldsymbol{\alpha}||\boldsymbol{\beta}|\sin\varphi$，而 $|-(\boldsymbol{\beta}\times\boldsymbol{\alpha})|=|\boldsymbol{\beta}\times\boldsymbol{\alpha}|=|\boldsymbol{\beta}||\boldsymbol{\alpha}|\sin\varphi$（$\varphi$ 为 $\boldsymbol{\alpha}$ 与 $\boldsymbol{\beta}$ 的夹角），于是两个向量 $\boldsymbol{\alpha}\times\boldsymbol{\beta}$ 与 $-(\boldsymbol{\beta}\times\boldsymbol{\alpha})$ 的模相等；其次，由向量积定义中的 2) 知 $\boldsymbol{\alpha}\times\boldsymbol{\beta}$ 与 $\boldsymbol{\beta}\times\boldsymbol{\alpha}$ 方向相反，从而 $\boldsymbol{\alpha}\times\boldsymbol{\beta}$ 与 $-(\boldsymbol{\beta}\times\boldsymbol{\alpha})$ 的方向相同；最后，根据向量相等的定义，可知 $\boldsymbol{\alpha}\times\boldsymbol{\beta}=-(\boldsymbol{\beta}\times\boldsymbol{\alpha})$.

结合律与分配律的证明比较复杂，此处从略.

注 由 1) 可知向量积不满足交换律，所以在分配律 3) 中有两个公式，分别称为**左分配律**和**右分配律**. 在演算时应注意，不能交换符号"×"两侧向量的次序. 例如，$\boldsymbol{\alpha}\times(2\boldsymbol{\beta})=\boldsymbol{\beta}\times(2\boldsymbol{\alpha})$ 和 $\boldsymbol{\gamma}\times(\boldsymbol{\alpha}+\boldsymbol{\beta})=\boldsymbol{\alpha}\times\boldsymbol{\gamma}+\boldsymbol{\beta}\times\boldsymbol{\gamma}$ 都是错误的.

定理 4(向量积与向量的平行的关系) 两个向量 $\boldsymbol{\alpha}$ 与 $\boldsymbol{\beta}$ 平行的充要条件是

$$\boldsymbol{\alpha}\times\boldsymbol{\beta}=\boldsymbol{0}.$$

证 必要性 设 $\boldsymbol{\alpha}$ 与 $\boldsymbol{\beta}$ 平行. 如果 $\boldsymbol{\alpha}=\boldsymbol{0}$ 或 $\boldsymbol{\beta}=\boldsymbol{0}$，则 $|\boldsymbol{\alpha}|=0$ 或 $|\boldsymbol{\beta}|=0$. 由向量积的定义可得 $|\boldsymbol{\alpha}\times\boldsymbol{\beta}|=0$，从而 $\boldsymbol{\alpha}\times\boldsymbol{\beta}=\boldsymbol{0}$，结论成立. 如果 $\boldsymbol{\alpha}$ 与 $\boldsymbol{\beta}$ 都是非零向量，则它们相互平行时的夹角为 $\varphi=0$ 或 π，无论何种情况都有 $|\boldsymbol{\alpha}\times\boldsymbol{\beta}|=|\boldsymbol{\alpha}||\boldsymbol{\beta}|\sin\varphi=0$，从而 $\boldsymbol{\alpha}\times\boldsymbol{\beta}=\boldsymbol{0}$，结论也成立.

充分性 设 $\boldsymbol{\alpha}\times\boldsymbol{\beta}=\boldsymbol{0}$，则 $|\boldsymbol{\alpha}\times\boldsymbol{\beta}|=|\boldsymbol{\alpha}||\boldsymbol{\beta}|\sin\varphi=0$（$\varphi$ 为 $\boldsymbol{\alpha}$ 与 $\boldsymbol{\beta}$ 的夹角）. 如果 $\boldsymbol{\alpha},\boldsymbol{\beta}$ 中有一个是零向量，则 $\boldsymbol{\alpha}$ 与 $\boldsymbol{\beta}$ 平行（零向量与任何向量平行）. 如果 $\boldsymbol{\alpha}$ 与 $\boldsymbol{\beta}$ 都是非零向量，则 $|\boldsymbol{\alpha}|$ 和 $|\boldsymbol{\beta}|$ 都不为零，只有 $\sin\varphi=0$. 这时 $\varphi=0$ 或 π，无论何种情况，$\boldsymbol{\alpha}$ 与 $\boldsymbol{\beta}$ 都是平行的.

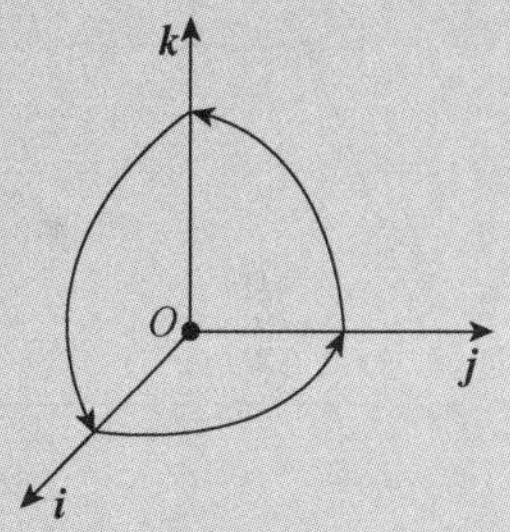

图 1-23

例 5 对于基本单位向量 $\boldsymbol{i},\boldsymbol{j},\boldsymbol{k}$，讨论它们的向量积.

解 由定理 4 可知 $\boldsymbol{i}\times\boldsymbol{i}=\boldsymbol{0}$，$\boldsymbol{j}\times\boldsymbol{j}=\boldsymbol{0}$，$\boldsymbol{k}\times\boldsymbol{k}=\boldsymbol{0}$. 由于 $\boldsymbol{i},\boldsymbol{j},\boldsymbol{k}$ 都是单位向量，相互垂直，于是 $\boldsymbol{i}\times\boldsymbol{j}=\boldsymbol{k}$，$\boldsymbol{j}\times\boldsymbol{k}=\boldsymbol{i}$，$\boldsymbol{k}\times\boldsymbol{i}=\boldsymbol{j}$（它们的关系见图 1-23）. 再由反交换律可得

$$\boldsymbol{k}\times\boldsymbol{j}=-\boldsymbol{i},\quad \boldsymbol{j}\times\boldsymbol{i}=-\boldsymbol{k},\quad \boldsymbol{i}\times\boldsymbol{k}=-\boldsymbol{j}.$$

二、向量积的坐标表示

对于给定的向量 $\boldsymbol{\alpha}=\{a_1,a_2,a_3\}$，$\boldsymbol{\beta}=\{b_1,b_2,b_3\}$，我们来讨论向量积的坐标表示. 此时 $\boldsymbol{\alpha}=a_1\boldsymbol{i}+a_2\boldsymbol{j}+a_3\boldsymbol{k}$，$\boldsymbol{\beta}=b_1\boldsymbol{i}+b_2\boldsymbol{j}+b_3\boldsymbol{k}$，根据向量积的运算规律可得

$$\begin{aligned}\boldsymbol{\alpha}\times\boldsymbol{\beta}&=(a_1\boldsymbol{i}+a_2\boldsymbol{j}+a_3\boldsymbol{k})\times(b_1\boldsymbol{i}+b_2\boldsymbol{j}+b_3\boldsymbol{k})\\&=(a_1\boldsymbol{i}+a_2\boldsymbol{j}+a_3\boldsymbol{k})\times(b_1\boldsymbol{i})+(a_1\boldsymbol{i}+a_2\boldsymbol{j}+a_3\boldsymbol{k})\times(b_2\boldsymbol{j})\\&\quad+(a_1\boldsymbol{i}+a_2\boldsymbol{j}+a_3\boldsymbol{k})\times(b_3\boldsymbol{k})\\&=(a_1b_1)\boldsymbol{i}\times\boldsymbol{i}+(a_2b_1)\boldsymbol{j}\times\boldsymbol{i}+(a_3b_1)\boldsymbol{k}\times\boldsymbol{i}\\&\quad+(a_1b_2)\boldsymbol{i}\times\boldsymbol{j}+(a_2b_2)\boldsymbol{j}\times\boldsymbol{j}+(a_3b_2)\boldsymbol{k}\times\boldsymbol{j}\\&\quad+(a_1b_3)\boldsymbol{i}\times\boldsymbol{k}+(a_2b_3)\boldsymbol{j}\times\boldsymbol{k}+(a_3b_3)\boldsymbol{k}\times\boldsymbol{k},\end{aligned}$$

再由例 5 中关于 $\boldsymbol{i},\boldsymbol{j},\boldsymbol{k}$ 的向量积的结论可得

$$\begin{aligned}\boldsymbol{\alpha}\times\boldsymbol{\beta}&=(a_1b_1)\mathbf{0}-(a_2b_1)\boldsymbol{k}+(a_3b_1)\boldsymbol{j}+(a_1b_2)\boldsymbol{k}+(a_2b_2)\mathbf{0}-(a_3b_2)\boldsymbol{i}\\&\quad-(a_1b_3)\boldsymbol{j}+(a_2b_3)\boldsymbol{i}+(a_3b_3)\mathbf{0}\\&=(a_2b_3-a_3b_2)\boldsymbol{i}+(a_3b_1-a_1b_3)\boldsymbol{j}+(a_1b_2-a_2b_1)\boldsymbol{k}.\end{aligned}$$

为了便于记忆,将上式写成行列式的形式:

$$\boldsymbol{\alpha}\times\boldsymbol{\beta}=\begin{vmatrix}a_2&a_3\\b_2&b_3\end{vmatrix}\boldsymbol{i}-\begin{vmatrix}a_1&a_3\\b_1&b_3\end{vmatrix}\boldsymbol{j}+\begin{vmatrix}a_1&a_2\\b_1&b_2\end{vmatrix}\boldsymbol{k}=\begin{vmatrix}\boldsymbol{i}&\boldsymbol{j}&\boldsymbol{k}\\a_1&a_2&a_3\\b_1&b_2&b_3\end{vmatrix}. \tag{7}$$

注 (7)式中的三阶行列式并不是真正的三阶行列式,只是利用了三阶行列式按照第一行展开的公式.关于行列式的内容见线性代数的教材.

例 6 设向量 $\boldsymbol{\alpha}=\{1,2,3\}$,$\boldsymbol{\beta}=\{-1,1,-2\}$,求 $\boldsymbol{\alpha}\times\boldsymbol{\beta}$.

解 套用向量积的公式(7),注意 $\boldsymbol{\alpha}$,$\boldsymbol{\beta}$ 的坐标在行列式中的位置不能交换,则有

$$\begin{aligned}\boldsymbol{\alpha}\times\boldsymbol{\beta}&=\begin{vmatrix}\boldsymbol{i}&\boldsymbol{j}&\boldsymbol{k}\\1&2&3\\-1&1&-2\end{vmatrix}=\begin{vmatrix}2&3\\1&-2\end{vmatrix}\boldsymbol{i}-\begin{vmatrix}1&3\\-1&-2\end{vmatrix}\boldsymbol{j}+\begin{vmatrix}1&2\\-1&1\end{vmatrix}\boldsymbol{k}\\&=-7\boldsymbol{i}-\boldsymbol{j}+3\boldsymbol{k}=\{-7,-1,3\}.\end{aligned}$$

例 7 已知空间中的三点 $A(1,2,3)$,$B(3,4,5)$,$C(2,4,7)$,求$\triangle ABC$ 的面积 S.

解 $\triangle ABC$ 的面积 S 是向量 $\overrightarrow{AB}=\{2,2,2\}$与 $\overrightarrow{AC}=\{1,2,4\}$所确定的平行四边形面积的一半(图 1-24).根据向量积的模的几何意义(例4)可得 $S=\dfrac{1}{2}|\overrightarrow{AB}\times\overrightarrow{AC}|$,而

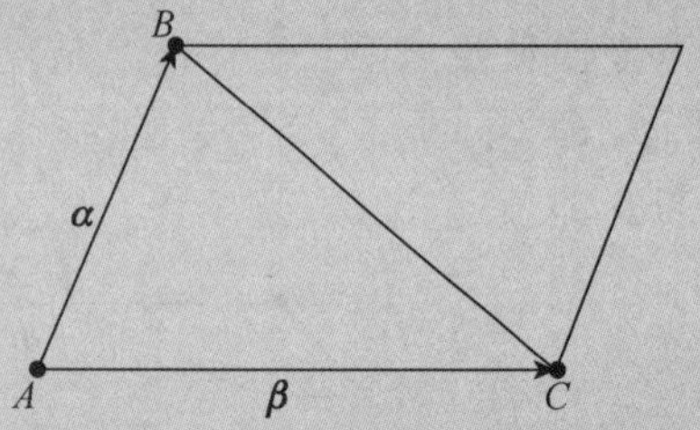

图 1-24

$$\begin{aligned}\overrightarrow{AB}\times\overrightarrow{AC}&=\begin{vmatrix}\boldsymbol{i}&\boldsymbol{j}&\boldsymbol{k}\\2&2&2\\1&2&4\end{vmatrix}\\&=\begin{vmatrix}2&2\\2&4\end{vmatrix}\boldsymbol{i}-\begin{vmatrix}2&2\\1&4\end{vmatrix}\boldsymbol{j}+\begin{vmatrix}2&2\\1&2\end{vmatrix}\boldsymbol{k}\\&=\{4,-6,2\},\end{aligned}$$

所以

$$S=\frac{1}{2}|\overrightarrow{AB}\times\overrightarrow{AC}|=\frac{1}{2}\sqrt{4^2+(-6)^2+2^2}=\frac{1}{2}\sqrt{56}=\sqrt{14}.$$

以上讨论的都是空间中的向量,有时我们需要讨论位于同一个坐标面上的向量,如在 Oxy 平面上.这时,向量及其线性运算的定义与空间中的情形完全类似.我们可将 Oxy 平面上的向量 $\boldsymbol{\alpha}$,$\boldsymbol{\beta}$ 看作空间中的向量,则它们在 z 轴上的投影都是零,从而它们的坐标表示具有以下形式:

$$\boldsymbol{\alpha}=a_1\boldsymbol{i}+a_2\boldsymbol{j}+0\boldsymbol{k}=a_1\boldsymbol{i}+a_2\boldsymbol{j}=\{a_1,a_2,0\},$$
$$\boldsymbol{\beta}=b_1\boldsymbol{i}+b_2\boldsymbol{j}+0\boldsymbol{k}=b_1\boldsymbol{i}+b_2\boldsymbol{j}=\{b_1,b_2,0\}.$$

对于线性运算,则有

$$\boldsymbol{\alpha}+\boldsymbol{\beta}=(a_1+b_1)\boldsymbol{i}+(a_2+b_2)\boldsymbol{j}=\{a_1+b_1,a_2+b_2,0\},$$
$$\lambda\boldsymbol{\alpha}=\lambda a_1\boldsymbol{i}+\lambda a_2\boldsymbol{j}=\{\lambda a_1,\lambda a_2,0\},\quad \text{其中 } \lambda \text{ 是实数}.$$

可将 Oxy 平面上的向量 $\boldsymbol{\alpha}$ 和 $\boldsymbol{\beta}$ 的坐标表示简记为

$$\boldsymbol{\alpha}=a_1\boldsymbol{i}+a_2\boldsymbol{j}=\{a_1,a_2\},\quad \boldsymbol{\beta}=b_1\boldsymbol{i}+b_2\boldsymbol{j}=\{b_1,b_2\},$$

于是线性运算的坐标表示也被简化为

$$\boldsymbol{\alpha}+\boldsymbol{\beta}=(a_1+b_1)\boldsymbol{i}+(a_2+b_2)\boldsymbol{j}=\{a_1+b_1,a_2+b_2\},$$

$$\lambda\boldsymbol{\alpha}=\lambda a_1\boldsymbol{i}+\lambda a_2\boldsymbol{j}=\{\lambda a_1,\lambda a_2\},\quad \text{其中 }\lambda\text{ 是实数},$$

并有 $|\boldsymbol{\alpha}|=\sqrt{a_1^2+a_2^2}$.

总之,对于 Oxy 平面上的向量,空间向量三个坐标的有关演算公式都可以简化为相应的两个坐标的演算公式.例如:

向量 $\boldsymbol{\alpha}$ 与 $\boldsymbol{\beta}$ 的数量积为 $\boldsymbol{\alpha}\cdot\boldsymbol{\beta}=a_1b_1+a_2b_2$;

向量 $\boldsymbol{\alpha}$ 与 $\boldsymbol{\beta}$ 平行的充要条件是 $\boldsymbol{\alpha}$ 与 $\boldsymbol{\beta}$ 对应坐标成比例,即 $\dfrac{a_1}{b_1}=\dfrac{a_2}{b_2}$;

向量 $\boldsymbol{\alpha}$ 与 $\boldsymbol{\beta}$ 垂直的充要条件是 $\boldsymbol{\alpha}\cdot\boldsymbol{\beta}=0$,即 $a_1b_1+a_2b_2=0$;

若非零向量 $\boldsymbol{\alpha}$ 与 $\boldsymbol{\beta}$ 的夹角为 φ,则 $\cos\varphi=\dfrac{a_1b_1+a_2b_2}{\sqrt{a_1^2+a_2^2}\cdot\sqrt{b_1^2+b_2^2}}$;

非零向量 $\boldsymbol{v}=\{c_1,c_2\}$ 分别与 x 轴、y 轴的夹角 α,β 的余弦称为 $\boldsymbol{v}$ 的**方向余弦**,且有

$$\cos\alpha=\frac{c_1}{\sqrt{c_1^2+c_2^2}},\quad \cos\beta=\frac{c_2}{\sqrt{c_1^2+c_2^2}}.$$

习　题　1-3

1. 已知向量 $\boldsymbol{a}=\{3,2,-1\}$,$\boldsymbol{b}=\{1,-1,2\}$,求:

(1) $\boldsymbol{a}\cdot\boldsymbol{b}$;　(2) $5\boldsymbol{a}\cdot 3\boldsymbol{b}$;　(3) $\boldsymbol{a}\cdot\boldsymbol{i}$, $\boldsymbol{a}\cdot\boldsymbol{j}$, $\boldsymbol{a}\cdot\boldsymbol{k}$.

2. 设向量 $\boldsymbol{a}=\{2,-3,5\}$,$\boldsymbol{b}=\{3,1,-2\}$,求:

(1) $\boldsymbol{a}\cdot\boldsymbol{b}$;　(2) $\boldsymbol{b}^2$;　(3) $(\boldsymbol{a}+\boldsymbol{b})^2$;

(4) $(\boldsymbol{a}+\boldsymbol{b})\cdot(\boldsymbol{a}-\boldsymbol{b})$;　(5) $(3\boldsymbol{a}+\boldsymbol{b})\cdot(\boldsymbol{b}-2\boldsymbol{a})$.

3. 设向量 $\boldsymbol{a}\neq\boldsymbol{0}$ 且 $\boldsymbol{a}\cdot\boldsymbol{b}=\boldsymbol{a}\cdot\boldsymbol{c}$,问:是否有 $\boldsymbol{b}=\boldsymbol{c}$?为什么?

4. 已知向量 $\boldsymbol{a}=\{1,1,-4\}$,$\boldsymbol{b}=\{2,-2,1\}$,求:

(1) $\boldsymbol{a}\cdot\boldsymbol{b}$;　(2) $|\boldsymbol{a}|$,$|\boldsymbol{b}|$;　(3) $\boldsymbol{a}$ 与 $\boldsymbol{b}$ 的夹角 θ.

5. 证明:向量 $\boldsymbol{a}=\{3,2,-1\}$ 与 $\boldsymbol{b}=\{2,-3,0\}$ 垂直.

6. 已知三角形的顶点为 $A(-1,2,3)$,$B(1,1,1)$,$C(0,0,5)$,证明:此三角形是直角三角形;并求 $\angle B$.

*7. 计算下列向量所对应的向量积 $\boldsymbol{a}\times\boldsymbol{b}$:

(1) $\boldsymbol{a}=\{1,1,1\}$,$\boldsymbol{b}=\{3,-2,1\}$;　(2) $\boldsymbol{a}=\{0,1,-1\}$,$\boldsymbol{b}=\{1,-1,0\}$.

*8. 已知向量 $\boldsymbol{a}=\{3,2,-1\}$,$\boldsymbol{b}=\{1,-1,2\}$,求:

(1) $\boldsymbol{a}\times\boldsymbol{b}$;　(2) $2\boldsymbol{a}\times 7\boldsymbol{b}$;　(3) $7\boldsymbol{b}\times 2\boldsymbol{a}$.

*9. 设向量 $\boldsymbol{a}\neq\boldsymbol{0}$ 且 $\boldsymbol{a}\times\boldsymbol{b}=\boldsymbol{a}\times\boldsymbol{c}$,问:是否有 $\boldsymbol{b}=\boldsymbol{c}$?为什么?

*10. 已知向量 $\boldsymbol{a}=\{2,-3,1\}$,$\boldsymbol{b}=\{1,-1,3\}$,$\boldsymbol{c}=\{1,-2,0\}$,求:

(1) $(\boldsymbol{a}\cdot\boldsymbol{b})\boldsymbol{c}-(\boldsymbol{a}\cdot\boldsymbol{c})\boldsymbol{b}$;　(2) $(\boldsymbol{a}+\boldsymbol{b})\times(\boldsymbol{b}+\boldsymbol{c})$;　(3) $(\boldsymbol{a}\times\boldsymbol{b})\cdot\boldsymbol{c}$.

11. 求同时垂直于向量 $\boldsymbol{a}=\{2,1,1\}$ 和 $\boldsymbol{b}=\{4,5,3\}$ 的单位向量.

*12. 已知向量 $\overrightarrow{OA}=\{1,0,3\}$，$\overrightarrow{OB}=\{0,1,3\}$，求 $\triangle ABO$ 的面积.

§4 空间中的曲面和曲线

在平面直角坐标系下，方程 $F(x,y)=0$ 的几何图形一般是 Oxy 平面上的一条曲线. 本节将讨论在空间直角坐标系下方程所表示的常见图形——空间中的曲面和曲线.

4.1 曲面方程

在空间中，我们将曲面或曲线看作空间中的点按照某种规则运动或变化的轨迹. 在建立了空间直角坐标系后，点的运动或变化可表现在它的坐标上.

一、曲面方程的引入

例 1 设点 $P(x,y,z)$ 到两个定点 $A(3,-1,2)$ 和 $B(0,1,-1)$ 的距离相等，则点 P 的轨迹就是两点 A,B 的垂直平分面(图 1-25). 问：点 P 的三个坐标 x,y,z 之间的关系是什么？

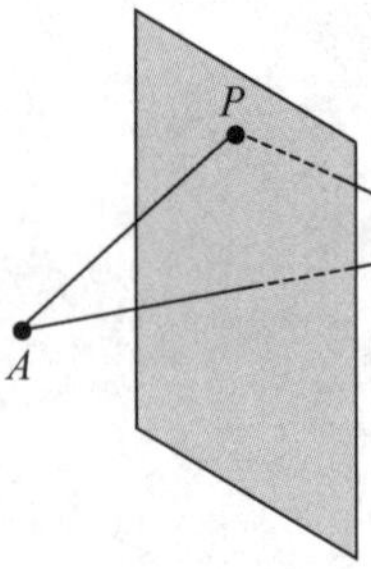

图 1-25

解 由 $|AP|=|BP|$，根据两点间距离的公式得

$$\sqrt{(x-3)^2+(y+1)^2+(z-2)^2}=\sqrt{(x-0)^2+(y-1)^2+(z+1)^2},$$

两边平方得

$$(x-3)^2+(y+1)^2+(z-2)^2=(x-0)^2+(y-1)^2+(z+1)^2,$$

展开得

$$x^2+y^2+z^2-6x+2y-4z+14=x^2+y^2+z^2-2y+2z+2,$$

化简得

$$3x-2y+3z-6=0, \tag{1}$$

于是可知点 P 的三个坐标 x,y,z 是这个方程的解. 这时，称**点 P 的坐标满足方程**(1)，或称**点 P 满足方程**(1).

反之，如果方程(1)有一个解 x,y,z，它所对应的空间中的点为 $P(x,y,z)$，按照上面的推导反推回去，可知点 P 到两点 A,B 的距离是相等的，从而这样的点 P 在两点 A,B 的垂直平分面上.

这个例子说明，曲面上的点应满足某个三元方程. 由此，我们引入曲面方程的概念.

定义 1 给定曲面 S 与三元方程

$$F(x,y,z)=0, \tag{2}$$

且已知方程(2)的解集非空. 若曲面 S 与方程(2)有下述关系：

1) 曲面 S 上的点都满足方程(2)，即曲面 S 上任何点的坐标都是方程(2)的解；

2) 满足方程(2)的点都在曲面 S 上，即方程(2)的任何解 x,y,z 所对应的点 $P(x,y,z)$ 都在曲面 S 上，

则称方程(2)为**曲面 S 的方程**，并称曲面 S 为**方程(2)所表示的曲面**.

由上述定义可以看到,方程的解集确定了它所表示的曲面.在例1中,垂直平分面的方程就是(1)式.

例2 建立球心在点 $P_0(x_0,y_0,z_0)$,半径为 R 的球面方程.

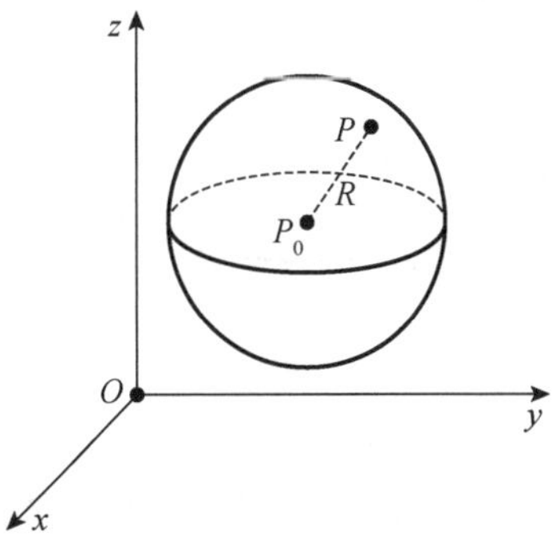

图 1-26

解 设 $P(x,y,z)$ 是球面上的任意一点,则点 P 到球心 P_0 的距离应为 R(图1-26).于是 $|P_0P|=R$,即

$$\sqrt{(x-x_0)^2+(y-y_0)^2+(z-z_0)^2}=R,$$

从而

$$(x-x_0)^2+(y-y_0)^2+(z-z_0)^2=R^2. \tag{3}$$

显然,球面上的点满足方程(3);反之,满足方程(3)的点都在球面上.称(3)式为**球面的标准方程**.

特别地,当 $x_0=y_0=z_0=0$ 时,得到球心在原点(0,0,0),半径为 R 的球面方程

$$x^2+y^2+z^2=R^2. \tag{4}$$

例3 给定球面方程 $2x^2+2y^2+2z^2-4x+8y+1=0$,求它的球心和半径.

解 只需将题目中的方程化为球面的标准方程即可.

所给的球面方程两端除以2,得

$$x^2+y^2+z^2-2x+4y+\frac{1}{2}=0,$$

再配方得

$$(x^2-2x+1)+(y^2+4y+4)+z^2+\frac{1}{2}-1-4=0,$$

于是得到球面的标准方程

$$(x-1)^2+(y+2)^2+z^2=\frac{9}{2}.$$

所以,球心为点(1,−2, 0),半径为 $\frac{3\sqrt{2}}{2}$.

从例3可以看到,一个曲面 S 的方程形式不是唯一的.在推导球面的标准方程时,其中所做的变形都是同解变形.同解变形使得不同方程的解集不变,从而它们所表示的曲面是相同的.于是,我们很容易得到下面的定理.

定理1 给定方程 $F(x,y,z)=0$ 和 $G(x,y,z)=0$,它们的解集非空,分别设为 Ω_F,Ω_G.

1) 这两个方程表示同一个曲面的充要条件是它们为同解方程,即 $\Omega_F=\Omega_G$;

2) 如果 $\Omega_F\subset\Omega_G$,即 $G(x,y,z)=0$ 的解集包含 $F(x,y,z)=0$ 的解集,则 $F(x,y,z)=0$ 表示的曲面是 $G(x,y,z)=0$ 表示的曲面的一部分.

例4 判断方程 $z=\sqrt{1-x^2-y^2}$ 所表示曲面的形状.

解 该方程两端平方得

$$z^2=1-x^2-y^2,$$

移项得

$$x^2+y^2+z^2=1.$$

它表示球心在原点,半径为1的单位球面.由于原方程 $z=\sqrt{1-x^2-y^2}$ 的解都是新方程 x^2+

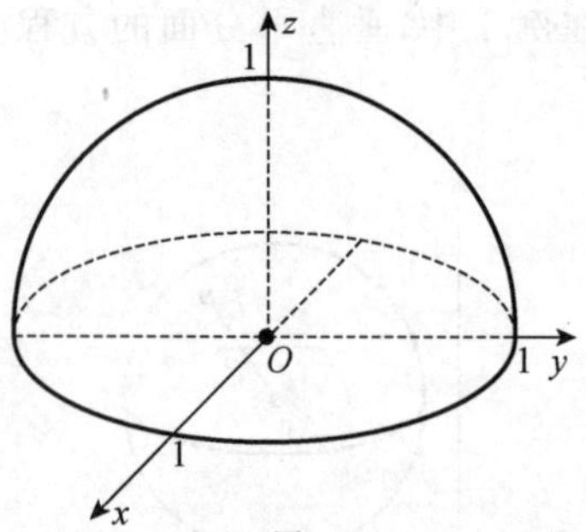

图 1-27

$y^2+z^2=1$ 的解,反之不然,如点$(0,0,-1)$是新方程 $x^2+y^2+z^2=1$ 的解,但不是原方程 $z=\sqrt{1-x^2-y^2}$ 的解,所以原方程表示的曲面是单位球面的一部分. 因 $z=\sqrt{1-x^2-y^2}\geqslant 0$,故原方程表示的曲面是上半单位球面(图 1-27).

注 在例 4 中,当在方程两端平方时,得到的新方程与原方程不同解,这使得方程的解增加. 方程的以下两种变形是同解变形:

1) 方程两端加上(或减去)一个式子或数;

2) 方程两端乘以(或除以)一个非零的数.

例如,通常所说的"移项"就是同解变形,而方程两端平方不一定是同解变形. 我们有时也会使用某些非同解变形(使解增加或减少),以使方程的表达形式简单或突出方程的特点.

从几何图形上看,球心在原点的球面关于三个坐标面都是对称的. 这种对称性特征可以表现在它的方程 $x^2+y^2+z^2=R^2$ 上. 下面的定理使我们能根据方程的形式判断方程所表示的曲面关于坐标面的对称性.

定理 2 *设曲面 S 的方程是 $F(x,y,z)=0$,则曲面 S 关于 Oxy 平面对称的充要条件是,如果点 $P(x,y,z)$ 满足方程,即 $F(x,y,z)=0$,那么必有点 $P'(x,y,-z)$ 也满足方程,即 $F(x,y,-z)=0$. 简言之,曲面 S 关于 Oxy 平面对称的充要条件是 $F(x,y,z)=0$ 与 $F(x,y,-z)=0$ 的形式相同或 $F(x,y,z)=F(x,y,-z)$.*

证 *必要性* 设曲面 S 关于 Oxy 平面对称. 如果点 $P(x,y,z)$ 满足方程 $F(x,y,z)=0$,则点 P 在曲面 S 上. 由于点 P 关于 Oxy 平面的对称点 $P'(x,y,-z)$ 也在曲面 S 上,从而点 P' 也满足方程 $F(x,y,z)=0$,即 $F(x,y,-z)=0$.

充分性 如果对于任何满足方程 $F(x,y,z)=0$ 的点 $P(x,y,z)$,其关于 Oxy 平面的对称点 $P'(x,y,-z)$ 也满足该方程,即有 $F(x,y,-z)=0$,则说明点 P 与 P' 都在曲面 S 上. 于是,曲面 S 关于 Oxy 平面对称.

曲面 S 关于其他坐标面的**对称性条件**可以简述如下:

1) 曲面 S 关于 Oyz 平面对称的充要条件是,若有 $F(x,y,z)=0$,则必有

$$F(-x,y,z)=0 \quad \text{或} \quad F(-x,y,z)=F(x,y,z);$$

2) 曲面 S 关于 Ozx 平面对称的充要条件是,若有 $F(x,y,z)=0$,则必有

$$F(x,-y,z)=0 \quad \text{或} \quad F(x,-y,z)=F(x,y,z).$$

用定理 2 的方法去讨论球面 $x^2+y^2+z^2=R^2$,可知它关于三个坐标面都对称.

例 5 讨论曲面 $z=x^2+2y^2$ 关于坐标面的对称性.

解 将所给曲面方程中的 x 换为 $-x$,得

$$z=(-x)^2+2y^2=x^2+2y^2,$$

方程形式与原来的相同;将所给曲面方程中的 y 换为 $-y$,得

$$z=x^2+2(-y)^2=x^2+2y^2,$$

方程形式与原来的相同. 于是,该曲面关于 Oyz 平面及 Ozx 平面均对称. 但将 z 换为 $-z$,得

$$-z=x^2+2y^2,$$

方程的形式与原来的不同了,从而该曲面关于 Oxy 平面不是对称的.

二、旋转曲面

定义 2 一条平面曲线 C 绕它所在平面的一条直线 L 旋转一周所生成的曲面称为**旋转曲面**(简称**旋转面**),其中曲线 C 称为该旋转面的**母线**,直线 L 称为该旋转面的**旋转轴**.

这里只讨论母线在坐标面上且以坐标轴为旋转轴的旋转面方程.

下面求 Oyz 平面上的曲线 $C:f(y,z)=0$ 绕 z 轴旋转所生成旋转面的方程.

设 $P(x,y,z)$ 为该旋转面上任意一点,过点 P 作垂直于 z 轴的平面,则此平面交 z 轴于点 $M(0,0,z)$,交曲线 C 于点 $P^*(0,y^*,z)$(图 1-28).由于点 P 是由点 P^* 绕 z 轴旋转得到的,则它们到 z 轴的距离相等,即 $|MP|=|MP^*|$.因为 $|MP|=\sqrt{x^2+y^2}$,$|MP^*|=|y^*|$,所以 $|y^*|=\sqrt{x^2+y^2}$ 或 $y^*=\pm\sqrt{x^2+y^2}$.又由于点 P^* 在曲线 C 上,因此 y^*,z 应满足方程 $f(y^*,z)=0$.将 $y^*=\pm\sqrt{x^2+y^2}$ 代入这个方程,即得该旋转面上的点应满足的关系式

$$f(\pm\sqrt{x^2+y^2},z)=0. \tag{5}$$

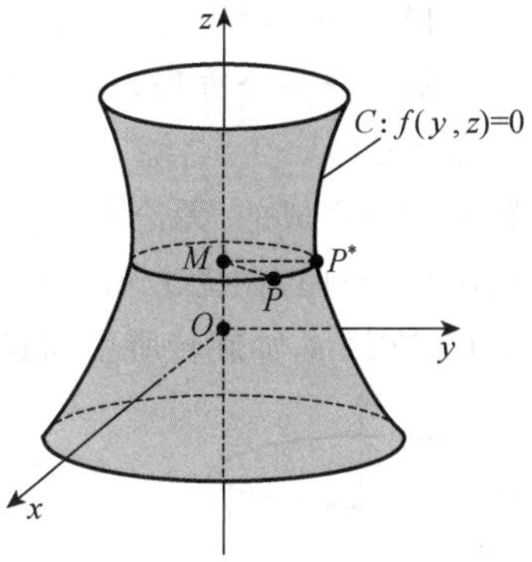

图 1-28

反之,显然满足方程(5)的点都在上述旋转面上.所以,方程(5)就是所求的旋转面方程.

因此,只需将平面曲线 C 的方程 $f(y,z)=0$ 中的 y 换成 $\pm\sqrt{x^2+y^2}$ 而 z 保持不变,即可得到绕 z 轴旋转所生成旋转面的方程.同理,曲线 C 绕 y 轴旋转所生成旋转面的方程为

$$f(y,\pm\sqrt{x^2+z^2})=0.$$

读者可以自行推出其他坐标面上的曲线绕坐标轴旋转所生成旋转面的方程.

例 6 1) 求 Oyz 平面上的抛物线 $z=ay^2(a>0)$ 绕 z 轴旋转所生成旋转面的方程.

2) 求 Oyz 平面上的直线 $z=ay(a>0)$ 绕 z 轴旋转所生成旋转面的方程.

解 1) 此时 z 保持不变,将 y 换为 $\pm\sqrt{x^2+y^2}$,得到所求的旋转面方程

$$z=a(x^2+y^2).$$

该旋转面称为**旋转抛物面**(图 1-29).

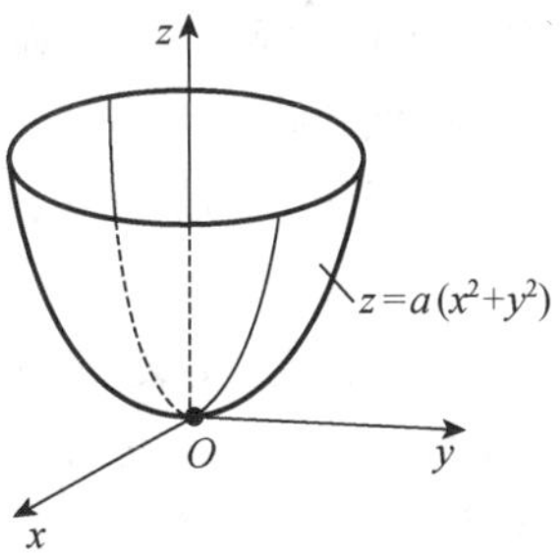

图 1-29

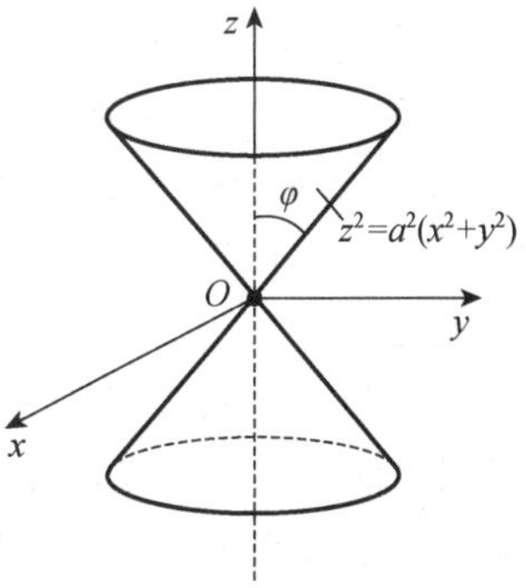

图 1-30

2) 此时 z 保持不变,将 y 换为 $\pm\sqrt{x^2+y^2}$,得到方程

$$z=\pm a\sqrt{x^2+y^2},$$

再两端平方得到所求的旋转面方程

$$z^2=a^2(x^2+y^2).$$

该旋转面称为顶点在原点的**圆锥面**(图 1-30). 通常称 $\varphi=\operatorname{arccot}a$ 为该圆锥面的半顶角,它是 Oyz 平面上的直线 $z=ay$ 与 z 轴的夹角.

例 7 判断下列曲面是否是坐标面上的曲线绕坐标轴旋转所生成的旋转面,如若是,请指出它们是如何生成的:

1) $x^2+2y^2+3z^2=1$; 2) $z^2-x^2-y^2=1$.

解 若一个方程表示的曲面是绕 z 轴旋转所生成的旋转面,则要么它是 Ozx 平面上的某一曲线 $g(x,z)=0$ 绕 z 轴旋转而生成的,要么它是 Oyz 平面上的某一曲线 $f(y,z)=0$ 绕 z 轴旋转而生成的. 无论哪一种情况,在旋转面的方程中,变量 x,y 都能以 x^2+y^2 的函数项形式出现. 同理,在绕 x 轴旋转所生成旋转面的方程中,变量 y,z 都能以 y^2+z^2 的函数项形式出现;在绕 y 轴旋转所生成旋转面的方程中,变量 x,z 都能以 x^2+z^2 的函数项形式出现.

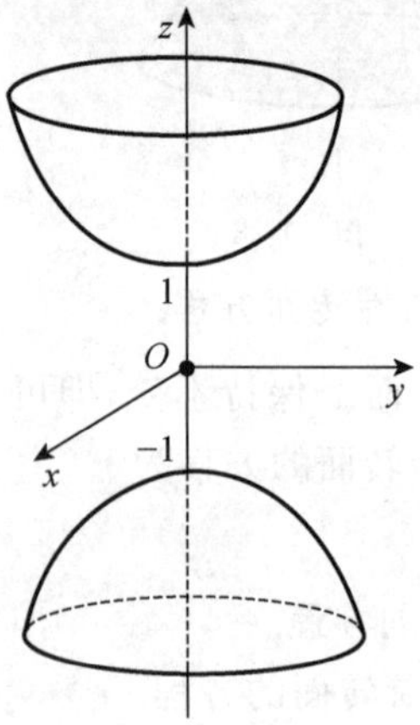

图 1-31

1) 由于在所给的曲面方程中,变量 x,y 不能以 x^2+y^2 的函数项形式出现,故该方程不是绕 z 轴旋转所生成旋转面的方程. 同样,该方程也不能以 y^2+z^2 或 x^2+z^2 的函数项形式出现,故它所表示的曲面不可能是绕坐标轴旋转所生成的旋转面.

2) 由于所给的曲面方程可以表达为

$$z^2-(x^2+y^2)=1,$$

因此该曲面是绕 z 轴旋转所生成的旋转面.

用 Oyz 平面去截该曲面,得到的截痕是

$$\begin{cases}z^2-y^2=1,\\x=0.\end{cases}$$

这是 Oyz 平面上的双曲线(上、下开口),该曲面就是这条双曲线绕 z 轴旋转而成的,其形状如图 1-31 所示.

也可用 Ozx 平面去截该曲面,得到的截痕也是双曲线 $\begin{cases}z^2-x^2=1,\\y=0,\end{cases}$ 它位于 Ozx 平面上. 该曲面也可以看作这条双曲线绕 z 轴旋转而成的.

三、母线平行于坐标轴的柱面方程

定义 3 平行于定直线 L 并沿定曲线 C 移动的直线 l 所生成的曲面称为**柱面**,其中动直线 l 在移动中的每个位置称为该柱面的**母线**,曲线 C 称为该柱面的**准线**.

现在来建立以 Oxy 平面上的曲线 C:$f(x,y)=0$ 为准线,平行于 z 轴的直线 l 为母线的柱面方程(图 1-32).

设 $P(x,y,z)$ 为该柱面上任意一点,过点 P 作平行于 z 轴的直线交 Oxy 平面于点 $P_1(x,y,0)$. 根据柱面的几何意义可知,点 P_1 必在曲线 C 上,所以点 P_1 满足曲线 C 的方程 $f(x,y)=0$. 由于这个方程不含 z,所以点 $P(x,y,z)$ 也满足方程 $f(x,y)=0$. 反之,只要点 $P(x,y,z)$ 的前两个坐标满足方程 $f(x,y)=0$,则点 P 就在该柱面上. 因此,以 Oxy 平面上的曲线 C:$f(x,y)=0$ 为准线,母线平行于 z 轴的柱面方程为

$$f(x,y)=0.$$

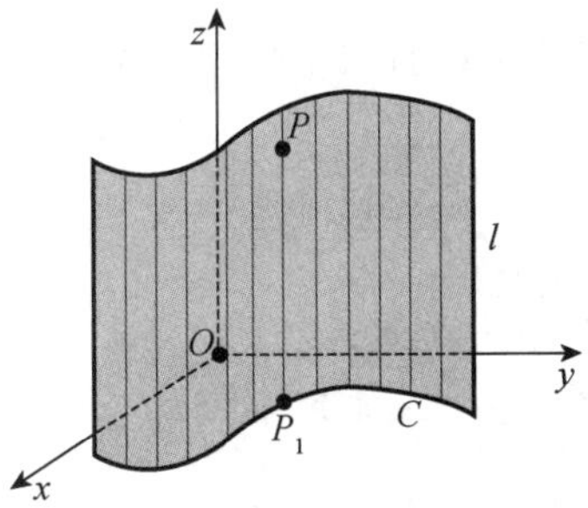

图 1-32

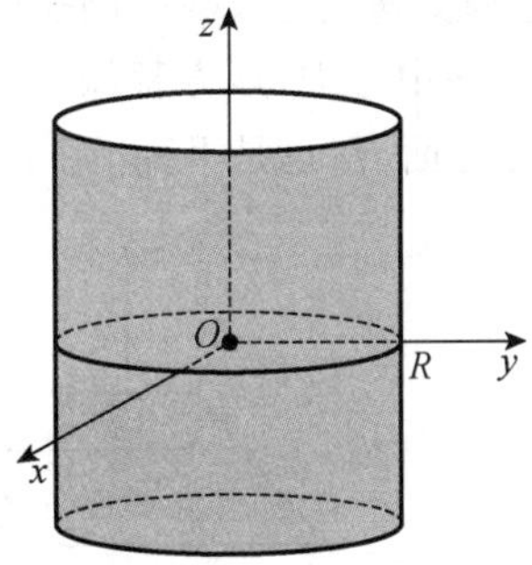

图 1-33

注 对于方程 $f(x,y)=0$,如果把它放在平面直角坐标系下考虑,则它表示平面上的一条曲线;如果这个方程放在空间直角坐标系下考虑,则它表示母线平行于 z 轴的一个柱面.

例如,方程 $x^2+y^2=R^2$ 在空间直角坐标系下表示以 Oxy 平面上的圆 $x^2+y^2=R^2$ 为准线,母线平行于 z 轴的柱面,称为**圆柱面**(图 1-33).

类似地,方程 $f(y,z)=0$ 和 $f(x,z)=0$ 在空间直角坐标系下一般分别表示母线平行于 x 轴和 y 轴的柱面.总之,在空间直角坐标系下,二元方程一般表示母线平行于坐标轴的柱面.

例 8 判断下列方程所表示的曲面:

1) $\frac{x^2}{a^2}-\frac{y^2}{b^2}=1\ (a,b>0)$; 2) $y^2=2px\ (p>0)$; 3) $x^2+z^2=1$.

解 1) 在空间中考虑,该方程缺少 z,故它表示以 Oxy 平面上的双曲线 $\frac{x^2}{a^2}-\frac{y^2}{b^2}=1$ 为准线,母线平行于 z 轴的柱面,称之为**双曲柱面**[图 1-34(a)];

2) 在空间中考虑,该方程缺少 z,故它表示以 Oxy 平面上的抛物线 $y^2=2px$ 为准线,母线平行于 z 轴的柱面,称之为**抛物柱面**[图 1-34(b)];

3) 在空间中考虑,该方程缺少 y,故它表示以 Ozx 平面上的圆 $x^2+z^2=1$ 为准线,母线平行于 y 轴的圆柱面[图 1-34(c)].

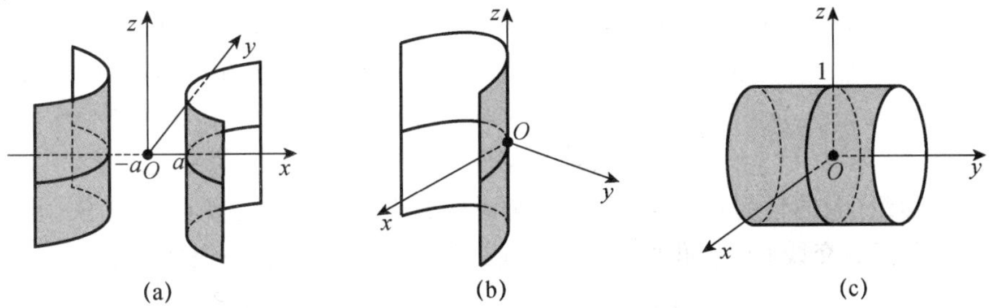

图 1-34

例 9 判断下列方程所表示的曲面:

1) $z=1$; 2) $y+z=1$.

解 1) 在空间中考虑,方程 $z=1$ 所表示的曲面可以看作以 Oyz 平面上的直线 $z=1$ 为准线,母线平行于 x 轴的柱面;它也是以 Ozx 平面上的直线 $z=1$ 为准线,母线平行于 y 轴的柱

面.因此,它就是垂直于 z 轴的平面,与 z 轴交于点(0,0,1)[图 1-35(a)];

2) 在空间中考虑,该方程缺少 x,故它表示以 Oyz 平面上的直线 $y+z=1$ 为准线,母线平行于 x 轴的柱面,它也是平面[图 1-35(b)].

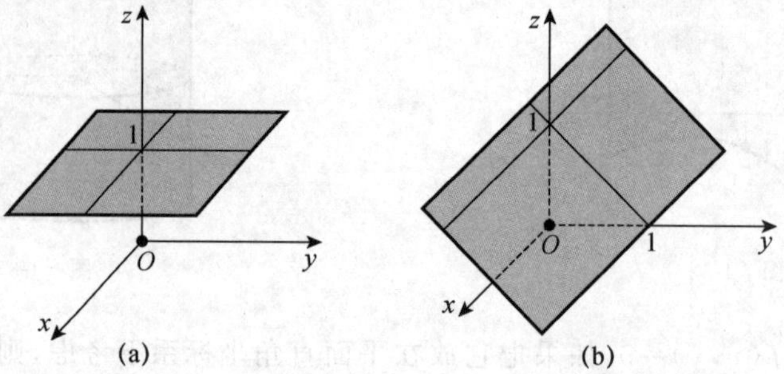

图　1-35

注　从这个例题中可以看到,平面也是柱面.一般来说,方程 $z=h$ 表示垂直于 z 轴(平行于 Oxy 平面)的平面,它与 z 轴交于点 $(0,0,h)$.特别地,当 $h=0$ 时,平面 $z=0$ 就是 Oxy 平面.同理,方程 $x=h$ 和 $y=h$ 分别是垂直于 x 轴和 y 轴的平面.特别地,当 $h=0$ 时,得到平面 $x=0$ 和 $y=0$,它们分别是 Oyz 平面和 Ozx 平面.

4.2　空间中的曲线方程

一、空间曲线的一般方程

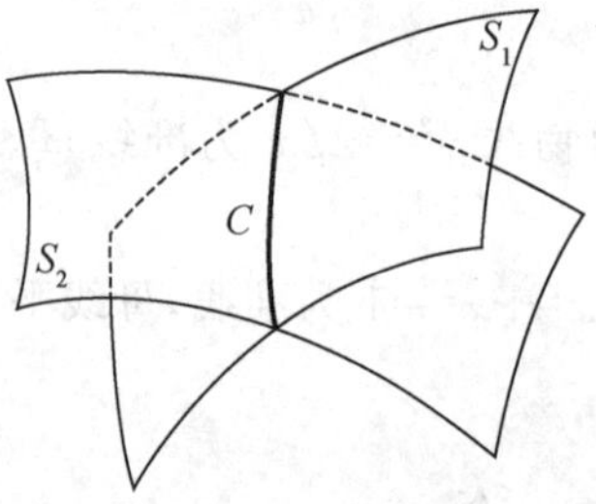

图　1-36

空间中的曲线可以看作两个曲面的交线(图 1-36).例如,可将空间中的直线看作某两个平面的交线,而将空间中的圆看作某个球面与某个平面的交线.

给定空间中的两个曲面

$$S_1: F(x,y,z)=0,\quad S_2: G(x,y,z)=0,$$

设它们的交线是 C,则交线 C 上的点 $P(x,y,z)$ 既在曲面 S_1 上又在曲面 S_2 上,从而点 P 既要满足方程 $F(x,y,z)=0$,又要满足方程 $G(x,y,z)=0$,于是点 P 的坐标 x,y,z 是方程组

$$\begin{cases}F(x,y,z)=0,\\G(x,y,z)=0\end{cases}\tag{6}$$

的解.反之,方程组(6)的任何一个解 x,y,z 所对应的点 $P(x,y,z)$ 既在曲面 S_1 上,又在曲面 S_2 上,从而在它们的交线 C 上.我们称方程组(6)是空间曲线 C 的**一般方程**.

可以证明:两个方程组 $\begin{cases}F(x,y,z)=0,\\G(x,y,z)=0\end{cases}$ 与 $\begin{cases}F_1(x,y,z)=0,\\G_1(x,y,z)=0\end{cases}$ 表示同一条曲线的充要条件是它们为同解方程组.

例 10　判断下列曲线的形状:

1) $C:\begin{cases}x^2+y^2+z^2=1,\\x^2+(y-1)^2+(z-1)^2=1;\end{cases}$　　2) $C:\begin{cases}z=\sqrt{1-x^2-y^2},\\x^2+y^2-x=0.\end{cases}$

解　1) C 的方程中第一个方程表示球心在原点,半径是 1 的球面,第二个方程表示球心

在点 $P_0(0,1,1)$，半径也是 1 的球面，因此它们的交线 C 是空间中的一个圆[图 1-37(a)].

2) 曲面 $z=\sqrt{1-x^2-y^2}$ 是球心在原点，半径为 1 的上半球面. 曲面 $x^2+y^2-x=0$ 是母线平行于 z 轴的柱面，此柱面方程可化为 $\left(x-\frac{1}{2}\right)^2+y^2=\frac{1}{4}$. 可见，这个柱面的准线是 Oxy 平面上的圆，其中圆心在点 $\left(\frac{1}{2},0,0\right)$，半径为 $\frac{1}{2}$. 上述半球面与柱面的交线 C 见图 1-37(b).

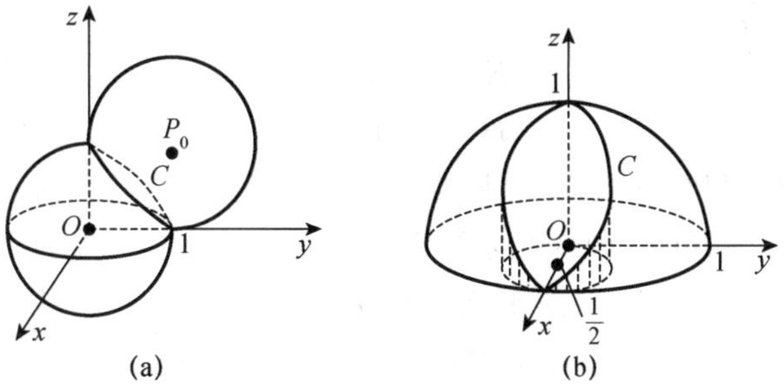

图 1-37

二、空间曲线的参数方程

平面曲线可以用参数方程来表达，同样空间曲线 C 也有其参数方程表达式：

$$C:\begin{cases}x=x(t),\\ y=y(t),\quad (a\leqslant t\leqslant b),\\ z=z(t)\end{cases}$$

其中 $x(t),y(t),z(t)$ 都是 t 的函数. 对于每个 $t\in[a,b]$，按照相应的函数关系分别确定了三个数值 $x=x(t),y=y(t),z=z(t)$，这三个数值对应着空间中的点 $P(x,y,z)$. 当 t 在区间 $[a,b]$ 中变化时，点 P 也在空间中变化，其轨迹就是曲线 C. 参数 t 往往有一定的几何或物理意义.

例 11 讨论参数方程 $\begin{cases}x=a\cos\theta,\\ y=a\sin\theta,\\ z=k\theta\end{cases}$ 表示的曲线 C.

其中 a,k 是正的常数，参数 $\theta\in(-\infty,+\infty)$.

解 下面对曲线 C 的图形进行分析. 先看坐标 $z=k\theta$ 的变化，它表明曲线 C 上的动点 $P(x,y,z)$ 随着参数 θ 的增大而升高，升高的幅度与 θ 成正比，比例常数为 k. 设 $P'(x,y,0)$ 是点 P 在 Oxy 平面上的投影点，则由参数方程可知 $x^2+y^2=a^2\cos^2\theta+a^2\sin^2\theta=a^2$. 这说明线段 OP' 的长度总是 a，也表明点 P 到 z 轴的距离总是 a，OP' 与 x 轴的夹角为 θ(图 1-38). 点 P 的三个坐标 x,y,z 都随 θ 的变化而变化；随着 θ 的增大，点 P 在升高的同时还围绕 z 轴逆时针旋转，并保持与 z 轴的距离为 a. 曲线 C 称为**螺旋线**.

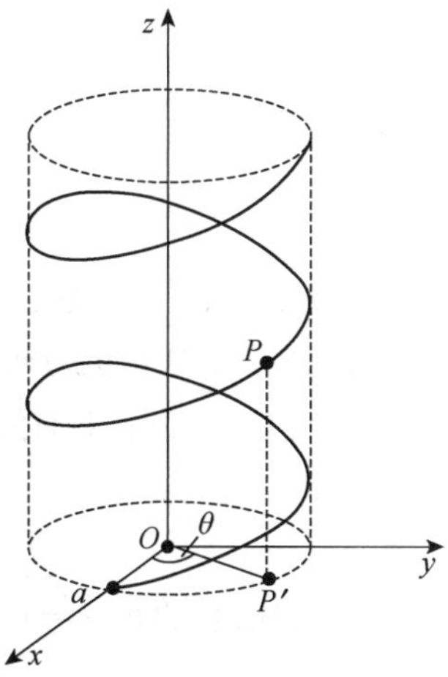

图 1-38

4.3 空间曲线在坐标面上的投影

了解空间曲线在各坐标面上的投影,对于了解空间曲线是非常重要的.

给定空间曲线

$$C:\begin{cases}F(x,y,z)=0,\\G(x,y,z)=0.\end{cases}\tag{7}$$

将方程组(7)同解变形为

$$\begin{cases}K(x,y,z)=0,\\H(x,y)=0.\end{cases}\tag{8}$$

由于是同解变形,因此方程组(8)表示的曲线也是 C. 方程组(8)的几何意义为:C 也是另外两个曲面 $K(x,y,z)=0$ 与 $H(x,y)=0$ 的交线. 由于 $H(x,y)=0$ 是母线平行于 z 轴(或垂直于 Oxy 平面)的柱面,其准线是 Oxy 平面上的曲线 $H(x,y)=0$,从而 Oxy 平面上的曲线 $H(x,y)=0$ 就是曲线 C 在 Oxy 平面上的投影(称为**投影曲线**). 严格地说,这条投影曲线的方程应为

$$\begin{cases}H(x,y)=0,\\z=0,\end{cases}$$

它表示柱面 $H(x,y)=0$ 与 Oxy 平面的交线.

我们称方程 $H(x,y)=0$ 所表示的曲面为曲线 C 关于 Oxy 平面的**投影柱面**. 因此,若求曲线 C 在 Oxy 平面上的投影柱面,可从方程组(7)的两个曲面方程出发,做一系列同解变形,将 z 消去后即可得到投影柱面的方程. 同理,将方程组(7)的两个曲面方程做同解变形,分别消去 x 和 y 可得到曲线 C 关于 Oyz 平面和 Ozx 平面的投影柱面方程,记为

$$I(y,z)=0 \quad 和 \quad J(x,z)=0,$$

则曲线 C 在 Oyz 平面和 Ozx 平面上的投影曲线方程分别为

$$\begin{cases}I(y,z)=0,\\x=0\end{cases} \quad 和 \quad \begin{cases}J(x,z)=0,\\y=0.\end{cases}$$

例 12 设空间曲线

$$C:\begin{cases}x^2+y^2+z^2=1, & (9)\\x^2+(y-1)^2+(z-1)^2=1. & (10)\end{cases}$$

1) 求曲线 C 在 Oxy 平面和 Oyz 平面上的投影曲线; 2) 求曲线 C 的参数方程.

解 1) 对所给的方程组做同解变形,(9)式减去(10)式得方程 $y+z=1$,已经消去了 x,所以曲线 C 在 Oyz 平面的投影曲线方程为

$$\begin{cases}y+z=1,\\x=0\end{cases} \quad (0\leqslant y\leqslant 1, 0\leqslant z\leqslant 1),$$

它是一条线段. 再由 $z=1-y$,代入(10)式,得到方程

$$x^2+2y^2-2y=0.$$

此时已经消去 z,可再化为

$$\frac{x^2}{\frac{1}{2}}+\frac{\left(y-\frac{1}{2}\right)^2}{\frac{1}{4}}=1,$$

则曲线 C 在 Oxy 平面上的投影曲线方程为

$$\begin{cases}\dfrac{x^2}{\frac{1}{2}}+\dfrac{\left(y-\frac{1}{2}\right)^2}{\frac{1}{4}}=1,\\ z=0,\end{cases} \tag{11}$$

它是一个椭圆.

2) 注意到方程组

$$\begin{cases}x^2+y^2+z^2=1,\\ y+z=1\end{cases}$$

与原方程组是同解的,则它也表示了曲线 C. 由于 $y+z=1$ 是平行于 x 轴的平面,从而可知曲线 C 是球面 $x^2+y^2+z^2=1$ 与平面 $y+z=1$ 的交线,据此可判断曲线 C 是空间中的一个圆. 这个圆所在的位置及其在 Oxy 平面上的投影曲线见图 1-39.

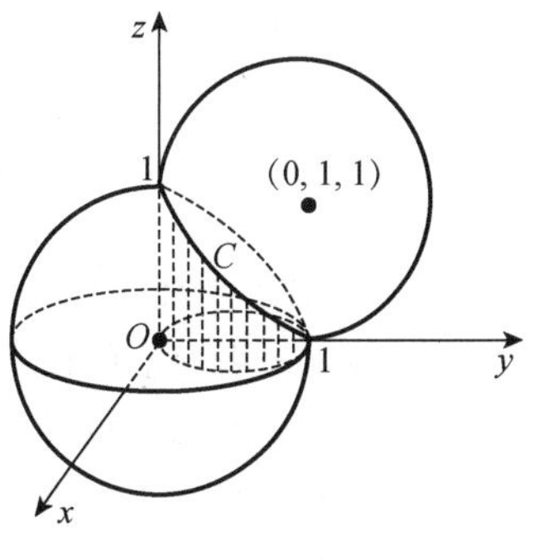

图 1-39

因曲线 C 在 Oxy 平面上的投影曲线是椭圆(11),其参数方程为

$$\begin{cases}x=\dfrac{1}{\sqrt{2}}\cos t,\\ y=\dfrac{1}{2}+\dfrac{1}{2}\sin t,\end{cases}\quad t\in[0,2\pi], \tag{12}$$

又因曲线 C 在平面 $z=1-y$ 上,将(12)式代入这个平面方程,则可以得到曲线 C 的参数方程

$$\begin{cases}x=\dfrac{1}{\sqrt{2}}\cos t,\\ y=\dfrac{1}{2}+\dfrac{1}{2}\sin t,\quad t\in[0,2\pi].\\ z=\dfrac{1}{2}-\dfrac{1}{2}\sin t,\end{cases}$$

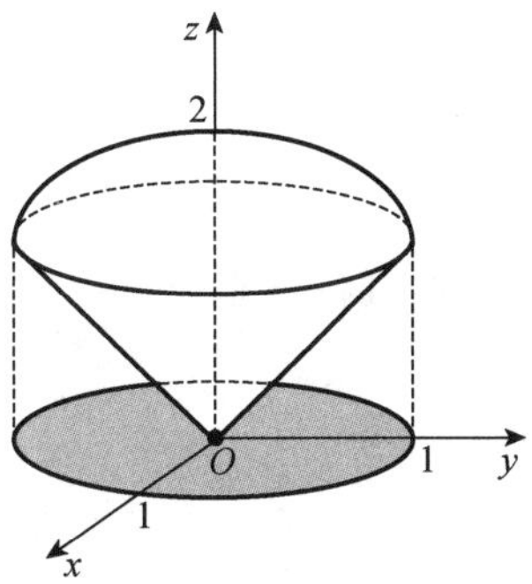

图 1-40

例 13 设有一个立体由上半球面 $z=\sqrt{4-x^2-y^2}$ 及圆锥面 $z=\sqrt{3(x^2+y^2)}$ 所围成(图 1-40),求它在 Oxy 平面上的投影区域.

解 由该立体的图形可知,它在 Oxy 平面上的投影区域的边界就是半球面 $z=\sqrt{4-x^2-y^2}$ 与圆锥面 $z=\sqrt{3(x^2+y^2)}$ 的交线 C 在 Oxy 平面上的投影曲线. 先求出投影曲线.

从交线 C:$\begin{cases}z=\sqrt{4-x^2-y^2},\\ z=\sqrt{3(x^2+y^2)}\end{cases}$ 中消去 z 即可得到投影曲线.

由交线 C 的方程可得 $\sqrt{4-x^2-y^2}=\sqrt{3(x^2+y^2)}$,化简后可得交

线 C 在 Oxy 平面上的投影曲线 $x^2+y^2=1$. 于是,立体的投影区域为 Oxy 平面上的圆 $x^2+y^2=1$ 及其内部(可用 $x^2+y^2\leqslant 1$ 来表示),见图 1-40 阴影部分.

习　题　1-4

1. 求到原点 O 和点 $(2,3,4)$ 的距离之比为 $1:2$ 的点的轨迹方程,它表示何种曲面?

2. 求与点 $(3,2,-1)$ 和 $(4,-3,0)$ 等距离的点的轨迹方程.

3. 写出球心在点 $(3,-2,5)$,半径为 4 的球面方程.

4. 写出球心在点 $(-1,-3,2)$ 且通过点 $(1,-1,1)$ 的球面方程.

5. 求出下列球面的球心和半径:

(1) $x^2+y^2+z^2-6z-7=0$;

(2) $x^2+y^2+z^2-12x+4y-6z=0$;

(3) $x^2+y^2+z^2-2x+4y-4z-7=0$.

6. 下列曲面中哪些是母线平行于坐标轴的柱面?若是此种柱面,请指出其准线以及母线平行于哪些坐标轴.

(1) $\dfrac{x^2}{4}+\dfrac{z^2}{9}=1$;　(2) $x^2-y^2=1$;　(3) $y^2-z-1=0$;

(4) $y=z$;　(5) $x^2+y^2=z$.

7. 写出下列旋转面的方程,并画出它们的图形:

(1) Oyz 平面上的曲线 $z=y^2$ 绕 z 轴旋转所生成的旋转面;

(2) Oxy 平面上的曲线 $x^2+y^2=9$ 绕 y 轴旋转所生成的旋转面;

(3) Oxy 平面上的曲线 $4x^2-9y^2=36$ 分别绕 x 轴和 y 轴旋转所生成的旋转面;

(4) Ozx 平面上的直线 $x=z$ 绕 z 轴旋转所生成的旋转面.

8. 指出下列旋转面是怎样生成的:

(1) $3x^2+3y^2+4z^2=12$;　(2) $x^2-y^2+z^2=1$;　(3) $x^2-9y^2-9z^2=1$.

9. 在空间直角坐标系下,x 轴和 y 轴可看作空间曲线,写出它们的一般方程.

10. 试描述空间曲线 $\begin{cases} z=\sqrt{4a^2-x^2-y^2}, \\ x^2+y^2-2ay=0, \end{cases}$ 并画图,其中 $a>0$.

11. 求球面 $x^2+y^2+z^2=9$ 与平面 $x+z=1$ 的交线在 Oxy 平面上的投影曲线.

12. 画出旋转抛物面 $z=x^2+y^2$ 与平面 $z=4$ 所围成的立体图形,求出它在 Oxy 平面上的投影区域.

§5　空间中的平面与直线

空间中的平面与直线是最常见、最简单的几何图形. 在讨论它们的方程时,向量是一个重要的工具.

5.1　平面方程

一、平面的点法式方程

给定点 $P_0(x_0,y_0,z_0)$ 及非零向量 $\boldsymbol{n}=\{A,B,C\}$,求经过点 P_0 且垂直于向量 $\boldsymbol{n}$ 的平面

Π 的方程. 从几何意义上讲，当点 P_0 与向量 $\boldsymbol{n}$ 给定之后，平面 Π 就被确定下来，因此点 P_0 与向量 $\boldsymbol{n}$ 是确定平面 Π 的两个要素.

设 $P(x,y,z)$ 是平面 Π 上任意一点，则向量 $\overrightarrow{P_0P}$ 总与向量 $\boldsymbol{n}$ 垂直(图 1-41)，从而

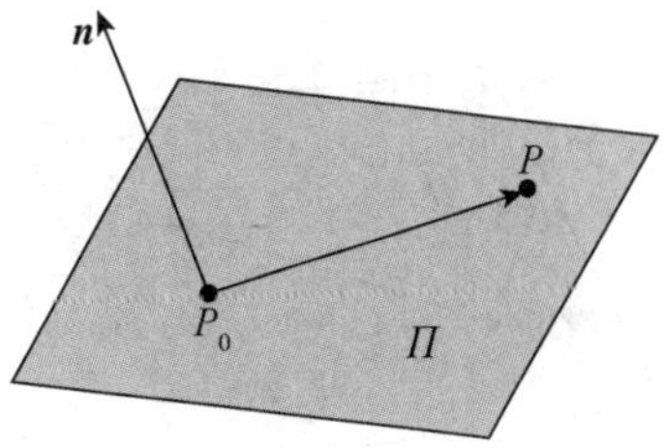

图 1-41

$$\boldsymbol{n}\cdot\overrightarrow{P_0P}=0.$$

由 $\overrightarrow{P_0P}=\{x-x_0,y-y_0,z-z_0\}$，再根据数量积的坐标表示，得到

$$\boldsymbol{n}\cdot\overrightarrow{P_0P}=A(x-x_0)+B(y-y_0)+C(z-z_0)=0. \tag{1}$$

反之，如果点 $P(x,y,z)$ 满足方程(1)，则说明向量 $\overrightarrow{P_0P}$ 垂直于向量 $\boldsymbol{n}$，从而点 $P(x,y,z)$ 在平面 Π 上. 称向量 $\boldsymbol{n}$ 为平面 Π 的**法向量**，称方程(1)为平面 Π 的**点法式方程**.

例 1 求下列平面的方程：

1) 已知平面经过点 $A(0,1,-1)$，法向量为 $\boldsymbol{n}=\{4,-2,-2\}$；

2) 已知平面经过点 $B(1,1,1)$，法向量为 $\boldsymbol{n}=\{-2,1,1\}$.

解 1) 由点法式方程(1)知所求的平面方程为

$$4(x-0)+(-2)(y-1)+(-2)(z+1)=0,$$

化简得
$$2x-y-z=0.$$

2) 由点法式方程(1)知所求的平面方程为

$$(-2)(x-1)+1\cdot(y-1)+1\cdot(z-1)=0,$$

化简得
$$2x-y-z=0.$$

注 从这个例题可以看到，所给平面的法向量不同，平面经过的点也不同，但所得到的平面仍然是同一个平面. 这从几何意义上是容易理解的. 法向量的意义是标记平面的朝向，因此一个平面的法向量不是唯一的，任何与给定的法向量 $\boldsymbol{n}$ 平行的非零向量都可以作为法向量. 本例题中的两个法向量就是相互平行的.

将平面的点法式方程(1)展开，得

$$Ax+By+Cz+(-Ax_0-By_0-Cz_0)=0.$$

令 $(-Ax_0-By_0-Cz_0)=D$，则方程(1)可变为

$$Ax+By+Cz+D=0. \tag{2}$$

称方程(2)为平面的**一般方程**，它是一个三元一次方程.

反之，任给三元一次方程(2)，其中 A,B,C 不全为零，则它必是某个平面的方程.

事实上，取方程(2)的一个解 x_0,y_0,z_0，则它满足 $Ax_0+By_0+Cz_0+D=0$. 将这个式子与(2)式相减，可得

$$A(x-x_0)+B(y-y_0)+C(z-z_0)=0.$$

它恰是方程(1)所表示的经过点 $P_0(x_0,y_0,z_0)$，法向量为 $\boldsymbol{n}=\{A,B,C\}$ 的平面的方程. 由于 A,B,C 不全为零，则 $\boldsymbol{n}=\{A,B,C\}\neq\boldsymbol{0}$.

由方程(2)中一次项的系数，我们可以直接写出平面的法向量.

例 2 已知平面 Π 经过三点 $P_1(1,1,1)$，$P_2(-2,1,2)$，$P_3(-3,3,1)$，求平面 Π 的方程.

解法 1 用点法式方程.

由空间几何的知识可知，空间中不共线的三点可确定一个平面. 我们需根据这三点确定平面 Π 的两个要素：法向量及平面 Π 所经过的点. 显然，点 P_1,P_2,P_3 中的任何一点都可以当

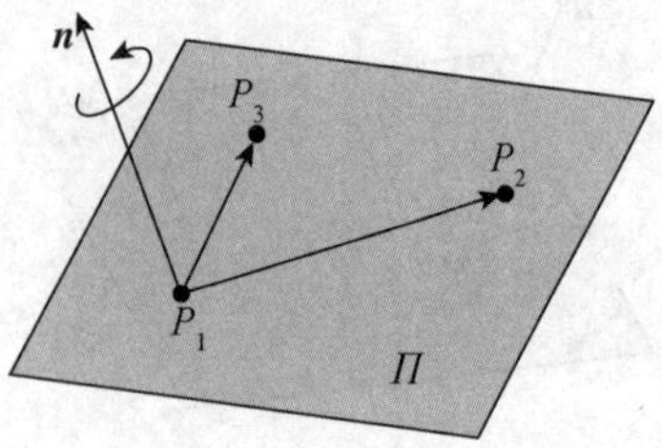

图 1-42

作平面 Π 所经过的点.余下的问题就是确定平面 Π 的法向量 $\boldsymbol{n}$.设 $\boldsymbol{n}=\{a,b,c\}$(图 1-42).

因 $\overrightarrow{P_1P_2}=\{-3,0,1\}$在平面 Π 上且垂直于向量 $\boldsymbol{n}$,故

$$\boldsymbol{n}\cdot\overrightarrow{P_1P_2}=0,$$

即 $$\{a,b,c\}\cdot\{-3,0,1\}=-3a+c=0.$$

又因 $\overrightarrow{P_1P_3}=\{-4,2,0\}$也在平面 Π 上且垂直于向量 $\boldsymbol{n}$,故

$$\boldsymbol{n}\cdot\overrightarrow{P_1P_3}=0,$$

即 $$\{a,b,c\}\cdot\{-4,2,0\}=-4a+2b=0.$$

解方程组

$$\begin{cases}-3a+c=0,\\-4a+2b=0,\end{cases}\quad 得 \quad \begin{cases}c=3a,\\b=2a.\end{cases}$$

取 $a=1$,则 $b=2,c=3$.可取 $\boldsymbol{n}=\{1,2,3\}$作为法向量.

取点 P_1 为平面 Π 经过的点,则由点法式方程得

$$(x-1)+2(y-1)+3(z-1)=0,$$

化简后可得平面 Π 的方程

$$x+2y+3z-6=0.$$

解法 2 用待定系数法.

设平面 Π 的一般方程为 $Ax+By+Cz+D=0$,只需确定系数 A,B,C,D 即可.将点 P_1,P_2,P_3 的坐标代入一般方程,可得到方程组

$$\begin{cases}A+B+C+D=0,\\-2A+B+2C+D=0,\\-3A+3B+C+D=0.\end{cases}$$

后两个方程分别减去第一个方程,得

$$\begin{cases}-3A+C=0,\\-4A+2B=0,\end{cases}$$

所以 $C=3A,B=2A$.再代入第一个方程,得

$$A+2A+3A+D=0,\quad 故 \quad D=-6A.$$

由于 A,B,C 不能同时为零,因此取 $A=1$,得到 $C=3,B=2,D=-6$.所以,所求的方程为

$$x+2y+3z-6=0.$$

* **解法 3** 用点法式方程.

因为法向量 $\boldsymbol{n}$ 同时垂直于向量 $\overrightarrow{P_1P_2}$,$\overrightarrow{P_1P_3}$,所以法向量 $\boldsymbol{n}$ 必平行于向量积 $\overrightarrow{P_1P_2}\times\overrightarrow{P_1P_3}$(图 1-42).故直接取法向量

$$\boldsymbol{n}=\overrightarrow{P_1P_2}\times\overrightarrow{P_1P_3}=\begin{vmatrix}\boldsymbol{i}&\boldsymbol{j}&\boldsymbol{k}\\-3&0&1\\-4&2&0\end{vmatrix}=\{-2,-4,-6\}.$$

仍取点 P_1 为平面 Π 经过的点,则由点法式方程得

$$-2(x-1)-4(y-1)-6(z-1)=0,$$

化简得 $$x+2y+3z-6=0.$$

注 在解法1和解法2中,都需要解方程组,而这两个方程组的方程个数都少于未知数的个数.一般来说,它们的解都不是唯一的,我们只需求出一个非零解即可.这是因为平面的法向量本身不是唯一的,它仅表示平面的一个"朝向".例如,在解法1中取 $a=-1$,可得法向量 $\boldsymbol{n}=\{-1,-2,-3\}$.

二、特殊位置的平面方程

在平面的一般方程 $Ax+By+Cz+D=0$ 中,根据各项的系数可以判断出平面相对于坐标系的特殊位置.

1) 当 $D=0$ 时,平面方程变为 $Ax+By+Cz=0$,它表示过原点的平面.

这是因为原点满足此方程.

2) 当 $A=0$ 时,平面方程变为 $By+Cz+D=0$,它表示平行于 x 轴的平面.

事实上,此时平面的法向量为 $\boldsymbol{n}=\{0,B,C\}\neq\boldsymbol{0}$. x 轴上的基本单位向量为 $\boldsymbol{i}=\{1,0,0\}$.由 $\boldsymbol{n}\cdot\boldsymbol{i}=0$ 知法向量 $\boldsymbol{n}$ 与基本单位向量 $\boldsymbol{i}$ 垂直,从而此平面与 x 轴平行.

需要说明一下,当 $A=0$ 且 $D=0$ 时,得方程 $By+Cz=0$,它表示通过 x 轴的平面.我们约定,如果直线在某个平面上,就将其看作平面与该直线平行的一种特殊情况.

同理可得:

当 $B=0$ 时,平面方程变为 $Ax+Cz+D=0$,它表示平行于 y 轴的平面;

当 $C=0$ 时,平面方程变为 $Ax+By+D=0$,它表示平行于 z 轴的平面.

3) 当 $A=B=0$ 时,平面方程变为 $Cz+D=0$,它表示平行于 Oxy 平面的平面(垂直于 z 轴).

事实上,因 A,B,C 不全为零,故必有 $C\neq0$.此时,该平面的法向量为 $\boldsymbol{n}=\{0,0,C\}\neq\boldsymbol{0}$. z 轴上的基本单位向量为 $\boldsymbol{k}=\{0,0,1\}$.显然,法向量 $\boldsymbol{n}$ 与基本单位向量 $\boldsymbol{k}$ 平行,从而此平面与 Oxy 平面平行.

通常把平行于 Oxy 平面的平面方程化为 $z=h$,其中 $h=\dfrac{-D}{C}$,这与§4例9中的结论是一致的.这里还需要说明一下,本书中我们把两个平面重合看作两个平面平行的一种特殊情况.

同理可得:

当 $B=C=0$ 时,平面方程变为 $Ax+D=0$(可化为 $x=h$ 的形式),它表示平行于 Oyz 平面的平面(垂直于 x 轴);

当 $A=C=0$ 时,平面方程变为 $By+D=0$(可化为 $y=h$ 的形式),它表示平行于 Ozx 平面的平面(垂直于 y 轴).

例3 设平面 Π 的一般方程为 $Ax+By+Cz+D=0$.如果平面 Π 不经过原点,并且不与任何坐标轴平行,则 A,B,C,D 都不为零,且平面 Π 必与三条坐标轴各有一个交点,平面 Π 的方程可化为

$$\frac{A}{-D}x+\frac{B}{-D}y+\frac{C}{-D}z=1.$$

令 $a=\dfrac{-D}{A}$, $b=\dfrac{-D}{B}$, $c=\dfrac{-D}{C}$,则平面 Π 的方程又可化为

$$\frac{x}{a}+\frac{y}{b}+\frac{z}{c}=1. \tag{3}$$

称方程(3)为平面 Π 的**截距式方程**.显然,点 $(a,0,0)$,$(0,b,0)$,$(0,0,c)$ 都在平面 Π 上.称 a,b,c 是平面 Π 分别在 x 轴、y 轴、z 轴上的**截距**(图1-43).

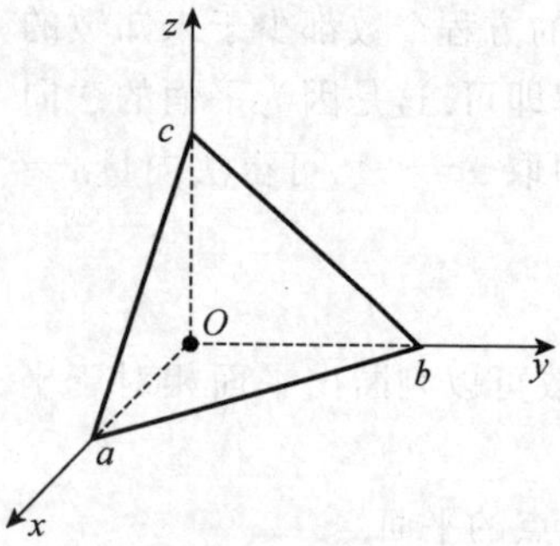

图 1-43

例 4 求经过 x 轴和点(4,−3,−1)的平面方程.

解 设该平面的方程为 $Ax+By+Cz+D=0$. 由于该平面经过 x 轴,则它也必经过原点,从而 $A=0,D=0$. 于是,该平面的方程为 $By+Cz=0$,只需求出系数 B,C 即可. 因该平面经过点(4,−3,−1),故将此点的坐标代入上述方程,得到

$$-3B-C=0,\quad 即\quad C=-3B.$$

取 $B=1$,则 $C=-3$. 所以,所求的平面方程为 $y-3z=0$.

例 5 求平面 $3x-4y+z-5=0$ 的截距式方程,并求它与三条坐标轴的交点.

解 所给的平面方程移项后两端除以 5,得

$$\frac{3}{5}x-\frac{4}{5}y+\frac{1}{5}z=1,$$

从而得到截距式方程

$$\frac{x}{\frac{5}{3}}+\frac{y}{-\frac{5}{4}}+\frac{z}{5}=1.$$

由此可知,该平面与 x 轴、y 轴、z 轴的交点分别为 $\left(\frac{5}{3},0,0\right)$, $\left(0,-\frac{5}{4},0\right)$, $(0,0,5)$.

三、两个平面的夹角

给定两个平面

$$\Pi_1: A_1x+B_1y+C_1z+D_1=0,$$
$$\Pi_2: A_2x+B_2y+C_2z+D_2=0,$$

则它们的法向量分别为

$$\boldsymbol{n}_1=\{A_1,B_1,C_1\}\quad 和\quad \boldsymbol{n}_2=\{A_2,B_2,C_2\}.$$

规定平面 Π_1 与 Π_2 的夹角 θ 为它们法向量的夹角,取锐角(图 1-44). 于是,当法向量 $\boldsymbol{n}_1$ 与 $\boldsymbol{n}_2$ 的夹角为锐角 θ 时,有

$$\cos\theta=\frac{\boldsymbol{n}_1\cdot\boldsymbol{n}_2}{|\boldsymbol{n}_1||\boldsymbol{n}_2|}.$$

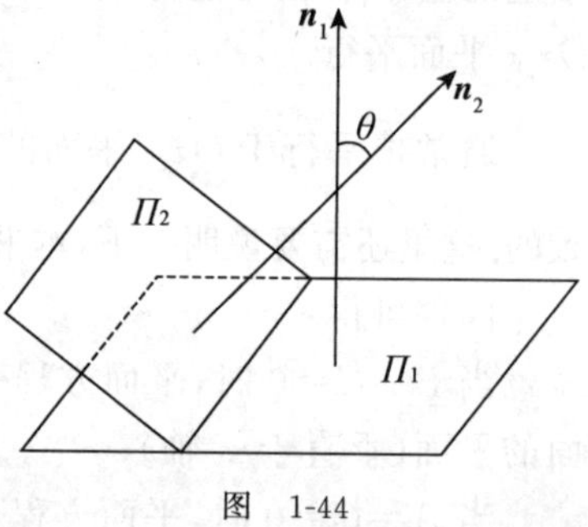

图 1-44

但是,给定的法向量 $\boldsymbol{n}_1$ 与 $\boldsymbol{n}_2$ 的夹角不一定是锐角,当为钝角时,由于法向量不是唯一的,$-\boldsymbol{n}_1$ 也是平面 Π_1 的法向量,则法向量 $-\boldsymbol{n}_1$ 与 $\boldsymbol{n}_2$ 的夹角是锐角 θ. 无论何种情况,总有

$$\cos\theta=\frac{|\boldsymbol{n}_1\cdot\boldsymbol{n}_2|}{|\boldsymbol{n}_1||\boldsymbol{n}_2|}=\frac{|A_1A_2+B_1B_2+C_1C_2|}{\sqrt{A_1^2+B_1^2+C_1^2}\cdot\sqrt{A_2^2+B_2^2+C_2^2}}.\tag{4}$$

由于两个平面垂直就是它们的法向量垂直,两个平面平行就是它们的法向量平行,于是容易得到下列结论:

1) 平面 Π_1 与 Π_2 垂直的充要条件为

$$A_1A_2+B_1B_2+C_1C_2=0.\tag{5}$$

这是因为此时平面 Π_1 与 Π_2 的法向量的数量积为零.

2) 平面 Π_1 与 Π_2 平行的充要条件为

$$\frac{A_1}{A_2}=\frac{B_1}{B_2}=\frac{C_1}{C_2}. \tag{6}$$

这是因为此时平面 Π_1 与 Π_2 的法向量平行,从而两个法向量对应的坐标成比例.

例 6 给定两个平面 Π_1: $2x-y+z-6=0$ 和 Π_2: $x+y+2z-5=0$,求这两个平面的夹角 θ.

解 由公式(4)得

$$\cos\theta=\frac{|2\times1+(-1)\times1+1\times2|}{\sqrt{2^2+(-1)^2+1^2}\times\sqrt{1^2+1^2+2^2}}=\frac{3}{\sqrt{6}\times\sqrt{6}}=\frac{1}{2},\quad 则\quad \theta=\frac{\pi}{3}.$$

例 7 已知平面 Π 经过点 $(1,1,-1)$ 并且与平面 $3x-2y+z-2=0$ 平行,求平面 Π 的方程.

解 设平面 Π 的方程为 $Ax+By+Cz+D=0$,则其法向量为 $\boldsymbol{n}=\{A,B,C\}$. 由于平面 Π 平行于给定的平面,则其法向量 $\boldsymbol{n}$ 平行于给定平面的法向量 $\{3,-2,1\}$. 故可取 $\boldsymbol{n}=\{3,-2,1\}$,于是平面 Π 的方程为

$$3x-2y+z+D=0.$$

再将给定的点 $(1,1,-1)$ 代入此方程,得 $3\times1-2\times1-1+D=0$,则 $D=0$. 所以,所求的平面方程为

$$3x-2y+z=0.$$

注 当法向量 $\boldsymbol{n}$ 确定之后,此题也可利用点法式方程求得平面方程.

例 8 已知平面 Π 经过两点 $P(1,1,1)$ 和 $Q(0,1,-1)$ 且垂直于平面 $x+y+z=0$,求平面 Π 的方程.

解法 1 根据平面的点法式方程,只需求出平面 Π 的法向量 $\boldsymbol{n}$ 即可. 设 $\boldsymbol{n}=\{A,B,C\}$. 显然,所给定平面的法向量为 $\{1,1,1\}$. 由于平面 Π 垂直于所给定的平面,则法向量 $\boldsymbol{n}$ 必垂直于法向量 $\{1,1,1\}$,从而

$$\{1,1,1\}\cdot\boldsymbol{n}=0,\quad 即\quad A+B+C=0.$$

又由于法向量 $\boldsymbol{n}$ 垂直于向量 $\overrightarrow{PQ}=\{-1,0,-2\}$,则

$$\{-1,0,-2\}\cdot\boldsymbol{n}=0,\quad 即\quad -A-2C=0.$$

解方程组 $\begin{cases}A+B+C=0,\\-A-2C=0,\end{cases}$ 可得到一个解 $A=2,B=-1,C=-1$,则 $\boldsymbol{n}=\{2,-1,-1\}$. 因平面 Π 经过点 P,由点法式方程可得到平面 Π 的方程

$$2(x-1)-(y-1)-(z-1)=0,\quad 即\quad 2x-y-z=0.$$

***解法 2** 记号同解法 1. 由于法向量 $\boldsymbol{n}$ 垂直于所给定平面的法向量 $\{1,1,1\}$ 及向量 $\overrightarrow{PQ}=\{-1,0,-2\}$,所以取平面 Π 的法向量为

$$\boldsymbol{n}=\{1,1,1\}\times\{-1,0,-2\}=\begin{vmatrix}\boldsymbol{i}&\boldsymbol{j}&\boldsymbol{k}\\1&1&1\\-1&0&-2\end{vmatrix}=\{-2,1,1\}.$$

再由点法式方程可得到平面 Π 的方程

$$2x-y-z=0.$$

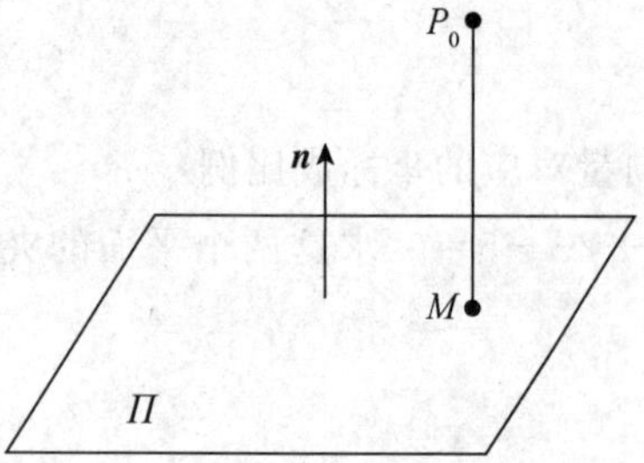

图　1-45

例 9　给定平面 Π：$Ax+By+Cz+D=0$ 以及点 $P_0(x_0,y_0,z_0)$，求点 P_0 到平面 Π 的距离 d.

解　平面 Π 的法向量为 $\boldsymbol{n}=\{A,B,C\}$. 过点 P_0 向平面 Π 作垂线，记垂足为 $M(x_1,y_1,z_1)$（图 1-45）. 此时，法向量 $\boldsymbol{n}$ 必与向量 $\overrightarrow{MP_0}=\{x_0-x_1,y_0-y_1,z_0-z_1\}$ 平行，则它们的夹角为 $\theta=0$ 或 π. 于是

$$\boldsymbol{n}\cdot\overrightarrow{MP_0}=|\boldsymbol{n}|\,|\overrightarrow{MP_0}|\cos\theta=\pm|\boldsymbol{n}|\,|\overrightarrow{MP_0}|,$$

从而

$$d=|\overrightarrow{MP_0}|=\left|\pm\frac{\boldsymbol{n}\cdot\overrightarrow{MP_0}}{|\boldsymbol{n}|}\right|=\frac{|\boldsymbol{n}\cdot\overrightarrow{MP_0}|}{|\boldsymbol{n}|}. \tag{7}$$

由于

$$\begin{aligned}\boldsymbol{n}\cdot\overrightarrow{MP_0}&=A(x_0-x_1)+B(y_0-y_1)+C(z_0-z_1)\\&=Ax_0+By_0+Cz_0-(Ax_1+By_1+Cz_1),\end{aligned}$$

而点 M 在平面 Π 上，应有 $Ax_1+By_1+Cz_1=-D$，于是

$$\boldsymbol{n}\cdot\overrightarrow{MP_0}=Ax_0+By_0+Cz_0+D.$$

又 $|\boldsymbol{n}|=\sqrt{A^2+B^2+C^2}$，代入(7)式，得

$$d=\frac{|Ax_0+By_0+Cz_0+D|}{\sqrt{A^2+B^2+C^2}}. \tag{8}$$

(8)式就是点到平面的**距离公式**.

例 10　求点 $M_0(2,1,1)$ 到平面 $x+2y-2z+1=0$ 的距离.

解　由点到平面的距离公式(8)可知，所求的距离为

$$d=\frac{|1\times2+2\times1-2\times1+1|}{\sqrt{1^2+2^2+(-2)^2}}=\frac{3}{3}=1.$$

5.2　直线方程

一、直线方程的三种形式

1. 直线的对称式方程

给定点 $P_0(x_0,y_0,z_0)$ 及非零向量 $\boldsymbol{v}=\{l,m,n\}$，则经过点 P_0 且与向量 $\boldsymbol{v}$ 平行的直线 L 就被确定下来. 因此，点 P_0 与向量 $\boldsymbol{v}$ 是确定直线 L 的两个要素. 称向量 $\boldsymbol{v}$ 为直线 L 的**方向向量**. 下面我们求直线 L 的方程.

设点 $P(x,y,z)$ 在直线 L 上，于是向量

$$\overrightarrow{P_0P}=\{x-x_0,y-y_0,z-z_0\}$$

平行于向量 $\boldsymbol{v}$（图 1-46），则它们对应的坐标成比例，从而

$$\frac{x-x_0}{l}=\frac{y-y_0}{m}=\frac{z-z_0}{n}. \tag{9}$$

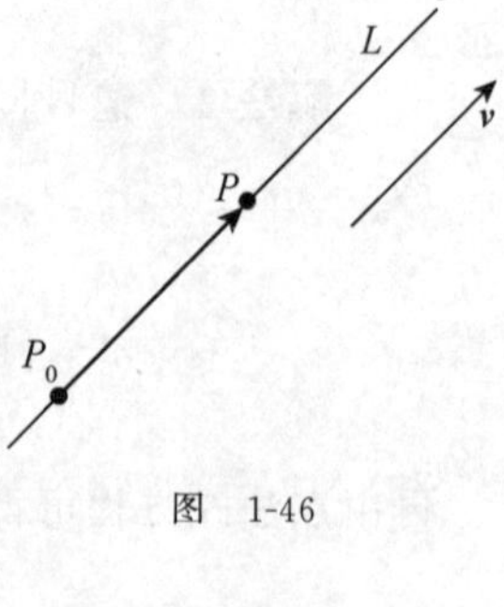

图　1-46

反之，如果点 $P(x,y,z)$ 满足方程(9)，则说明向量 $\overrightarrow{P_0P}$ 平行于向量 $\boldsymbol{v}$，从而点 $P(x,y,z)$ 在直线 L 上. 称方程(9)为直线 L 的**对称式方程**.

注 与平面的方程类似,一条直线 L 的方向向量 $\boldsymbol{v}$ 及其所经过的点 P_0 不是唯一的,从而直线 L 的对称式方程(9)也不是唯一的.任何平行于直线 L 的非零向量都可以作为直线 L 的方向向量.

2. 直线的参数方程

对于直线 L,对称式方程(9)表示当点 $P(x,y,z)$ 在直线 L 上变化时,总保持着方程(9)中的三个比式相等.但是,比式等于多少,(9)式并没有给出.如果令

$$\frac{x-x_0}{l}=\frac{y-y_0}{m}=\frac{z-z_0}{n}=t,$$

则分别有 $\frac{x-x_0}{l}=t,\frac{y-y_0}{m}=t,\frac{z-z_0}{n}=t$,从而得到直线 L 的**参数方程**

$$\begin{cases}x=x_0+lt,\\ y=y_0+mt, \quad (-\infty<t<+\infty).\\ z=z_0+nt\end{cases} \tag{10}$$

例 11 求经过点$(-1,0,2)$且方向向量为$\{-1,-3,1\}$的直线 L 的对称式方程和参数方程.

解 由对称式方程(9)得直线 L 的对称式方程

$$\frac{x-(-1)}{-1}=\frac{y-0}{-3}=\frac{z-2}{1} \quad 或 \quad \frac{x+1}{-1}=\frac{y}{-3}=\frac{z-2}{1}.$$

由参数方程(10)得直线 L 的参数方程

$$\begin{cases}x=-1+(-1)t,\\ y=0+(-3)t,\\ z=2+1\cdot t,\end{cases} \quad 化简为 \quad \begin{cases}x=-1-t,\\ y=-3t,\\ z=2+t.\end{cases}$$

3. 直线的一般方程

给定两个平面

$$\Pi_1: A_1x+B_1y+C_1z+D_1=0, \quad \Pi_2: A_2x+B_2y+C_2z+D_2=0,$$

如果它们不相互平行,则它们的交线就是空间中的一条直线 L.于是,直线 L 的方程可表示为

$$\begin{cases}A_1x+B_1y+C_1z+D_1=0,\\ A_2x+B_2y+C_2z+D_2=0.\end{cases} \tag{11}$$

称方程组(11)为直线 L 的**一般方程**,它是两个三元一次方程构成的方程组.根据直线的这种几何意义可知,同一条直线可以由很多平面相交而成.因此,直线 L 的一般方程也不是唯一的.

显然,方程组(11)表示一条空间直线的充要条件是两个平面 Π_1,Π_2 的法向量 $\boldsymbol{n}_1=\{A_1,B_1,C_1\}$, $\boldsymbol{n}_2=\{A_2,B_2,C_2\}$不相互平行.

例 12 求直线

$$L: \begin{cases}x+2y+3z-6=0,\\ 2x+3y-4z-1=0\end{cases} \tag{12}$$

的参数方程和对称式方程.

解法 1 根据对称式方程和参数方程的形式,需要根据方程组(12)确定出直线 L 的两个要素:直线 L 经过的一点 P_0 和直线 L 的方向向量 $\boldsymbol{v}$.显然,点 P_0 的坐标是方程组(12)的一个

解.令 $z=0$,则方程组(12)变为

$$\begin{cases}x+2y=6,\\2x+3y=1.\end{cases}$$

解这个方程组得 $x=-16,y=11$.于是,点 $P_0(-16,11,0)$在直线 L 上.

在方程组(12)中,第一个方程 $x+2y+3z-6=0$ 所表示平面的法向量为 $\boldsymbol{n}_1=\{1,2,3\}$;第二个方程 $2x+3y-4z-1=0$ 所表示平面的法向量为 $\boldsymbol{n}_2=\{2,3,-4\}$.因直线 L 的方向向量 $\boldsymbol{v}=\{l,m,n\}$与法向量 $\boldsymbol{n}_1,\boldsymbol{n}_2$ 都垂直,故 $\boldsymbol{v}\cdot\boldsymbol{n}_1=0,\boldsymbol{v}\cdot\boldsymbol{n}_2=0$,即有方程组

$$\begin{cases}l+2m+3n=0,\\2l+3m-4n=0.\end{cases}$$

由第一个方程乘以 2 后减去第二个方程可推出 $m=-10n$,再代入到第一个方程可得 $l=17n$.取 $n=1$,则 $l=17,m=-10$,即 $\boldsymbol{v}=\{17,-10,1\}$.于是,直线 L 的参数方程为

$$\begin{cases}x=-16+17t,\\y=11-10t,\\z=t,\end{cases}$$

对称式方程为

$$\frac{x+16}{17}=\frac{y-11}{-10}=\frac{z}{1}.$$

*解法 2 采用解法 1 的记号,此时向量 $\boldsymbol{v}$ 必平行于向量 $\boldsymbol{n}_1\times\boldsymbol{n}_2$,可取直线 L 的方向向量为

$$\boldsymbol{v}=\boldsymbol{n}_1\times\boldsymbol{n}_2=\begin{vmatrix}\boldsymbol{i}&\boldsymbol{j}&\boldsymbol{k}\\1&2&3\\2&3&-4\end{vmatrix}=\{-17,10,-1\},$$

于是直线 L 的参数方程为

$$\begin{cases}x=-16-17t,\\y=11+10t,\\z=-t,\end{cases}$$

对称式方程为

$$\frac{x+16}{-17}=\frac{y-11}{10}=\frac{z}{-1}.$$

注 此题两个解法的结果都是对的,这主要是因为直线的方向向量不是唯一的.两个解法的方向向量取的不同,但它们是平行的.

二、两条直线的夹角

给定两条直线 L_1 和 L_2,设它们的方向向量分别为 $\boldsymbol{v}_1=\{l_1,m_1,n_1\},\boldsymbol{v}_2=\{l_2,m_2,n_2\}$.直线 L_1 与 L_2 的夹角规定为它们方向向量的夹角 θ,取锐角(图 1-47).于是,当方向向量 $\boldsymbol{v}_1$ 与 $\boldsymbol{v}_2$ 的夹角为锐角 θ 时,有 $\cos\theta=\dfrac{\boldsymbol{v}_1\cdot\boldsymbol{v}_2}{|\boldsymbol{v}_1||\boldsymbol{v}_2|}$.但是,方向向量 $\boldsymbol{v}_1,\boldsymbol{v}_2$ 的夹角不一定是锐角,当为钝角时,由于方向向量不是唯一的,$-\boldsymbol{v}_1$ 也是直线 L_1 的方向向量,则方向向量 $-\boldsymbol{v}_1$ 与 $\boldsymbol{v}_2$ 的夹角是锐角 θ.无论何种情况,总有

$$\cos\theta=\frac{|\boldsymbol{v}_1\cdot\boldsymbol{v}_2|}{|\boldsymbol{v}_1||\boldsymbol{v}_2|}=\frac{|l_1l_2+m_1m_2+n_1n_2|}{\sqrt{l_1^2+m_1^2+n_1^2}\cdot\sqrt{l_2^2+m_2^2+n_2^2}}.\tag{13}$$

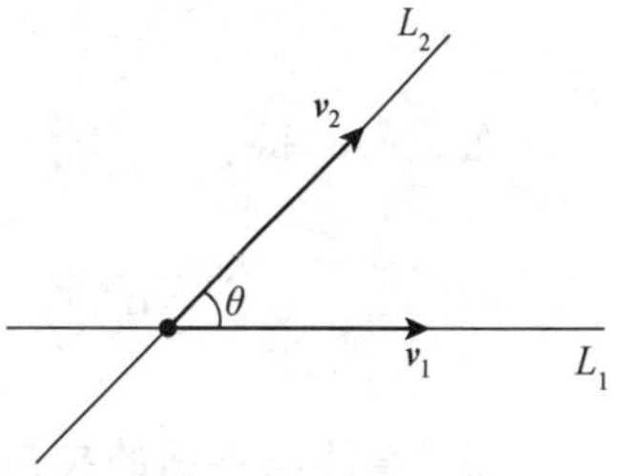

图 1-47

显然,直线 L_1 与 L_2 垂直就是方向向量 $\boldsymbol{v}_1$ 与 $\boldsymbol{v}_2$ 垂直,直线 L_1 与 L_2 平行就是方向向量 $\boldsymbol{v}_1$ 与 $\boldsymbol{v}_2$ 平行,于是我们得到:

直线 L_1 与 L_2 垂直的充要条件是

$$l_1l_2+m_1m_2+n_1n_2=0;\tag{14}$$

直线 L_1 与 L_2 平行的充要条件是

$$\frac{l_1}{l_2}=\frac{m_1}{m_2}=\frac{n_1}{n_2}\tag{15}$$

(此时,我们将两条直线重合看作平行的特殊情况).

例 13 求直线 L_1:$\dfrac{x}{2}=\dfrac{y+1}{1}=\dfrac{z-4}{-2}$ 与 L_2:$\dfrac{x+2}{4}=\dfrac{y}{-1}=\dfrac{z-1}{-1}$ 的夹角.

解 此时直线 L_1,L_2 的方向向量分别为

$$\boldsymbol{v}_1=\{2,1,-2\},\quad \boldsymbol{v}_2=\{4-1,-1\}.$$

设这两条直线的夹角为 θ,则由公式(13)得

$$\cos\theta=\frac{|\boldsymbol{v}_1\cdot\boldsymbol{v}_2|}{|\boldsymbol{v}_1||\boldsymbol{v}_2|}=\frac{|2\times4+1\times(-1)+(-2)\times(-1)|}{\sqrt{2^2+1^2+(-2)^2}\times\sqrt{4^2+(-1)^2+(-1)^2}}$$

$$=\frac{9}{\sqrt{9}\times\sqrt{18}}=\frac{9}{\sqrt{9}\times\sqrt{9}\times\sqrt{2}}=\frac{1}{\sqrt{2}}=\frac{\sqrt{2}}{2}.$$

因此
$$\theta=\arccos\frac{\sqrt{2}}{2}=\frac{\pi}{4}.$$

例 14 求直线 L_1:$\begin{cases}x+2y+z-1=0,\\x-2y+z+1=0\end{cases}$ 与 L_2:$\begin{cases}x-y-z-1=0,\\x-y+2z+1=0\end{cases}$ 的夹角 θ.

解法 1 只需求出直线 L_1 和 L_2 的方向向量 $\boldsymbol{v}_1$ 和 $\boldsymbol{v}_2$,再利用公式(13)即可.

在直线 L_1 的方程中,平面 $x+2y+z-1=0$ 的法向量为 $\boldsymbol{n}_1=\{1,2,1\}$,平面 $x-2y+z+1=0$ 的法向量为 $\boldsymbol{n}_2=\{1,-2,1\}$. 取直线 L_1 的方向向量 $\boldsymbol{v}_1=\{l,m,n\}$,它与法向量 $\boldsymbol{n}_1,\boldsymbol{n}_2$ 都垂直,则 $\boldsymbol{v}_1\cdot\boldsymbol{n}_1=0,\boldsymbol{v}_1\cdot\boldsymbol{n}_2=0$,即有方程组

$$\begin{cases}l+2m+n=0,\\l-2m+n=0,\end{cases}\quad 解得\quad l=-n,m=0.$$

取 $n=1$,则 $l=-1$,即 $\boldsymbol{v}_1=\{1,0,-1\}$. 同理,有 $\boldsymbol{v}_2=\{1,1,0\}$. 所以,由公式(13)得

$$\cos\theta=\frac{|1\times1+0\times1+(-1)\times0|}{\sqrt{2}\times\sqrt{2}}=\frac{1}{2},\quad 从而\quad \theta=\frac{\pi}{3}.$$

解法 2 在直线 L_1 的方程中,平面 $x+2y+z-1=0$ 的法向量为$\{1,2,1\}$,平面 $x-2y+z+1=0$ 的法向量为$\{1,-2,1\}$,故可取直线 L_1 的方向向量为

$$\boldsymbol{v}_1=\{1,2,1\}\times\{1,-2,1\}=\begin{vmatrix}\boldsymbol{i}&\boldsymbol{j}&\boldsymbol{k}\\1&2&1\\1&-2&1\end{vmatrix}=\{4,0,-4\}.$$

同理,取直线 L_2 的方向向量为

$$\boldsymbol{v}_2=\{1,-1,-1\}\times\{1,-1,2\}=\{-3,-3,0\}.$$

由公式(13)得

$$\cos\theta=\frac{|4\times(-3)+0\times(-3)+(-4)\times 0|}{\sqrt{4^2+0^2+(-4)^2}\times\sqrt{(-3)^2+(-3)^2+0^2}}=\frac{12}{24}=\frac{1}{2},\quad 故\quad \theta=\frac{\pi}{3}.$$

三、直线与平面的夹角

设直线 L 的方向向量为 $\boldsymbol{v}=\{l,m,n\}$，平面 Π 的法向量为 $\boldsymbol{n}=\{A,B,C\}$. 规定直线 L 与平面 Π 的夹角为 φ：当直线 L 与平面 Π 垂直时，$\varphi=\frac{\pi}{2}$；当直线 L 与平面 Π 不垂直时，φ 是直线 L 与它在平面 Π 上的投影直线 L' 的夹角(图 1-48)，此时 $0\leqslant\varphi<\frac{\pi}{2}$.

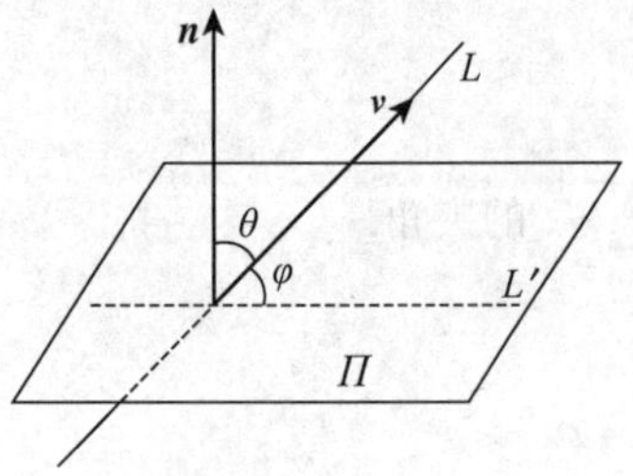

图 1-48

如图 1-48 所示，设方向向量 $\boldsymbol{v}$ 与法向量 $\boldsymbol{n}$ 的夹角为 θ，则 $\varphi=\frac{\pi}{2}-\theta$. 于是 $\sin\varphi=|\cos\theta|$，从而

$$\sin\varphi=\frac{|\boldsymbol{v}\cdot\boldsymbol{n}|}{|\boldsymbol{v}||\boldsymbol{n}|}=\frac{|lA+mB+nC|}{\sqrt{l^2+m^2+n^2}\cdot\sqrt{A^2+B^2+C^2}}.\tag{16}$$

显然，直线 L 与平面 Π 垂直就是方向向量 $\boldsymbol{v}$ 与法向量 $\boldsymbol{n}$ 平行，直线 L 与平面 Π 平行就是方向向量 $\boldsymbol{v}$ 与法向量 $\boldsymbol{n}$ 垂直，于是我们得到：

直线 L 与平面 Π 垂直的充要条件是

$$\frac{l}{A}=\frac{m}{B}=\frac{n}{C};\tag{17}$$

直线 L 与平面 Π 平行的充要条件是

$$lA+mB+nC=0.\tag{18}$$

例 15 求直线 L：$\frac{x-1}{2}=\frac{y-2}{-1}=\frac{z-3}{1}$ 与平面 Π：$x+y+2z-3=0$ 的夹角 φ 及交点.

解 直线 L 的方向向量为 $\boldsymbol{v}=\{2,-1,1\}$，平面 Π 的法向量为 $\boldsymbol{n}=\{1,1,2\}$. 由公式(16)有

$$\sin\varphi=\frac{|\boldsymbol{v}\cdot\boldsymbol{n}|}{|\boldsymbol{v}||\boldsymbol{n}|}=\frac{|3|}{\sqrt{6}\times\sqrt{6}}=\frac{1}{2},\quad 故\quad \varphi=\frac{\pi}{6}.$$

直线 L 的参数方程为

$$\begin{cases}x=1+2t,\\ y=2-t,\\ z=3+t.\end{cases}$$

此参数方程的意义是：随着参数 t 的变化，由参数方程确定的点 $P(x,y,z)$ 在直线 L 上变化. 当点 P 变化到某个位置时，恰好落到平面 Π 上，这正是所求的交点. 求出此时的参数 t，它所对应的点 P 就是所求的交点. 因此，将直线 L 的参数方程代入平面 Π 的方程，得到

$$(1+2t)+(2-t)+2(3+t)-3=0,$$

化简得 $3t+6=0$，从而 $t=-2$. 再代入参数方程，得

$$\begin{cases}x=1+2\times(-2),\\ y=2-(-2),\\ z=3+(-2),\end{cases}\quad 即\quad \begin{cases}x=-3,\\ y=4,\\ z=1,\end{cases}$$

于是点 $P(-3,4,1)$ 就是所求的交点.

习 题 1-5

1. 求下列平面的方程：

(1) 经过点 $(-1,2,1)$ 且法向量为 $\boldsymbol{n}=\{1,-1,2\}$ 的平面；

(2) 经过点 $(3,2,-1)$ 且法向量为 $\boldsymbol{n}=\{0,1,2\}$ 的平面.

2. 求下列平面的法向量及平面所经过的一个点：

(1) $5x-3y-31=0$；　(2) $3x+4y+7z+14=0$.

3. 指出下列平面的特殊位置(是否垂直或平行于坐标轴、坐标面，是否过原点)，并画图：

(1) $x=0$；　(2) $3y-1=0$；　(3) $2x-y-6=0$；

(4) $x-\sqrt{3}y=0$；　(5) $y+z=1$；　(6) $6x+5y-z=0$.

4. 求平面 $2x-2y+z+5=0$ 的法向量的方向余弦.

5. 求经过三点的平面方程：

(1) 三点 $P_1(2,3,0)$，$P_2(-2,-3,4)$，$P_3(0,6,0)$；

(2) 三点 $Q_1(4,2,1)$，$Q_2(-1,-2,2)$，$Q_3(0,4,-5)$.

6. 给定平面 Π_0：$2x-8y+z-2=0$ 及点 $P(3,0,-5)$，求平面 Π 的方程，使得平面 Π 经过点 P 且与平面 Π_0 平行.

7. 设平面 Π 经过两点 $P_1(1,1,1)$ 和 $P_2(2,2,2)$，且与平面 Π_0：$x+y-z=0$ 垂直，求平面 Π 的方程.

8. 设平面 Π 经过点 $P(1,-1,1)$，且垂直于两个平面 Π_1：$x-y+z-1=0$ 和 Π_2：$2x+y+z+1=0$，求平面 Π 的方程.

9. 设平面 Π 经过两点 $P_1(1,2,-1)$ 和 $P_2(-5,2,7)$，且平行于 x 轴，求平面 Π 的方程.

10. 写出平面 $2x-3y-z+12=0$ 的截距式方程，并求该平面在各坐标轴上的截距.

11. 求平面 Π_1：$x+y-1=0$ 与 Π_2：$2x-2z-15=0$ 的夹角 φ.

12. 求点 $P(1,2,1)$ 到平面 $x+2y+2z-10=0$ 的距离 d.

13. 写出下列直线的对称式方程：

(1) 经过点 $P(2,-2,2)$ 且方向向量为 $\{1,-3,2\}$ 的直线；

(2) 经过两点 $P_1(2,5,8)$ 和 $P_2(-1,6,3)$ 的直线；

(3) 经过点 $P(2,-8,3)$ 且垂直于平面 Π：$x+2y-3z-2=0$ 的直线；

(4) 经过点 $P(-1,2,5)$ 且平行于直线 L：$\begin{cases}2x-3y+6z-4=0,\\ 4x-y+5z+2=0\end{cases}$ 的直线.

14. 改变直线方程的形式：

(1) 将 $\dfrac{x-1}{3}=-\dfrac{y}{5}=\dfrac{z-2}{6}$ 变为参数方程和一般方程；

(2) 将 $\begin{cases} x=1+2t, \\ y=2-t, \\ z=3+t \end{cases}$ 变为对称式方程和一般方程；

(3) 将 $\begin{cases} 3x+2y+z-2=0, \\ x+2y+3z+2=0 \end{cases}$ 变为参数方程和对称式方程.

15. 求满足下列条件的平面方程：

(1) 经过点 $P(2,1,1)$，且与直线 L：$\begin{cases} x+2y-z+1=0, \\ 2x+y-z=0 \end{cases}$ 垂直；

(2) 经过点 $P(1,2,1)$，且与两条直线

$$L_1: \begin{cases} x+2y-z+1=0, \\ x-y+z-1=0 \end{cases} \quad 和 \quad L_2: \begin{cases} 2x-y+z=0, \\ x-y+z-1=0 \end{cases}$$

都平行；

(3) 经过点 $P(3,1,-2)$ 及直线 L：$\dfrac{x-4}{5}=\dfrac{y+3}{2}=\dfrac{z}{1}$.

16. 求直线 L_1：$\begin{cases} 5x-3y+3z-9=0, \\ 3x-2y+z-1=0 \end{cases}$ 与 L_2：$\begin{cases} 2x+2y-z+23=0, \\ 3x+8y+z-18=0 \end{cases}$ 的夹角 φ.

17. 求直线 $\begin{cases} x+y+3z=0, \\ x-y-z=0 \end{cases}$ 与平面 $x-y-z+1=0$ 的夹角 φ.

18. 求直线 $\dfrac{x-2}{1}=\dfrac{y-3}{1}=\dfrac{z-4}{2}$ 与平面 $2x+y+z-6=0$ 的交点.

19. 求平面 $x+3y+z-1=0$ 与直线 $\begin{cases} 2x-y-z=0, \\ x-2y-2z+3=0 \end{cases}$ 的交点.

§6 二次曲面

三元二次方程所表示的曲面统称为**二次曲面**. 在本章§4中，我们已经接触过一些二次曲面，如球面 $x^2+y^2+z^2=R^2$、圆柱面 $x^2+y^2=R^2$、旋转抛物面 $z=x^2+y^2$ 等. 本节将介绍其他的一些二次曲面，并介绍判断曲面形状的一种重要方法——**截痕法**.

6.1 椭球面

方程

$$\frac{x^2}{a^2}+\frac{y^2}{b^2}+\frac{z^2}{c^2}=1 \quad (a,b,c>0) \tag{1}$$

所表示的曲面称为**椭球面**.

显然，若使方程(1)有解，应有 $|x|\leqslant a$，$|y|\leqslant b$，$|z|\leqslant c$.

下面讨论椭球面的性质及形状.

一、对称性

将方程(1)中的 z 换为 $-z$，由

$$\frac{x^2}{a^2}+\frac{y^2}{b^2}+\frac{(-z)^2}{c^2}=\frac{x^2}{a^2}+\frac{y^2}{b^2}+\frac{z^2}{c^2}$$

可知方程(1)的形式不变,从而方程(1)所示的椭球面关于 Oxy 平面对称. 同理,该椭球面也关于 Oyz 平面及 Ozx 平面对称.

二、图形描述

用平面 $z=h$ 去截椭球面(1),截痕(也称截线)为

$$L_h:\begin{cases}\dfrac{x^2}{a^2}+\dfrac{y^2}{b^2}+\dfrac{z^2}{c^2}=1,\\ z=h\end{cases} \quad 或 \quad L_h:\begin{cases}\dfrac{x^2}{a^2}+\dfrac{y^2}{b^2}=\dfrac{c^2-h^2}{c^2},\\ z=h.\end{cases} \tag{2}$$

当 $|h|>c$ 时,因 $\dfrac{c^2-h^2}{c^2}<0$,此时 L_h 的方程组(2)无解. 这说明,截面 $z=h$ 与椭球面(1)无交点. 因此,椭球面(1)必介于两个平面 $z=\pm c$ 之间.

当 $|h|=c$ 时,截面为 $z=c$ 和 $z=-c$,则截痕变为

$$L_c:\begin{cases}\dfrac{x^2}{a^2}+\dfrac{y^2}{b^2}=0,\\ z=c\end{cases} \quad 和 \quad L_{-c}:\begin{cases}\dfrac{x^2}{a^2}+\dfrac{y^2}{b^2}=0,\\ z=-c.\end{cases}$$

这两个方程组各只有一个解:$\begin{cases}x=0,\\ y=0,\\ z=c\end{cases}$和$\begin{cases}x=0,\\ y=0,\\ z=-c.\end{cases}$ 这说明,截面 $z=c$, $z=-c$ 与椭球面(1)各只有一个交点,分别为 $(0,0,c)$ 和 $(0,0,-c)$.

当 $|h|<c$ 时,$\dfrac{c^2-h^2}{c^2}>0$,在方程组(2)的第一个方程两端除以 $\dfrac{c^2-h^2}{c^2}$,得

$$L_h:\begin{cases}\dfrac{x^2}{\dfrac{a^2}{c^2}(c^2-h^2)}+\dfrac{y^2}{\dfrac{b^2}{c^2}(c^2-h^2)}=1,\\ z=h,\end{cases}$$

其中的第一个方程消去了 z. 这说明,L_h 在 Oxy 平面上的投影曲线为椭圆. 截痕 L_h 就是它在 Oxy 平面上的投影曲线 $\dfrac{x^2}{\dfrac{a^2}{c^2}(c^2-h^2)}+\dfrac{y^2}{\dfrac{b^2}{c^2}(c^2-h^2)}=1$ 平移到高度为 h 的截面上而得到的,于是截痕 L_h 与投影曲线的形状相同,为椭圆. 椭圆 L_h 的两个半轴分别为 $\sqrt{\dfrac{a^2}{c^2}(c^2-h^2)}$ 和 $\sqrt{\dfrac{b^2}{c^2}(c^2-h^2)}$,它们的大小随 h 的变化而变化;椭圆 L_h 的中心在 z 轴上的点 $(0,0,h)$ 处.

由于方程(1)所表示的椭球面关于 Oxy 平面对称,因此我们只需考虑在上半空间的图形. 如果 $0\leqslant h<c$,则椭圆 L_h 在上半空间. 当 $h=0$ 时,截面 $z=0$ 就是 Oxy 平面,此时的截痕为椭圆

$$L_0:\begin{cases}\dfrac{x^2}{a^2}+\dfrac{y^2}{b^2}=1,\\ z=0.\end{cases}$$

椭圆 L_0 的两个半轴分别为 a,b. 随着 h 的增大,截面 $z=h$ 升高,椭圆 L_h 的两个半轴变小. 当 $h\to c$ 时,两个半轴都趋向于零,椭圆 L_h 缩成一个点.

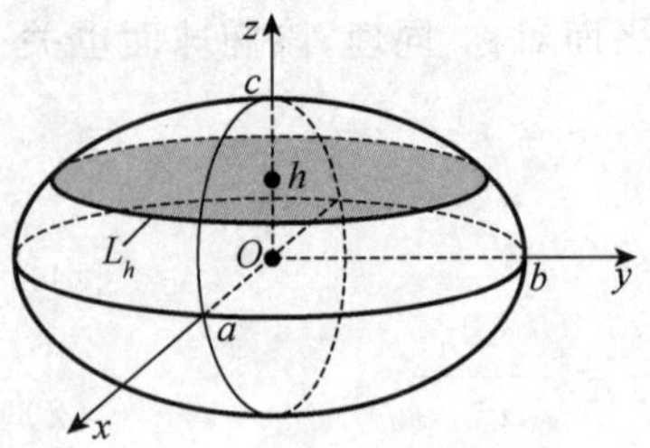

图 1-49

将截面 $z=h$ 由 $z=0$ 连续升高到 $z=c$，截痕 L_h 的变化就勾画出椭球面(1)在上半空间的形状. 再由对称性，我们可判断整个椭球面(1)的大致形状，画出其图形(图 1-49).

同样，可考虑截面为 $x=h$ 及 $y=h$ 时截痕的情况.

在上述的讨论中，我们是用平行于坐标面的平面(截面)去截曲面，根据截痕随截面的变化来判断曲面的形状. 这种判断曲面形状的方法称为**截痕法**，它是用来判断曲面形状的重要方法. 在以后关于方程图形的讨论中还将频繁用到这种方法.

三、特殊情况

对于方程(1)所表示的椭球面来说，称原点 O 为它的**中心**，$2a,2b,2c$ 称为它的三个**轴长**.

当 $a=b=c$ 时，方程(1)变为 $x^2+y^2+z^2=a^2$，它表示球心在原点，半径为 a 的球面.

当 $a=b$ 时，方程(1)变为 $\frac{x^2+y^2}{a^2}+\frac{z^2}{c^2}=1$，它表示 Oyz 平面上的椭圆 $\frac{y^2}{a^2}+\frac{z^2}{c^2}=1$ 绕 z 轴旋转所生成的旋转面，称为**旋转椭球面**.

方程 $\frac{(x-x_0)^2}{a^2}+\frac{(y-y_0)^2}{b^2}+\frac{(z-z_0)^2}{c^2}=1$ 所表示的曲面也称为椭球面，其形状与方程(1)的相同，只是将椭球面的中心平移到点 $P_0(x_0,y_0,z_0)$. 称方程(1)为**椭球面的标准方程**.

6.2 椭圆抛物面

方程

$$z=\frac{x^2}{a^2}+\frac{y^2}{b^2}\quad (a,b>0) \tag{3}$$

所表示的曲面称为**椭圆抛物面**.

显然，若使方程(3)有解，应有 $z\geqslant 0$.

同样，我们来考虑椭圆抛物面的性质与形状.

一、对称性

根据方程(3)的特点可判断出，方程(3)所表示的椭圆抛物面关于 Ozx 平面和 Oyz 平面对称.

二、图形描述

用平面 $z=h$ 去截椭圆抛物面(3)，截痕为

$$L_h:\begin{cases}\frac{x^2}{a^2}+\frac{y^2}{b^2}=h,\\ z=h.\end{cases} \tag{4}$$

当 $h<0$ 时，方程组(4)无解. 这说明，截面 $z=h$ 与椭圆抛物面(3)无交点. 因此，在下半空间没有方程(3)的图形，即椭圆抛物面(3)只在上半空间.

当 $h=0$ 时，方程组(4)变为 $\begin{cases}\frac{x^2}{a^2}+\frac{y^2}{b^2}=0,\\ z=0,\end{cases}$ 它只有一个解 $\begin{cases}x=0,\\ y=0,\\ z=0,\end{cases}$ 此时截面 $z=0$ 与椭圆抛物面(3)只有一个交点(0,0,0).

当 $h>0$ 时，截痕可变为

$$L_h:\begin{cases}\dfrac{x^2}{a^2h}+\dfrac{y^2}{b^2h}=1,\\ z=h,\end{cases}$$

其中第一个方程消去了 z. 这表明，截痕 L_h 在 Oxy 平面上的投影曲线为椭圆，此椭圆也是截痕 L_h 的形状. 椭圆 L_h 的两个半轴分别为 $\sqrt{a^2h}$ 和 $\sqrt{b^2h}$，它们的大小随着 h 的变化而变化；椭圆 L_h 的中心在 z 轴上的点 $(0,0,h)$ 处.

随着 h 的增大，截面 $z=h$ 升高，椭圆 L_h 的两个半轴变大. 当 $h\to+\infty$ 时，截面 $z=h$ 无限升高，两个半轴都无限变大.

让截面 $z=h$ 由 $z=0$ 连续地无限升高，截痕 L_h 的变化就勾画出椭圆抛物面(3)的形状(图 1-50). 称 $(0,0,0)$ 为此椭圆抛物面的**顶点**，z 轴的正向为此椭圆抛物面的开口方向.

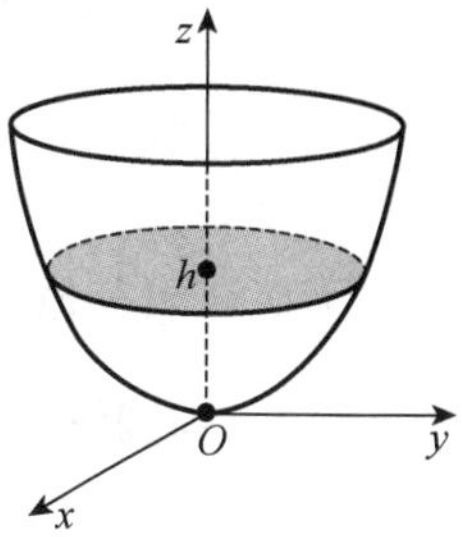

图 1-50

用平面 $y=h$ 去截椭圆抛物面(3)，截痕为

$$L_h:\begin{cases}z=\dfrac{x^2}{a^2}+\dfrac{h^2}{b^2},\\ y=h,\end{cases}$$

其中的第一个方程消去了 y. 这表明，截痕 L_h 在 Ozx 平面上的投影曲线为抛物线，此抛物线也正是截痕 L_h 的形状，其开口向上(图 1-51). 同理可知，用平面 $x=h$ 去截椭圆抛物面(3)的截痕也是抛物线.

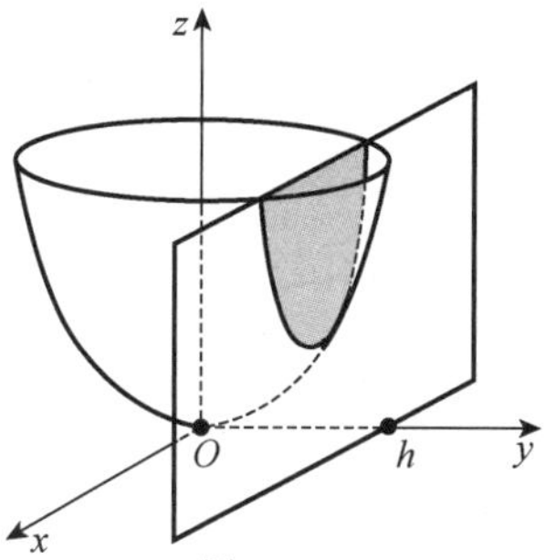

图 1-51

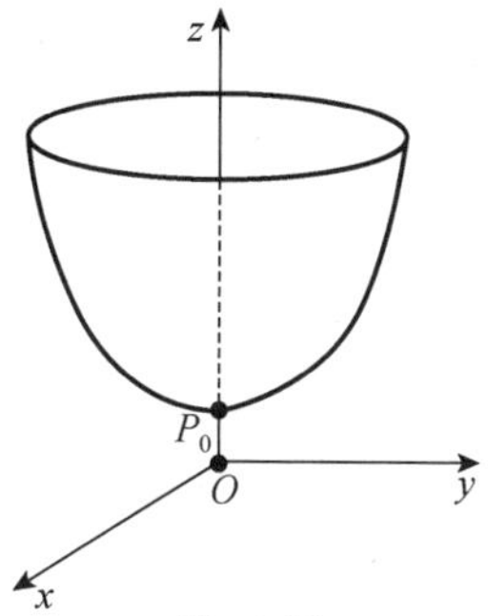

图 1-52

三、特殊情况

当 $a=b$ 时，方程(3)变为 $z=\dfrac{x^2+y^2}{a^2}$，它表示 Oyz 平面上的抛物线 $z=\dfrac{y^2}{a^2}$ 绕 z 轴旋转所生成的**旋转抛物面**.

方程 $z-z_0=\dfrac{x^2}{a^2}+\dfrac{y^2}{b^2}$ 所表示的曲面也称为椭圆抛物面，它是由椭圆抛物面(3)平移得到的，即将顶点平移到点 $P_0(0,0,z_0)$ 处(图 1-52). 称方程(3)为**椭圆抛物面的标准方程**.

例 1 下列方程所表示的曲面都是椭圆抛物面，其中 $a,b>0$，讨论它们的图形：

1) $-z=\dfrac{x^2}{a^2}+\dfrac{y^2}{b^2}$； 2) $y=\dfrac{x^2}{a^2}+\dfrac{z^2}{b^2}$.

解 我们可用截痕法判断这两个椭圆抛物面的图形，讨论过程从略.

1) 此方程所表示椭圆抛物面的顶点在原点,开口向下[图 1-53(a)];

2) 此方程所表示椭圆抛物面的顶点也在原点,开口向右[图 1-53(b)].

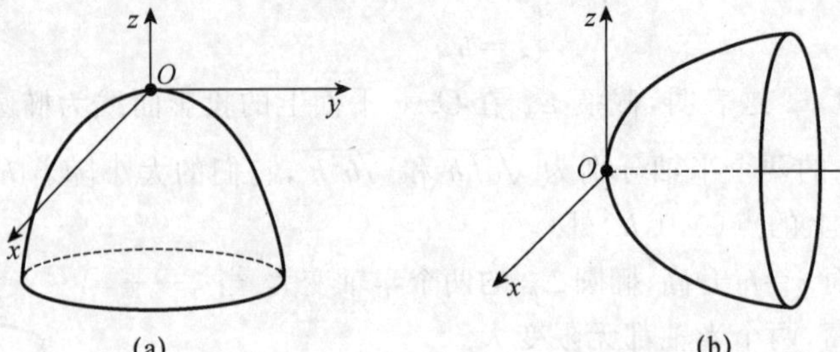

图 1-53

下面介绍其他的二次曲面,其图形的讨论留给读者,这里只给出标准方程和图形.

6.3 椭圆锥面

方程

$$z^2=\frac{x^2}{a^2}+\frac{y^2}{b^2}\quad (a,b>0) \tag{5}$$

所表示的曲面称为**椭圆锥面**,其图形关于三个坐标面对称(图 1-54).此时的椭圆锥面称为**上下开口的**,原点 O 称为椭圆锥面的**顶点**.

例如,$z^2=2x^2+3y^2$ 表示椭圆锥面.

当 $a=b$ 时,椭圆锥面(5)变为圆锥面.

例如,$z^2=x^2+y^2$ 表示圆锥面.

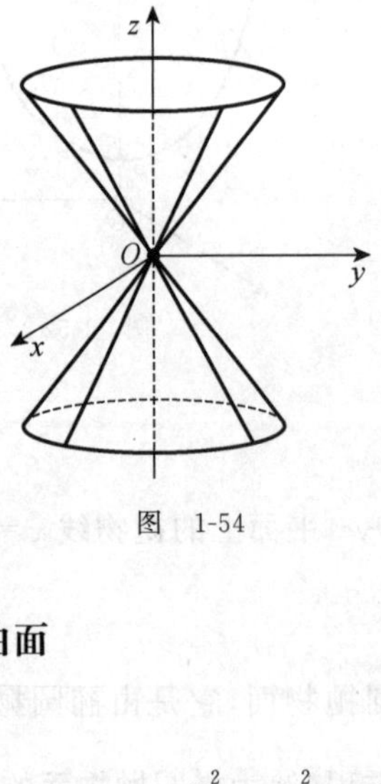

图 1-54

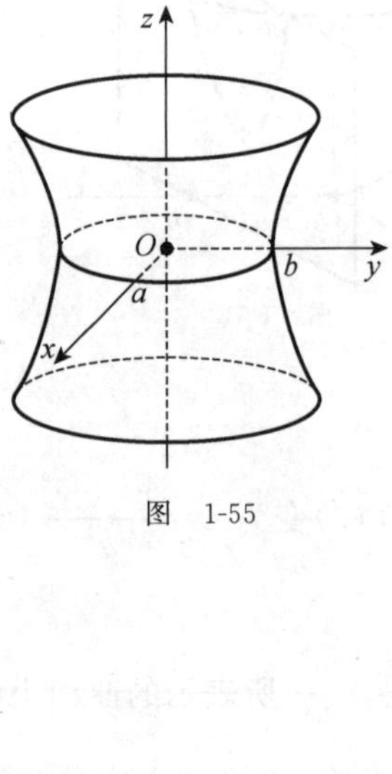

图 1-55

6.4 单叶双曲面

方程

$$\frac{x^2}{a^2}+\frac{y^2}{b^2}-\frac{z^2}{c^2}=1\quad (a,b,c>0) \tag{6}$$

所表示的曲面称为**单叶双曲面**,其图形关于三个坐标面对称(图 1-55).

例如,$x^2+y^2-z^2=1$ 表示单叶双曲面.

6.5 双叶双曲面

方程

$$\frac{x^2}{a^2}+\frac{y^2}{b^2}-\frac{z^2}{c^2}=-1 \quad (a,b,c>0) \tag{7}$$

所表示的曲面称为**双叶双曲面**,其图形关于三个坐标面对称(图 1-56).

例如,$z^2-x^2-y^2=1$ 表示双叶双曲面.

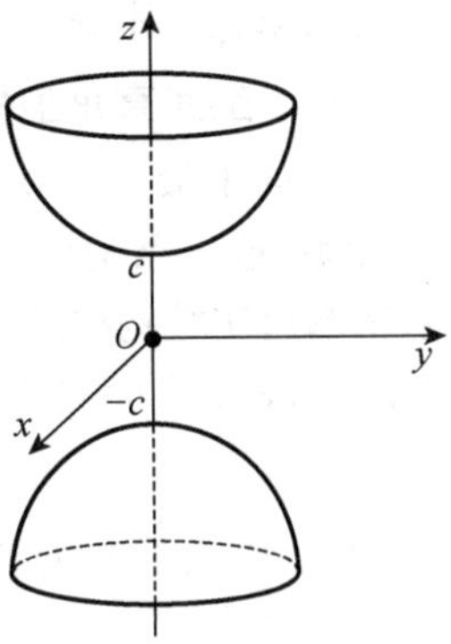

图 1-56

习　题　1-6

1. 求下列椭球面的中心和三个轴长:

(1) $9x^2+4y^2+36z^2=36$;

(2) $25x^2+100y^2+4z^2-50x+200y+25=0$.

2. 判断下列二次曲面的类型,并画图:

(1) $\frac{x^2}{2}+\frac{y^2}{3}+\frac{z^2}{1}=1$;

(2) $z=2x^2+3y^2$;

(3) $-z=2x^2+3y^2$;

(4) $-z=2(x-1)^2+3(y-1)^2$;

(5) $z=4-(2x^2+3y^2)$;

(6) $y=2x^2+3z^2$;

(7) $\frac{x^2}{2}+\frac{y^2}{3}=1$;

(8) $\frac{x^2}{2}+\frac{z^2}{3}=1$;

(9) $z^2=2x^2+3y^2$;

(10) $z=\sqrt{2x^2+3y^2}$;

(11) $z=\sqrt{6-3x^2-2y^2}$;

(12) $x^2-y^2=0$.

3. 画出下列图形,并求它们在指定坐标面上的投影区域:

(1) 由曲面 $z=x^2+2y^2$ 及 $z=6-2x^2-y^2$ 所围的立体,求它在 Oxy 平面上的投影区域;

(2) 由曲面 $z=x^2+y^2$、柱面 $x^2+y^2=ax(a>0)$ 及平面 $z=0$ 所围的立体,求它在 Oxy 平面上的投影区域;

(3) 由曲面 $z=x^2+y^2$ 及平面 $z=1$ 所围的立体,求它在 Oxy 平面上的投影区域;

(4) 由曲面 $x^2+y^2+(z-a)^2=a^2(a>0)$ 及 $x^2+y^2=z^2$ 所围的立体,求它在 Oxy 平面上的投影区域;

(5) 由曲面 $z=6-x^2-y^2$ 及 $z=\sqrt{x^2+y^2}$ 所围的立体,求它在 Oxy 平面上的投影区域;

(6) 由曲面 $z=\sqrt{x^2+y^2}$ 及 $z=x^2+y^2$ 所围的立体,求它在 Oxy 平面上的投影区域;

(7) 由曲面 $x^2+y^2+z^2=R^2$ 及 $x^2+y^2+z^2=2Rz(R>0)$ 所围的立体,求它在 Oxy 平面上的投影区域;

(8) 由 Oxy 平面上的曲线 $y^2=2x$ 绕 x 轴旋转而成的旋转面与平面 $x=5$ 所围的立体,求它在 Oyz 平面上的投影区域.

空间解析几何与向量代数内容小结

本章的主要内容是向量和空间图形的方程表示.本章要求熟练掌握向量的各种运算并理解其几何意义,熟练掌握常用的曲面方程.这些都是学习多元微积分的基础.在学习的过程中,读者应多做一些画图练习,以培养自己的空间想象力.

一、空间直角坐标系

空间中交于一点、有相同单位长度且相互垂直并构成右手系的三条坐标轴称为空间直角坐标系.这三条坐标轴两两组成三个坐标面,它们又将空间分为八个卦限.这样空间中的每个点都与由实数构成的三元有序数组(a,b,c)建立起一一对应的关系.空间中两点$P_1(x_1,y_1,z_1)$,$P_2(x_2,y_2,z_2)$间的距离为

$$|P_1P_2|=\sqrt{(x_2-x_1)^2+(y_2-y_1)^2+(z_2-z_1)^2}.$$

特别地,原点O到点$P(x,y,z)$的距离为

$$|OP|=\sqrt{x^2+y^2+z^2}.$$

二、向量代数

1. 向量的定义

具有大小和方向的量称为向量;只有大小的量称为数量(实数).向量可以用有向线段来表示.以A为起点,B为终点的向量记为$\overrightarrow{AB}$.

2. 向量的模

向量$\boldsymbol{\alpha}$的大小称为向量的模,记为$|\boldsymbol{\alpha}|$.模为1的向量称为单位向量;模为零的向量称为零向量,记为$\mathbf{0}$.对于两个向量的夹角θ,规定$0\leqslant\theta\leqslant\pi$.

3. 基本单位向量

与x轴、y轴、z轴同方向的单位向量分别记为$\boldsymbol{i},\boldsymbol{j},\boldsymbol{k}$,称为基本单位向量.

4. 向量的方向角与方向余弦

非零向量$\boldsymbol{a}$分别与x轴、y轴、z轴的夹角α,β,γ称为$\boldsymbol{a}$的方向角;$\cos\alpha,\cos\beta,\cos\gamma$称为$\boldsymbol{a}$的方向余弦.

5. 向量的坐标表示

若$\boldsymbol{\alpha}$分别在x轴、y轴、z轴上的投影为a,b,c,则

$$\boldsymbol{\alpha}=a\boldsymbol{i}+b\boldsymbol{j}+c\boldsymbol{k},$$

记为$\boldsymbol{\alpha}=\{a,b,c\}$,并称$a,b,c$为向量$\boldsymbol{\alpha}$的坐标.此时$|\boldsymbol{\alpha}|=\sqrt{a^2+b^2+c^2}$.对于给定的两点$M_1(x_1,y_1,z_1)$,$M_2(x_2,y_2,z_2)$,有

$$\begin{aligned}\overrightarrow{M_1M_2}&=(x_2-x_1)\boldsymbol{i}+(y_2-y_1)\boldsymbol{j}+(z_2-z_1)\boldsymbol{k}\\&=\{x_2-x_1,y_2-y_1,z_2-z_1\}.\end{aligned}$$

6. 向量的线性运算

给定向量$\boldsymbol{\alpha}$,$\boldsymbol{\beta}$及实数λ,可定义向量的加法$\boldsymbol{\alpha}+\boldsymbol{\beta}$及数量乘法$\lambda\boldsymbol{\alpha}$,统称为向量的线性运算.

线性运算满足下列运算律:

1) 加法交换律　$\boldsymbol{\alpha}+\boldsymbol{\beta}=\boldsymbol{\beta}+\boldsymbol{\alpha}$;

2) 加法结合律　$(\boldsymbol{\alpha}+\boldsymbol{\beta})+\boldsymbol{\gamma}=\boldsymbol{\alpha}+(\boldsymbol{\beta}+\boldsymbol{\gamma})$;

3) 数量乘法结合律　$\lambda(\mu\boldsymbol{\alpha})=\mu(\lambda\boldsymbol{\alpha})=(\lambda\mu)\boldsymbol{\alpha}$,其中$\lambda$与$\mu$是实数;

4) 数量乘法对于数量加法的分配律　$(\lambda+\mu)\boldsymbol{\alpha}=\lambda\boldsymbol{\alpha}+\mu\boldsymbol{\alpha}$,其中$\lambda$与$\mu$是实数;

5) 数量乘法对于向量加法的分配律　$\lambda(\boldsymbol{\alpha}+\boldsymbol{\beta})=\lambda\boldsymbol{\alpha}+\lambda\boldsymbol{\beta}$,其中$\lambda$是实数.

7. 向量的数量积

给定向量$\boldsymbol{\alpha}$与$\boldsymbol{\beta}$,它们的数量积定义为$\boldsymbol{\alpha}\cdot\boldsymbol{\beta}=|\boldsymbol{\alpha}||\boldsymbol{\beta}|\cos\varphi$,其中$\varphi$是$\boldsymbol{\alpha}$与$\boldsymbol{\beta}$的夹角.

数量积满足下列运算律：

1）交换律 $\boldsymbol{\alpha}\cdot\boldsymbol{\beta}=\boldsymbol{\beta}\cdot\boldsymbol{\alpha}$；

2）结合律 $\lambda(\boldsymbol{\alpha}\cdot\boldsymbol{\beta})=(\lambda\boldsymbol{\alpha})\cdot\boldsymbol{\beta}=\boldsymbol{\alpha}\cdot(\lambda\boldsymbol{\beta})$，其中 λ 是实数；

3）分配律 $(\boldsymbol{\alpha}+\boldsymbol{\beta})\cdot\boldsymbol{\gamma}=\boldsymbol{\alpha}\cdot\boldsymbol{\gamma}+\boldsymbol{\beta}\cdot\boldsymbol{\gamma}$.

*8. 向量的向量积

给定向量 $\boldsymbol{\alpha}$ 和 $\boldsymbol{\beta}$，它们的向量积定义为一个向量，记为 $\boldsymbol{\alpha}\times\boldsymbol{\beta}$，满足：

1）$|\boldsymbol{\alpha}\times\boldsymbol{\beta}|=|\boldsymbol{\alpha}||\boldsymbol{\beta}|\sin\varphi$，其中 φ 是 $\boldsymbol{\alpha}$ 与 $\boldsymbol{\beta}$ 的夹角；

2）$\boldsymbol{\alpha}\times\boldsymbol{\beta}$ 的方向垂直于 $\boldsymbol{\alpha}$ 与 $\boldsymbol{\beta}$ 所在的平面，并且与 $\boldsymbol{\alpha},\boldsymbol{\beta}$ 符合右手法则.

向量积满足下列运算律：

1）反交换律 $\boldsymbol{\alpha}\times\boldsymbol{\beta}=-(\boldsymbol{\beta}\times\boldsymbol{\alpha})$；

2）结合律 $\lambda(\boldsymbol{\alpha}\times\boldsymbol{\beta})=(\lambda\boldsymbol{\alpha})\times\boldsymbol{\beta}=\boldsymbol{\alpha}\times(\lambda\boldsymbol{\beta})$，其中 λ 是实数；

3）左分配律 $\boldsymbol{\gamma}\times(\boldsymbol{\alpha}+\boldsymbol{\beta})=\boldsymbol{\gamma}\times\boldsymbol{\alpha}+\boldsymbol{\gamma}\times\boldsymbol{\beta}$，

右分配律 $(\boldsymbol{\alpha}+\boldsymbol{\beta})\times\boldsymbol{\gamma}=\boldsymbol{\alpha}\times\boldsymbol{\gamma}+\boldsymbol{\beta}\times\boldsymbol{\gamma}$.

9. 向量及其坐标的有关公式

给定向量 $\boldsymbol{\alpha}=\{a_1,a_2,a_3\}$，$\boldsymbol{\beta}=\{b_1,b_2,b_3\}$ 及实数 λ，则

1）$\lambda\boldsymbol{\alpha}=\{\lambda a_1,\lambda a_2,\lambda a_3\}$，$\boldsymbol{\alpha}\pm\boldsymbol{\beta}=\{a_1\pm b_1,a_2\pm b_2,a_3\pm b_3\}$.

2）$\boldsymbol{\alpha}\cdot\boldsymbol{\beta}=|\boldsymbol{\alpha}||\boldsymbol{\beta}|\cos\varphi=a_1b_1+a_2b_2+a_3b_3$，其中 φ 是向量 $\boldsymbol{\alpha}$ 与 $\boldsymbol{\beta}$ 的夹角，于是可推知

$$\cos\varphi=\frac{\boldsymbol{\alpha}\cdot\boldsymbol{\beta}}{|\boldsymbol{\alpha}||\boldsymbol{\beta}|}=\frac{a_1b_1+a_2b_2+a_3b_3}{\sqrt{a_1^2+a_2^2+a_3^2}\cdot\sqrt{b_1^2+b_2^2+b_3^2}}.$$

*3）$$\boldsymbol{\alpha}\times\boldsymbol{\beta}=\begin{vmatrix}a_2&a_3\\b_2&b_3\end{vmatrix}\boldsymbol{i}-\begin{vmatrix}a_1&a_3\\b_1&b_3\end{vmatrix}\boldsymbol{j}+\begin{vmatrix}a_1&a_2\\b_1&b_2\end{vmatrix}\boldsymbol{k}=\begin{vmatrix}\boldsymbol{i}&\boldsymbol{j}&\boldsymbol{k}\\a_1&a_2&a_3\\b_1&b_2&b_3\end{vmatrix}.$$

4）向量 $\boldsymbol{\alpha}$ 与 $\boldsymbol{\beta}$ 平行的充要条件是它们对应的坐标成比例，即 $\frac{a_1}{b_1}=\frac{a_2}{b_2}=\frac{a_3}{b_3}$.

5）向量 $\boldsymbol{\alpha}$ 与 $\boldsymbol{\beta}$ 垂直的充要条件是 $\boldsymbol{\alpha}\cdot\boldsymbol{\beta}=0$，即 $a_1b_1+a_2b_2+a_3b_3=0$.

6）若 $\boldsymbol{\alpha}=\{a_1,a_2,a_3\}\neq\boldsymbol{0}$，则 $\boldsymbol{\alpha}^0=\frac{1}{|\boldsymbol{\alpha}|}\boldsymbol{\alpha}$ 称为向量 $\boldsymbol{\alpha}$ 的单位化向量，它表示与向量 $\boldsymbol{\alpha}$ 同方向的单位向量，并有 $\boldsymbol{\alpha}=|\boldsymbol{\alpha}|\boldsymbol{\alpha}^0$. 此时

$$\boldsymbol{\alpha}^0=\left\{\frac{a_1}{\sqrt{a_1^2+a_2^2+a_3^2}},\frac{a_2}{\sqrt{a_1^2+a_2^2+a_3^2}},\frac{a_3}{\sqrt{a_1^2+a_2^2+a_3^2}}\right\}$$
$$=\{\cos\alpha,\cos\beta,\cos\gamma\},$$

其中 $\cos\alpha,\cos\beta,\cos\gamma$ 是向量 $\boldsymbol{\alpha}$ 的方向余弦.

三、空间中的曲面与曲线

1. 曲面与曲面方程

给定曲面 S 及三元方程 $F(x,y,z)=0$. 如果曲面 S 上点的坐标都满足方程 $F(x,y,z)=0$，

反之,方程 $F(x,y,z)=0$ 的解所对应的点都在曲面 S 上,则称曲面 S 为方程 $F(x,y,z)=0$ 所表示的曲面.

两个方程 $F_1(x,y,z)=0$ 和 $F_2(x,y,z)=0$ 表示同一个曲面的充要条件是它们为同解方程.

2. 空间曲线的方程

一条空间曲线可以看作两个曲面的交线,它的一般方程具有如下形式:

$$\begin{cases}F(x,y,z)=0,\\G(x,y,z)=0.\end{cases}$$

一条空间曲线也可表示为参数方程的形式:

$$\begin{cases}x=x(t),\\y=y(t),\quad(a\leqslant t\leqslant b).\\z=z(t)\end{cases}$$

3. 旋转面方程

一条平面曲线 C 绕它所在平面的一条直线 L 旋转一周所生成的曲面称为旋转曲面(简称旋转面),其中曲线 C 称为该旋转面的母线,直线 L 称为该旋转面的旋转轴.

Oyz 平面上的曲线 C:$\begin{cases}f(y,z)=0,\\x=0\end{cases}$ 绕 z 轴旋转所生成旋转面的方程为

$$f(\pm\sqrt{x^2+y^2},z)=0;$$

绕 y 轴旋转所生成旋转面的方程为

$$f(y,\pm\sqrt{x^2+z^2})=0.$$

类似可得其他坐标面上的曲线绕坐标轴旋转所生成旋转面的方程.

4. 柱面方程

平行于定直线 L 并沿定曲线 C 移动的直线 l 所生成的曲面称为柱面,其中动直线 l 在移动中的每个位置称为柱面的母线,曲线 C 称为柱面的准线.

以 Oxy 平面上的曲线 C:$\begin{cases}f(x,y)=0,\\z=0\end{cases}$ 为准线,母线平行于 z 轴的柱面方程为

$$f(x,y)=0.$$

类似地,方程 $g(y,z)=0$ 和 $h(x,z)=0$ 一般分别表示母线平行于 x 轴和 y 轴的柱面.

5. 曲线在坐标面上的投影

在空间曲线 C:$\begin{cases}F_1(x,y,z)=0,\\F_2(x,y,z)=0\end{cases}$ 的方程中,经过同解变形分别消去变量 x,y,z,则可得到曲线 C 在 Oyz 平面、Ozx 平面及 Oxy 平面上的投影曲线,分别形如

$$\begin{cases}F(y,z)=0,\\x=0,\end{cases}\quad\begin{cases}G(x,z)=0,\\y=0,\end{cases}\quad\begin{cases}H(x,y)=0,\\z=0.\end{cases}$$

四、空间中的平面与直线方程

1. 平面方程

1) **点法式方程**:给定空间中的点 $P_0(x_0,y_0,z_0)$ 及非零向量 $\boldsymbol{n}=\{A,B,C\}$,则经过点 P_0 且与向量 $\boldsymbol{n}$ 垂直的平面方程为

$$A(x-x_0)+B(y-y_0)+C(z-z_0)=0,$$

这里向量 $\boldsymbol{n}$ 称为该平面的法向量.

2) **一般方程**：$Ax+By+Cz+D=0$，其中 A,B,C 不全为零.

3) **截距式方程**：$\frac{x}{a}+\frac{y}{b}+\frac{z}{c}=1$，其中 a,b,c 全不为零，它们分别是平面在 x 轴、y 轴、z 轴上的截距.

4) 两个平面之间的关系：

设平面 Π_1 和 Π_2 的法向量依次为 $\boldsymbol{n}_1=\{A_1,B_1,C_1\}$ 和 $\boldsymbol{n}_2=\{A_2,B_2,C_2\}$. 平面 Π_1 与 Π_2 的夹角 θ 规定为它们的法向量的夹角(取锐角)，这时

$$\cos\theta=\frac{|\boldsymbol{n}_1\cdot\boldsymbol{n}_2|}{|\boldsymbol{n}_1||\boldsymbol{n}_2|}=\frac{|A_1A_2+B_1B_2+C_1C_2|}{\sqrt{A_1^2+B_1^2+C_1^2}\cdot\sqrt{A_2^2+B_2^2+C_2^2}}.$$

平面 Π_1 与 Π_2 平行的充要条件是 $\frac{A_1}{A_2}=\frac{B_1}{B_2}=\frac{C_1}{C_2}$；

平面 Π_1 与 Π_2 垂直的充要条件是 $A_1A_2+B_1B_2+C_1C_2=0$.

5) 点 $P_0(x_0,y_0,z_0)$ 到平面 $Ax+By+Cz+D=0$ 的距离为

$$d=\frac{|Ax_0+By_0+Cz_0+D|}{\sqrt{A^2+B^2+C^2}}.$$

2. 直线方程

1) **一般方程**：$\begin{cases}A_1x+B_1y+C_1z+D_1=0,\\A_2x+B_2y+C_2z+D_2=0.\end{cases}$

2) 若直线 L 经过点 $P_0(x_0,y_0,z_0)$，且与向量 $\boldsymbol{v}=\{l,m,n\}\neq\boldsymbol{0}$ 平行，则直线 L 的方程如下：

① **对称式方程**：$\frac{x-x_0}{l}=\frac{y-y_0}{m}=\frac{z-z_0}{n}$；

② **参数方程**：$\begin{cases}x=x_0+lt,\\y=y_0+mt,\\z=z_0+nt,\end{cases}-\infty<t<+\infty.$

这里向量 $\boldsymbol{v}=\{l,m,n\}$ 称为直线 L 的方向向量.

3) 两条直线之间的关系：

设直线 L_1 和 L_2 方向向量分别为 $\boldsymbol{v}_1=\{l_1,m_1,n_1\}$ 和 $\boldsymbol{v}_2=\{l_2,m_2,n_2\}$. 直线 L_1 与 L_2 的夹角 θ 规定为它们的方向向量的夹角(取锐角)，于是

$$\cos\theta=\frac{|\boldsymbol{v}_1\cdot\boldsymbol{v}_2|}{|\boldsymbol{v}_1||\boldsymbol{v}_2|}=\frac{|l_1l_2+m_1m_2+n_1n_2|}{\sqrt{l_1^2+m_1^2+n_1^2}\cdot\sqrt{l_2^2+m_2^2+n_2^2}}.$$

直线 L_1 与 L_2 平行的充要条件是 $\frac{l_1}{l_2}=\frac{m_1}{m_2}=\frac{n_1}{n_2}$；

直线 L_1 与 L_2 垂直的充要条件是 $l_1l_2+m_1m_2+n_1n_2=0$.

3. 直线与平面的关系

设直线 L 的方向向量为 $\boldsymbol{v}=\{l,m,n\}$，平面 Π 的法向量为 $\boldsymbol{n}=\{A,B,C\}$. 直线 L 与平面 Π 的夹角 φ 规定为直线 L 与它在平面 Π 上投影直线 L' 的夹角(取锐角)，这时

$$\sin\varphi=\frac{|\boldsymbol{v}\cdot\boldsymbol{n}|}{|\boldsymbol{v}||\boldsymbol{n}|}=\frac{|lA+mB+nC|}{\sqrt{l^2+m^2+n^2}\cdot\sqrt{A^2+B^2+C^2}}.$$

直线 L 与平面 Π 垂直的充要条件是 $\frac{l}{A}=\frac{m}{B}=\frac{n}{C}$；

直线 L 与平面 Π 平行的充要条件是 $lA+mB+nC=0$.

五、二次曲面

三元二次方程所表示的曲面统称为二次曲面.通常使用截痕法来判断二次曲面的形状.一些常用的二次曲面方程的标准形式如下:

1) **球面**:球心在点 $P_0(x_0,y_0,z_0)$,半径为 R 的球面方程为

$$(x-x_0)^2+(y-y_0)^2+(z-z_0)^2=R^2 \quad (\text{图 1-57}).$$

例如,球心在原点,半径为 R 的球面方程为

$$x^2+y^2+z^2=R^2.$$

2) **椭球面**:

$$\frac{x^2}{a^2}+\frac{y^2}{b^2}+\frac{z^2}{c^2}=1, \quad \text{其中 } a,b,c>0 \quad (\text{图 1-58}).$$

这时 $2a,2b,2c$ 称为椭球面的三个轴长.

例如,$\frac{x^2}{4}+\frac{y^2}{9}+\frac{z^2}{16}=1$,$x^2+2y^2+3z^2=12$ 等均表示椭球面.

3) **椭圆抛物面**:

$$z=\frac{x^2}{a^2}+\frac{y^2}{b^2}, \quad \text{其中 } a,b>0 \quad (\text{图 1-59}).$$

例如,$z=x^2+y^2$, $-z=x^2+y^2$ 等均表示椭圆抛物面.

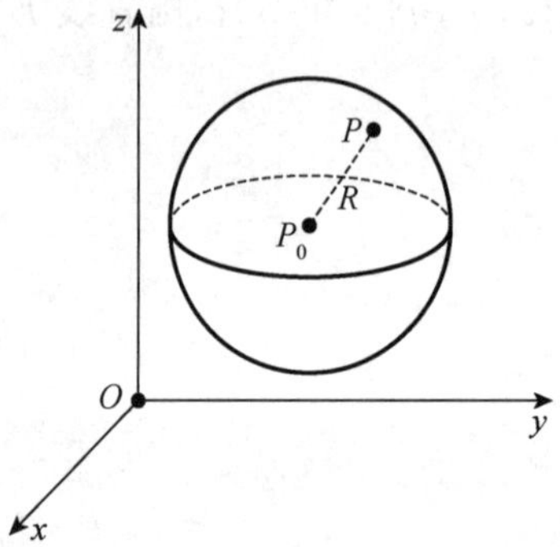

图 1-57

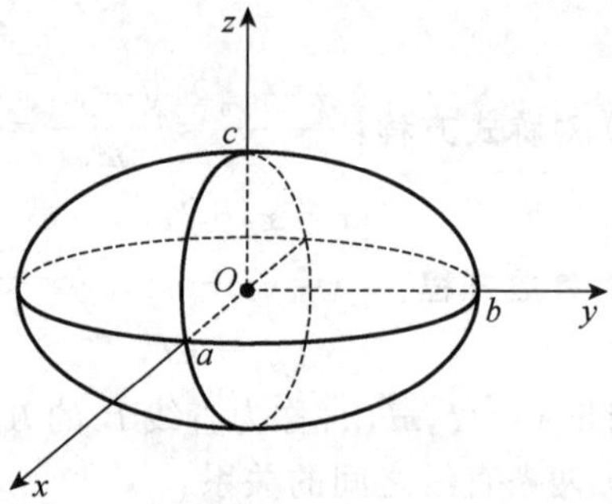

图 1-58

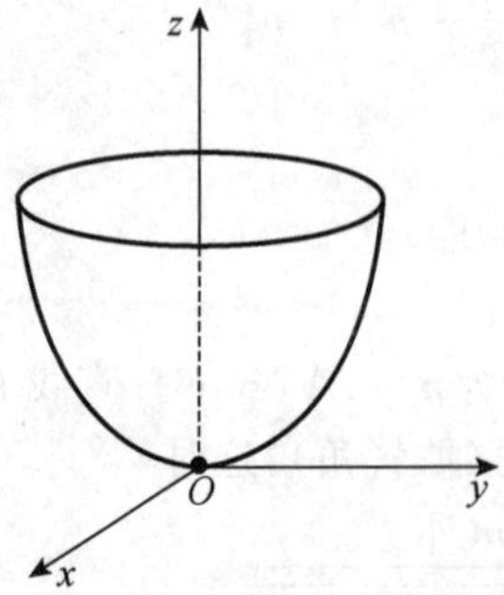

图 1-59

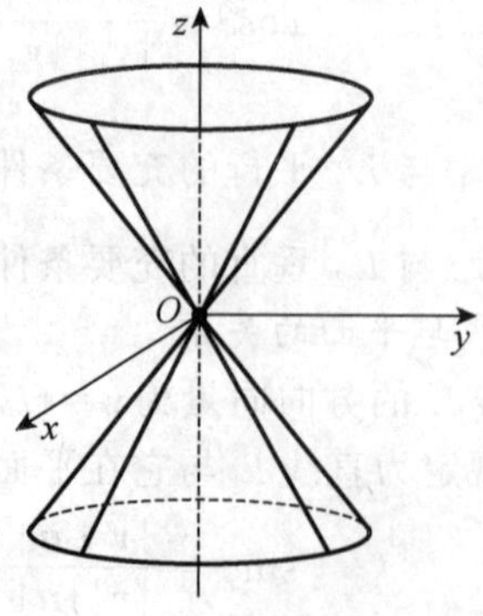

图 1-60

4）**椭圆锥面**：

$$z^2=\frac{x^2}{a^2}+\frac{y^2}{b^2},\quad 其中 a,b>0 \quad (图 1\text{-}60).$$

例如，$z^2=x^2+y^2$ 表示椭圆锥面.

5）**单叶双曲面**：

$$\frac{x^2}{a^2}+\frac{y^2}{b^2}-\frac{z^2}{c^2}=1,\quad 其中 a,b,c>0 \quad (图 1\text{-}61).$$

例如，$x^2+y^2-z^2=1$ 表示单叶双曲面.

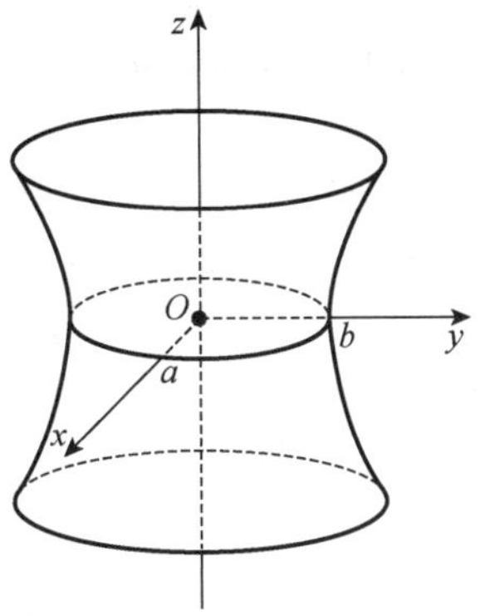

图 1-61

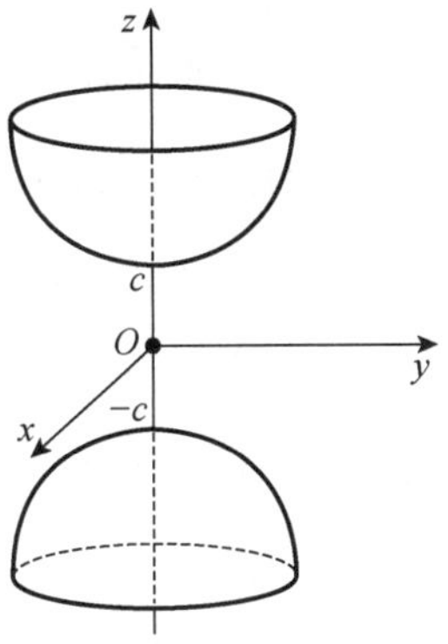

图 1-62

6）**双叶双曲面**：

$$\frac{x^2}{a^2}+\frac{y^2}{b^2}-\frac{z^2}{c^2}=-1,\quad 其中 a,b,c>0 \quad (图 1\text{-}62).$$

例如，$z^2-x^2-y^2=1$ 表示双叶双曲面.

复习题一

一、填空题

1. 已知两点 $A(4,-7,1)$，$B(6,2,z)$间的距离为 11，则 $z=$________.

2. 设 z 轴上的点 P 到点 $A(-4,1,7)$和 $B(3,5,-2)$的距离相等，则点 P 的坐标为________.

3. 已知向量 $\boldsymbol{a}$ 的模为 2，它与 x 轴、y 轴、z 轴的夹角分别为 $\frac{\pi}{3},\frac{\pi}{6},\frac{\pi}{2}$，则 $\boldsymbol{a}=$________.

4. 若向量 $\boldsymbol{a}=\{\lambda,-3,2\}$与 $\boldsymbol{b}=\{1,2,-\lambda\}$垂直，则 $\lambda=$________.

5. 已知$|\boldsymbol{a}|=3$，$|\boldsymbol{b}|=5$，$|\boldsymbol{a}+\boldsymbol{b}|=6$，则$|\boldsymbol{a}-\boldsymbol{b}|=$________.

6. 若向量 $\boldsymbol{a},\boldsymbol{b},\boldsymbol{c}$ 两两的夹角都为 $\frac{\pi}{3}$，且$|\boldsymbol{a}|=4$，$|\boldsymbol{b}|=2$，$|\boldsymbol{c}|=6$，则$|\boldsymbol{a}+\boldsymbol{b}+\boldsymbol{c}|$ =________.

*7. 设向量 $\overrightarrow{OM}=\{x,y,z\}$，$\boldsymbol{a}=\{1,1,1\}$，则 $\overrightarrow{OM}\times\boldsymbol{a}=$________.

8. Oxy 平面上的曲线 $\begin{cases} y=e^x, \\ z=0 \end{cases}$ 绕 x 轴旋转所生成旋转面的方程为________.

9. 柱面 $y=2x^2$ 的母线与________轴平行,其准线为________.

10. 曲面 $y=x^2+z^2$ 是 Oyz 平面上的曲线________绕________轴旋转所生成的旋转面.

二、单项选择题

1. 已知向量 $\overrightarrow{PQ}=\{4,-4,7\}$ 的终点为 $Q(2,-1,7)$,则起点 P 的坐标为 (　　)

(A) $(-2,3,0)$;　(B) $(2,-3,0)$;　(C) $(4,-5,14)$;　(D) $(-4,5,14)$.

2. 设向量 $\boldsymbol{a}$ 与 $\boldsymbol{b}$ 平行但方向相反,且 $|\boldsymbol{a}|>|\boldsymbol{b}|>0$,则下列式子中正确的是 (　　)

(A) $|\boldsymbol{a}+\boldsymbol{b}|<|\boldsymbol{a}|-|\boldsymbol{b}|$;　(B) $|\boldsymbol{a}+\boldsymbol{b}|>|\boldsymbol{a}|-|\boldsymbol{b}|$;

(C) $|\boldsymbol{a}+\boldsymbol{b}|=|\boldsymbol{a}|+|\boldsymbol{b}|$;　(D) $|\boldsymbol{a}+\boldsymbol{b}|=|\boldsymbol{a}|-|\boldsymbol{b}|$.

3. 已知向量 $\boldsymbol{a}=\{1,1,1\}$,则垂直于向量 $\boldsymbol{a}$ 及 y 轴的单位向量 $\boldsymbol{b}=$ (　　)

(A) $\frac{\sqrt{3}}{3}\{1,-1,1\}$;　(B) $\{-1,1,0\}$　(C) $\frac{\sqrt{2}}{2}\{1,0,-1\}$;　(D) $\frac{\sqrt{2}}{2}\{1,0,1\}$.

4. 通过点 $M(-5,2,-1)$ 且平行于 Oyz 平面的平面方程为 (　　)

(A) $x+5=0$;　(B) $y-2=0$;　(C) $z+1=0$;　(D) $x-1=0$.

5. 设一条空间直线的方程为 $\frac{x}{0}=\frac{y}{1}=\frac{z}{2}$,则此直线经过的点是 (　　)

(A) $(0,0,0)$;　(B) $(0,1,0)$;　(C) $(0,0,1)$;　(D) $(2,1,2)$.

6. 设一个球面方程为 $x^2+(y-1)^2+(z+2)^2=2$,则下列点中在该球面内部的是 (　　)

(A) $(1,2,3)$;　(B) $(0,1,-1)$;　(C) $(0,1,1)$;　(D) $(1,1,1)$.

7. 下列曲面中经过原点的是 (　　)

(A) $x=y+z^2+2$;　(B) $x^2+y^2+z^2=1$;

(C) $z=y^2+xy^2$;　(D) $z=(x+1)^2+y^2$.

8. 曲面 $z=\sqrt{x}+y^2$ 的图形关于 (　　)

(A) Oyz 平面对称;(B) Oxy 平面对称;(C) Ozx 平面对称;(D) 原点对称.

9. 在空间直角坐标系下,方程 $3x+5y=0$ 的图形是 (　　)

(A) 经过原点的直线;　(B) 垂直于 z 轴的直线;

(C) 垂直于 z 轴的平面;　(D) 经过 z 轴的平面.

10. 在空间直角坐标系下,z 轴的对称式方程为 (　　)

(A) $\frac{x-1}{0}=\frac{y}{0}=\frac{z}{1}$;　(B) $\frac{x}{0}=\frac{y}{0}=\frac{z-3}{-2}$;

(C) $\frac{x}{1}=\frac{y}{0}=\frac{z}{0}$;　(D) $\frac{x}{0}=\frac{y}{1}=\frac{z}{0}$.

三、综合题

1. 证明:以三点 $A(4,1,9)$,$B(10,-1,6)$,$C(2,4,3)$ 为顶点的三角形是等腰直角三角形.

2. 在 Oyz 平面上求与三点 $A(3,1,2)$,$B(4,-2,-2)$,$C(0,5,1)$ 等距离的点的坐标.

3. 设一个边长为 a 的正方体底面放置在 Oxy 平面上,其底面的中心在原点,底面的一个顶点在 x 轴上.在空间直角坐标系中画出该正方体,求出其各顶点的坐标.

4. 设有三个力 $\boldsymbol{F}_1=\{1,2,3\}$,$\boldsymbol{F}_2=\{-2,3,-4\}$,$\boldsymbol{F}_3=\{3,-4,5\}$,求其合力 $\boldsymbol{F}$ 的模与方向余弦.

5. 证明下列结论：

(1) 对于任何向量 $\boldsymbol{\alpha}$ 与 $\boldsymbol{\beta}$，恒有 $|\boldsymbol{\alpha}\cdot\boldsymbol{\beta}|\leqslant|\boldsymbol{\alpha}||\boldsymbol{\beta}|$，当且仅当它们平行时等号成立.（提示：利用数量积的定义.）

(2) 对于任何实数 a_1,a_2,a_3,b_1,b_2,b_3，恒有

$$|a_1b_1+a_2b_2+a_3b_3|\leqslant\sqrt{a_1^2+a_2^2+a_3^2}\cdot\sqrt{b_1^2+b_2^2+b_3^2};$$

并指出等号成立的条件.（提示：利用上题的结论.）

6. 设 $|\boldsymbol{a}+\boldsymbol{b}|=|\boldsymbol{a}-\boldsymbol{b}|$，向量 $\boldsymbol{a}=\{3,-5,8\}$，$\boldsymbol{b}=\{-1,1,z\}$，求 z.

7. 设 $|\boldsymbol{a}|=\sqrt{3}$，$|\boldsymbol{b}|=1$，向量 $\boldsymbol{a}$ 与 $\boldsymbol{b}$ 的夹角为 $\dfrac{\pi}{6}$，求向量 $\boldsymbol{a}+\boldsymbol{b}$ 与 $\boldsymbol{a}-\boldsymbol{b}$ 的夹角.

8. 证明：两个方程组 $\begin{cases}F_1(x,y,z)=0,\\G_1(x,y,z)=0\end{cases}$ 与 $\begin{cases}F_2(x,y,z)=0,\\G_2(x,y,z)=0\end{cases}$ 表示同一条曲线的充要条件为它们是同解方程组.

9. 求与三点 $A(3,7,-4)$，$B(-5,7,-4)$，$C(-5,1,-4)$ 的距离都相等的点的轨迹.

10. 将空间曲线方程 $\begin{cases}x^2+y^2+z^2=64,\\y+z=0\end{cases}$ 化为参数方程.

11. 求以曲线 C：$\begin{cases}2x^2+y^2+z^2=16,\\x^2-y^2+z^2=0\end{cases}$ 为准线，母线分别平行于 x 轴和 y 轴的柱面方程.

12. 求点 $A(2,3,1)$ 在直线 $\dfrac{x+7}{1}=\dfrac{y+2}{2}=\dfrac{z+2}{3}$ 上的投影点的坐标.

第二章 多元函数的微分学

一元函数的微分学讨论因变量与一个自变量的关系，它研究的是因变量受到一个自变量因素的影响问题. 但是，在实际问题中，因变量往往受到多个自变量因素的影响. 因此，有必要研究多元函数的微分学. 本章主要研究二元函数的微分学，它是一元函数的微分学的推广，其中很多结论对于三元及三元以上的函数都成立.

§1 多元函数的基本概念

先看下列多元函数的例子：

1) 长方形的面积 A 与它的长 x 和宽 y 有关系 $A=xy$. 我们称面积 A 是长 x 与宽 y 的二元函数；

2) 在市场上购买某种商品所花的费用 F 与该商品的单位价格 p 和购买量 q 有关系 $F=pq$. 我们称费用 F 是单位价格 p 与购买量 q 的二元函数；

3) 将一笔本金 R 存入银行，所获得的利息 L 与本金 R、年利率 r 及存款年限 t 有关系 $L=R(1+r)^t-R$（按复利计算）. 我们称利息 L 是本金 R、年利率 r 及存款年限 t 的三元函数.

通过这三个例子可以看到，实际问题中的一些量受到多个变量因素的影响. 由此就产生了多元函数的概念. 本节主要介绍二元函数及其有关概念.

1.1 平面点集

平面中某些点所构成的集合称为**平面点集**（简称**点集**）. 在建立平面直角坐标系后，平面上的每个点都可以用它的坐标来表示. 因此，点集也可以用点的坐标来表示.

例如，点集 $D=\{(x,y)\mid\sqrt{x^2+y^2}<1\}$ 表示到原点的距离小于 1 的点构成的集合[图 2-1(a)]. 有时为了方便，经常将这个点集简记为 D：$\sqrt{x^2+y^2}$

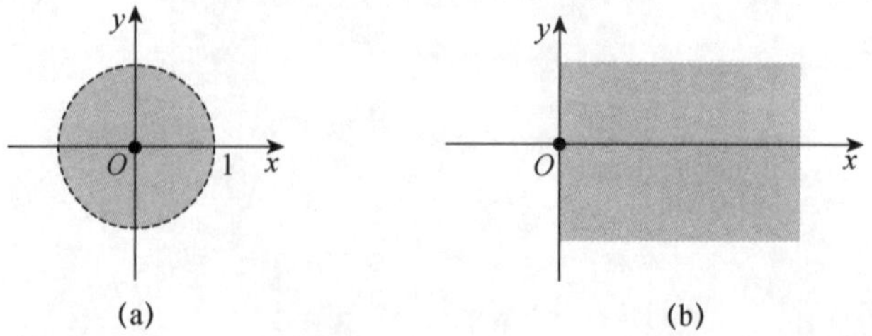

图 2-1

<1,或直接写为 $\sqrt{x^2+y^2}<1$. 又如,点集 $D=\{(x,y)\mid x>0\}$ 表示横坐标大于零的点构成的集合,简记为 D: $x>0$[图 2-1(b)].

我们经常用二元不等式、不等式组或二元方程来表示平面点集. 平面上所有点构成的集合记为 $\mathbf{R}^2$,或 $-\infty<x<+\infty$, $-\infty<y<+\infty$.

给定点 $P_0(x_0,y_0)$,点集 $\{(x,y)\mid\sqrt{(x-x_0)^2+(y-y_0)^2}<\delta\}$ ($\delta>0$ 为常数)称为点 P_0 的 δ **邻域**(简称**邻域**),记作 $U_\delta(P_0)$,它表示与点 P_0 的距离小于 δ 的点构成的集合[图 2-2(a)],有时将它简记为 $U(P_0)$. 称点集 $U_\delta(P_0)\setminus\{P_0\}$ 为点 P_0 的 δ **去心邻域**,记作 $\mathring{U}_\delta(P_0)$,或简记作 $\mathring{U}(P_0)$,它表示从邻域 $U_\delta(P_0)$ 中去掉点 P_0 后的集合[图 2-2(b)].

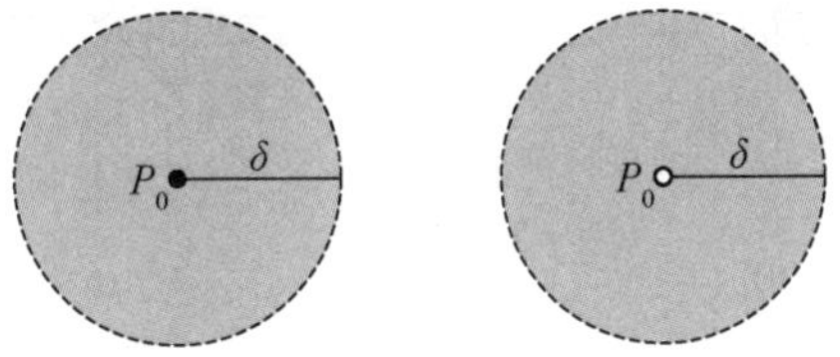

图 2-2

在平面上由一条或几条曲线围成并且连成一片的点集称为**区域**,这些曲线称为该区域的**边界**,边界上的每个点称为该区域的**边界点**. 如果区域含有它的所有边界,则称该区域是**闭区域**;如果区域不含它的任何边界点,则称该区域为**开区域**.

如果平面点集 D 包含在以原点为圆心的某个圆中,则称点集 D 是**有界**的;否则,称点集 D 是**无界**的. 点集的有界性表示了点集分布的“延伸性”. 从直观上看,当点集分布在平面的有限范围内时,则它是有界的;当点集的分布延伸到无限远处时,则它是无界的.

例如,区域 D_1: $|x|<1$, $|y|<2$ 和 D_2: $|x|\leqslant1$, $|y|\leqslant2$.

D_1 也可表示为 $-1<x<1$, $-2<y<2$,它的图形见图 2-3(a),其边界分别为直线 $x=1$, $x=-1$, $y=2$, $y=-2$ 上的线段,并且边界上的点都不属于 D_1,从而 D_1 是开区域. 显然,D_1 是有界的.

D_2 也可表示为 $-1\leqslant x\leqslant1$, $-2\leqslant y\leqslant2$,它的图形见图 2-3(b),其边界与 D_1 相同,并且边界上的点都属于 D_2,从而 D_2 是闭区域. 显然,D_2 也是有界的.

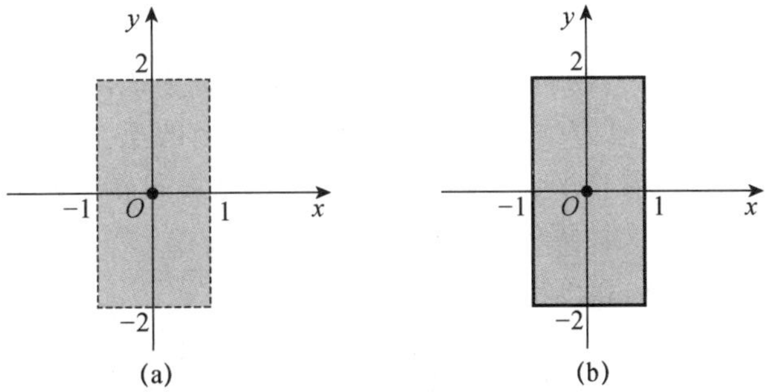

图 2-3

区域的边界是区域的重要特征. 若要画出一个区域,应先画出它的边界. 在确定区域的边界时,通常将区域表达式中的不等号改为等号. 例如,对于区域 G_1: $y-x>0$, G_2: $y-x\geqslant0$,将表达式中的不等号改为等号,则它们的边界都为 $y-x=0$. 这条边界将整个平面分为两部分,那么不等式所表示的是哪一部分呢？我们可以在其中一部分上取某个点(不在边界上)，如果它的坐标如果满足不等式，则这个点所在的部分就是不等式所表示的部分；如果不满足不等式，则另一部分就是不等式所表示的部分. 此例中我们取点(0,1)，它满足 G_1 和 G_2 中的不等式，从而 G_1 和 G_2 表示的部分分别如图 2-4(a)与图 2-4(b)所示. 因边界 $y-x=0$ 上的点都不属于 G_1，故 G_1 是开区域，且它显然无界；因边界 $y-x=0$ 上的点都属于 G_2，故 G_2 是闭区域，且它显然无界.

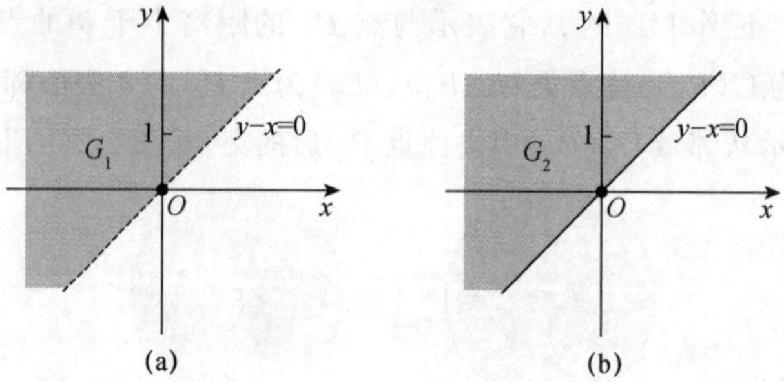

图 2-4

上述关于平面点集的概念可以推广到空间 $\mathbf{R}^n=\{(x_1,x_2,\cdots,x_n)\mid x_i\in\mathbf{R},i=1,2,\cdots,n\}$ $(n\geqslant 3)$中的点集上.

1.2 二元函数

定义 1 设 x,y,z 是三个变量. 如果变量 x,y 在一定范围内变化时，对于变量 x,y 的每一组取值，变量 z 按照某个法则 f 总有唯一确定的值与变量 x,y 的值对应，则称变量 z 是变量 x,y 的**二元函数**(简称**函数**)，记为 $z=f(x,y)$ 或 $z=z(x,y)$，并称 x,y 为**自变量**，称 z 为**因变量**.

为了简便，我们也用符号 $f(x,y)$，$g(x,y)$，$z(x,y)$ 等来表示变量 x,y 的二元函数，有时还用对应法则 f,g 等来表示二元函数.

与一元函数类似，我们将二元函数 $z=f(x,y)$ 的自变量 x,y 的变化范围称为该函数的**定义域**，记为 D_f. 对于自变量 x,y 的某组固定的取值 $x=x_0,y=y_0$，如果按照对应法则 f 得到的因变量 z 的值是 z_0，则记之为 $z_0=f(x_0,y_0)$，$z_0=z(x_0,y_0)$，$z_0=f(x,y)\Big|_{\substack{x=x_0\\y=y_0}}$，$z_0=f(x,y)\Big|_{(x_0,y_0)}$ 或 $z_0=z(x,y)\Big|_{(x_0,y_0)}$，其中 z_0 称为二元函数 $z=f(x,y)$ 在点 (x_0,y_0) 处的**函数值**. 二元函数 $z=f(x,y)$ 的所有函数值构成的集合称为该函数的**值域**，记为 R_f.

通常我们把变化的 x,y 记为 (x,y)，将它看作平面上的点 $P(x,y)$，则二元函数 $z=f(x,y)$ 的定义域 D_f 就可以看作平面上的点集，点 P 在点集 D_f 内变化. 因此，二元函数 $z=f(x,y)$ 就是平面点集 D_f 到实数集的映射(图 2-5).

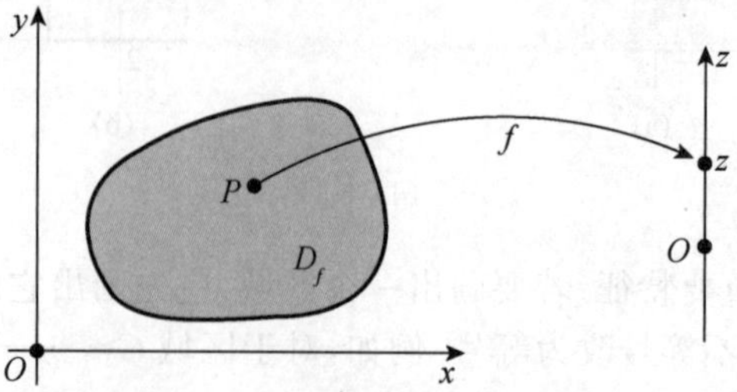

图 2-5

二元函数的定义域及其对应法则 f 是确定一个二元函数的两个基本要素. 但是,对于一些常用的函数,有时并不给出定义域,其定义域被默认为使得二元函数 $z=f(x,y)$ 有意义的点 (x,y) 构成的集合.

一元函数 $y=f(x)$ 的几何图形通常是平面上的曲线. 与之类似,二元函数 $z=f(x,y)$ 的几何图形通常是空间中的曲面:将点 (x,y) 和它所对应的 z 值放在一起可以构成空间中的点 $M(x,y,z)$,当点 (x,y) 在 D_f 上变化时,点 M 在空间中变化的轨迹通常是空间中的一个曲面 Σ. 于是,点 M 的坐标可以写成 $(x,y,f(x,y))$. 这时,曲面 Σ 在 Oxy 平面上的投影就是二元函数 $z=f(x,y)$ 的定义域 D_f(图 2-6).

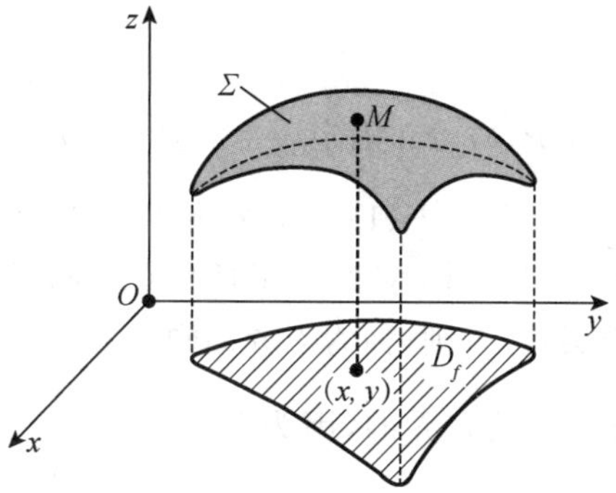

图 2-6

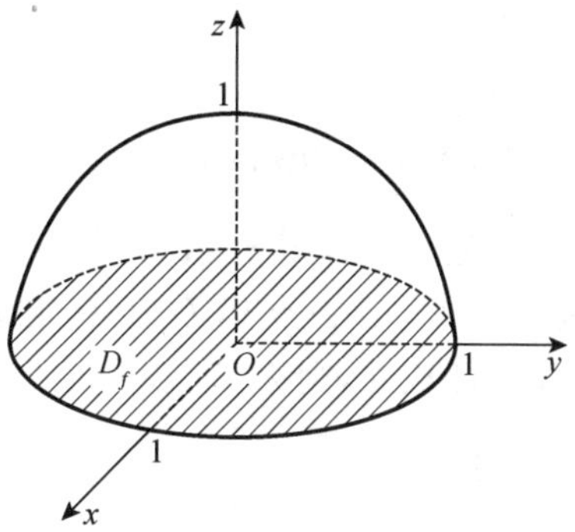

图 2-7

例 1 求函数 $z=f(x,y)=\sqrt{1-x^2-y^2}$ 的定义域 D_f,并画出该函数的图形.

解 若要该函数有意义,应使得根号里的式子满足

$$1-x^2-y^2\geqslant 0,\quad 即\quad x^2+y^2\leqslant 1.$$

这就是该函数的定义域 D_f.

在所给的函数表达式两端取平方,得

$$z^2=1-x^2-y^2,\quad 即\quad x^2+y^2+z^2=1.$$

此方程表示的图形是球心在原点,半径为 1 的球面. 因 $z\geqslant 0$,故该函数的图形应是上半球面(图 2-7).

二元函数与一元函数有着非常密切的关系. 设二元函数 $z=f(x,y)$,点 $P_0(x_0,y_0)\in D_f$. 当固定 y_0,让 x 变化时,$z=f(x,y_0)$ 就是关于 x 的一元函数,记为 $F(x)$. 一元函数 $F(x)=f(x,y_0)$ 的定义域为直线 $y=y_0$ 上的线段

$$L_{y_0}=\{(x,y_0)|x\in[a,b]\}\quad [图 2-8(a)],$$

其中 L_{y_0} 在 x 轴上的投影为闭区间 $[a,b]$. 同理,当固定 x_0,让 y 变化时,$z=f(x_0,y)$ 是关于 y 的一元函数,记之为 $G(y)$. 一元函数 $G(y)=f(x_0,y)$ 的定义域为直线 $x=x_0$ 上的线段

$$L_{x_0}=\{(x_0,y)|y\in[c,d]\}\quad [图 2-8(b)],$$

其中 L_{x_0} 在 y 轴上的投影为闭区间 $[c,d]$. 显然

$$F(x_0)=G(y_0)=f(x_0,y_0).$$

二元函数的某些性质可以通过这样的两个一元函数来讨论.

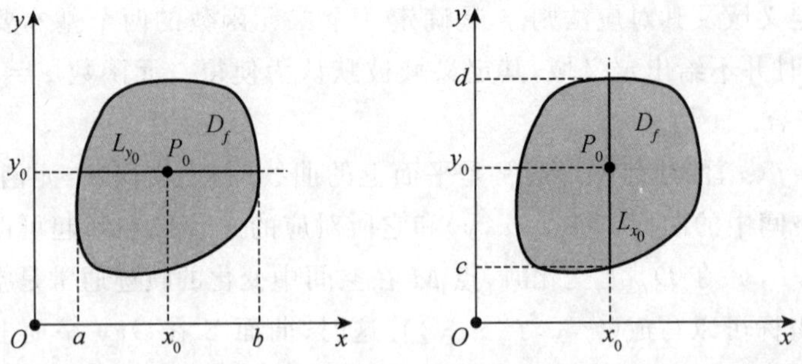

(a) (b)

图 2-8

例如,设函数 $z=f(x,y)=x+y^2-\sin xy$,取点 $P_0(1,2)$. 固定 $y=2$,则 $z=x+4-\sin 2x \xlongequal{记为} F(x)$;固定 $x=1$,则 $z=1+y^2-\sin y \xlongequal{记为} G(y)$. 于是 $F(1)=G(2)=f(1,2)=5-\sin 2$.

设函数 $f(x,y)$ 在点集 D 上有定义. 如果存在 $M>0$,使得对于任何 $(x,y)\in D$,都有 $|f(x,y)|\leqslant M$ 成立,则称 $f(x,y)$ 是 D 上的**有界函数**;否则,称为**无界函数**.

例如,函数 $f(x,y)=\dfrac{1}{x^2+y^2+1}$ 在定义域 $\mathbf{R}^2$ 上是有界的,因为此时 $\left|\dfrac{1}{x^2+y^2+1}\right|\leqslant 1$;而函数 $g(x,y)=\dfrac{1}{x^2+y^2}$ 在其定义域 $\mathbf{R}^2\setminus\{(0,0)\}$ 上是无界的.

三元及三元以上函数的定义与二元函数的定义类似,如 $u=f(x,y,z)=x^2+y^2+z^2$ 是变量 x,y,z 的三元函数,其定义域是整个空间 $\mathbf{R}^3$. 二元及二元以上的函数统称为**多元函数**.

1.3 多元函数的构造

很多复杂的多元函数往往是由几个简单的函数经过加减乘除四则运算或复合而得到的,还有些函数是由多元方程所确定的隐函数,这就是多元函数的构造问题.

一、多元函数的四则运算

我们只以二元函数为例. 给定函数 $f(x,y)$ 及 $g(x,y)$,且 $D_f\cap D_g\neq\varnothing$,则可用四则运算构造新的函数:

1) 函数的**加法**:$F(x,y)=f(x,y)+g(x,y)$, $D_F=D_f\cap D_g$;

2) 函数的**减法**:$F(x,y)=f(x,y)-g(x,y)$, $D_F=D_f\cap D_g$;

3) 函数的**乘法**:$F(x,y)=f(x,y)g(x,y)$, $D_F=D_f\cap D_g$;

4) 函数的**除法**:$F(x,y)=\dfrac{f(x,y)}{g(x,y)}$, $D_F=D_f\cap D_g\setminus\{(x,y)\mid g(x,y)=0\}$.

例 2 求下列函数的定义域:

1) $F(x,y)=\ln(y-x)-\ln x$; 2) $F(x,y)=\dfrac{\sqrt{4-x^2-y^2}}{\sqrt{x^2+y^2-1}}$.

解 1) $F(x,y)$ 是按照加法的方式构造的. 令 $f(x,y)=\ln(y-x)$,则 D_f: $y-x>0$[图 2-9(a)];令 $g(x,y)=\ln x$,则 D_g: $x>0$[图 2-9(b)]. D_f 与 D_g 的交集即为 $F(x,y)$ 的定义域,即 $D_f\cap D_g=D_F$: $y-x>0$ 且 $x>0$[图 2-9(c)]. 可见,D_F 是开区域,且无界.

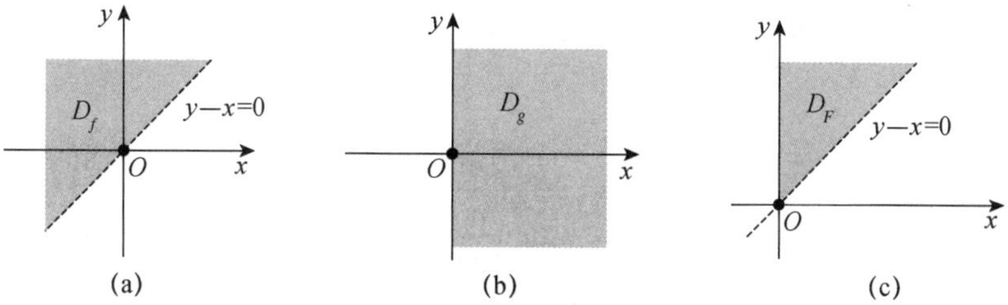

图　2-9

2) $F(x,y)$是按照除法的方式构造的,应有

$$D_F:4-x^2-y^2\geqslant 0 \text{ 且 } x^2+y^2-1>0,$$

即 D_F:$1<x^2+y^2\leqslant 4$(图 2-10).可见,D_F 既不是开区域,也不是闭区域,且有界.

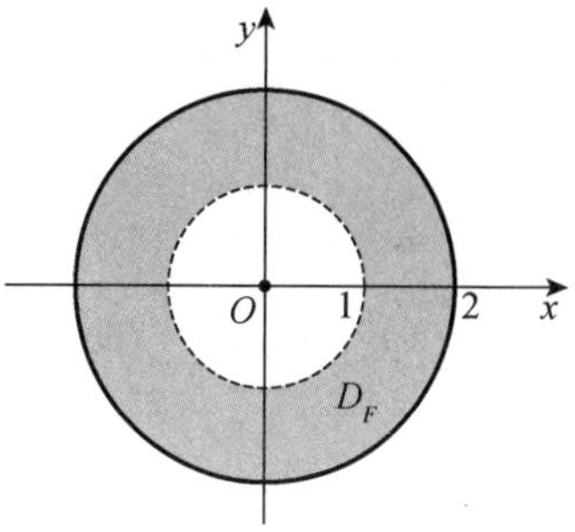

图　2-10

二、多元函数的复合函数

多元函数的复合函数比一元函数的复合函数复杂得多.

若函数 $u=f(v),v=g(x,y)$,则复合后构成的新函数为

$$u=F(x,y)=f(g(x,y)),$$

它是二元函数.这时,称 v 为**中间变量**,称 $F(x,y)$为**复合函数**.

如函数 $u=f(v)=\mathrm{e}^v,v=g(x,y)=x+y$,则复合函数为

$$u=f(g(x,y))=\mathrm{e}^{x+y}.$$

若函数 $w=f(u,v),u=\psi(x,y,z),v=\varphi(x,y,z)$,则复合后构成的新函数为

$$w=F(x,y,z)=f(\psi(x,y,z),\varphi(x,y,z)),$$

它是三元函数.这时,中间变量是 u 和 v.例如,设函数 $w=f(u,v)=v-u,u=\psi(x,y,z)=xyz,v=\varphi(x,y,z)=x+y+z$,则复合函数为

$$w=f(\psi(x,y,z),\varphi(x,y,z))=x+y+z-xyz.$$

若函数 $z=f(u,v,w),u=\psi(t),v=\varphi(t),w=\lambda(t)$,则复合函数为

$$z=F(t)=f(\psi(t),\varphi(t),\lambda(t)),$$

它是一元函数,中间变量分别是 u,v,w.例如,设函数 $z=f(u,v,w)=(u+v)^w,u=\psi(t)=\sin t,v=\varphi(t)=\cos t,w=\lambda(t)=t^2$,则复合函数为

$$z=f(\psi(t),\varphi(t),\lambda(t))=(\sin t+\cos t)^{t^2}.$$

此外,还有一种复合函数,它只对部分中间变量进行复合,比如对于函数 $z=f(x,u)$,$u=g(x,y)$,复合函数为

$$z=F(x,y)=f(x,g(x,y)).$$

例如,设函数 $z=f(x,u)=\dfrac{x}{u},u=g(x,y)=x+\sin y$,则复合函数为

$$z=f(x,g(x,y))=\frac{x}{x+\sin y}.$$

例 3　已知函数 $f(x,y)=\dfrac{xy}{x^2+y^2}$,求 $f\left(1,\dfrac{x}{y}\right)$.

解 因 $f(u,v)=\dfrac{uv}{u^2+v^2}$,取 $u=1,v=\dfrac{x}{y}$,则有

$$f\left(1,\frac{x}{y}\right)=\frac{1\cdot\frac{x}{y}}{1^2+\left(\frac{x}{y}\right)^2}=\frac{xy}{x^2+y^2}.$$

注 如果我们熟悉了复合函数的演算,可直接将表达式 $f(x,y)$ 中的 x 换为 1,将 y 换为 $\dfrac{x}{y}$.

例 4 设 $f(x+y,x-y)=x^2-y^2$,求函数 $f(x,y)$.

解 令 $u=x+y,v=x-y$,解此方程组得

$$x=\frac{u+v}{2},\quad y=\frac{u-v}{2}.$$

代入 $f(x+y,x-y)$ 的表达式,得

$$f(u,v)=\left(\frac{u+v}{2}\right)^2-\left(\frac{u-v}{2}\right)^2=uv.$$

于是 $f(x,y)=xy$.

注 本例的特点是:已知函数复合之后的表达式,求函数复合之前的表达式.这里所用的解法具有一般性,还有更简单的解法:因

$$f(x+y,x-y)=x^2-y^2=(x-y)(x+y),$$

故 $f(u,v)=uv$,即 $f(x,y)=xy$.

设有若干个自变量,由它们各自的一元基本初等函数出发,经过有限次加减乘除四则运算及有限次复合得到的可用一个式子表示的函数称为**多元初等函数**(简称**初等函数**).初等函数是多元微积分中经常用到的函数.例如,$\dfrac{x}{x^2+y^2}$,$e^{x+y+z}-\sin xyz+\sqrt{1-x^2}$ 等都是初等函数.初等函数的定义域往往被默认为使得初等函数有意义的点构成的集合,它经常被省略.

三、隐函数

给定二元方程 $F(x,y)=0$,如果该方程有解,则可以确定一个一元函数 $y=y(x)$.确定的方法是:给定 x 的一个值,根据这个方程唯一确定 y 的一个值,使得数组 x,y 成为方程 $F(x,y)=0$ 的解(如果有解的话).按照这样的法则让 y 对应于 x,就得到 y 为 x 的函数 $y=y(x)$,称之为由方程 $F(x,y)=0$ 所确定的**隐函数**.

例如,从方程 $x-2y=0$ 中解出 $y=\dfrac{x}{2}$,它就是由该方程确定的隐函数.

显然,若 $y=y(x)$ 是由方程 $F(x,y)=0$ 所确定的隐函数,则复合函数 $F(x,y(x))\equiv 0$.相对于隐函数,$y=f(x)$ 形式的函数称为**显函数**.当然,由方程 $F(x,y)=0$ 也可以确定 x 为 y 的隐函数 $x=x(y)$.

显函数可以很容易化为隐函数.例如,对于显函数 $y=f(x)$,它就是方程 $y-f(x)=0$ 所确定的隐函数.反之,若将隐函数表示为显函数,有时很困难.从上面的例子可知,只需从方程 $F(x,y)=0$ 中解出 $y=y(x)$,就可以使得隐函数变为显函数.但是,有些方程很难解出 y 或 x 来,即使能解出来,其表达式也非常复杂.因此,有很多函数都通过方程用隐函数来表示.

同理,对于有解的三元方程 $F(x,y,z)=0$,可以确定 z 为 x,y 的二元函数 $z=z(x,y)$. 此时,复合函数 $F(x,y,z(x,y))\equiv 0$. 当然,由 $F(x,y,z)=0$ 也可以确定隐函数 $x=x(y,z)$ 及 $y=y(x,z)$.

1.4 多元函数的极限

在一元函数中已经有了极限的概念. 尽管各种类型的极限不尽相同,但它们有共同的特点:自变量的变化趋势引起了因变量的变化趋势. 多元函数的极限也是如此. 这里只讨论二元函数的极限.

定义 2[①] 设函数 $f(x,y)$ 在点 $P_0(x_0,y_0)$ 的某个去心邻域 $\mathring{U}(P_0)$ 内有定义. 若当点 $P(x,y)$ 无限接近点 P_0 时,在点 P 处的函数值 $f(x,y)$ 与某个实数 A 也无限接近,则称 A 是函数 $f(x,y)$ 在点 P_0 处的**二重极限**(简称**极限**),记为

$$\lim_{\substack{x\to x_0\\ y\to y_0}} f(x,y)=A \quad 或 \quad \lim_{(x,y)\to(x_0,y_0)} f(x,y)=A.$$

注 二重极限表明了自变量 x,y 的变化趋势所引起的因变量 z 的变化趋势. 需注意以下几点:

1) 在定义 2 中,要求函数 $f(x,y)$ 在点 P_0 的某个去心邻域内有定义. 这表明,在点 P 无限接近点 P_0 的过程中,点 P 永远不等于点 P_0;也表明,极限值 A 与函数 $f(x,y)$ 在点 P_0 处是否有定义无关.

2) 对于二元初等函数的极限,我们有如下结论:

若 $f(x,y)$ 是初等函数,$P_0(x_0,y_0)\in D_f$,则 $\lim\limits_{\substack{x\to x_0\\ y\to y_0}} f(x,y)=f(x_0,y_0)$. 这个性质与一元初等函数的极限类似,它就是后续内容中将提到的初等函数的连续性. 在下面的讨论中,我们将直接使用这个结论,如 $\lim\limits_{\substack{x\to 0\\ y\to 2}} xy=0\cdot 2=0$, $\lim\limits_{\substack{x\to 0\\ y\to 2}} y=2$ 等.

3) 二重极限的性质与一元函数极限的性质类似,如极限的加减乘除四则运算公式,极限的保号性等. 在下面的讨论中,我们也将直接使用有关性质和公式.

例 5 求下列二重极限:

(1) $\lim\limits_{\substack{x\to 2\\ y\to 1}} \ln(x+y^2)$; (2) $\lim\limits_{\substack{x\to 0\\ y\to 2}} \dfrac{\sin 2xy}{x}$.

解 (1) 由于 $\ln(x+y^2)$ 是初等函数,而 $(2,1)$ 是其定义域中的点,因此在点 $(2,1)$ 处的极限值就等于在该点处的函数值,即

$$\lim_{\substack{x\to 2\\ y\to 1}} \ln(x+y^2)=\ln(2+1^2)=\ln 3.$$

(2) 注意点 $(0,2)$ 不是 $\dfrac{\sin 2xy}{x}$ 的定义域中的点. 我们有

---

① 严格来讲,二元函数的极限需用"ε-δ"语言来定义:

设函数 $f(x,y)$ 在点 $P_0(x_0,y_0)$ 的某个去心邻域 $\mathring{U}(P_0)$ 内有定义,A 是一个实数. 如果对于任意给定的 $\varepsilon>0$,总存在 $\delta>0$,使得点 P_0 的去心邻域 $\mathring{U}_\delta(P_0)\subset\mathring{U}(P_0)$,且当点 $P(x,y)\in\mathring{U}_\delta(P_0)$ 时,总有不等式 $|f(x,y)-A|<\varepsilon$ 成立,则称 A 是函数 $f(x,y)$ 在点 P_0 处的**二重极限**.

$$\lim_{\substack{x\to 0\\ y\to 2}}\frac{\sin 2xy}{x}=\lim_{\substack{x\to 0\\ y\to 2}}\frac{\sin 2xy}{2xy}\cdot 2y=\lim_{\substack{x\to 0\\ y\to 2}}\frac{\sin 2xy}{2xy}\cdot\lim_{\substack{x\to 0\\ y\to 2}}2y.$$

令 $2xy=u$，则当 $x\to 0, y\to 2$ 时，$u\to 0$，从而

$$\lim_{\substack{x\to 0\\ y\to 2}}\frac{\sin 2xy}{2xy}=\lim_{u\to 0}\frac{\sin u}{u}=1.$$

而当 $y\to 2$ 时，$2y\to 4$，因此

$$\lim_{\substack{x\to 0\\ y\to 2}}\frac{\sin 2xy}{x}=\lim_{\substack{x\to 0\\ y\to 2}}\frac{\sin xy}{xy}\cdot\lim_{\substack{x\to 0\\ y\to 2}}2y=1\cdot 4=4.$$

定理 1 函数 $f(x,y)$ 在点 $P_0(x_0,y_0)$ 处的二重极限存在的充要条件是，当点 $P(x,y)$ 以任何方式趋向于点 P_0 时，函数 $f(x,y)$ 的极限都存在且相等.(证明略)

这个性质类似于一元函数中左、右极限与极限的关系. 在一元函数的极限 $\lim\limits_{x\to x_0}f(x)$ 中，自变量沿 x 轴趋向于点 x_0 只有左、右两种方式，所以 $\lim\limits_{x\to x_0}f(x)$ 存在的充要条件是它的左、右极限都存在且相等. 但在二元函数的极限中，由于平面上的点 $P(x,y)$ 趋向于点 $P_0(x_0,y_0)$ 的方式有无穷多种，所以要求点 P 以任何方式趋向于点 P_0 时的极限是同一个数值 A. 如果点 P 只以某些特殊方式趋向于点 P_0，比如沿某几条路径趋向于点 P_0，即使这时极限值都是同一个数值 A，我们也不能断定二元函数的极限存在.

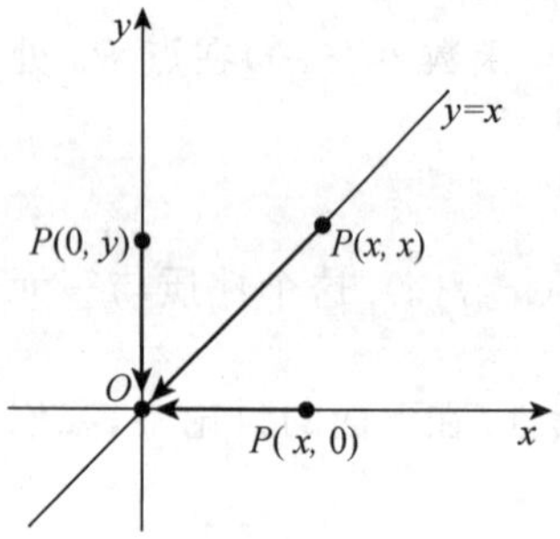

图 2-11

由定理 1 可知，对于二重极限 $\lim\limits_{\substack{x\to x_0\\ y\to y_0}}f(x,y)$，如果能够找到两条不同的路径，使得沿这两条路径 $(x,y)\to(x_0,y_0)$ 时的极限不同，则 $\lim\limits_{\substack{x\to x_0\\ y\to y_0}}f(x,y)$ 一定不存在.

例 6 证明：二重极限 $\lim\limits_{\substack{x\to 0\\ y\to 0}}\dfrac{xy}{x^2+y^2}$ 不存在.

证 让点 $P(x,y)$ 沿下列三条不同的路径趋向于原点 $O(0,0)$(图 2-11)：

L_x：x 轴. 此时点 P 的坐标为 $(x,0)$. 当 $x\to 0$ 时，$P(x,0)\to O(0,0)$.

L_y：y 轴. 此时点 P 的坐标为 $(0,y)$. 当 $y\to 0$ 时，$P(0,y)\to O(0,0)$.

L：直线 $y=x$. 此时点 P 的坐标为 (x,x). 当 $x\to 0$ 时，$P(x,x)\to(0,0)$.

在 L_x 上，$\lim\limits_{\substack{x\to 0\\ y\to 0}}\dfrac{xy}{x^2+y^2}=\lim\limits_{x\to 0}\dfrac{x\cdot 0}{x^2+0^2}=0$；在 L_y 上，$\lim\limits_{\substack{x\to 0\\ y\to 0}}\dfrac{xy}{x^2+y^2}=\lim\limits_{y\to 0}\dfrac{0\cdot y}{0^2+y^2}=0$. 据此，我们并不能断言 $\lim\limits_{\substack{x\to 0\\ y\to 0}}\dfrac{xy}{x^2+y^2}=0$.

因为在 L 上有 $\lim\limits_{\substack{x\to 0\\ y\to 0}}\dfrac{xy}{x^2+y^2}=\lim\limits_{x\to 0}\dfrac{x\cdot x}{x^2+x^2}=\dfrac{1}{2}\neq 0$，所以 $\lim\limits_{\substack{x\to 0\\ y\to 0}}\dfrac{xy}{x^2+y^2}$ 不存在.

1.5 多元函数的连续性

定义 3 设函数 $f(x,y)$ 在点 $P_0(x_0,y_0)$ 的某个邻域内有定义. 如果

$$\lim_{\substack{x\to x_0\\ y\to y_0}}f(x,y)=f(x_0,y_0),$$

则称函数 $f(x,y)$ 在点 P_0 处**连续**；否则，称函数 $f(x,y)$ 在点 P_0 处**间断**.

简言之，函数在某点处连续，就是函数在该点处的极限值等于在该点处的函数值. 这与一元函数连续的定义是一致的. 按照这样的理解，我们可将连续的概念推广到二元以上的函数.

若一个函数在区域 D 的每个点处都连续，则称该函数在区域 D 上是连续的(多元函数在边界点的连续性可参考一元函数在区间端点的连续性给出). 如果二元函数 $z=f(x,y)$ 在区域 D 上连续，则它的图形给出的是一个无孔隙、无裂缝的曲面，称之为连续曲面. 关于多元函数的连续性，我们不加证明地给出下列**结论**：

1) 由连续函数经加减乘除四则运算得到的函数仍是连续函数；

2) 连续函数与连续函数的复合函数仍是连续函数；

3) 初等函数在其有定义的区域内连续.

我们知道，如果一元函数在闭区间上连续，则它有一些特殊的性质. 二元函数也有类似的性质.

定理 2(最值定理) 如果函数 $f(x,y)$ 在有界闭区域 D 上连续，则函数 $f(x,y)$ 在 D 上一定有最大值和最小值.

由定理 2 可知，有界闭区域上的连续函数一定有界.

定理 3(介值定理) 设函数 $f(x,y)$ 在有界闭区域 D 上连续，M 和 m 分别是函数 $f(x,y)$ 在 D 上的最大值和最小值. 对于任何实数 c，只要满足 $m\leqslant c\leqslant M$，则至少存在一点 $(\bar{x},\bar{y})\in D$，使得 $f(\bar{x},\bar{y})=c$.

习 题 2-1

1. 画出下列平面点集，并指出它们的边界，说明它们是开区域还是闭区域，是有界的还是无界的：

(1) D：$x\geqslant 0, y\geqslant 0, x+y\geqslant 1$； (2) D：$|x|+|y|<1$.

2. 求下列函数的定义域 D，并作出 D 的图形：

(1) $z=\sqrt{x-\sqrt{y}}$； (2) $z=\ln(y^2-2x+1)$；

(3) $z=\dfrac{x^2-y^2}{x^2+y^2}$； (4) $z=\dfrac{\sqrt{x+y}}{\sqrt{x-y}}$.

3. 设函数 $f(x,y)=\dfrac{2xy}{x^2-y^2}$，求 $f(2,1)$，$f\left(1,\dfrac{y}{x}\right)$.

4. 已知函数 $f(x,y)=\ln x\cdot\ln y$，求：

(1) $f(x_0+h,y_0+k)-f(x_0,y_0)$； (2) $f(2,1+k)-f(2,1)$；

(3) $f(1+h,1)-f(1,1)$.

5. 求下列二重极限：

(1) $\lim\limits_{\substack{x\to 0\\ y\to 1}}\dfrac{1-xy}{x^2-y^2}$； (2) $\lim\limits_{\substack{x\to 0\\ y\to 1/2}}\arcsin\sqrt{x+y}$；

(3) $\lim\limits_{\substack{x\to 0\\ y\to 0}}\dfrac{\sin 2(x^2+y^2)}{x^2+y^2}$； (4) $\lim\limits_{\substack{x\to 0\\ y\to 0}}\dfrac{2-\sqrt{xy+4}}{xy}$.

6. 求下列函数的表达式:

(1) 圆锥体的体积 V 是底半径 r 与高 h 的函数.

(2) 圆弧的长度 l 是圆的半径 r 与圆心角 φ 的函数.

(3) 在边长为 y 的正方形铁板的四个角上都截去边长为 x 的小正方形,然后将它折成一个无盖的方盒子.求该方盒子的容积 V 与 x,y 的函数关系.

7. 给定曲线

$$C:\begin{cases} x=x(t), \\ y=y(t), \quad (a\leqslant t\leqslant b) \\ z=z(t) \end{cases}$$

及曲面 S: $F(x,y,z)=0$,证明:曲线 C 在曲面 S 上的充要条件是

$$F(x(t),y(t),z(t))\equiv 0 \quad (a\leqslant t\leqslant b).$$

8. 证明:函数 $f(x,y)=\dfrac{x+y}{x-y}$ 在点(0,0)处的二重极限不存在.

9. 指出下列函数在何处间断:

(1) $z=\dfrac{1}{x^2+y^2}$;　　(2) $z=\dfrac{y^2+2x}{y^2-x}$.

§2　偏导数与全微分

2.1　偏导数的概念

在研究一元函数的变化率问题时,我们引入了导数的概念.对于多元函数,我们也需要研究它的变化率问题.由于多元函数的自变量不止一个,因变量与自变量的关系比较复杂,所以当我们研究多元函数的变化率问题时,首先考虑的是因变量关于单个自变量的变化率问题.这就引出了偏导数的概念.

定义1　设函数 $z=f(x,y)$ 在点 (x_0,y_0) 的某个邻域内有定义.固定 $y=y_0$,对一元函数 $F(x)=f(x,y_0)$ 的自变量 x 在点 x_0 处给出增量 Δx,则有函数增量

$$\Delta F=F(x_0+\Delta x)-F(x_0)=f(x_0+\Delta x,y_0)-f(x_0,y_0).$$

若极限

$$\lim_{\Delta x\to 0}\frac{\Delta F}{\Delta x}=\lim_{\Delta x\to 0}\frac{f(x_0+\Delta x,y_0)-f(x_0,y_0)}{\Delta x} \tag{1}$$

存在,则称此极限值为函数 $z=f(x,y)$ 在点 (x_0,y_0) 处**对 x 的偏导数**,记为

$$\left.\frac{\partial z}{\partial x}\right|_{\substack{x=x_0\\y=y_0}},\quad \left.\frac{\partial f}{\partial x}\right|_{\substack{x=x_0\\y=y_0}},\quad f_x(x_0,y_0),\quad z_x(x_0,y_0),\quad z_x\Big|_{\substack{x=x_0\\y=y_0}}\quad 或\quad z_x\Big|_{(x_0,y_0)}.$$

同样,函数 $z=f(x,y)$ 在点 (x_0,y_0) 处**对 y 的偏导数**定义为极限

$$\lim_{\Delta y\to 0}\frac{f(x_0,y_0+\Delta y)-f(x_0,y_0)}{\Delta y}, \tag{2}$$

记为

$$\left.\frac{\partial z}{\partial y}\right|_{\substack{x=x_0\\y=y_0}},\quad \left.\frac{\partial f}{\partial y}\right|_{\substack{x=x_0\\y=y_0}},\quad f_y(x_0,y_0),\quad z_y(x_0,y_0),\quad z_y\Big|_{\substack{x=x_0\\y=y_0}}\quad 或\quad z_y\Big|_{(x_0,y_0)}.$$

定义1中的增量$\Delta F=f(x_0+\Delta x,y_0)-f(x_0,y_0)$称为函数$z=f(x,y)$在点$(x_0,y_0)$处**关于$x$的偏增量**,记为$\Delta_x z$.类似地,函数$z=f(x,y)$**关于$y$的偏增量**定义为$\Delta_y z=f(x_0,y_0+\Delta y)-f(x_0,y_0)$.相应地,称$\Delta z=f(x_0+\Delta x,y_0+\Delta y)-f(x_0,y_0)$为函数$z=f(x,y)$在点$(x_0,y_0)$处的**全增量**.

注 1) 从对x的偏导数的定义中可知,$f_x(x_0,y_0)$就是固定$y=y_0$时,对一元函数$F(x)=f(x,y_0)$求在点x_0处的导数,即$F'(x_0)=f_x(x_0,y_0)$.同理,$f_y(x_0,y_0)$就是固定$x=x_0$时,对一元函数$G(y)=f(x_0,y)$求在点y_0处的导数,即$G'(y_0)=f_y(x_0,y_0)$.

2) $f_x(x_0,y_0)$仅仅表示函数$f(x,y)$在点(x_0,y_0)处沿x轴正向的变化率;$f_y(x_0,y_0)$也仅仅表示函数$f(x,y)$在点(x_0,y_0)处沿y轴正向的变化率.这两个方向上的变化率并不能反映函数$f(x,y)$在其他方向上的变化率,相关问题将放在后续内容方向导数中加以讨论.

3) 在偏导数记号$f_x(x_0,y_0)$和$f_y(x_0,y_0)$(有些教材记为$f'_x(x_0,y_0)$,$f'_y(x_0,y_0)$)中,下标x和y仅仅是自变量位置的记号,因此一些教材中将这两个偏导数分别记为$f_1(x_0,y_0)$和$f_2(x_0,y_0)$.

如果函数$z=f(x,y)$在区域D内每一点(x,y)处对x的偏导数都存在,那么这些偏导数就构成x,y的二元函数,称之为函数$z=f(x,y)$对x的**偏导函数**,记为$\dfrac{\partial z}{\partial x}$,$\dfrac{\partial f}{\partial x}$,$f_x(x,y)$,$f_x$,$f_1$或$z_x$.类似地,可以定义$z=f(x,y)$在区域$D$内对$y$的**偏导函数**,记为$\dfrac{\partial z}{\partial y}$,$\dfrac{\partial f}{\partial y}$,$f_y(x,y)$,$f_y$,$f_2$或$z_y$.

在不至于混淆的情况下,偏导函数也简称为偏导数.偏导数的概念可以类似地推广到二元以上的函数上.由偏导数的定义可知,若对某个自变量求偏导数,就是先将其余的自变量看作常数,再对这个自变量所确定的一元函数求导数,此时可运用一元函数的求导法则.

例1 求函数$z=x^2-3xy+y^3$在点$(1,-2)$处的两个偏导数.

解 对x求偏导数,把y看作常数,此时y^3也是常数,于是得

$$\frac{\partial z}{\partial x}=(x^2)'_x-(3xy)'_x+(y^3)'_x=2x-3y+0=2x-3y,$$

$$\left.\frac{\partial z}{\partial x}\right|_{\substack{x=1\\y=-2}}=2+6=8.$$

对y求偏导数,把x看作常数,此时x^2也是常数,于是得

$$\frac{\partial z}{\partial y}=(x^2)'_y-(3xy)'_y+(y^3)'_y=0-3x+3y^2=-3x+3y^2,$$

$$\left.\frac{\partial z}{\partial y}\right|_{\substack{x=1\\y=-2}}=-3+12=9.$$

例2 求函数$u=\sqrt{x^2+y^2+z^2}$的偏导数.

解 此函数是复合函数,中间变量是$x^2+y^2+z^2$.

先对x求偏导数,y,z都看作常数,则

$$\begin{aligned}\frac{\partial u}{\partial x}&=\frac{1}{2\sqrt{x^2+y^2+z^2}}(x^2+y^2+z^2)'_x\\&=\frac{1}{2\sqrt{x^2+y^2+z^2}}\cdot 2x=\frac{x}{\sqrt{x^2+y^2+z^2}}=\frac{x}{u}.\end{aligned}$$

同理,有

$$\frac{\partial u}{\partial y}=\frac{y}{\sqrt{x^2+y^2+z^2}}=\frac{y}{u},\quad \frac{\partial u}{\partial z}=\frac{z}{\sqrt{x^2+y^2+z^2}}=\frac{z}{u}.$$

例 3 设函数 $f(x,y)=\begin{cases}\dfrac{xy}{x^2+y^2}, & x^2+y^2\neq 0,\\ 0, & x^2+y^2=0,\end{cases}$ 求 $f(x,y)$ 在原点(0,0)处的两个偏导数.

解 因为

$$\frac{f(0+\Delta x,0)-f(0,0)}{\Delta x}=\frac{\dfrac{(\Delta x+0)\cdot 0}{(\Delta x+0)^2+0^2}-0}{\Delta x}=0,$$

所以由偏导数的定义可知

$$f_x(0,0)=\lim_{\Delta x\to 0}\frac{f(0+\Delta x,0)-f(0,0)}{\Delta x}=0.$$

同理,有 $f_y(0,0)=0$.

注 在本例中,$x^2+y^2\neq 0$ 意味着 x,y 不同时为零;$x^2+y^2=0$ 意味着 x,y 都为零,表示原点(0,0).当 $x^2+y^2\neq 0$ 时,$f(x,y)$ 的表达式为 $\frac{xy}{x^2+y^2}$,它是初等函数,这个表达式在原点(0,0)处没有意义.但函数 $f(x,y)$ 在原点(0,0)处的值是单独定义的.所以,函数 $f(x,y)$ 在其整个定义域上已经不是初等函数了,在原点(0,0)处不能用例1和例2中的方法直接求偏导数,只能用偏导数的定义求偏导数.此外,在§1的例6中,我们知道这个函数在原点(0,0)处的二重极限 $\lim\limits_{\substack{x\to 0\\ y\to 0}}\frac{xy}{x^2+y^2}$ 不存在,从而在原点(0,0)处不连续.本例还说明了,尽管函数 $f(x,y)$ 在原点(0,0)处的两个偏导数都存在(称为**可导**),但在此点处不连续.从中可以看到,一元函数中"可导必连续"的性质在多元函数中不再成立,即在多元函数中可导不一定连续.这是因为偏导数反映的仅仅是函数在坐标轴正向上的变化率,不能全面反映函数在其他方向上的变化率.

2.2 高阶偏导数

设函数 $z=f(x,y)$ 在区域 D 内有偏导数 $\frac{\partial z}{\partial x}=f_x(x,y)$,$\frac{\partial z}{\partial y}=f_y(x,y)$.如果这两个偏导数在 D 内仍有偏导数,则称它们的偏导数为函数 $z=f(x,y)$ 的**二阶偏导数**.例如:

对 $\frac{\partial z}{\partial x}$ 求关于 x 的偏导数,记为 $\frac{\partial^2 z}{\partial x^2}$,即 $\frac{\partial^2 z}{\partial x^2}=\frac{\partial}{\partial x}\left(\frac{\partial z}{\partial x}\right)$,或记为 $f_{xx}(x,y)$,$f_{11}(x,y)$,z_{xx};

对 $\frac{\partial z}{\partial x}$ 求关于 y 的偏导数,记为 $\frac{\partial^2 z}{\partial x\partial y}$,即 $\frac{\partial^2 z}{\partial x\partial y}=\frac{\partial}{\partial y}\left(\frac{\partial z}{\partial x}\right)$,或记为 $f_{xy}(x,y)$,$f_{12}(x,y)$,z_{xy};

对 $\frac{\partial z}{\partial y}$ 求关于 x 的偏导数,记为 $\frac{\partial^2 z}{\partial y\partial x}$,即 $\frac{\partial^2 z}{\partial y\partial x}=\frac{\partial}{\partial x}\left(\frac{\partial z}{\partial y}\right)$,或记为 $f_{yx}(x,y)$,$f_{21}(x,y)$,z_{yx};

对 $\frac{\partial z}{\partial y}$ 求关于 y 的偏导数,记为 $\frac{\partial^2 z}{\partial y^2}$,即 $\frac{\partial^2 z}{\partial y^2}=\frac{\partial}{\partial y}\left(\frac{\partial z}{\partial y}\right)$,或记为 $f_{yy}(x,y)$,$f_{22}(x,y)$,z_{yy}.

函数 $z=f(x,y)$ 的二阶偏导数共有四个，其中将 $\dfrac{\partial^2 z}{\partial x\partial y}$ 和 $\dfrac{\partial^2 z}{\partial y\partial x}$ 称为**二阶混合偏导数**.

类似地，可以定义三阶偏导数、四阶偏导数……n 阶偏导数. 二阶及二阶以上的偏导数统称为**高阶偏导数**，而 $\dfrac{\partial z}{\partial x}$，$\dfrac{\partial z}{\partial y}$ 可称为一阶偏导数.

例 4 求函数 $z=x^3-3x^2y+y^3$ 的所有二阶偏导数.

解 因为 $\dfrac{\partial z}{\partial x}=3x^2-6xy$，$\dfrac{\partial z}{\partial y}=-3x^2+3y^2$，所以 z 的所有二阶偏导数如下：

$$\frac{\partial^2 z}{\partial x^2}=\frac{\partial}{\partial x}\left(\frac{\partial z}{\partial x}\right)=\frac{\partial}{\partial x}(3x^2-6xy)=6x-6y,$$

$$\frac{\partial^2 z}{\partial x\partial y}=\frac{\partial}{\partial y}\left(\frac{\partial z}{\partial x}\right)=\frac{\partial}{\partial y}(3x^2-6xy)=-6x,$$

$$\frac{\partial^2 z}{\partial y\partial x}=\frac{\partial}{\partial x}\left(\frac{\partial z}{\partial y}\right)=\frac{\partial}{\partial x}(-3x^2+3y^2)=-6x,$$

$$\frac{\partial^2 z}{\partial y^2}=\frac{\partial}{\partial y}\left(\frac{\partial z}{\partial y}\right)=\frac{\partial}{\partial y}(-3x^2+3y^2)=6y.$$

可以看到，在例 4 中两个二阶混合偏导数相等. 我们可以证明下述定理：

定理 1 如果函数 $z=f(x,y)$ 的两个二阶混合偏导数 $\dfrac{\partial^2 z}{\partial x\partial y}$ 及 $\dfrac{\partial^2 z}{\partial y\partial x}$ 在区域 D 内连续，则在该区域内这两个二阶混合偏导数必相等，即 $\dfrac{\partial^2 z}{\partial x\partial y}=\dfrac{\partial^2 z}{\partial y\partial x}$.（证明略）

这个定理说明，在二阶混合偏导数连续的条件下，关于 x,y 的求偏导数次序可以交换. 在实际应用中，我们通常都默认二阶混合偏导数是相等的.

例 5 设函数 $z=\ln\sqrt{x^2+y^2}$，证明：该函数满足 $\dfrac{\partial^2 z}{\partial x^2}+\dfrac{\partial^2 z}{\partial y^2}=0$.

证 由于 $z=\dfrac{1}{2}\ln(x^2+y^2)$，所以

$$\frac{\partial z}{\partial x}=\frac{1}{2}\cdot\frac{1}{x^2+y^2}(x^2+y^2)'_x=\frac{1}{2}\cdot\frac{1}{x^2+y^2}\cdot 2x=\frac{x}{x^2+y^2}.$$

同理，有

$$\frac{\partial z}{\partial y}=\frac{y}{x^2+y^2}.$$

再计算二阶偏导数：

$$\frac{\partial^2 z}{\partial x^2}=\frac{\partial}{\partial x}\left(\frac{x}{x^2+y^2}\right)=\frac{(x^2+y^2)-x\cdot 2x}{(x^2+y^2)^2}=\frac{y^2-x^2}{(x^2+y^2)^2},$$

$$\frac{\partial^2 z}{\partial y^2}=\frac{\partial}{\partial y}\left(\frac{y}{x^2+y^2}\right)=\frac{(x^2+y^2)-y\cdot 2y}{(x^2+y^2)^2}=\frac{x^2-y^2}{(x^2+y^2)^2}.$$

于是

$$\frac{\partial^2 z}{\partial x^2}+\frac{\partial^2 z}{\partial y^2}=\frac{y^2-x^2}{(x^2+y^2)^2}+\frac{x^2-y^2}{(x^2+y^2)^2}=0.$$

2.3 全微分

对于一元函数 $y=f(x)$，如果它在点 x 处的增量 Δy 可以表示为

$$\Delta y=f(x+\Delta x)-f(x)=A\Delta x+o(\Delta x), \tag{3}$$

其中 A 不随变量 Δx 的变化而变化，它仅与 x 有关，$o(\Delta x)$ 是 Δx 的高阶无穷小量($\Delta x\to 0$)，则称函数 $f(x)$ 在点 x 处可微，称 $\mathrm{d}y=A\Delta x$ 为函数 $f(x)$ 在点 x 处的微分. 此时有 $A=f'(x)$. 与一元函数类似，二元函数也有可微的概念.

定义 2 设函数 $z=f(x,y)$ 在点 (x,y) 的某个邻域内有定义，其全增量为

$$\Delta z=f(x+\Delta x,y+\Delta y)-f(x,y). \tag{4}$$

如果全增量 Δz 可以表示为

$$\Delta z=A\Delta x+B\Delta y+o(\rho), \tag{5}$$

其中 A,B 不随变量 $\Delta x,\Delta y$ 的变化而变化，它们仅与 x,y 有关，$\rho=\sqrt{(\Delta x)^2+(\Delta y)^2}$，$o(\rho)$ 是 ρ 的高阶无穷小量($\rho\to 0$)，则称函数 $z=f(x,y)$ 在点 (x,y) 处**可微**，并称 $A\Delta x+B\Delta y$ 为此函数在点 (x,y) 处的**全微分**，记为 $\mathrm{d}z$，即 $\mathrm{d}z=A\Delta x+B\Delta y$.

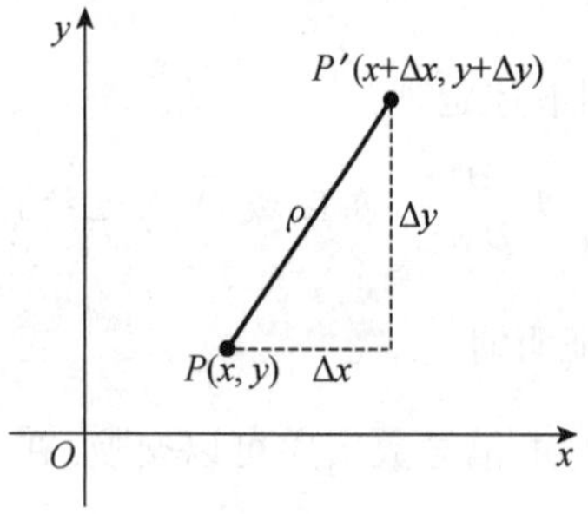

图 2-12

注 ρ 表示点 $P(x,y)$ 与点 $P'(x+\Delta x,y+\Delta y)$ 的距离(图 2-12). 当 $\Delta x\to 0,\Delta y\to 0$ 时，意味着 $P'(x+\Delta x,y+\Delta y)\to P(x,y)$，则有 $\rho\to 0$. 反之，若 $\rho\to 0$，则也有 $\Delta x\to 0,\Delta y\to 0$. 根据 $o(\rho)$ 的意义，就有

$$\lim_{\substack{\Delta x\to 0\\ \Delta y\to 0}}\frac{o(\rho)}{\sqrt{(\Delta x)^2+(\Delta y)^2}}=\lim_{\rho\to 0}\frac{o(\rho)}{\rho}=0.$$

由可微的定义，有 $\Delta z-\mathrm{d}z=o(\rho)$. 这说明，当点 P 与 P' 的距离 ρ 很小时，差 $\Delta z-\mathrm{d}z$ 比 ρ 小得多，此时 $\Delta z\approx \mathrm{d}z$. 全微分 $\mathrm{d}z=A\Delta x+B\Delta y$ 是变量 $\Delta x,\Delta y$ 的线性函数(一次函数)，它的形式比较简单. 这说明，函数 $z=f(x,y)$ 的全增量可以用一个简单的线性函数来近似表示.

令 $\dfrac{o(\rho)}{\rho}=\omega$，则 $o(\rho)=\omega\rho$. 由 $\lim\limits_{\rho\to 0}\dfrac{o(\rho)}{\rho}=0$ 可知 $\lim\limits_{\rho\to 0}\omega=0$. 于是，(5)式可以写为

$$\Delta z=A\Delta x+B\Delta y+\omega\rho. \tag{6}$$

显然，当函数 $z=f(x,y)$ 在点 (x,y) 处可微时，它也在点 (x,y) 处连续.

如果函数 $z=f(x,y)$ 在区域 D 上的每一点处都可微，则称该函数在**区域 D 上可微**.

定理 2(可微的必要条件) 如果函数 $z=f(x,y)$ 在点 (x,y) 处可微，则函数 $f(x,y)$ 在点 (x,y) 处的两个偏导数都存在，且(5)式中的常数 A,B 恰是函数 $f(x,y)$ 的两个偏导数，即

$$A=f_x(x,y),\quad B=f_y(x,y). \tag{7}$$

证 设函数 $z=f(x,y)$ 在点 (x,y) 处可微，则在点 (x,y) 的某个邻域中(6)式成立. 令 $\Delta y=0$，此时 $\rho=\sqrt{(\Delta x)^2}=|\Delta x|$，则(6)式变为

$$f(x+\Delta x,y)-f(x,y)=A\Delta x+\omega|\Delta x|.$$

当 $\Delta x\neq 0$ 时，上式两端除以 Δx，而 $\lim\limits_{\Delta x\to 0}\omega=\lim\limits_{\rho\to 0}\omega=0$ 且 $\dfrac{|\Delta x|}{\Delta x}=\pm 1$ 有界，则根据偏导数的定义有

$$f_x(x,y)=\lim_{\Delta x\to 0}\frac{f(x+\Delta x,y)-f(x,y)}{\Delta x}=\lim_{\Delta x\to 0}\left(A+\omega\frac{|\Delta x|}{\Delta x}\right)=A,$$

其中用到 $\lim\limits_{\Delta x\to 0}\omega\dfrac{|\Delta x|}{\Delta x}=0$.

同理可证 $f_y(x,y)=B$.

根据定理2,当函数 $z=f(x,y)$ 在点 (x,y) 处可微时, $dz=f_x(x,y)\Delta x+f_y(x,y)\Delta y$. 与一元函数一样,将 $\Delta x,\Delta y$ 分别记为 dx,dy,分别称为关于**自变量** x,y **的微分**. 于是,函数 $z=f(x,y)$ 的全微分可记为

$$dz=\frac{\partial z}{\partial x}dx+\frac{\partial z}{\partial y}dy \quad 或 \quad dz=f_x(x,y)dx+f_y(x,y)dy. \tag{8}$$

在一元函数中,可微与可导是等价的,即"可微必可导,可导必可微". 定理2表明,在多元函数中,可微必可导. 但是,对于多元函数,可导不一定可微. 例如,例3中的函数

$$f(x,y)=\begin{cases}\dfrac{xy}{x^2+y^2}, & x^2+y^2\neq 0,\\ 0, & x^2+y^2=0\end{cases}$$

在原点 $(0,0)$ 处的两个偏导数都存在,但在原点 $(0,0)$ 处不连续,从而在原点 $(0,0)$ 处不可微. 这是因为,假如函数 $f(x,y)$ 在原点 $(0,0)$ 处可微,则它必连续,从而矛盾.

定理3(可微的充分条件) *若函数 $z=f(x,y)$ 的两个偏导数在点 (x,y) 处连续,则函数 $f(x,y)$ 在点 (x,y) 处可微.* (证明略)

例6 求函数 $z=f(x,y)=\dfrac{x^2}{y}$ 在点 $(1,-2)$ 处当 $\Delta x=0.02,\Delta y=-0.01$ 时的全增量与全微分.

解 此时点 (x,y) 为 $(1,-2)$,当 $\Delta x=0.02,\Delta y=-0.01$ 时,全增量为

$$\begin{aligned}\Delta z&=f(1+0.02,-2-0.01)-f(1,-2)\\&=\frac{(1+0.02)^2}{-2-0.01}-\frac{1}{-2}\approx-0.0176.\end{aligned}$$

因为偏导数为 $f_x=\dfrac{2x}{y},f_y=-\dfrac{x^2}{y^2}$,所以全微分为

$$dz=\frac{2x}{y}\Delta x-\frac{x^2}{y^2}\Delta y.$$

在点 $(1,-2)$ 处,当 $\Delta x=0.02,\Delta y=-0.01$ 时,有

$$dz=\frac{2\times 1}{-2}\times 0.02-\frac{1^2}{2^2}\times(-0.01)=-0.0175.$$

从中可以看到 $\Delta z\approx dz$.

例7 求函数 $z=e^{\frac{x}{y}}$ 的全微分.

解 因为 $z_x=\dfrac{1}{y}e^{\frac{x}{y}},z_y=-\dfrac{x}{y^2}e^{\frac{x}{y}}$,所以

$$dz=\frac{1}{y}e^{\frac{x}{y}}dx-\frac{x}{y^2}e^{\frac{x}{y}}dy=\frac{1}{y^2}e^{\frac{x}{y}}(y\,dx-x\,dy).$$

全微分的概念及其有关结论都可推广到 $n(n\geqslant 3)$ 元函数上. 例如,对于可微的三元函数

$u=f(x,y,z)$,有

$$\mathrm{d}u=\frac{\partial u}{\partial x}\mathrm{d}x+\frac{\partial u}{\partial y}\mathrm{d}y+\frac{\partial u}{\partial z}\mathrm{d}z.$$

例 8 求函数 $u=\frac{1}{\sqrt{x^2+y^2+z^2}}$ 的全微分.

解 此时 $u=(x^2+y^2+z^2)^{-\frac{1}{2}}$,则

$$u_x=-\frac{1}{2}(x^2+y^2+z^2)^{-\frac{3}{2}}\cdot 2x=-\frac{x}{(x^2+y^2+z^2)^{\frac{3}{2}}}.$$

同理,有

$$u_y=-\frac{y}{(x^2+y^2+z^2)^{\frac{3}{2}}},\quad u_z=-\frac{z}{(x^2+y^2+z^2)^{\frac{3}{2}}}.$$

于是

$$\begin{aligned}\mathrm{d}u&=-\frac{x}{(x^2+y^2+z^2)^{\frac{3}{2}}}\mathrm{d}x-\frac{y}{(x^2+y^2+z^2)^{\frac{3}{2}}}\mathrm{d}y-\frac{z}{(x^2+y^2+z^2)^{\frac{3}{2}}}\mathrm{d}z\\&=-\frac{x\mathrm{d}x+y\mathrm{d}y+z\mathrm{d}z}{(x^2+y^2+z^2)^{\frac{3}{2}}}.\end{aligned}$$

习 题 2-2

1. 证明:函数 $z=\sqrt{x^2+y^2}$ 在点(0,0)处连续,但两个偏导数都不存在.

2. 求下列函数的偏导数:

(1) $z=x^3y-xy^3$; (2) $z=\frac{3}{y^2}-\frac{1}{\sqrt[3]{x}}+\ln 5$;

(3) $z=x\mathrm{e}^{-xy}$; (4) $z=\frac{x+y}{x-y}$;

(5) $z=\arctan\frac{y}{x}$; (6) $z=\sin(xy)+\cos^2(xy)$;

(7) $u=\sin(x^2+y^2+z^2)$; (8) $u=x^{\frac{y}{z}}$.

3. 设函数 $f(x,y)=x+y-\sqrt{x^2+y^2}$,求 $f_x(3,4)$.

4. 设函数 $f(x,y)=(1+xy)^y$,求 $f_y(1,1)$.

5. 求下列函数的所有二阶偏导数:

(1) $z=x^3+y^3-2x^2y^2$; (2) $z=\arctan\frac{x}{y}$;

(3) $z=x^y$; (4) $z=\mathrm{e}^y\cos(x-y)$.

6. 设函数 $f(x,y,z)=xy^2+yz^2+zx^2$,求 $f_{xx}(0,0,1)$,$f_{xz}(1,0,2)$,$f_{yz}(0,-1,0)$,$f_{zzx}(2,0,1)$.

7. 设函数 $f(x,y)=\ln(\sqrt{x}+\sqrt{y})$,证明:$x\frac{\partial f}{\partial x}+y\frac{\partial f}{\partial y}=\frac{1}{2}$.

8. 设函数 $u=\sqrt{x^2+y^2+z^2}$,证明:此函数满足 $\frac{\partial^2 u}{\partial x^2}+\frac{\partial^2 u}{\partial y^2}+\frac{\partial^2 u}{\partial z^2}=\frac{2}{u}$.

9. 求下列函数的全微分:

(1) $z=xy+\frac{x}{y}$;　　(2) $z=\ln(1+x^2+y^2)$;

(3) $z=y^x$;　　(4) $u=x^{yz}$.

10. 求函数 $z=\frac{y}{x}$ 在点(2,1)处当 $\Delta x=0.1,\Delta y=-0.2$ 时的全增量与全微分.

§3 复合函数与隐函数的导数和偏导数

3.1 复合函数的导数和偏导数

对于可导的一元函数 $y=f(u)$ 和 $u=\varphi(x)$,它们的复合函数 $y=f(\varphi(x))$ 也可导,且

$$\frac{\mathrm{d}y}{\mathrm{d}x}=\frac{\mathrm{d}y}{\mathrm{d}u}\cdot\frac{\mathrm{d}u}{\mathrm{d}x}.$$

我们在§1中已经讨论过,多元函数的复合情况要比一元函数的复合情况复杂得多.因此,有关的偏导数问题也难以用同一个公式来表达.这里只就几种特殊的复合情况进行讨论,从中归纳出复合函数求导的链式法则.

定理1 如果函数 $u=\varphi(x)$ 及 $v=\psi(x)$ 都在点 x 处可微,函数 $z=f(u,v)$ 在对应点 (u,v) 处也可微,则复合函数 $z=f(\varphi(x),\psi(x))$ 在点 x 处可导,且有

$$\frac{\mathrm{d}z}{\mathrm{d}x}=\frac{\partial z}{\partial u}\cdot\frac{\mathrm{d}u}{\mathrm{d}x}+\frac{\partial z}{\partial v}\cdot\frac{\mathrm{d}v}{\mathrm{d}x}. \tag{1}$$

证 这时复合函数是关于 x 的一元函数.在点 x 处给自变量以增量 Δx,则中间变量 $\varphi(x)$ 与 $\psi(x)$ 也有相应的增量

$$\Delta u=\varphi(x+\Delta x)-\varphi(x),\quad \Delta v=\psi(x+\Delta x)-\psi(x).$$

由此使得因变量 $z=f(u,v)$ 有增量

$$\Delta z=f(u+\Delta u,v+\Delta v)-f(u,v).$$

由于函数 $z=f(u,v)$ 在点 (u,v) 处可微,根据§2中的公式(6)有

$$\Delta z=A\Delta u+B\Delta v+\omega\rho, \tag{2}$$

其中 A,B 与 $\Delta u,\Delta v$ 无关,$\rho=\sqrt{(\Delta u)^2+(\Delta v)^2}$,且当 $\rho\to 0$ 时,$\omega\to 0$.

当 $\Delta x\neq 0$ 时,(2)式两端除以 Δx,则有

$$\frac{\Delta z}{\Delta x}=A\frac{\Delta u}{\Delta x}+B\frac{\Delta v}{\Delta x}+\omega\frac{\rho}{\Delta x}. \tag{3}$$

由于函数 $u=\varphi(x)$ 及 $v=\psi(x)$ 在点 x 处可微,从而它们在点 x 处连续,因此当 $\Delta x\to 0$ 时,$\Delta u\to 0,\Delta v\to 0$.于是,当 $\Delta x\to 0$ 时,$\rho\to 0$,从而 $\omega\to 0$.再由 $\varphi(x)$ 及 $\psi(x)$ 的可微性知,当 $\Delta x\to 0$ 时,有

$$\frac{\Delta u}{\Delta x}\to\frac{\mathrm{d}u}{\mathrm{d}x},\quad \frac{\Delta v}{\Delta x}\to\frac{\mathrm{d}v}{\mathrm{d}x},$$

从而 $\frac{\rho}{\Delta x}=\pm\sqrt{\left(\frac{\Delta u}{\Delta x}\right)^2+\left(\frac{\Delta v}{\Delta x}\right)^2}$ 有界,所以 $\lim\limits_{\Delta x\to 0}\omega\frac{\rho}{\Delta x}=0$.故由(3)式得

$$\lim_{\Delta x\to 0}\frac{\Delta z}{\Delta x}=A\frac{\mathrm{d}u}{\mathrm{d}x}+B\frac{\mathrm{d}v}{\mathrm{d}x}.$$

根据导数的定义可知,函数 $z=f(\varphi(x),\psi(x))$ 在点 x 处可导,且

$$\frac{\mathrm{d}z}{\mathrm{d}x}=A\frac{\mathrm{d}u}{\mathrm{d}x}+B\frac{\mathrm{d}v}{\mathrm{d}x}.$$

又因为函数 $z=f(u,v)$ 可微,根据 § 2 中的定理 2 可知 $A=\frac{\partial z}{\partial u}$,$B=\frac{\partial z}{\partial v}$,所以公式(1)成立.

称(1)式中复合函数的导数 $\frac{\mathrm{d}z}{\mathrm{d}x}$ 为**全导数**.

例 1 对于复合函数 $z=u^v$,其中 $u=x$,$v=x$,求全导数 $\frac{\mathrm{d}z}{\mathrm{d}x}$.

解 这时复合函数是关于 x 的一元函数. 因为

$$\frac{\partial z}{\partial u}=vu^{v-1},\quad \frac{\partial z}{\partial v}=u^v\ln u,\quad \frac{\mathrm{d}u}{\mathrm{d}x}=1,\quad \frac{\mathrm{d}v}{\mathrm{d}x}=1,$$

所以由公式(1)得

$$\frac{\mathrm{d}z}{\mathrm{d}x}=vu^{v-1}\cdot 1+u^v\ln u\cdot 1=x\cdot x^{x-1}+x^x\ln x=x^x(1+\ln x).$$

注 如果把中间变量 $u=x$,$v=x$ 代入 $z=u^v$,则复合函数为 $z=x^x$. 再用一元函数的求导方法可得同样的结果.

定理 2 如果函数 $u=\varphi(x,y)$ 及 $v=\psi(x,y)$ 在点 (x,y) 处都是可微的,函数 $z=f(u,v)$ 在对应点 (u,v) 处也可微,则复合函数 $z=f(\varphi(x,y),\psi(x,y))$ 在点 (x,y) 处的两个偏导数都存在,且有

$$\frac{\partial z}{\partial x}=\frac{\partial z}{\partial u}\cdot\frac{\partial u}{\partial x}+\frac{\partial z}{\partial v}\cdot\frac{\partial v}{\partial x},\quad \frac{\partial z}{\partial y}=\frac{\partial z}{\partial u}\cdot\frac{\partial u}{\partial y}+\frac{\partial z}{\partial v}\cdot\frac{\partial v}{\partial y}.\tag{4}$$

事实上,此时中间变量 u 与 v 的两个偏导数都存在. 在求 $\frac{\partial z}{\partial x}$ 时,把 y 看成常数,此时 u 和 v 都是 x 的一元函数,所以可运用公式(1). 这时,只需把公式(1)中的导数符号改写为偏导数符号,就可得到公式(4)中的第一个公式. 同理可得出公式(4)中的第二个公式.

注 公式(4)中符号 $\frac{\partial z}{\partial x}$,$\frac{\partial z}{\partial y}$ 的意义分别是对复合之后的自变量 x,y 求偏导数,而 $\frac{\partial z}{\partial u}$,$\frac{\partial z}{\partial v}$ 的意义分别是对复合之前的中间变量 u,v 求偏导数.

例 2 对于复合函数 $z=u^2\ln v$,其中 $u=x+y$,$v=x-y$,求偏导数 $\frac{\partial z}{\partial x}$,$\frac{\partial z}{\partial y}$.

解 因为 $\frac{\partial z}{\partial u}=2u\ln v$,$\frac{\partial z}{\partial v}=\frac{u^2}{v}$,$\frac{\partial u}{\partial x}=1$,$\frac{\partial v}{\partial x}=1$,$\frac{\partial u}{\partial y}=1$,$\frac{\partial v}{\partial y}=-1$,所以

$$\begin{aligned}\frac{\partial z}{\partial x}&=\frac{\partial z}{\partial u}\cdot\frac{\partial u}{\partial x}+\frac{\partial z}{\partial v}\cdot\frac{\partial v}{\partial x}=2u\ln v\cdot 1+\frac{u^2}{v}\cdot 1\\&=2(x+y)\ln(x-y)+\frac{(x+y)^2}{x-y},\\ \frac{\partial z}{\partial y}&=\frac{\partial z}{\partial u}\cdot\frac{\partial u}{\partial y}+\frac{\partial z}{\partial v}\cdot\frac{\partial v}{\partial y}=2u\ln v\cdot 1+\frac{u^2}{v}\cdot(-1)\end{aligned}$$

$$=2(x+y)\ln(x-y)-\frac{(x+y)^2}{x-y}.$$

注 如果将中间变量 $u=x+y$, $v=x-y$ 代入 $z=u^2\ln v$,则有 $z=(x+y)^2\ln(x-y)$. 对它直接求偏导数可以得到同样的结果.

定理3 如果函数 $u=\varphi(x,y)$ 在点 (x,y) 处可微,函数 $z=f(u)$ 在对应点 u 处也可微,则复合函数 $z=f(\varphi(x,y))$ 在点 (x,y) 处的偏导数存在,且有

$$\frac{\partial z}{\partial x}=\frac{\mathrm{d}z}{\mathrm{d}u}\cdot\frac{\partial u}{\partial x},\quad \frac{\partial z}{\partial y}=\frac{\mathrm{d}z}{\mathrm{d}u}\cdot\frac{\partial u}{\partial y}. \tag{5}$$

事实上,此时 $z=f(u)$ 是中间变量 u 的一元函数,而我们也可以将它看作中间变量 u,v 的二元函数,只是当 v 变化时函数值并不变化,即对于变量 v 来说,$f(u)$ 是常数,于是 $\frac{\partial z}{\partial v}=0$. 运用公式(4),并将 $\frac{\partial z}{\partial u}$ 改为 $\frac{\mathrm{d}z}{\mathrm{d}u}$ 即可.

例3 对于复合函数 $z=\mathrm{e}^u$,其中 $u=x^3\sin y$,求偏导数 $\frac{\partial z}{\partial x},\frac{\partial z}{\partial y}$.

解 因 $\frac{\mathrm{d}z}{\mathrm{d}u}=\mathrm{e}^u$, $\frac{\partial u}{\partial x}=3x^2\sin y$, $\frac{\partial u}{\partial y}=x^3\cos y$,故由公式(5)可得

$$\frac{\partial z}{\partial x}=\frac{\mathrm{d}z}{\mathrm{d}u}\cdot\frac{\partial u}{\partial x}=\mathrm{e}^u\cdot 3x^2\sin y=3x^2\sin y\cdot\mathrm{e}^{x^3\sin y},$$

$$\frac{\partial z}{\partial y}=\frac{\mathrm{d}z}{\mathrm{d}u}\cdot\frac{\partial u}{\partial y}=\mathrm{e}^u\cdot x^3\cos y=x^3\cos y\cdot\mathrm{e}^{x^3\sin y}.$$

注 如果将中间变量 $u=x^3\sin y$ 代入 $z=\mathrm{e}^u$,则有 $z=\mathrm{e}^{x^3\sin y}$. 由此直接求偏导数可以得到同样的结果.

由以上三个定理给出的复合函数求偏导数(这里将导数也看作偏导数)的公式可以归纳出它们的两个特点,称之为**链式法则**:

1) 所求的偏导数的个数是复合后自变量的个数;

2) 每个偏导数都是若干项的和,这些项是对各中间变量的偏导数乘以这个中间变量对该自变量的偏导数,因此项数就是中间变量的个数.

根据链式法则,公式(1),(4),(5)都可以统一起来,只需注意当遇到一元函数的情况时,相应的偏导数符号应改为导数符号. 根据归纳出的链式法则,我们就能够写出其他多元复合函数的偏导数.

例如,假设以下函数都可微,考虑复合函数的导数或偏导数:

1) 若函数 $z=f(u,v,w)$,而 $u=u(t)$, $v=v(t)$, $w=w(t)$,则复合函数

$$z=f(u(t),v(t),w(t))$$

的导数为

$$\frac{\mathrm{d}z}{\mathrm{d}t}=\frac{\partial z}{\partial u}\cdot\frac{\mathrm{d}u}{\mathrm{d}t}+\frac{\partial z}{\partial v}\cdot\frac{\mathrm{d}v}{\mathrm{d}t}+\frac{\partial z}{\partial w}\cdot\frac{\mathrm{d}w}{\mathrm{d}t}; \tag{6}$$

2) 若函数 $z=f(u,v,w)$,而 $u=u(x,y)$, $v=v(x,y)$, $w=w(x,y)$,则复合函数

$$z=f(u(x,y),v(x,y),w(x,y))$$

的偏导数为

$$\begin{aligned}\frac{\partial z}{\partial x}&=\frac{\partial z}{\partial u}\cdot\frac{\partial u}{\partial x}+\frac{\partial z}{\partial v}\cdot\frac{\partial v}{\partial x}+\frac{\partial z}{\partial w}\cdot\frac{\partial w}{\partial x},\\ \frac{\partial z}{\partial y}&=\frac{\partial z}{\partial u}\cdot\frac{\partial u}{\partial y}+\frac{\partial z}{\partial v}\cdot\frac{\partial v}{\partial y}+\frac{\partial z}{\partial w}\cdot\frac{\partial w}{\partial y};\end{aligned}\tag{7}$$

3) 若函数 $w=f(u,v)$,而 $u=u(x,y,z)$,$v=v(x,y,z)$,则复合函数

$$w=f(u(x,y,z),v(x,y,z))$$

的偏导数为

$$\begin{aligned}\frac{\partial w}{\partial x}&=\frac{\partial w}{\partial u}\cdot\frac{\partial u}{\partial x}+\frac{\partial w}{\partial v}\cdot\frac{\partial v}{\partial x},\\ \frac{\partial w}{\partial y}&=\frac{\partial w}{\partial u}\cdot\frac{\partial u}{\partial y}+\frac{\partial w}{\partial v}\cdot\frac{\partial v}{\partial y},\\ \frac{\partial w}{\partial z}&=\frac{\partial w}{\partial u}\cdot\frac{\partial u}{\partial z}+\frac{\partial w}{\partial v}\cdot\frac{\partial v}{\partial z}.\end{aligned}\tag{8}$$

例 4 设函数 $w=F(x,y,z)$,$z=\varphi(x,y)$都可微,求复合函数 $w=F(x,y,\varphi(x,y))$的偏导数.

解 这个复合函数只对其中的一个中间变量 z 进行了复合,我们可以将它看作由函数 $w=F(u,v,z)$和中间变量 $u=x$,$v=y$,$z=\varphi(x,y)$复合而成,复合之后的自变量只有两个.

因为 $\frac{\partial u}{\partial x}=1$,$\frac{\partial u}{\partial y}=0$,$\frac{\partial v}{\partial x}=0$,$\frac{\partial v}{\partial y}=1$,所以

$$\begin{aligned}\frac{\partial w}{\partial x}&=\frac{\partial w}{\partial u}\cdot\frac{\partial u}{\partial x}+\frac{\partial w}{\partial v}\cdot\frac{\partial v}{\partial x}+\frac{\partial w}{\partial z}\cdot\frac{\partial z}{\partial x}=\frac{\partial w}{\partial u}\cdot 1+\frac{\partial w}{\partial v}\cdot 0+\frac{\partial w}{\partial z}\cdot\frac{\partial z}{\partial x}\\ &=\frac{\partial w}{\partial u}+\frac{\partial w}{\partial z}\cdot\frac{\partial z}{\partial x},\\ \frac{\partial w}{\partial y}&=\frac{\partial w}{\partial u}\cdot\frac{\partial u}{\partial y}+\frac{\partial w}{\partial v}\cdot\frac{\partial v}{\partial y}+\frac{\partial w}{\partial z}\cdot\frac{\partial z}{\partial y}=\frac{\partial w}{\partial u}\cdot 0+\frac{\partial w}{\partial v}\cdot 1+\frac{\partial w}{\partial z}\cdot\frac{\partial z}{\partial y}\\ &=\frac{\partial w}{\partial v}+\frac{\partial w}{\partial z}\cdot\frac{\partial z}{\partial y},\end{aligned}$$

或者记为

$$\frac{\partial w}{\partial x}=\frac{\partial F}{\partial x}+\frac{\partial F}{\partial z}\cdot\frac{\partial z}{\partial x},\quad \frac{\partial w}{\partial y}=\frac{\partial F}{\partial y}+\frac{\partial F}{\partial z}\cdot\frac{\partial z}{\partial y}.\tag{9}$$

注 这是一个比较复杂的复合函数,但是如果掌握好链式法则,我们仍可以处理好求其偏导数的问题.与此类似的复合函数在隐函数的偏导数中将有应用.此外,公式(9)中的记号 $\frac{\partial w}{\partial x}$ 与 $\frac{\partial F}{\partial x}$ 的意义是不同的,$\frac{\partial w}{\partial x}$ 表示对复合后的函数求关于自变量 x 的偏导数,而 $\frac{\partial F}{\partial x}$ 表示对函数 $F(x,y,z)$求关于第一个变量 x 的偏导数,即 $F_1(x,y,z)$.

例 5 设 f 是可微的二元函数,求 $z=f(xy,x^2-y^2)$的全微分 $\mathrm{d}z$.

解 设 $z=f(u,v)$,$u=xy$,$v=x^2-y^2$,则

$$\frac{\partial z}{\partial x}=f_u u_x+f_v v_x=yf_u+2xf_v,$$

$$\frac{\partial z}{\partial y}=f_u u_y+f_v v_y=xf_u-2yf_v,$$

从而 $$dz=(yf_u+2xf_v)dx+(xf_u-2yf_v)dy.$$

注 f_u 与 f_v 仍然是复合函数：$f_u=f_u(xy,x^2-y^2),f_v=f_v(xy,x^2-y^2)$.

*__例 6__ 设 $u=f(x,y)$ 具有二阶连续偏导数，而 $x=e^s\cos t,y=e^s\sin t$，证明：

$$\frac{\partial^2 u}{\partial x^2}+\frac{\partial^2 u}{\partial y^2}=e^{-2s}\left(\frac{\partial^2 u}{\partial s^2}+\frac{\partial^2 u}{\partial t^2}\right).$$

证 因为

$$\frac{\partial u}{\partial s}=\frac{\partial u}{\partial x}\cdot\frac{\partial x}{\partial s}+\frac{\partial u}{\partial y}\cdot\frac{\partial y}{\partial s}=\frac{\partial u}{\partial x}e^s\cos t+\frac{\partial u}{\partial y}e^s\sin t,$$
$$\frac{\partial u}{\partial t}=\frac{\partial u}{\partial x}\cdot\frac{\partial x}{\partial t}+\frac{\partial u}{\partial y}\cdot\frac{\partial y}{\partial t}=-\frac{\partial u}{\partial x}e^s\sin t+\frac{\partial u}{\partial y}e^s\cos t,$$

注意到 $\frac{\partial u}{\partial x},\frac{\partial u}{\partial y}$ 仍然是中间变量为 x,y 的复合函数，并且 $\frac{\partial^2 u}{\partial x\partial y}=\frac{\partial^2 u}{\partial y\partial x}$，所以

$$\begin{aligned}\frac{\partial^2 u}{\partial s^2}&=\frac{\partial}{\partial s}\left(\frac{\partial u}{\partial x}e^s\cos t\right)+\frac{\partial}{\partial s}\left(\frac{\partial u}{\partial y}e^s\sin t\right)\\&=\left[\frac{\partial}{\partial s}\left(\frac{\partial u}{\partial x}\right)\cdot e^s\cos t+\frac{\partial u}{\partial x}\cdot\frac{\partial}{\partial s}(e^s\cos t)\right]+\left[\frac{\partial}{\partial s}\left(\frac{\partial u}{\partial y}\right)\cdot e^s\sin t+\frac{\partial u}{\partial y}\cdot\frac{\partial}{\partial s}(e^s\sin t)\right]\\&=\left[\left(\frac{\partial^2 u}{\partial x^2}\cdot\frac{\partial x}{\partial s}+\frac{\partial^2 u}{\partial x\partial y}\cdot\frac{\partial y}{\partial s}\right)e^s\cos t+\frac{\partial u}{\partial x}e^s\cos t\right]\\&\quad+\left[\left(\frac{\partial^2 u}{\partial y\partial x}\cdot\frac{\partial x}{\partial s}+\frac{\partial^2 u}{\partial y^2}\cdot\frac{\partial y}{\partial s}\right)e^s\sin t+\frac{\partial u}{\partial y}e^s\sin t\right]\\&=\frac{\partial^2 u}{\partial x^2}e^{2s}\cos^2 t+2\frac{\partial^2 u}{\partial x\partial y}e^{2s}\cos t\sin t+\frac{\partial^2 u}{\partial y^2}e^{2s}\sin^2 t+\frac{\partial u}{\partial x}e^s\cos t+\frac{\partial u}{\partial y}e^s\sin t,\end{aligned}$$

$$\begin{aligned}\frac{\partial^2 u}{\partial t^2}&=-\frac{\partial}{\partial t}\left(\frac{\partial u}{\partial x}e^s\sin t\right)+\frac{\partial}{\partial t}\left(\frac{\partial u}{\partial y}e^s\cos t\right)\\&=\left[-\frac{\partial}{\partial t}\left(\frac{\partial u}{\partial x}\right)\cdot e^s\sin t-\frac{\partial u}{\partial x}\cdot\frac{\partial}{\partial t}(e^s\sin t)\right]+\left[\frac{\partial}{\partial t}\left(\frac{\partial u}{\partial y}\right)\cdot e^s\cos t+\frac{\partial u}{\partial y}\cdot\frac{\partial}{\partial t}(e^s\cos t)\right]\\&=\left[-\left(\frac{\partial^2 u}{\partial x^2}\cdot\frac{\partial x}{\partial t}+\frac{\partial^2 u}{\partial x\partial y}\cdot\frac{\partial y}{\partial t}\right)e^s\sin t-\frac{\partial u}{\partial x}e^s\cos t\right]\\&\quad+\left[\left(\frac{\partial^2 u}{\partial y\partial x}\cdot\frac{\partial x}{\partial t}+\frac{\partial^2 u}{\partial y^2}\cdot\frac{\partial y}{\partial t}\right)e^s\cos t-\frac{\partial u}{\partial y}e^s\sin t\right]\\&=\frac{\partial^2 u}{\partial x^2}e^{2s}\sin^2 t-2\frac{\partial^2 u}{\partial x\partial y}e^{2s}\cos t\sin t+\frac{\partial^2 u}{\partial y^2}e^{2s}\cos^2 t-\frac{\partial u}{\partial x}e^s\cos t-\frac{\partial u}{\partial y}e^s\sin t.\end{aligned}$$

将这两个关于 s,t 的二阶偏导数相加，可得

$$\frac{\partial^2 u}{\partial s^2}+\frac{\partial^2 u}{\partial t^2}=e^{2s}\left(\frac{\partial^2 u}{\partial x^2}+\frac{\partial^2 u}{\partial y^2}\right),\quad 于是\quad \frac{\partial^2 u}{\partial x^2}+\frac{\partial^2 u}{\partial y^2}=e^{-2s}\left(\frac{\partial^2 u}{\partial s^2}+\frac{\partial^2 u}{\partial t^2}\right).$$

3.2 隐函数的导数和偏导数

在§1中，我们引入了隐函数的概念.这里我们讨论隐函数的导数和偏导数问题.

定理 4(隐函数的导数和偏导数)

1) 设函数 $F(x,y)$ 在点 (x_0,y_0) 的某个邻域内具有连续偏导数,且

$$F_y(x_0,y_0)\neq 0,\quad F(x_0,y_0)=0,\tag{10}$$

则方程 $F(x,y)=0$ 在点 (x_0,y_0) 的某个邻域内可唯一确定具有连续导数的隐函数 $y=f(x)$,使得 $y_0=f(x_0)$,并有

$$\frac{\mathrm{d}y}{\mathrm{d}x}=-\frac{F_x}{F_y}.\tag{11}$$

2) 设函数 $F(x,y,z)$ 在点 (x_0,y_0,z_0) 的某个邻域内具有连续偏导数,且

$$F_z(x_0,y_0,z_0)\neq 0,\quad F(x_0,y_0,z_0)=0,\tag{12}$$

则方程 $F(x,y,z)=0$ 在点 (x_0,y_0,z_0) 的某个邻域内可唯一确定具有连续偏导数的隐函数 $z=f(x,y)$,使得 $z_0=f(x_0,y_0)$,并有

$$\frac{\partial z}{\partial x}=-\frac{F_x}{F_z},\quad \frac{\partial z}{\partial y}=-\frac{F_y}{F_z}.\tag{13}$$

证 隐函数存在性的证明省略,只证公式(11)和(13).

1) 由隐函数的定义可知,复合函数 $F(x,f(x))\equiv 0$. 在这个等式两端对 x 求导数,由链式法则(参照例 4)可得 $\frac{\partial F}{\partial x}+\frac{\partial F}{\partial y}\cdot\frac{\mathrm{d}y}{\mathrm{d}x}=0$. 将 $\frac{\mathrm{d}y}{\mathrm{d}x}$ 解出,得到

$$\frac{\mathrm{d}y}{\mathrm{d}x}=-\frac{\dfrac{\partial F}{\partial x}}{\dfrac{\partial F}{\partial y}}=-\frac{F_x}{F_y},$$

即公式(11)成立.

2) 由隐函数的定义可知,复合函数 $F(x,y,f(x,y))\equiv 0$. 在这个等式两端分别对 x 和 y 求偏导数,由链式法则(参照例 4)可得

$$\frac{\partial F}{\partial x}+\frac{\partial F}{\partial z}\cdot\frac{\partial z}{\partial x}=0,\quad \frac{\partial F}{\partial y}+\frac{\partial F}{\partial z}\cdot\frac{\partial z}{\partial y}=0.$$

分别将 $\frac{\partial z}{\partial x}$ 与 $\frac{\partial z}{\partial y}$ 解出,得到

$$\frac{\partial z}{\partial x}=-\frac{\dfrac{\partial F}{\partial x}}{\dfrac{\partial F}{\partial z}}=-\frac{F_x}{F_z},\quad \frac{\partial z}{\partial y}=-\frac{\dfrac{\partial F}{\partial y}}{\dfrac{\partial F}{\partial z}}=-\frac{F_y}{F_z},$$

从而公式(13)成立.

例 7 给定方程 $x^2+y^2=R^2(R>0)$,求由此确定的隐函数 $y=y(x)$ 的导数 $\frac{\mathrm{d}y}{\mathrm{d}x}$.

解 令 $F(x,y)=x^2+y^2-R^2$,则 $F_x=2x,F_y=2y$. 由公式(11)得

$$\frac{\mathrm{d}y}{\mathrm{d}x}=-\frac{F_x}{F_y}=-\frac{x}{y}.$$

例 8 给定方程 $\mathrm{e}^{-xy}-2z+\mathrm{e}^z=0$,求由此确定的隐函数 $z=f(x,y)$ 的偏导数 $\frac{\partial z}{\partial x},\frac{\partial z}{\partial y}$.

解 令 $F(x,y,z)=\mathrm{e}^{-xy}-2z+\mathrm{e}^z$,则

$$F_x=-y\mathrm{e}^{-xy},\quad F_y=-x\mathrm{e}^{-xy},\quad F_z=-2+\mathrm{e}^z.$$

由公式(13)得

$$\frac{\partial z}{\partial x}=-\frac{F_x}{F_z}=\frac{y\mathrm{e}^{-xy}}{\mathrm{e}^z-2},\quad \frac{\partial z}{\partial y}=-\frac{F_y}{F_z}=\frac{x\mathrm{e}^{-xy}}{\mathrm{e}^z-2}.$$

注 1）对于隐函数存在的条件，在求隐函数的导数或偏导数时经常被默认是满足的，不再加以讨论和强调.

2）在例7中，导数 $\frac{\mathrm{d}y}{\mathrm{d}x}$ 应该是关于 x 的一元函数，而这里得到的导数 $\frac{\mathrm{d}y}{\mathrm{d}x}=-\frac{x}{y}$ 却是二元函数的形式.这里应该将变量 y 理解为 x 的函数 $y=y(x)$，所以得到的导数实质上仍然是关于 x 的一元函数.根据隐函数的定义，此时 y 的取值与 x 的取值有关，x 与 y 的一对取值应满足方程 $x^2+y^2=R^2$.同样，例8中的偏导函数中含有变量 z，此时 z 应理解为 x,y 的函数 $z=z(x,y)$，z 的取值与 x,y 的取值有关，x,y,z 的一组取值应满足方程 $\mathrm{e}^{-xy}-2z+\mathrm{e}^z=0$.

*__例 9__ 给定方程 $x^2+y^2=R^2\ (R>0)$，求由此确定的隐函数 $y=y(x)$ 的二阶导数 $\frac{\mathrm{d}^2y}{\mathrm{d}x^2}$.

解 在例7中，我们已经求得一阶导数 $\frac{\mathrm{d}y}{\mathrm{d}x}=-\frac{x}{y}$，求二阶导数时应牢记 y 是自变量 x 的函数.

由商的导数公式得

$$\frac{\mathrm{d}^2y}{\mathrm{d}x^2}=\frac{\mathrm{d}\left(-\frac{x}{y}\right)}{\mathrm{d}x}=-\frac{(x)'y-xy'}{y^2}=-\frac{y-xy'}{y^2},$$

再将一阶导数 $y'=-\frac{x}{y}$ 代入得

$$\frac{\mathrm{d}^2y}{\mathrm{d}x^2}=-\frac{y-x\left(-\frac{x}{y}\right)}{y^2}=-\frac{\frac{x^2+y^2}{y}}{y^2}=-\frac{x^2+y^2}{y^3},$$

最后由 $x^2+y^2=R^2$ 得 $\frac{\mathrm{d}^2y}{\mathrm{d}x^2}=-\frac{R^2}{y^3}$.

例 10 设方程 $\frac{x^2}{2}-\frac{y^2}{3}-\frac{z^2}{4}=1$ 确定了 z 为 x,y 的二元函数，求全微分 $\mathrm{d}z$.

解 所给的方程两端乘以12并移项，则该方程可变为

$$6x^2-4y^2-3z^2-12=0.$$

令 $F(x,y,z)=6x^2-4y^2-3z^2-12$，则有偏导数

$$F_x=12x,\quad F_y=-8y,\quad F_z=-6z.$$

由定理4中的公式(13)有

$$\frac{\partial z}{\partial x}=-\frac{F_x}{F_z}=-\frac{12x}{-6z}=\frac{2x}{z},\quad \frac{\partial z}{\partial y}=-\frac{F_y}{F_z}=-\frac{-8y}{-6z}=-\frac{4y}{3z},$$

再由全微分公式得

$$dz=\frac{\partial z}{\partial x}dx+\frac{\partial z}{\partial y}dy=\frac{2x}{z}dx-\frac{4y}{3z}dy.$$

习 题 2-3

1. 用链式法则求下列复合函数的导数或偏导数,并通过将中间变量代入复合函数后再对自变量求导数或偏导数来验证所得的结果:

(1) 设 $z=\frac{x}{y}$,$x=e^t$,$y=\ln t$;

(2) 设 $z=x^2y-xy^2$,$x=r\cos\theta$,$y=r\sin\theta$;

(3) 设 $z=u^2\ln v$,$u=\frac{y}{x}$,$v=3y-2x$;

(4) 设 $z=e^u$,$u=x\sin y$.

2. 求下列复合函数的偏导数及全微分,其中 f 是可微函数:

(1) $z=f(x^2-y^2,e^{xy})$; (2) $z=f\left(x+\frac{1}{y},y+\frac{1}{x}\right)$; (3) $z=f\left(xy+\frac{y}{x}\right)$.

3. 设 $u=f(x,y,t)$,$x=x(s,t)$,$y=y(s,t)$,求复合函数的偏导数 $\frac{\partial u}{\partial s}$,$\frac{\partial u}{\partial t}$.

4. 设 $z=y+F(u)$,$u=x^2-y^2$,其中 F 是可微函数,证明:

$$y\frac{\partial z}{\partial x}+x\frac{\partial z}{\partial y}=x.$$

*5. 设函数 f 具有二阶连续导数或偏导数,求下列函数的二阶偏导数:

(1) $z=f(x^2+y^2)$; (2) $z=f(x+y,xy)$; (3) $z=f\left(2x,\frac{x}{y}\right)$.

6. 求由下列方程所确定隐函数的导数或偏导数:

(1) 设 $xy-\ln y=a$,求 $\frac{dy}{dx}$;

(2) 设 $\ln\sqrt{x^2+y^2}=\arctan\frac{y}{x}$,求 $\frac{dy}{dx}$;

(3) 设 $x+y+z=e^{-(x+y+z)}$,求 $\frac{\partial z}{\partial x}$ 和 $\frac{\partial z}{\partial y}$;

(4) 设 $z^x=y^z$,求 $\frac{\partial z}{\partial x}$ 和 $\frac{\partial z}{\partial y}$;

(5) 设 $x+2y+2z-2\sqrt{xyz}=0$,求 $\frac{\partial z}{\partial x}$ 和 $\frac{\partial z}{\partial y}$;

(6) 设 $x^2-4x+y^2+z^2=0$,求 $\frac{\partial x}{\partial y}$ 和 $\frac{\partial x}{\partial z}$.

7. 求由下列方程所确定隐函数 $z=f(x,y)$ 的全微分:

(1) $x^2+y^2+z^2=2z$; (2) $x\cos y+y\cos z+z\cos x=0$.

*8. 设 $e^z-xyz=0$,求 $\frac{\partial^2 z}{\partial x^2},\frac{\partial^2 z}{\partial y^2},\frac{\partial^2 z}{\partial x\partial y}$.

9. 设 $2\sin(x+2y-3z)=x+2y-3z$,证明:$\frac{\partial z}{\partial x}+\frac{\partial z}{\partial y}=1$.

§4 偏导数的应用

4.1 多元函数的极值与最值

一、多元函数的极值

在一元函数中,我们曾引入了极值的概念.这个概念同样也可以引入到多元函数中.

定义 1 设函数 $z=f(x,y)$ 在区域 D 上有定义,点 $P_0(x_0,y_0)$ 的某个邻域 $U\subset D$(图 2-13).

1) 如果对于 U 中异于点 P_0 的任何点 $P(x,y)$,总有不等式 $f(x,y)<f(x_0,y_0)$ 成立,则称 $f(x_0,y_0)$ 为函数 $f(x,y)$ 的一个**极大值**,而称 P_0 为**极大值点**;

2) 如果对于 U 中异于点 P_0 的任何点 $P(x,y)$,总有不等式 $f(x,y)>f(x_0,y_0)$ 成立,则称 $f(x_0,y_0)$ 为函数 $f(x,y)$ 的一个**极小值**,而称 P_0 为**极小值点**.

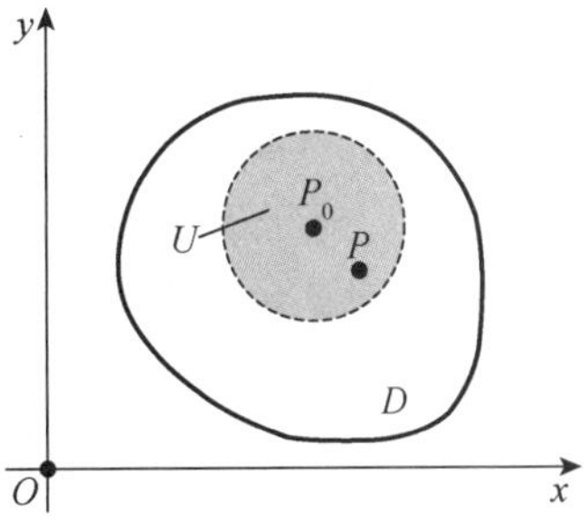

图 2-13

注 极大值和极小值统称为**极值**,极大值点和极小值点统称为**极值点**.以极大值为例,由定义 1 可知,$f(x_0,y_0)$ 是函数 $f(x,y)$ 在 U 上的最大值,但它不一定是 D 上的最大值.故极大值是函数在局部范围内的最大值.显然,如果 $f(x,y)$ 在 D 上的最大值在点 P_0 处取到,则它一定是极大值.同理,极小值是函数在局部范围内的最小值.如果 $f(x,y)$ 在 D 上的最小值在点 P_0 处取到,则它也一定是极小值.总之,极值是可疑的最值,极值是局部范围内的最值.这个概念对于一元函数以及多元函数都是一样的.此外,这里所要求的极值点 P_0 应是函数定义域的内点,即 P_0 不是定义域的边界点.

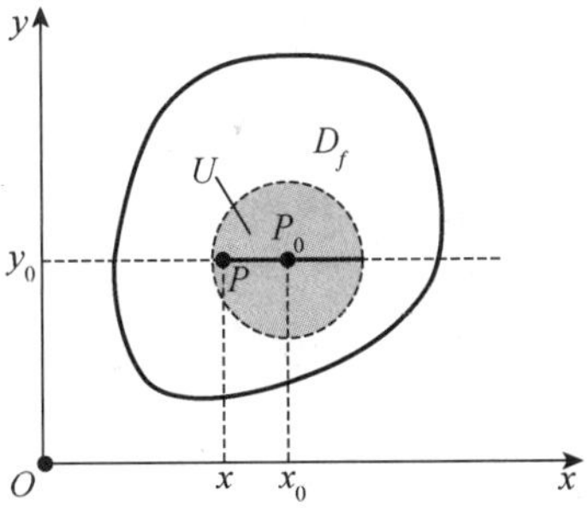

图 2-14

定理 1(极值的必要条件) 设函数 $z=f(x,y)$ 在点 $P_0(x_0,y_0)$ 处的两个偏导数都存在,且此函数在该点处取得极值,则

$$f_x(x_0,y_0)=0,\quad f_y(x_0,y_0)=0.$$

证 不妨设 $z=f(x,y)$ 在点 P_0 处有极小值.由极小值的定义知,在点 P_0 的某个邻域 U 内,对于异于点 P_0 的任何点 $P(x,y)$,都有 $f(x,y)>f(x_0,y_0)$ 成立.在这个邻域中取点 $P(x,y_0)\neq P_0(x_0,y_0)$(图 2-14).令一元函数 $F(x)=f(x,y_0)$,则在邻域 U 内恒有

$$F(x)=f(x,y_0)>f(x_0,y_0)=F(x_0)$$

成立.这说明,一元函数 $F(x)$ 在点 x_0 处取得极小值.由于 $f_x(x_0,y_0)$ 存在,所以 $F(x)$ 在点 x_0 处可导.根据一元函数极值存在的必要条件,有

$$F'(x_0)=0, \quad 即 \quad f_x(x_0,y_0)=0.$$

同理有 $f_y(x_0,y_0)=0$.

使得 $f_x(x,y)=0, f_y(x,y)=0$ 的点称为函数 $f(x,y)$ 的**驻点**.

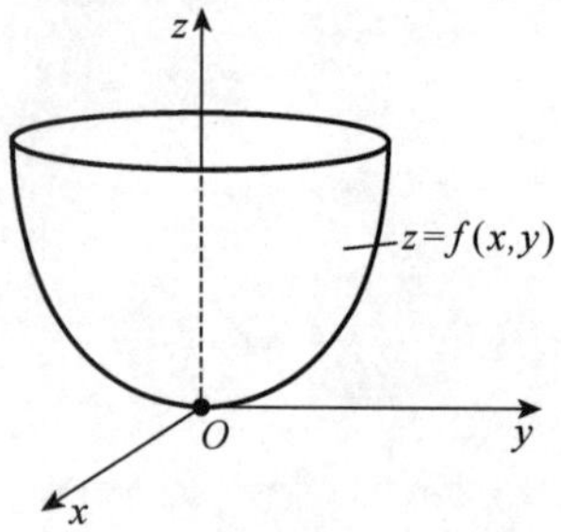

图 2-15

例 1 讨论函数 $f(x,y)=3x^2+4y^2$ 的极值.

解 由于总有 $f(x,y)\geqslant 0$,并且只在点 $(0,0)$ 处才有 $f(0,0)=0$,因此 $f(0,0)=0$ 是最小值,从而是极小值.这个函数的图形是第一章中讨论过的椭圆抛物面(图 2-15).从图形上也可以看到,该函数只有极小值 $f(0,0)=0$.对该函数求偏导数得 $f_x(x,y)=6x, f_y(x,y)=8y$.令 $f_x(x,y)=0, f_y(x,y)=0$,解方程组

$$\begin{cases} f_x(x,y)=6x=0, \\ f_y(x,y)=8y=0, \end{cases}$$

得到唯一的驻点 $(0,0)$,从而验证了定理 1 的结论.

定理 1 可简述为:**可导的极值点一定是驻点**.反之,**驻点不一定是极值点**.

例 2 对于函数 $f(x,y)=xy$,讨论点 $(0,0)$ 是否为该函数的驻点或极值点.

解 对该函数求偏导数得 $f_x(x,y)=y, f_y(x,y)=x$.令 $f_x(x,y)=0, f_y(x,y)=0$,由此可解得驻点 $(0,0)$.但是,$(0,0)$ 不是该函数的极值点.

事实上,对于点 $(0,0)$ 的任何邻域 U,总可以在第一象限的 U 中找到点 $P_1(x_1,y_1)$,这时 $x_1>0, y_1>0$,于是 $f(x_1,y_1)=x_1y_1>0$;也可以在第二象限的 U 中找到点 $P_2(x_2,y_2)$,这时 $x_2<0, y_2>0$,于是 $f(x_2,y_2)=x_2y_2<0$(图 2-16).

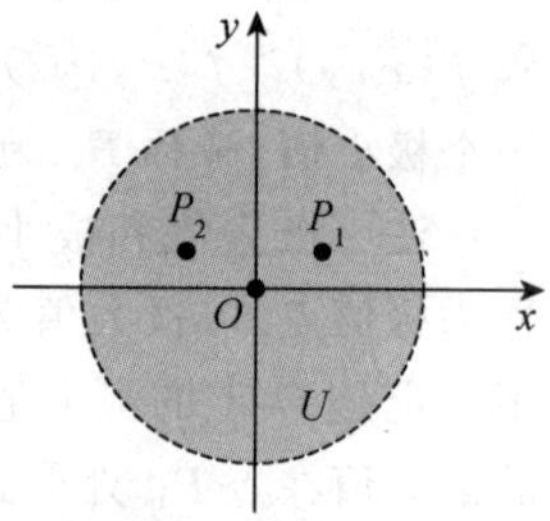

图 2-16

假定驻点 $(0,0)$ 是极大值点,则极大值为 $f(0,0)=0$.于是,存在 $(0,0)$ 的一个邻域 U_1,当 $(x,y)\in U_1$ 时,$f(x,y)\leqslant f(0,0)=0$.但总有 $P_1(x_1,y_1)\in U_1$,使得 $f(x_1,y_1)>0$,矛盾.假若驻点 $(0,0)$ 是极小值点,则极小值为 $f(0,0)=0$.于是,存在 $(0,0)$ 的一个邻域 U_2,当 $(x,y)\in U_2$ 时,$f(x,y)\geqslant f(0,0)=0$.但总有 $P_2(x_2,y_2)\in U_2$,使得 $f(x_2,y_2)<0$,矛盾.所以,驻点 $(0,0)$ 不是函数 $f(x,y)$ 的极值点.

由例 1 和例 2 可以看到,驻点不一定是极值点,但它是可疑的极值点.下面的定理给出了驻点是极值点的充分条件.

定理 2(极值的充分条件) 设函数 $f(x,y)$ 在其驻点 (x_0,y_0) 的某个邻域内具有连续二阶偏导数.令 $A=f_{xx}(x_0,y_0), B=f_{xy}(x_0,y_0), C=f_{yy}(x_0,y_0), \Delta=B^2-AC$,于是有:

1) 如果 $\Delta<0$,则点 (x_0,y_0) 是函数 $f(x,y)$ 的极值点,且当 $A<0$ 时,$f(x_0,y_0)$ 是极大值;当 $A>0$ 时,$f(x_0,y_0)$ 是极小值.

2) 如果 $\Delta>0$,则点 (x_0,y_0) 不是函数 $f(x,y)$ 的极值点.

3) 如果 $\Delta=0$,则函数 $f(x,y)$ 在点 (x_0,y_0) 处有无极值不能确定,需用其他方法判别.

证明略.

由定理 1 和定理 2 可归纳出求函数 $f(x,y)$ 的极值的步骤:

1) 解方程组 $\begin{cases} f_x(x,y)=0, \\ f_y(x,y)=0, \end{cases}$ 求出 $f(x,y)$ 的全部驻点;

2) 对每个驻点(x_0,y_0),计算

$$A=f_{xx}(x_0,y_0),\quad B=f_{xy}(x_0,y_0),\quad C=f_{yy}(x_0,y_0),\quad \Delta=B^2-AC;$$

3) 根据定理2判断在驻点(x_0,y_0)处函数$f(x,y)$有无极值、有何种极值.

例3　求函数$f(x,y)=x^2-xy+y^2+x-2y$的极值.

解　先求出驻点.解方程组

$$\begin{cases}f_x(x,y)=2x-y+1=0,\\ f_y(x,y)=-x+2y-2=0.\end{cases}$$

第一个方程乘以2后与第二个方程相加可得$3x=0$,即$x=0$,再代入第一个方程可推出$y=1$,于是得到驻点$(0,1)$.

函数$f(x,y)$的二阶偏导数为

$$f_{xx}(x,y)=2,\quad f_{xy}(x,y)=-1,\quad f_{yy}(x,y)=2.$$

计算驻点处的二阶偏导数值:

$$A=f_{xx}(0,1)=2,\quad B=f_{xy}(0,1)=-1,\quad C=f_{yy}(0,1)=2.$$

由于$A>0$,$\Delta=B^2-AC=-3<0$,因此$f(0,1)=-1$是极小值.

例4　求函数$f(x,y)=x^3-y^3-3x^2+27y$的极值.

解　求偏导数得$f_x(x,y)=3x^2-6x$,$f_y(x,y)=-3y^2+27$.令

$$\begin{cases}f_x(x,y)=3x^2-6x=0,\\ f_y(x,y)=-3y^2+27=0,\end{cases}\quad \text{得}\quad \begin{cases}x(x-2)=0,\\ (y-3)(y+3)=0,\end{cases}$$

其解为

$$\begin{cases}x=0,\\ y=3,\end{cases}\quad \begin{cases}x=0,\\ y=-3,\end{cases}\quad \begin{cases}x=2,\\ y=3,\end{cases}\quad \begin{cases}x=2,\\ y=-3,\end{cases}$$

从而驻点(x_0,y_0)有四个:$(0,3)$,$(0,-3)$,$(2,3)$,$(2,-3)$.

在驻点处计算二阶偏导数

$$A=f_{xx}(x_0,y_0)=6x_0-6,\quad B=f_{xy}(x_0,y_0)=0,\quad C=f_{yy}(x_0,y_0)=-6y_0,$$

并令$\Delta=B^2-AC$.列表2-1进行判别.可见,函数$f(x,y)$在点$(0,3)$处取得极大值$f(0,3)=54$,在点$(2,-3)$处取得极小值$f(2,-3)=-58$.

表 2-1

驻点	A	B	C	$\Delta=B^2-AC$	有无极值	极值
$(0,-3)$	-6	0	18	108	无	—
$(0,3)$	-6	0	-18	-108	有	极大值54
$(2,-3)$	6	0	18	-108	有	极小值-58
$(2,3)$	6	0	-18	108	无	—

对于偏导数不存在的点来说,也可能是极值点.例如,函数$z=\sqrt{x^2+y^2}$在点$(0,0)$处的两个偏导数都不存在(见习题2-2中的第1题),但由极值的定义,该函数在点$(0,0)$处取得极小值.因此,二元函数的极值点可能是驻点或偏导数不存在的点,即这些点都是可疑的极值点.

三元及三元以上函数取得极值的必要条件与定理1的结论类似.例如,设三元函数$u=f(x,y,z)$在点$P_0(x_0,y_0,z_0)$处取得极值,且在点P_0处的偏导数都存在,则

$$f_x(x_0,y_0,z_0)=0,\quad f_y(x_0,y_0,z_0)=0,\quad f_z(x_0,y_0,z_0)=0.$$

二、多元函数的最值

在数学上,函数的最大值和最小值问题(统称为最值问题)通常包含两个方面的内容. 首先,需要解决最值的存在性问题:什么样的函数,自变量在什么样的范围内存在最值?对于多元函数,我们已有的结论是:有界闭区域上的连续函数一定有最值. 但是,在其他情况下函数是否有最值往往需要对具体情况做具体分析. 这个问题在数学上一直是很困难和复杂的问题. 其次,需要解决在函数最值存在的前提下如何求得最值的问题. 求最值的基本思想是:在给定的区域上找出全部可疑的最值点,在这些可疑的最值点上比较函数值的大小,最大者为最大值,最小者为最小值. 如果最值在区域内部(不在边界上)取到,则最值点一定是极值点. 于是,极值点是可疑的最值点,从而驻点和不可导点都是可疑的最值点. 在实际应用中,我们经常用这种方法来求函数在开区域内的最大值或最小值. 但使用这种方法的前提是所求的最值必须存在. 而最值的存在性可以根据实际问题的情况来认定,不必再进行理论上的讨论. 例如,若根据实际情况已经认定可微函数 $f(x,y)$ 在区域 D 的内部有最大值或最小值,并且在 D 的内部求得了唯一的驻点(可疑点),则该点处的函数值就是所求的最大值或最小值. 如果函数在闭区域上存在最值,则最值可能在区域内部取到,也可能在边界上取到. 因此,可疑的最值点不仅是区域内的驻点和不可导点,也可能是边界上的某些点,这时还需要在区域的边界上讨论函数的取值情况.

例 5 在 Oxy 平面上求一点 $P(x,y)$,使得它到三点 $P_1(0,0)$,$P_2(1,0)$,$P_3(0,1)$ 的距离的平方和最小,并求最小值.

解 点 P 与 P_1,P_2,P_3 的距离的平方分别为

$$|PP_1|^2=x^2+y^2,\quad |PP_2|^2=(x-1)^2+y^2,\quad |PP_3|^2=x^2+(y-1)^2,$$

它们的平方和为

$$\begin{aligned}z&=(x^2+y^2)+[(x-1)^2+y^2]+[x^2+(y-1)^2]\\&=3x^2+3y^2-2x-2y+2.\end{aligned}$$

问题归结为在开区域 $\mathbf{R}^2$ 内求函数 z 的最小值.

解方程组 $\begin{cases}\dfrac{\partial z}{\partial x}=6x-2=0,\\ \dfrac{\partial z}{\partial y}=6y-2=0\end{cases}$ 得到驻点 $\left(\dfrac{1}{3},\dfrac{1}{3}\right)$.

由实际问题考虑,函数 z 的最小值一定存在且驻点是唯一的,可以断定函数 z 在点 $\left(\dfrac{1}{3},\dfrac{1}{3}\right)$ 处取得最小值,最小值为 $z\left(\dfrac{1}{3},\dfrac{1}{3}\right)=\dfrac{4}{3}$.

例 6 用铁板制作一个容积为 32 m^3 的无盖长方体水箱,问:当水箱的长、宽、高分别为多少时,用料最省?

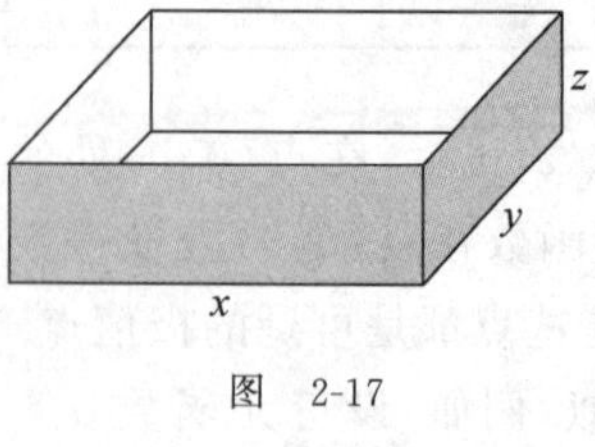

图 2-17

解 若使得用料最省,应使得表面积最小. 设长、宽、高分别为 x,y,z(单位:m)(图 2-17),则表面积为

$$S=xy+2yz+2xz.$$

但是水箱的容积被限制为 32 m^3,应有 $xyz=32\ m^3$,于是 $z=\dfrac{32\ m^3}{xy}$. 由此得到

$$S=S(x,y)=xy+\frac{64}{x}+\frac{64}{y}\quad(\text{单位: m}^2).$$

因此,这个问题归结为在开区域 $D: x>0, y>0$ 上求函数 $S(x,y)$ 的最小值.

解方程组

$$\begin{cases}\dfrac{\partial S}{\partial x}=y-\dfrac{64}{x^2}=0,\\ \dfrac{\partial S}{\partial y}=x-\dfrac{64}{y^2}=0.\end{cases}$$

由该方程组的第一个方程可得 $\frac{x^2y-64}{x^2}=0$,于是 $x^2y=64$;同理,由该方程组的第二个方程可得 $xy^2=64$. 所以 $x^2y=xy^2$. 由 $x>0, y>0$ 可知 $x=y$,再代入 $x^2y=64$ 就有 $x^3=64$,即 $x=4$(单位: m),进而得 $y=4$(单位: m). 于是,函数 $S(x,y)$ 的驻点为(4,4).

由实际问题考虑,函数 $S(x,y)$ 的最小值一定存在且驻点是唯一的,从而所得驻点就是最小值点. 此时,由 $z=\frac{32\text{ m}^3}{xy}$ 可得 $z=2$ m. 因此,当长和宽都为 4 m,高为 2 m 时,用料最省.

三、条件极值

前面讨论的极值问题,对自变量除了定义域的限制外,别无其他限制条件,一般称之为**无条件极值问题**. 但在实际问题中,会遇到对函数的自变量还有附加条件的极值问题. 我们将此类极值问题称为**条件极值问题**.

例 7 在直线 $x+y=2$ 上求一点,使得该点到原点的距离最短.

解 对于平面上的点 (x,y),它到原点的距离为 $d=\sqrt{x^2+y^2}$. 由于这个点在给定的直线上,所以它的坐标应满足方程 $x+y=2$. 因此,这个问题的数学提法是: 在约束条件 $x+y=2$ 下,求函数 $d=\sqrt{x^2+y^2}$ 的最小值. 通常将函数 d 称为**目标函数**.

这个问题的解法比较简单. 若使 d 达到最小,应使 $\rho=d^2=x^2+y^2$ 达到最小. 由约束条件可得 $y=2-x$,代入 ρ 的表达式得 $\rho=x^2+(2-x)^2=2x^2-4x+4$. 用一元函数求极值的方法,令 $\rho'=4x-4=0$,得到驻点 $x=1$. 再代入约束条件,可得 $y=1$. 由实际问题考虑,d 的最小值一定存在且驻点是唯一的,从而直线 $x+y=2$ 上的点(1,1)到原点的距离 $d=\sqrt{1^2+1^2}=\sqrt{2}$ 是最短距离.

这个问题可以很快解决是因为能够很容易地从约束条件 $x+y=2$ 中解出 $y=2-x$,否则这样的问题解决起来将非常困难. 这个问题实际上就是条件极值问题.

二元函数条件极值问题的一般提法是: 在约束条件 $\varphi(x,y)=0$ 下,求函数 $z=f(x,y)$ 的极小值或极大值.

下面给出求条件极值的一般方法.

定理 3[拉格朗日(Lagrange)乘数法] 设二元函数 $f(x,y)$ 和 $\varphi(x,y)$ 在所考虑的区域内具有连续偏导数,且 $\varphi_x(x,y)$,$\varphi_y(x,y)$ 不同时为零. 令

$$L(x,y)=f(x,y)+\lambda\varphi(x,y),\tag{1}$$

其中常数 λ 称为**拉格朗日乘数**,$L(x,y)$ 称为**拉格朗日函数**. 求拉格朗日函数 $L(x,y)$ 的两个偏导数,并建立方程组

$$\begin{cases} L_x(x,y)=f_x(x,y)+\lambda\varphi_x(x,y)=0, \\ L_y(x,y)=f_y(x,y)+\lambda\varphi_y(x,y)=0, \\ \varphi(x,y)=0. \end{cases} \tag{2}$$

如果函数 $f(x,y)$ 在约束条件 $\varphi(x,y)=0$ 下的极值点是 (x_0,y_0)，则存在 λ_0，使得 λ_0,x_0,y_0 是方程组(2)的解.（证明略）

拉格朗日乘数法给出了求二元函数条件极值的一般方法，它的步骤是：

1）根据目标函数和约束条件写出拉格朗日函数(1).

2）建立方程组(2).

3）求出方程组(2)的全部解. 如果 λ_0,x_0,y_0 是方程组(2)的解，则点 (x_0,y_0) 是可疑极值点.

4）判断点 (x_0,y_0) 是否为极值点.

注　拉格朗日乘数法只给出了在点 (x_0,y_0) 处取得条件极值的必要条件，即 (x_0,y_0) 是可疑的极值点，而是否为极值点还需具体分析. 此外，在求解方程组(2)时往往没有必要将相应的 λ_0 解出.

我们用拉格朗日乘数法去解例 7 中的问题. 此时，约束条件可以写为 $x+y-2=0$，构造拉格朗日函数

$$L(x,y)=\sqrt{x^2+y^2}+\lambda(x+y-2).$$

解方程组

$$\begin{cases} L_x(x,y)=\dfrac{x}{\sqrt{x^2+y^2}}+\lambda=0, \\ L_y(x,y)=\dfrac{y}{\sqrt{x^2+y^2}}+\lambda=0, \\ x+y-2=0. \end{cases}$$

由第一和第二个方程可得 $\dfrac{x}{\sqrt{x^2+y^2}}=\dfrac{y}{\sqrt{x^2+y^2}}$，于是 $x=y$. 代入第三个方程，可得 $x=y=1$. 所以点(1,1)就是可疑的极值点.

从几何意义上讲，所求的最短距离一定存在，而可疑点只有一个，故点(1,1)到原点的距离最短，最短距离为 $d=\sqrt{2}$. 可见，得到的结果与例 7 的结果是一致的.

注　在此题求解的过程中没有解出相应的 λ_0，且最短距离存在性是由实际问题事先认定的.

三元及三元以上函数也有条件极值的问题，如在约束条件 $\varphi(x,y,z)=0$ 下，求函数 $f(x,y,z)$ 的极值. 例如，例 6 中的问题就可以表述为：在约束条件 $xyz=32$ 下，求函数

$$S=xy+2yz+2xz$$

的最小值. 这实质上就是三元函数的条件极值问题. 对于这类问题，我们也有类似于定理 3 的结论.

定理 4　设三元函数 $f(x,y,z)$ 和 $\varphi(x,y,z)$ 在所考虑的区域内具有连续偏导数，且 $\varphi_x(x,y,z),\varphi_y(x,y,z),\varphi_z(x,y,z)$ 不同时为零. 令

$$L(x,y,z)=f(x,y,z)+\lambda\varphi(x,y,z), \tag{3}$$

其中常数 λ 称为拉格朗日乘数,$L(x,y,z)$ 称为拉格朗日函数. 求拉格朗日函数 $L(x,y,z)$ 的三个偏导数,并建立方程组

$$\begin{cases} L_x(x,y,z)=f_x(x,y,z)+\lambda\varphi_x(x,y,z)=0, \\ L_y(x,y,z)=f_y(x,y,z)+\lambda\varphi_y(x,y,z)=0, \\ L_z(x,y,z)=f_z(x,y,z)+\lambda\varphi_z(x,y,z)=0, \\ \varphi(x,y,z)=0. \end{cases} \tag{4}$$

如果函数 $f(x,y,z)$ 在约束条件 $\varphi(x,y,z)=0$ 下的极值点是 (x_0,y_0,z_0),则存在 λ_0,使得 λ_0,x_0,y_0,z_0 是方程组(4)的解.

例 8 用铁板制作一个长方体箱子,要求其表面积为 $96\ \mathrm{m}^2$. 问:怎样的尺寸才可使箱子的容积最大?并求最大容积.

解 设箱子的长、宽、高分别为 x,y,z(单位:m)(图 2-18),则箱子的容积为 $V=xyz$. 由于限定表面积为 $96\ \mathrm{m}^2$,则有 $2xy+2yz+2xz=96\ \mathrm{m}^2$,即 $xy+yz+xz=48\ \mathrm{m}^2$. 所以,问题归结为:在约束条件 $xy+yz+xz=48$ 下,求函数 $V=xyz$ 的最大值. 根据实际情况知 x,y,z 都大于零.

构造拉格朗日函数

$$L(x,y,z)=xyz+\lambda(xy+yz+xz-48).$$

解方程组

$$\begin{cases} L_x(x,y,z)=yz+\lambda(y+z)=0, \\ L_y(x,y,z)=xz+\lambda(x+z)=0, \\ L_z(x,y,z)=xy+\lambda(x+y)=0, \\ xy+yz+xz=48. \end{cases}$$

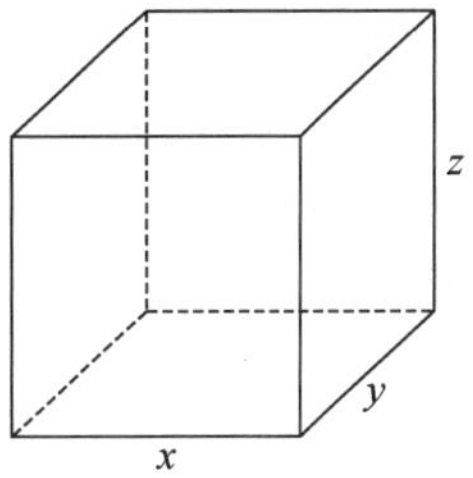

图 2-18

该方程组的前三个方程分别乘以 x,y,z,则有

$$xyz=-\lambda(xy+xz),\quad xyz=-\lambda(xy+yz),\quad xyz=-\lambda(xz+yz).$$

于是

$$-\lambda(xy+xz)=-\lambda(xy+yz)=-\lambda(xz+yz). \tag{5}$$

如果 $\lambda=0$,由 x,y,z 都大于零可知,上述方程组中前三个方程都不可能成立,于是 $\lambda\neq0$. (5)式除以 $-\lambda$ 可得

$$xy+xz=xy+yz=xz+yz.$$

由第一个等式 $xy+xz=xy+yz$ 可得 $xz=yz$,再由 $z>0$ 可得 $x=y$. 同理可得 $y=z$. 于是 $x=y=z$. 再代入原方程组的最后一个方程,可得 $3x^2=48$,即 $x=4$(单位:m),从而 $y=4$(单位:m),$z=4$(单位:m). 这样点 $(4,4,4)$ 为可疑的极值点.

由实际问题考虑,箱子容积的最大值一定存在且可疑的极值点是唯一的,从而当长、宽、高都为 4 m 时,箱子的容积最大,此时容积为 $V=4^3\ \mathrm{m}^3=64\ \mathrm{m}^3$.

注 此题也可以化为无条件极值去求解. 由约束条件 $xy+yz+xz=48$ 可以解出 $z=\dfrac{48-xy}{x+y}$,再代入目标函数得 $V=V(x,y)=\dfrac{xy(48-xy)}{x+y}$,则问题转化为求函数 $V(x,y)$ 在开区域 D:$x>0,y>0$ 上的最大值.

此外，还有含多个约束条件的极值问题. 例如，在约束条件 $\varphi(x,y,z)=0$ 和 $\psi(x,y,z)=0$ 下，求函数 $f(x,y,z)$ 的极值. 此时，拉格朗日函数为

$$L(x,y,z)=f(x,y,z)+\lambda\varphi(x,y,z)+\mu\psi(x,y,z),$$

其中常数 λ,μ 是拉格朗日乘数. 令拉格朗日函数 $L(x,y,z)$ 的三个偏导数等于零，将它们与两个约束条件放在一起建立方程组并求解. 若得到的解为 $\lambda_0,\mu_0,x_0,y_0,z_0$，则点 (x_0,y_0,z_0) 就是可疑的极值点.

4.2　偏导数的几何应用

一、空间曲线的切线与法平面

定义 2　给定空间曲线 L，设 P_0 是曲线 L 上的一个定点，P 是曲线 L 上异于点 P_0 的点，称直线 P_0P 为经过 P_0 的一条**割线**. 当点 P 沿曲线 L 无限接近点 P_0 时，割线 P_0P 的极限位置 P_0T 称为曲线 L 在点 P_0 处的**切线**. 经过点 P_0 且垂直于切线的平面 Π 称为曲线 L 在点 P_0 处的**法平面**(图 2-19).

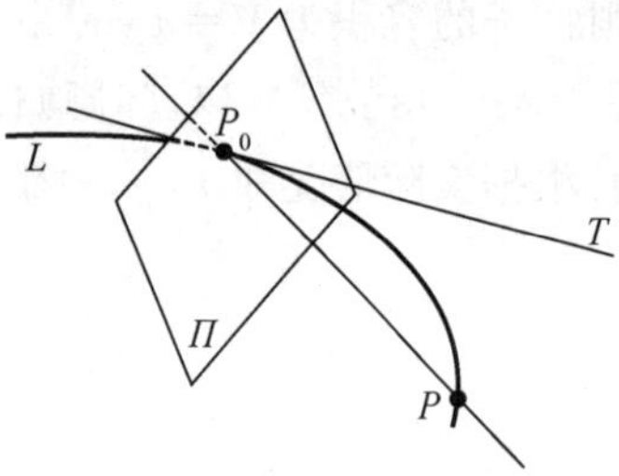

图　2-19

给定空间曲线

$$L:\begin{cases}x=x(t),\\y=y(t),\\z=z(t),\end{cases}$$

其中函数 $x(t),y(t),z(t)$ 具有连续导数且导数不同时为零. 曲线 L 上的点 $P_0(x_0,y_0,z_0)$ 对应的参数为 t_0，即 $x_0=x(t_0),y_0=y(t_0),z_0=z(t_0)$. 我们来推导在点 P_0 处的切线与法平面的方程.

如果在 t_0 处有增量 Δt，则

$$\Delta x=x(t_0+\Delta t)-x(t_0),\quad \Delta y=y(t_0+\Delta t)-y(t_0),\quad \Delta z=z(t_0+\Delta t)-z(t_0),$$

即

$$x_0+\Delta x=x(t_0+\Delta t),\quad y_0+\Delta y=y(t_0+\Delta t),\quad z_0+\Delta z=z(t_0+\Delta t).$$

于是，曲线 L 上参数 $t=t_0+\Delta t$ 对应的点为 $P(x_0+\Delta x,y_0+\Delta y,z_0+\Delta z)$，从而割线 P_0P 的方向向量可取为向量 $\overrightarrow{P_0P}=\{\Delta x,\Delta y,\Delta z\}$，也可以取为与向量 $\overrightarrow{P_0P}$ 平行的向量 $\left\{\dfrac{\Delta x}{\Delta t},\dfrac{\Delta y}{\Delta t},\dfrac{\Delta z}{\Delta t}\right\}$. 当 $\Delta t\to 0$ 时，点 P 沿 L 趋向于点 P_0，此时有

$$\frac{\Delta x}{\Delta t}\to x'(t_0),\quad \frac{\Delta y}{\Delta t}\to y'(t_0),\quad \frac{\Delta z}{\Delta t}\to z'(t_0),$$

即

$$\left\{\frac{\Delta x}{\Delta t},\frac{\Delta y}{\Delta t},\frac{\Delta z}{\Delta t}\right\}\to\{x'(t_0),y'(t_0),z'(t_0)\}\neq\mathbf{0}.$$

这表明，当割线趋向于切线时，割线的方向向量趋向于切线的方向向量. 因此，可以取切线 P_0T 的方向向量为 $\boldsymbol{s}=\{x'(t_0),y'(t_0),z'(t_0)\}$. 于是，切线 P_0T 的方程为

$$\frac{x-x_0}{x'(t_0)}=\frac{y-y_0}{y'(t_0)}=\frac{z-z_0}{z'(t_0)}.\tag{6}$$

由于切线 P_0T 的方向向量就是法平面 Π 的法向量，因此根据平面的点法式方程可得到

法平面 Π 的方程

$$x'(t_0)(x-x_0)+y'(t_0)(y-y_0)+z'(t_0)(z-z_0)=0. \tag{7}$$

我们将向量 $\{x'(t_0),y'(t_0),z'(t_0)\}$ 称为曲线 L 在点 P_0 处的**切向量**.

例 9 求螺旋线 $\begin{cases}x=2\cos\theta,\\ y=2\sin\theta,\\ z=\theta\end{cases}$ $(-\infty<\theta<+\infty)$ 在点 $P_0(2,0,2\pi)$ 处的切线方程和法平面方程.

解 点 P_0 对应的参数为 $\theta_0=2\pi$. 因为 $x'=-2\sin\theta,y'=2\cos\theta,z'=1$,所以 $x'(2\pi)=0$, $y'(2\pi)=2,z'(2\pi)=1$. 于是,在点 P_0 处的切向量为 $\boldsymbol{s}=\{0,2,1\}$,切线方程为

$$\frac{x-2}{0}=\frac{y}{2}=\frac{z-2\pi}{1},$$

法平面方程为

$$0\cdot(x-2)+2\cdot(y-0)+1\cdot(z-2\pi)=0, \quad 即 \quad 2y+z-2\pi=0.$$

我们经常会遇到求 Oxy 平面上一条曲线 L:$\begin{cases}x=x(t),\\ y=y(t)\end{cases}$ 在某点 $P_0(x_0,y_0)$ 处的切线的问题,其中 $x_0=x(t_0),y_0=y(t_0)$. 如果 $x'(t),y'(t)$ 连续且不同时为零,同样可以得到在点 P_0 处的切线方程为

$$\frac{x-x_0}{x'(t_0)}=\frac{y-y_0}{y'(t_0)}. \tag{8}$$

这时 Oxy 平面上的向量 $\{x'(t_0),y'(t_0)\}$ 是切向量.

事实上,我们可以将平面曲线 L 看作空间曲线

$$\begin{cases}x=x(t),\\ y=y(t),\\ z=0,\end{cases}$$

此时切向量为 $\{x'(t_0),y'(t_0),0\}$. 因此,空间中的切线为

$$\frac{x-x_0}{x'(t_0)}=\frac{y-y_0}{y'(t_0)}=\frac{z}{0},$$

它就是 Oxy 平面上的切线

$$\frac{x-x_0}{x'(t_0)}=\frac{y-y_0}{y'(t_0)}.$$

二、空间曲面的切平面与法线

设曲面 Σ 的方程为 $F(x,y,z)=0$. 假定函数 $F(x,y,z)$ 具有连续偏导数且三个偏导数不同时为零. 设 $P_0(x_0,y_0,z_0)$ 是曲面 Σ 上的一点,Γ 是曲面 Σ 上经过点 P_0 的曲线,曲线 Γ 的参数方程为 $\begin{cases}x=x(t),\\ y=y(t),\\ z=z(t),\end{cases}$ 点 P_0 对应的参数是 $t=t_0$,即 $x_0=x(t_0)$, $y_0=y(t_0)$, $z_0=z(t_0)$,函数 $x(t),y(t),z(t)$ 具有连续导数且导数不同时为零. 因为曲线 Γ 在曲面 Σ 上,所以

$$F(x(t),y(t),z(t))\equiv 0,\quad 从而\quad \frac{\mathrm{d}}{\mathrm{d}t}F(x(t),y(t),z(t))\equiv 0.$$

由链式法则可得

$$F_x(x,y,z)x'(t)+F_y(x,y,z)y'(t)+F_z(x,y,z)z'(t)\equiv 0.$$

取 $t=t_0$,则有

$$F_x(x_0,y_0,z_0)x'(t_0)+F_y(x_0,y_0,z_0)y'(t_0)+F_z(x_0,y_0,z_0)z'(t_0)=0. \tag{9}$$

令向量 $\boldsymbol{n}=\{F_x(x_0,y_0,z_0),F_y(x_0,y_0,z_0),F_z(x_0,y_0,z_0)\}$,$\boldsymbol{s}=\{x'(t_0),y'(t_0),z'(t_0)\}$,向量 $\boldsymbol{s}$ 在几何上表示曲线 Γ 在点 P_0 处切线的方向向量,则(9)式可表示为 $\boldsymbol{n}\cdot\boldsymbol{s}=0$. 这说明向量 $\boldsymbol{n}$ 与 $\boldsymbol{s}$ 垂直.

显然,向量 $\boldsymbol{n}$ 只与曲面 Σ 上的点 P_0 有关. 当点 P_0 固定时,向量 $\boldsymbol{n}$ 就唯一确定下来. 但向量 $\boldsymbol{s}$ 不仅与点 P_0 有关,也与曲线 Γ 有关. (9)式说明,曲面 Σ 上所有经过点 P_0 的曲线的切线都与固定向量 $\boldsymbol{n}$ 垂直. 于是,这些曲线在点 P_0 处的切线都位于同一个平面 Π 上(图 2-20). 我们将平面 Π 称为曲面 Σ 在点 P_0 的**切平面**. 因为切平面 Π 经过点 P_0,且与向量 $\boldsymbol{n}$ 垂直,所以由平面的点法式方程可得到切平面 Π 的方程

$$F_x(x_0,y_0,z_0)(x-x_0)+F_y(x_0,y_0,z_0)(y-y_0)+F_z(x_0,y_0,z_0)(z-z_0)=0. \tag{10}$$

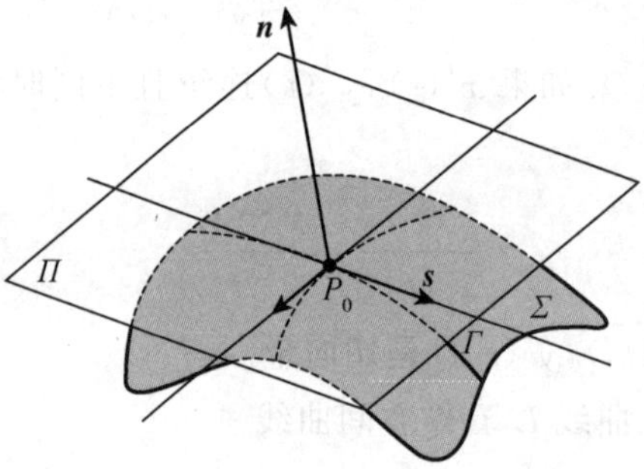

图 2-20

经过点 P_0 且垂直于切平面 Π 的直线称为曲面 Σ 在该点处的**法线**. 此时,法线的方程为

$$\frac{x-x_0}{F_x(x_0,y_0,z_0)}=\frac{y-y_0}{F_y(x_0,y_0,z_0)}=\frac{z-z_0}{F_z(x_0,y_0,z_0)}. \tag{11}$$

在点 P_0 处,垂直于切平面的向量称为曲面 Σ 在该点处的**法向量**,则法向量可以取为

$$\boldsymbol{n}=\{F_x(x_0,y_0,z_0),F_y(x_0,y_0,z_0),F_z(x_0,y_0,z_0)\}.$$

将 $\boldsymbol{n}$ 单位化得

$$\boldsymbol{n}^0=\frac{\boldsymbol{n}}{|\boldsymbol{n}|}=\left\{\frac{F_x}{\sqrt{F_x^2+F_y^2+F_z^2}},\frac{F_y}{\sqrt{F_x^2+F_y^2+F_z^2}},\frac{F_z}{\sqrt{F_x^2+F_y^2+F_z^2}}\right\},$$

从而**法向量的方向余弦**为

$$\cos\alpha=\frac{F_x}{\sqrt{F_x^2+F_y^2+F_z^2}},\quad \cos\beta=\frac{F_y}{\sqrt{F_x^2+F_y^2+F_z^2}},\quad \cos\gamma=\frac{F_z}{\sqrt{F_x^2+F_y^2+F_z^2}}, \tag{12}$$

其中 F_x,F_y,F_z 分别表示 $F_x(x_0,y_0,z_0),F_y(x_0,y_0,z_0),F_z(x_0,y_0,z_0)$.

如果曲面 Σ 的方程以 $z=f(x,y)$ 的形式给出,又知 $P_0(x_0,y_0,z_0)$ 是曲面 Σ 上的一点,则 $z_0=f(x_0,y_0)$. 令 $F(x,y,z)=f(x,y)-z$,则曲面 Σ 的方程就变为 $F(x,y,z)=0$. 此时,有

$$F_x=f_x(x,y),\quad F_y=f_y(x,y),\quad F_z=-1,$$

在点 P_0 处的法向量可取为

$$\boldsymbol{n}=\{f_x(x_0,y_0),f_y(x_0,y_0),-1\}.$$

由(10)式得到在点 P_0 处的切平面方程

$$f_x(x_0,y_0)(x-x_0)+f_y(x_0,y_0)(y-y_0)-(z-z_0)=0 \tag{13}$$

或

$$z-z_0=f_x(x_0,y_0)(x-x_0)+f_y(x_0,y_0)(y-y_0). \tag{14}$$

再由(11)式得到在点 P_0 处的法线方程

$$\frac{x-x_0}{f_x(x_0,y_0)}=\frac{y-y_0}{f_y(x_0,y_0)}=\frac{z-z_0}{-1}. \tag{15}$$

如果取 $-\boldsymbol{n}$ 作为法向量,则其方向余弦为

$$\cos\alpha=\frac{-f_x}{\sqrt{1+f_x^2+f_y^2}},\quad \cos\beta=\frac{-f_y}{\sqrt{1+f_x^2+f_y^2}},\quad \cos\gamma=\frac{1}{\sqrt{1+f_x^2+f_y^2}}, \tag{16}$$

其中 f_x,f_y 分别表示 $f_x(x_0,y_0),f_y(x_0,y_0)$. 此时,由于 $\cos\gamma>0$,所以法向量 $-\boldsymbol{n}$ 与 z 轴的夹角 γ 是锐角.

例 10 求椭球面 $2x^2+y^2+z^2=15$ 在点(1,2,3)处的切平面方程和法线方程.

解 令 $F(x,y,z)=2x^2+y^2+z^2-15$,则 $F_x=4x,F_y=2y,F_z=2z$,从而

$$F_x(1,2,3)=4,\quad F_y(1,2,3)=4,\quad F_z(1,2,3)=6.$$

故取法向量为 $\boldsymbol{n}=\{4,4,6\}$. 于是,切平面方程为

$$4(x-1)+4(y-2)+6(z-3)=0,\quad 即\quad 2x+2y+3z-15=0;$$

法线方程为

$$\frac{x-1}{4}=\frac{y-2}{4}=\frac{z-3}{6},\quad 即\quad \frac{x-1}{2}=\frac{y-2}{2}=\frac{z-3}{3}.$$

例 11 求椭圆抛物面 $z=2x^2+y^2$ 在点(1,2,6)处的切平面方程和法线方程.

解 所给的曲面方程是显函数形式的,故切平面方程与法线方程应分别按照公式(13)和(15)来求.

求偏导数得 $z_x=4x,z_y=2y$,于是在点(1,2,6)处有

$$z_x(1,2)=4,\quad z_y(1,2)=4,$$

从而所求法线的方向向量为 $\boldsymbol{n}=\{4,4,-1\}$,它也是所求切平面的法向量.

根据公式(13),所求的切平面方程是

$$4(x-1)+4(y-2)-(z-6)=0,\quad 即\quad 4x+4y-z-6=0;$$

根据公式(15),所求的法线方程是

$$\frac{x-1}{4}=\frac{y-2}{4}=\frac{z-6}{-1}.$$

4.3 方向导数与梯度

一、方向导数

在讲偏导数的定义时,我们曾提到函数 $z=f(x,y)$ 的两个偏导数 $\frac{\partial z}{\partial x},\frac{\partial z}{\partial y}$ 分别表示该函数在点(x,y)处沿 x 轴和 y 轴正向的变化率. 但是,在很多实际问题中,往往需要知道某个函

数在一点处沿除坐标轴外其他方向的变化率,还需要知道该函数沿什么方向的变化率最大.这就要引入方向导数的概念.

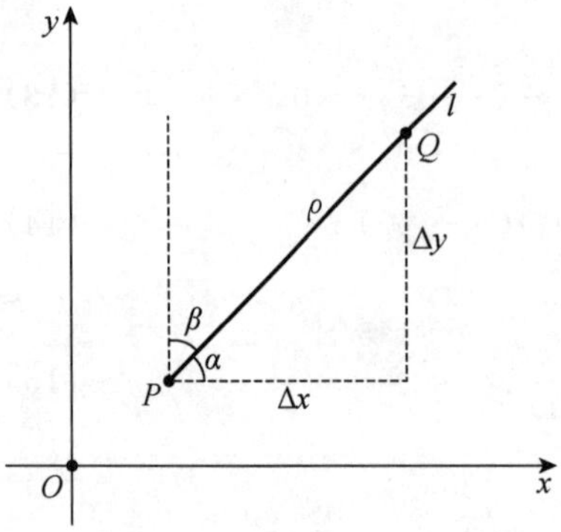

图 2-21

设函数 $z=f(x,y)$ 在点 $P(x,y)$ 的某个邻域内有定义,l 是从点 P 引出的一条射线,$Q(x+\Delta x,y+\Delta y)$ 是射线 l 上异于点 P 的一点,则两点 P 与 Q 间的距离为 $\rho=\sqrt{(\Delta x)^2+(\Delta y)^2}$(图 2-21).此时,函数 $f(x,y)$ 的全增量为

$$\Delta z=f(x+\Delta x,y+\Delta y)-f(x,y),$$

于是

$$\frac{\Delta z}{\rho}=\frac{f(x+\Delta x,y+\Delta y)-f(x,y)}{\rho} \tag{17}$$

表示函数 $f(x,y)$ 在两点 P 与 Q 间沿方向 l(指射线 l 的方向)的平均变化率.如果当点 Q 沿射线 l 趋向于点 P 时,(17)式的极限存在,则将这个极限值称为函数 $f(x,y)$ 在点 P 处沿方向 l 的**方向导数**,记为 $\frac{\partial f}{\partial l}$ 或 $\frac{\partial z}{\partial l}$.当点 Q 沿射线 l 趋向于点 P 时,必有 $\rho\to 0$,于是

$$\frac{\partial z}{\partial l}=\lim_{\rho\to 0}\frac{\Delta z}{\rho}=\lim_{\rho\to 0}\frac{f(x+\Delta x,y+\Delta y)-f(x,y)}{\rho}. \tag{18}$$

定理 5 如果函数 $z=f(x,y)$ 在点 $P(x,y)$ 处可微,则在点 P 处沿任意方向 l 的方向导数存在,且有

$$\frac{\partial z}{\partial l}=\frac{\partial z}{\partial x}\cos\alpha+\frac{\partial z}{\partial y}\cos\beta, \tag{19}$$

其中 α,β 分别是 l 与 x 轴、y 轴的夹角(图 2-21).

证 由可微的定义知,函数 $f(x,y)$ 在点 P 处的全增量可以表示为

$$\begin{aligned}\Delta z&=f(x+\Delta x,y+\Delta y)-f(x,y)\\&=\frac{\partial z}{\partial x}\Delta x+\frac{\partial z}{\partial y}\Delta y+o(\rho).\end{aligned}$$

显然,$\Delta x=\rho\cos\alpha,\Delta y=\rho\cos\beta$.由(18)式可得

$$\begin{aligned}\frac{\partial z}{\partial l}&=\lim_{\rho\to 0}\frac{\Delta z}{\rho}=\lim_{\rho\to 0}\left(\frac{\partial z}{\partial x}\cos\alpha+\frac{\partial z}{\partial y}\cos\beta+\frac{o(\rho)}{\rho}\right)\\&=\frac{\partial z}{\partial x}\cos\alpha+\frac{\partial z}{\partial y}\cos\beta.\end{aligned}$$

从这个定理可以看到,方向导数中射线 l 的意义仅仅表示一个方向,这个方向可以用单位向量 $\{\cos\alpha,\cos\beta\}$ 来表示.

例 12 设函数 $z=x^2y$,l 是由点(1,1)出发与 x 轴、y 轴正向所成的夹角分别为 $\alpha=\frac{\pi}{6}$,$\beta=\frac{\pi}{3}$ 的一条射线(图 2-22),求该函数在点(1,1)处沿方向 l 的方向导数 $\left.\frac{\partial z}{\partial l}\right|_{(1,1)}$.

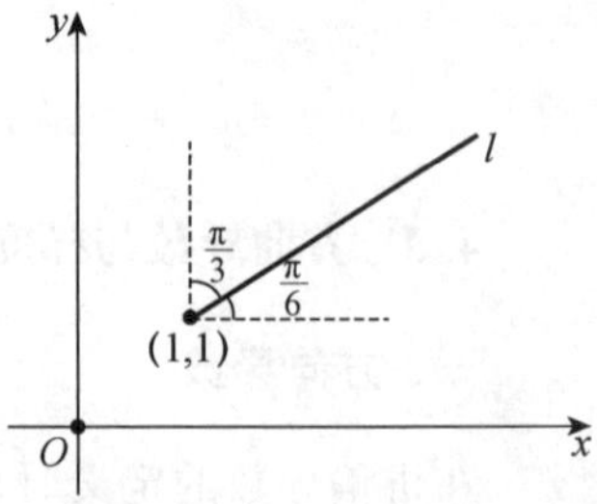

图 2-22

解 因为

$$\frac{\partial z}{\partial x}\bigg|_{(1,1)}=2xy\bigg|_{(1,1)}=2,\quad \frac{\partial z}{\partial y}\bigg|_{(1,1)}=x^2\bigg|_{(1,1)}=1,$$

$$\cos\alpha=\cos\frac{\pi}{6}=\frac{\sqrt{3}}{2},\quad \cos\beta=\cos\frac{\pi}{3}=\frac{1}{2},$$

所以由公式(19)可得

$$\frac{\partial z}{\partial l}\bigg|_{(1,1)}=2\times\frac{\sqrt{3}}{2}+1\times\frac{1}{2}=\sqrt{3}+\frac{1}{2}.$$

方向导数的概念可以推广到三元函数上.设函数 $u=f(x,y,z)$ 在点 $P(x,y,z)$ 的某个邻域内有定义,l 是由点 P 出发的一条射线,点 $Q(x+\Delta x,y+\Delta y,z+\Delta z)$ 是射线 l 上异于点 P 的一点.函数 $f(x,y,z)$ 在点 P 处沿方向 l 的方向导数定义为

$$\frac{\partial f}{\partial l}=\frac{\partial u}{\partial l}=\lim_{\rho\to 0}\frac{f(x+\Delta x,y+\Delta y,z+\Delta z)-f(x,y,z)}{\rho},\tag{20}$$

其中 $\rho=\sqrt{(\Delta x)^2+(\Delta y)^2+(\Delta z)^2}$ 是两点 P 与 Q 间的距离.如同定理 5,若函数 $u=f(x,y,z)$ 在点 $P(x,y,z)$ 处可微,射线 l 的方向余弦为 $\cos\alpha,\cos\beta,\cos\gamma$,则该函数在点 P 处沿方向 l 的方向导数为

$$\frac{\partial u}{\partial l}=\frac{\partial u}{\partial x}\cos\alpha+\frac{\partial u}{\partial y}\cos\beta+\frac{\partial u}{\partial z}\cos\gamma.\tag{21}$$

例 13 求函数 $u=f(x,y,z)=xy+yz+zx$ 在点(1,1,2)处沿方向角为 $\alpha=60°,\beta=45°,\gamma=60°$ 的方向 l 的方向导数.

解 由题设得 $\frac{\partial u}{\partial x}=y+z,\frac{\partial u}{\partial y}=x+z,\frac{\partial u}{\partial z}=x+y$,于是

$$\frac{\partial u}{\partial x}\bigg|_{(1,1,2)}=3,\quad \frac{\partial u}{\partial y}\bigg|_{(1,1,2)}=3,\quad \frac{\partial u}{\partial z}\bigg|_{(1,1,2)}=2.$$

此时,方向 l 的方向余弦为 $\cos\alpha=\cos60°=\frac{1}{2},\cos\beta=\cos45°=\frac{\sqrt{2}}{2},\cos\gamma=\cos60°=\frac{1}{2}$,故由公式(21)得

$$\frac{\partial u}{\partial l}\bigg|_{(1,1,2)}=3\times\frac{1}{2}+3\times\frac{\sqrt{2}}{2}+2\times\frac{1}{2}=\frac{1}{2}(5+3\sqrt{2}).$$

二、梯度

当点 P 固定,方向 l 变化时,函数 $f(x,y)$ 的方向导数 $\frac{\partial f}{\partial l}$ 也随之变化.这说明,对于固定的点,函数 $f(x,y)$ 在不同方向上的变化率也有所不同.那么,在点 P 的什么方向上,函数 $f(x,y)$ 的变化率可以达到最大?为此,我们引入梯度的概念.

给定在区域 D 内可微的函数 $f(x,y)$,则在区域 D 内点 (x_0,y_0) 处可唯一确定一个向量

$$f_x(x_0,y_0)\boldsymbol{i}+f_y(x_0,y_0)\boldsymbol{j},\tag{22}$$

称之为函数 $f(x,y)$ 在点 (x_0,y_0) 处的**梯度**,记为 $\mathbf{grad}f(x_0,y_0)$,即

$$\mathbf{grad}f(x_0,y_0)=f_x(x_0,y_0)\boldsymbol{i}+f_y(x_0,y_0)\boldsymbol{j}=\{f_x(x_0,y_0),f_y(x_0,y_0)\}.\tag{23}$$

假定 $\mathbf{grad}f(x_0,y_0)\neq\mathbf{0}$,并设方向 l 的方向余弦为 $\cos\alpha,\cos\beta$.记向量 $\boldsymbol{e}_l=\{\cos\alpha,\cos\beta\}$,则 $\boldsymbol{e}_l$ 是单位向量,它可以表示方向 l.由公式(19)可知,函数 $z=f(x,y)$ 在点 (x_0,y_0) 处沿方向 l 的方向导数可以表示为两个向量的数量积形式,即

$$\left.\frac{\partial z}{\partial l}\right|_{(x_0,y_0)}=f_x(x_0,y_0)\cos\alpha+f_y(x_0,y_0)\cos\beta=\mathbf{grad}f(x_0,y_0)\cdot\boldsymbol{e}_l.$$

于是,由数量积的定义可知

$$\left.\frac{\partial z}{\partial l}\right|_{(x_0,y_0)}=|\mathbf{grad}f(x_0,y_0)||\boldsymbol{e}_l|\cos\theta.$$

而 $\boldsymbol{e}_l$ 是单位向量,所以有

$$\left.\frac{\partial z}{\partial l}\right|_{(x_0,y_0)}=|\mathbf{grad}f(x_0,y_0)|\cos\theta,$$

其中 θ 是梯度 $\mathbf{grad}f(x_0,y_0)$ 与单位向量 $\boldsymbol{e}_l$ 的夹角(图 2-23). 梯度 $\mathbf{grad}f(x_0,y_0)$ 由点 (x_0,y_0) 唯一确定,当方向 l 变化时,θ 随之变化,从而方向导数 $\left.\frac{\partial z}{\partial l}\right|_{(x_0,y_0)}$ 也随之变化. 当 $\theta=0$ 时,$\cos\theta=1$,这时单位向量 $\boldsymbol{e}_l$ 与梯度 $\mathbf{grad}f(x_0,y_0)$ 的方向一致,从而方向导数 $\left.\frac{\partial z}{\partial l}\right|_{(x_0,y_0)}$ 达到最大值 $|\mathbf{grad}f(x_0,y_0)|$. 这说明,函数 $z=f(x,y)$ 在点 (x_0,y_0) 处沿梯度方向的变化率最大. 更准确地说,沿梯度方向函数的增长速度最快. 同理,沿梯度方向的反方向函数的下降速度最快.

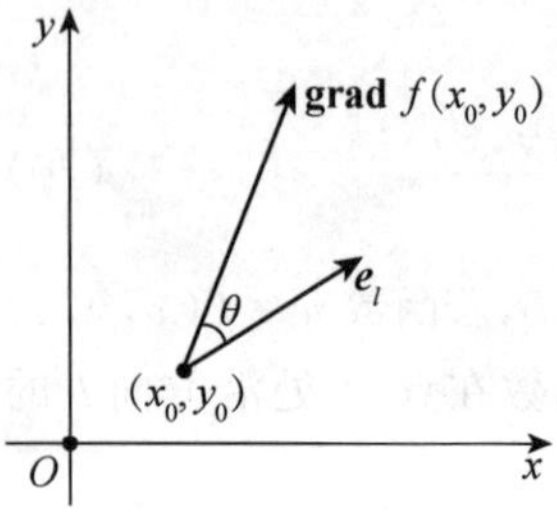

图 2-23

梯度的概念可以推广到三元函数上. 设函数 $f(x,y,z)$ 在空间区域 G 内可微,则对于区域 G 内的点 (x_0,y_0,z_0) 可唯一确定一个向量

$$\begin{aligned}&f_x(x_0,y_0,z_0)\boldsymbol{i}+f_y(x_0,y_0,z_0)\boldsymbol{j}+f_z(x_0,y_0,z_0)\boldsymbol{k}\\&=\{f_x(x_0,y_0,z_0),f_y(x_0,y_0,z_0),f_z(x_0,y_0,z_0)\},\end{aligned}\tag{24}$$

称之为函数 $f(x,y,z)$ 在点 (x_0,y_0,z_0) 处的梯度,记为 $\mathbf{grad}f(x_0,y_0,z_0)$. 类似地,可以证明在点 (x_0,y_0,z_0) 处,函数 $f(x,y,z)$ 沿梯度方向的方向导数达到最大值 $|\mathbf{grad}f(x_0,y_0,z_0)|$.

例 14 求函数 $z=\ln(x^2+y^2)$ 的梯度.

解 因 $\frac{\partial z}{\partial x}=\frac{2x}{x^2+y^2}$,$\frac{\partial z}{\partial y}=\frac{2y}{x^2+y^2}$,故函数 $z=\ln(x^2+y^2)$ 的梯度为

$$\mathbf{grad}\ln(x^2+y^2)=\frac{2x}{x^2+y^2}\boldsymbol{i}+\frac{2y}{x^2+y^2}\boldsymbol{j}.$$

例 15 设函数 $f(x,y,z)=x^2+y^2+z^2$,在点 $(2,1,-1)$ 处求方向 l,使得该函数在此点处沿方向 l 的方向导数达到最大,并求方向 l 的方向余弦和最大的方向导数.

解 根据函数梯度的意义,函数沿梯度方向的方向导数最大. 因

$$\mathbf{grad}f(x,y,z)=\{f_x,f_y,f_z\}=\{2x,2y,2z\},$$

故 $\mathbf{grad}f(2,1,-1)=\{4,2,-2\}\xlongequal{\text{记为}}\boldsymbol{g}$. 因此,该函数在点 $(2,1,-1)$ 处沿 $\boldsymbol{g}=\{4,2,-2\}$ 方向的方向导数最大. $\boldsymbol{g}$ 的方向就是所求的方向 l. 将 $\boldsymbol{g}$ 单位化,得

$$\boldsymbol{g}^0=\frac{\boldsymbol{g}}{|\boldsymbol{g}|}=\left\{\frac{\sqrt{6}}{3},\frac{\sqrt{6}}{6},-\frac{\sqrt{6}}{6}\right\},$$

于是所求的方向余弦为

$$\cos\alpha=\frac{\sqrt{6}}{3},\quad\cos\beta=\frac{\sqrt{6}}{6},\quad\cos\gamma=-\frac{\sqrt{6}}{6}.$$

函数 $f(x,y,z)$ 在点 $(2,1,-1)$ 处的最大方向导数就是该点处梯度的模,为

$$|\mathbf{grad}\, f(2,1,-1)|=\sqrt{24}=2\sqrt{6}.$$

习 题 2-4

1. 求下列函数的极值：

(1) $z=4(x-y)-x^2-y^2$；

(2) $z=e^{2x}(x+y^2+2y)$；

(3) $z=xy+\dfrac{50}{x}+\dfrac{20}{y}\ (x,y>0)$；

(4) $z=x^3+y^3-3xy$；

(5) $z=\dfrac{y^2}{b^2}-\dfrac{x^2}{a^2}+1\ (a,b>0)$；

(6) $z=5-\sqrt{x^2+y^2}$.

2. 用拉格朗日乘数法求下列条件极值问题的可疑极值点，并用无条件极值的方法确定是否取得极值：

(1) 目标函数 $z=xy$，约束条件 $x+y=1$；

(2) 目标函数 $z=x^2+y^2$，约束条件 $\dfrac{x}{a}+\dfrac{y}{b}=1$($a,b$ 为常数)；

(3) 目标函数 $u=x-2y+2z$，约束条件 $x^2+y^2+z^2=1$.

3. 将一个正数 a 分为三个正数之和，使得它们的乘积最大.

4. 造一个容积为 $27\ \mathrm{m}^3$ 的长方体水箱，如何选择水箱的尺寸可使得用料最省？

5. 在斜边长为 l 的一切直角三角形中求出最大周长的直角三角形.

6. 求内接于半径为 R 的球且体积最大的圆柱体的高.

7. 求内接于椭圆 $\dfrac{x^2}{a^2}+\dfrac{y^2}{b^2}=1(a,b>0)$且面积最大的矩形的边长.

8. 求下列曲线在指定点处的切线方程和法平面方程：

(1) 曲线 $x=\dfrac{t}{1+t}$，$y=\dfrac{1+t}{t}$，$z=t^2$，在 $t=1$ 对应的点处；

(2) 曲线 $x=t^2$，$y=1-t$，$z=t^3$，在点$(1,0,1)$处；

(3) 曲线 $x=3\cos\theta$，$y=3\sin\theta$，$z=4\theta$，在点$\left(\dfrac{3\sqrt{2}}{2},\dfrac{3\sqrt{2}}{2},\pi\right)$处.

9. 求出曲线 $x=t$，$y=t^2$，$z=t^3$ 上的一点，使得该点处的切线平行于平面 $x+2y+z=4$.

10. 求下列曲面在指定点处的切平面方程与法线方程：

(1) 曲面 $z=y+\ln\dfrac{x}{y}$，在点$(1,1,1)$处；

(2) 曲面 $z^2=x^2+y^2$，在点$(3,4,5)$处；

(3) 曲面 $x^3+y^3+z^3+xyz-6=0$，在点$(1,2,-1)$处；

(4) 曲面 $e^z-z+xy=3$，在点$(2,1,0)$处.

11. 求曲面 $x^2+2y^2+3z^2=21$ 的平行于平面 $x+4y+6z=0$ 的切平面方程.

12. 在曲面 $z=xy$ 上求一点，使得这个曲面在该点处的法线垂直于平面 $x+3y+z+9=0$，并求此法线的方程.

13. 证明：

(1) 球面上各点处的法线通过球心；

(2) 平面上任意点处的切平面都是该平面本身.

14. 求下列方向导数：

(1) 函数 $z=x^2-y^2$ 在点(1,1)处沿与 x 轴正向成60°角的方向 l 的方向导数；

(2) 函数 $z=x^2+y^2$ 在点(1,2)处沿从点 $A(1,2)$ 到点 $B(2,2+\sqrt{3})$ 的方向 l 的方向导数；

(3) 函数 $u=xy^2+z^3-xyz$ 在点(1,1,2)处沿方向角为 $\alpha=\frac{\pi}{3},\beta=\frac{\pi}{4},\gamma=\frac{\pi}{3}$ 的方向 l 的方向导数；

(4) 函数 $u=xyz$ 在点(5,1,2)处沿从点 $A(5,1,2)$ 到点 $B(9,4,14)$ 的方向 l 的方向导数.

15. 分别求函数 $u=x^2+2y^2+3z^2+xy+3x-2y-6z$ 在点 $O(0,0,0)$，$A(1,1,1)$，$B(2,0,1)$ 处的梯度. 问：在何处该函数的梯度为 $\mathbf{0}$？

16. 求函数 $z=\sqrt{xy}$ 在点(4,2)处的最大变化率.

多元函数的微分学内容小结

多元函数的微分学是一元函数的微分学的推广和发展，两者的处理方法有很多相似之处. 由于自变量个数的增加，多元函数的微分学又产生了很多新内容，如偏导数、全微分、方向导数、条件极值等. 本章以二元函数为主讲述有关内容.

一、多元函数的定义、极限、连续及其性质

1. 多元函数

设 x,y,z 是三个变量. 如果变量 x,y 在一定范围内变化时，对于 x,y 的每一组取值，变量 z 按照某个法则 f 总有唯一确定的值与 x,y 对应，则称变量 z 是变量 x,y 的二元函数(简称函数)，记为 $z=f(x,y)$，$z=z(x,y)$ 或 $f(x,y)$，并称变量 x,y 为该函数的自变量，称变量 z 为该函数的因变量. 自变量 x,y 的变化范围称为该函数的定义域，通常记为 D_f；因变量 z 的变化范围称为该函数的值域，记为 R_f.

二元函数 $z=f(x,y)$ 的定义域 D_f 是平面上的点集，其几何图形一般是空间中的曲面，这个曲面在 Oxy 平面上的投影区域是 D_f.

三元及三元以上函数的定义与二元函数类似.

2. 二重极限

设函数 $f(x,y)$ 在点 $P_0(x_0,y_0)$ 的某个去心邻域 $\mathring{U}(P_0)$ 内有定义. 如果当点 $P(x,y)$ 无限接近点 P_0 时，在点 P 处的函数值 $f(x,y)$ 与某个实数 A 也无限接近，则称 A 是函数 $f(x,y)$ 在点 P_0 处的二重极限(简称极限)，记为

$$\lim_{\substack{x\to x_0\\y\to y_0}}f(x,y)=A \quad \text{或} \quad \lim_{(x,y)\to(x_0,y_0)}f(x,y)=A.$$

定理1 函数 $f(x,y)$ 在点 $P_0(x_0,y_0)$ 处的二重极限存在的充要条件是，当点 $P(x,y)$ 以任何方式趋向于点 P_0 时，函数 $f(x,y)$ 的极限都存在且相等.

用这个定理判断函数 $f(x,y)$ 在点 $P_0(x_0,y_0)$ 处的二重极限不存在是很方便的. 例如，若点 $P(x,y)$ 沿两条不同的路径趋向于点 P_0 时，函数 $f(x,y)$ 的极限不同，则极限 $\lim\limits_{\substack{x\to x_0\\y\to y_0}}f(x,y)$ 不存在.

3. 连续性

如果 $\lim\limits_{\substack{x\to x_0\\y\to y_0}} f(x,y)=f(x_0,y_0)$,则称函数 $f(x,y)$ 在点 (x_0,y_0) 处连续.

初等函数在其有定义的区域内处处连续.

4. 最值定理

如果函数 $f(x,y)$ 在有界闭区域 D 上连续,则函数 $f(x,y)$ 在 D 上一定有最大值和最小值.

由此可知,有界闭区域上的连续函数一定有界.

5. 介值定理

设函数 $f(x,y)$ 在有界闭区域 D 上连续,M 和 m 分别是函数 $f(x,y)$ 在 D 上的最大值和最小值.对于任何实数 c,只要满足 $m\leqslant c\leqslant M$,则至少存在一点 $(\bar{x},\bar{y})\in D$,使得 $f(\bar{x},\bar{y})=c$.

二、偏导数与全微分

1. 偏导数

设函数 $z=f(x,y)$ 在点 (x_0,y_0) 的某个邻域内有定义.固定 $y=y_0$,对一元函数 $F(x)=f(x,y_0)$ 的自变量在 x_0 处给出增量 Δx,则有函数增量

$$\Delta F=F(x_0+\Delta x)-F(x_0)=f(x_0+\Delta x,y_0)-f(x_0,y_0).$$

若极限

$$\lim_{\Delta x\to 0}\frac{\Delta F}{\Delta x}=\lim_{\Delta x\to 0}\frac{f(x_0+\Delta x,y_0)-f(x_0,y_0)}{\Delta x}$$

存在,则称此极限值为函数 $z=f(x,y)$ 在点 (x_0,y_0) 处对 x 的偏导数,记为

$$\left.\frac{\partial z}{\partial x}\right|_{\substack{x=x_0\\y=y_0}},\quad \left.\frac{\partial f}{\partial x}\right|_{\substack{x=x_0\\y=y_0}},\quad f_x(x_0,y_0),\quad z_x(x_0,y_0),\quad z_x\Big|_{\substack{x=x_0\\y=y_0}}\quad 或\quad z_x\Big|_{(x_0,y_0)}.$$

同样,函数 $z=f(x,y)$ 在点 (x_0,y_0) 处对 y 的偏导数定义为

$$\lim_{\Delta y\to 0}\frac{f(x_0,y_0+\Delta y)-f(x_0,y_0)}{\Delta y},$$

记为

$$\left.\frac{\partial z}{\partial y}\right|_{\substack{x=x_0\\y=y_0}},\quad \left.\frac{\partial f}{\partial y}\right|_{\substack{x=x_0\\y=y_0}},\quad f_y(x_0,y_0),\quad z_y(x_0,y_0),\quad z_y\Big|_{\substack{x=x_0\\y=y_0}}\quad 或\quad z_y\Big|_{(x_0,y_0)}.$$

类似地,可定义三元及三元以上函数的偏导数.

对多元函数中的某个自变量求偏导数,就是将其余的自变量看作常数,对这个变量求一元函数的导数.

2. 高阶偏导数

设函数 $z=f(x,y)$ 在区域 D 内存在偏导数 $\frac{\partial z}{\partial x}=f_x(x,y)$,$\frac{\partial z}{\partial y}=f_y(x,y)$.如果这两个偏导数在 D 内仍存在偏导数,则称它们的偏导数为函数 $z=f(x,y)$ 的二阶偏导数.函数 $z=f(x,y)$ 的二阶偏导数共有四个,它们分别为

$$\frac{\partial}{\partial x}\left(\frac{\partial z}{\partial x}\right)=\frac{\partial^2 z}{\partial x^2}=f_{xx}(x,y)=f_{11}(x,y),\quad 或记为\quad f_{11},z_{11};$$

$$\frac{\partial}{\partial y}\left(\frac{\partial z}{\partial x}\right)=\frac{\partial^2 z}{\partial x\partial y}=f_{xy}(x,y)=f_{12}(x,y),\quad 或记为\quad f_{12},z_{12};$$

$$\frac{\partial}{\partial x}\left(\frac{\partial z}{\partial y}\right)=\frac{\partial^2 z}{\partial y\partial x}=f_{yx}(x,y)=f_{21}(x,y),\quad \text{或记为}\quad f_{21},\ z_{21};$$

$$\frac{\partial}{\partial y}\left(\frac{\partial z}{\partial y}\right)=\frac{\partial^2 z}{\partial y^2}=f_{yy}(x,y)=f_{22}(x,y),\quad \text{或记为}\quad f_{22},\ z_{22},$$

其中 $f_{xy}(x,y)$ 及 $f_{yx}(x,y)$ 称为二阶混合偏导数.

定理2 如果函数 $f(x,y)$ 的两个二阶混合偏导数 $f_{xy}(x,y)$ 及 $f_{yx}(x,y)$ 都连续,则它们相等.

3. 全微分

设函数 $z=f(x,y)$ 在点 (x,y) 的某个邻域内的全增量为

$$\Delta z=f(x+\Delta x,y+\Delta y)-f(x,y).$$

如果它可以表示为

$$\Delta z=A\Delta x+B\Delta y+o(\rho),$$

其中 A,B 不随变量 $\Delta x,\Delta y$ 变化而变化,它们仅与 x,y 有关,$\rho=\sqrt{\Delta x^2+\Delta y^2}$,$o(\rho)$ 是 ρ 的高阶无穷小量($\rho\to 0$),则称函数 $z=f(x,y)$ 在点 (x,y) 处可微,并称 $A\Delta x+B\Delta y$ 为该函数在点 (x,y) 处的全微分,记为 $\mathrm{d}z$.

当函数 $z=f(x,y)$ 在点 (x,y) 处可微时,有

$$f_x(x,y)=A,\quad f_y(x,y)=B.$$

记 $\Delta x=\mathrm{d}x$,$\Delta y=\mathrm{d}y$,于是

$$\mathrm{d}z=f_x(x,y)\mathrm{d}x+f_y(x,y)\mathrm{d}y\quad \text{或}\quad \mathrm{d}z=\frac{\partial z}{\partial x}\mathrm{d}x+\frac{\partial z}{\partial y}\mathrm{d}y.$$

定理3 如果函数 $f(x,y)$ 的两个偏导数在点 (x,y) 处连续,则该函数在点 (x,y) 处可微.

类似地,可以定义三元函数 $u=f(x,y,z)$ 的全微分,并有

$$\mathrm{d}u=\frac{\partial u}{\partial x}\mathrm{d}x+\frac{\partial u}{\partial y}\mathrm{d}y+\frac{\partial u}{\partial z}\mathrm{d}z.$$

4. 可微、可导及连续之间的关系

在多元函数中,可微、可导及连续之间的关系与一元函数的情况有所不同.对于多元函数,有:

1) 可微必可导,可导不一定可微;

2) 可微必连续,连续不一定可微;

3) 可导不一定连续,连续不一定可导.

5. 复合函数的导数或偏导数

复合函数的求导公式(链式法则):

1) 若 $z=f(u,v)$,$u=\varphi(x)$,$v=\psi(x)$ 可微,则复合函数 $z=f(\varphi(x),\psi(x))$ 可导,并有

$$\frac{\mathrm{d}z}{\mathrm{d}x}=\frac{\partial z}{\partial u}\cdot\frac{\mathrm{d}u}{\mathrm{d}x}+\frac{\partial z}{\partial v}\cdot\frac{\mathrm{d}v}{\mathrm{d}x};$$

2) 若 $z=f(u,v)$,$u=\varphi(x,y)$,$v=\psi(x,y)$ 可微,则复合函数 $z=f(\varphi(x,y),\psi(x,y))$ 的偏导数存在,并有

$$\frac{\partial z}{\partial x}=\frac{\partial z}{\partial u}\cdot\frac{\partial u}{\partial x}+\frac{\partial z}{\partial v}\cdot\frac{\partial v}{\partial x},\quad \frac{\partial z}{\partial y}=\frac{\partial z}{\partial u}\cdot\frac{\partial u}{\partial y}+\frac{\partial z}{\partial v}\cdot\frac{\partial v}{\partial y};$$

3) 若 $z=f(u)$，$u=\varphi(x,y)$ 可微，则复合函数 $z=f(\varphi(x,y))$ 的偏导数存在，并有

$$\frac{\partial z}{\partial x}=\frac{\mathrm{d}z}{\mathrm{d}u}\cdot\frac{\partial u}{\partial x},\quad \frac{\partial z}{\partial y}=\frac{\mathrm{d}z}{\mathrm{d}u}\cdot\frac{\partial u}{\partial y}.$$

6. 隐函数的导数或偏导数

1) 设函数 $F(x,y)$ 在点 (x_0,y_0) 的某个邻域内具有连续偏导数，且

$$F_y(x_0,y_0)\neq 0,\quad F(x_0,y_0)=0,$$

则方程 $F(x,y)=0$ 在点 (x_0,y_0) 的某个邻域内可唯一确定具有连续导数的函数 $y=f(x)$，使得 $y_0=f(x_0)$，并有

$$\frac{\mathrm{d}y}{\mathrm{d}x}=-\frac{F_x}{F_y};$$

2) 设函数 $F(x,y,z)$ 在点 (x_0,y_0,z_0) 的某个邻域内具有连续偏导数，且

$$F_z(x_0,y_0,z_0)\neq 0,\quad F(x_0,y_0,z_0)=0,$$

则方程 $F(x,y,z)=0$ 在点 (x_0,y_0,z_0) 的某个邻域内可唯一确定具有连续偏导数的函数 $z=f(x,y)$，使得 $z_0=f(x_0,y_0)$，并有

$$\frac{\partial z}{\partial x}=-\frac{F_x}{F_z},\quad \frac{\partial z}{\partial y}=-\frac{F_y}{F_z}.$$

三、二元函数的极值

1. 极值的定义

设函数 $f(x,y)$ 在区域 D 上有定义，点 $P_0(x_0,y_0)$ 的某个邻域 $U\subset D$.

如果对于 U 中异于 P_0 的任何点 $P(x,y)$，总有不等式 $f(x,y)<f(x_0,y_0)$ 成立，则称 $f(x_0,y_0)$ 为函数 $f(x,y)$ 的极大值，而称 P_0 为极大值点.

如果对于 U 中异于 P_0 的任何点 $P(x,y)$，总有不等式 $f(x,y)>f(x_0,y_0)$ 成立，则称 $f(x_0,y_0)$ 为函数 $f(x,y)$ 的极小值，而称 P_0 为极小值点.

2. 取得极值的必要条件

如果函数 $f(x,y)$ 在点 $P_0(x_0,y_0)$ 处的两个偏导数都存在，且此函数在该点处取得极值，则

$$f_x(x_0,y_0)=0,\quad f_y(x_0,y_0)=0.$$

使得函数 $f(x,y)$ 的两个偏导数都等于零的点称为驻点. 与一元函数类似，可导的极值点必是驻点，但极值点不一定是驻点.

3. 取得极值的充分条件

设函数 $f(x,y)$ 在驻点 (x_0,y_0) 的某个邻域内具有二阶连续偏导数. 令

$$A=f_{xx}(x_0,y_0),\quad B=f_{xy}(x_0,y_0),\quad C=f_{yy}(x_0,y_0),\quad \Delta=B^2-AC,$$

于是有：

1) 如果 $\Delta<0$，则点 (x_0,y_0) 是函数 $f(x,y)$ 的极值点，且当 $A<0$ 时，$f(x_0,y_0)$ 是极大值；当 $A>0$ 时，$f(x_0,y_0)$ 是极小值.

2) 如果 $\Delta>0$，则点 (x_0,y_0) 不是函数 $f(x,y)$ 的极值点.

3) 如果 $\Delta=0$，则函数 $f(x,y)$ 在点 (x_0,y_0) 处有无极值不能确定，需用其他方法判别.

4. 条件极值

1) 求二元函数 $f(x,y)$ 在约束条件 $\varphi(x,y)=0$ 下的极值点，可以按照如下步骤进行：

① 构造拉格朗日函数：

$$L(x,y)=f(x,y)+\lambda\varphi(x,y),$$

其中λ为拉格朗日乘数.

② 解方程组

$$\begin{cases}L_x(x,y)=f_x(x,y)+\lambda\varphi_x(x,y)=0,\\L_y(x,y)=f_y(x,y)+\lambda\varphi_y(x,y)=0,\\\varphi(x,y)=0.\end{cases}$$

若λ_0,x_0,y_0是该方程组的解,则(x_0,y_0)是可疑的极值点.

2）求三元函数$f(x,y,z)$在约束条件$\varphi(x,y,z)=0$下的极值点,可以按照如下步骤进行：

① 构造拉格朗日函数：

$$L(x,y,z)=f(x,y,z)+\lambda\varphi(x,y,z),$$

其中λ是拉格朗日乘数.

② 解方程组

$$\begin{cases}L_x(x,y,z)=f_x(x,y,z)+\lambda\varphi_x(x,y,z)=0,\\L_y(x,y,z)=f_y(x,y,z)+\lambda\varphi_y(x,y,z)=0,\\L_z(x,y,z)=f_z(x,y,z)+\lambda\varphi_z(x,y,z)=0,\\\varphi(x,y,z)=0.\end{cases}$$

如果λ_0,x_0,y_0,z_0是该方程组的解,则点(x_0,y_0,z_0)是可疑的极值点.

四、多元微分学的几何应用

1. 空间曲线的切线与法平面

给定空间曲线L：

$$\begin{cases}x=x(t),\\y=y(t),\\z=z(t),\end{cases}$$

其中函数$x(t),y(t),z(t)$具有连续导数且导数不同时为零.设曲线L上的点$P_0(x_0,y_0,z_0)$对应的参数为t_0,则曲线L在点P_0处的切向量为

$$\{x'(t_0),y'(t_0),z'(t_0)\}.$$

此时,切线方程为

$$\frac{x-x_0}{x'(t_0)}=\frac{y-y_0}{y'(t_0)}=\frac{z-z_0}{z'(t_0)},$$

法平面方程为

$$x'(t_0)(x-x_0)+y'(t_0)(y-y_0)+z'(t_0)(z-z_0)=0.$$

2. 曲面的切平面与法线

给定曲面Σ的方程$F(x,y,z)=0$,其中函数$F(x,y,z)$具有连续偏导数且三个偏导数不同时为零.设$P_0(x_0,y_0,z_0)$是曲面Σ上的一点,则曲面Σ在点P_0处的法向量为

$$\{F_x(x_0,y_0,z_0),F_y(x_0,y_0,z_0),F_z(x_0,y_0,z_0)\}.$$

此时,切平面方程为

$$F_x(x_0,y_0,z_0)(x-x_0)+F_y(x_0,y_0,z_0)(y-y_0)+F_z(x_0,y_0,z_0)(z-z_0)=0,$$

法线方程为

$$\frac{x-x_0}{F_x(x_0,y_0,z_0)}=\frac{y-y_0}{F_y(x_0,y_0,z_0)}=\frac{z-z_0}{F_z(x_0,y_0,z_0)}.$$

五、方向导数与梯度

1. 方向导数

若函数 $u=f(x,y,z)$在点 $P(x,y,z)$处可微,方向 l 的方向余弦为 $\cos\alpha,\cos\beta,\cos\gamma$,则函数 $f(x,y,z)$在点 $P(x,y,z)$处沿方向 l 的方向导数为

$$\frac{\partial u}{\partial l}=\frac{\partial u}{\partial x}\cos\alpha+\frac{\partial u}{\partial y}\cos\beta+\frac{\partial u}{\partial z}\cos\gamma.$$

2. 梯度

设函数 $u=f(x,y,z)$在空间区域 G 内可微,则该函数在点 $P_0(x_0,y_0,z_0)\in G$ 处的梯度定义为向量

$$\mathbf{grad}f(x_0,y_0,z_0)=f_x(x_0,y_0,z_0)\boldsymbol{i}+f_y(x_0,y_0,z_0)\boldsymbol{j}+f_z(x_0,y_0,z_0)\boldsymbol{k}.$$

梯度的方向是函数变化率最大的方向. 在梯度的方向上函数的方向导数取得最大值

$$|\mathbf{grad}f(x_0,y_0,z_0)|.$$

复 习 题 二

一、填空题

1. 设函数 $f(x,y)=\dfrac{xy}{x^2+y^2}$,则 $f\left(\dfrac{y}{x},1\right)=$__________.

2. 若函数 $f(x,y)=\ln(x-\sqrt{x^2-y^2})$ $(x>y>0)$,则 $f(x+y,x-y)=$__________.

3. 函数 $z=\dfrac{1}{\ln(x+y)}$ 的定义域为__________.

4. 若 $x^y=y^x$,则 $\dfrac{\mathrm{d}y}{\mathrm{d}x}=$__________.

5. 由方程 $xyz+\sqrt{x^2+y^2+z^2}=\sqrt{2}$ 所确定的隐函数 $z=z(x,y)$在点$(1,0,-1)$处的全微分为 $\mathrm{d}z=$__________.

6. 函数 $u=\ln(x^2+y^2+z^2)$在点 $M(1,2,-2)$处的梯度为__________.

7. 椭圆$\begin{cases}3x^2+2y^2=12,\\ z=0\end{cases}$绕 y 轴旋转所生成的旋转面在点 $M(0,\sqrt{3},\sqrt{2})$处指向外侧的单位法向量为__________.

8. 设函数 $z=f(u,v,w)$可微,$u=x^2$,$v=\sin e^y$,$w=\ln y$,则 $\dfrac{\partial z}{\partial y}=$__________.

9. 设函数 $f(x,y)$满足 $xf_x(x,y)+yf_y(x,y)=f(x,y)$,$f_x(1,-1)=3$,点 $P(1,-1,2)$在曲面 $z=f(x,y)$上,则该曲面在点 P 处的切平面方程为__________.

10. 函数 $f(x,y)=x^3-4x^2+2xy-y^2$ 的极大值点是__________.

二、单项选择题

1. 设函数 $f(x,y)=xy-x^3y-xy^3$,则下列 $f(x,y)$的表达式中错误的是 (　　)

(A) 在直线 $x=1$ 上,$f(x,y)=-y^3$;

(B) 在直线 $y=0$ 上，$f(x,y)=0$；

(C) 在圆 $x^2+y^2=1$ 上，$f(x,y)=0$；

(D) 在抛物线 $y=x^2$ 上，$f(x,y)=x^3-2x^7$.

2. 如果函数 $z=x^2+y^2$ 在所给的区域 D 上有最大值和最小值，则 D 可能为　(　　)

(A) $D：(x-4)^2+(y+5)^2<100$；　(B) $D：(x-4)^2+(y+5)^2\leqslant 4$；

(C) $D：x>0,y\geqslant 0$；　(D) $D：x+y\leqslant 2$.

3. 设函数 $f(x,y)$ 在点 (x_0,y_0) 的某个邻域内有定义，则下列结论中正确的是　(　　)

(A) 若 $f_x(x_0,y_0)$，$f_y(x_0,y_0)$ 都存在，则函数 $f(x,y)$ 在点 (x_0,y_0) 处连续；

(B) 若 $f_x(x_0,y_0)$，$f_y(x_0,y_0)$ 都存在，则函数 $f(x,y)$ 在点 (x_0,y_0) 处可微；

(C) 若 $f_x(x_0,y_0)$，$f_y(x_0,y_0)$ 都不存在，则函数 $f(x,y)$ 在点 (x_0,y_0) 处不连续；

(D) 若 $f_x(x,y)$，$f_y(x,y)$ 都在点 (x_0,y_0) 处连续，则函数 $f(x,y)$ 在点 (x_0,y_0) 处连续.

4. 设函数

$$f(x,y)=\begin{cases}(x^2+y^2)\sin\dfrac{1}{x^2+y^2}, & x^2+y^2\neq 0,\\ 0, & x^2+y^2=0,\end{cases}$$

则函数 $f(x,y)$ 在原点 $(0,0)$ 处　(　　)

(A) 偏导数不存在；　(B) 不可微；

(C) 偏导数连续；　(D) 可微.

5. 设 $z=z(x,y)$ 是由方程 $e^z-xyz=0$ 确定的隐函数，则 $\dfrac{\partial z}{\partial x}=$　(　　)

(A) $\dfrac{z}{1+z}$；　(B) $\dfrac{y}{x(1+z)}$；　(C) $\dfrac{z}{x(z-1)}$；　(D) $\dfrac{y}{x(1-z)}$.

6. 已知函数 $f(x,y)$ 在点 (x_0,y_0) 处的偏导数存在，则下列结论中正确的是　(　　)

(A) 函数 $f(x,y)$ 在点 (x_0,y_0) 处连续；

(B) 函数 $f(x,y)$ 在点 (x_0,y_0) 处可微；

(C) 函数 $f(x,y_0)$ 在点 $x=x_0$ 处连续；

(D) 函数 $f(x,y)$ 在点 (x_0,y_0) 处沿任意方向的方向导数都存在.

7. 设函数 $F(x,y)$ 具有连续偏导数，且 $F(x,y)(y\mathrm{d}x+x\mathrm{d}y)$ 是某个函数 $u(x,y)$ 的全微分，则函数 $F(x,y)$ 应满足　(　　)

(A) $\dfrac{\partial F}{\partial x}=\dfrac{\partial F}{\partial y}$；　(B) $x\dfrac{\partial F}{\partial x}=y\dfrac{\partial F}{\partial y}$；

(C) $y\dfrac{\partial F}{\partial x}=x\dfrac{\partial F}{\partial y}$；　(D) $-x\dfrac{\partial F}{\partial x}=y\dfrac{\partial F}{\partial y}$.

8. 函数 $f(x,y)=\sqrt{x^2+y^2}$ 在点 $(0,0)$ 处　(　　)

(A) 连续；　(B) 不连续；　(C) 可微；　(D) 偏导数存在.

9. 在曲线 $x=t,y=-t^2,z=t^3$ 的所有切线中，与平面 $x+2y+z=4$ 平行的切线　(　　)

(A) 只有一条；　(B) 只有两条；　(C) 至少有三条；　(D) 不存在.

10. 设函数 $f(x,y)$ 在点 (x_0,y_0) 的某个邻域内有定义，则下列结论中错误的是　(　　)

(A) 若在点 (x_0,y_0) 处沿任何方向的方向导数都存在，则函数 $f(x,y)$ 在点 (x_0,y_0) 处的偏导数存在；

(B) 若函数 $f(x,y)$ 可微且 $\mathbf{g}=\mathbf{grad}f(x_0,y_0)\neq\mathbf{0}$，则在点 (x_0,y_0) 处，函数 $f(x,y)$ 沿 $\mathbf{g}$ 方向的增长速度最快；

(C) 若函数 $f(x,y)$ 可微且 $\mathbf{g}=\mathbf{grad}f(x_0,y_0)\neq\mathbf{0}$，则在点 (x_0,y_0) 处，函数 $f(x,y)$ 沿 $-\mathbf{g}$ 方向的下降速度最快；

(D) 若函数 $f(x,y)$ 可微，则在点 (x_0,y_0) 处沿任何方向的方向导数都存在.

三、综合题

1. 设函数 $f\left(x+y,\dfrac{y}{x}\right)=x^2-y^2$，求函数 $f(x,y)$.

2. 设函数 $f(x,y)=x^2+y^2-xy\arctan\dfrac{x}{y}$，证明：$f(tx,ty)=t^2f(x,y)$.

3. 设函数 $f(x,y)=x+(y-1)\arcsin\sqrt{\dfrac{x}{y}}$，求偏导数 $f_x(x,1)$.

4. 已知一个矩形的宽为 $x=6$ m，长为 $y=8$ m. 如果宽增加 5 cm，长减少 10 cm，问：该矩形的对角线大约改变了多少？(提示：利用全微分.)

5. 设函数

$$f(x,y)=\begin{cases}\dfrac{x^2y^2}{(x^2+y^2)^{\frac{3}{2}}}, & x^2+y^2\neq 0,\\ 0, & x^2+y^2=0,\end{cases}$$

证明：在原点处，该函数连续且两个偏导数都存在，但不可微.

6. 求函数 $z=(x^2+y^2)e^{\frac{x^2+y^2}{xy}}$ 的偏导数.

7. 设函数 $z=\dfrac{y}{f(x^2-y^2)}$，其中 f 为可导函数，证明：$\dfrac{1}{x}\cdot\dfrac{\partial z}{\partial x}+\dfrac{1}{y}\cdot\dfrac{\partial z}{\partial y}=\dfrac{z}{y^2}$.

8. 设 $x=x(y,z)$，$y=y(x,z)$，$z=z(x,y)$ 都是由方程 $F(x,y,z)=0$ 所确定的具有连续偏导数的隐函数，证明：$\dfrac{\partial x}{\partial y}\cdot\dfrac{\partial y}{\partial z}\cdot\dfrac{\partial z}{\partial x}=-1$.

9. 设 $z^3-3xyz=a^3$(a 为常数)，求 $\dfrac{\partial^2 z}{\partial x\partial y}$.

10. 设 $F(x,x+y,x+y+z)=0$，其中函数 F 可微，求偏导数 $\dfrac{\partial z}{\partial x},\dfrac{\partial z}{\partial y}$.

11. 求函数 $I(a,b)=\displaystyle\int_0^1(ax+b-x^2)^2\,dx$ 的极小值点.

12. 设 $z(x,y)$ 是由方程 $\sin(xyz)-\dfrac{1}{z-xy}=1$ 所确定的隐函数，求偏导数 $z_x(0,1)$.

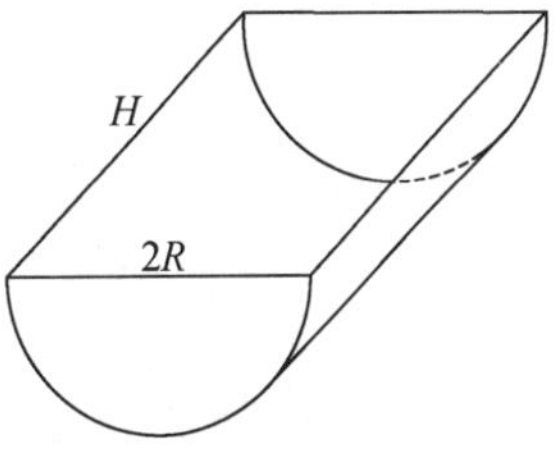

图 2-24

13. 有一个横断面为半圆盘的柱形敞口容器(图 2-24)，其柱长为 H，半圆的直径为 $2R$. 如果该容器的表面积为定值 S，问：当 H 和 R 各为多少时，可使得该容器的容积最大？

14. 已知一个矩形的周长为 $2p$，将它绕其一边旋转而得一个旋转体.问：当矩形的边长各为多少时,可使得该旋转体的体积最大?

15. 求内接于半径为 a 的球且有最大体积的长方体的长、宽和高.

16. 在第一卦限内作椭球面 $\frac{x^2}{a^2}+\frac{y^2}{b^2}+\frac{z^2}{c^2}=1(a,b,c>0)$ 的切平面,使得该切平面与三个坐标面所围成四面体的体积最小.求出这个切平面的切点及相应的最小体积.

17. 一个工厂中某种产品的产量 S(单位：吨)与两种原料 A,B 的用量 x,y(单位：吨)的关系为 $S=0.005x^2y$.现准备向银行贷款 150 万元购进原料,已知原料 A,B 的价格分别为 1 万元/吨和 2 万元/吨,问：怎样购进这两种原料才能使这种产品的产量最大?

18. 证明：曲面 $xyz=a^3(a>0)$ 上每一点处的切平面与三个坐标面所围成四面体的体积为一个常数;并求此常数.

19. 证明：曲面 $\sqrt{x}+\sqrt{y}+\sqrt{z}=\sqrt{a}\,(a>0)$ 上每一点处的切平面在各坐标轴上的截距之和等于 a.

20. 证明：球面 $x^2+y^2+z^2=2ax$ 与 $x^2+y^2+z^2=2by$ 相互正交(交点处两个球面的法线相互垂直),其中 a,b 为非零常数.

21. 在空间的哪些点处,函数 $u=x^3+y^3+z^3-3xyz$ 的梯度分别满足下列条件?

(1) 垂直于 z 轴；　　(2) 平行于 z 轴.

第三章

重积分

定积分有很多重要的应用，如求平面图形的面积、旋转体的体积、变力所做的功等. 由于定积分的被积函数是一元函数，积分范围是数轴上的区间，这就限制了定积分在更大范围上的应用. 大量的实际应用问题涉及多元函数，于是就产生了多元函数的积分学. 本章所讲的重积分以及下一章介绍的曲线积分和曲面积分，都属于多元函数的积分学，它们都是在定积分的基础上推广得到的，因而无论是从定义、性质上还是从计算上来说，都与定积分有着密切的联系.

§1 二重积分

1.1 二重积分的概念与性质

一、二重积分概念的引入

1. 曲顶柱体的体积问题

设曲面 Σ 的方程为 $z=f(x,y)$，$(x,y)\in D$，其中 D 是有界闭区域，则曲面 Σ 在 Oxy 平面上的投影是 D. 假定 $f(x,y)$ 连续，且 $f(x,y)\geqslant 0$，此时曲面 Σ 在 Oxy 平面的上方. 以 D 的边界为准线，作母线平行于 z 轴的柱面. 在此柱面内，以曲面 Σ 为顶，区域 D 为底的空间闭区域称为**曲顶柱体**(图 3-1). 我们来求这个曲顶柱体的体积 V.

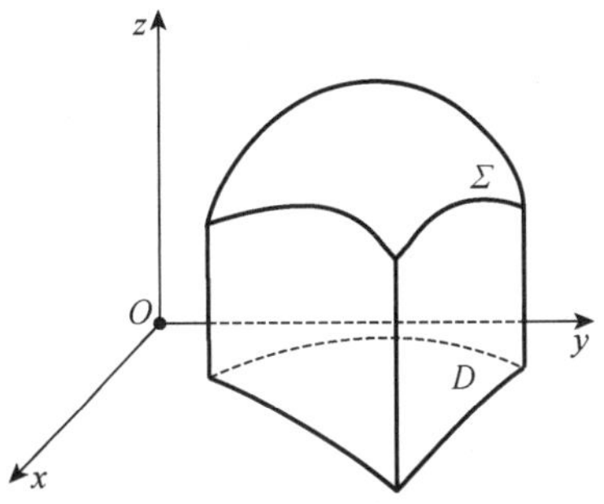

图 3-1

如果曲顶 Σ 是某个平面 $z=h$，则曲顶柱体是平顶柱体. 这时柱体的高度不随点 (x,y) 的变化而变化，于是有

$$V=D\text{ 的面积}\times\text{高}=D\text{ 的面积}\times h. \tag{1}$$

但是，当 Σ 是一般的曲面时，高度 $z=f(x,y)$ 随着点 (x,y) 在 D 内的变化而变化，因此这样的体积问题不能用通常的体积公式(1)来解决. 我们这里遇到了“变与不变”的矛盾. 回忆在定积分中求曲边梯形的面积问题，在那里解决问题的方法是在微小的局部以“不变代变”. 这样的方法也可以用来解决曲顶柱体的体积问题.

首先，用曲线网将 D 任意分割成 n 个小闭区域：$\Delta\sigma_1,\Delta\sigma_2,\cdots,\Delta\sigma_n$(也用这些记号表示相应小闭区域的面积). 分别以这些小闭区域的边界为准线，作母线平行于 z 轴的柱面，这些柱面将原来的曲顶柱体分为 n 个小曲顶柱体，依次记为 $\Delta V_1,\Delta V_2,\cdots,\Delta V_n$(也用这些记号表示相应小曲顶柱体的体积)，则

$$V=\Delta V_1+\Delta V_2+\cdots+\Delta V_n=\sum_{i=1}^{n}\Delta V_i. \qquad (2)$$

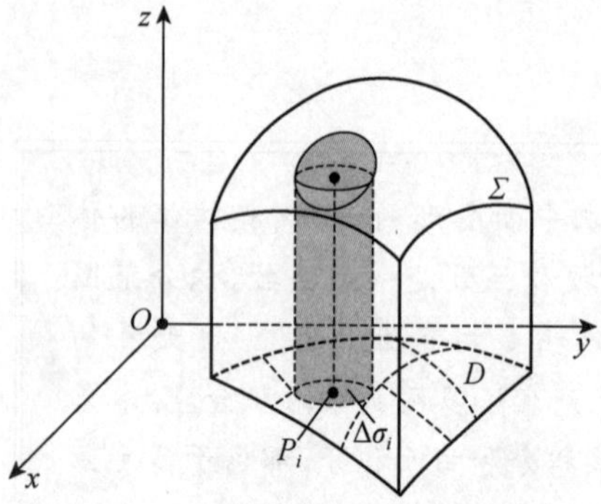

图 3-2

当这些小闭区域都很小时，由于函数 $f(x,y)$ 连续，因此在同一个小闭区域上高度 $f(x,y)$ 的变化幅度也很小. 此时，每个小曲顶柱体都可以近似看作平顶柱体. 在每个小闭区域 $\Delta\sigma_i$ 上任取一点 $P_i(\xi_i,\eta_i)$，以 $f(\xi_i,\eta_i)$ 为高，$\Delta\sigma_i$ 为底作平顶柱体(图 3-2)，则它的体积为 $f(\xi_i,\eta_i)\Delta\sigma_i$. 因此，相应小曲顶柱体的体积为

$$\Delta V_i\approx f(\xi_i,\eta_i)\Delta\sigma_i \quad (i=1,2,\cdots,n).$$

于是，由(2)式有

$$V\approx f(\xi_1,\eta_1)\Delta\sigma_1+f(\xi_2,\eta_2)\Delta\sigma_2+\cdots+f(\xi_n,\eta_n)\Delta\sigma_n=\sum_{i=1}^{n}f(\xi_i,\eta_i)\Delta\sigma_i.$$

和式 $\sum\limits_{i=1}^{n}f(\xi_i,\eta_i)\Delta\sigma_i$ 仅仅是 V 的近似值，但是各小闭区域被分割得越细密，这种近似程度就越好. 将 n 个小闭区域直径[①]中的最大值记为 λ. 如果 λ 很小，则各小闭区域都很小，也表明分割得很细密. 可以看到 λ 是分割细密程度的度量. 如果这样的分割无限地细密下去，即 $\lambda\to0$ 时，和式 $\sum\limits_{i=1}^{n}f(\xi_i,\eta_i)\Delta\sigma_i$ 的极限存在，则把这个极限值定义为该曲顶柱体的体积，即

$$V=\lim_{\lambda\to0}\sum_{i=1}^{n}f(\xi_i,\eta_i)\Delta\sigma_i. \qquad (3)$$

2. 平面薄板的质量

将 Oxy 平面上的有界闭区域 D 看作一块平面薄板，其上点 (x,y) 处的面密度为 $\rho(x,y)$，其中 $\rho(x,y)\geqslant0$ 且连续. 我们来计算该平面薄板的质量 M.

如果该平面薄板质量的分布是均匀的，即面密度恒为常数：$\rho(x,y)\equiv c$(c 为常数)，则面密度不随点 (x,y) 的变化而变化，从而有

$$M=D\text{ 的面积}\times c. \qquad (4)$$

但是，如果该平面薄板质量的分布是不均匀的，即面密度 $\rho(x,y)$ 随着点 (x,y) 的变化而变化，该平面薄板的质量 M 就不能按照公式(4)来计算了. 这又是一个“变与不变”的矛盾. 我们可以用处理曲顶柱体体积的方法来处理这类质量问题.

用曲线网将平面薄板 D 分为有限块小平面薄板：$\Delta\sigma_1,\Delta\sigma_2,\cdots,\Delta\sigma_n$(也用这些记号表示相应小平面薄板的面积，图 3-3)，这些小平面薄板的质量依次记为 $\Delta M_1,\Delta M_2,\cdots,\Delta M_n$，则

$$M=\Delta M_1+\Delta M_2+\cdots+\Delta M_n=\sum_{i=1}^{n}\Delta M_i. \qquad (5)$$

由于面密度 $\rho(x,y)$ 是连续函数，当这些小平面薄板的直径都很小时，面密度 $\rho(x,y)$ 在每块小平面薄板上的变化也很小，所以可以认为每块小平面薄板质量的分布是近似均匀的，即认为

① 一个闭区域的直径是指该闭区域上所有两点间距离的最大值. 当闭区域是圆形闭区域时，闭区域的直径就是圆的直径.

在每块小平面薄板上的面密度近似于一个常数. 在第 i 块小平面薄板 $\Delta\sigma_i(i=1,2,\cdots,n)$ 上任取一点 (ξ_i,η_i)，将 $\Delta\sigma_i$ 上的面密度近似看作在点 (ξ_i,η_i) 处的面密度 $\rho(\xi_i,\eta_i)$，则 $\Delta\sigma_i$ 的质量为

$$\Delta M_i\approx\rho(\xi_i,\eta_i)\Delta\sigma_i\quad(i=1,2,\cdots,n).$$

于是，由(5)式得

$$M\approx\rho(\xi_1,\eta_1)\Delta\sigma_1+\rho(\xi_2,\eta_2)\Delta\sigma_2+\cdots+\rho(\xi_n,\eta_n)\Delta\sigma_n$$
$$=\sum_{i=1}^{n}\rho(\xi_i,\eta_i)\Delta\sigma_i.$$

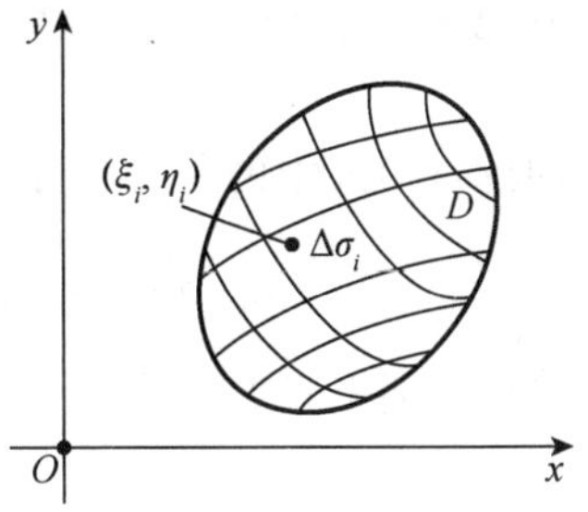

图 3-3

对平面薄板 D 的分割越细密，这种近似程度就越好. 仍用 λ 表示所有小平面薄板直径的最大值，它是分割细密程度的度量. 如果分割无限细密下去，即 $\lambda\to0$ 时，和式 $\sum\limits_{i=1}^{n}\rho(\xi_i,\eta_i)\Delta\sigma_i$ 的极限存在，则把这个极限值定义为该平面薄板的质量，即

$$M=\lim_{\lambda\to0}\sum_{i=1}^{n}\rho(\xi_i,\eta_i)\Delta\sigma_i. \tag{6}$$

二、二重积分的定义

上述两个问题的实际意义虽然不同，但是求解它们所使用的数学方法却是一样的. 于是，我们归纳出二重积分的概念.

定义 1 设 $f(x,y)$ 是定义在有界闭区域 D 上的函数. 将 D 任意分割成 n 个小闭区域：$\Delta\sigma_1,\Delta\sigma_2,\cdots,\Delta\sigma_n$（它们也表示相应小闭区域的面积）. 在每个小闭区域 $\Delta\sigma_i$ 上任取一点 (ξ_i,η_i)，做乘积 $f(\xi_i,\eta_i)\Delta\sigma_i(i=1,2,\cdots,n)$，并做和式 $\sum\limits_{i=1}^{n}f(\xi_i,\eta_i)\Delta\sigma_i$. 如果这些小闭区域直径的最大值 $\lambda\to0$ 时，这个和式的极限存在，则称此极限值为函数 $f(x,y)$ 在 D 上的**二重积分**，记为

$$\iint\limits_D f(x,y)\mathrm{d}\sigma,\quad 即\quad \iint\limits_D f(x,y)\mathrm{d}\sigma=\lim_{\lambda\to0}\sum_{i=1}^{n}f(\xi_i,\eta_i)\Delta\sigma_i, \tag{7}$$

其中 $f(x,y)$ 称为**被积函数**，$f(x,y)\mathrm{d}\sigma$ 称为**被积表达式**，$\mathrm{d}\sigma$ 称为**面积元素**，x 和 y 称为**积分变量**，D 称为**积分区域**，$\sum\limits_{i=1}^{n}f(\xi_i,\eta_i)\Delta\sigma_i$ 称为**积分和**. 此时，也称函数 $f(x,y)$ 在 D 上**可积**.

注 1) 二重积分的定义可以分为三个步骤：对函数的定义域进行分割，做积分和，取积分和的极限. 与定积分的定义相比较，这是它们的共同点. 以后我们还可以看到，这三个步骤也是其他积分定义的共同点.

2) (7)式中的极限是一种特殊的极限，它的意义是：无论对定义域 D 做何种分割，也无论各小闭区域 $\Delta\sigma_i$ 上的点 (ξ_i,η_i) 怎样选取，只要 λ 充分小，积分和 $\sum\limits_{i=1}^{n}f(\xi_i,\eta_i)\Delta\sigma_i$ 就会与某个实数充分接近.

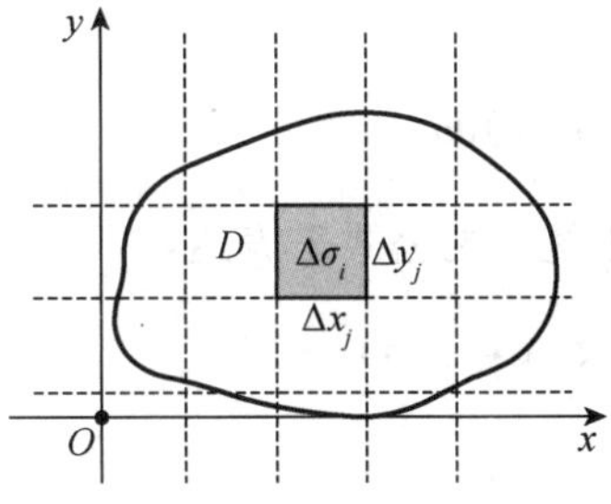

图 3-4

3) 面积元素的记号 $\mathrm{d}\sigma$ 是由积分和中的 $\Delta\sigma_i$ 转化而来的，因此它的直观意义是微小的面积.

在二重积分的定义中，对积分区域 D 的分割是任意的. 现考虑用平行于坐标轴的直线网来分割 D（图 3-4）. 将含边界点的小闭区域记为 $\Delta\sigma_k'$；不含边界点的小闭区域都是矩形闭区域，将

其记为 $\Delta\sigma_j$，设其边长分别为 $\Delta x_j,\Delta y_j$，则小矩形闭区域 $\Delta\sigma_j$ 的面积为

$$\Delta\sigma_j=\Delta x_j\Delta y_j.$$

因此，(7)式中的积分和可分为两部分，即

$$\sum_{i=1}^{n}f(\xi_i,\eta_i)\Delta\sigma_i=\sum_{j}f(\xi_j,\eta_j)\Delta x_j\Delta y_j+\sum_{k}f(\xi_k,\eta_k)\Delta\sigma_k'.$$

可以证明上式右端第二个和式的极限为

$$\lim_{\lambda\to 0}\sum_{k}f(\xi_k,\eta_k)\Delta\sigma_k'=0,$$

则(7)式变为

$$\iint_D f(x,y)\mathrm{d}\sigma=\lim_{\lambda\to 0}\sum_{j}f(\xi_j,\eta_j)\Delta x_j\Delta y_j. \tag{7$'$}$$

通常将这种分割下的二重积分记为 $\iint\limits_D f(x,y)\mathrm{d}x\mathrm{d}y$，即

$$\iint_D f(x,y)\mathrm{d}\sigma=\iint_D f(x,y)\mathrm{d}x\mathrm{d}y.$$

这时，面积元素为 $\mathrm{d}\sigma=\mathrm{d}x\mathrm{d}y$，称之为**直角坐标下的面积元素**，它是由(7)$'$式右端和式中的记号 $\Delta x_j\Delta y_j$ 转化而来的.

由二重积分的定义，当 $f(x,y)\geqslant 0$ 时，(3)式中曲顶柱体的体积 V 可以表示为

$$V=\iint_D f(x,y)\mathrm{d}\sigma. \tag{8}$$

这就是二重积分的几何意义.

同理，(6)式中平面薄板的质量 M 也可以表示为二重积分：

$$M=\iint_D \rho(x,y)\mathrm{d}\sigma. \tag{9}$$

根据二重积分的定义，可以得到下列**结论**(证明略)：

1) 若函数 $f(x,y)$ 在有界闭区域 D 上可积，则函数 $f(x,y)$ 在 D 上有界；

2) 若函数 $f(x,y)$ 在有界闭区域 D 上连续，则函数 $f(x,y)$ 在 D 上可积.

三、二重积分的性质

比较二重积分与定积分的定义，可知二重积分与定积分有很多类似的性质. 下面总是假定所给出的函数都在相应的区域上可积. 我们不加证明地直接叙述二重积分的一些重要性质：

性质1 常数因子 k 可以提到二重积分号外面，即

$$\iint_D kf(x,y)\mathrm{d}\sigma=k\iint_D f(x,y)\mathrm{d}\sigma.$$

性质2 函数和或差的二重积分等于二重积分的和或差，即

$$\iint_D (f(x,y)\pm g(x,y))\mathrm{d}\sigma=\iint_D f(x,y)\mathrm{d}\sigma\pm\iint_D g(x,y)\mathrm{d}\sigma.$$

性质1和性质2统称为二重积分的**线性性质**，它们可以用如下统一的公式来表达：

$$\iint_D (af(x,y)+bg(x,y))\mathrm{d}\sigma=a\iint_D f(x,y)\mathrm{d}\sigma+b\iint_D g(x,y)\mathrm{d}\sigma,$$

其中 a,b 为常数.

性质3(区域可加性) 若积分区域 D 被分为两个闭区域 D_1 与 D_2(记为 $D=D_1+D_2$)，

则 D 上的二重积分等于 D_1 与 D_2 上的二重积分之和,即

$$\iint_D f(x,y)\mathrm{d}\sigma=\iint_{D_1} f(x,y)\mathrm{d}\sigma+\iint_{D_2} f(x,y)\mathrm{d}\sigma.$$

性质4(单调性) 若在有界闭区域 D 上恒有 $f(x,y)\geqslant g(x,y)$,则

$$\iint_D f(x,y)\mathrm{d}\sigma\geqslant\iint_D g(x,y)\mathrm{d}\sigma.$$

由单调性可推知,若在有界闭区域 D 上恒有 $f(x,y)\geqslant 0$,则 $\iint\limits_D f(x,y)\mathrm{d}\sigma\geqslant 0$.

又由于在有界闭区域 D 上恒有 $-|f(x,y)|\leqslant f(x,y)\leqslant|f(x,y)|$,所以由单调性有

$$-\iint_D |f(x,y)|\mathrm{d}\sigma\leqslant\iint_D f(x,y)\mathrm{d}\sigma\leqslant\iint_D |f(x,y)|\mathrm{d}\sigma.$$

于是

$$\left|\iint_D f(x,y)\mathrm{d}\sigma\right|\leqslant\iint_D |f(x,y)|\mathrm{d}\sigma.$$

性质5(估值公式) 设在有界闭区域 D 上恒有 $m\leqslant f(x,y)\leqslant M$,其中 m,M 为常数,则

$$m|D|\leqslant\iint_D f(x,y)\mathrm{d}\sigma\leqslant M|D|,$$

其中 $|D|$ 表示 D 的面积(以下都用 $|D|$ 表示 D 的面积).

性质6(积分中值定理) 设函数 $f(x,y)$ 在有界闭区域 D 上连续,则在 D 上至少存在一点 (ξ,η),使得

$$\iint_D f(x,y)\mathrm{d}\sigma=f(\xi,\eta)\,|D|.$$

特别地,当 $f(x,y)\equiv 1$ 时,有

$$\iint_D f(x,y)\mathrm{d}\sigma=\iint_D 1\mathrm{d}\sigma=\iint_D \mathrm{d}\sigma=|D|. \tag{10}$$

1.2 直角坐标下二重积分的计算

下面我们根据二重积分的几何意义来讨论直角坐标下二重积分的计算问题.这种计算是将二重积分化为两个依次进行的定积分,称之为**二次积分**或**累次积分**.

设积分区域可以表示为

$$D:a\leqslant x\leqslant b,\varphi_1(x)\leqslant y\leqslant\varphi_2(x),$$

其中 $\varphi_1(x),\varphi_2(x)$ 在区间 $[a,b]$ 上连续.能够表示为这种形式的区域称为**X型区域**,其特点是:D 在 x 轴上的投影为区间 $[a,b]$(称为**投影区间**);过区间 (a,b) 内任意一点 x 作垂直于 x 轴的直线 $x=x$,它与 D 的边界最多有两个交点(图3-5).当这样的直线沿水平方向移动时,这些交点的轨迹分别构成 D 的两条边界线.位于下方的边界线 $y=\varphi_1(x)$ 称为**下边界**,位于上方的边界线 $y=\varphi_2(x)$ 称为**上边界**.

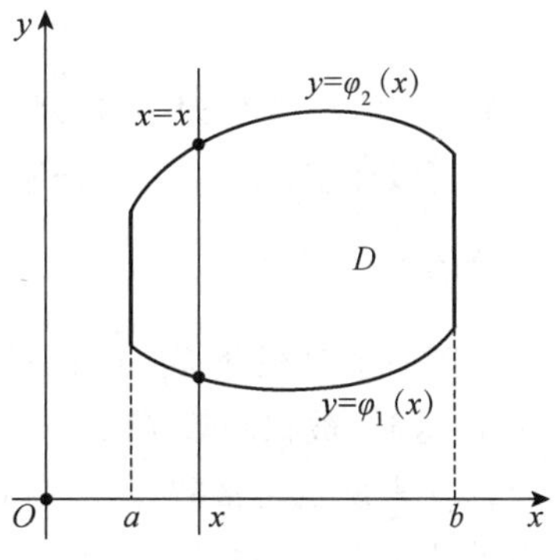

图 3-5

设连续函数 $z=f(x,y)\geqslant 0,(x,y)\in D$.该函数所表示的曲面 Σ 在 Oxy 平面上的投影就是区域 D(称为**投影区域**).

以曲面 Σ 为顶,D 为底的曲顶柱体的体积 V 可以表示为二重积分:

$$V=\iint_D f(x,y)\mathrm{d}x\mathrm{d}y.$$

我们采用定积分的方法来计算这个体积,此计算过程也就是二重积分的计算过程.

在区间$[a,b]$上任意取定一点 x_0,用过点 x_0 且垂直于 x 轴的平面去截曲顶柱体[图 3-6(a)],并设截面的面积为 $S(x_0)$. 这时,截面在 Oyz 平面上的投影区域是以区间$[\varphi_1(x_0),\varphi_2(x_0)]$为底,曲线 $z=f(x_0,y)$为曲边的曲边梯形[图 3-6(b)]. 根据定积分求曲边梯形面积的公式,这个曲边梯形的面积为

$$S(x_0)=\int_{\varphi_1(x_0)}^{\varphi_2(x_0)} f(x_0,y)\mathrm{d}y.$$

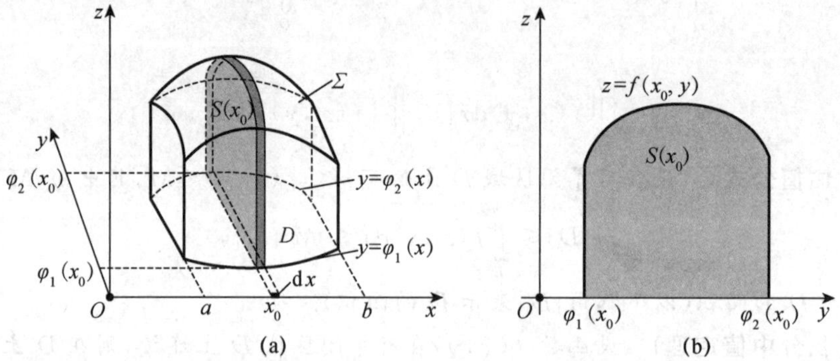

图　3-6

把 x_0 记为 x,则截面的面积为

$$S(x)=\int_{\varphi_1(x)}^{\varphi_2(x)} f(x,y)\mathrm{d}y. \tag{11}$$

于是,曲顶柱体的体积元素是 $\mathrm{d}V=S(x)\mathrm{d}x$,从而曲顶柱体的体积为

$$V=\int_a^b S(x)\mathrm{d}x. \tag{12}$$

所以,我们有计算公式

$$\iint_D f(x,y)\mathrm{d}x\mathrm{d}y=\int_a^b\left(\int_{\varphi_1(x)}^{\varphi_2(x)} f(x,y)\mathrm{d}y\right)\mathrm{d}x. \tag{13}$$

上式也记为

$$\iint_D f(x,y)\mathrm{d}x\mathrm{d}y=\int_a^b\mathrm{d}x\int_{\varphi_1(x)}^{\varphi_2(x)} f(x,y)\mathrm{d}y. \tag{14}$$

我们称(14)式为**先对 y、后对 x 的二次积分**.

可以证明,如果 $f(x,y)$不是非负函数,二重积分也可用公式(13)或(14)来计算. 因此,如果积分区域 D 是 X 型区域,则二重积分$\iint_D f(x,y)\mathrm{d}x\mathrm{d}y$ 的计算可以分为如下两个定积分依次进行:

第一个定积分按照(11)式进行,称之为**内层积分**. 在这个积分中将 x 看作常数,积分变量为 y. 这时,被积函数 $f(x,y)$是关于 y 的一元函数,积分的上限 $\varphi_2(x)$和下限 $\varphi_1(x)$对于积分变量 y 来说也是常数,从而(11)式是积分变量为 y 的定积分,其积分值与 x 有关,因此积分的结果是关于 x 的函数 $S(x)$. 第二个定积分按照(12)式进行,称之为**外层积分**. 它的积分变量是 x,被积函数是内层积分的结果 $S(x)$,积分的上、下限分别是常数 b 和 a.

我们在计算二重积分时,确定二次积分的各积分限是重要的一步.为此,我们做出一个直观的描述:外层积分的积分限由积分区域 D 在 x 轴上的投影区间$[a,b]$确定,根据 $a\leqslant b$,取 a 为下限,b 为上限;内层积分的积分限由上边界 $y=\varphi_2(x)$ 和下边界 $y=\varphi_1(x)$ 确定,根据 $\varphi_1(x)\leqslant\varphi_2(x)$,取 $\varphi_1(x)$ 为下限,$\varphi_2(x)$ 为上限.

对于内层积分 $\int_{\varphi_1(x)}^{\varphi_2(x)} f(x,y)\mathrm{d}y$,当把 x 看作常数,积分变量 y 从 $\varphi_1(x)$ 变到 $\varphi_2(x)$ 时,点 (x,y) 沿垂直于 x 轴的直线 $x=x$ 从下边界点变到上边界点.我们用由下边界点指向上边界点的箭头来表示这种变化(图 3-7).每个箭头都由一个 x 确定,当 x 从 a 变到 b 时,这些箭头扫过了整个积分区域 D.我们将公式(14)中确定积分限的方法归纳为一句话:从小到大,从边界到边界.这里"从小到大"是指积分的下限总是小于或等于上限.

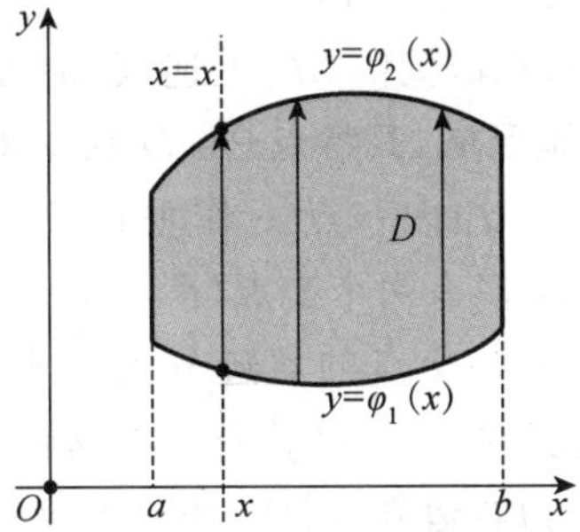

图 3-7

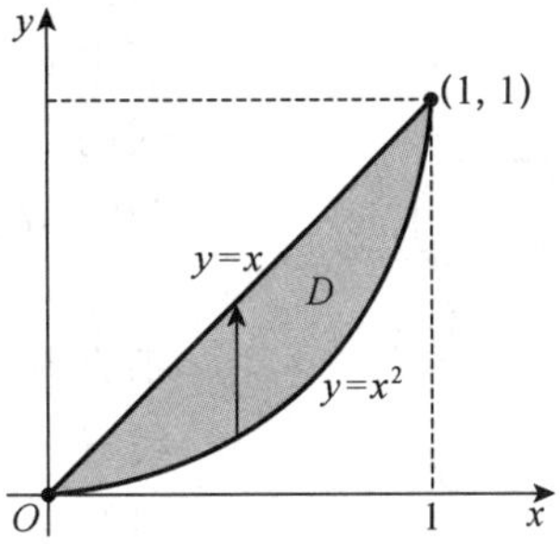

图 3-8

例 1 计算二重积分 $I=\iint\limits_D xy\,\mathrm{d}x\mathrm{d}y$,其中 D 是由抛物线 $y=x^2$ 及直线 $y=x$ 所围成的闭区域.

解 积分区域 D 如图 3-8 所示,其中抛物线与直线的交点坐标由方程组 $\begin{cases}y=x^2,\\ y=x\end{cases}$ 的解确定.显然,D 在 x 轴上的投影区间为$[0,1]$,上边界为 $y=x(0\leqslant x\leqslant 1)$,下边界为 $y=x^2(0\leqslant x\leqslant 1)$,从而

$$D:0\leqslant x\leqslant 1,\ x^2\leqslant y\leqslant x,$$

于是

$$I=\int_0^1\mathrm{d}x\int_{x^2}^x xy\,\mathrm{d}y.$$

如前所述,先做内层积分 $\int_{x^2}^x xy\,\mathrm{d}y$ 的计算,将 x 看作常数,对 y 求定积分,即

$$\int_{x^2}^x xy\,\mathrm{d}y=\frac{xy^2}{2}\bigg|_{x^2}^x=\frac{x\cdot x^2}{2}-\frac{x\cdot x^4}{2}=\frac{1}{2}(x^3-x^5).$$

可见,内层积分的结果是关于 x 的函数.外层积分就是对这个函数在$[0,1]$上求定积分,从而

$$I=\frac{1}{2}\int_0^1(x^3-x^5)\mathrm{d}x=\frac{1}{2}\left(\frac{1}{4}x^4-\frac{1}{6}x^6\right)\bigg|_0^1=\frac{1}{24}.$$

整个计算过程为

$$I=\int_0^1\mathrm{d}x\int_{x^2}^x xy\,\mathrm{d}y=\int_0^1\left(\frac{xy^2}{2}\bigg|_{x^2}^x\right)\mathrm{d}x=\frac{1}{2}\int_0^1(x^3-x^5)\mathrm{d}x=\frac{1}{24}.$$

注 在做内层积分时,由于 x 被看作常数,则

$$\int_{x^2}^{x} xy\,\mathrm{d}y = x\int_{x^2}^{x} y\,\mathrm{d}y.$$

这时,二次积分也写为

$$I=\int_0^1 x\,\mathrm{d}x\int_{x^2}^{x} y\,\mathrm{d}y,$$

于是

$$I=\int_0^1 x\left(\frac{y^2}{2}\bigg|_{x^2}^{x}\right)\mathrm{d}x=\int_0^1 x\left(\frac{x^2}{2}-\frac{x^4}{2}\right)\mathrm{d}x=\frac{1}{24}.$$

这样的演算更为方便.

设积分区域 D 可以表示为

$$D: c\leqslant y\leqslant d,\psi_1(y)\leqslant x\leqslant \psi_2(y),$$

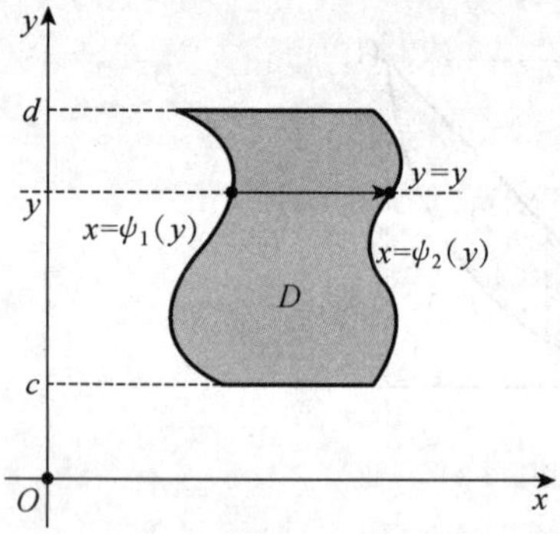

图 3-9

其中 $\psi_1(y),\psi_2(y)$ 在区间 $[c,d]$ 上连续. 能够表示为这种形式的区域称为 Y **型区域**,其特点是: D 在 y 轴上的投影区间为 $[c,d]$,过区间 (c,d) 内一点 y 作垂直于 y 轴的直线 $y=y$,它与 D 的边界最多有两个交点(图 3-9). 当这样的直线沿垂直方向移动时,这些交点的轨迹分别构成 D 的两条边界线. 位于左边的边界线 $x=\psi_1(y)$ 称为**左边界**,位于右边的边界线 $x=\psi_2(y)$ 称为**右边界**. 同样,如果函数 $f(x,y)$ 在 D 上连续,则有

$$\iint_D f(x,y)\,\mathrm{d}x\,\mathrm{d}y=\int_c^d\left(\int_{\psi_1(y)}^{\psi_2(y)} f(x,y)\,\mathrm{d}x\right)\mathrm{d}y$$
$$=\int_c^d \mathrm{d}y\int_{\psi_1(y)}^{\psi_2(y)} f(x,y)\,\mathrm{d}x. \tag{15}$$

我们称(15)式为**先对** x**、后对** y **的二次积分**. 与前述的二次积分类似,外层积分的积分限由积分区域 D 在 y 轴上的投影区间 $[c,d]$ 确定;内层积分的下限是左边界 $x=\psi_1(y)$,上限是右边界 $x=\psi_2(y)$. 做内层积分计算时,将 y 看作常数,积分变量是 x. 这时需注意,左、右边界都应表示成 x 为 y 的函数的形式.

如在例 1 中,积分区域 D 不仅是 X 型区域,它也是 Y 型区域(图 3-10). D 在 y 轴上的投影区间是 $[0,1]$,左边界是 $x=y$,右边界是 $x=\sqrt{y}$,因此

$$D: 0\leqslant y\leqslant 1, y\leqslant x\leqslant \sqrt{y}.$$

于是

$$I=\int_0^1 \mathrm{d}y\int_y^{\sqrt{y}} xy\,\mathrm{d}x=\int_0^1\left(\int_y^{\sqrt{y}} xy\,\mathrm{d}x\right)\mathrm{d}y$$
$$=\int_0^1\left(\frac{x^2y}{2}\bigg|_y^{\sqrt{y}}\right)\mathrm{d}y$$
$$=\int_0^1\left(\frac{y\cdot y}{2}-\frac{y^2\cdot y}{2}\right)\mathrm{d}y$$
$$=\frac{1}{2}\int_0^1 (y^2-y^3)\,\mathrm{d}y=\frac{1}{24}.$$

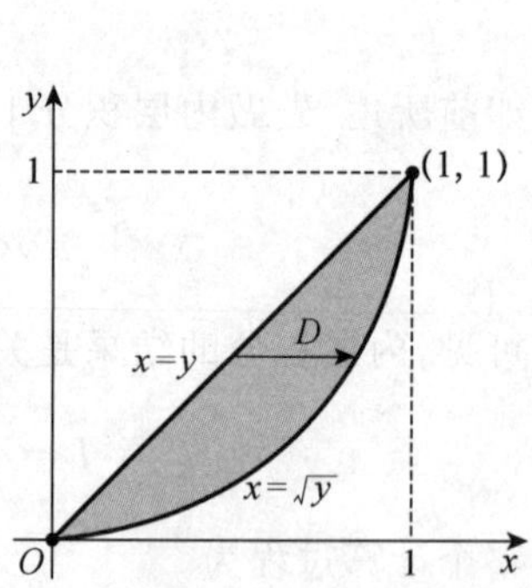

图 3-10

以上将二重积分化为二次积分来计算的讨论都是在积分区域 D 为X型区域或Y型区域时进行的.如果积分区域 D 不是这种两类区域,则需将 D 分割成若干个小的X型区域或Y型区域,然后利用区域可加性,分别在各小区域上做二次积分,再相加.如图3-11阴影部分的区域 D,就可分为五个小的X型区域: D_1, D_2, D_3, D_4, D_5.

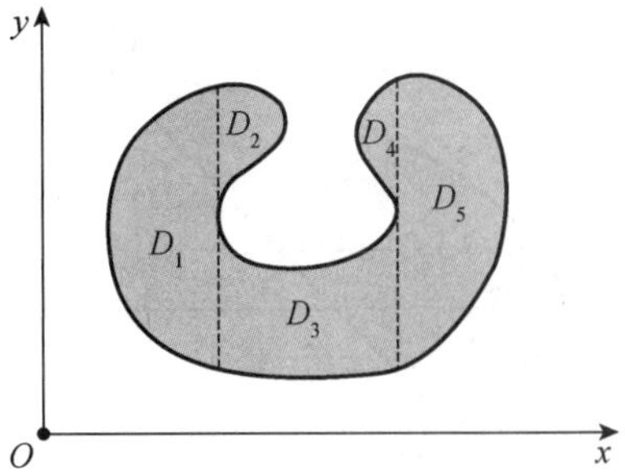

图 3-11

例2 依照不同的积分次序计算 $I=\iint\limits_D xy\,\mathrm{d}x\,\mathrm{d}y$,其中 D 由抛物线 $y^2=x$ 及直线 $y=x-2$ 围成.

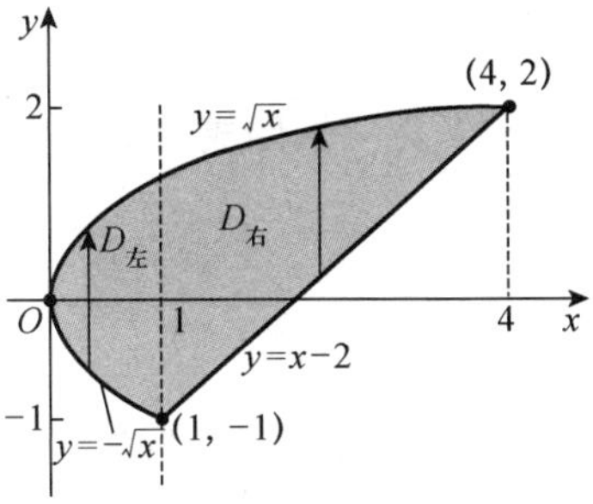

图 3-12

解 先画出积分区域 D 的图形.解方程组 $\begin{cases} y^2=x, \\ y=x-2 \end{cases}$ 可得两个交点 $(4,2),(1,-1)$,故 D 的图形如图3-12阴影部分所示.

如果先对 y、后对 x 积分,这时的上边界为一条曲线 $y=\sqrt{x}\,(0\leqslant x\leqslant 4)$,而下边界为两条曲线 $y=-\sqrt{x}\,(0\leqslant x\leqslant 1)$ 和 $y=x-2(1\leqslant x\leqslant 4)$.因此,需作出辅助线 $x=1$,将 D 分为两个闭区域 $D_左$ 和 $D_右$(图3-12),它们在 x 轴上的投影区间分别为 $[0,1]$ 和 $[1,4]$.根据二重积分的区域可加性,有

$$I=\iint\limits_{D_左} xy\,\mathrm{d}x\,\mathrm{d}y+\iint\limits_{D_右} xy\,\mathrm{d}x\,\mathrm{d}y.$$

分别在 $D_左$,$D_右$ 上做二次积分,此时

$$D_左: 0\leqslant x\leqslant 1, -\sqrt{x}\leqslant y\leqslant \sqrt{x}, \quad D_右: 1\leqslant x\leqslant 4, x-2\leqslant y\leqslant \sqrt{x},$$

于是

$$\begin{aligned}\iint\limits_{D_左} xy\,\mathrm{d}x\,\mathrm{d}y &=\int_0^1 x\,\mathrm{d}x\int_{-\sqrt{x}}^{\sqrt{x}} y\,\mathrm{d}y=\int_0^1 x\left(\frac{1}{2}y^2\Big|_{-\sqrt{x}}^{\sqrt{x}}\right)\mathrm{d}x \\ &=\frac{1}{2}\int_0^1 x[(\sqrt{x})^2-(-\sqrt{x})^2]\mathrm{d}x=\frac{1}{2}\int_0^1 0\,\mathrm{d}x=0,\end{aligned}$$

$$\begin{aligned}\iint\limits_{D_右} xy\,\mathrm{d}x\,\mathrm{d}y &=\int_1^4 x\,\mathrm{d}x\int_{x-2}^{\sqrt{x}} y\,\mathrm{d}y=\int_1^4 x\left(\frac{1}{2}y^2\Big|_{x-2}^{\sqrt{x}}\right)\mathrm{d}x \\ &=\frac{1}{2}\int_1^4 x[(\sqrt{x})^2-(x-2)^2]\mathrm{d}x \\ &=\frac{1}{2}\int_1^4(-x^3+5x^2-4x)\mathrm{d}x \\ &=\frac{1}{2}\left(-\frac{x^4}{4}+\frac{5x^3}{3}-2x^2\right)\Big|_1^4=\frac{45}{8}.\end{aligned}$$

所以 $I=0+\dfrac{45}{8}=\dfrac{45}{8}$.

如果先对 x、后对 y 积分,这时左边界为 $x=y^2(-1\leqslant y\leqslant 2)$,右边界为 $x=y+2(-1\leqslant y\leqslant 2)$,它们各为一条曲线(图3-13). D 在 y 轴上的投影区间为 $[-1,2]$,因此 D: $-1\leqslant y\leqslant 2, y^2\leqslant x\leqslant y+2$,从而

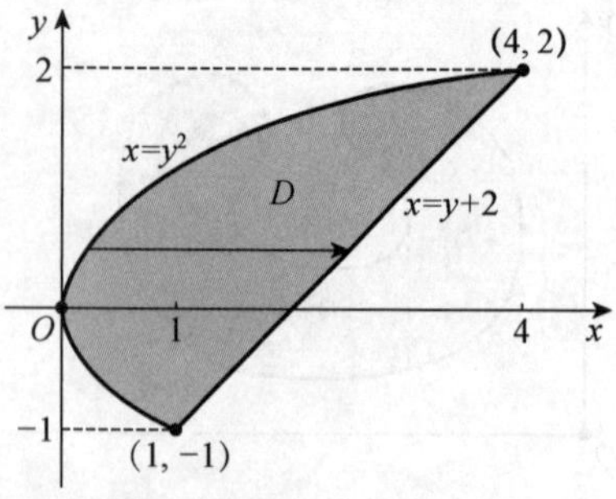

图 3-13

$$I=\iint_D xy\,dx\,dy=\int_{-1}^{2}y\,dy\int_{y^2}^{y+2}x\,dx$$

$$=\int_{-1}^{2}y\left(\frac{x^2}{2}\Big|_{y^2}^{y+2}\right)dy$$

$$=\int_{-1}^{2}\frac{1}{2}[y(y+2)^2-y^5]dy$$

$$=\frac{1}{2}\left(\frac{y^4}{4}+\frac{4y^3}{3}+2y^2-\frac{y^6}{6}\right)\Big|_{-1}^{2}=\frac{45}{8}.$$

这个例题说明，选择适当的积分次序可以使得二重积分的计算变得简单. 对于某些二重积分，如果选择的积分次序不当，二重积分甚至无法计算出来. 请看下例.

例 3 计算二重积分 $I=\iint_D x^2 e^{-y^2}dx\,dy$，其中 D 由直线 $y=x$，$y=1$ 及 y 轴围成.

解 如果选择先对 y、后对 x 积分[图 3-14(a)]，则有

$$I=\int_0^1 x^2 dx\int_x^1 e^{-y^2}dy.$$

由于内层积分中 e^{-y^2} 的原函数不是初等函数，所以内层积分无法计算，从而无法计算二重积分 I.

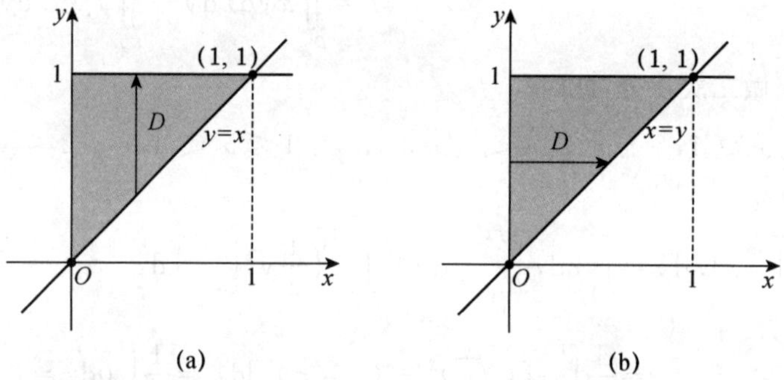

图 3-14

如果选择先对 x、后对 y 积分[图 3-14(b)]，则有

$$I=\int_0^1 e^{-y^2}dy\int_0^y x^2 dx=\int_0^1 e^{-y^2}\left(\frac{1}{3}x^3\Big|_0^y\right)dy=\frac{1}{3}\int_0^1 y^3 e^{-y^2}dy$$

$$=\frac{1}{3\times 2}\int_0^1 y^2 e^{-y^2}d(y^2)\xlongequal{令 u=y^2}\frac{1}{6}\int_0^1 u e^{-u}du$$

$$=\frac{1}{6}(-ue^{-u}-e^{-u})\Big|_0^1=\frac{1}{6}-\frac{1}{3e}.$$

例 4 设 D 是由抛物线 $y^2=2x$ 与直线 $x=\frac{1}{2}$ 所围成的闭区域，求 D 的面积 $|D|$.

解 利用二重积分的性质，有

$$|D|=\iint_D dx\,dy.$$

下面两种方法来计算二重积分 $\iint\limits_D \mathrm{d}x\,\mathrm{d}y$.

方法1 先对 y、后对 x 积分,积分箭头如图 3-15(a)所示. 抛物线 $y^2=2x$ 可以表达为 $y=\pm\sqrt{2x}$. D 在 x 轴上的投影区间为 $\left[0,\frac{1}{2}\right]$,$D$ 的上边界为 $y=\sqrt{2x}\left(0\leqslant x\leqslant\frac{1}{2}\right)$,下边界为 $y=-\sqrt{2x}\left(0\leqslant x\leqslant\frac{1}{2}\right)$. 于是

$$|D|=\int_0^{\frac{1}{2}}\mathrm{d}x\int_{-\sqrt{2x}}^{\sqrt{2x}}\mathrm{d}y=\int_0^{\frac{1}{2}}\left[\sqrt{2x}-(-\sqrt{2x})\right]\mathrm{d}x=2\sqrt{2}\int_0^{\frac{1}{2}}\sqrt{x}\,\mathrm{d}x$$

$$=2\sqrt{2}\times\left(\frac{2}{3}x^{\frac{3}{2}}\right)\Bigg|_0^{\frac{1}{2}}=\frac{4\sqrt{2}}{3}\times\left(\frac{1}{2}\right)^{\frac{3}{2}}-0=\frac{2}{3}.$$

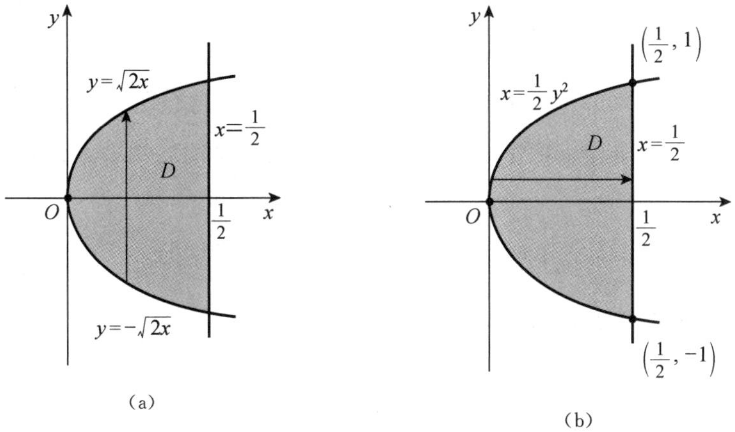

图 3-15

方法2 先对 x、后对 y 积分,积分箭头如图 3-15(b)所示. D 在 y 轴上的投影区间为 $[-1,1]$;D 的左边界是抛物线 $y^2=2x\left(0\leqslant x\leqslant\frac{1}{2}\right)$,可以表达为 $x=\frac{1}{2}y^2(-1\leqslant y\leqslant 1)$,右边界为 $x=\frac{1}{2}(-1\leqslant y\leqslant 1)$. 于是

$$|D|=\int_{-1}^{1}\mathrm{d}y\int_{\frac{1}{2}y^2}^{\frac{1}{2}}\mathrm{d}x=\int_{-1}^{1}\left(\frac{1}{2}-\frac{1}{2}y^2\right)\mathrm{d}y=\left(\frac{1}{2}y-\frac{1}{6}y^3\right)\Bigg|_{-1}^{1}=\frac{2}{3}.$$

例 5 设一块平面薄板所占的闭区域 D 由直线 $x+y=2$,$y=x$ 及 $y=0$ 围成,它在 D 上任意点(x,y)处的面密度是该点到原点距离的平方,求该平面薄板的质量 M.

解 此时面密度为 $\rho(x,y)=x^2+y^2$. 由(9)式可知

$$M=\iint\limits_D \rho(x,y)\,\mathrm{d}x\,\mathrm{d}y=\iint\limits_D (x^2+y^2)\,\mathrm{d}x\,\mathrm{d}y,$$

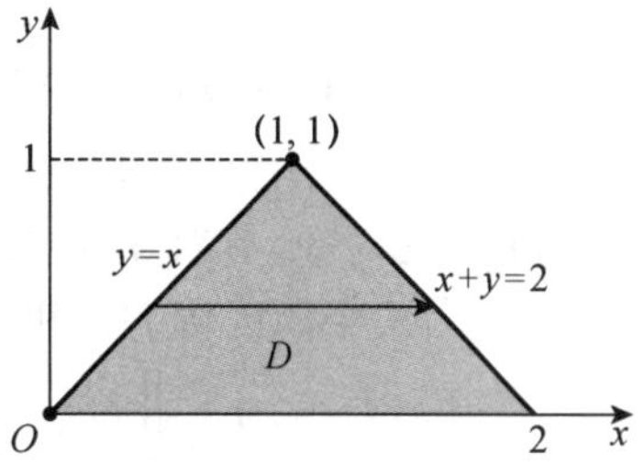

图 3-16

其中积分区域 D 是三角形闭区域(图 3-16). 先对 x、后对 y 积分,则有

$$M=\int_0^1 dy\int_y^{2-y}(x^2+y^2)dx=\int_0^1\left(\frac{1}{3}x^3+y^2x\right)\Big|_y^{2-y}dy$$
$$=\int_0^1\left(\frac{8}{3}-4y+4y^2-\frac{8}{3}y^3\right)dy$$
$$=\left(\frac{8}{3}y-2y^2+\frac{4}{3}y^3-\frac{2}{3}y^4\right)\Big|_0^1=\frac{4}{3}.$$

例 6 设闭区域 D：$0\leqslant y\leqslant 1, y\leqslant x\leqslant 2-y$，函数 $f(x,y)$在 D 上连续，将二重积分 $I=\iint\limits_D f(x,y)dxdy$ 表示为两种不同积分次序的二次积分.

解 画积分区域 D 的图形时应先确定它的边界. 将 D 中的不等式号改为等号，于是可得 D 的边界为 $y=x(0\leqslant x\leqslant 1)$，$x=2-y(0\leqslant y\leqslant 1)$及 x 轴的一部分，从而 D 的图形如图 3-17(a)所示.

先对 x、后对 y 积分[图 3-17(a)]，得到

$$I=\int_0^1 dy\int_y^{2-y}f(x,y)dx.$$

如果先对 y、后对 x 积分，需用直线 $x=1$ 将 D 分为两个闭区域 $D_{左}$ 和 $D_{右}$[图 3-17(b)]，于是

$$I=\iint\limits_{D_{左}}f(x,y)dxdy+\iint\limits_{D_{右}}f(x,y)dxdy.$$

对上式右端两项分别做先对 y、后对 x 的二次积分，则有

$$I=\int_0^1 dx\int_0^x f(x,y)dy+\int_1^2 dx\int_0^{2-x}f(x,y)dy.$$

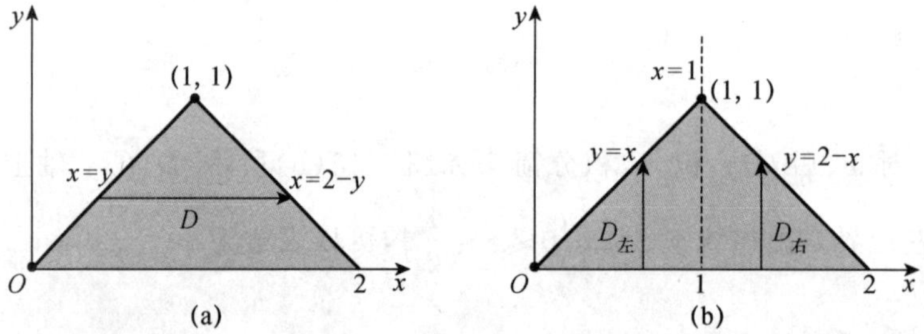

图 3-17

例 7 设函数 $f(x,y)$连续，改变二次积分 $I=\int_{-2}^2 dx\int_{-\sqrt{4-x^2}}^{4-x^2}f(x,y)dy$ 的积分次序.

解 先画出积分区域 D 的图形[图 3-18(a)]. 由给出的积分限可知

$$D: -2\leqslant x\leqslant 2, -\sqrt{4-x^2}\leqslant y\leqslant 4-x^2.$$

原积分是先对 y、后对 x 的二次积分. 若改变积分次序，先对 x、后对 y 积分，需把 D 用直线 $y=0$ 分为两个闭区域 $D_{上}$ 和 $D_{下}$[图 3-18(b)]. 因此

$$I=\iint\limits_D f(x,y)dxdy=\iint\limits_{D_{上}}f(x,y)dxdy+\iint\limits_{D_{下}}f(x,y)dxdy$$
$$=\int_0^4 dy\int_{-\sqrt{4-y}}^{\sqrt{4-y}}f(x,y)dx+\int_{-2}^0 dy\int_{-\sqrt{4-y^2}}^{\sqrt{4-y^2}}f(x,y)dx.$$

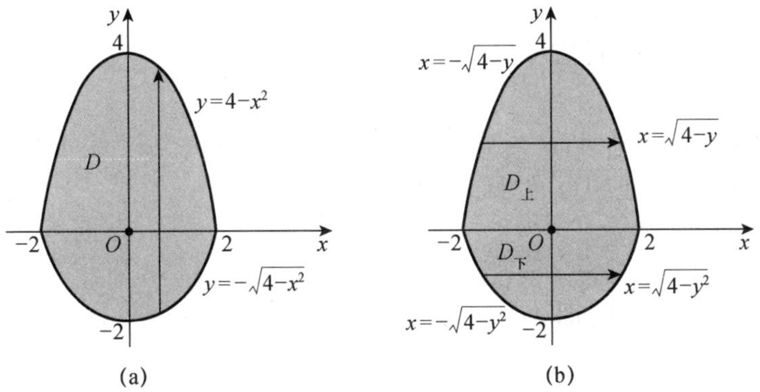

图 3-18

在定积分中，如果积分区间为$[-a,a]$，当被积函数$f(x)$是奇函数时，$\int_{-a}^{a}f(x)\mathrm{d}x=0$；当被积函数$f(x)$是偶函数时，$\int_{-a}^{a}f(x)\mathrm{d}x=2\int_{0}^{a}f(x)\mathrm{d}x$．我们经常利用被积函数的奇偶性来简化定积分的计算．在二重积分中，我们也可以利用积分区域的对称性，结合被积函数的奇偶性来简化计算．

结论1(二重积分的对称奇偶性) 设积分区域D关于y轴对称，它被y轴分为左、右对称的两部分：$D=D_{左}+D_{右}$．

1) 若被积函数$f(x,y)$关于x是奇函数，即对于任何y，都有$f(-x,y)=-f(x,y)$，则

$$\iint_D f(x,y)\mathrm{d}x\mathrm{d}y=0;$$

2) 若被积函数$f(x,y)$关于x是偶函数，即对于任何y，都有$f(-x,y)=f(x,y)$，则

$$\iint_D f(x,y)\mathrm{d}x\mathrm{d}y=2\iint_{D_{左}} f(x,y)\mathrm{d}x\mathrm{d}y=2\iint_{D_{右}} f(x,y)\mathrm{d}x\mathrm{d}y.$$

我们用图3-19所示的积分区域D(阴影部分)来说明以上结论．设D在y轴上的投影区间为$[a,b]$．由于D关于y轴对称，若右边界为$x=\psi(y)$，则左边界就为$x=-\psi(y)$．于是

$$\iint_D f(x,y)\mathrm{d}x\mathrm{d}y=\int_a^b\mathrm{d}y\int_{-\psi(y)}^{\psi(y)}f(x,y)\mathrm{d}x.$$

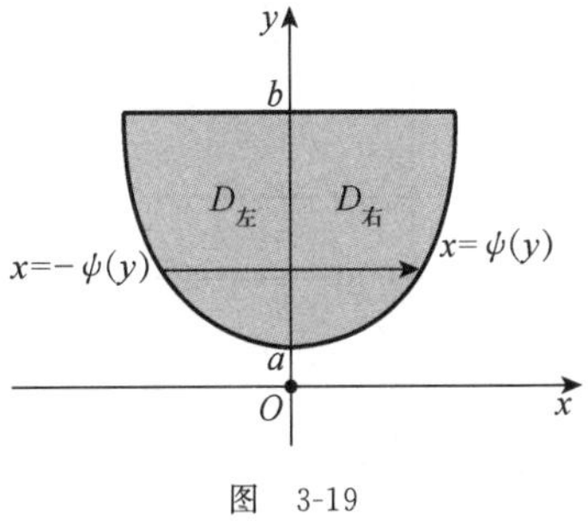

图 3-19

当$f(x,y)$关于x是奇函数时，内层积分为

$$\int_{-\psi(y)}^{\psi(y)}f(x,y)\mathrm{d}x=0,$$

从而
$$\iint_D f(x,y)\mathrm{d}x\mathrm{d}y=\int_a^b 0\mathrm{d}y=0.$$

当$f(x,y)$关于x是偶函数时，内层积分为

$$\int_{-\psi(y)}^{\psi(y)}f(x,y)\mathrm{d}x=2\int_0^{\psi(y)}f(x,y)\mathrm{d}x,$$

于是

$$\iint_D f(x,y)\mathrm{d}x\mathrm{d}y=2\int_a^b\mathrm{d}x\int_0^{\psi(y)}f(x,y)\mathrm{d}y=2\iint_{D_{右}} f(x,y)\mathrm{d}x\mathrm{d}y.$$

同理可得

$$\iint_D f(x,y)\mathrm{d}x\mathrm{d}y=2\iint_{D_{左}} f(x,y)\mathrm{d}x\mathrm{d}y.$$

如果积分区域关于 x 轴对称,当被积函数具有相应的奇偶性时,也可有类似的结论.请读者自行叙述此种情况下二重积分的对称奇偶性.

例 8 计算二重积分 $I=\iint_D y\cos(xy)\mathrm{d}x\mathrm{d}y$,其中

1) $D=[-1,1]\times[0,1]$ [图 3-20(a)]; 2) $D=[0,1]\times[-1,1]$ [图 3-20(b)].

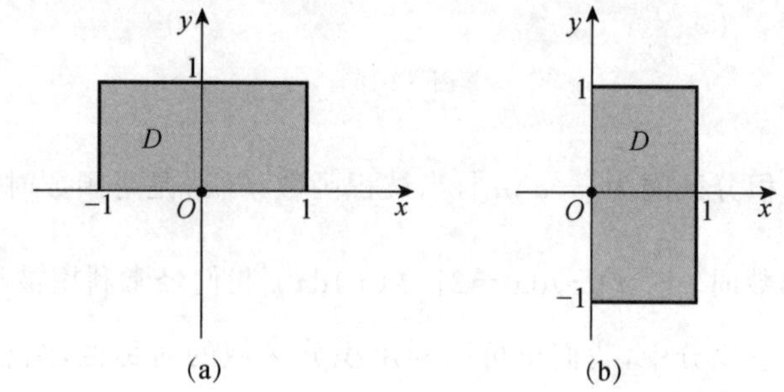

图 3-20

解 1) 此时积分区域 D 关于 y 轴对称,被积函数 $y\cos(xy)$ 关于 x 是偶函数,从而

$$I=\iint_D y\cos(xy)\mathrm{d}x\mathrm{d}y=2\int_0^1\mathrm{d}y\int_0^1 y\cos(xy)\mathrm{d}x=2\int_0^1 \sin(xy)\Big|_0^1\mathrm{d}y$$

$$=2\int_0^1 \sin y\mathrm{d}y=2(1-\cos1).$$

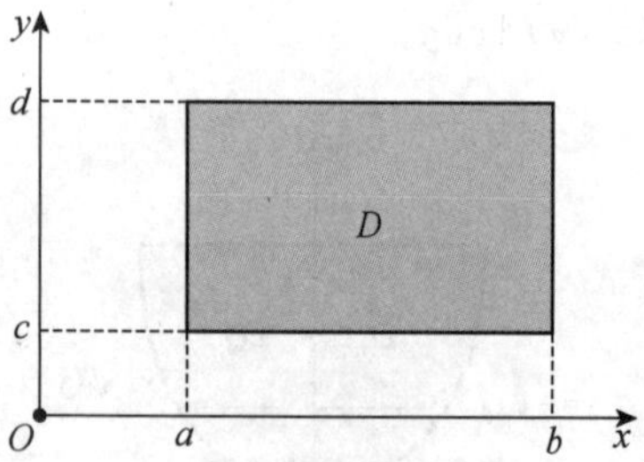

图 3-21

2) 此时积分区域 D 关于 x 轴对称,被积函数 $y\cos(xy)$ 关于 y 是奇函数,从而 $I=0$.

在矩形闭区域上的二重积分有时也有简算方法.

结论 2 若积分区域是矩形闭区域 $D=[a,b]\times[c,d]$(图 3-21),被积函数 $f(x,y)$ 是分别关于 x 和 y 的两个一元函数的乘积:

$$f(x,y)=h(x)g(y),$$

则有

$$\iint_D f(x,y)\mathrm{d}x\mathrm{d}y=\int_a^b\mathrm{d}x\int_c^d h(x)g(y)\mathrm{d}y$$

$$=\left(\int_a^b h(x)\mathrm{d}x\right)\left(\int_c^d g(y)\mathrm{d}y\right),$$

即二重积分 $\iint_D f(x,y)\mathrm{d}x\mathrm{d}y$ 可以表示为两个定积分的乘积(请读者自行证明).

例如,有

$$\int_0^1\mathrm{d}x\int_0^{\frac{\pi}{2}} x\sin y\mathrm{d}y=\left(\int_0^1 x\mathrm{d}x\right)\left(\int_0^{\frac{\pi}{2}}\sin y\mathrm{d}y\right)=\frac{1}{2}\times1=\frac{1}{2},$$

此时积分区域为 $D=[0,1]\times\left[0,\frac{\pi}{2}\right]$，被积函数为 $f(x,y)=x\sin y$.

这些二重积分的简算方法，可使得某些二重积分的计算大大简化. 但是，必须注意使用这些简算方法的前提条件.

1.3 极坐标下二重积分的计算

一、平面点的极坐标表示

当积分区域为圆形、扇形和环形闭区域时，用极坐标表示往往比较方便，而某些被积函数用极坐标表示也比较简单. 类似于定积分的换元积分法，我们可以考虑对二重积分做极坐标变换，以使二重积分的计算变得比较简单.

对于平面上的点 (x,y)，它到原点的距离为 $r=\sqrt{x^2+y^2}$. 设该点到原点的连线与 x 轴的夹角为 θ(图 3-22)，于是 r,θ 与点的坐标 x,y 的关系为

$$\begin{cases} x=r\cos\theta, \\ y=r\sin\theta, \end{cases} \tag{16}$$

称之为直角坐标的**极坐标变换**，这里 $0\leqslant r<+\infty$，θ 的取值范围习惯上取为 $0\leqslant\theta<2\pi$(有时根据需要也可取为 $-\pi<\theta\leqslant\pi$ 等). 按照这样的几何意义，平面上的每个点都对应一对实数 (r,θ)，称之为该点的**极坐标表示**，其中 r,θ 称该点的**极坐标**. 这时，称原点 O 为**极点**，称 x 轴为**极轴**.

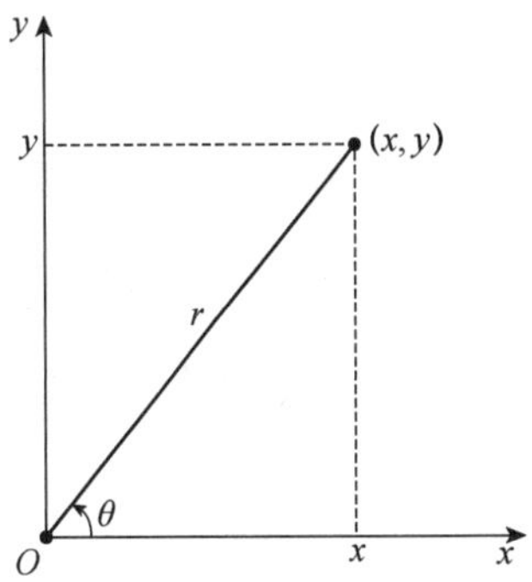

图 3-22

在极坐标下，某些曲线的方程形式被大大简化. 例如，在直角坐标下，方程 $x^2+y^2=1$ 表示圆心在原点，半径为 1 的圆. 而将极坐标变换(16)代入该圆的方程得到

$$(r\cos\theta)^2+(r\sin\theta)^2=1,$$

于是

$$r^2=1,\quad 即 \quad r=1.$$

这就是极坐标下该圆的方程形式. 又如，在直角坐标下，方程 $y=x\ (x>0)$ 表示从原点出发的射线，而将极坐标变换(16)代入这个方程得 $r\sin\theta=r\cos\theta$，于是

$$\frac{r\sin\theta}{r\cos\theta}=\frac{\sin\theta}{\cos\theta}=\tan\theta=1,\quad 即 \quad \theta=\frac{\pi}{4}.$$

这就是极坐标下该条射线的方程形式.

一般来说，在极坐标下，方程 $r=r_c$(r_c 为常数)表示圆心在原点，半径为 r_c 的圆[图 3-23(a)]；方程 $\theta=\theta_c$(θ_c 为常数)表示从原点出发的一条射线，该射线与 x 轴的夹角为 θ_c[图 3-23(b)].

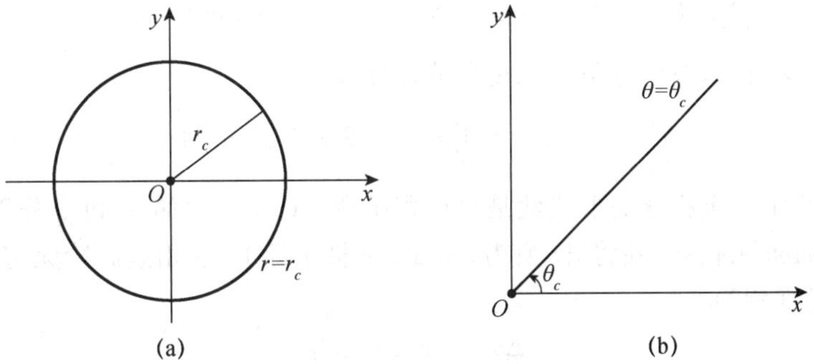

(a) (b)

图 3-23

二、在极坐标下计算二重积分

设积分区域为 D,被积函数为 $f(x,y)$,由二重积分的定义有

$$\iint_D f(x,y)\mathrm{d}\sigma=\lim_{\lambda\to 0}\sum_{i=1}^{n}f(\xi_i,\eta_i)\Delta\sigma_i.$$

以极点 O 为中心的一族同心圆 $r=$ 常数以及从极点 O 出发的一族射线 $\theta=$ 常数,可以将区域 D 分为 n 个小闭区域(图 3-24).在这些小闭区域中,含有 D 的边界的小闭区域记为 $\Delta\sigma_k'$,不含边界的小闭区域记为 $\Delta\sigma_j$($\Delta\sigma_j$ 与 $\Delta\sigma_k'$ 也表示相应的小闭区域的面积).根据扇形的面积公式,$\Delta\sigma_j$ 的面积为

$$\begin{aligned}\Delta\sigma_j&=\frac{1}{2}(r_j+\Delta r_j)^2\Delta\theta_j-\frac{1}{2}r_j^2\Delta\theta_j=\frac{1}{2}(2r_j+\Delta r_j)\Delta r_j\Delta\theta_j\\&=\frac{r_j+(r_j+\Delta r_j)}{2}\Delta r_j\Delta\theta_j=\bar{r}_j\Delta r_j\Delta\theta_j,\end{aligned}$$

其中 $\bar{r}_j$ 是 r_j 与 $r_j+\Delta r_j$ 的平均值.在小闭区域 $\Delta\sigma_j$ 上任取极坐标下的点 $(\bar{r}_j,\bar{\theta}_j)$,它对应于 $\Delta\sigma_j$ 上直角坐标下的点 (ξ_j,η_j),即 $\xi_j=\bar{r}_j\cos\bar{\theta}_j,\eta_j=\bar{r}_j\sin\bar{\theta}_j$.于是

$$\begin{aligned}\sum_{i=1}^{n}f(\xi_i,\eta_i)\Delta\sigma_i&=\sum_j f(\xi_j,\eta_j)\Delta\sigma_j+\sum_k f(\xi_k,\eta_k)\Delta\sigma_k'\\&=\sum_j f(\bar{r}_j\cos\bar{\theta}_j,\bar{r}_j\sin\bar{\theta}_j)\bar{r}_j\Delta r_j\Delta\theta_j+\sum_k f(\xi_k,\eta_k)\Delta\sigma_k'.\end{aligned}$$

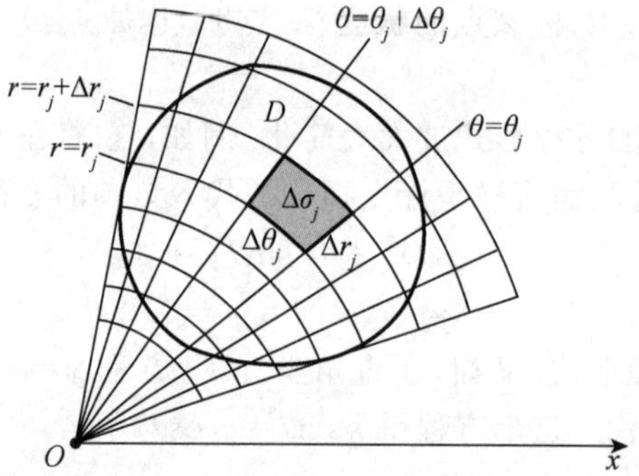

图 3-24

可以证明 $\lim\limits_{\lambda\to 0}\sum\limits_k f(\xi_k,\eta_k)\Delta\sigma_k'=0$,从而

$$\lim_{\lambda\to 0}\sum_{i=1}^{n}f(\xi_i,\eta_i)\Delta\sigma_i=\lim_{\lambda\to 0}\sum_j f(\bar{r}_j\cos\bar{\theta}_j,\bar{r}_j\sin\bar{\theta}_j)\bar{r}_j\Delta r_j\Delta\theta_j.$$

由二重积分的定义可知,极坐标下的二重积分计算公式为

$$\iint_D f(x,y)\mathrm{d}\sigma=\iint_D f(r\cos\theta,r\sin\theta)r\mathrm{d}r\mathrm{d}\theta. \tag{17}$$

可见,极坐标下二重积分的形式就是将被积函数 $f(x,y)$ 中的 x 和 y 分别用极坐标变换 $x=r\cos\theta,y=r\sin\theta$ 去代换,并将 $\mathrm{d}\sigma$ 换为 $r\mathrm{d}r\mathrm{d}\theta$.在极坐标下,在相差高阶无穷小量的意义下,小闭区域 $\Delta\sigma_j$ 的面积为

$$\Delta\sigma_j\approx r_j\Delta r_j\Delta\theta_j.$$

因此,极坐标下的面积元素为 $\mathrm{d}\sigma=r\mathrm{d}r\mathrm{d}\theta$.

极坐标下的二重积分仍要化为二次积分来计算，习惯上我们选择先对 r、后对 θ 积分. 设积分区域在极坐标下可以表示为

$$D:\alpha\leqslant\theta\leqslant\beta,\ \varphi_1(\theta)\leqslant r\leqslant\varphi_2(\theta),$$

其中 $\varphi_1(\theta),\varphi_2(\theta)$在区间$[\alpha,\beta]$上连续，$D$ 的形状如图 3-25 所示. 可以证明，如果 $f(x,y)$在 D 上连续，则

$$\iint_D f(x,y)\mathrm{d}x\mathrm{d}y=\iint_D f(r\cos\theta,r\sin\theta)r\mathrm{d}r\mathrm{d}\theta$$
$$=\int_\alpha^\beta\mathrm{d}\theta\int_{\varphi_1(\theta)}^{\varphi_2(\theta)}f(r\cos\theta,r\sin\theta)r\mathrm{d}r.\qquad(18)$$

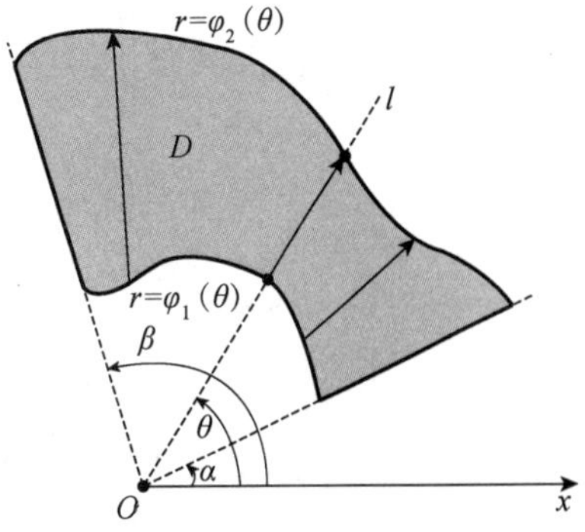

图 3-25

这时**积分区域 D 的特点**是：它夹在两条射线 $\theta=\alpha$ 与 $\theta=\beta$ 之间；从原点出发穿过 D 内部的射线 l 与 D 的边界至多有两个交点. 这两个交点一个离原点较近，另一个离原点较远. 当射线 l 与极轴的夹角 θ 在$[\alpha,\beta]$上变化时，这些交点构成 D 的两条边界(线)：近边界 $r=\varphi_1(\theta)$及远边界 $r=\varphi_2(\theta)$.

利用公式(18)计算时，应先计算内层积分 $\int_{\varphi_1(\theta)}^{\varphi_2(\theta)}f(r\cos\theta,r\sin\theta)r\mathrm{d}r$，此时 θ 看作固定不变的常数，积分变量是 r. 对于固定的 θ，当积分变量 r 由 $\varphi_1(\theta)$变到 $\varphi_2(\theta)$时，积分区域中的点(r,θ)沿与极轴(x 轴)的夹角为 θ 的射线 l 由近边界点变到远边界点. 我们用从近边界点沿射线 l 到远边界点的箭头表示这种变化. 对于每个固定的 θ，都对应这样一个箭头，当 θ 从 α 变到 β 时，对应的箭头扫过了整个积分区域 D. 内层积分的结果是关于 θ 的函数，外层积分就是对这个函数在区间$[\alpha,\beta]$上求定积分. 可以看到，极坐标下二次积分的积分限也遵循"从小到大，从边界到边界"的规则.

例 9 计算二重积分 $I=\iint_D\arctan\dfrac{y}{x}\mathrm{d}x\mathrm{d}y$，其中 D 为圆 $x^2+y^2=1$ 及 $x^2+y^2=4$ 与直线 $y=x,y=0$ 所围的在第一象限的闭区域.

解 利用极坐标变换 $x=r\cos\theta,y=r\sin\theta$，圆 $x^2+y^2=1$ 及 $x^2+y^2=4$ 变为

$$r=1\quad 和\quad r=2,$$

它们依次是近边界和远边界；直线 $y=x$ 变为 $r\sin\theta=r\cos\theta$，即

$$\frac{r\sin\theta}{r\cos\theta}=\tan\theta=1,\quad 亦即\quad \theta=\frac{\pi}{4};$$

直线 $y=0$ 变为 $r\sin\theta=0$，即 $\sin\theta=0$，亦即 $\theta=0$. 沿着与极轴的夹角为 θ 的射线，从近边界 $r=1$ 出发的箭头穿过积分区域 D 指向远边界 $r=2$，且当 θ 从 0 变到 $\dfrac{\pi}{4}$ 时，对应的箭头扫过了整个积分区域 D(图 3-26)，于是在极坐标下有

$$D:0\leqslant\theta\leqslant\frac{\pi}{4},1\leqslant r\leqslant 2.$$

这时，被积函数变为

$$\arctan\frac{y}{x}=\arctan\frac{r\sin\theta}{r\cos\theta}=\arctan(\tan\theta)=\theta.$$

所以

$$I=\iint\limits_D \arctan\frac{y}{x}\mathrm{d}\sigma=\int_0^{\frac{\pi}{4}}\mathrm{d}\theta\int_1^2\theta r\,\mathrm{d}r=\left(\int_0^{\frac{\pi}{4}}\theta\mathrm{d}\theta\right)\left(\int_1^2 r\,\mathrm{d}r\right)$$

$$=\left(\frac{\theta^2}{2}\Big|_0^{\frac{\pi}{4}}\right)\left(\frac{r^2}{2}\Big|_1^2\right)=\frac{\pi^2}{32}\cdot\frac{3}{2}=\frac{3\pi^2}{64}.$$

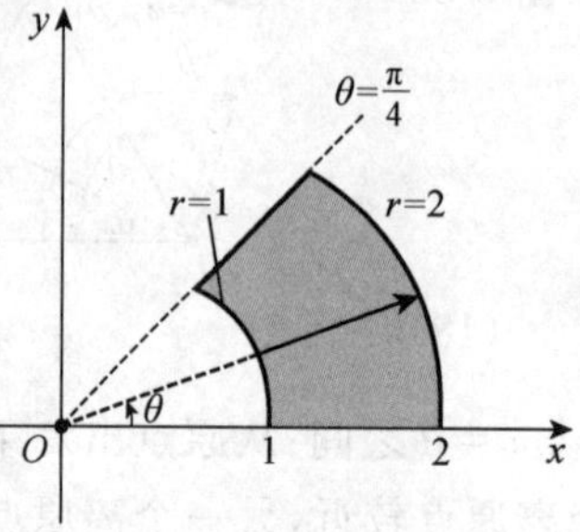

图 3-26

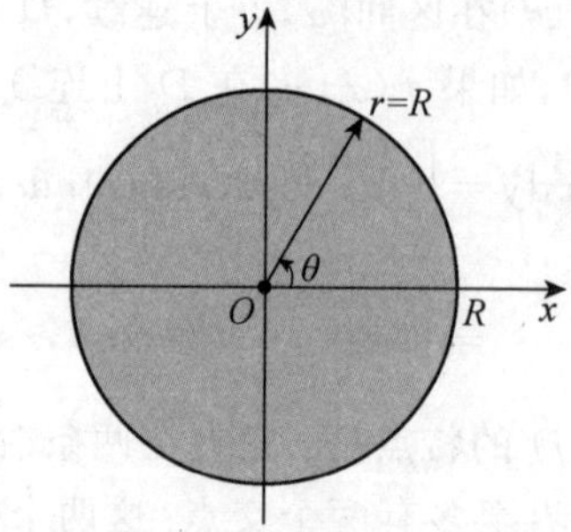

图 3-27

例 10 计算二重积分 $I=\iint\limits_D \cos(x^2+y^2)\mathrm{d}x\mathrm{d}y$,其中 D: $x^2+y^2\leqslant R^2(R>0)$.

解 积分区域 D 的边界为 $x^2+y^2=R^2$,在极坐标下变为 $r=R$.可以将原点看作近边界.从极点出发的箭头穿过 D 指向远边界 $r=R$,且当箭头与极轴的夹角 θ 从 0 变到 2π 时,对应的箭头扫过了整个积分区域 D(图 3-27),因此在极坐标下有 D: $0\leqslant\theta\leqslant 2\pi, 0\leqslant r\leqslant R$.于是

$$I=\int_0^{2\pi}\mathrm{d}\theta\int_0^R\cos r^2\cdot r\,\mathrm{d}r=\left(\int_0^{2\pi}\mathrm{d}\theta\right)\left(\int_0^R\cos r^2\cdot r\,\mathrm{d}r\right)=\pi\sin R^2.$$

例 11 计算二重积分 $I=\iint\limits_D\sqrt{x^2+y^2}\,\mathrm{d}x\mathrm{d}y$,其中 D: $x^2+y^2\leqslant 2y$.

解 由积分区域 D 的边界 $x^2+y^2=2y$ 可得 $x^2+(y-1)^2=1$,它是圆心在点(0,1)、半径为 1 的圆.在极坐标下,边界 $x^2+y^2=2y$ 变为

$$(r\cos\theta)^2+(r\sin\theta)^2=2r\sin\theta,\quad 即\quad r=2\sin\theta.$$

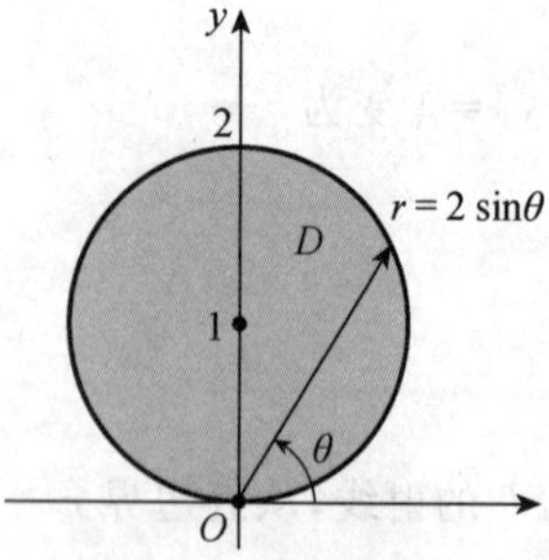

图 3-28

极点可看作近边界,从极点出发的箭头穿过 D 指向远边界 $r=2\sin\theta$(图 3-28).当箭头与极轴的夹角 θ 从 0 变到 π 时,对应的箭头扫过了整个积分区域 D,因此在极坐标下 D: $0\leqslant\theta\leqslant\pi, 0\leqslant r\leqslant 2\sin\theta$.于是

$$I=\iint\limits_D\sqrt{x^2+y^2}\,\mathrm{d}x\mathrm{d}y=\int_0^{\pi}\mathrm{d}\theta\int_0^{2\sin\theta}r\cdot r\,\mathrm{d}r=\int_0^{\pi}\left(\frac{1}{3}r^3\Big|_0^{2\sin\theta}\right)\mathrm{d}\theta$$

$$=\int_0^{\pi}\frac{8}{3}\sin^3\theta\mathrm{d}\theta=\frac{32}{9}.$$

例 12 计算二重积分 $I=\iint\limits_{D_R}\mathrm{e}^{-x^2-y^2}\mathrm{d}x\mathrm{d}y$,其中 D_R 是圆形闭区域 $x^2+y^2\leqslant R^2(R>0)$ 在第一象限的部分.

解 积分区域 D_R 见图 3-29.在极坐标下,积分区域 D_R 的边界变为 $r=R,\theta=0(0\leqslant r\leqslant R)$ 和 $\theta=\frac{\pi}{2}(0\leqslant r\leqslant R)$,则

$$D_R: 0 \leqslant \theta \leqslant \frac{\pi}{2}, 0 \leqslant r \leqslant R.$$

于是

$$\begin{aligned} I &= \iint_{D_R} e^{-(x^2+y^2)} dx dy \\ &= \int_0^{\frac{\pi}{2}} d\theta \int_0^R e^{-r^2} r dr \\ &= \left(\int_0^{\frac{\pi}{2}} d\theta\right)\left(\int_0^R e^{-r^2} r dr\right) \\ &= \frac{\pi}{4}(1-e^{-R^2}). \end{aligned}$$

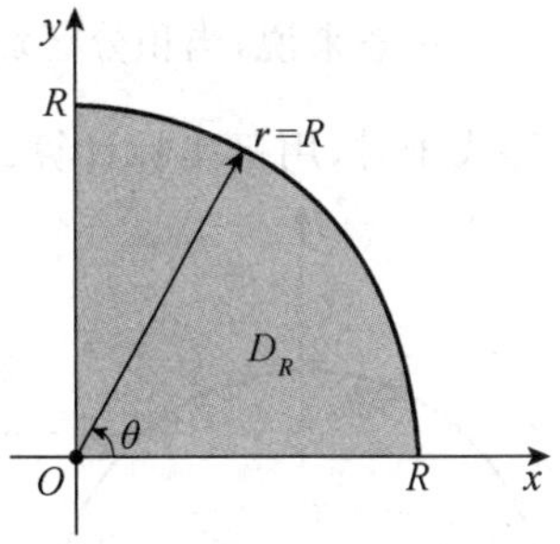

图 3-29

注 本例如果在直角坐标下计算,由于不定积分 $\int e^{-x^2} dx$,$\int e^{-y^2} dy$ 不能用初等函数表示,所以无论先对 x 还是先对 y 积分都不可能计算出结果.

由例 12 可以推出一个重要的积分公式:

$$I = \int_0^{+\infty} e^{-x^2} dx = \frac{\sqrt{\pi}}{2}.$$

事实上,令 $I_R = \int_0^R e^{-x^2} dx$,则由无穷限广义积分的定义有

$$I = \int_0^{+\infty} e^{-x^2} dx = \lim_{R \to +\infty} I_R.$$

考虑

$$I_R^2 = \left(\int_0^R e^{-x^2} dx\right)\left(\int_0^R e^{-x^2} dx\right) = \left(\int_0^R e^{-x^2} dx\right)\left(\int_0^R e^{-y^2} dy\right) = \iint_{G_R} e^{-x^2-y^2} dx dy,$$

其中 G_R 是矩形闭区域 $[0,R]\times[0,R]$.沿用例 12 的记号,显然有 $D_R \subset G_R \subset D_{\sqrt{2}R}$(图 3-30).由于被积函数 $e^{-x^2-y^2}>0$,所以

$$\iint_{D_R} e^{-x^2-y^2} dx dy \leqslant \iint_{G_R} e^{-x^2-y^2} dx dy \leqslant \iint_{D_{\sqrt{2}R}} e^{-x^2-y^2} dx dy.$$

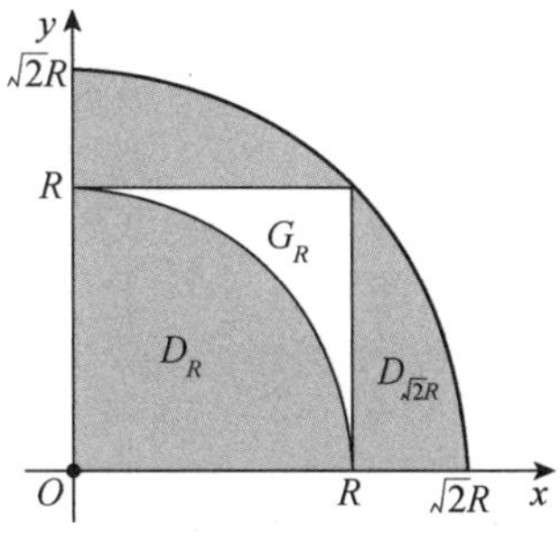

图 3-30

根据例 12 的结果,有

$$\lim_{R \to +\infty} \iint_{D_R} e^{-x^2-y^2} dx dy = \lim_{R \to +\infty} \frac{\pi}{4}(1-e^{-R^2}) = \frac{\pi}{4},$$

$$\lim_{R \to +\infty} \iint_{D_{\sqrt{2}R}} e^{-x^2-y^2} dx dy = \lim_{R \to +\infty} \frac{\pi}{4}(1-e^{-2R^2}) = \frac{\pi}{4}.$$

由夹逼准则得

$$I^2 = \lim_{R \to +\infty} I_R^2 = \lim_{R \to +\infty} \iint_{G_R} e^{-x^2-y^2} dx dy = \frac{\pi}{4},$$

于是

$$I = \int_0^{+\infty} e^{-x^2} dx = \frac{\sqrt{\pi}}{2}.$$

由于 e^{-x^2} 是偶函数,进一步可以推出

$$\int_{-\infty}^{+\infty} e^{-x^2} dx = \sqrt{\pi}.$$

一般来说,当积分区域 D 为圆形、扇形或环形闭区域,而被积函数含有 x^2+y^2 或 $\arctan\frac{y}{x}$ 等式子时,用极坐标计算二重积分往往比较简单.

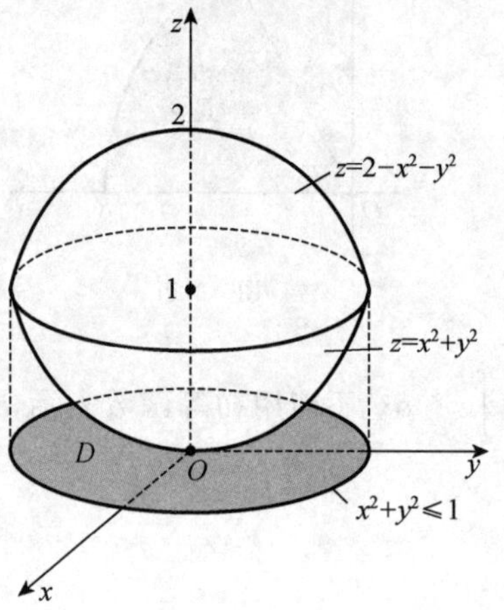

图 3-31

例 13 求旋转抛物面 Σ_1: $z=x^2+y^2$ 及 Σ_2: $z=2-x^2-y^2$ 所围成立体的体积 V.

解 所围立体的形状见图 3-31,它在 Oxy 平面上的投影区域为 D. 设以 D 为底,分别以 Σ_1 和 Σ_2 为顶的曲顶柱体的体积为 V_1 和 V_2,则 $V=V_2-V_1$. 根据二重积分的几何意义,可得

$$V_1=\iint_D (x^2+y^2)\,dx\,dy,\quad V_2=\iint_D (2-x^2-y^2)\,dx\,dy.$$

积分区域 D 的边界是 Σ_1 与 Σ_2 的交线在 Oxy 平面上的投影曲线. 从交线的方程 $\begin{cases} z=x^2+y^2, \\ z=2-x^2-y^2 \end{cases}$ 中消去变量 z,便得到交线在 Oxy 平面上的投影曲线为 $x^2+y^2=1$,从而有 D: $x^2+y^2\leqslant 1$. 于是

$$V=\iint_D (2-x^2-y^2)\,dx\,dy-\iint_D (x^2+y^2)\,dx\,dy=2\iint_D (1-x^2-y^2)\,dx\,dy.$$

利用极坐标计算:

$$V=2\int_0^{2\pi} d\theta \int_0^1 (1-r^2)r\,dr=4\pi\left[-\frac{1}{4}(1-r^2)^2\right]\Big|_0^1=\pi.$$

习 题 3-1

1. 不计算,利用二重积分的性质判断下列二重积分的符号:

(1) $I=\iint_D y^2 x e^{-xy}\,d\sigma$,其中 D: $0\leqslant x\leqslant 1, -1\leqslant y\leqslant 0$;

(2) $I=\iint_D \ln(1-x^2-y^2)\,d\sigma$,其中 D: $x^2+y^2\leqslant\frac{1}{4}$.

2. 用直角坐标计算下列二重积分:

(1) $I=\iint_D x e^{xy}\,dx\,dy$,其中 D: $0\leqslant x\leqslant 1, -1\leqslant y\leqslant 0$;

(2) $I=\iint_D \frac{dx\,dy}{(x-y)^2}$,其中 D: $1\leqslant x\leqslant 2, 3\leqslant y\leqslant 4$;

(3) $I=\iint_D (3x+2y)\,dx\,dy$,其中 D 是由两条坐标轴及直线 $x+y=2$ 所围成的闭区域;

(4) $I=\iint_D x\cos(x+y)\,dx\,dy$,其中 D 是顶点分别为 $(0,0)$, $(\pi,0)$, (π,π) 的三角形闭区域;

(5) $I=\iint_D xy^2\,dx\,dy$,其中 D 是由抛物线 $y^2=2x$ 和直线 $x=\frac{1}{2}$ 所围成的闭区域;

(6) $I=\iint\limits_D \frac{x^2}{y^2}\mathrm{d}x\,\mathrm{d}y$,其中 D 是由直线 $x=2$,$y=x$ 和双曲线 $xy=1$ 所围成的闭区域;

(7) $I=\iint\limits_D x\sqrt{y}\,\mathrm{d}x\,\mathrm{d}y$,其中 D 是由抛物线 $y=\sqrt{x}$ 和 $y=x^2$ 所围成的闭区域.

3. 将下列积分区域 D 对应的二重积分 $I=\iint\limits_D f(x,y)\mathrm{d}x\,\mathrm{d}y$ 按两种积分次序化为二次积分:

(1) D 是由直线 $y=x$ 和抛物线 $y^2=4x$ 所围成的闭区域;

(2) D 是由 x 轴和半圆 $x^2+y^2=4(y\geqslant 0)$所围成的闭区域;

(3) D 是由抛物线 $y=x^2$ 和 $y=4-x^2$ 所围成的闭区域;

(4) D 是由直线 $y=x$,$y=3x$,$x=1$ 和 $x=3$ 所围成的闭区域.

4. 改变下列二次积分的积分次序:

(1) $I=\int_0^1\mathrm{d}y\int_y^{\sqrt{y}} f(x,y)\mathrm{d}x$;

(2) $I=\int_0^1\mathrm{d}y\int_{-\sqrt{1-y^2}}^{\sqrt{1-y^2}} f(x,y)\mathrm{d}x$;

(3) $I=\int_1^{\mathrm{e}}\mathrm{d}x\int_0^{\ln x} f(x,y)\mathrm{d}y$;

(4) $I=\int_{-1}^1\mathrm{d}x\int_{-\sqrt{1-x^2}}^{1-x^2} f(x,y)\mathrm{d}y$;

(5) $I=\int_0^1\mathrm{d}x\int_0^x f(x,y)\mathrm{d}y+\int_1^2\mathrm{d}x\int_0^{2-x} f(x,y)\mathrm{d}y$.

5. 用极坐标计算下列二重积分:

(1) $I=\iint\limits_D(6-3x-2y)\mathrm{d}x\,\mathrm{d}y$,其中 D:$x^2+y^2\leqslant R^2(R>0)$;

(2) $I=\iint\limits_D\sqrt{R^2-x^2-y^2}\,\mathrm{d}x\,\mathrm{d}y$,其中 D:$x^2+y^2\leqslant Rx(R>0)$;

(3) $I=\iint\limits_D\sin\sqrt{x^2+y^2}\,\mathrm{d}x\,\mathrm{d}y$,其中 D:$\pi^2\leqslant x^2+y^2\leqslant 4\pi^2$;

(4) $I=\iint\limits_D\ln(1+x^2+y^2)\mathrm{d}x\,\mathrm{d}y$,其中 D 是 $x^2+y^2\leqslant 1$ 在第一象限的部分;

6. 将下列二次积分化为极坐标下的二次积分:

(1) $I=\int_0^R\mathrm{d}x\int_0^{\sqrt{R^2-x^2}} f(x^2+y^2)\mathrm{d}y$;

(2) $I=\int_0^{2R}\mathrm{d}y\int_0^{\sqrt{2Ry-y^2}} f(x,y)\mathrm{d}x$;

(3) $I=\int_0^1\mathrm{d}x\int_0^{x^2} f(x,y)\mathrm{d}y$.

7. 选择适当的坐标计算下列二重积分:

(1) $I=\iint\limits_D\sqrt{1-x^2-y^2}\,\mathrm{d}\sigma$,其中 D:$x^2+y^2\leqslant 1$,$x\geqslant 0$,$y\geqslant 0$;

(2) $I=\iint\limits_D y^2\mathrm{d}\sigma$,其中 D：$-\dfrac{\pi}{2}\leqslant x\leqslant\dfrac{\pi}{4},0\leqslant y\leqslant\cos x$；

(3) $I=\iint\limits_D \mathrm{e}^{x^2+y^2}\mathrm{d}\sigma$,其中 D：$x^2+y^2\leqslant 4$；

(4) $I=\iint\limits_D xy\mathrm{d}\sigma$,其中 D 是由直线 $y=x,y=x+a,y=a$ 及 $y=3a(a>0)$所围成的闭区域；

(5) $I=\iint\limits_D (x^2-y^2)\mathrm{d}\sigma$,其中 D：$0\leqslant y\leqslant\sin x,0\leqslant x\leqslant\pi$.

8. 利用二重积分计算下列平面图形的面积：

(1) 由抛物线 $y^2=2x$ 与直线 $y=x-4$ 所围成的平面图形；

(2) 由曲线 $y=\cos x$ 在区间$[0,2\pi]$内的部分与直线 $y=1$ 所围成的平面图形.

9. 简算下列二重积分：

(1) $I=\iint\limits_D x\sin y\mathrm{d}x\mathrm{d}y$,其中 D：$1\leqslant x\leqslant 2,0\leqslant y\leqslant\dfrac{\pi}{2}$;(提示：化为两个定积分的乘积.)

(2) $I=\iint\limits_D 3\mathrm{d}x\mathrm{d}y$,其中 D：$4x^2+9y^2\leqslant 36$;(提示：利用椭圆的面积公式.)

(3) $I=\iint\limits_D \sin x\cos y^2\mathrm{d}x\mathrm{d}y$,其中 D：$x^2+y^2\leqslant 4$;(提示：利用对称奇偶性.)

(4) $I=\iint\limits_D x^2y\mathrm{d}x\mathrm{d}y$,其中 D：$1\leqslant x\leqslant 2,y^2\leqslant x$;(提示：利用对称奇偶性.)

(5) $I=\iint\limits_D (xy^2+x^2y)\mathrm{d}x\mathrm{d}y$,其中 D：$x^2+y^2\leqslant 4$;(提示:利用对称奇偶性.)

(6) $I=\iint\limits_D (x+y)^2\mathrm{d}x\mathrm{d}y$,其中 D：$x^2+y^2\leqslant 1$.(提示：利用对称奇偶性、极坐标.)

10. 求由四个平面 $x=0,x=1,y=0,y=1$ 围成的柱体被平面 $z=0$ 及 $2x+3y+z=6$ 所截得立体的体积.

11. 求由平面 $x=0,y=0,x+y=1$ 围成的柱体被平面 $z=0$ 及抛物面 $x^2+y^2=6-z$ 所截得立体的体积.

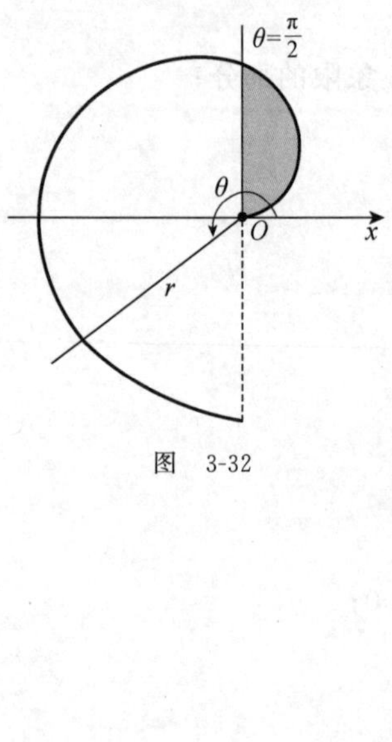

图　3-32

12. 求由曲面 $z=x^2+2y^2$ 及 $z=6-2x^2-y^2$ 所围成立体的体积.

13. 设一块平面薄板所占的区域 D 由直线 $y=0,y=x$ 及 $x=1$ 围成,它在点(x,y)处的面密度为 $\rho(x,y)=x^2+y^2$,求该平面薄板的质量.

14. 在极坐标下,设一块平面薄板所占的区域由螺线 $r=2\theta$ $\left(0\leqslant\theta\leqslant\dfrac{3\pi}{2}\right)$上的一段弧与射线 $\theta=\dfrac{\pi}{2}$ 围成(图 3-32 阴影部分). 此平面薄板上任意一点处的面密度是该点到极点距离的平方,求此平面薄板的质量.

§2 三重积分

在这一节中,我们将二重积分的概念和相应的思想方法推广到三重积分.

2.1 三重积分的概念与性质

我们从一个物理应用的例子来引入三重积分的概念.

设一个物体在空间中所占的有界闭区域为 Ω,其在点 (x,y,z) 处的体密度为 $\rho(x,y,z)$,并假定 $\rho(x,y,z)$ 是连续的,求该物体的质量 M.

如果该物体的质量分布是均匀的,即体密度 $\rho(x,y,z)\equiv k$(k 为常数),则

$$M=kV_\Omega \quad (V_\Omega \text{ 表示 } \Omega \text{ 的体积}).$$

如果 $\rho(x,y,z)$ 不恒为常数,则我们可以用类似于二重积分求平面薄板质量的方法来解决这个问题.先将 Ω 分为 n 个小闭区域:$\Delta v_1,\Delta v_2,\cdots,\Delta v_n$(它们也表示相应小闭区域的体积),并设该物体相应于各小闭区域部分的质量分别为 $\Delta M_1,\Delta M_2,\cdots,\Delta M_n$.由于 $\rho(x,y,z)$ 连续,因此当 Δv_i 很小时,$\rho(x,y,z)$ 在 Δv_i 上的变化幅度也很小.在每个小闭区域 Δv_i 上任取一点 (ξ_i,η_i,ζ_i),将在 Δv_i 上的质量分布近似看作体密度为 $\rho(\xi_i,\eta_i,\zeta_i)$ 的均匀分布,于是 $\Delta M_i\approx\rho(\xi_i,\eta_i,\zeta_i)\Delta v_i\,(i=1,2,\cdots,n)$,从而

$$M=\sum_{i=1}^{n}\Delta M_i\approx\sum_{i=1}^{n}\rho(\xi_i,\eta_i,\zeta_i)\Delta v_i.$$

用 λ 表示所有小闭区域直径的最大值,λ 越小,Ω 就分割得越细密,和式 $\sum\limits_{i=1}^{n}\rho(\xi_i,\eta_i,\zeta_i)\Delta v_i$ 与 M 的近似程度就越好.因此,如果 $\lambda\to0$ 时,和式 $\sum\limits_{i=1}^{n}\rho(\xi_i,\eta_i,\zeta_i)\Delta v_i$ 的极限存在,则把这个极限值定义为该物体的质量,即

$$M=\lim_{\lambda\to0}\sum_{i=1}^{n}\rho(\xi_i,\eta_i,\zeta_i)\Delta v_i. \tag{1}$$

由此我们引入三重积分的概念.

定义 1 设函数 $f(x,y,z)$ 是空间中有界闭区域 Ω 上的函数.将 Ω 任意分割为 n 个小闭区域:$\Delta v_1,\Delta v_2,\cdots,\Delta v_n$(它们也表示相应小闭区域的体积).在每个小闭区域 Δv_i 上任取一点 (ξ_i,η_i,ζ_i),做乘积 $f(\xi_i,\eta_i,\zeta_i)\Delta v_i\,(i=1,2,\cdots,n)$,并做和式 $\sum\limits_{i=1}^{n}f(\xi_i,\eta_i,\zeta_i)\Delta v_i$.如果这些小闭区域直径的最大值 $\lambda\to0$ 时,这个和式的极限存在,则称此极限值为函数 $f(x,y,z)$ 在 Ω 上的**三重积分**,记作 $\iiint\limits_{\Omega}f(x,y,z)\mathrm{d}v$,即

$$\iiint\limits_{\Omega}f(x,y,z)\mathrm{d}v=\lim_{\lambda\to0}\sum_{i=1}^{n}f(\xi_i,\eta_i,\zeta_i)\Delta v_i,$$

其中 $f(x,y,z)$ 称为**被积函数**,$f(x,y,z)\mathrm{d}v$ 称为**被积表达式**,$\mathrm{d}v$ 称为**体积元素**(它由和式 $\sum\limits_{i=1}^{n}f(\xi_i,\eta_i,\zeta_i)\Delta v_i$ 中的 Δv_i 转化而来),x,y,z 称为**积分变量**,Ω 称为**积分区域**,$\sum\limits_{i=1}^{n}f(\xi_i,\eta_i,\zeta_i)\Delta v_i$ 称为**积分和**.这时,也称函数 $f(x,y,z)$ 在 Ω 上**可积**.

可以看到,三重积分与二重积分的定义是类似的,因此它们的一些性质也是类似的,如线性性质、区域可加性及积分不等式等.也可以证明:如果函数 $f(x,y,z)$ 在空间有界闭区域 Ω 上连续,则函数 $f(x,y,z)$ 在 Ω 上可积.

由(1)式可知,前面求空间中物体的质量问题可以归结为计算三重积分的问题,即

$$M=\iiint_{\Omega}\rho(x,y,z)\mathrm{d}v. \tag{2}$$

在直角坐标下,体积元素记为 $\mathrm{d}v=\mathrm{d}x\mathrm{d}y\mathrm{d}z$,它表示用平行于坐标面的平面族分割积分区域 Ω,于是

$$\iiint_{\Omega}f(x,y,z)\mathrm{d}v=\iiint_{\Omega}f(x,y,z)\mathrm{d}x\mathrm{d}y\mathrm{d}z.$$

特别地,若在积分区域 Ω 上 $f(x,y,z)\equiv 1$,则

$$\iiint_{\Omega}1\mathrm{d}v=\iiint_{\Omega}\mathrm{d}v=|\Omega|, \tag{3}$$

其中 $|\Omega|$ 表示 Ω 的体积.

2.2 直角坐标下三重积分的计算

类似于二重积分的计算,三重积分的计算在通常情况下需化为三次积分来进行.下面我们仅叙述化三重积分为三次积分的方法,不做严格证明.

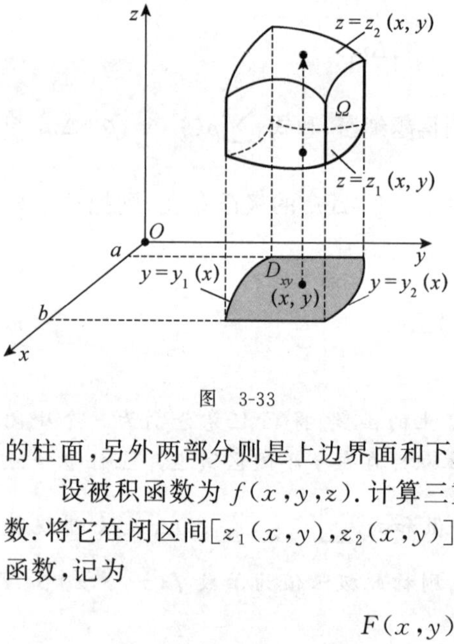

图 3-33

设积分区域 Ω 可以表示为

$$\Omega: z_1(x,y)\leqslant z\leqslant z_2(x,y),(x,y)\in D_{xy},$$

其中 D_{xy} 是 Ω 在 Oxy 平面上的投影区域,它是 Oxy 平面上的有界闭区域,$z_1(x,y)$ 和 $z_2(x,y)$ 都是 D_{xy} 上的连续函数.这时 Ω 的特点是:过 D_{xy} 内任意一点 (x,y) 作平行于 z 轴的直线,则该直线与 Ω 的边界至多有两个交点.这两个交点一个在上面,另一个在下面.当点 (x,y) 在 D_{xy} 上变动时,这些交点分别构成 Ω 的两个边界面:上边界面为 $z=z_2(x,y)$,下边界面为 $z=z_1(x,y)$.因此,Ω 的边界由三部分组成,一部分是以 D_{xy} 的边界为准线,母线平行于 z 轴的柱面,另外两部分则是上边界面和下边界面(图 3-33).

设被积函数为 $f(x,y,z)$.计算三重积分时,先固定 x 和 y,则 $f(x,y,z)$ 是关于 z 的函数.将它在闭区间 $[z_1(x,y),z_2(x,y)]$ 上求定积分,积分变量为 z,积分的结果是关于 x,y 的函数,记为

$$F(x,y)=\int_{z_1(x,y)}^{z_2(x,y)}f(x,y,z)\mathrm{d}z.$$

当 x,y 固定,积分变量 z 从 $z_1(x,y)$ 变到 $z_2(x,y)$ 时,点 (x,y,z) 沿图 3-33 中的箭头从下边界面移动到上边界面.然后,在 D_{xy} 上对 $F(x,y)$ 做二重积分,则有

$$\iiint_{\Omega}f(x,y,z)\mathrm{d}x\mathrm{d}y\mathrm{d}z=\iint_{D_{xy}}F(x,y)\mathrm{d}x\mathrm{d}y,$$

即

$$\iiint_{\Omega}f(x,y,z)\mathrm{d}x\mathrm{d}y\mathrm{d}z=\iint_{D_{xy}}\left(\int_{z_1(x,y)}^{z_2(x,y)}f(x,y,z)\mathrm{d}z\right)\mathrm{d}x\mathrm{d}y, \tag{4}$$

通常记为

$$\iiint\limits_{\Omega} f(x,y,z)\,\mathrm{d}x\,\mathrm{d}y\,\mathrm{d}z=\iint\limits_{D_{xy}}\mathrm{d}x\,\mathrm{d}y\int_{z_1(x,y)}^{z_2(x,y)} f(x,y,z)\,\mathrm{d}z. \tag{5}$$

这种计算三重积分的方法称为“先一后二”法.

如果 D_{xy} 还可以表示为 $a\leqslant x\leqslant b, y_1(x)\leqslant y\leqslant y_2(x)$(图3-33),这时积分区域 Ω 可以表示为

$$\Omega:\ a\leqslant x\leqslant b, y_1(x)\leqslant y\leqslant y_2(x), z_1(x,y)\leqslant z\leqslant z_2(x,y),$$

则(5)式变为

$$\iiint\limits_{\Omega} f(x,y,z)\,\mathrm{d}x\,\mathrm{d}y\,\mathrm{d}z=\int_a^b\mathrm{d}x\int_{y_1(x)}^{y_2(x)}\mathrm{d}y\int_{z_1(x,y)}^{z_2(x,y)} f(x,y,z)\,\mathrm{d}z. \tag{6}$$

称上式右端为**先对 z、再对 y、后对 x 的三次积分**.类似于二次积分,三次积分是依次进行的三个定积分,其各积分限的确定依然遵循“从小到大,从边界到边界”的规则.

当用平行于 x 轴或 y 轴的直线穿过 Ω 内部时,如果直线与 Ω 的边界至多有两个交点,我们同样可以用相应的“先一后二”法将三重积分化为三次积分.

例1 计算三重积分 $I=\iiint\limits_{\Omega} x\,\mathrm{d}x\,\mathrm{d}y\,\mathrm{d}z$,其中 Ω 由三个坐标面及平面 Π: $x+2y+z=1$ 围成.

解 先求出平面 Π 与三条坐标轴的交点 A,B,C.积分区域 Ω 的上边界面为平面 Π: $z=1-x-2y$ 的一部分;下边界面为 Oxy 平面($z=0$)上的闭区域 D_{xy},它也是 Ω 在 Oxy 平面上的投影区域[图3-34(a)].由方程组 $\begin{cases}x+2y+z=1,\\ z=0\end{cases}$ 可得平面 Π 与 Oxy 平面的交线为 $x+2y=1$,D_{xy} 的一条边界线是它上的一段,D_{xy} 的另外两条边界线分别是 x 轴和 y 轴上的一段[图3-34(b)].这时

$$\Omega:\ 0\leqslant x\leqslant 1, 0\leqslant y\leqslant \frac{1}{2}(1-x), 0\leqslant z\leqslant 1-x-2y.$$

利用“先一后二”法将三重积分 I 化为先对 z、再对 y、后对 x 的三次积分,则有

$$\begin{aligned}I&=\iint\limits_{D_{xy}}\mathrm{d}x\,\mathrm{d}y\int_0^{1-x-2y}x\,\mathrm{d}z=\int_0^1 x\,\mathrm{d}x\int_0^{\frac{1}{2}(1-x)}\mathrm{d}y\int_0^{1-x-2y}\mathrm{d}z\\&=\int_0^1 x\,\mathrm{d}x\int_0^{\frac{1}{2}(1-x)} z\Big|_0^{1-x-2y}\mathrm{d}y=\int_0^1 x\,\mathrm{d}x\int_0^{\frac{1}{2}(1-x)}[(1-x-2y)-0]\,\mathrm{d}y\\&=\int_0^1 x\,\mathrm{d}x\int_0^{\frac{1}{2}(1-x)}(1-x-2y)\,\mathrm{d}y=\frac{1}{4}\int_0^1(x-2x^2+x^3)\,\mathrm{d}x=\frac{1}{48}.\end{aligned}$$

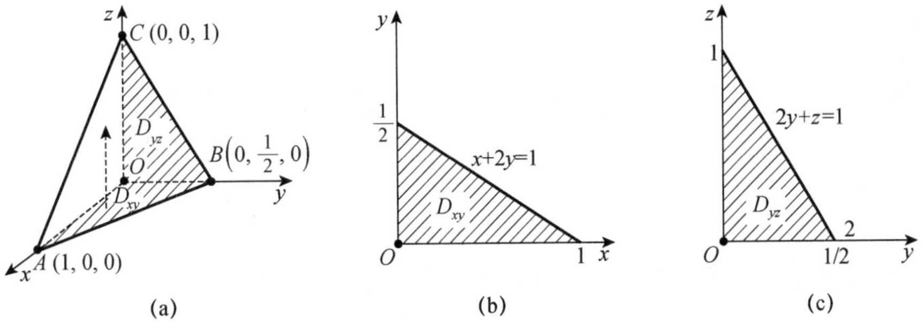

图 3-34

也可以将 Ω 投影到 Oyz 平面上,记投影区域为 D_{yz}[图 3-34(c)]. 这时

$$\Omega:0\leqslant z\leqslant 1,0\leqslant y\leqslant \frac{1}{2}(1-z),0\leqslant x\leqslant 1-2y-z,$$

三重积分 I 可化为先对 x、再对 y、后对 z 的三次积分:

$$\begin{aligned}I&=\iint\limits_{D_{yz}}\mathrm{d}y\,\mathrm{d}z\int_0^{1-2y-z}x\,\mathrm{d}x=\int_0^1\mathrm{d}z\int_0^{\frac{1}{2}(1-z)}\mathrm{d}y\int_0^{1-2y-z}x\,\mathrm{d}x\\&=\int_0^1\mathrm{d}z\int_0^{\frac{1}{2}(1-z)}\left(\frac{1}{2}x^2\Big|_0^{1-2y-z}\right)\mathrm{d}y=\int_0^1\mathrm{d}z\int_0^{\frac{1}{2}(1-z)}\frac{1}{2}(1-2y-z)^2\,\mathrm{d}y\\&=\frac{1}{12}\int_0^1(1-z)^3\,\mathrm{d}z=\frac{1}{48}.\end{aligned}$$

例 2 计算三重积分 $I=\iiint\limits_{\Omega}z\,\mathrm{d}x\,\mathrm{d}y\,\mathrm{d}z$,其中 Ω 由双曲面 $z=\sqrt{2+x^2+y^2}$、锥面 $z=\sqrt{x^2+y^2}$ 及柱面 $x^2+y^2=4$ 围成.

解 积分区域 Ω 的上边界面为双曲面 $z=\sqrt{2+x^2+y^2}$ 的一部分,下边界面为锥面 $z=\sqrt{x^2+y^2}$ 的一部分(图 3-35). 将 Ω 投影到 Oxy 平面上,则投影区域为 $D_{xy}:x^2+y^2\leqslant 4$,从而

$$\Omega:x^2+y^2\leqslant 4,\ \sqrt{x^2+y^2}\leqslant z\leqslant\sqrt{2+x^2+y^2},$$

因此

$$\begin{aligned}I&=\iint\limits_{D_{xy}}\mathrm{d}x\,\mathrm{d}y\int_{\sqrt{x^2+y^2}}^{\sqrt{2+x^2+y^2}}z\,\mathrm{d}z=\iint\limits_{D_{xy}}\left(\frac{1}{2}z^2\Big|_{\sqrt{x^2+y^2}}^{\sqrt{2+x^2+y^2}}\right)\mathrm{d}x\,\mathrm{d}y\\&=\iint\limits_{D_{xy}}\frac{1}{2}[(\sqrt{2+x^2+y^2})^2-(\sqrt{x^2+y^2})^2]\mathrm{d}x\,\mathrm{d}y\\&=\iint\limits_{D_{xy}}\mathrm{d}x\,\mathrm{d}y=4\pi,\end{aligned}$$

其中最后一步求二重积分是求 D_{xy} 的面积.

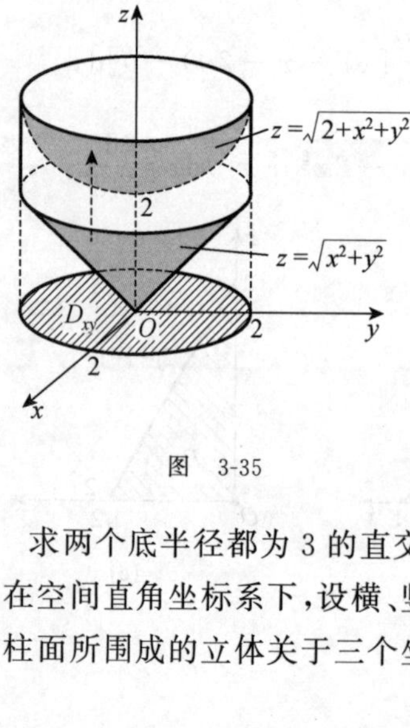

图 3-35

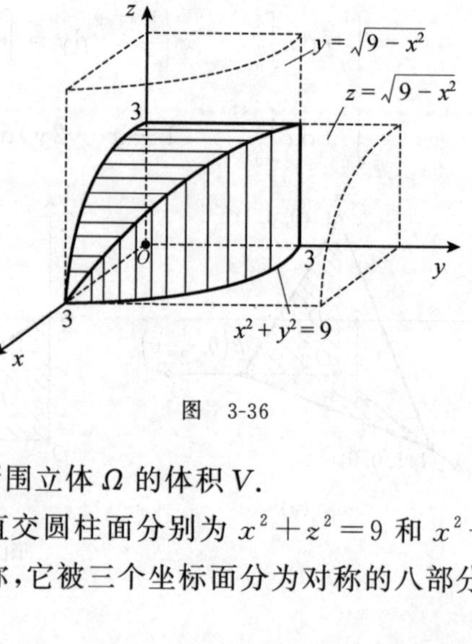

图 3-36

例 3 求两个底半径都为 3 的直交圆柱面所围立体 Ω 的体积 V.

解 在空间直角坐标系下,设横、竖的两个直交圆柱面分别为 $x^2+z^2=9$ 和 $x^2+y^2=9$. 这两个圆柱面所围成的立体关于三个坐标面对称,它被三个坐标面分为对称的八部分. 先求出

它在第一卦限部分 Ω_1 的体积(图 3-36) $V_1=\iiint\limits_{\Omega_1}\mathrm{d}v$,则由对称性就有 $V=8V_1$. Ω_1 的上边界面为横圆柱面 $z=\sqrt{9-x^2}$ 的一部分,下边界面为平面 $z=0$ 的一部分;Ω_1 在 Oxy 平面上的投影区域为

$$D_{xy}:0\leqslant y\leqslant\sqrt{9-x^2},0\leqslant x\leqslant 3.$$

于是

$$V_1=\iint\limits_{D_{xy}}\mathrm{d}x\mathrm{d}y\int_0^{\sqrt{9-x^2}}\mathrm{d}z=\int_0^3\mathrm{d}x\int_0^{\sqrt{9-x^2}}\mathrm{d}y\int_0^{\sqrt{9-x^2}}\mathrm{d}z=\int_0^3\mathrm{d}x\int_0^{\sqrt{9-x^2}}\sqrt{9-x^2}\,\mathrm{d}y$$
$$=\int_0^3(9-x^2)\mathrm{d}x=18,$$

从而 $V=8\times18=144$.

注 从这三个例题可以看到,三重积分的计算比二重积分更为复杂.这不仅因为三次积分本身的复杂性,而且因为空间图形比平面图形更难以把握和想象.因此,在做三重积分的计算时一定要先画图,要熟悉空间解析几何中的一些常用曲面.

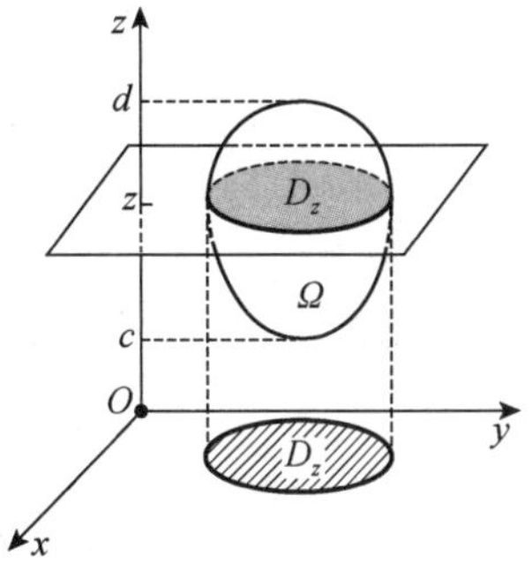

图 3-37

我们再考虑另一种计算三重积分的方法(仅限于给出方法).设积分区域 Ω 如图 3-37 所示,将 Ω 投影到 z 轴上,投影为区间 $[c,d]$.

用平面 $z=z(c\leqslant z\leqslant d)$ 去截 Ω,记截面为 D_z,它在 Oxy 平面上的投影区域与 D_z 的形状相同,仍记为 D_z.将 z 看作常数,则被积函数 $f(x,y,z)$ 是关于 x,y 的二元函数.先对 x,y 做二重积分:

$$\iint\limits_{D_z}f(x,y,z)\mathrm{d}x\mathrm{d}y.$$

由于 D_z 只与 z 有关,因此这个二重积分的结果是关于 z 的一元函数 $F(z)$.再对 $F(z)$ 在 $[c,d]$ 上做定积分,可得

$$\iiint\limits_{\Omega}f(x,y,z)\mathrm{d}x\mathrm{d}y\mathrm{d}z=\int_c^d F(z)\mathrm{d}z=\int_c^d\left(\iint\limits_{D_z}f(x,y,z)\mathrm{d}x\mathrm{d}y\right)\xlongequal{\text{记为}}\int_c^d\mathrm{d}z\iint\limits_{D_z}f(x,y,z)\mathrm{d}x\mathrm{d}y.$$

这种计算三重积分的方法称为“先二后一”法.

例 4 计算三重积分 $I=\iiint\limits_{\Omega}z\mathrm{d}x\mathrm{d}y\mathrm{d}z$,其中 Ω 由旋转抛物面 $z=4-x^2-y^2$ 及 Oxy 平面围成.

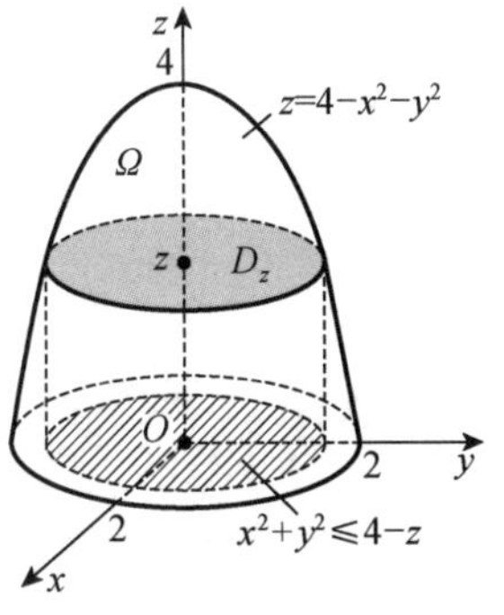

图 3-38

解 积分区域 Ω 在 z 轴上的投影区间为 $[0,4]$(图 3-38).用平面 $z=z(0\leqslant z\leqslant 4)$ 去截 Ω 得到截面 D_z,则

$$I=\int_0^4\mathrm{d}z\iint\limits_{D_z}z\mathrm{d}x\mathrm{d}y=\int_0^4 z\mathrm{d}z\iint\limits_{D_z}\mathrm{d}x\mathrm{d}y.$$

D_z 在 Oxy 平面的投影区域是圆形闭区域:$x^2+y^2\leqslant 4-z$(z 对于积分变量 x,y 来说是常数),其面积为 $\pi(4-z)$,因此内层积分就是 D_z 的面积,即

$$\iint_{D_z} \mathrm{d}x\,\mathrm{d}y = \pi(4-z).$$

于是

$$I = \pi\int_0^4 z(4-z)\,\mathrm{d}z = \frac{32\pi}{3}.$$

又如，我们也可以用“先二后一”法计算例 1 中的三重积分，此时 Ω 在 x 轴上的投影为区间[0,1][图 3-39(a)]. 用平面 $x=x(0\leqslant x\leqslant 1)$ 去截 Ω 得到截面 D_x，则

$$I = \int_0^1 \mathrm{d}x \iint_{D_x} x\,\mathrm{d}y\,\mathrm{d}z = \int_0^1 x\,\mathrm{d}x \iint_{D_x} \mathrm{d}y\,\mathrm{d}z.$$

D_x 在 Oyz 平面上的投影区域是直角三角形闭区域[图 3-39(b)]，其斜边在直线 $2y+z=1-x$ 上，两个直角边的长度分别是 $\frac{1}{2}(1-x)$ 和 $1-x$，于是 D_x 的面积是 $\iint_{D_x} \mathrm{d}y\,\mathrm{d}z = \frac{1}{4}(1-x)^2$，从而

$$I = \int_0^1 x\,\mathrm{d}x \iint_{D_x} \mathrm{d}y\,\mathrm{d}z = \frac{1}{4}\int_0^1 x(1-x)^2\,\mathrm{d}x = \frac{1}{48}.$$

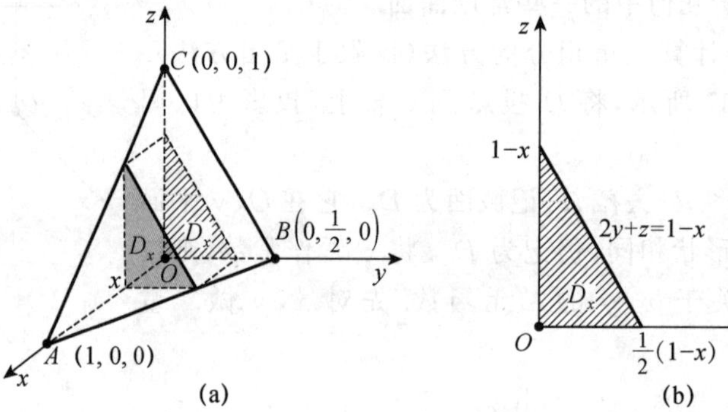

图 3-39

当积分区域关于坐标面对称，而被积函数 $f(x,y,z)$ 具有奇偶性时，像二重积分中一样，利用这些特点可以简化三重积分的计算. 三重积分的这种性质也称为对称奇偶性.

例如，设积分区域 Ω 关于 Oxy 平面对称，则 Oxy 平面将 Ω 对称地分为 $\Omega_上$ 和 $\Omega_下$ 两部分.

1) 如果被积函数 $f(x,y,z)$ 关于 z 是奇函数，即对于任何固定的 x,y，总有

$$f(x,y,-z) = -f(x,y,z),$$

则

$$\iiint_{\Omega} f(x,y,z)\,\mathrm{d}x\,\mathrm{d}y\,\mathrm{d}z = 0;$$

2) 如果被积函数 $f(x,y,z)$ 关于 z 是偶函数，即对于任何固定的 x,y，总有

$$f(x,y,-z) = f(x,y,z),$$

则

$$\iiint_{\Omega} f(x,y,z)\,\mathrm{d}x\,\mathrm{d}y\,\mathrm{d}z = 2\iiint_{\Omega_上} f(x,y,z)\,\mathrm{d}x\,\mathrm{d}y\,\mathrm{d}z = 2\iiint_{\Omega_下} f(x,y,z)\,\mathrm{d}x\,\mathrm{d}y\,\mathrm{d}z.$$

当Ω关于其他坐标面对称时,根据被积函数的奇偶性,也可得到与上述类似的结论.

例 5 设闭区域Ω由柱面$x^2+y^2=1$及平面$z=0,z=1$围成,在Ω上计算下列三重积分:

1) $\iiint\limits_{\Omega} y^3\sqrt{1-x^2}\,\mathrm{d}x\mathrm{d}y\mathrm{d}z$; 2) $\iiint\limits_{\Omega}\sqrt{1-x^2}\,\mathrm{d}x\mathrm{d}y\mathrm{d}z$.

解 积分区域Ω见图 3-40.

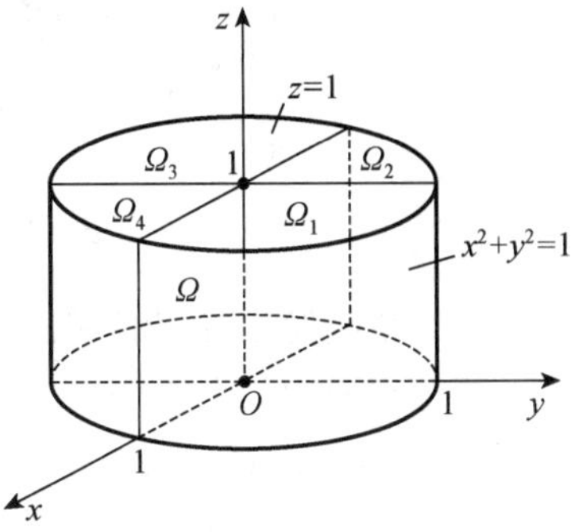

图 3-40

1) 被积函数$y^3\sqrt{1-x^2}$关于y是奇函数,而Ω关于Ozx平面对称,从而

$$\iiint\limits_{\Omega} y^3\sqrt{1-x^2}\,\mathrm{d}x\mathrm{d}y\mathrm{d}z=0.$$

2) Ozx平面和Oyz平面将Ω分为对称的四部分Ω_1,Ω_2,Ω_3,Ω_4(图 3-40). 由于Ω关于Oyz平面对称,而被积函数$\sqrt{1-x^2}$关于x是偶函数,则

$$\iiint\limits_{\Omega}\sqrt{1-x^2}\,\mathrm{d}x\mathrm{d}y\mathrm{d}z=2\iiint\limits_{\Omega_1+\Omega_4}\sqrt{1-x^2}\,\mathrm{d}x\mathrm{d}y\mathrm{d}z.$$

又由于$\Omega_1+\Omega_4$关于Ozx平面对称,被积函数$\sqrt{1-x^2}$关于y是偶函数,于是

$$\begin{aligned}\iiint\limits_{\Omega}\sqrt{1-x^2}\,\mathrm{d}x\mathrm{d}y\mathrm{d}z&=2\iiint\limits_{\Omega_1+\Omega_4}\sqrt{1-x^2}\,\mathrm{d}x\mathrm{d}y\mathrm{d}z=4\iiint\limits_{\Omega_1}\sqrt{1-x^2}\,\mathrm{d}x\mathrm{d}y\mathrm{d}z\\&=4\int_0^1\sqrt{1-x^2}\,\mathrm{d}x\int_0^{\sqrt{1-x^2}}\mathrm{d}y\int_0^1\mathrm{d}z=4\int_0^1\sqrt{1-x^2}\,\mathrm{d}x\int_0^{\sqrt{1-x^2}}\mathrm{d}y\\&=4\int_0^1(1-x^2)\mathrm{d}x=\frac{8}{3}.\end{aligned}$$

2.3 柱面坐标下三重积分的计算

用“先一后二”法计算三重积分时,可以采用极坐标变换来计算后一步的二重积分.

例 6 计算三重积分$I=\iiint\limits_{\Omega}\sqrt{x^2+y^2}\,\mathrm{d}x\mathrm{d}y\mathrm{d}z$,其中$\Omega$由旋转抛物面$z=x^2+y^2$及平面$z=1$围成.

解 积分区域Ω的上边界面为平面$z=1$的一部分,下边界面为旋转抛物面$z=x^2+y^2$的一部分,它们的交线在Oxy平面上的投影曲线为$x^2+y^2=1$,从而Ω在Oxy平面上的投影区域为D_{xy}: $x^2+y^2\leqslant 1$(图 3-41),于是

$$I=\iint\limits_{D_{xy}}\mathrm{d}x\mathrm{d}y\int_{x^2+y^2}^1\sqrt{x^2+y^2}\,\mathrm{d}z=\iint\limits_{D_{xy}}[1-(x^2+y^2)]\sqrt{x^2+y^2}\,\mathrm{d}x\mathrm{d}y.$$

利用极坐标计算,得

$$I=\int_0^{2\pi}\mathrm{d}\theta\int_0^1(1-r^2)r\cdot r\,\mathrm{d}r=\frac{4}{15}\pi.$$

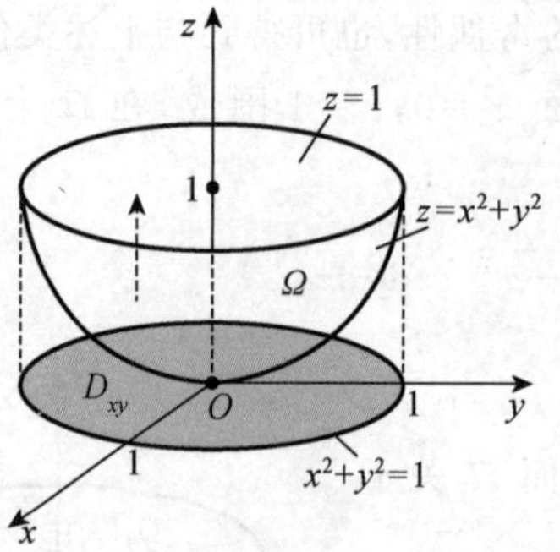

图 3-41

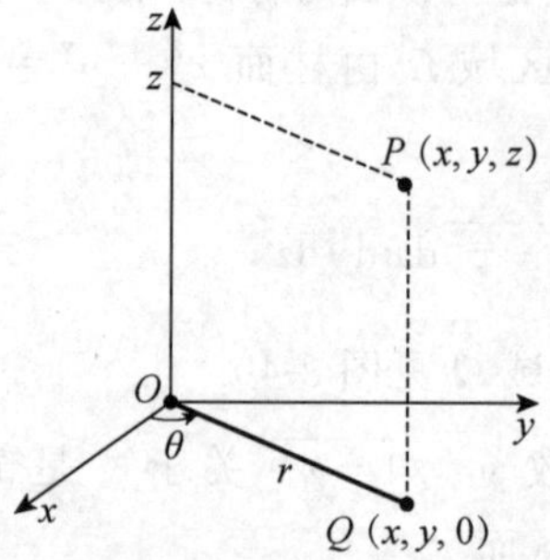

图 3-42

受这个例题启发,我们引入柱面坐标的概念,用以计算三重积分.

给定空间中的点 $P(x,y,z)$,它在 Oxy 平面上的投影点为 $Q(x,y,0)$. 设这时原点到点 Q 的距离为 r,线段 OQ 与 x 轴的夹角为 θ,则 (r,θ) 就是点 Q 在 Oxy 平面上的极坐标表示,且 $x=r\cos\theta$, $y=r\sin\theta$(图 3-42). 这样,空间中的点 P 就可以用三个有序数 r,θ,z 来表示,记为 $P(r,\theta,z)$,其中 r,θ,z 称为点 P 的**柱面坐标**. 这时,坐标 r 是点 P 到 z 轴的距离;若 $z\geqslant 0$,坐标 z 表示点 P 的高度. 点 P 的直角坐标与柱面坐标的变换公式为

$$\begin{cases} x=r\cos\theta, & 0\leqslant r<+\infty, \\ y=r\sin\theta, & 0\leqslant\theta<2\pi, \\ z=z, & -\infty<z<+\infty. \end{cases} \tag{7}$$

在柱面坐标下,某些曲面可以表示得非常简单. 例如:

1) 方程 $r=r_c$(r_c 为常数),其意义是:点 $P(r,\theta,z)$ 的第一个坐标 r 取固定值 r_c,当其余两个坐标 θ,z 任意变化时,动点 P 与 z 轴保持固定的距离 r_c. 根据 r,θ,z 的几何意义,动点 P 的轨迹是轴线为 z 轴,半径为 r_c 的圆柱面(图 3-43). 该方程对应的直角坐标方程是

$$x^2+y^2=r_c^2.$$

2) 方程 $\theta=\theta_c$(θ_c 为常数),其意义是:点 $P(r,\theta,z)$ 的第二个坐标 θ 取固定值 θ_c,当其余两个坐标 r,z 任意变化时,动点 P 的轨迹是从 z 轴出发的半平面,它与 x 轴的夹角是 θ_c(图 3-44). 该方程对应的直角坐标方程是 $y=x\tan\theta_c$.

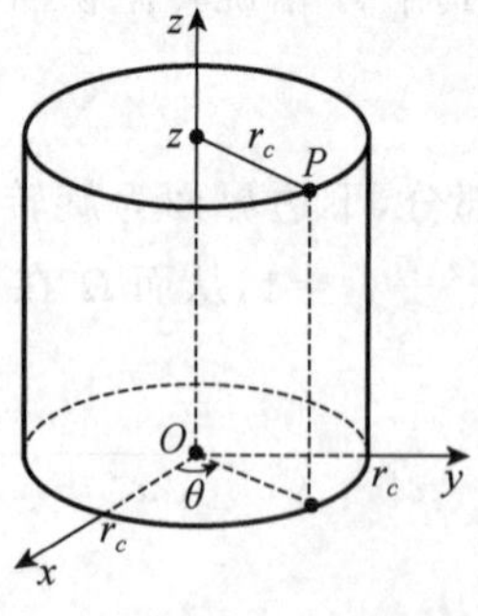

图 3-43

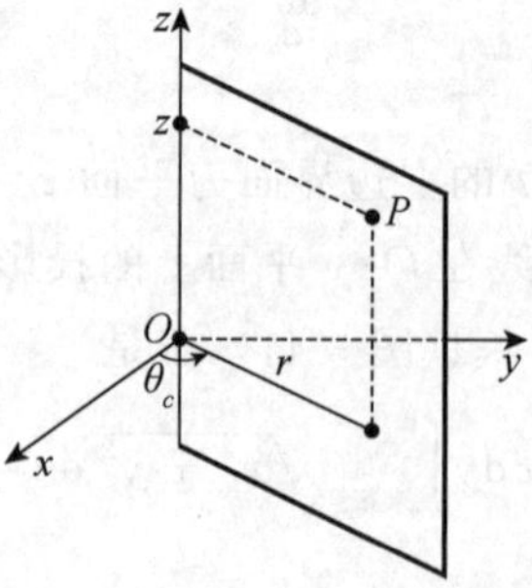

图 3-44

3) 方程 $z=z_c$(z_c 为常数),其意义是:点 $P(r,\theta,z)$ 的第三个坐标 z 取固定值 z_c,当其余两个坐标 r,θ 任意变化时,动点 P 的轨迹是垂直于 z 轴的平面,它与 z 轴的交点的第三个坐标为 z_c(图 3-45). 该方程对应的直角坐标方程仍是 $z=z_c$.

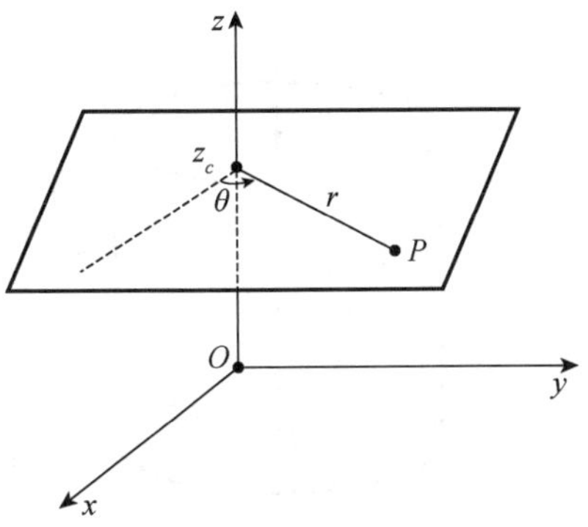

图 3-45

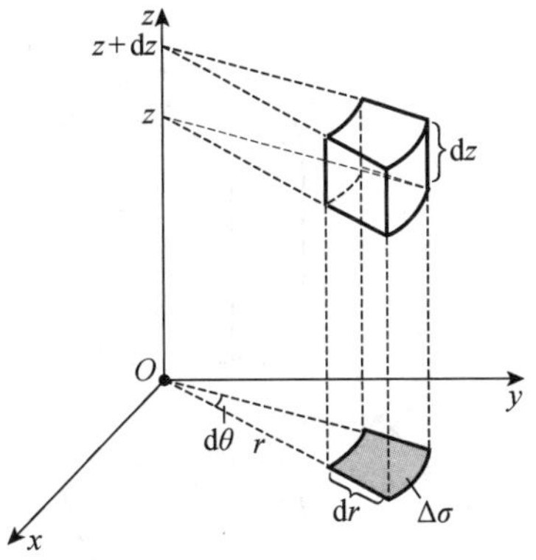

图 3-46

三族曲面 $r=$常数、$\theta=$常数、$z=$常数,将空间分割为一系列小闭区域,它们都是柱体.考虑其中由 r,θ,z 的微小增量 $dr,d\theta,dz$ 所构成小柱体的体积 Δv,它等于小柱体的底面积乘以高 dz(图 3-46).设这个小柱体的底面在 Oxy 平面上的投影区域为 $\Delta\sigma$(它也表示对应小区域的面积).根据极坐标变换,在相差高阶无穷小量的意义下,$\Delta\sigma\approx r\,dr\,d\theta$.于是,也在相差高阶无穷小量的意义下,$\Delta v\approx r\,dr\,d\theta\,dz$,从而得到柱面坐标下的体积元素

$$dv=r\,dr\,d\theta\,dz. \tag{8}$$

如果函数 $f(x,y,z)$在有界闭区域 Ω 上可积,将柱面坐标的变换公式(7)和体积元素(8)代入三重积分 $\iiint\limits_{\Omega}f(x,y,z)dv$ 就得到

$$\iiint\limits_{\Omega}f(x,y,z)dv=\iiint\limits_{\Omega}f(r\cos\theta,r\sin\theta,z)r\,dr\,d\theta\,dz. \tag{9}$$

柱面坐标下的三重积分通常化为先对 z、再对 r、后对 θ 的三次积分进行计算.在直角坐标下,这时的积分区域 Ω 需表示为如下形式(有时可能需分割为几部分才能实现):

$$\Omega:\ z_1(x,y)\leqslant z\leqslant z_2(x,y),\ (x,y)\in D,$$

其中 D 是 Ω 在 Oxy 平面上的投影区域(图 3-47).在柱面坐标下,上边界面 $z=z_2(x,y)$和下边界面 $z=z_1(x,y)$分别变为 $z=\tilde{z}_2(r,\theta)$和 $z=\tilde{z}_1(r,\theta)$.由"先一后二"法,(9)式可变为

$$\begin{aligned}\iiint\limits_{\Omega}f(x,y,z)dv&=\iint\limits_{D}dx\,dy\int_{z_1(x,y)}^{z_2(x,y)}f(x,y,z)dz\\&=\iint\limits_{D}dr\,d\theta\int_{\tilde{z}_1(r,\theta)}^{\tilde{z}_2(r,\theta)}f(r\cos\theta,r\sin\theta,z)r\,dz.\end{aligned} \tag{10}$$

如果投影区域 D 在极坐标下还可以表示为

$$D:\alpha\leqslant\theta\leqslant\beta,r_1(\theta)\leqslant r\leqslant r_2(\theta)\quad(\text{图 3-47}),$$

则在柱面坐标下有

$$\Omega:\alpha\leqslant\theta\leqslant\beta,r_1(\theta)\leqslant r\leqslant r_2(\theta),\tilde{z}_1(r,\theta)\leqslant z\leqslant\tilde{z}_2(r,\theta).$$

于是,进一步可将(10)式化为三次积分:

$$\iiint\limits_{\Omega}f(x,y,z)dv=\int_{\alpha}^{\beta}d\theta\int_{r_1(\theta)}^{r_2(\theta)}dr\int_{\tilde{z}_1(r,\theta)}^{\tilde{z}_2(r,\theta)}f(r\cos\theta,r\sin\theta,z)r\,dz.$$

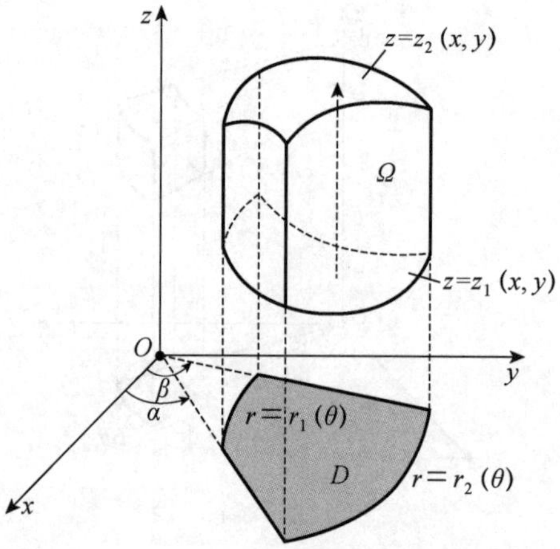

图 3-47

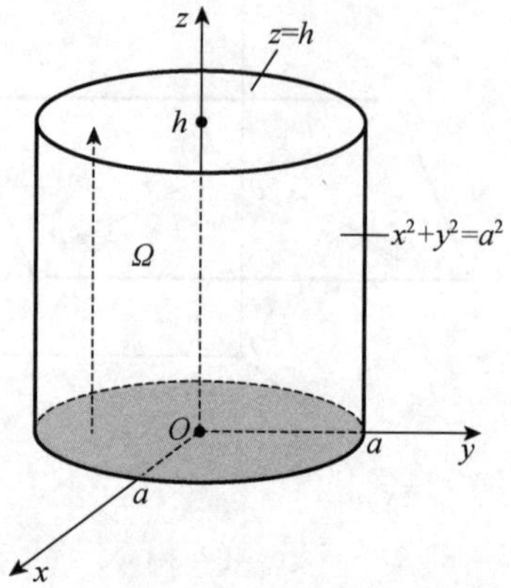

图 3-48

例 7 计算三重积分 $I=\iiint\limits_{\Omega}(x^2+y^2)\mathrm{d}x\mathrm{d}y\mathrm{d}z$,其中 Ω 由圆柱面 $x^2+y^2=a^2(a>0)$ 和平面 $z=0,z=h(h>0)$ 围成(图 3-48).

解 在柱面坐标下,积分区域 Ω 的上、下边界面分别为平面 $z=h$ 和 $z=0$ 的一部分;Ω 在 Oxy 平面上的投影区域为 D: $0\leqslant r\leqslant a,0\leqslant\theta\leqslant 2\pi$. 于是,在柱面坐标下,有

$$\Omega:\ 0\leqslant r\leqslant a,0\leqslant\theta<2\pi,0\leqslant z\leqslant h.$$

所以

$$\iiint\limits_{\Omega}(x^2+y^2)\mathrm{d}x\mathrm{d}y\mathrm{d}z=\iiint\limits_{\Omega}r^2\cdot r\mathrm{d}r\mathrm{d}\theta\mathrm{d}z=\int_0^{2\pi}\mathrm{d}\theta\int_0^a r^3\mathrm{d}r\int_0^h\mathrm{d}z=\frac{1}{2}\pi ha^4.$$

例 8 计算三重积分 $I=\iiint\limits_{\Omega}z\mathrm{d}x\mathrm{d}y\mathrm{d}z$,其中 Ω 为半椭球体 $x^2+y^2+4z^2\leqslant 1,z\geqslant 0$.

解 积分区域 Ω 如图 3-49 所示,其上边界面为 $z=\frac{\sqrt{1-x^2-y^2}}{2}$,下边界面为平面 $z=0$,即 Oxy 平面的一部分. 在柱面坐标下,上边界面表示为 $z=\frac{\sqrt{1-r^2}}{2}$. Ω 在 Oxy 平面上的投影区域为 D: $x^2+y^2\leqslant 1$.

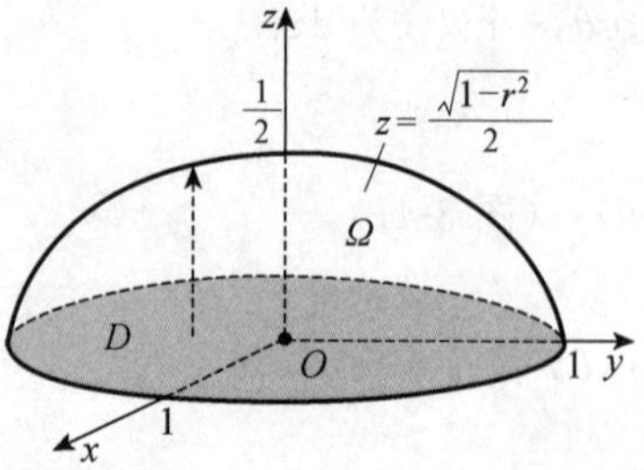

图 3-49

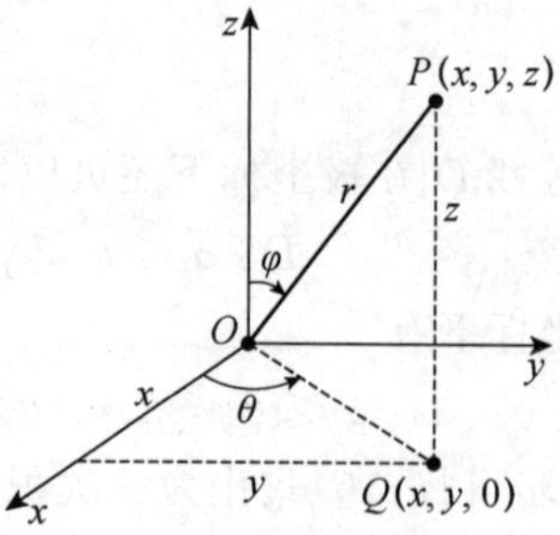

图 3-50

在极坐标下,有 $D: 0\leqslant r\leqslant 1, 0\leqslant\theta\leqslant 2\pi$,于是有

$$\Omega: 0\leqslant r\leqslant 1, 0\leqslant\theta\leqslant 2\pi, 0\leqslant z\leqslant\frac{\sqrt{1-r^2}}{2},$$

从而

$$I=\iint_D \mathrm{d}r\,\mathrm{d}\theta\int_0^{\frac{\sqrt{1-r^2}}{2}} zr\,\mathrm{d}z=\int_0^{2\pi}\mathrm{d}\theta\int_0^1 r\,\mathrm{d}r\int_0^{\frac{\sqrt{1-r^2}}{2}} z\,\mathrm{d}z=2\pi\int_0^1 r\left(\frac{z^2}{2}\bigg|_0^{\frac{\sqrt{1-r^2}}{2}}\right)\mathrm{d}r$$

$$=\frac{\pi}{4}\int_0^1 r(1-r^2)\,\mathrm{d}r=\frac{\pi}{4}\left(\frac{1}{2}r^2-\frac{1}{4}r^4\right)\bigg|_0^1=\frac{\pi}{16}.$$

*2.4 球面坐标下三重积分的计算

我们也可以引入球面坐标的概念,并利用球面坐标计算三重积分.

给定空间中的点 $P(x,y,z)$,它在 Oxy 平面上的投影点为 $Q(x,y,0)$(图 3-50). 设线段 OP 的长度为 r,它与 z 轴的夹角为 φ,则 $z=r\cos\varphi$;设线段 OQ 与 x 轴的夹角为 θ,于是它的长度为 $|OQ|=r\sin\varphi$. 再由

$$x=|OQ|\cos\theta,\quad y=|OQ|\sin\theta,$$

可得

$$\begin{cases}x=r\cos\theta\sin\varphi,\\ y=r\sin\theta\sin\varphi,\\ z=r\cos\varphi.\end{cases}\tag{11}$$

称 r,φ,θ 为点 P 的**球面坐标**,这时可将点 P 记为 $P(r,\varphi,\theta)$. 根据 r,φ,θ 的几何意义可知,它们的变化范围分别为

$$0\leqslant r<+\infty,\quad 0\leqslant\varphi\leqslant\pi,\quad 0\leqslant\theta<2\pi.$$

(11)式就是空间点的直角坐标与球面坐标的变换公式.

在球面坐标下,某些曲面方程的形式会变得十分简单. 例如:

1) 方程 $r=r_c$(r_c 为常数),其意义是:点 $P(r,\varphi,\theta)$的第一个坐标 r 取固定值 r_c,当另外两个坐标 φ,θ 变化时,动点 P 与原点保持固定的距离 r_c. 这样,动点 P 的轨迹是球心在原点,半径为 r_c 的球面(图 3-51). 该方程对应的直角坐标方程是 $x^2+y^2+z^2=r_c^2$.

2) 方程 $\varphi=\varphi_c$(φ_c 为常数),其意义是:点 $P(r,\varphi,\theta)$的第二个坐标 φ 取固定值 φ_c,当其余两个坐标 r,θ 变化时,原点到动点 P 的连线与 z 轴保持固定的夹角 φ_c. 根据 r,φ,θ 的几何意义,此时点 P 的轨迹是顶点在原点,半顶角为 φ_c 的半锥面(图 3-52). 该方程对应的直角坐标方程是 $x^2+y^2=z^2\tan^2\varphi_c$.

3) 方程 $\theta=\theta_c$(θ_c 为常数),其意义是:点 $P(r,\varphi,\theta)$的第三个坐标 θ 取固定值 θ_c,当其余两个坐标 r,φ 变化时,原点到动点 P 的连线在 Oxy 平面上的投影直线与 x 轴保持固定的夹角 θ_c. 根据 r,φ,θ 的几何意义,此时动点 P 的轨迹是从 z 轴出发的半平面,它与 x 轴的夹角是 θ_c(图 3-53). 该方程对应的直角坐标方程是 $y=x\tan\theta_c$.

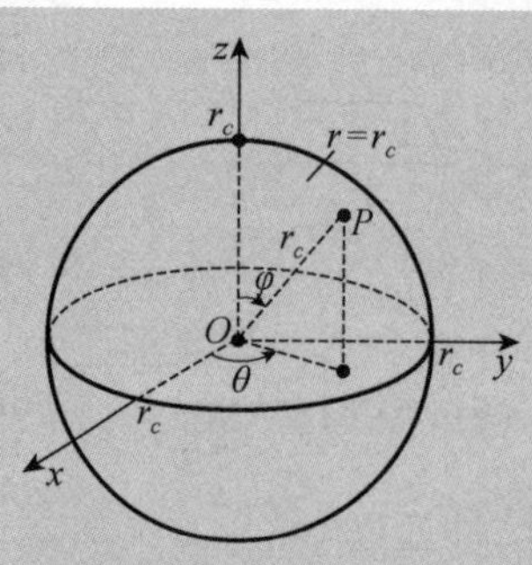

图 3-51

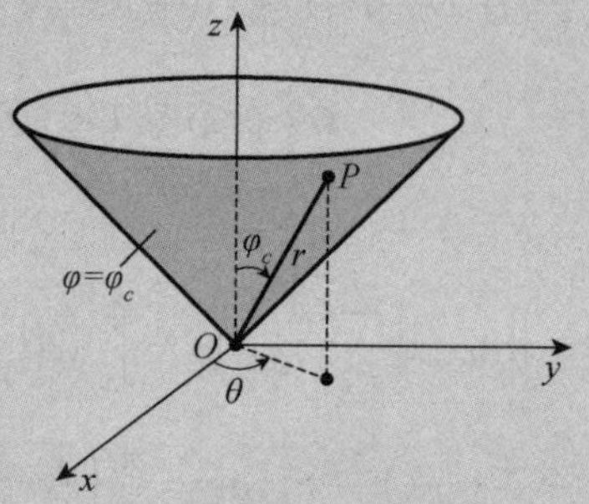

图 3-52

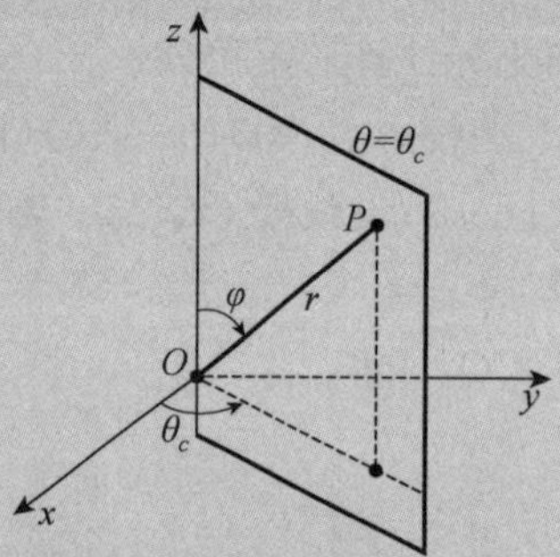

图 3-53

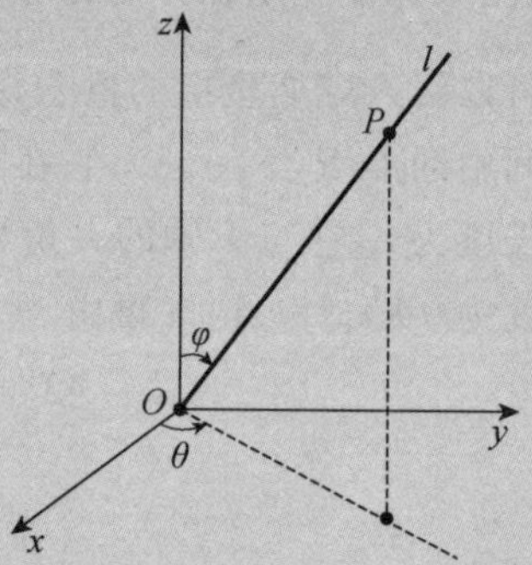

图 3-54

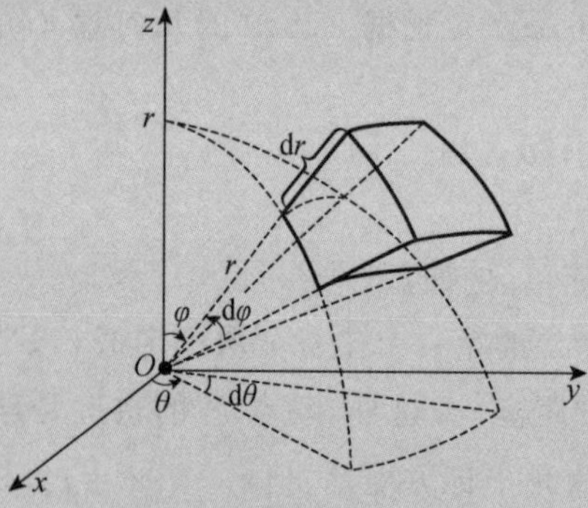

图 3-55

此外,对于固定的 φ,θ,当 r 在区间 $[0,+\infty)$ 上变化时,动点 $P(r,\varphi,\theta)$ 的轨迹是从原点出发的射线 l(图 3-54).而当 φ 在区间 $[0,\pi]$ 上变化,θ 在区间 $[0,2\pi]$ 上变化时,这样的射线扫过整个空间.

三族曲面 $r=$ 常数、$\varphi=$ 常数、$\theta=$ 常数,将空间分割为一系列小闭区域.考虑由 r,φ,θ 各取微小增量 $\mathrm{d}r,\mathrm{d}\varphi,\mathrm{d}\theta$ 所张成六面体的体积 Δv(图 3-55).可以证明,在相差高阶无穷小量的意义下,$\Delta v\approx r^2\sin\varphi\mathrm{d}r\mathrm{d}\varphi\mathrm{d}\theta$.于是,得到球面坐标下的体积元素

$$\mathrm{d}v=r^2\sin\varphi\mathrm{d}r\mathrm{d}\varphi\mathrm{d}\theta. \tag{12}$$

如果函数 $f(x,y,z)$ 在有界闭区域 Ω 上可积,将球面坐标的变换公式(11)和体积元素(12)代入三重积分 $\iiint\limits_{\Omega}f(x,y,z)\mathrm{d}v$ 就得到

$$\iiint\limits_{\Omega}f(x,y,z)\mathrm{d}v=\iiint\limits_{\Omega}f(r\cos\theta\sin\varphi,r\sin\theta\sin\varphi,r\cos\varphi)r^2\sin\varphi\mathrm{d}r\mathrm{d}\varphi\mathrm{d}\theta. \tag{13}$$

球面坐标下的三重积分通常化为先对 r、再对 φ、后对 θ 的三次积分进行计算,这时积分区域 Ω 在球面坐标下需具有如下形式:

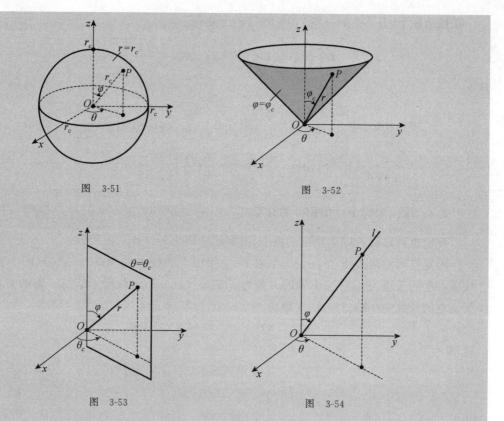

$$\Omega: \alpha \leqslant \theta \leqslant \beta, \varphi_1(\theta) \leqslant \varphi \leqslant \varphi_2(\theta), r_1(\varphi,\theta) \leqslant r \leqslant r_2(\varphi,\theta).$$

显然,此时公式(13)变为

$$\iiint_{\Omega} f(x,y,z)\mathrm{d}v = \int_{\alpha}^{\beta}\mathrm{d}\theta\int_{\varphi_1(\theta)}^{\varphi_2(\theta)}\mathrm{d}\varphi\int_{r_1(\varphi,\theta)}^{r_2(\varphi,\theta)} f(r\cos\theta\sin\varphi, r\sin\theta\sin\varphi, r\cos\varphi)r^2\sin\varphi\mathrm{d}r. \quad (14)$$

例 9 计算三重积分 $I=\iiint_{\Omega}(x^2+y^2+z^2)\mathrm{d}x\mathrm{d}y\mathrm{d}z$,其中 Ω 为上半球体:

$$x^2+y^2+z^2 \leqslant 1, \quad z \geqslant 0.$$

解 由球面坐标下三重积分的计算公式(13)可得

$$I=\iiint_{\Omega} r^4\sin\varphi\mathrm{d}r\mathrm{d}\varphi\mathrm{d}\theta.$$

上半球面 $x^2+y^2+z^2=1, z\geqslant 0$ 是积分区域 Ω 的一个边界面,将球面坐标变换(11)代入这个球面方程,得到 $r=1$.

先对 r 积分时,将 φ,θ 都看作常数. 当 r 从小到大变化时,相应的动点 (r,φ,θ) 画出从原点出发穿过 Ω 到达边界面 $r=1$ 的箭头(图 3-56). 这表明 $0\leqslant r\leqslant 1$. 对于每一对固定的 φ,θ,都可对应这样一个箭头,当 φ,θ 在 $0\leqslant\theta\leqslant 2\pi, 0\leqslant\varphi\leqslant\dfrac{\pi}{2}$ 内变化时,这些箭头扫过整个积分区域 Ω. 因此,在球面坐标下,有

$$\Omega: 0\leqslant\theta\leqslant 2\pi, 0\leqslant\varphi\leqslant\frac{\pi}{2}, 0\leqslant r\leqslant 1,$$

于是

$$I=\iiint_{\Omega} r^4\sin\varphi\mathrm{d}r\mathrm{d}\varphi\mathrm{d}\theta=\int_0^{2\pi}\mathrm{d}\theta\int_0^{\frac{\pi}{2}}\sin\varphi\mathrm{d}\varphi\int_0^1 r^4\mathrm{d}r=2\pi\cdot 1\cdot\frac{1}{5}=\frac{2}{5}\pi.$$

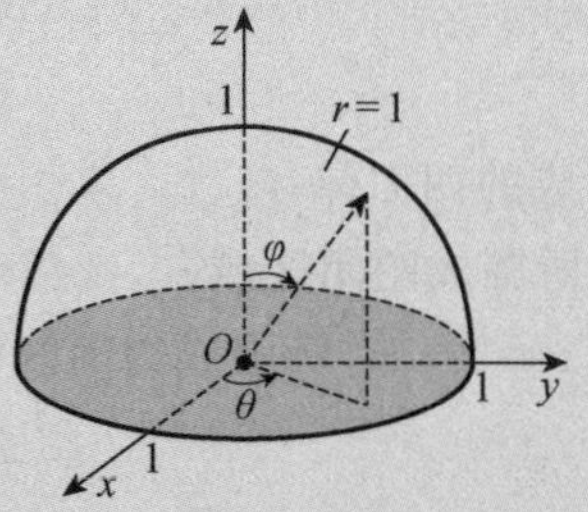

图 3-56

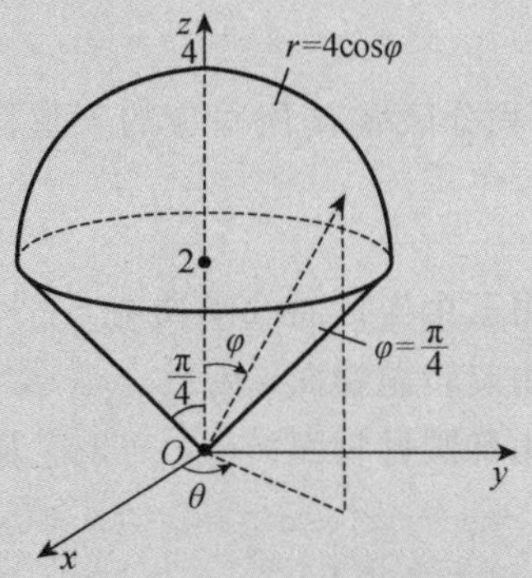

图 3-57

例 10 设一个物体所占的空间闭区域为 $\Omega: x^2+y^2+z^2\leqslant 4z, z\geqslant\sqrt{x^2+y^2}$,其上任意一点处的体密度等于该点到 Oxy 平面的距离,求该物体的质量 M.

解 此时点 (x,y,z) 处的体密度为 $\rho(x,y,z)=|z|$. 由公式(2)得

$$M=\iiint_{\Omega}|z|\mathrm{d}v.$$

用球面坐标计算这个三重积分. 积分区域 Ω 的边界面为锥面 $z=\sqrt{x^2+y^2}$ 和球面 $x^2+y^2+z^2=4z$ 的一部分. 该球面的方程可以变为 $x^2+y^2+(z-2)^2=4$,它表明球面的球心在点$(0,0,2)$,半径为 2(图 3-57). 将球面坐标的变换公式(11)代入该球面的方程 $x^2+y^2+z^2=4z$,可得 $r=4\cos\varphi$. 该锥面的顶点在原点,开口向上,在球面坐标下它的方程为 $\varphi=\dfrac{\pi}{4}$. 由于在 Ω 上 $z\geqslant 0$,则体密度 $\rho(x,y,z)=z$. 所以,由公式(13)有

$$M=\iiint_{\Omega} z\,\mathrm{d}x\,\mathrm{d}y\,\mathrm{d}z=\iiint_{\Omega} r^3\cos\varphi\sin\varphi\,\mathrm{d}r\,\mathrm{d}\varphi\,\mathrm{d}\theta.$$

先对 r 积分时,将 φ,θ 都看作常数. 当 r 从小到大变化时,相应的动点(r,φ,θ)画出从原点出发穿过 Ω 到达边界面 $r=4\cos\varphi$ 的箭头. 这表明 $0\leqslant r\leqslant 4\cos\varphi$. 对于每一对固定的 φ,θ,都对应这样一个箭头,当 φ,θ 在 $0\leqslant\varphi\leqslant\dfrac{\pi}{4}$,$0\leqslant\theta\leqslant 2\pi$ 内变化时,这些箭头扫过整个积分区域 Ω. 因此,在球面坐标下,有 Ω:$0\leqslant\theta\leqslant 2\pi$,$0\leqslant\varphi\leqslant\dfrac{\pi}{4}$,$0\leqslant r\leqslant 4\cos\varphi$,于是

$$\begin{aligned}M&=\int_0^{2\pi}\mathrm{d}\theta\int_0^{\frac{\pi}{4}}\cos\varphi\sin\varphi\,\mathrm{d}\varphi\int_0^{4\cos\varphi}r^3\,\mathrm{d}r=2\pi\int_0^{\frac{\pi}{4}}\cos\varphi\sin\varphi\left(\frac{1}{4}r^4\Big|_0^{4\cos\varphi}\right)\mathrm{d}\varphi\\&=128\pi\int_0^{\frac{\pi}{4}}\cos^5\varphi\sin\varphi\,\mathrm{d}\varphi=-128\pi\int_0^{\frac{\pi}{4}}\cos^5\varphi\,\mathrm{d}(\cos\varphi)\\&=-\frac{128\pi}{6}\cos^6\varphi\Big|_0^{\frac{\pi}{4}}=\frac{56}{3}\pi.\end{aligned}$$

习 题 3-2

1. 将下列积分区域 Ω 所对应的三重积分 $I=\iiint_{\Omega} f(x,y,z)\,\mathrm{d}v$ 化为先对 z、再对 y、后对 x 的三次积分:

(1) Ω 是由三个坐标面及平面 $x+y+z=1$ 所围成的四面体;

(2) Ω 是由旋转抛物面 $z=x^2+y^2$ 及平面 $z=1$ 所围成的闭区域;

(3) Ω 是由椭圆抛物面 $z=x^2+2y^2$ 及抛物柱面 $z=2-x^2$ 所围成的闭区域;

(4) Ω:$x^2+y^2+z^2\leqslant a^2$,$x\geqslant 0$,$y\geqslant 0$,其中 $a>0$.

2. 计算下列三重积分:

(1) $I=\iiint_{\Omega}(x+y+z)\,\mathrm{d}x\,\mathrm{d}y\,\mathrm{d}z$,其中 Ω:$0\leqslant x\leqslant 2$,$|y|\leqslant 1$,$0\leqslant z\leqslant 3$;

(2) $I=\iiint_{\Omega}\dfrac{\mathrm{d}x\,\mathrm{d}y\,\mathrm{d}z}{(1+x+y+z)^3}$,其中 Ω 是由平面 $x=0$,$y=0$,$z=0$,$x+y+z=1$ 所围成的四面体;

(3) $I=\iiint_{\Omega} y\,\mathrm{d}x\,\mathrm{d}y\,\mathrm{d}z$,其中 Ω 是由柱面 $y=x^2$ 及平面 $z+y=1$,$z=0$ 所围成的闭区域;

(4) $I=\iiint\limits_{\Omega} xyz\,dx\,dy\,dz$，其中 Ω 是由球面 $x^2+y^2+z^2=1$ 所围成的在第一卦限内的闭区域；

(5) $I=\iiint\limits_{\Omega} xz\,dx\,dy\,dz$，其中 Ω 是由平面 $z=0,z=y,y=1$ 以及抛物柱面 $y=x^2$ 所围成的闭区域.

3. 设函数 $f(x,y,z)=f_1(x)f_2(y)f_3(z)$ 在闭区域 Ω：$a\leqslant x\leqslant b,c\leqslant y\leqslant d,l\leqslant z\leqslant m$ 上可积，证明：

$$\iiint\limits_{\Omega} f_1(x)f_2(y)f_3(z)\,dx\,dy\,dz=\left(\int_a^b f_1(x)\,dx\right)\left(\int_c^d f_2(y)\,dy\right)\left(\int_l^m f_3(z)\,dz\right).$$

4. 用"先二后一"法计算下列三重积分：

(1) $I=\iiint\limits_{\Omega} z^2\,dv$，其中 Ω 是由平面 $\dfrac{x}{a}+\dfrac{y}{b}+\dfrac{z}{c}=1(a,b,c>0)$ 及三个坐标面所围成的闭区域；

(2) $I=\iiint\limits_{\Omega} y^2\,dv$，其中 Ω：$\dfrac{x^2}{a^2}+\dfrac{y^2}{b^2}+\dfrac{z^2}{c^2}\leqslant 1(a,b,c>0)$.

5. 用柱面坐标计算下列三重积分：

(1) $I=\iiint\limits_{\Omega} xy\,dv$，其中 Ω 是由曲面 $x^2+y^2=1$ 及平面 $z=0,z=1$ 所围成的在第一卦限内的闭区域；

(2) $I=\iiint\limits_{\Omega} z\,dv$，其中 Ω 是由曲面 $z=\sqrt{2-x^2-y^2}$ 及 $z=x^2+y^2$ 所围成的闭区域；

(3) $I=\iiint\limits_{\Omega} (x^2+y^2)\,dv$，其中 Ω 是由曲面 $x^2+y^2=2z$ 及平面 $z=2$ 所围成的闭区域.

*6. 用球面坐标计算下列三重积分：

(1) $I=\iiint\limits_{\Omega} (x^2+y^2+z^2)\,dv$，其中 Ω 是由球面 $x^2+y^2+z^2=1$ 所围成的闭区域；

(2) $I=\iiint\limits_{\Omega} xyz\,dv$，其中 Ω 是球面 $x^2+y^2+z^2=1$ 所围成的在第一卦限内的闭区域；

(3) $I=\iiint\limits_{\Omega} z^2\,dv$，其中 Ω 是两个球体 $x^2+y^2+z^2\leqslant R^2$ 和 $x^2+y^2+z^2\leqslant 2Rz(R>0)$ 的公共部分.

7. 简算下列三重积分：

(1) $I=\int_0^1 dx\int_0^1 dy\int_0^1 xyz\,e^{x+y}\,dz$；(提示：表示为三个定积分的乘积.)

(2) $I=\iiint\limits_{\Omega} 6\,dv$，其中 Ω：$x^2+y^2+z^2\leqslant 1$；$\left(\text{提示：利用球体的体积公式 } V=\dfrac{4}{3}\pi R^3.\right)$

(3) $I=\iiint\limits_{\Omega} z\sin x\sin y^2\,\mathrm{d}v$,其中 Ω: $x^2+y^2+z\leqslant 4, z\geqslant 0$;(提示:利用对称奇偶性.)

(4) $I=\iiint\limits_{\Omega} x^4y^3z^2\,\mathrm{d}v$,其中 Ω: $0\leqslant x\leqslant 1, -1\leqslant y\leqslant 1, 0\leqslant z\leqslant x^2+y^2$;(提示:利用对称奇偶性.)

*(5) $I=\iiint\limits_{\Omega}(x+y+z)^2\,\mathrm{d}v$,其中 Ω: $x^2+y^2+z^2\leqslant 1$.(提示:利用对称奇偶性,球面坐标.)

8. 用三重积分计算下列曲面所围成立体的体积:

(1) $z=6-x^2-y^2$ 及 $z=\sqrt{x^2+y^2}$;

(2) $z=\sqrt{5-x^2-y^2}$ 及 $x^2+y^2=4z$.

*9. 设有一个球心在原点,半径为 R 的球体,在其上任意一点处的体密度与该点到球心的距离成正比,求该球体的质量.

§3 重积分的应用

从前两节的讨论中看到,重积分(二重积分和三重积分)可以用来解决求曲顶柱体的体积、平面图形的面积、平面薄板的质量以及空间物体的质量等应用问题. 但是,重积分的应用远不止这些. 下面我们利用积分的思想将一些几何与物理应用问题化为重积分来解决.

3.1 曲面的面积

设曲面 Σ 由方程 $z=f(x,y),(x,y)\in D$ 给出,则 D 为曲面 Σ 在 Oxy 平面上的投影区域. 假定 D 是有界闭区域,函数 $f(x,y)$ 在 D 上具有连续偏导数. 我们来求曲面 Σ 的面积 S.

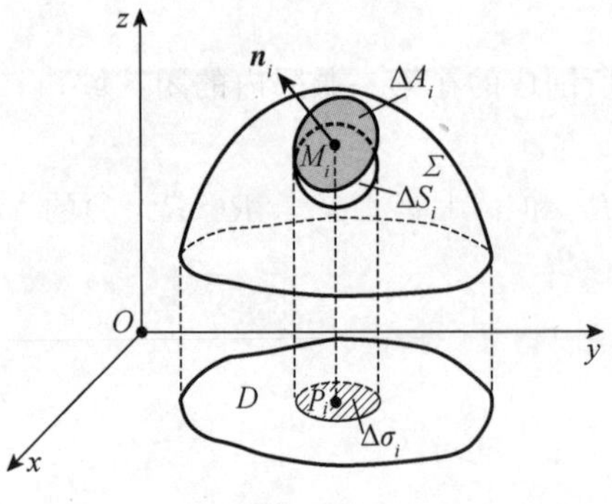

图 3-58

将 D 任意分割为 n 个小闭区域 $\Delta\sigma_1,\Delta\sigma_2,\cdots,\Delta\sigma_n$(它们也表示相应小闭区域的面积),在第 i 个小闭区域 $\Delta\sigma_i(i=1,2,\cdots,n)$上任取一点 $P_i(x_i,y_i)$,令 $z_i=f(x_i,y_i)$,则点 $M_i(x_i,y_i,z_i)\in\Sigma$. 过点 M_i 作曲面 Σ 的切平面 Π_i,其单位法向量记为 $\boldsymbol{n}_i$. 以 $\Delta\sigma_i$ 的边界为准线,母线平行于 z 轴的柱面割出曲面 Σ 上的一小块曲面 ΔS_i(它也表示相应的面积),同时这个柱面还割出切平面 Π_i 上的一小块平面 ΔA_i(它也表示相应的面积,图 3-58). 用 ΔA_i 近似代替 $\Delta S_i(i=1,2,\cdots,n)$,则

$$S=\sum_{i=1}^{n}\Delta S_i\approx\sum_{i=1}^{n}\Delta A_i.$$

设 $\boldsymbol{n}_i=\{\cos\alpha_i,\cos\beta_i,\cos\gamma_i\}$，取 ΔA_i 的单位法向量 $\boldsymbol{n}_i$ 与 z 轴的夹角小于 $\frac{\pi}{2}$，则由第二章§4中的公式(16)可知

$$\cos\gamma_i=\frac{1}{\sqrt{1+f_x^2(x_i,y_i)+f_y^2(x_i,y_i)}}.$$

因 $\Delta\sigma_i$ 是 ΔA_i 在 Oxy 平面上的投影区域，故它们的面积关系为 $\Delta\sigma_i=\Delta A_i\cos\gamma_i$，从而

$$\Delta A_i=\frac{\Delta\sigma_i}{\cos\gamma_i}=\sqrt{1+f_x^2(x_i,y_i)+f_y^2(x_i,y_i)}\,\Delta\sigma_i.$$

于是

$$S\approx\sum_{i=1}^{n}\sqrt{1+f_x^2(x_i,y_i)+f_y^2(x_i,y_i)}\,\Delta\sigma_i.$$

D 分割得越细密，这种近似程度就越好. 仍设 λ 表示 n 个小闭区域直径的最大值. 如果极限

$$\lim_{\lambda\to 0}\sum_{i=1}^{n}\sqrt{1+f_x^2(x_i,y_i)+f_y^2(x_i,y_i)}\,\Delta\sigma_i$$

存在，则定义此极限值为曲面 Σ 的面积 S. 根据二重积分的定义，则有

$$\begin{aligned}S&=\lim_{\lambda\to 0}\sum_{i=1}^{n}\sqrt{1+f_x^2(x_i,y_i)+f_y^2(x_i,y_i)}\,\Delta\sigma_i\\&=\iint_D\sqrt{1+f_x^2(x,y)+f_y^2(x,y)}\,\mathrm{d}\sigma.\end{aligned}\tag{1}$$

记

$$\mathrm{d}S=\sqrt{1+f_x^2(x,y)+f_y^2(x,y)}\,\mathrm{d}\sigma$$

或

$$\mathrm{d}S=\sqrt{1+f_x^2(x,y)+f_y^2(x,y)}\,\mathrm{d}x\,\mathrm{d}y,$$

称之为曲面 Σ 的面积元素.

可以看到，推导曲面面积公式(1)的基本方法是在曲面的微小局部以切平面近似代替曲面，称之为“以平代曲”. 这与推导曲线弧长的思想是一致的.

例1 求曲面 $z=9-x^2-y^2$ 被圆柱面 $x^2+y^2=2$ 截得的一小块曲面 Σ 的面积 A.

解 Σ 的形状如图3-59所示，它在 Oxy 平面上的投影区域为 D：$x^2+y^2\leqslant 2$. 曲面 Σ 的面积元素为

$$\mathrm{d}S=\sqrt{1+z_x^2+z_y^2}\,\mathrm{d}x\,\mathrm{d}y=\sqrt{1+4x^2+4y^2}\,\mathrm{d}x\,\mathrm{d}y.$$

在极坐标下，有 D：$0\leqslant r\leqslant\sqrt{2}$，$0\leqslant\theta\leqslant 2\pi$，于是

$$\begin{aligned}A&=\iint_D\sqrt{1+4x^2+4y^2}\,\mathrm{d}x\,\mathrm{d}y=\int_0^{2\pi}\mathrm{d}\theta\int_0^{\sqrt{2}}\sqrt{1+4r^2}\,r\,\mathrm{d}r\\&=2\pi\int_0^{\sqrt{2}}\frac{1}{8}\sqrt{1+4r^2}\,\mathrm{d}(4r^2)\\&=\frac{\pi}{4}\int_0^{\sqrt{2}}\sqrt{1+4r^2}\,\mathrm{d}(1+4r^2)\\&=\frac{\pi}{4}\cdot\frac{2}{3}(1+4r^2)^{\frac{3}{2}}\Big|_0^{\sqrt{2}}=\frac{13\pi}{3}.\end{aligned}$$

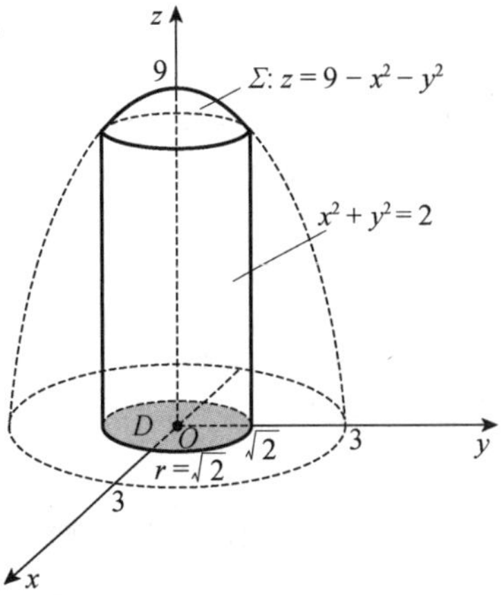

图 3-59

*3.2 质心

设在 Oxy 平面上 n 个质点 $M_1(x_1,y_1),M_2(x_2,y_2),\cdots,M_n(x_n,y_n)$ 构成一个质点系，这些质点的质量依次为 $m_1,m_2,\cdots,m_n$. 记

$$M_y=\sum_{i=1}^{n}x_im_i,\quad M_x=\sum_{i=1}^{n}y_im_i,$$

它们分别称为该质点系对于 y 轴和 x 轴的**静矩**. 令

$$\bar{x}=\frac{M_y}{M},\quad \bar{y}=\frac{M_x}{M},$$

称点 $(\bar{x},\bar{y})$ 为该质点系的**质心**，其中 $M=\sum\limits_{i=1}^{n}m_i$ 是该质点系的**总质量**.

上述是质量呈离散分布时质心的定义. 对质量呈连续分布的情形，我们来讨论相应的质心问题.

设一块平面薄板在 Oxy 平面上所占的有界闭区域为 D，其面密度 $\rho(x,y)$ 在 D 上是连续的. 我们来求该平面薄板的质心. 在本章 §1 中已经知道，该平面薄板的质量为

$$M=\iint\limits_D\rho(x,y)\mathrm{d}x\mathrm{d}y,$$

我们只需求出该平面薄板对于 y 轴和 x 轴的静矩 M_y,M_x 即可.

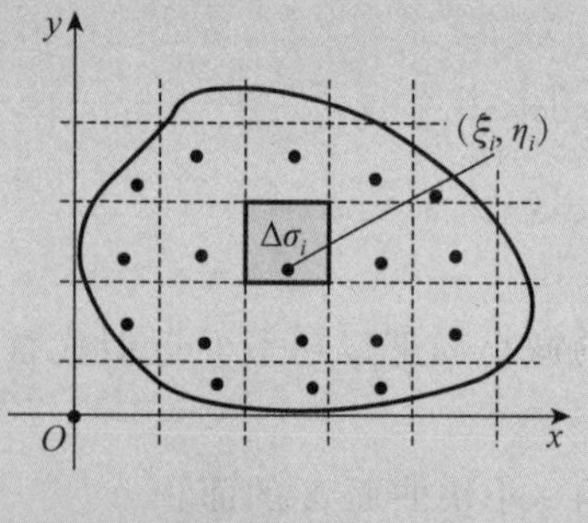

图 3-60

利用积分的思想，将 D 任意分割为 n 个小闭区域：$\Delta\sigma_1,\Delta\sigma_2,\cdots,\Delta\sigma_n$（它们也表示相应小闭区域的面积），在第 i 个小闭区域 $\Delta\sigma_i\ (i=1,2,\cdots,n)$ 上任取一点 (ξ_i,η_i)（图 3-60）. 当分割很细密时，每个小闭区域都可以近似看作一个质点，从而这 n 个小闭区域可近似看作位于点 (ξ_i,η_i) 处，质量为 $\rho(\xi_i,\eta_i)\Delta\sigma_i\ (i=1,2,\cdots,n)$ 的质点系. 我们用这个质点系对 y 轴和 x 轴的静矩来近似代替该平面薄板相应的静矩，即

$$M_y\approx\sum_{i=1}^{n}\xi_i\rho(\xi_i,\eta_i)\Delta\sigma_i,\quad M_x\approx\sum_{i=1}^{n}\eta_i\rho(\xi_i,\eta_i)\Delta\sigma_i.$$

D 分割得越细密，这种近似程度就越好. 设 λ 是这些小闭区域直径的最大值. 令 $\lambda\to0$，则分割无限细密. 如果极限

$$\lim_{\lambda\to0}\sum_{i=1}^{n}\xi_i\rho(\xi_i,\eta_i)\Delta\sigma_i$$

存在，则定义此极限值为该平面薄板对 y 轴的静矩 M_y. 同理，可定义极限

$$\lim_{\lambda\to0}\sum_{i=1}^{n}\eta_i\rho(\xi_i,\eta_i)\Delta\sigma_i$$

的值为该平面薄板对 x 轴的静矩 M_x. 由二重积分的定义可知

$$M_y=\iint\limits_D x\rho(x,y)\mathrm{d}\sigma,\quad M_x=\iint\limits_D y\rho(x,y)\mathrm{d}\sigma,\tag{2}$$

从而

$$\bar{x}=\frac{\iint\limits_{D} x\rho(x,y)\mathrm{d}\sigma}{\iint\limits_{D}\rho(x,y)\mathrm{d}\sigma},\quad \bar{y}=\frac{\iint\limits_{D} y\rho(x,y)\mathrm{d}\sigma}{\iint\limits_{D}\rho(x,y)\mathrm{d}\sigma}. \tag{3}$$

如果该平面薄板的质量分布是均匀的,即面密度 $\rho(x,y)$ 恒为某个常数 k,则有

$$M=\iint\limits_{D} k\,\mathrm{d}\sigma=kA,\quad M_y=\iint\limits_{D} kx\,\mathrm{d}\sigma=k\iint\limits_{D} x\,\mathrm{d}\sigma,\quad M_x=\iint\limits_{D} ky\,\mathrm{d}\sigma=k\iint\limits_{D} y\,\mathrm{d}\sigma,$$

从而

$$\bar{x}=\frac{1}{A}\iint\limits_{D} x\,\mathrm{d}\sigma,\quad \bar{y}=\frac{1}{A}\iint\limits_{D} y\,\mathrm{d}\sigma, \tag{4}$$

其中 A 是 D 的面积. 当质量均匀分布时,我们将质心称为**形心**.

设一个物体在空间中所占的有界闭区域为 Ω,其体密度 $\rho(x,y,z)$ 在 Ω 上连续. 根据质心的物理意义和类似的推导,可得到该物体的质心为 $(\bar{x},\bar{y},\bar{z})$,其中

$$\bar{x}=\frac{\iiint\limits_{\Omega} x\rho(x,y,z)\mathrm{d}v}{\iiint\limits_{\Omega}\rho(x,y,z)\mathrm{d}v}=\frac{1}{M}\iiint\limits_{\Omega} x\rho(x,y,z)\mathrm{d}v,$$

$$\bar{y}=\frac{\iiint\limits_{\Omega} y\rho(x,y,z)\mathrm{d}v}{\iiint\limits_{\Omega}\rho(x,y,z)\mathrm{d}v}=\frac{1}{M}\iiint\limits_{\Omega} y\rho(x,y,z)\mathrm{d}v, \tag{5}$$

$$\bar{z}=\frac{\iiint\limits_{\Omega} z\rho(x,y,z)\mathrm{d}v}{\iiint\limits_{\Omega}\rho(x,y,z)\mathrm{d}v}=\frac{1}{M}\iiint\limits_{\Omega} z\rho(x,y,z)\mathrm{d}v,$$

这里 $M=\iiint\limits_{\Omega}\rho(x,y,z)\mathrm{d}v$ 是 Ω 的质量. 特别地,当体密度 $\rho(x,y,z)$ 恒为常数时,有

$$\bar{x}=\frac{1}{V}\iiint\limits_{\Omega} x\,\mathrm{d}v,\quad \bar{y}=\frac{1}{V}\iiint\limits_{\Omega} y\,\mathrm{d}v,\quad \bar{z}=\frac{1}{V}\iiint\limits_{\Omega} z\,\mathrm{d}v, \tag{6}$$

其中 V 是 Ω 的体积.

例 2 设质量均匀的平面薄板 D 是椭圆 $\frac{x^2}{a^2}+\frac{y^2}{b^2}=1(a,b>0)$ 所围成的闭区域在第一象限的部分(图 3-61),求 D 的形心.

解 由于

$$\iint\limits_{D} x\,\mathrm{d}\sigma=\int_0^a x\,\mathrm{d}x\int_0^{b\sqrt{1-\frac{x^2}{a^2}}}\mathrm{d}y=\int_0^a bx\sqrt{1-\frac{x^2}{a^2}}\,\mathrm{d}x$$

$$=-\frac{1}{3}a^2b\left(1-\frac{x^2}{a^2}\right)^{\frac{3}{2}}\Big|_0^a=\frac{1}{3}a^2b,$$

同理 $\iint\limits_D y\,\mathrm{d}\sigma=\frac{1}{3}ab^2$，又知 D 的面积为 $A=\frac{1}{4}\pi ab$，故由公式(4) 可得

$$\bar{x}=\frac{\frac{1}{3}a^2b}{\frac{1}{4}\pi ab}=\frac{4a}{3\pi},\quad \bar{y}=\frac{\frac{1}{3}ab^2}{\frac{1}{4}\pi ab}=\frac{4b}{3\pi}.$$

所以，所求的形心为 $\left(\frac{4a}{3\pi},\frac{4b}{3\pi}\right)$.

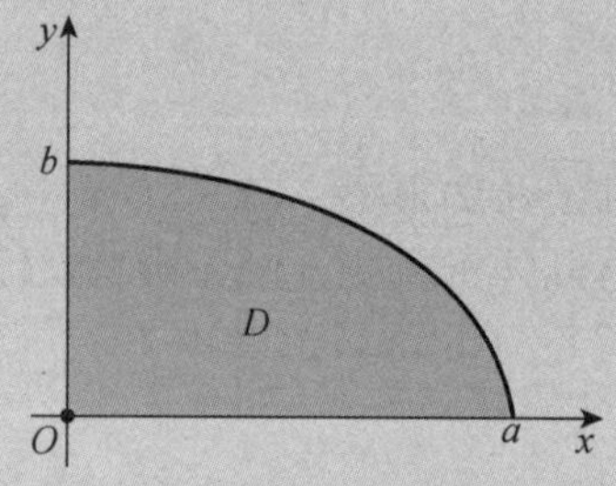

图　3-61

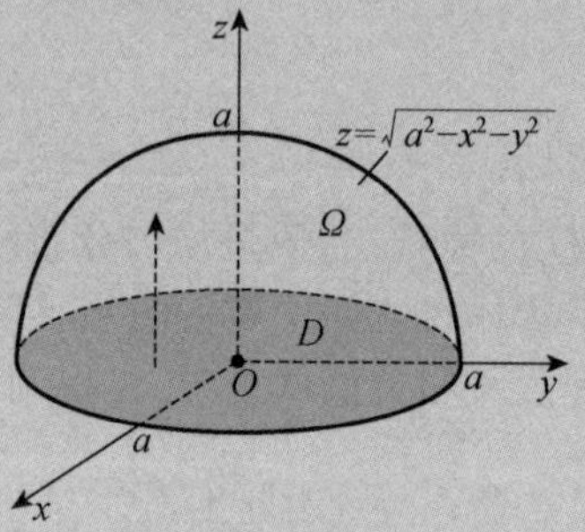

图　3-62

例 3　求均匀半球体 Ω：$x^2+y^2+z^2\leqslant a^2, z\geqslant 0(a>0)$的形心(图 3-62).

解　由 Ω 的对称性可知 $\bar{x}=\bar{y}=0$，又知 Ω 的体积为 $V=\frac{2}{3}\pi a^3$，Ω 在 Oxy 平面上的投影区域为 D：$x^2+y^2\leqslant a^2$，从而

$$\iiint\limits_{\Omega} z\,\mathrm{d}v=\iint\limits_D \mathrm{d}x\,\mathrm{d}y\int_0^{\sqrt{a^2-x^2-y^2}} z\,\mathrm{d}z=\frac{1}{2}\iint\limits_D (a^2-x^2-y^2)\,\mathrm{d}x\,\mathrm{d}y$$

$$=\frac{1}{2}\int_0^{2\pi}\mathrm{d}\theta\int_0^a (a^2-r^2)r\,\mathrm{d}r=\frac{\pi}{4}a^4,$$

于是

$$\bar{z}=\frac{1}{V}\iiint\limits_{\Omega} z\,\mathrm{d}v=\frac{\frac{\pi}{4}a^4}{\frac{2}{3}\pi a^3}=\frac{3a}{8}.$$

所以，所求的形心为 $\left(0,0,\frac{3a}{8}\right)$.

*3.3　转动惯量

设质点 M 到直线 L 的距离为 r，该质点的质量为 m. 在力学中，把 $I_L=r^2m$ 称为质点 M 对于直线 L 的**转动惯量**. 设由 n 个质点 $M_1,M_2,\cdots,M_n$ 组成一个质点系，各质点到直线 L 的距离依次为 $r_1,r_2,\cdots,r_n$(图 3-63)，它们的质量分别为 $m_1,m_2,\cdots,m_n$. 这个质点系的各质点对于直线 L 的转动惯量之和 I_L 称为这个质点系对于该直线的**转动惯量**，即

$$I_L=\sum_{i=1}^{n}r_i^2m_i. \tag{7}$$

上述是质量呈离散分布时转动惯量的定义. 如果质量呈连续分布,我们应如何求此时的转动惯量? 下面以一个例子来说明.

设一块平面薄板在 Oxy 平面上所占的有界闭区域为 D,其面密度 $\rho(x,y)$ 在 D 上连续,求该平面薄板对于 x 轴的转动惯量 I_x.

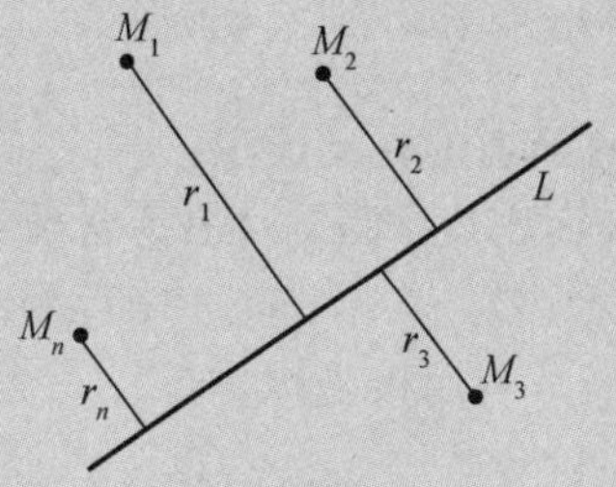

图 3-63

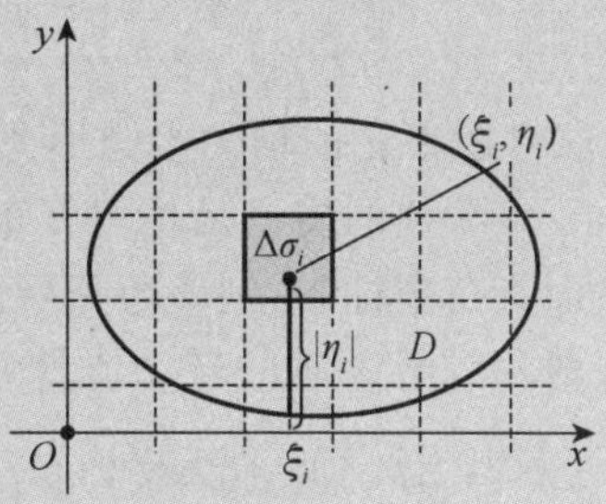

图 3-64

利用积分的思想,将 D 任意分割为 n 个小闭区域 $\Delta\sigma_1,\Delta\sigma_2,\cdots,\Delta\sigma_n$(它们也表示相应小闭区域的面积),在第 i 个小区域 $\Delta\sigma_i(i=1,2,\cdots,n)$上任取一点$(\xi_i,\eta_i)$(图 3-64). 当分割很细密时,每个小闭区域都可以近似看作一个质点,从而这 n 个小闭区域可以近似看作位于(ξ_i,η_i)处,质量为 $\rho(\xi_i,\eta_i)\Delta\sigma_i(i=1,2,\cdots,n)$的质点系. 可用这个质点系对于 x 轴的转动惯量近似代替该平面薄板对于 x 轴的转动惯量. 由于第 i 个近似质点(ξ_i,η_i)到 x 轴的距离为$|\eta_i|$,于是

$$I_x\approx\sum_{i=1}^{n}\eta_i^2\rho(\xi_i,\eta_i)\Delta\sigma_i.$$

D 分割得越细密,这种近似程度就越好. 设 λ 是这些小闭区域直径的最大值. 令 $\lambda\to0$,则分割无限细密. 如果极限

$$\lim_{\lambda\to0}\sum_{i=1}^{n}\eta_i^2\rho(\xi_i,\eta_i)\Delta\sigma_i$$

存在,则定义此极限值为该平面薄板对于 x 轴的转动惯量 I_x. 由二重积分的定义可知

$$I_x=\iint_D y^2\rho(x,y)\mathrm{d}\sigma. \tag{8}$$

同理,可定义该平面薄板对于 y 轴的转动惯量为

$$I_y=\iint_D x^2\rho(x,y)\mathrm{d}\sigma. \tag{9}$$

如果直线 L 通过原点且垂直于 Oxy 平面,同理可推出该平面薄板对于直线 L 的转动惯量为

$$I_O=\iint_D(x^2+y^2)\rho(x,y)\mathrm{d}\sigma. \tag{10}$$

如果一个物体在空间中所占的有界闭区域为 Ω,其体密度 $\rho(x,y,z)$ 在 Ω 上连续,读者可类比地自行推出该物体分别对于 x 轴、y 轴、z 轴的转动惯量为

$$\begin{aligned} I_x &= \iiint_\Omega (y^2+z^2)\rho(x,y,z)\mathrm{d}v, \\ I_y &= \iiint_\Omega (x^2+z^2)\rho(x,y,z)\mathrm{d}v, \\ I_z &= \iiint_\Omega (x^2+y^2)\rho(x,y,z)\mathrm{d}v. \end{aligned} \tag{11}$$

例 4 求半径为 a 的均匀半圆形薄片对于其直径边的转动惯量.

解 由于该薄片的质量是均匀分布的,可设其面密度 $\rho(x,y)$ 恒为常数 k. 如图 3-65 所示建立平面直角坐标系,则该薄片所占的闭区域为 $D:x^2+y^2\leqslant a^2, y\geqslant 0$,要求的转动惯量就是该薄片对于 x 轴的转动惯量 I_x. 由公式(8),利用极坐标,有

$$\begin{aligned} I_x &= \iint_D ky^2\mathrm{d}x\mathrm{d}y = k\int_0^\pi \mathrm{d}\theta\int_0^a r^3\sin^2\theta\mathrm{d}r = k\left(\int_0^\pi \sin^2\theta\mathrm{d}\theta\right)\left(\int_0^a r^3\mathrm{d}r\right) \\ &= \frac{\pi}{8}ka^4 = \frac{1}{4}Ma^2, \end{aligned}$$

其中 $M=k\cdot\frac{\pi}{2}a^2$ 是该薄片的质量.

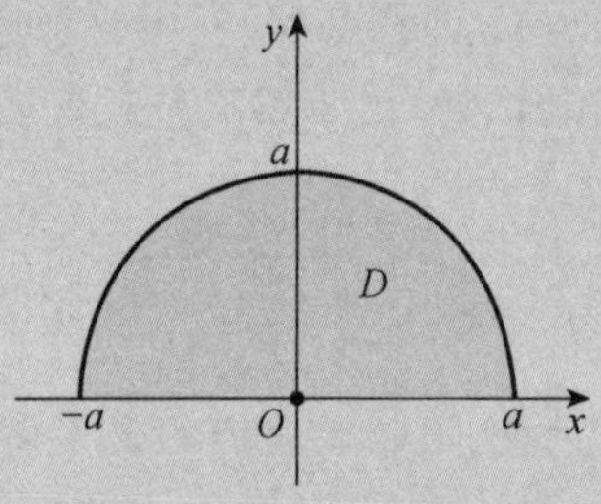

图 3-65

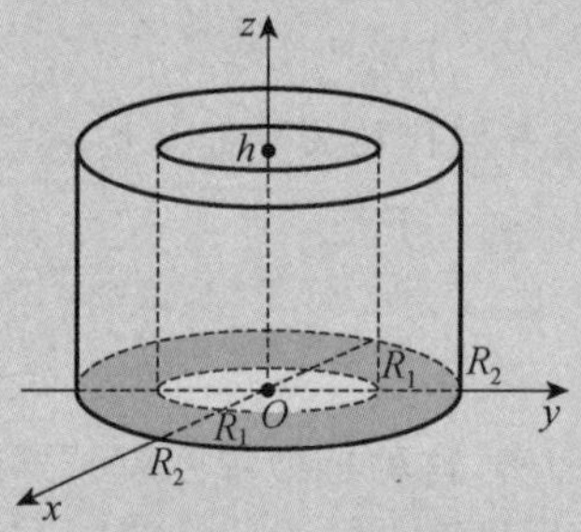

图 3-66

例 5 求密度均匀,高为 h 的圆环柱(图 3-66)对于其轴线的转动惯量.

解 此时该圆环柱的体密度 $\rho(x,y,z)$ 恒为某个常数 k. 记该圆环柱所占的空间有界闭区域为 Ω,它在 Oxy 平面上的投影区域为

$$D: R_1^2\leqslant x^2+y^2\leqslant R_2^2.$$

由公式(11)可知,所求的转动惯量为

$$I_z = \iiint_\Omega k(x^2+y^2)\mathrm{d}x\mathrm{d}y\mathrm{d}z.$$

利用柱面坐标,可得

$$\begin{aligned} I_z &= k\int_0^{2\pi}\mathrm{d}\theta\int_{R_1}^{R_2} r^3\mathrm{d}r\int_0^h \mathrm{d}z = k\cdot 2\pi\cdot\frac{1}{4}(R_2^4-R_1^4)\cdot h \\ &= \frac{\pi kh}{2}(R_2^4-R_1^4). \end{aligned}$$

习　题　3-3

1. 求球面 $x^2+y^2+z^2=4a^2$ 含在柱面 $x^2+y^2=2ax(a>0)$ 内部的面积 A.

2. 求锥面 $z=\sqrt{x^2+y^2}$ 被柱面 $z^2=2x$ 所割下部分的面积 A.

3. 求曲面 $x^2+y^2=2az$ 被柱面 $x^2+y^2=3a^2$ 所割下部分的面积 A，其中 $a>0$.

*4. 求位于两个圆 $x^2+(y-1)^2=1$ 和 $x^2+(y-2)^2=4$ 之间的均匀薄板的形心.

*5. 设一块平面薄板所占的闭区域 D 由抛物线 $y=x^2$ 及直线 $y=x$ 围成，它在点 (x,y) 处的面密度为 $\rho(x,y)=x^2y$，求该平面薄板的质心.

*6. 求旋转抛物面 $z=x^2+y^2$ 及平面 $z=1$ 所围成的质量均匀分布的物体的形心.

*7. 求质量均匀分布的物体 Ω：$\dfrac{x^2}{a^2}+\dfrac{y^2}{b^2}+\dfrac{z^2}{c^2}\leqslant 1,x\geqslant 0,y\geqslant 0,z\geqslant 0$ 的形心.

*8. 设平面薄板 D 由抛物线 $y^2=\dfrac{9}{2}x$ 及直线 $x=2$ 围成，其面密度恒等于1，求它对于 x 轴和 y 轴的转动惯量.

*9. 设一个球体上任意一点处的体密度与该点到球心的距离成正比，求它对于通过球心的一条直线的转动惯量.

重积分内容小结

将一元函数定积分的概念和方法推广到多元函数上，是本章所讲述的重积分内容.重积分的定义、性质与定积分是类似的，它的各种计算方法最终都要化为依次进行的定积分.

一、二重积分

1. 二重积分的定义

设 $f(x,y)$ 是定义在有界闭区域 D 上的函数.将 D 任意分割成 n 个小闭区域 $\Delta\sigma_1$，$\Delta\sigma_2$，…，$\Delta\sigma_n$（它们也表示相应小闭区域的面积），在每个 $\Delta\sigma_i$ 上任取一点 (ξ_i,η_i)，做乘积 $f(\xi_i,\eta_i)\Delta\sigma_i(i=1,2,\cdots,n)$，并做和式 $\sum\limits_{i=1}^{n}f(\xi_i,\eta_i)\Delta\sigma_i$. 如果这些小闭区域直径的最大值 $\lambda\to 0$ 时，这个和式的极限存在，则称此极限值为函数 $f(x,y)$ 在 D 上的二重积分，记作 $\iint\limits_D f(x,y)\mathrm{d}\sigma$，即

$$\iint\limits_D f(x,y)\mathrm{d}\sigma=\lim_{\lambda\to 0}\sum_{i=1}^{n}f(\xi_i,\eta_i)\Delta\sigma_i.$$

直角坐标下的面积元素可记为 $\mathrm{d}\sigma=\mathrm{d}x\mathrm{d}y$，此时二重积分可记为 $\iint\limits_D f(x,y)\mathrm{d}x\mathrm{d}y$.

若函数 $f(x,y)$ 在有界闭区域 D 上连续，则二重积分 $\iint\limits_D f(x,y)\mathrm{d}\sigma$ 一定存在.

2. 二重积分的性质

假定以下所给出的函数都是可积的.

1) **线性性**：

$$\iint_D kf(x,y)\mathrm{d}\sigma=k\iint_D f(x,y)\mathrm{d}\sigma,\quad 其中 k 是常数;$$

$$\iint_D (f(x,y)\pm g(x,y))\mathrm{d}\sigma=\iint_D f(x,y)\mathrm{d}\sigma\pm\iint_D g(x,y)\mathrm{d}\sigma.$$

2) **区域可加性**：若积分区域 D 被分为两个闭区域 D_1 和 D_2，则

$$\iint_D f(x,y)\mathrm{d}\sigma=\iint_{D_1} f(x,y)\mathrm{d}\sigma+\iint_{D_2} f(x,y)\mathrm{d}\sigma.$$

3) **单调性**：若在有界闭区域 D 上恒有 $f(x,y)\geqslant g(x,y)$，则

$$\iint_D f(x,y)\mathrm{d}\sigma\geqslant\iint_D g(x,y)\mathrm{d}\sigma.$$

由单调性 3)可推知 $\left|\iint_D f(x,y)\mathrm{d}\sigma\right|\leqslant\iint_D |f(x,y)|\mathrm{d}\sigma.$

若在有界闭区域 D 上恒有 $f(x,y)\geqslant 0$，则 $\iint_D f(x,y)\mathrm{d}\sigma\geqslant 0.$

4) **估值公式**：设在有界闭区域 D 上恒有 $m\leqslant f(x,y)\leqslant M$，其中 m,M 为常数，则

$$m\ |D|\leqslant\iint_D f(x,y)\mathrm{d}\sigma\leqslant M\ |D|,$$

其中 $|D|$ 表示 D 的面积.

5) **积分中值定理**：设函数 $f(x,y)$ 在有界闭区域 D 上连续，则在 D 上至少存在一点 (ξ,η)，使得

$$\iint_D f(x,y)\mathrm{d}\sigma=f(\xi,\eta)\ |D|.$$

由性质 5)可推知 $\iint_D \mathrm{d}\sigma=|D|$.

二、二重积分的计算

1. 直角坐标下二重积分的计算

1) 若积分区域 D 可表示为 D：$a\leqslant x\leqslant b,\varphi_1(x)\leqslant y\leqslant\varphi_2(x)$，则

$$\iint_D f(x,y)\mathrm{d}x\mathrm{d}y=\int_a^b\mathrm{d}x\int_{\varphi_1(x)}^{\varphi_2(x)}f(x,y)\mathrm{d}y;$$

2) 若积分区域 D 可表示为 D：$c\leqslant y\leqslant d,\psi_1(y)\leqslant x\leqslant\psi_2(y)$，则

$$\iint_D f(x,y)\mathrm{d}x\mathrm{d}y=\int_c^d\mathrm{d}y\int_{\psi_1(y)}^{\psi_2(y)}f(x,y)\mathrm{d}x.$$

2. 极坐标下二重积分的计算

直角坐标与极坐标的关系为

$$\begin{cases}x=r\cos\theta,\\ y=r\sin\theta\end{cases}\quad(0\leqslant r<+\infty,\ 0\leqslant\theta<2\pi),$$

此时面积元素为 $\mathrm{d}\sigma=r\mathrm{d}r\mathrm{d}\theta$ 或 $\mathrm{d}x\mathrm{d}y=r\mathrm{d}r\mathrm{d}\theta$. 若在极坐标下积分区域 D 可表示为

$$D:\alpha\leqslant\theta\leqslant\beta,\varphi_1(\theta)\leqslant r\leqslant\varphi_2(\theta),$$

则

$$\iint_D f(x,y)\mathrm{d}x\mathrm{d}y=\iint_D f(r\cos\theta,r\sin\theta)r\mathrm{d}r\mathrm{d}\theta=\int_\alpha^\beta \mathrm{d}\theta\int_{\varphi_1(\theta)}^{\varphi_2(\theta)} f(r\cos\theta,r\sin\theta)r\mathrm{d}r.$$

三、三重积分

1. 三重积分的定义

设函数 $f(x,y,z)$ 是定义在空间中有界闭区域 Ω 上的函数.将 Ω 任意分割为 n 个小闭区域 $\Delta v_1,\Delta v_2,\cdots,\Delta v_n$(它们也表示相应小闭区域的体积),在每个小闭区域 Δv_i 中任取一点 (ξ_i,η_i,ζ_i),做乘积 $f(\xi_i,\eta_i,\zeta_i)\Delta v_i(i=1,2,\cdots,n)$,并做和式 $\sum\limits_{i=1}^n f(\xi_i,\eta_i,\zeta_i)\Delta v_i$.如果这些小闭区域直径的最大值 $\lambda\to 0$ 时,这个和式的极限存在,则称此极限值为函数 $f(x,y,z)$ 在 Ω 上的三重积分,记为 $\iiint\limits_\Omega f(x,y,z)\mathrm{d}v$, 即

$$\iiint_\Omega f(x,y,z)\mathrm{d}v=\lim_{\lambda\to 0}\sum_{i=1}^n f(\xi_i,\eta_i,\zeta_i)\Delta v_i.$$

在直角坐标下,三重积分记为 $\iiint\limits_\Omega f(x,y,z)\mathrm{d}x\mathrm{d}y\mathrm{d}z$.

若函数 $f(x,y,z)$ 在有界闭区域 Ω 上连续,则三重积分 $\iiint\limits_\Omega f(x,y,z)\mathrm{d}v$ 存在.

2. 三重积分的性质

三重积分的性质与二重积分的性质类似,不再重复.需注意

$$\iiint_\Omega 1\mathrm{d}v=\iiint_\Omega \mathrm{d}v=|\Omega|,$$

其中 $|\Omega|$ 表示 Ω 的体积.

四、三重积分的计算

1. 直角坐标下三重积分的计算

1)"先一后二"法:

若积分区域 Ω 可表示为 Ω: $a\leqslant x\leqslant b,y_1(x)\leqslant y\leqslant y_2(x),z_1(x,y)\leqslant z\leqslant z_2(x,y)$,则

$$\begin{aligned}\iiint_\Omega f(x,y,z)\mathrm{d}x\mathrm{d}y\mathrm{d}z&=\iint_{D_{xy}}\mathrm{d}x\mathrm{d}y\int_{z_1(x,y)}^{z_2(x,y)} f(x,y,z)\mathrm{d}z\\&=\int_a^b \mathrm{d}x\int_{y_1(x)}^{y_2(x)}\mathrm{d}y\int_{z_1(x,y)}^{z_2(x,y)} f(x,y,z)\mathrm{d}z,\end{aligned}$$

其中 D_{xy} 是 Ω 在 Oxy 平面上的投影区域.

2)"先二后一"法:

设积分区域 Ω 在 z 轴上的投影区间为 $[c,d]$,用平面 $z=z(c\leqslant z\leqslant d)$ 去截 Ω,截面为 D_z,则

$$\iiint_\Omega f(x,y,z)\mathrm{d}x\mathrm{d}y\mathrm{d}z=\int_c^d \mathrm{d}z\iint_{D_z} f(x,y,z)\mathrm{d}x\mathrm{d}y,$$

其中 $\iint\limits_{D_z} f(x,y,z)\mathrm{d}x\mathrm{d}y$ 是将 D_z 投影到 Oxy 平面上所做的二重积分.

2. 柱面坐标下三重积分的计算

直角坐标与柱面坐标的关系为

$$\begin{cases}x=r\cos\theta,\\ y=r\sin\theta,\quad (0\leqslant r<+\infty,0\leqslant\theta<2\pi,-\infty<z<+\infty),\\ z=z\end{cases}$$

此时体积元素为 $\mathrm{d}v=r\mathrm{d}r\mathrm{d}\theta\mathrm{d}z$ 或 $\mathrm{d}x\mathrm{d}y\mathrm{d}z=r\mathrm{d}r\mathrm{d}\theta\mathrm{d}z$. 如果积分区域 Ω 在柱面坐标下可表示为

$$\Omega:\alpha\leqslant\theta\leqslant\beta,r_1(\theta)\leqslant r\leqslant r_2(\theta),\bar{z}_1(r,\theta)\leqslant z\leqslant\bar{z}_2(r,\theta),$$

则

$$\begin{aligned}\iiint_{\Omega}f(x,y,z)\mathrm{d}x\mathrm{d}y\mathrm{d}z&=\iiint_{\Omega}f(r\cos\theta,r\sin\theta,z)r\mathrm{d}r\mathrm{d}\theta\mathrm{d}z\\&=\int_{\alpha}^{\beta}\mathrm{d}\theta\int_{r_1(\theta)}^{r_2(\theta)}\mathrm{d}r\int_{\bar{z}_1(r,\theta)}^{\bar{z}_2(r,\theta)}f(r\cos\theta,r\sin\theta,z)r\mathrm{d}z.\end{aligned}$$

*3. 球面坐标下三重积分的计算

直角坐标与球面坐标的关系为

$$\begin{cases}x=r\cos\theta\sin\varphi,\\ y=r\sin\theta\sin\varphi,\quad (0\leqslant r<+\infty,0\leqslant\varphi\leqslant\pi,0\leqslant\theta<2\pi),\\ z=r\cos\varphi\end{cases}$$

此时体积元素为 $\mathrm{d}v=r^2\sin\varphi\mathrm{d}r\mathrm{d}\varphi\mathrm{d}\theta$ 或 $\mathrm{d}x\mathrm{d}y\mathrm{d}z=r^2\sin\varphi\mathrm{d}r\mathrm{d}\varphi\mathrm{d}\theta$. 如果积分区域 Ω 在球面坐标下可表示为

$$\Omega:\alpha\leqslant\theta\leqslant\beta,\varphi_1(\theta)\leqslant\varphi\leqslant\varphi_2(\theta),r_1(\varphi,\theta)\leqslant r\leqslant r_2(\varphi,\theta),$$

则

$$\begin{aligned}\iiint_{\Omega}f(x,y,z)\mathrm{d}x\mathrm{d}y\mathrm{d}z&=\iiint_{\Omega}f(r\cos\theta\sin\varphi,r\sin\theta\sin\varphi,r\cos\varphi)r^2\sin\varphi\mathrm{d}r\mathrm{d}\varphi\mathrm{d}\theta\\&=\int_{\alpha}^{\beta}\mathrm{d}\theta\int_{\varphi_1(\theta)}^{\varphi_2(\theta)}\mathrm{d}\varphi\int_{r_1(\varphi,\theta)}^{r_2(\varphi,\theta)}f(r\cos\theta\sin\varphi,r\sin\theta\sin\varphi,r\cos\varphi)r^2\sin\varphi\mathrm{d}r.\end{aligned}$$

五、重积分的应用

1. 曲顶柱体的体积

设曲面 Σ 的方程为 $z=f(x,y)$,$(x,y)\in D$,其中 D 是有界闭区域. 如果函数 $f(x,y)$ 连续且 $f(x,y)\geqslant0$,则以 D 为底,Σ 为顶的曲顶柱体体积为

$$V=\iint_{D}f(x,y)\mathrm{d}x\mathrm{d}y.$$

2. 质量

设一块平面薄板在 Oxy 平面上所占的有界闭区域为 D,其面密度 $\rho(x,y)$ 在 D 上连续,则该平面薄板的质量为

$$M=\iint_{D}\rho(x,y)\mathrm{d}x\mathrm{d}y.$$

设一个物体在空间中所占的有界闭区域为 Ω,其体密度 $\rho(x,y,z)$ 在 Ω 上连续,则该物体的质量为

$$M=\iiint\limits_{\Omega}\rho(x,y,z)\,\mathrm{d}x\,\mathrm{d}y\,\mathrm{d}z.$$

3. 曲面的面积

设曲面 Σ 的方程为 $z=f(x,y)$，$(x,y)\in D$，其中 D 是有界闭区域，函数 $f(x,y)$ 在 D 上具有连续偏导数，则曲面 Σ 的面积为

$$S=\iint\limits_{D}\sqrt{1+f_x^2(x,y)+f_y^2(x,y)}\,\mathrm{d}\sigma.$$

*4. 质心

设一块平面薄板在 Oxy 平面上所占的有界闭区域为 D，其面密度 $\rho(x,y)$ 在 D 上连续. 设该平面薄板的质心为 $(\bar{x},\bar{y})$，则

$$\bar{x}=\frac{M_y}{M},\quad \bar{y}=\frac{M_x}{M},$$

其中 $M=\iint\limits_{D}\rho(x,y)\,\mathrm{d}x\,\mathrm{d}y$ 是该平面薄板的质量，而

$$M_y=\iint\limits_{D}x\rho(x,y)\,\mathrm{d}\sigma,\quad M_x=\iint\limits_{D}y\rho(x,y)\,\mathrm{d}\sigma$$

分别是该平面薄板对于 y 轴和 x 轴的静矩，从而

$$\bar{x}=\frac{\iint\limits_{D}x\rho(x,y)\,\mathrm{d}\sigma}{\iint\limits_{D}\rho(x,y)\,\mathrm{d}\sigma},\quad \bar{y}=\frac{\iint\limits_{D}y\rho(x,y)\,\mathrm{d}\sigma}{\iint\limits_{D}\rho(x,y)\,\mathrm{d}\sigma}.$$

特别地，当面密度 $\rho(x,y)$ 恒为常数时，有

$$\bar{x}=\frac{1}{A}\iint\limits_{D}x\,\mathrm{d}\sigma,\quad \bar{y}=\frac{1}{A}\iint\limits_{D}y\,\mathrm{d}\sigma,$$

其中 A 是 D 的面积. 此时，称 $(\bar{x},\bar{y})$ 为该平面薄板 D 的形心.

设一个物体在空间中所占的有界闭区域为 Ω，其体密度 $\rho(x,y,z)$ 在 Ω 上连续，它的质心为 $(\bar{x},\bar{y},\bar{z})$，则

$$\bar{x}=\frac{\iiint\limits_{\Omega}x\rho(x,y,z)\,\mathrm{d}v}{\iiint\limits_{\Omega}\rho(x,y,z)\,\mathrm{d}v}=\frac{1}{M}\iiint\limits_{\Omega}x\rho(x,y,z)\,\mathrm{d}v,$$

$$\bar{y}=\frac{\iiint\limits_{\Omega}y\rho(x,y,z)\,\mathrm{d}v}{\iiint\limits_{\Omega}\rho(x,y,z)\,\mathrm{d}v}=\frac{1}{M}\iiint\limits_{\Omega}y\rho(x,y,z)\,\mathrm{d}v,$$

$$\bar{z}=\frac{\iiint\limits_{\Omega}z\rho(x,y,z)\,\mathrm{d}v}{\iiint\limits_{\Omega}\rho(x,y,z)\,\mathrm{d}v}=\frac{1}{M}\iiint\limits_{\Omega}z\rho(x,y,z)\,\mathrm{d}v,$$

其中$M=\iiint\limits_{\Omega}\rho(x,y,z)\mathrm{d}v$是该物体的质量.特别地,当体密度$\rho(x,y,z)$恒为常数时,称$(\bar{x},\bar{y},\bar{z})$为该物体的形心,此时

$$\bar{x}=\frac{1}{V}\iiint\limits_{\Omega}x\mathrm{d}v,\quad \bar{y}=\frac{1}{V}\iiint\limits_{\Omega}y\mathrm{d}v,\quad \bar{z}=\frac{1}{V}\iiint\limits_{\Omega}z\mathrm{d}v,$$

其中V是Ω的体积.

*5. 转动惯量

设一块平面薄板在Oxy平面上所占的有界闭区域为D,其面密度$\rho(x,y)$在D上连续,则该平面薄板对于x轴和y轴的转动惯量分别为

$$I_x=\iint\limits_{D}y^2\rho(x,y)\mathrm{d}\sigma,\quad I_y=\iint\limits_{D}x^2\rho(x,y)\mathrm{d}\sigma.$$

如果一个物体在空间中所占的有界闭区域为Ω,其体密度$\rho(x,y,z)$在Ω上连续,则该物体对于x轴、y轴及z轴的转动惯量分别为

$$I_x=\iiint\limits_{\Omega}(y^2+z^2)\rho(x,y,z)\mathrm{d}v,$$

$$I_y=\iiint\limits_{\Omega}(x^2+z^2)\rho(x,y,z)\mathrm{d}v,$$

$$I_z=\iiint\limits_{\Omega}(x^2+y^2)\rho(x,y,z)\mathrm{d}v.$$

复习题三

一、填空题

1. 设D是以三点$(0,0)$,$(1,0)$,$(0,1)$为顶点的三角形闭区域,则由二重积分的几何意义知$\iint\limits_{D}(1-x-y)\mathrm{d}x\mathrm{d}y=$__________.

2. 设$f(x,y)$为连续函数,则由平面$z=0$、柱面$x^2+y^2=1$和曲面$z=f^2(x,y)$所围成立体的体积可用二重积分表示为______________.

3. 设闭区域D:$x^2+y^2\leqslant a^2(a>0)$,又有$\iint\limits_{D}(x^2+y^2)\mathrm{d}x\mathrm{d}y=8\pi$,则$a=$__________.

*4. 设函数$f(x,y,z)$连续,$I=\int_0^1\mathrm{d}x\int_0^{\sqrt{1-x^2}}\mathrm{d}y\int_{x^2+y^2}^1 f(x,y,z)\mathrm{d}z$. 如果将这个三次积分改为先对$x$、再对$y$、后对$z$的三次积分,则$I=$__________________.

5. 设闭区域Ω:$0\leqslant x\leqslant\pi$,$0\leqslant y\leqslant\pi$,$0\leqslant z\leqslant\pi$,则$\iiint\limits_{\Omega}\sin^2 x\sin^2 y\sin^2 z\mathrm{d}v=$__________.

二、单项选择题

1. 设 $f(x,y)$ 是连续函数，$a>0$，则 $\int_0^a \mathrm{d}x\int_0^x f(x,y)\mathrm{d}y$ 等于 ( )

(A) $\int_0^a \mathrm{d}y\int_0^y f(x,y)\mathrm{d}x$； (B) $\int_0^a \mathrm{d}y\int_y^a f(x,y)\mathrm{d}x$；

(C) $\int_0^a \mathrm{d}y\int_a^y f(x,y)\mathrm{d}x$； (D) $\int_0^a \mathrm{d}y\int_0^a f(x,y)\mathrm{d}x$.

2. 设 D 是 Oxy 平面上以三点 $(1,1)$，$(-1,1)$，$(-1,-1)$ 为顶点的三角形闭区域，D_1 是 D 在第一象限的部分，则 $\iint\limits_D (xy+\cos x\sin y)\mathrm{d}x\mathrm{d}y$ 等于 ( )

(A) $2\iint\limits_{D_1}\cos x\sin y\mathrm{d}x\mathrm{d}y$； (B) $2\iint\limits_{D_1}xy\mathrm{d}x\mathrm{d}y$；

(C) $4\iint\limits_{D_1}(xy+\cos x\sin y)\mathrm{d}x\mathrm{d}y$； (D) 0.

3. 设闭区域 Ω：$x^2+y^2+z^2\leqslant R^2(z\geqslant 0)$，$\Omega_1$：$x^2+y^2+z^2\leqslant R^2(x\geqslant 0,y\geqslant 0,z\geqslant 0)$，则下列结论中正确的是 ( )

(A) $\iiint\limits_\Omega x\mathrm{d}v=4\iiint\limits_{\Omega_1}x\mathrm{d}v$； (B) $\iiint\limits_\Omega y\mathrm{d}v=4\iiint\limits_{\Omega_1}y\mathrm{d}v$；

(C) $\iiint\limits_\Omega z\mathrm{d}v=4\iiint\limits_{\Omega_1}z\mathrm{d}v$； (D) $\iiint\limits_\Omega xyz\mathrm{d}v=4\iiint\limits_{\Omega_1}xyz\mathrm{d}v$.

4. 设闭区域 D 由圆 $x^2+y^2=2ax(a>0)$ 围成，则二重积分 $\iint\limits_D \mathrm{e}^{-x^2-y^2}\mathrm{d}\sigma=$ ( )

(A) $2\int_0^{\frac{\pi}{2}}\mathrm{d}\theta\int_0^{2a\cos\theta}\mathrm{e}^{-r^2}\mathrm{d}r$； (B) $\int_{-\frac{\pi}{2}}^{\frac{\pi}{2}}\mathrm{d}\theta\int_0^{2a\cos\theta}\mathrm{e}^{-r^2}\mathrm{d}r$；

(C) $\int_0^{\pi}\mathrm{d}\theta\int_0^{2a\cos\theta}\mathrm{e}^{-r^2}r\mathrm{d}r$； (D) $\int_{-\frac{\pi}{2}}^{\frac{\pi}{2}}\mathrm{d}\theta\int_0^{2a\cos\theta}\mathrm{e}^{-r^2}r\mathrm{d}r$.

5. 设球体 Ω：$x^2+y^2+z^2\leqslant a^2(a>0)$，则下列结论中错误的是 ( )

(A) $I=\iiint\limits_\Omega(x^2+y^2+z^2)\mathrm{d}x\mathrm{d}y\mathrm{d}z=0$ (B) $I=\iiint\limits_\Omega xy\mathrm{d}x\mathrm{d}y\mathrm{d}z=0$

(C) $I=\iiint\limits_\Omega z^3\mathrm{d}x\mathrm{d}y\mathrm{d}z=0$ (D) $I=\iiint\limits_\Omega z\sin(x^2+y^2)\mathrm{d}x\mathrm{d}y\mathrm{d}z=0$

三、综合题

1. 计算二重积分 $I=\iint\limits_D \mathrm{e}^{x+y}\mathrm{d}x\mathrm{d}y$，其中 D：$|x|+|y|\leqslant 1$.

2. 计算二重积分 $I=\iint\limits_D\sqrt{x^2+y^2}\mathrm{d}x\mathrm{d}y$，其中 D 是由圆 $x^2+y^2=a^2$ 及 $x^2+y^2=ax(a>0)$ 所围成的闭区域在第一象限的部分.

3. 计算二重积分 $I=\iint\limits_D\frac{\sin y}{y}\mathrm{d}x\mathrm{d}y$，其中 D 是由抛物线 $y^2=x$ 及直线 $y=x$ 所围成的闭区域.

4. 计算三重积分 $\iiint\limits_{\Omega}(|x|+|y|+|z|)\mathrm{d}v$,其中 Ω: $x^2+y^2+z^2\leqslant a^2(a>0)$.

5. 计算由曲面 $z=x^2+y^2$、三个坐标面及平面 $x+y=1$ 所围成立体的体积.

6. 计算由曲面 $z=x^2+y^2+1$、三个坐标面及平面 $x=4,y=4$ 所围成立体的体积.

7. 求两个圆柱面 $x^2+y^2=a^2$ 和 $x^2+z^2=a^2(a>0)$所围成立体的表面积 A.

8. 求曲面 $z=\frac{xy}{a}$ 被柱面 $x^2+y^2=a^2(a>0)$所割下部分的面积 A.

第四章 曲线积分与曲面积分

在上一章中，我们已经把积分的概念从积分范围为数轴上的一个闭区间推广到积分范围为平面或空间中的一个有界闭区域的情形. 本章将把积分的概念推广到积分范围为一条曲线弧和一个曲面的情形. 这两种积分分别称为曲线积分和曲面积分. 和重积分不同，由于实际问题的不同要求，有时需要用两个数的乘积，有时需要用两个向量的数量积，故引入了两种不同类型的曲线积分和曲面积分，即对弧长的曲线积分和对坐标的曲线积分，以及对面积的曲面积分和对坐标的曲面积分. 本章将介绍这些积分的概念、性质、计算方法以及它们和重积分之间的关系.

§1 对弧长的曲线积分

1.1 对弧长的曲线积分的概念与性质

设一个质量分布不均匀的曲线形构件所占位置是 Oxy 平面内的一条光滑曲线[①]弧 L，它的端点为 A,B(图 4-1)，其上任意一点 $M(x,y)$处的线密度为 $\rho(x,y)$，且 $\rho(x,y)$在 L 上连续. 现在要计算该曲线形构件的质量.

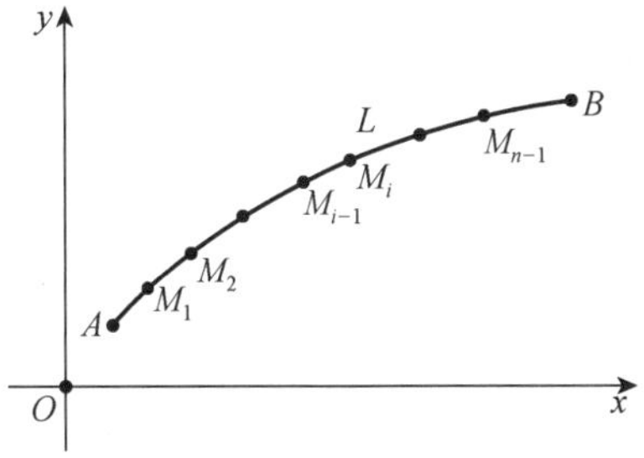

图 4-1

先分析这个问题的困难之处. 如果该曲线形构件的质量是均匀分布的，即其线密度恒为某个常数，那么该曲线形构件的质量就等于其线密度与曲线弧 L 的长度的乘积. 所以，困难之处就是线密度是变量. 我们再一次遇到了“变与不变”的矛盾. 处理曲边梯形面积问题的经验告诉我们，总体上是变的，在微小的局部可以“以不变代变”. 所以，我们在 L 上插入点 $M_1(x_1,y_1)$，$M_2(x_2,y_2)$，…，$M_{n-1}(x_{n-1},y_{n-1})$将它分成 n 段小弧，并记 $M_0=A$，$M_n=B$. 取其中有代表性的一段小弧 $\overset{\frown}{M_{i-1}M_i}$ 来进行分析. 线密度 $\rho(x,y)$连续变化时，在这一段小弧上 $\rho(x,y)$的变化很小. 于是，我们可以在 $\overset{\frown}{M_{i-1}M_i}$ 上任取一点(ξ_i,η_i)，用这一点处的线密度 $\rho(\xi_i,\eta_i)$来近似代替这一段小弧上各点处的线密度，从而得到相应一小段构件的质量 Δm_i 的

① 光滑曲线，是指曲线上各点处均有切线，且当点在曲线上连续移动时，切线也在连续移动.

近似值 $\rho(\xi_i,\eta_i)\Delta s_i$，即

$$\Delta m_i \approx \rho(\xi_i,\eta_i)\Delta s_i,$$

其中 Δs_i 表示小弧 $\overparen{M_{i-1}M_i}$ 的长度. 所以，可得到该曲线形构件的质量 m 的近似值：

$$m=\sum_{i=1}^{n}\Delta m_i \approx \sum_{i=1}^{n}\rho(\xi_i,\eta_i)\Delta s_i.$$

用 λ 表示所有小弧长度的最大值. 注意到上述近似值的近似程度依赖于分割的细密程度，即 λ 越小，近似程度越好. 为了得到该曲线形构件质量的精确值，令 $\lambda\to 0$，对上述和式取极限. 如果极限 $\lim\limits_{\lambda\to 0}\sum\limits_{i=1}^{n}\rho(\xi_i,\eta_i)\Delta s_i$ 存在，则称此极限值为该曲线形构件的质量，即

$$m=\lim_{\lambda\to 0}\sum_{i=1}^{n}\rho(\xi_i,\eta_i)\Delta s_i.$$

抽象掉上述问题的物理意义，我们引入下面的定义.

定义 1 设 L 为 Oxy 平面内的一条光滑曲线弧，端点为 A,B，函数 $f(x,y)$ 在 L 上有界. 在 L 上任意插入 $n-1$ 个点 $M_1(x_1,y_1),M_2(x_2,y_2),\cdots,M_{n-1}(x_{n-1},y_{n-1})$，并取 $M_0=A,M_n=B$，把 L 分成 n 段小弧. 令第 $i(i=1,2,\cdots,n)$ 段小弧 $\overparen{M_{i-1}M_i}$ 的长度为 Δs_i，又 (ξ_i,η_i) 为小弧 $\overparen{M_{i-1}M_i}$ 上的任意一点，做乘积 $f(\xi_i,\eta_i)\Delta s_i$，并做和式 $\sum\limits_{i=1}^{n}f(\xi_i,\eta_i)\Delta s_i$. 如果这些小弧长度的最大值 $\lambda\to 0$ 时，这个和式的极限存在，则称此极限值为函数 $f(x,y)$ 在 L 上**对弧长的曲线积分**或**第一类曲线积分**(简称**曲线积分**)，记作 $\int_L f(x,y)\mathrm{d}s$，即

$$\int_L f(x,y)\mathrm{d}s=\lim_{\lambda\to 0}\sum_{i=1}^{n}f(\xi_i,\eta_i)\Delta s_i, \tag{1}$$

其中 $f(x,y)$ 叫作**被积函数**，L 叫作**积分弧段**.

可以证明，当 L 是光滑曲线弧，且函数 $f(x,y)$ 在 L 上连续时，$f(x,y)$ 在 L 上对弧长的曲线积分存在. 以后我们总假定被积函数 $f(x,y)$ 在积分弧段 L 上是连续的.

根据对弧长的曲线积分的定义，当曲线形构件的线密度 $\rho(x,y)$ 在光滑曲线弧 L 上连续时，该曲线形构件的质量为

$$m=x\int_L \rho(x,y)\mathrm{d}s.$$

对弧长的曲线积分有下列**性质**(设所讨论的对弧长的曲线积分存在)：

1) $\int_L (f(x,y)\pm g(x,y))\mathrm{d}s=\int_L f(x,y)\mathrm{d}s\pm\int_L g(x,y)\mathrm{d}s.$

2) 如果 k 为常数，则有

$$\int_L kf(x,y)\mathrm{d}s=k\int_L f(x,y)\mathrm{d}s.$$

注 由性质 1),2)容易看出，如果 k_1,k_2 是常数，则有

$$\int_L (k_1 f(x,y)+k_2 g(x,y))\mathrm{d}s=k_1\int_L f(x,y)\mathrm{d}s+k_2\int_L g(x,y)\mathrm{d}s.$$

我们称这个性质为对弧长的曲线积分的**线性性质**. 此性质可以推广到被积函数是有限个函数线性组合的情形.

3) 若积分弧段 L 被分为 L_1,L_2 两段(记为 $L=L_1+L_2$)，则有

$$\int_L f(x,y)\mathrm{d}s=\int_{L_1} f(x,y)\mathrm{d}s+\int_{L_2} f(x,y)\mathrm{d}s.$$

注 性质 3)可以推广到积分弧段被分为有限段的情形. 这说明,对弧长的曲线积分的定义可以推广到分段光滑曲线[①]弧上.

4) 变换积分弧段 L 的起点和终点,对弧长的曲线积分的值不会改变.

5) $\int_L \mathrm{d}s = |L|$,其中 $|L|$ 表示曲线弧 L 的长度.

在定积分中,当 $a<b$ 时,有 $\int_a^b \mathrm{d}x = b-a$,它是闭区间 $[a,b]$ 的长度;在二重积分中,有 $\iint\limits_D \mathrm{d}x\,\mathrm{d}y = |D|$,其中 $|D|$ 表示平面有界闭区域 D 的面积;在三重积分中,有 $\iiint\limits_\Omega \mathrm{d}x\,\mathrm{d}y\,\mathrm{d}z = |\Omega|$,其中 $|\Omega|$ 表示空间有界闭区域 Ω 的体积. 性质 5)可以看作它们的推广.

类似地,也可以定义函数 $f(x,y,z)$ 在空间光滑曲线弧 L 上对弧长的曲线积分 $\int_L f(x,y,z)\mathrm{d}s$.

1.2 对弧长的曲线积分的计算

从(1)式中容易看出,在 $\int_L f(x,y)\mathrm{d}s$ 中,点 (x,y) 在曲线弧 L 上,因此点 (x,y) 必满足曲线弧 L 的方程;$\mathrm{d}s$ 是由小弧的长度 Δs_i 转化来的,所以 $\mathrm{d}s$ 是曲线弧 L 的弧微分. 于是,我们有下面对弧长的曲线积分的计算公式.

定理 1 设函数 $f(x,y)$ 在曲线弧 L 上有定义且连续,L 的参数方程为

$$\begin{cases} x=\psi(t), \\ y=\varphi(t) \end{cases} \quad (\alpha \leqslant t \leqslant \beta),$$

其中函数 $\psi(t)$,$\varphi(t)$ 在区间 $[\alpha,\beta]$ 上具有连续导数,且

$$(\psi'(t))^2 + (\varphi'(t))^2 \neq 0,$$

则对弧长的曲线积分 $\int_L f(x,y)\mathrm{d}s$ 存在,且

$$\int_L f(x,y)\mathrm{d}s = \int_\alpha^\beta f(\psi(t),\varphi(t))\sqrt{(\psi'(t))^2+(\varphi'(t))^2}\,\mathrm{d}t. \tag{2}$$

若曲线弧 L 是用直角坐标方程给出的,即 L: $y=y(x)$,$a\leqslant x\leqslant b$,则它可以转化为以 x 为参数的参数方程 $\begin{cases} x=x, \\ y=y(x) \end{cases}$ $(a\leqslant x\leqslant b)$,从而 $\mathrm{d}s=\sqrt{1+\left(\frac{\mathrm{d}y}{\mathrm{d}x}\right)^2}\,\mathrm{d}x$. 于是

$$\int_L f(x,y)\mathrm{d}s = \int_a^b f(x,y(x))\sqrt{1+\left(\frac{\mathrm{d}y}{\mathrm{d}x}\right)^2}\,\mathrm{d}x.$$

若曲线弧 L 是用极坐标方程给出的,即 L: $r=r(\theta)$,$\theta_0\leqslant\theta\leqslant\theta_1$,则它也可以转化为参数方程

$$\begin{cases} x=r(\theta)\cos\theta, \\ y=r(\theta)\sin\theta \end{cases} \quad (\theta_0 \leqslant \theta \leqslant \theta_1).$$

注意到

$$x'(\theta)=r'(\theta)\cos\theta - r(\theta)\sin\theta, \quad y'(\theta)=r'(\theta)\sin\theta + r(\theta)\cos\theta,$$

从而

① 分段光滑曲线,是指由有限条光滑曲线组成的曲线.

$$ds=\sqrt{(x'(\theta))^2+(y'(\theta))^2}\,d\theta=\sqrt{r^2(\theta)+(r'(\theta))^2}\,d\theta,$$

于是

$$\int_L f(x,y)\,ds=\int_{\theta_0}^{\theta_1} f(r(\theta)\cos\theta,r(\theta)\sin\theta)\sqrt{r^2(\theta)+(r'(\theta))^2}\,d\theta.$$

公式(2)还可以推广到空间曲线弧的情形.设空间曲线弧 L 的参数方程为

$$\begin{cases}x=\psi(t),\\ y=\varphi(t),\quad(\alpha\leqslant t\leqslant\beta),\\ z=\omega(t)\end{cases}$$

其中函数 $\psi(t),\varphi(t),\omega(t)$ 在区间 $[\alpha,\beta]$ 上具有连续导数,且

$$(\psi'(t))^2+(\varphi'(t))^2+(\omega'(t))^2\neq 0,$$

则对弧长的曲线积分 $\int_L f(x,y,z)\,ds$ 存在,且

$$\int_L f(x,y,z)\,ds=\int_\alpha^\beta f(\psi(t),\varphi(t),\omega(t))\sqrt{(\psi'(t))^2+(\varphi'(t))^2+(\omega'(t))^2}\,dt.$$

值得特别注意的是,在上述所有对弧长的曲线积分的计算公式右端的定积分中,为了保证弧微分 ds 为非负的,积分的下限必须小于或等于上限,即 $\alpha\leqslant\beta,a\leqslant b,\theta_0\leqslant\theta_1$.

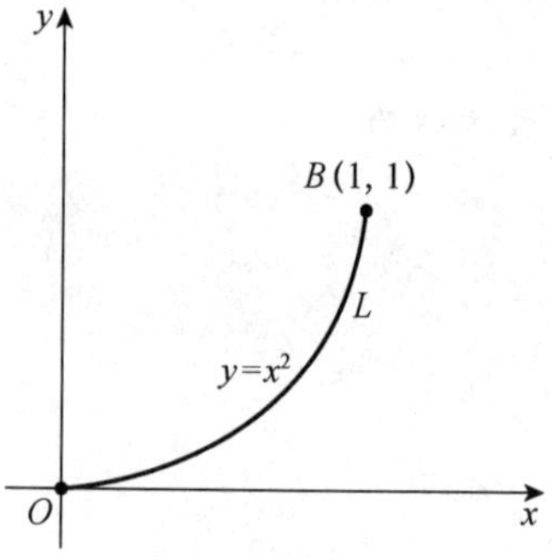

图 4-2

例 1 计算对弧长的曲线积分 $I=\int_L\sqrt{y}\,ds$,其中 L 是抛物线 $y=x^2$ 上点 $O(0,0)$ 与 $B(1,1)$ 之间的一段弧(图 4-2).

分析 在本例中,曲线弧 L 是由直角坐标方程给出的,此方程可以看作以 x 为参数的参数方程

$$\begin{cases}x=x,\\ y=x^2\end{cases}\quad(0\leqslant x\leqslant 1),$$

其弧微分的公式为

$$ds=\sqrt{1+(y')^2}\,dx.$$

解 根据上面的分析,因为 L 的方程为 $y=x^2(0\leqslant x\leqslant 1)$,所以

$$ds=\sqrt{1+(y')^2}\,dx=\sqrt{1+(2x)^2}\,dx.$$

故

$$\begin{aligned}I&=\int_L\sqrt{y}\,ds=\int_0^1\sqrt{x^2}\sqrt{1+(2x)^2}\,dx=\int_0^1\sqrt{1+4x^2}\,x\,dx\\&=\frac{1}{8}\int_0^1(1+4x^2)^{\frac{1}{2}}d(1+4x^2)=\frac{1}{12}(1+4x^2)^{\frac{3}{2}}\Big|_0^1\\&=\frac{1}{12}(5\sqrt{5}-1).\end{aligned}$$

例 2 计算对弧长的曲线积分 $I=\int_L y^2\,ds$,其中 L 是半径为 R,中心角为 2α 的一段圆弧(图 4-3).

解 因 L 是半径为 R 的一段圆弧,故 L 的参数方程为

$$\begin{cases}x=R\cos\theta,\\ y=R\sin\theta\end{cases}\quad(-\alpha\leqslant\theta\leqslant\alpha),$$

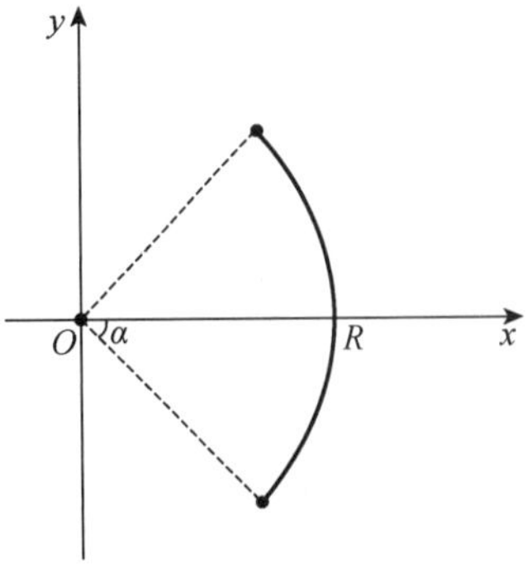

图 4-3

且 $ds=R\,d\theta$,从而

$$I=\int_{-\alpha}^{\alpha}R^2\sin^2\theta\cdot R\,d\theta=2R^3\int_0^{\alpha}\sin^2\theta\,d\theta$$

$$=2R^3\int_0^{\alpha}\frac{1-\cos2\theta}{2}d\theta=R^3\left(\alpha-\frac{1}{2}\sin2\alpha\right).$$

例 3 计算对弧长的曲线积分 $I=\oint_L e^{\sqrt{x^2+y^2}}ds$ ①,其中 L 为圆 $x^2+y^2=a^2(a>0)$.

解 因为(x,y)在圆 L 上,所以 $x^2+y^2=a^2$,从而 $e^{\sqrt{x^2+y^2}}=e^a$. 于是

$$I=\oint_L e^{\sqrt{x^2+y^2}}ds=\oint_L e^a ds=e^a\oint_L ds.$$

而 $\oint_L ds$ 为积分弧段 L 的长度,即圆 L 的周长 $2\pi a$,因此

$$I=e^a\oint_L ds=2\pi a e^a.$$

例 4 计算对弧长的曲线积分 $I=\int_L(x^2+y^2)ds$,其中 L 为曲线弧

$$\begin{cases}x=a(\cos t+t\sin t),\\ y=a(\sin t-t\cos t)\end{cases}\quad(0\leqslant t\leqslant 2\pi,a>0).$$

解 因为

$$x'(t)=a(-\sin t+\sin t+t\cos t)=at\cos t,$$
$$y'(t)=a(\cos t-\cos t+t\sin t)=at\sin t,$$

所以

$$ds=\sqrt{(x'(t))^2+(y'(t))^2}dt=\sqrt{a^2t^2(\cos^2t+\sin^2t)}dt=at\,dt.$$

又

$$x^2+y^2=a^2[(\cos t+t\sin t)^2+(\sin t-t\cos t)^2]=a^2(1+t^2),$$

所以

$$I=\int_0^{2\pi}a^3t(1+t^2)dt=a^3\left(\frac{1}{2}t^2+\frac{1}{4}t^4\right)\Big|_0^{2\pi}$$
$$=2\pi^2a^3(1+2\pi^2).$$

例 5 计算对弧长的曲线积分 $I=\int_L x^2y\,ds$,其中 L 为折线 OAB,这里点 O,A,B 的坐标依次为$(0,0)$,$(0,2)$,$(1,0)$(图 4-4).

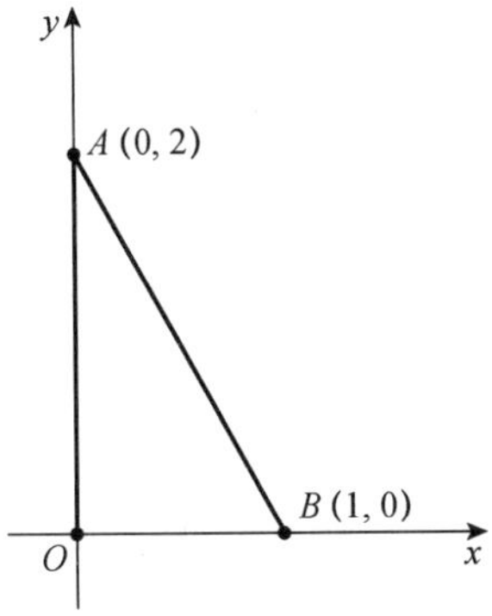

图 4-4

解 $I=\int_{OA}x^2y\,ds+\int_{AB}x^2y\,ds.$

在线段 OA 上,$x=0$,故 $\int_{OA}x^2y\,ds=0.$

在线段 AB 上,因直线 AB 的方程为 $y=2-2x$,故

---

① 符号"$\oint_L$"表示积分弧段 L 为闭曲线.

$$ds=\sqrt{1+(y')^2}\,dx=\sqrt{5}\,dx.$$

因此

$$\int_{AB}x^2y\,ds=\int_0^1 x^2(2-2x)\cdot\sqrt{5}\,dx=\sqrt{5}\left(\frac{2}{3}x^3-\frac{1}{2}x^4\right)\Big|_0^1=\frac{\sqrt{5}}{6}.$$

所以 $$I=0+\frac{\sqrt{5}}{6}=\frac{\sqrt{5}}{6}.$$

例 6 计算对弧长的曲线积分 $I=\int_L xyz\,ds$,其中 L 是螺旋线的一段:

$$\begin{cases}x=a\cos\theta,\\ y=a\sin\theta,\\ z=k\theta\end{cases}\quad(0\leqslant\theta\leqslant 2\pi,a>0,k\neq 0).$$

解 $$\begin{aligned}I&=\int_0^{2\pi}ka^2\theta\cos\theta\sin\theta\cdot\sqrt{a^2\sin^2\theta+a^2\cos^2\theta+k^2}\,d\theta\\&=\frac{1}{2}ka^2\sqrt{a^2+k^2}\int_0^{2\pi}\theta\sin2\theta\,d\theta=\frac{1}{2}ka^2\sqrt{a^2+k^2}\cdot\left(-\frac{1}{2}\right)\int_0^{2\pi}\theta\,d(\cos2\theta)\\&=-\frac{1}{4}ka^2\sqrt{a^2+k^2}\left(\theta\cos2\theta\Big|_0^{2\pi}-\int_0^{2\pi}\cos2\theta\,d\theta\right)\\&=-\frac{\pi}{2}ka^2\sqrt{a^2+k^2}.\end{aligned}$$

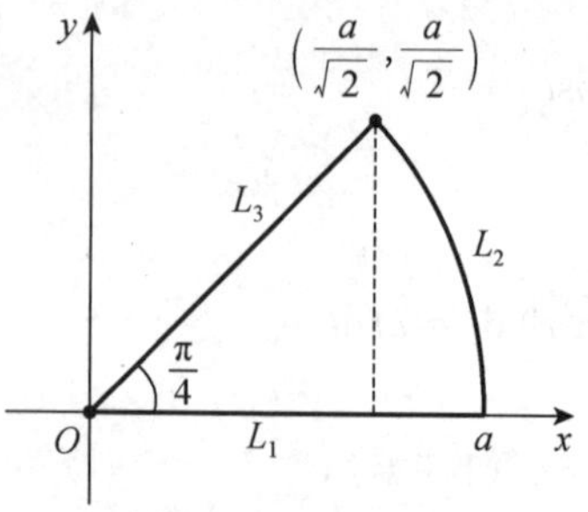

图 4-5

例 7 计算对弧长的曲线积分 $I=\oint_L e^{\sqrt{x^2+y^2}}\,ds$,其中 L 为圆 $x^2+y^2=a^2(a>0)$,直线 $y=x$ 及 x 轴在第一象限内所围成扇形区域的边界.

解 如图 4-5 所示,因为 $L=L_1+L_2+L_3$,其中

L_1: $y=0(0\leqslant x\leqslant a)$ 且 $ds=dx$,

L_2: $\begin{cases}x=a\cos\theta\\ y=a\sin\theta\end{cases}\left(0\leqslant\theta\leqslant\frac{\pi}{4}\right)$ 且 $ds=a\,d\theta$,

L_3: $y=x\left(0\leqslant x\leqslant\frac{a}{\sqrt{2}}\right)$ 且 $ds=\sqrt{2}\,dx$,

所以

$$I=\oint_L e^{\sqrt{x^2+y^2}}\,ds=\int_{L_1}e^{\sqrt{x^2+y^2}}\,ds+\int_{L_2}e^{\sqrt{x^2+y^2}}\,ds+\int_{L_3}e^{\sqrt{x^2+y^2}}\,ds.$$

而

$$\int_{L_1}e^{\sqrt{x^2+y^2}}\,ds=\int_0^a e^{\sqrt{x^2+0}}\,dx=\int_0^a e^x\,dx=e^a-1,$$

$$\int_{L_2}e^{\sqrt{x^2+y^2}}\,ds=\int_0^{\frac{\pi}{4}}e^{\sqrt{(a\cos\theta)^2+(a\sin\theta)^2}}\,a\,d\theta=\int_0^{\frac{\pi}{4}}e^a a\,d\theta=\frac{\pi a}{4}e^a,$$

$$\int_{L_3}e^{\sqrt{x^2+y^2}}\,ds=\int_0^{\frac{a}{\sqrt{2}}}e^{\sqrt{x^2+x^2}}\sqrt{2}\,dx=\int_0^{\frac{a}{\sqrt{2}}}e^{\sqrt{2}x}\,d(\sqrt{2}x)=e^{\sqrt{2}x}\Big|_0^{\frac{a}{\sqrt{2}}}=e^a-1,$$

因此

$$I=\oint_L e^{\sqrt{x^2+y^2}}\,ds=e^a-1+\frac{\pi a}{4}e^a+e^a-1=2(e^a-1)+\frac{\pi a}{4}e^a.$$

习 题 4-1

1. 计算对弧长的曲线积分 $\int_L \frac{1}{x-y}\mathrm{d}s$,其中 L 为从点 $A(0,-2)$ 到点 $B(4,0)$ 的线段.

2. 计算对弧长的曲线积分 $\oint_L (x^2+y^2)^n \mathrm{d}s$,其中 L 是圆 $x^2+y^2=a^2(a>0)$.

3. 计算对弧长的曲线积分 $\oint_L \mathrm{e}^{\sqrt{x^2+y^2}}\mathrm{d}s$,其中 L 是圆 $x^2+y^2=4$.

4. 计算对弧长的曲线积分 $\int_L y^2\mathrm{d}s$,其中 L 为圆心在原点的右半单位圆周.

5. 计算对弧长的曲线积分 $\int_L y^2\mathrm{d}s$,其中 L 为摆线 $x=a(t-\sin t)$, $y=a(1-\cos t)$ $(0\leqslant t\leqslant 2\pi)$.

6. 计算对弧长的曲线积分 $\int_L xy\mathrm{d}s$,其中 L 为抛物线 $2x=y^2$ 上由点 $A\left(\frac{1}{2},-1\right)$ 到点 $B(2,2)$ 的一段弧.

7. 计算对弧长的曲线积分 $\oint_L (x+y)\mathrm{d}s$,其中 L 是以三点 $O(0,0)$, $A(1,0)$, $B(1,1)$ 为顶点的三角形区域的边界.

8. 计算对弧长的曲线积分 $\int_L z\mathrm{d}s$,其中 L 为螺线 $x=t\cos t$, $y=t\sin t$, $z=t(0\leqslant t\leqslant t_0)$.

§2 对坐标的曲线积分

2.1 对坐标的曲线积分的概念与性质

一、变力沿曲线所做的功

设一个质点在 Oxy 平面内沿一条有向光滑曲线弧 L 从其起点 A 运动到终点 B,在运动过程中,该质点受到变力

$$\boldsymbol{F}(x,y)=P(x,y)\boldsymbol{i}+Q(x,y)\boldsymbol{j}$$

的作用,其中 $P(x,y)$, $Q(x,y)$ 在 L 上连续. 现要计算运动过程中变力 $\boldsymbol{F}(x,y)$ 对质点所做的功.

我们知道,如果质点在常力 $\boldsymbol{F}$ 作用下沿直线从点 A 运动到点 B,则常力 $\boldsymbol{F}$ 对质点所做的功 W 应等于 $\boldsymbol{F}$ 与 $\overrightarrow{AB}$ 的数量积,即

$$W=\boldsymbol{F}\cdot\overrightarrow{AB}.$$

我们现在遇到的困难是:

1) $\boldsymbol{F}(x,y)$ 不是常力,而是随点 (x,y) 的变化而变化的变力;

2) 质点不是沿直线运动,而是沿曲线弧 L 运动.

这里我们同时遇到了"变与不变"和"直与曲"的矛盾. 多次处理这类问题的经验告诉我们,总体上是变的,在微小的局部可以"以不变代变";总体上是曲的,在微小的局部可以"以直代曲". 这就启发我们采用类似于处理曲线形构件质量计算问题的方法.

在曲线弧 L 上自点 A 向点 B 插入 $n-1$ 个点 $M_1(x_1,y_1)$, $M_2(x_2,y_2)$, $\cdots$, $M_{n-1}(x_{n-1},y_{n-1})$,将其分成 n 段有向小弧,并令 $M_0=A$, $M_n=B$. 取其中的有向小弧 $\overset{\frown}{M_{i-1}M_i}$ 作代表进行分析

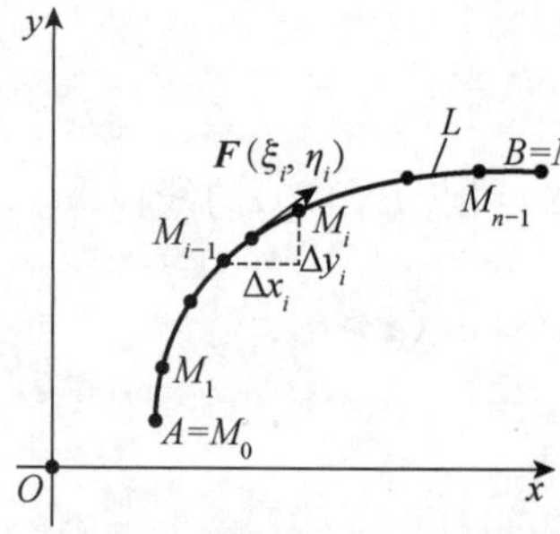

图 4-6

(图 4-6). 由于 $\overset{\frown}{M_{i-1}M_i}$ 光滑且很短,故可以用有向线段

$$\overrightarrow{M_{i-1}M_i}=\Delta x_i\boldsymbol{i}+\Delta y_i\boldsymbol{j}$$

来近似代替它,其中 $\Delta x_i=x_i-x_{i-1}$,$\Delta y_i=y_i-y_{i-1}$. 又由于函数 $P(x,y)$,$Q(x,y)$ 在 L 上连续,因此可以在 $\overset{\frown}{M_{i-1}M_i}$ 上任取一点 (ξ_i,η_i),用这一点处的力

$$\boldsymbol{F}(\xi_i,\eta_i)=P(\xi_i,\eta_i)\boldsymbol{i}+Q(\xi_i,\eta_i)\boldsymbol{j}$$

来近似代替这一段小弧上各点处的力. 于是,质点沿 L 从点 M_{i-1} 运动到点 M_i 时,变力 $\boldsymbol{F}(x,y)$ 对该质点所做的功 ΔW_i 就可以用常力 $\boldsymbol{F}(\xi_i,\eta_i)$ 沿 $\overrightarrow{M_{i-1}M_i}$ 所做的功来近似代替,即

$$\begin{aligned}\Delta W_i&\approx\boldsymbol{F}(\xi_i,\eta_i)\cdot\overrightarrow{M_{i-1}M_i}\\&=(P(\xi_i,\eta_i)\boldsymbol{i}+Q(\xi_i,\eta_i)\boldsymbol{j})\cdot(\Delta x_i\boldsymbol{i}+\Delta y_i\boldsymbol{j})\\&=P(\xi_i,\eta_i)\Delta x_i+Q(\xi_i,\eta_i)\Delta y_i.\end{aligned}$$

所以,该质点沿曲线弧 L 从点 A 运动到点 B 时,变力 $\boldsymbol{F}(x,y)$ 对它所做的功为

$$\sum_{i=1}^{n}\Delta W_i\approx\sum_{i=1}^{n}(P(\xi_i,\eta_i)\Delta x_i+Q(\xi_i,\eta_i)\Delta y_i).$$

为了将上述功的近似值转化为精确值,注意到近似程度的好坏依赖于对 L 分割的细密程度,分割越细密,精确度越好,我们用 λ 表示 n 段小弧长度的最大值,令 $\lambda\to0$(分割无限细密),对上述和式取极限. 若极限

$$\lim_{\lambda\to0}\sum_{i=1}^{n}(P(\xi_i,\eta_i)\Delta x_i+Q(\xi_i,\eta_i)\Delta y_i)$$

存在,则定义此极限值为我们所要求的功.

二、对坐标的曲线积分的定义

求上述和式的极限在很多物理问题和其他问题中也会遇到,故将其背景意义抽象掉,引入下面的定义.

定义 1 设 L 为 Oxy 平面上从点 A 到点 B 的一条有向光滑曲线弧,函数 $P(x,y)$,$Q(x,y)$ 在 L 上有界. 在 L 上沿其方向任意插入 $n-1$ 个点

$$M_1(x_1,y_1),\ M_2(x_2,y_2),\ \cdots,\ M_{n-1}(x_{n-1},y_{n-1}),$$

把 L 分成 n 段有向小弧 $\overset{\frown}{M_{i-1}M_i}$ $(i=1,2,\cdots,n;M_0=A,M_n=B)$. 设 $\Delta x_i=x_i-x_{i-1}$,$\Delta y_i=y_i-y_{i-1}$ $(i=1,2,\cdots,n)$,点 (ξ_i,η_i) 为 $\overset{\frown}{M_{i-1}M_i}$ 上任意取定的一点. 如果这些小弧长度的最大值 $\lambda\to0$ 时,和式 $\sum\limits_{i=1}^{n}P(\xi_i,\eta_i)\Delta x_i$ 的极限存在,则称此极限值为函数 $P(x,y)$ 在 L 上**对坐标 x 的曲线积分**,记作 $\int_L P(x,y)\mathrm{d}x$;类似地,如果极限 $\lim\limits_{\lambda\to0}\sum\limits_{i=1}^{n}Q(\xi_i,\eta_i)\Delta y_i$ 存在,则称此极限值为函数 $Q(x,y)$ 在 L 上**对坐标 y 的曲线积分**,记作 $\int_L Q(x,y)\mathrm{d}y$. 这时 $P(x,y)$,$Q(x,y)$ 叫作**被积函数**,L 叫作**积分弧段**. 以上两个积分也称为**第二类曲线积分**(简称**曲线积分**).

可以证明,当 L 是有向光滑曲线弧,且 $P(x,y)$,$Q(x,y)$ 在 L 上连续时,对坐标 x 和对坐标 y 的两个曲线积分都存在. 今后如不声明,我们总假定 $P(x,y)$,$Q(x,y)$ 在 L 上是连续的. 在实际应用中,经常会遇到对坐标 x 的曲线积分与对坐标 y 的曲线积分之和,所以通常使用

如下记法：

$$\int_L P(x,y)\mathrm{d}x+\int_L Q(x,y)\mathrm{d}y=\int_L P(x,y)\mathrm{d}x+Q(x,y)\mathrm{d}y.$$

因此，若一个质点在变力 $\boldsymbol{F}(x,y)=P(x,y)\boldsymbol{i}+Q(x,y)\boldsymbol{j}$ 作用下沿有向光滑曲线弧 L 从其起点 A 运动到终点 B，当 $P(x,y)$，$Q(x,y)$ 在 L 上连续时，变力 $\boldsymbol{F}(x,y)$ 对该质点所做的功为

$$W=\int_L P(x,y)\mathrm{d}x+Q(x,y)\mathrm{d}y.$$

定义 1 可以完全类似地推广到积分弧段为空间有向光滑曲线弧的情形. 记与空间有向光滑曲线弧 L 上的有向小弧段 $\overset{\frown}{M_{i-1}M_i}$ 对应的有向线段为

$$\overrightarrow{M_{i-1}M_i}=\Delta x_i\boldsymbol{i}+\Delta y_i\boldsymbol{j}+\Delta z_i\boldsymbol{k},$$

并设作用在质点上的变力为三维向量

$$\boldsymbol{F}(x,y,z)=P(x,y,z)\boldsymbol{i}+Q(x,y,z)\boldsymbol{j}+R(x,y,z)\boldsymbol{k},$$

则变力 $\boldsymbol{F}(x,y,z)$ 对质点所做的功为

$$W=\lim_{\lambda\to0}\sum_{i=1}^{n}(P(\xi_i,\eta_i,\zeta_i)\Delta x_i+Q(\xi_i,\eta_i,\zeta_i)\Delta y_i+R(\xi_i,\eta_i,\zeta_i)\Delta z_i).$$

由此引入的对坐标的曲线积分为

$$\int_L P(x,y,z)\mathrm{d}x+Q(x,y,z)\mathrm{d}y+R(x,y,z)\mathrm{d}z.$$

三、对坐标的曲线积分的性质

由上述对坐标的曲线积分的定义，不难看出对坐标的曲线积分具有下列**性质**(假设所讨论的曲线积分存在)：

1) **可加性**：如果有向光滑曲线弧 L 的起点为 A，终点为 B，而 M 为 L 上异于端点的任意一点，分别记有向曲线弧 $\overset{\frown}{AM}$，$\overset{\frown}{MB}$ 为 L_1，L_2，则

$$\int_L P(x,y)\mathrm{d}x+Q(x,y)\mathrm{d}y=\int_{L_1}P(x,y)\mathrm{d}x+Q(x,y)\mathrm{d}y+\int_{L_2}P(x,y)\mathrm{d}x+Q(x,y)\mathrm{d}y. \tag{1}$$

注 性质 1)可以推广到积分弧段 L 被分为有限段有向曲线弧的情形. 这说明了对坐标的曲线积分可以定义在有向分段光滑曲线弧上.

2) 设 L 是有向光滑曲线弧，$-L$ 表示 L 取反方向的曲线弧，则

$$\int_{-L}P(x,y)\mathrm{d}x=-\int_L P(x,y)\mathrm{d}x,\quad \int_{-L}Q(x,y)\mathrm{d}y=-\int_L Q(x,y)\mathrm{d}y. \tag{2}$$

性质 2)说明了对坐标的曲线积分与对弧长的曲线积分的重要区别. 这也提醒我们，对坐标的曲线积分必须要注意积分弧段 L 的方向.

2.2 对坐标的曲线积分的计算

根据对坐标的曲线积分

$$\int_{L_{AB}}P(x,y)\mathrm{d}x+Q(x,y)\mathrm{d}y \tag{3}$$

的定义，容易看出上式中点 (x,y) 总是在曲线弧 L_{AB} 上，$\mathrm{d}x$，$\mathrm{d}y$ 分别为 L_{AB} 上点 (x,y) 的坐标的微分. 因此，如果 L_{AB} 的参数方程为 $\begin{cases}x=\psi(t),\\ y=\varphi(t),\end{cases}$ 当参数 t 单调地由 α 变到 β 时，点 (x,y) 从 L_{AB} 的

起点 A 沿 L_{AB} 运动到终点 B,即点 A 的坐标为$(\psi(\alpha),\varphi(\alpha))$,点 B 的坐标为$(\psi(\beta),\varphi(\beta))$,又设函数 $\psi(t)$,$\varphi(t)$在以 α 及 β 为端点的闭区间上具有连续导数,且$(\psi'(t))^2+(\varphi'(t))^2\neq 0$,则(3)式中有

$$x=\psi(t),\quad y=\varphi(t),\quad dx=\psi'(t)dt,\quad dy=\varphi'(t)dt,$$

从而有下面的计算公式:

$$\int_{L_{AB}} P(x,y)dx+Q(x,y)dy=\int_\alpha^\beta (P(\psi(t),\varphi(t))\psi'(t)+Q(\psi(t),\varphi(t))\varphi'(t))dt. \quad (4)$$

类似地,可将公式(4)推广到积分弧段为空间有向曲线弧的情形.设空间有向曲线弧 L_{AB} 的参数方程为

$$\begin{cases} x=\psi(t), \\ y=\varphi(t), \\ z=\omega(t), \end{cases}$$

当参数 t 单调地由 α 变到 β 时,L_{AB} 上的点 $M(x,y,z)$从 L_{AB} 的起点 A 沿 L_{AB} 运动到终点 B,又设函数 $\psi(t)$,$\varphi(t)$,$\omega(t)$在以 α 及 β 为端点的闭区间上具有连续导数,且

$$(\psi'(t))^2+(\varphi'(t))^2+(\omega'(t))^2\neq 0,$$

则有对坐标的曲线积分公式

$$\int_{L_{AB}} P(x,y,z)dx+Q(x,y,z)dy+R(x,y,z)dz$$
$$=\int_\alpha^\beta (P(\psi(t),\varphi(t),\omega(t))\psi'(t)+Q(\psi(t),\varphi(t),\omega(t))\varphi'(t)+R(\psi(t),\varphi(t),\omega(t))\omega'(t))dt. \quad (5)$$

值得注意的是,上述公式中积分的下限 α 不一定小于或等于上限 β.

例 1 计算对坐标的曲线积分 $I=\int_L (x+y)dx+(x-y)dy$,其中 L 为:

1) 以原点 O 为圆心,R 为半径的圆上从点 $A(R,0)$到点 $B(0,R)$的四分之一有向圆周[图 4-7(a)];

2) 有向折线 AOB[图 4-7(b)].

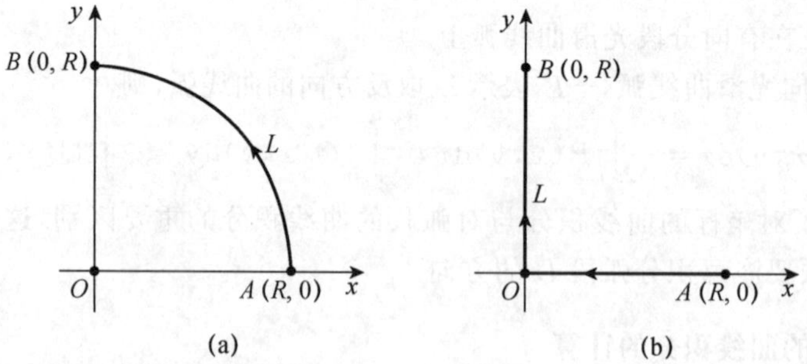

图 4-7

解 1) 积分弧段 L 的参数方程为

$$\begin{cases} x=R\cos t, \\ y=R\sin t \end{cases} \quad \left(0\leqslant t\leqslant \frac{\pi}{2}\right),$$

且当 t 单调地由 0 变为 $\frac{\pi}{2}$ 时,L 上的点(x,y)从起点 $A(R,0)$运动到终点 $B(0,R)$,所以

$$I=\int_0^{\frac{\pi}{2}}[R(\cos t+\sin t)\cdot R(-\sin t)+R(\cos t-\sin t)\cdot R\cos t]\mathrm{d}t$$

$$=R^2\int_0^{\frac{\pi}{2}}[(\cos^2 t-\sin^2 t)-2\sin t\cos t]\mathrm{d}t=R^2\int_0^{\frac{\pi}{2}}(\cos 2t-\sin 2t)\mathrm{d}t$$

$$=\frac{R^2}{2}(\sin 2t+\cos 2t)\Big|_0^{\frac{\pi}{2}}=-R^2;$$

2) 直线 AO 的方程为 $y=0$，所以在有向线段 $\overline{AO}$ 上有 $\mathrm{d}y=0$；直线 OB 的方程为 $x=0$，所以在有向线段 $\overline{OB}$ 上有 $\mathrm{d}x=0$. 于是

$$I=\int_{\overline{AO}}(x+y)\mathrm{d}x+(x-y)\mathrm{d}y+\int_{\overline{OB}}(x+y)\mathrm{d}x+(x-y)\mathrm{d}y$$

$$=\int_R^0 x\,\mathrm{d}x+\int_0^R(-y)\mathrm{d}y=-R^2.$$

例 2 计算对坐标的曲线积分 $I=\int_L xy\,\mathrm{d}x+(y-x)\mathrm{d}y$，其中 L 为：

1) 图 4-8(a)中的有向折线 ABO，其中三点 A,B,O 依次为 $(-1,1),(0,1),(0,0)$；

2) 图 4-8(b)中的有向线段 $\overline{AO}$.

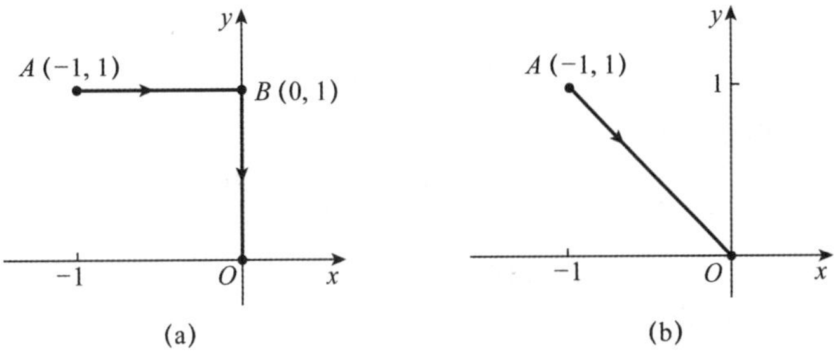

图 4-8

解 1) 直线 AB 的方程为 $y=1$，直线 BO 的方程为 $x=0$，从而在有向线段 $\overline{AB}$ 上有 $\mathrm{d}y=0$，在有向线段 $\overline{BO}$ 上有 $\mathrm{d}x=0$，因此

$$I=\int_L xy\,\mathrm{d}x+(y-x)\mathrm{d}y$$

$$=\int_{\overline{AB}}xy\,\mathrm{d}x+(y-x)\mathrm{d}y+\int_{\overline{BO}}xy\,\mathrm{d}x+(y-x)\mathrm{d}y$$

$$=\int_{-1}^0 x\,\mathrm{d}x+\int_1^0 y\,\mathrm{d}y=-1.$$

2) 直线 AO 的方程为 $y=-x$，从而在有向线段 $\overline{AO}$ 上有 $\mathrm{d}y=-\mathrm{d}x$，因此

$$I=\int_L xy\,\mathrm{d}x+(y-x)\mathrm{d}y=\int_{\overline{AO}}xy\,\mathrm{d}x+(y-x)\mathrm{d}y$$

$$=\int_{-1}^0(-x^2)\mathrm{d}x-(-x-x)\mathrm{d}x=\int_{-1}^0(2x-x^2)\mathrm{d}x$$

$$=\left(x^2-\frac{1}{3}x^3\right)\Big|_{-1}^0=-\frac{4}{3}.$$

注 在例 1 中，1)与 2)的积分弧段的起点和终点都相同，选取的积分路径不同，但积分值

相同. 在例 2 中,1)与 2)的积分弧段的起点和终点也都相同,但选取的积分路径不同,积分值也不相同. 一般地,什么情况下,对坐标的曲线积分的值仅与积分弧段的起点和终点有关,而与路径无关呢? 这个问题将在下一节讨论.

例 3 计算对坐标的曲线积分 $I=\int_L xy\,dx$,其中 L 为抛物线 $y^2=x$ 上从点 $A(1,-1)$ 到点 $B(1,1)$ 的一段有向弧(图 4-9).

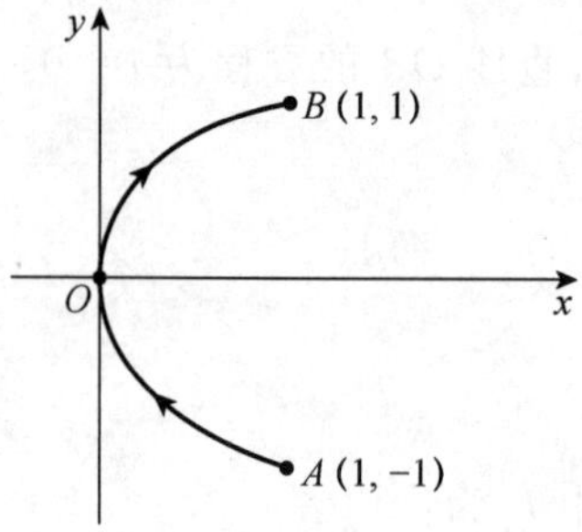

图 4-9

解法 1 化为对 x 的定积分进行计算.

积分弧段 L 中 $\overset{\frown}{AO}$ 的方程为 $y=-\sqrt{x}\ (0\leqslant x\leqslant 1)$,$\overset{\frown}{OB}$ 的方程为 $y=\sqrt{x}\ (0\leqslant x\leqslant 1)$,故

$$\begin{aligned}I&=\int_{\overset{\frown}{AO}} xy\,dx+\int_{\overset{\frown}{OB}} xy\,dx\\&=\int_1^0(-x\sqrt{x})\,dx+\int_0^1 x\sqrt{x}\,dx\\&=2\int_0^1 x\sqrt{x}\,dx=\frac{4}{5}.\end{aligned}$$

解法 2 化为对 y 的定积分进行计算.

积分弧段 L 的方程为 $x=y^2(-1\leqslant y\leqslant 1)$,从而 $dx=2y\,dy$,于是

$$I=\int_{-1}^1 y^3\cdot 2y\,dy=4\int_0^1 y^4\,dy=\frac{4}{5}.$$

例 4 计算对坐标的曲线积分

$$I=\oint_L\frac{(x+y)dx-(x-y)dy}{x^2+y^2},$$

其中 L 为圆 $x^2+y^2=a^2(a>0)$,沿逆时针方向.

解 因为点 (x,y) 在积分弧段 L 上,所以 $x^2+y^2=a^2$. 于是

$$I=\oint_L\frac{1}{a^2}[(x+y)dx-(x-y)dy].$$

L 的参数方程为

$$\begin{cases}x=a\cos t,\\y=a\sin t\end{cases}\quad(0\leqslant t\leqslant 2\pi),$$

从而 $dx=-a\sin t\,dt$,$dy=a\cos t\,dt$,因此

$$\begin{aligned}I&=\int_0^{2\pi}\frac{1}{a^2}[a(\cos t+\sin t)(-a\sin t)-a(\cos t-\sin t)\cdot a\cos t]dt\\&=\int_0^{2\pi}(-1)dt=-2\pi.\end{aligned}$$

例 5 计算对坐标的曲线积分

$$I=\int_\Gamma x^3dx+3zy^2dy-x^2y\,dz,$$

其中 Γ 是从点 $A(3,2,1)$ 到点 $B(0,0,0)$ 的有向线段.

解 线段 AB 的方程是 $\frac{x}{3}=\frac{y}{2}=\frac{z}{1}(0\leqslant x\leqslant 3)$,化为参数方程为

$$\begin{cases}x=3t,\\y=2t,\quad(0\leqslant t\leqslant 1).\\z=t\end{cases}$$

当 t 从 1 变到 0 时,点(x,y,z)从点 A 沿直线运动到点 B,因此

$$I=\int_1^0[(3t)^3\cdot 3+3t\cdot(2t)^2\cdot 2-(3t)^2\cdot 2t]\mathrm{d}t=-\frac{87}{4}.$$

例 6 设一个质点在点 $M(x,y)$处受到力 $\boldsymbol{F}$ 的作用,力 $\boldsymbol{F}$ 的大小与点 M 到原点的距离成正比,方向为向量 $\overrightarrow{OM}$ 按逆时针旋转 $\frac{\pi}{2}$ 的方向,试求此质点沿着圆 $x^2+y^2=a^2(a>0)$从点 $A(a,0)$运动到点 $B(0,a)$的过程中变力 $\boldsymbol{F}$ 所做的功(图 4-10).

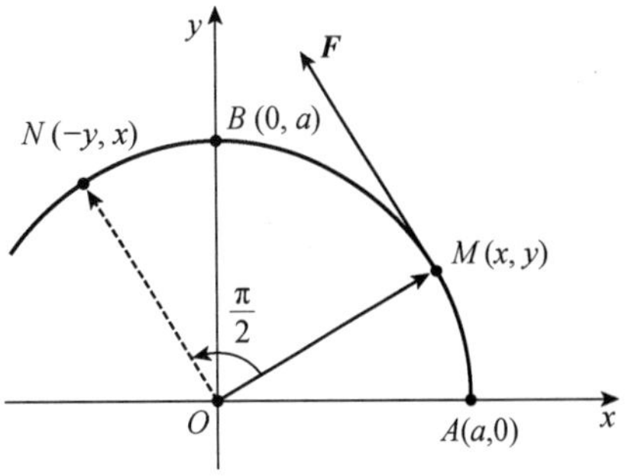

图 4-10

解 如图 4-10 所示,点 $M(x,y)$对应的向径为

$$\overrightarrow{OM}=\{x,y\},$$

其按逆时针旋转 $\frac{\pi}{2}$ 后变成 $\overrightarrow{ON}=\{-y,x\}$,$\overrightarrow{ON}$ 的方向就是变力 $\boldsymbol{F}$ 的方向,该方向的单位向量为

$$\boldsymbol{e}=\frac{1}{\sqrt{x^2+y^2}}\{-y,x\},$$

由于变力 $\boldsymbol{F}$ 的大小与点 M 到原点的距离成正比,所以

$$|\boldsymbol{F}|=k\sqrt{x^2+y^2},$$

其中 $k>0$ 为比例常数,从而

$$\boldsymbol{F}=|\boldsymbol{F}|\boldsymbol{e}=k\sqrt{x^2+y^2}\cdot\frac{1}{\sqrt{x^2+y^2}}\{-y,x\}=k\{-y,x\}.$$

根据对坐标的曲线积分的物理意义可知,在质点沿着圆 $x^2+y^2=a^2$ 按逆时针方向从点 $A(a,0)$移动到点 $B(0,a)$的过程中,变力 $\boldsymbol{F}$ 所做的功为

$$W=\int_{\widehat{AB}}(-ky)\,\mathrm{d}x+kx\,\mathrm{d}y=k\int_{\widehat{AB}}(-y)\,\mathrm{d}x+x\,\mathrm{d}y,$$

利用圆的参数方程$\begin{cases}x=a\cos\theta,\\ y=a\sin\theta\end{cases}(0\leqslant\theta\leqslant 2\pi)$,注意到积分弧段 $\widehat{AB}$ 的起点 $A(a,0)$和终点 $B(0,a)$分别对应于参数 $\theta=0$ 和 $\theta=\frac{\pi}{2}$,于是

$$W=k\int_0^{\frac{\pi}{2}}[(-a\sin\theta)(-a\sin\theta)+a\cos\theta\cdot a\cos\theta]\,\mathrm{d}\theta$$

$$=ka^2\int_0^{\frac{\pi}{2}}(\sin^2\theta+\cos^2\theta)\,\mathrm{d}\theta=\frac{k\pi}{2}a^2.$$

注 例 6 涉及的物理背景是变力做功问题,这是对坐标的曲线积分的应用问题.对于这类问题,首先要把变力 $\boldsymbol{F}$ 正确表达出来:$\boldsymbol{F}=P(x,y)\boldsymbol{i}+Q(x,y)\boldsymbol{j}=\{P(x,y),Q(x,y)\}$;再根据变力沿曲线弧做功的公式,写出质点在变力 $\boldsymbol{F}$ 作用下沿曲线弧 $\widehat{AB}$ 从起点 A 运动到终点 B 的过程中变力 $\boldsymbol{F}$ 所做功的积分表达式

$$W=\int_{\widehat{AB}}P(x,y)\mathrm{d}x+Q(x,y)\mathrm{d}y.$$

例 7 求变力 $\boldsymbol{F}=y\boldsymbol{i}+z\boldsymbol{j}+x\boldsymbol{k}$ 沿有向闭曲线 Γ 所做的功 W,其中 Γ 为平面 $x+y+z=1$

被三个坐标面所截得的三角形平面块的边界,从 z 轴正向看去,沿顺时针方向(图 4-11).

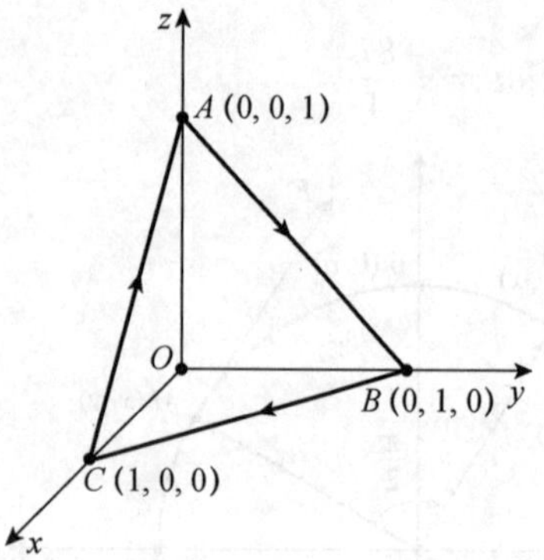

图 4-11

解 变力 $\boldsymbol{F}$ 沿有向闭曲线 Γ 所做的功为

$$W=\oint_{\Gamma} y\mathrm{d}x+z\mathrm{d}y+x\mathrm{d}z.$$

设点 A,B,C 的坐标依次为 $(0,0,1),(0,1,0),(1,0,0)$,则 Γ 由有向线段 $\overline{AB},\overline{BC},\overline{CA}$ 组成.故

$$\begin{aligned}W&=\oint_{\Gamma} y\mathrm{d}x+z\mathrm{d}y+x\mathrm{d}z\\&=\int_{\overline{AB}} y\mathrm{d}x+z\mathrm{d}y+x\mathrm{d}z+\int_{\overline{BC}} y\mathrm{d}x+z\mathrm{d}y+x\mathrm{d}z\\&\quad+\int_{\overline{CA}} y\mathrm{d}x+z\mathrm{d}y+x\mathrm{d}z.\end{aligned}$$

线段 AB 的方程 $\begin{cases}y+z=1,\\x=0\end{cases}(0\leqslant y\leqslant 1)$ 可以转化成 y 作为参数的参数方程

$$\begin{cases}x=0,\\y=y,\qquad (0\leqslant y\leqslant 1),\\z=1-y\end{cases}$$

起点 A 对应于 $y=0$,终点 B 对应于 $y=1$,所以

$$\int_{\overline{AB}} y\mathrm{d}x+z\mathrm{d}y+x\mathrm{d}z=\int_0^1(1-y)\mathrm{d}y=\frac{1}{2}.$$

类似地,可得

$$\int_{\overline{BC}} y\mathrm{d}x+z\mathrm{d}y+x\mathrm{d}z=\int_{\overline{CA}} y\mathrm{d}x+z\mathrm{d}y+x\mathrm{d}z=\frac{1}{2}.$$

于是

$$W=\frac{1}{2}+\frac{1}{2}+\frac{1}{2}=\frac{3}{2}.$$

习 题 4-2

1. 计算对坐标的曲线积分 $\int_L(x^2-2xy)\mathrm{d}x+(y^2-2xy)\mathrm{d}y$,其中 L 为抛物线 $y=x^2$ 上从 $x=-1$ 到 $x=1$ 的一段有向弧.

2. 计算对坐标的曲线积分 $\int_L xy\mathrm{d}x+(y-x)\mathrm{d}y$,其中 L 为:

(1) 直线 $y=x$ 上从点 $(0,0)$ 到点 $(1,1)$ 的有向线段;

(2) 抛物线 $y=x^2$ 上从点 $(0,0)$ 到点 $(1,1)$ 的一段有向弧;

(3) 曲线 $y=x^3$ 上从点 $(0,0)$ 到点 $(1,1)$ 的一段有向弧.

3. 计算对坐标的曲线积分 $\oint_L y\mathrm{d}x+x\mathrm{d}y$,其中 L 为椭圆 $\frac{x^2}{a^2}+\frac{y^2}{b^2}=1(a,b>0)$,沿逆时针方向.

4. 计算对坐标的曲线积分 $\int_L y^2\mathrm{d}x+x^2\mathrm{d}y$,其中 L 为沿逆时针方向的上半椭圆周

$\frac{x^2}{a^2}+\frac{y^2}{b^2}=1(a,b>0,0\leqslant y\leqslant b)$.

5. 计算对坐标的曲线积分 $\oint_L (x^2+y^2)\mathrm{d}y$,其中 L 为由直线 $x=1,y=1,x=3,y=5$ 所围成矩形区域的边界,沿逆时针方向.

6. 计算对坐标的曲线积分 $\int_L x\mathrm{d}x+y\mathrm{d}y+(x+y-1)\mathrm{d}z$,其中 L 为由点 $A(1,1,1)$ 到点 $B(1,3,4)$ 的有向线段.

7. 计算对坐标的曲线积分 $\int_L 2xy\mathrm{d}x+x^2\mathrm{d}y$,其中 L 为圆 $x^2+y^2=a^2(a>0)$ 上由点 $A(0,a)$ 到点 $B(a,0)$ 的较短的一段有向弧.

8. 计算对坐标的曲线积分 $\oint_L \frac{(x+y)\mathrm{d}x-(x-y)\mathrm{d}y}{x^2+y^2}$,其中 L 为圆 $x^2+y^2=a^2(a>0)$,沿逆时针方向.

9. 计算对坐标的曲线积分 $\oint_L (2x+y)\mathrm{d}x+(x+2y)\mathrm{d}y$,其中 L 是坐标轴与直线 $\frac{x}{3}+\frac{y}{4}=1$ 所围成三角形区域的边界,沿逆时针方向.

§3 格林公式及其应用

3.1 格林公式

在定积分中我们知道,如果函数 $f(x)$ 在区间 $[a,b]$ 上连续,$F(x)$ 是 $f(x)$ 的一个原函数,则有牛顿-莱布尼茨(Newton-Leibniz)公式

$$\int_a^b f(x)\mathrm{d}x=F(b)-F(a).$$

这说明,$f(x)$ 在 $[a,b]$ 上的定积分可以用它的原函数 $F(x)$ 在 $[a,b]$ 的两个端点($[a,b]$ 的边界)处的值来表示. 这个重要的公式能否推广,如何推广? 下面介绍的格林(Green)公式可以回答这个问题. 它告诉我们如何把一个平面有界闭区域上的二重积分用其边界曲线上对坐标的曲线积分来表示.

为了介绍格林公式,我们先介绍几个概念.

平面单连通区域 设 D 为平面区域. 如果 D 内任意一条闭曲线所围的部分都属于 D,则称 D 为**单连通区域**;否则,称 D 为**复连通区域**. 通俗地说,平面单连通区域就是不含有"洞"(包括"点洞")的区域,复连通区域就是含有"洞"的区域. 例如,区域

$$\{(x,y)\mid x^2+y^2<1\},\quad \{(x,y)\mid y>0\}$$

都是单连通区域;而区域

$$\{(x,y)\mid 1<x^2+y^2<2\},\quad \{(x,y)\mid 0<x^2+y^2<1\}$$

都是复连通区域. 又如,图 4-12(a),(b)中阴影部分的区域都是单连通区域;图 4-13(a),(b)中阴影部分的区域都是复连通区域.

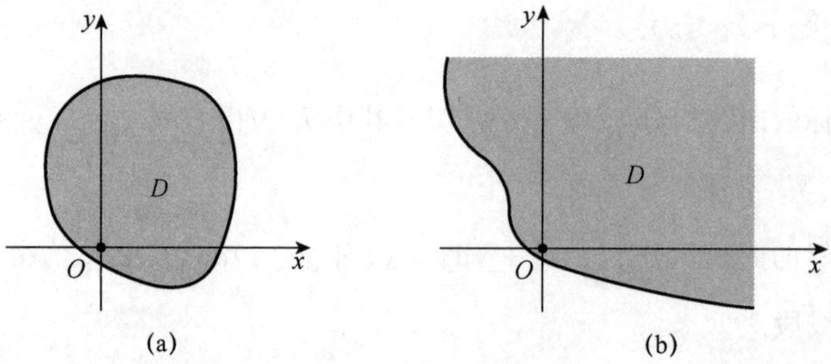

图 4-12

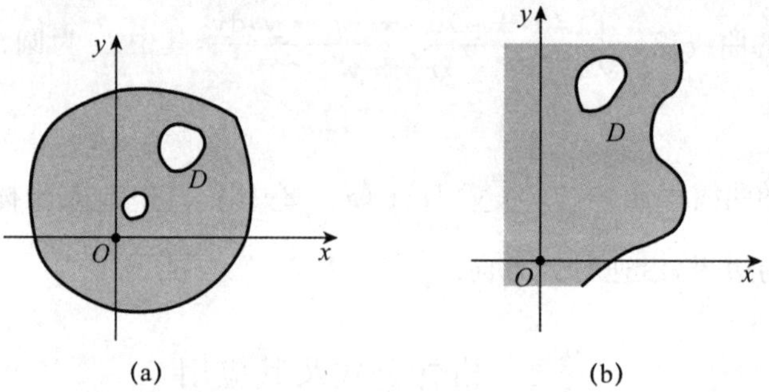

图 4-13

平面区域边界的定向 设平面区域 D 的边界为 L. 当人沿 L 行走时,若 D 总位于其左边,则规定人行走的方向为 L 的正向. 所以,在图 4-14 中,外边界 L 的正向为逆时针方向,而内边界 l 的正向为顺时针方向.

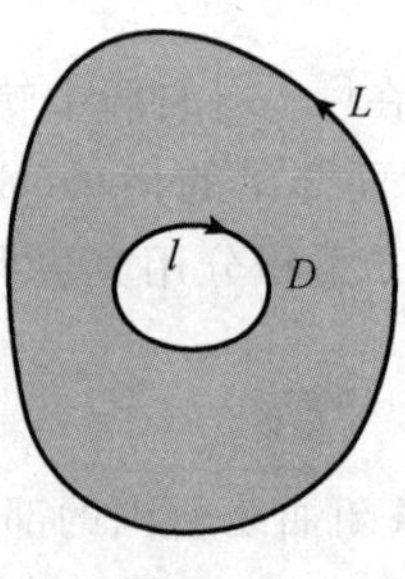

图 4-14

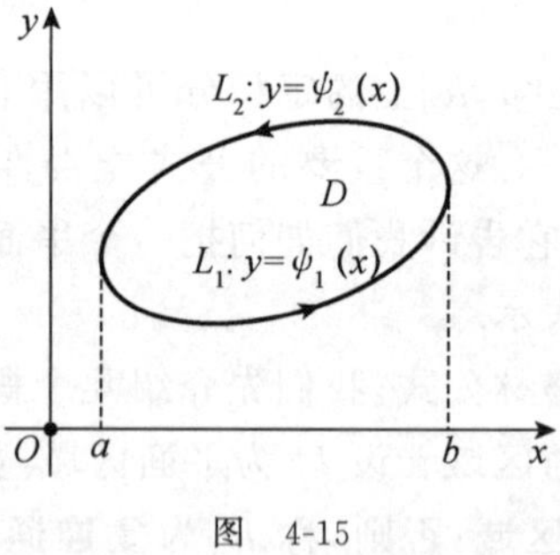

图 4-15

定理 1(格林公式) 设平面有界闭区域 D 由分段光滑闭曲线 L 围成,函数 $P(x,y)$, $Q(x,y)$ 在 D 上具有连续偏导数,则有

$$\iint_D \left(\frac{\partial Q}{\partial x}-\frac{\partial P}{\partial y}\right)\mathrm{d}x\,\mathrm{d}y=\oint_L P(x,y)\mathrm{d}x+Q(x,y)\mathrm{d}y, \tag{1}$$

其中 L 是 D 的取正向的边界.

证 我们先对 D 为一种简单闭区域的情形给出证明.

假设 D 既是 X 型区域,又是 Y 型区域(图 4-15),其特点是:穿过 D 内部且平行于坐标轴的直线与 D 的边界 L 最多有两个交点.

如图 4-15 所示,设 $D=\{(x,y)\mid\psi_1(x)\leqslant y\leqslant\psi_2(x),a\leqslant x\leqslant b\}$. 因为 $\dfrac{\partial P}{\partial y}$ 连续,所以由二重积分的计算方法有

$$\iint\limits_D\frac{\partial P}{\partial y}\mathrm{d}x\mathrm{d}y=\int_a^b\left(\int_{\psi_1(x)}^{\psi_2(x)}\frac{\partial P}{\partial y}\mathrm{d}y\right)\mathrm{d}x$$
$$=\int_a^b(P(x,\psi_2(x))-P(x,\psi_1(x)))\mathrm{d}x.$$

另外,由对坐标的曲线积分的性质及计算方法有

$$\oint_L P(x,y)\mathrm{d}x=\int_{L_1}P(x,y)\mathrm{d}x+\int_{L_2}P(x,y)\mathrm{d}x$$
$$=\int_a^b P(x,\psi_1(x))\mathrm{d}x+\int_b^a P(x,\psi_2(x))\mathrm{d}x$$
$$=\int_a^b(P(x,\psi_1(x))-P(x,\psi_2(x)))\mathrm{d}x$$
$$=-\int_a^b(P(x,\psi_2(x))-P(x,\psi_1(x)))\mathrm{d}x.$$

因此

$$-\iint\limits_D\frac{\partial P}{\partial y}\mathrm{d}x\mathrm{d}y=\oint_L P(x,y)\mathrm{d}x. \tag{2}$$

因为 D 又是 Y 型区域,所以也可设 $D=\{(x,y)\mid\varphi_1(y)\leqslant x\leqslant\varphi_2(y),c\leqslant y\leqslant d\}$. 类似地,可以证明

$$\iint\limits_D\frac{\partial Q}{\partial x}\mathrm{d}x\mathrm{d}y=\oint_L Q(x,y)\mathrm{d}y. \tag{3}$$

由于 D 既是 X 型区域,又是 Y 型区域,(2),(3)两式同时成立,合并后即得公式(1).

对于一般情形,如果闭区域 D 不满足上面的条件,那么可以引入一条或几条辅助线,将 D 分成几个满足上述条件的闭区域. 例如,设 D 如图 4-16 所示,其边界 L 为 $\overset{\frown}{MNPM}$,引入一条辅助线 ABC,可把 D 分成 D_1,D_2,D_3 三部分,其中每部分都满足上述条件. 对每部分应用公式(1),得

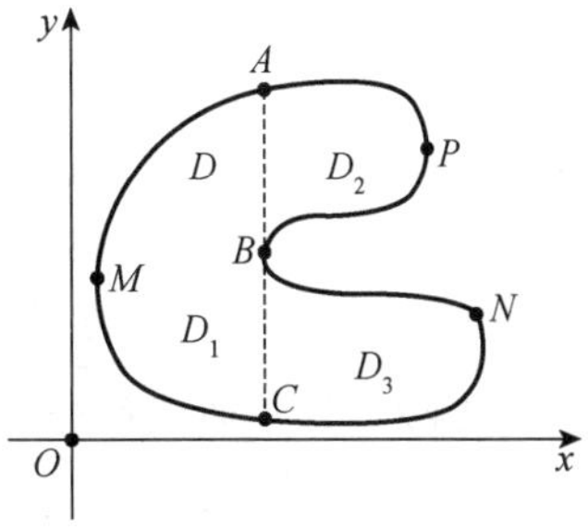

图 4-16

$$\iint\limits_{D_1}\left(\frac{\partial Q}{\partial x}-\frac{\partial P}{\partial y}\right)\mathrm{d}x\mathrm{d}y=\oint_{\overset{\frown}{MCBAM}}P(x,y)\mathrm{d}x+Q(x,y)\mathrm{d}y,$$
$$\iint\limits_{D_2}\left(\frac{\partial Q}{\partial x}-\frac{\partial P}{\partial y}\right)\mathrm{d}x\mathrm{d}y=\oint_{\overset{\frown}{BPAB}}P(x,y)\mathrm{d}x+Q(x,y)\mathrm{d}y,$$
$$\iint\limits_{D_3}\left(\frac{\partial Q}{\partial x}-\frac{\partial P}{\partial y}\right)\mathrm{d}x\mathrm{d}y=\oint_{\overset{\frown}{CNBC}}P(x,y)\mathrm{d}x+Q(x,y)\mathrm{d}y.$$

把这三个等式相加,注意到相加时辅助线上的曲线积分相互抵消,便得

$$\iint\limits_D\left(\frac{\partial Q}{\partial x}-\frac{\partial P}{\partial y}\right)\mathrm{d}x\mathrm{d}y=\oint_L P(x,y)\mathrm{d}x+Q(x,y)\mathrm{d}y,$$

其中 L 为闭区域 D 的正向边界.

应用格林公式可以实现曲线积分与二重积分之间的相互转化,这在很多情况下可以使计

算变得简单.

例1 计算曲线积分 $I=\oint_L (x^3-x^2y)\mathrm{d}x+(xy^2+y^3)\mathrm{d}y$,其中 L 为:

1) 圆 $x^2+y^2=a^2(a>0)$,沿逆时针方向;

2) 以三点 $O(0,0),A(1,0),B(0,1)$ 为顶点的三角形闭区域的边界,沿逆时针方向.

解 1) 令 $P(x,y)=x^3-x^2y,Q(x,y)=xy^2+y^3$,则

$$\frac{\partial Q}{\partial x}=y^2,\quad \frac{\partial P}{\partial y}=-x^2.$$

将 L 所围成的闭区域记为 D,如图 4-17 所示,则由格林公式有

$$\begin{aligned}I&=\oint_L (x^3-x^2y)\mathrm{d}x+(xy^2+y^3)\mathrm{d}y=\iint_D (x^2+y^2)\mathrm{d}x\mathrm{d}y\\&=\int_0^{2\pi}\mathrm{d}\theta\int_0^a r^3\mathrm{d}r=\frac{\pi}{2}a^4.\end{aligned}$$

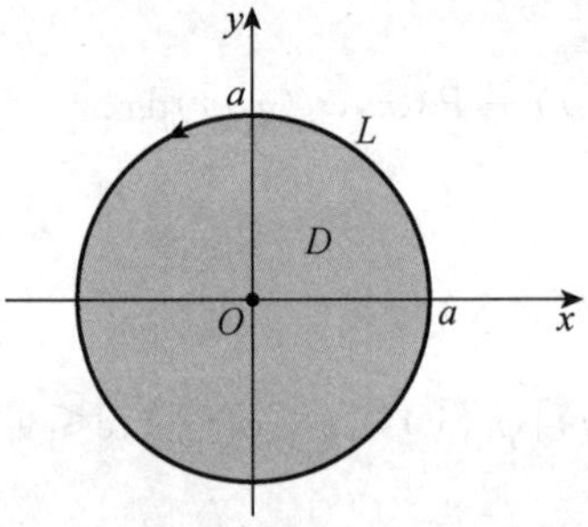

图 4-17

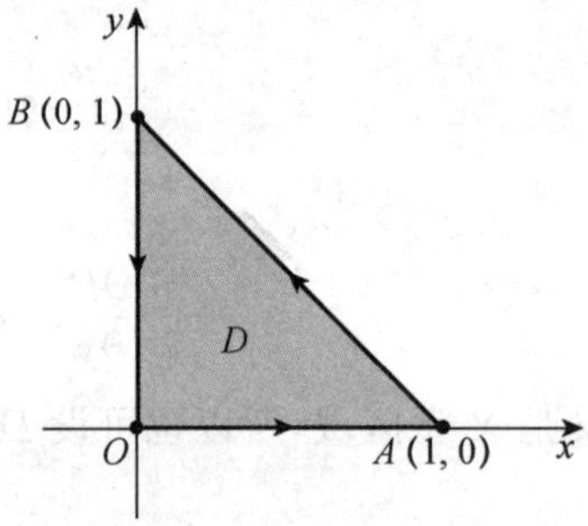

图 4-18

2) 将 L 所围成的闭区域记为 D,如图 4-18 所示,则

$$I=\oint_L (x^3-x^2y)\mathrm{d}x+(xy^2+y^3)\mathrm{d}y=\iint_D (x^2+y^2)\mathrm{d}x\mathrm{d}y.$$

根据对称性,容易看出

$$\iint_D x^2\mathrm{d}x\mathrm{d}y=\iint_D y^2\mathrm{d}x\mathrm{d}y.$$

故

$$I=2\iint_D x^2\mathrm{d}x\mathrm{d}y=2\int_0^1 x^2\mathrm{d}x\int_0^{1-x}\mathrm{d}y=2\int_0^1 x^2(1-x)\mathrm{d}x=\frac{1}{6}.$$

例2 计算曲线积分

$$I=\oint_L (2xy-y^2\cos x+y)\mathrm{d}x+(1-2y\sin x+3x^2y^2)\mathrm{d}y,$$

其中 L 为圆 $x^2+y^2=1$,沿逆时针方向.

解 令 $P(x,y)=2xy-y^2\cos x+y,Q(x,y)=1-2y\sin x+3x^2y^2$,则

$$\frac{\partial Q}{\partial x}=6xy^2-2y\cos x,\quad \frac{\partial P}{\partial y}=2x-2y\cos x+1.$$

如果设 D 为由 L 所围成的闭区域,则由格林公式有

$$I=\iint_D\left(\frac{\partial Q}{\partial x}-\frac{\partial P}{\partial y}\right)\mathrm{d}x\mathrm{d}y=\iint_D (6xy^2-2x-1)\mathrm{d}x\mathrm{d}y.$$

注意到 D 关于 y 轴对称，且 $6xy^2-2x$ 是 x 的奇函数，所以

$$\iint_D (6xy^2-2x)\,dx\,dy=0.$$

于是

$$I=\iint_D(-1)\,dx\,dy=-\pi.$$

例 3 计算曲线积分 $I=\oint_L \dfrac{x\,dy-y\,dx}{x^2+y^2}$，其中 L 是圆 $x^2+y^2=R^2(R>0)$，沿逆时针方向.

解 因为 (x,y) 在 L 上，所以 $x^2+y^2=R^2$. 因此

$$\begin{aligned}I&=\frac{1}{R^2}\oint_L x\,dy-y\,dx\\&=\frac{1}{R^2}\iint_D\left[\frac{\partial}{\partial x}x-\frac{\partial}{\partial y}(-y)\right]dx\,dy \quad (\text{注意：}Q(x,y)=x, P(x,y)=-y)\\&=\frac{1}{R^2}\iint_D 2\,dx\,dy,\end{aligned}$$

其中 D 为以 L 为边界的闭区域，即圆形闭区域 $x^2+y^2\leqslant R^2$. 又因为

$$\iint_D 2\,dx\,dy=2\pi R^2, \quad \text{所以} \quad I=2\pi.$$

例 4 计算曲线积分

$$I=\int_L(e^x\sin y-my)\,dx+(e^x\cos y-m)\,dy,$$

其中 L 为从点 $A(a,0)$ 到点 $O(0,0)$ 的上半圆周 $x^2+y^2=ax(a>0,y\geqslant 0)$，$m$ 为常数.

分析 这不是闭曲线上的曲线积分，我们可以通过增加辅助线 L_1，使得 $\Gamma=L+L_1$ 成为闭曲线(图 4-19). 应用格林公式，计算出 Γ 上的曲线积分，再计算出 L_1 上的曲线积分，最后求出 L 上的曲线积分.

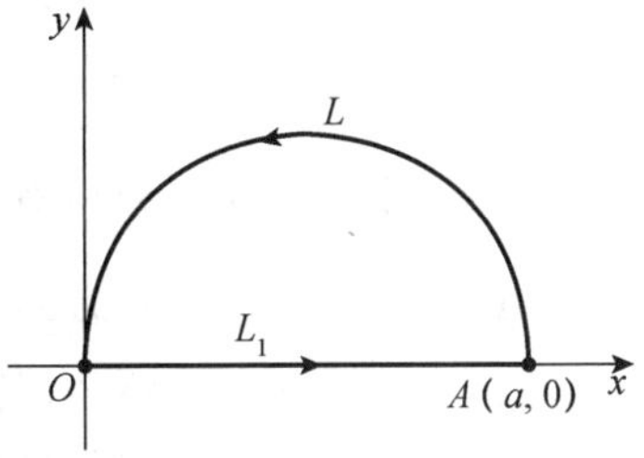

图 4-19

解 取 x 轴上从点 O 到点 A 的有向线段为 L_1，则 $\Gamma=L+L_1$ 形成一条有向闭曲线. 记 D 为由该闭曲线所围成的闭区域.

令 $P(x,y)=e^x\sin y-my$，$Q(x,y)=e^x\cos y-m$，则

$$\frac{\partial P}{\partial y}=e^x\cos y-m, \quad \frac{\partial Q}{\partial x}=e^x\cos y.$$

根据格林公式，有

$$\begin{aligned}&\oint_\Gamma(e^x\sin y-my)\,dx+(e^x\cos y-m)\,dy\\&=\iint_D[e^x\cos y-(e^x\cos y-m)]\,dx\,dy=\iint_D m\,dx\,dy\\&=m\cdot\frac{1}{2}\pi\left(\frac{a}{2}\right)^2=\frac{m\pi}{8}a^2.\end{aligned}$$

根据曲线积分的性质，易知

$$I=\oint_\Gamma(e^x\sin y-my)\,dx+(e^x\cos y-m)\,dy-\int_{L_1}(e^x\sin y-my)\,dx+(e^x\cos y-m)\,dy,$$

而在 L_1 上 $y=0$,从而 $dy=0$,故

$$\int_{L_1}(e^x\sin y-my)dx+(e^x\cos y-m)dy=0.$$

于是

$$I=\oint_{\Gamma}(e^x\sin y-my)dx+(e^x\cos y-m)dy=\frac{m\pi}{8}a^2.$$

上面的例子主要是应用二重积分来计算曲线积分,有时我们也会应用曲线积分来计算二重积分.作为这种情形的一个例子,可以应用曲线积分来计算平面图形 D 的面积 A:

$$A=\iint_D dxdy.$$

设 D 的正向边界为 L. 为了将上式中的二重积分转化为曲线积分,需适当地选择函数 $P(x,y)$,$Q(x,y)$,使得在 D 上有 $\frac{\partial Q}{\partial x}-\frac{\partial P}{\partial y}=1$. 所以,可以选择(当然,这样的选择不唯一)

$$Q(x,y)=\frac{1}{2}x,\quad P(x,y)=-\frac{1}{2}y,$$

于是

$$A=\iint_D dxdy=\frac{1}{2}\oint_L xdy-ydx. \tag{4}$$

例 5　求椭圆 L: $x=a\cos t$, $y=b\sin t\,(0\leqslant t\leqslant 2\pi;a,b>0)$所围的面积 A.

解　根据公式(4),有

$$\begin{aligned}A&=\frac{1}{2}\oint_L xdy-ydx=\frac{1}{2}\int_0^{2\pi}(x(t)y'(t)-y(t)x'(t))dt\\&=\frac{1}{2}\int_0^{2\pi}ab(\cos^2t+\sin^2t)dt=\pi ab.\end{aligned}$$

3.2　平面曲线积分与路径无关的条件

从上一节的例题中,我们已注意到有些对坐标的曲线积分,如不改变积分弧段的起点和终点,只改变积分弧段的路径,其积分值不变;而对于另一些对坐标的曲线积分,不改变积分弧段的起点和终点,只改变积分弧段的路径,其积分值就会改变.这种情况反映到物理学上就是,保守力(如重力、弹性恢复力)做功与路径无关,而非保守力(如摩擦力)做功与路径有关.这就启发我们要讨论曲线积分与路径无关的问题.下面先给出曲线积分与路径无关的概念.

设 $P(x,y)$,$Q(x,y)$是定义在区域 D 内的连续函数,L 为 D 内任意一条有向分段光滑曲线弧.如果对于区域 D 内任意两点 A,B,以及 D 内从点 A 到点 B 的任意两条分段光滑曲线弧 L_1,L_2(图 4-20),总有

$$\int_{L_1}P(x,y)dx+Q(x,y)dy=\int_{L_2}P(x,y)dx+Q(x,y)dy,$$

则称曲线积分 $\int_L P(x,y)dx+Q(x,y)dy$ 在 D 内**与路径无关**;否则,称该曲线积分在 D 内**与路径有关**.

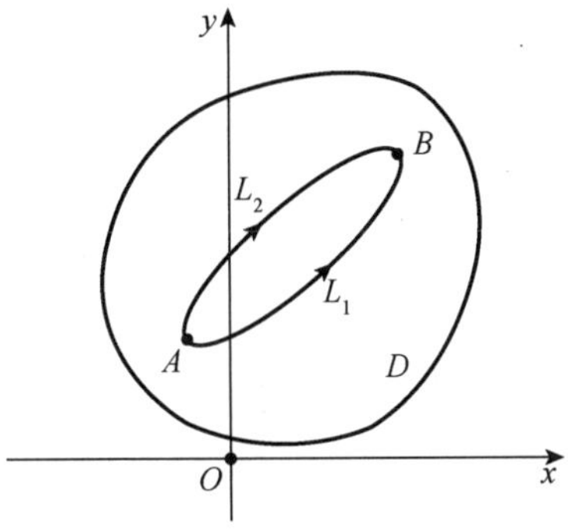

图 4-20

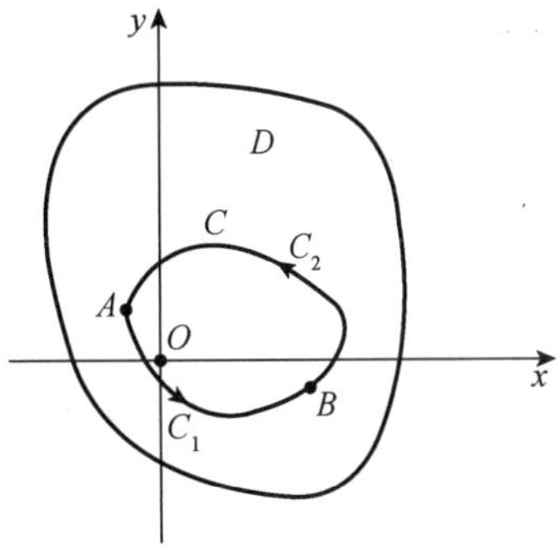

图 4-21

容易看出，如果曲线积分 $\int_L P(x,y)\mathrm{d}x+\int Q(x,y)\mathrm{d}y$ 在 D 内与路径无关，在 D 内任取一条有向分段光滑闭曲线 C，并在其上任取两点 A，B，这时 C 被分成由点 A 到点 B 的曲线弧 C_1 和由点 B 到点 A 的曲线弧 C_2(图 4-21)，则有

$$\oint_C P(x,y)\mathrm{d}x+Q(x,y)\mathrm{d}y=\int_{C_1} P(x,y)\mathrm{d}x+Q(x,y)\mathrm{d}y+\int_{C_2} P(x,y)\mathrm{d}x+Q(x,y)\mathrm{d}y.$$

如果记 $-C_2$ 为沿 C_2 的相反方向从点 A 到点 B 的曲线弧，则由对坐标的曲线积分的性质有

$$\int_{-C_2} P(x,y)\mathrm{d}x+Q(x,y)\mathrm{d}y=-\int_{C_2} P(x,y)\mathrm{d}x+Q(x,y)\mathrm{d}y.$$

因为曲线积分 $\int_L P(x,y)\mathrm{d}x+\int Q(x,y)\mathrm{d}y$ 在 D 内与路径无关，所以

$$-\int_{C_2} P(x,y)\mathrm{d}x+Q(x,y)\mathrm{d}y=\int_{C_1} P(x,y)\mathrm{d}x+Q(x,y)\mathrm{d}y.$$

于是

$$\begin{aligned}\oint_C P(x,y)\mathrm{d}x+Q(x,y)\mathrm{d}y=&-\int_{C_2} P(x,y)\mathrm{d}x+Q(x,y)\mathrm{d}y\\&+\int_{C_2} P(x,y)\mathrm{d}x+Q(x,y)\mathrm{d}y=0.\end{aligned}$$

这表明，如果曲线积分 $\int_L P(x,y)\mathrm{d}x+\int Q(x,y)\mathrm{d}y$ 在 D 内与路径无关，则在 D 内沿任意一条有向分段光滑闭曲线 C 的曲线积分为零，即

$$\oint_C P(x,y)\mathrm{d}x+Q(x,y)\mathrm{d}y=0.$$

反之，如果在 D 内沿任意一条有向分段光滑闭曲线 C 的曲线积分都为零，则该曲线积分在 D 内与路径无关. 由此可以得**结论**：曲线积分 $\int_L P(x,y)\mathrm{d}x+Q(x,y)\mathrm{d}y$ 在 D 内与路径无关的充要条件是沿 D 内任何一条有向分段光滑闭曲线 C 的曲线积分 $\int_C P(x,y)\mathrm{d}x+Q(x,y)\mathrm{d}y$ 为零.

定理 2 设开区域 D 是一个单连通区域，函数 $P(x,y)$，$Q(x,y)$ 在 D 内具有连续偏导数，则曲线积分 $\int_L P(x,y)\mathrm{d}x+Q(x,y)\mathrm{d}y$ 在 D 内与路径无关$\Big($或沿 D 内任意一条有向分段光滑闭曲线 C 的曲线积分 $\int_C P(x,y)\mathrm{d}x+Q(x,y)\mathrm{d}y$ 为零$\Big)$的充要条件是

$$\frac{\partial Q}{\partial x}=\frac{\partial P}{\partial y}$$

在 D 内处处成立.

证 充分性 已知 $\frac{\partial Q}{\partial x}=\frac{\partial P}{\partial y}$ 在 D 内处处成立,要证对 D 内任意一条有向分段光滑闭曲线 C,有

$$\oint_C P(x,y)\mathrm{d}x+Q(x,y)\mathrm{d}y=0.$$

因为 D 是一个单连通区域,所以闭曲线 C 所围成的闭区域 B 全部都在 D 内. 于是,$\frac{\partial Q}{\partial x}=\frac{\partial P}{\partial y}$ 在 B 上处处成立. 应用格林公式,有

$$\oint_C P(x,y)\mathrm{d}x+Q(x,y)\mathrm{d}y=\iint_B\left(\frac{\partial Q}{\partial x}-\frac{\partial P}{\partial y}\right)\mathrm{d}x\mathrm{d}y.$$

因为在 B 上处处有 $\frac{\partial Q}{\partial x}=\frac{\partial P}{\partial y}$,所以 $\iint_B\left(\frac{\partial Q}{\partial x}-\frac{\partial P}{\partial y}\right)\mathrm{d}x\mathrm{d}y=0$,从而

$$\oint_C P(x,y)\mathrm{d}x+Q(x,y)\mathrm{d}y=0.$$

必要性 已知沿 D 内任意一条有向分段光滑闭曲线 C 的曲线积分 $\oint_C P(x,y)\mathrm{d}x+Q(x,y)\mathrm{d}y$ 为零,要证

$$\frac{\partial Q}{\partial x}=\frac{\partial P}{\partial y}$$

在 D 内处处成立.

用反证法. 假设在 D 内至少存在一点 M_0,使得 $\left.\left(\frac{\partial Q}{\partial x}-\frac{\partial P}{\partial y}\right)\right|_{M_0}\neq 0$,不妨设

$$\left.\left(\frac{\partial Q}{\partial x}-\frac{\partial P}{\partial y}\right)\right|_{M_0}=a>0.$$

由于 $\frac{\partial P}{\partial y},\frac{\partial Q}{\partial x}$ 在 D 内连续,因此可以在 D 内取到一个以 M_0 为圆心,半径足够小的圆形闭区域 K,使得在 K 上恒有

$$\frac{\partial Q}{\partial x}-\frac{\partial P}{\partial y}\geqslant\frac{a}{2}.$$

于是,由格林公式及二重积分的性质就有

$$\oint_\gamma P(x,y)\mathrm{d}x+Q(x,y)\mathrm{d}y=\iint_K\left(\frac{\partial Q}{\partial x}-\frac{\partial P}{\partial y}\right)\mathrm{d}x\mathrm{d}y\geqslant\frac{a}{2}|K|,$$

其中 γ 是闭区域 K 的正向边界,$|K|$ 是闭区域 K 的面积. 因 $a>0$,$|K|>0$,故

$$\oint_\gamma P(x,y)\mathrm{d}x+Q(x,y)\mathrm{d}y>0.$$

这与已知沿 D 内任意一条有向分段光滑闭曲线 C 的曲线积分 $\oint_C P(x,y)\mathrm{d}x+Q(x,y)\mathrm{d}y$ 为零矛盾. 所以,反证法假设不真. 必要性得证.

值得注意的是,定理2中 D 是单连通区域的条件不能缺. 这只要看例3中的曲线积分

$$I=\oint_L\frac{x\mathrm{d}y-y\mathrm{d}x}{x^2+y^2}$$

便知. 在区域 $\{(x,y)\mid 0<x^2+y^2<+\infty\}$ 内,取

$$P(x,y)=\frac{-y}{x^2+y^2},\quad Q(x,y)=\frac{x}{x^2+y^2},$$

则

$$\frac{\partial Q}{\partial x}=\frac{x^2+y^2-2x^2}{(x^2+y^2)^2}=\frac{y^2-x^2}{(x^2+y^2)^2},$$

$$\frac{\partial P}{\partial y}=\frac{-(x^2+y^2)+2y^2}{(x^2+y^2)^2}=\frac{y^2-x^2}{(x^2+y^2)^2},$$

即在 D 内恒有

$$\frac{\partial Q}{\partial x}=\frac{\partial P}{\partial y}.$$

但例 3 说明,若 L 为圆 $x^2+y^2=R^2$,取其正向,则有

$$\oint_L \frac{x\mathrm{d}y-y\mathrm{d}x}{x^2+y^2}=2\pi\neq 0.$$

这表明,曲线积分 $\int_L \frac{x\mathrm{d}y-y\mathrm{d}x}{x^2+y^2}$ 与路径有关,其原因在于两个偏导数在原点处分母为零,从而它们的连续区域是不含原点的复连通区域,不满足定理 2 的条件.

例 6 设函数 $f(x)$ 在区间 $(-\infty,+\infty)$ 内具有连续导数,L 是上半平面 $y>0$ 内任意一条有向分段光滑曲线弧,其起点为 $A\left(\frac{1}{2},2\right)$,终点为 $B\left(\frac{1}{3},3\right)$,求曲线积分

$$I=\int_L \frac{1}{y}(1+y^2f(xy))\mathrm{d}x+\frac{x}{y^2}(y^2f(xy)-1)\mathrm{d}y. \tag{5}$$

分析 此处并没有给出 L 的具体路径,只给出 L 的起点和终点,这就启发我们考虑曲线积分是否与路径无关.

解 令 $P(x,y)=\frac{1}{y}(1+y^2f(xy))$,$Q(x,y)=\frac{x}{y^2}(y^2f(xy)-1)$,则

$$\frac{\partial Q}{\partial x}=\frac{1}{y^2}(y^2f(xy)-1)+\frac{x}{y^2}\cdot y^2f'(xy)\cdot y$$

$$=-\frac{1}{y^2}+f(xy)+xyf'(xy),$$

$$\frac{\partial P}{\partial y}=-\frac{1}{y^2}(1+y^2f(xy))+\frac{1}{y}(2yf(xy)+y^2f'(xy)\cdot x)$$

$$=-\frac{1}{y^2}+f(xy)+xyf'(xy),$$

即

$$\frac{\partial Q}{\partial x}=\frac{\partial P}{\partial y}.$$

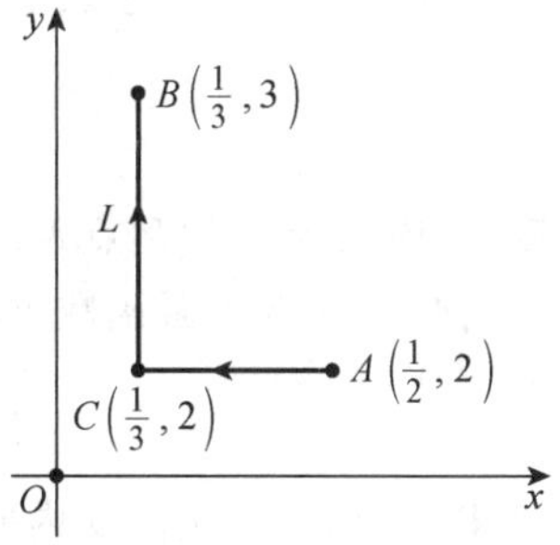

图 4-22

由定理 2 知,曲线积分(5)与路径无关.故 L 可选取任意路径,其积分值都相同.为了计算方便,选择有向折线 ACB(图 4-22).在有向线段 $\overline{AC}$ 上,$y=2$,$\mathrm{d}y=0$;在有向线段 $\overline{CB}$ 上,$x=\frac{1}{3}$,$\mathrm{d}x=0$.于是

$$I=\int_{\frac{1}{2}}^{\frac{1}{3}}\frac{1}{2}(1+4f(2x))\mathrm{d}x+\int_2^3\frac{1}{3y^2}\left(y^2f\left(\frac{1}{3}y\right)-1\right)\mathrm{d}y$$

$$=\frac{1}{2}\left(\frac{1}{3}-\frac{1}{2}\right)+\int_1^{\frac{2}{3}} f(x)\mathrm{d}x+\int_{\frac{2}{3}}^1 f(y)\mathrm{d}y+\frac{1}{3}\cdot\frac{1}{y}\Big|_2^3$$

$$=-\frac{1}{12}-\frac{1}{18}=-\frac{5}{36}.$$

3.3　二元函数的全微分求积

由一元微积分我们知道,如果函数 $f(x)$ 在区间 $[a,b]$ 上连续,令 $\Phi(x)=\int_a^x f(t)\mathrm{d}t$,则对于任意给定的 $x\in[a,b]$,有

$$\Phi'(x)=f(x),\quad 从而\quad \mathrm{d}\Phi(x)=f(x)\mathrm{d}x.$$

这也说明,只要 $f(x)$ 在 $[a,b]$ 上连续,就存在函数 $F(x)$,使得 $f(x)\mathrm{d}x$ 是 $F(x)$ 的微分,且

$$F(x)=\int_a^x f(t)\mathrm{d}t+C.$$

这个结果能否推广到二元函数上?也就是说,对于函数 $P(x,y)$,$Q(x,y)$,它们满足什么条件时,$P(x,y)\mathrm{d}x+Q(x,y)\mathrm{d}y$ 恰好是某个函数 $u(x,y)$ 的全微分?当函数 $u(x,y)$ 存在时,能否求出此函数的表达式?

设 $P(x,y)\mathrm{d}x+Q(x,y)\mathrm{d}y$ 恰好是某个函数 $u(x,y)$ 的全微分,即

$$\mathrm{d}u(x,y)=P(x,y)\mathrm{d}x+Q(x,y)\mathrm{d}y,$$

则

$$\frac{\partial u}{\partial x}=P(x,y),\quad \frac{\partial u}{\partial y}=Q(x,y).$$

如果函数 $P(x,y)$,$Q(x,y)$ 具有连续偏导数,则由第二章§2中的定理1可知

$$\frac{\partial^2 u}{\partial x\partial y}=\frac{\partial^2 u}{\partial y\partial x},\quad 即\quad \frac{\partial P}{\partial y}=\frac{\partial Q}{\partial x}.$$

于是,有下面的定理.

定理3　设开区域 D 为单连通区域,函数 $P(x,y)$,$Q(x,y)$ 在 D 内具有连续偏导数,则 $P(x,y)\mathrm{d}x+Q(x,y)\mathrm{d}y$ 在 D 内为某个函数 $u(x,y)$ 的全微分的充要条件是等式

$$\frac{\partial P}{\partial y}=\frac{\partial Q}{\partial x}\tag{6}$$

在 D 内处处成立.

证　前面已证明了必要性. 下面只证充分性.

由于在单连通区域 D 内处处有 $\frac{\partial P}{\partial y}=\frac{\partial Q}{\partial x}$,根据定理2知曲线积分

$$\int_L P(x,y)\mathrm{d}x+Q(x,y)\mathrm{d}y\tag{7}$$

在 D 内只与 L 的起点 $M_0(x_0,y_0)$ 和终点 $M(x,y)$ 有关,而与积分路径无关. 于是,与一元微积分中定义变上限函数类似,可以定义

$$u(x,y)=\int_{(x_0,y_0)}^{(x,y)} P(x,y)\mathrm{d}x+Q(x,y)\mathrm{d}y,\tag{8}$$

其中 $M_0(x_0,y_0)$ 是 D 内的一个固定点,点 $M(x,y)\in D$. 这里积分弧段可以取 D 内从点 M_0 到点 M 的任意路径,则 $u(x,y)$ 是定义在 D 内的二元函数. 下面证明 $u(x,y)$ 的全微分就是

$P(x,y)\mathrm{d}x+Q(x,y)\mathrm{d}y$. 这只需证明

$$\frac{\partial u}{\partial x}=P(x,y),\quad \frac{\partial u}{\partial y}=Q(x,y).$$

根据偏导数的定义,有

$$\frac{\partial u}{\partial x}=\lim_{\Delta x\to 0}\frac{u(x+\Delta x,y)-u(x,y)}{\Delta x}.$$

由(8)式得

$$u(x+\Delta x,y)=\int_{(x_0,y_0)}^{(x+\Delta x,y)}P(x,y)\mathrm{d}x+Q(x,y)\mathrm{d}y.$$

由于曲线积分(7)在 D 内与路径无关,因此我们可以选取由点 M_0 到点 M 的任意路径,然后选取沿平行于 x 轴的线段从点 M 到点 $N(x+\Delta x,y)$ 的路径(图 4-23). 这样就有

$$u(x+\Delta x,y)=\int_{(x_0,y_0)}^{(x,y)}P(x,y)\mathrm{d}x+Q(x,y)\mathrm{d}y+\int_{(x,y)}^{(x+\Delta x,y)}P(x,y)\mathrm{d}x+Q(x,y)\mathrm{d}y,$$

从而

$$u(x+\Delta x,y)-u(x,y)=\int_{(x,y)}^{(x+\Delta x,y)}P(x,y)\mathrm{d}x+Q(x,y)\mathrm{d}y.$$

因为直线 MN 的方程为 $y=y$(看作常数),所以 $\mathrm{d}y=0$. 根据对坐标的曲线积分的计算公式知,上式即为

$$u(x+\Delta x,y)-u(x,y)=\int_{x}^{x+\Delta x}P(x,y)\mathrm{d}x.$$

根据积分中值定理,得

$$u(x+\Delta x,y)-u(x,y)=P(\xi,y)\Delta x,$$

其中 ξ 是 x 与 $x+\Delta x$ 之间的某个数值. 上式两边除以 Δx,并令 $\Delta x\to 0$,取极限. 因为 $P(x,y)$ 在 D 内具有连续偏导数,所以 $P(x,y)$ 在 D 内连续,从而有

$$\frac{\partial u(x,y)}{\partial x}=P(x,y).$$

同理可证

$$\frac{\partial u(x,y)}{\partial y}=Q(x,y).$$

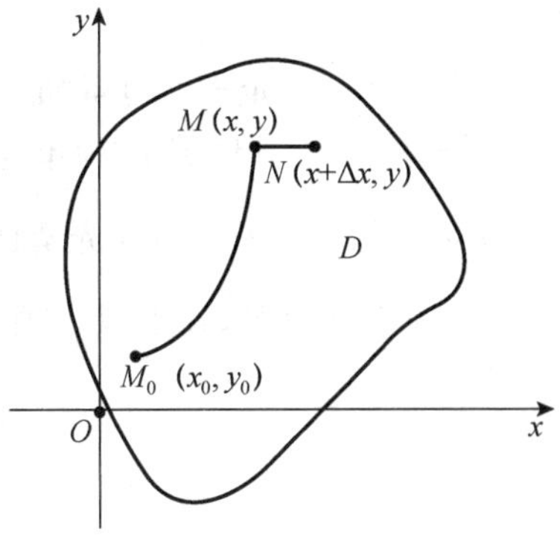

图 4-23

这就证明了定理的充分性.

定理 3 不仅回答了函数 $P(x,y)$,$Q(x,y)$ 满足什么条件时,$P(x,y)\mathrm{d}x+Q(x,y)\mathrm{d}y$ 恰好是某个函数 $u(x,y)$ 的全微分的问题,而且其证明也告诉我们可以取

$$u(x,y)=\int_{(x_0,y_0)}^{(x,y)}P(x,y)\mathrm{d}x+Q(x,y)\mathrm{d}y.$$

进一步,可以证明满足上述条件的全部 $u(x,y)$ 的表达式为

$$u(x,y)=\int_{(x_0,y_0)}^{(x,y)}P(x,y)\mathrm{d}x+Q(x,y)\mathrm{d}y+C,$$

其中 C 为任意常数.

例 7 验证表达式 $xy^2\mathrm{d}x+x^2y\mathrm{d}y$ 在整个 Oxy 平面内是某个函数 $u(x,y)$ 的全微分,并求这样的一个函数 $u(x,y)$.

解　显然 $P(x,y)=xy^2$，$Q(x,y)=x^2y$，易得等式

$$\frac{\partial P}{\partial y}=2xy=\frac{\partial Q}{\partial x}$$

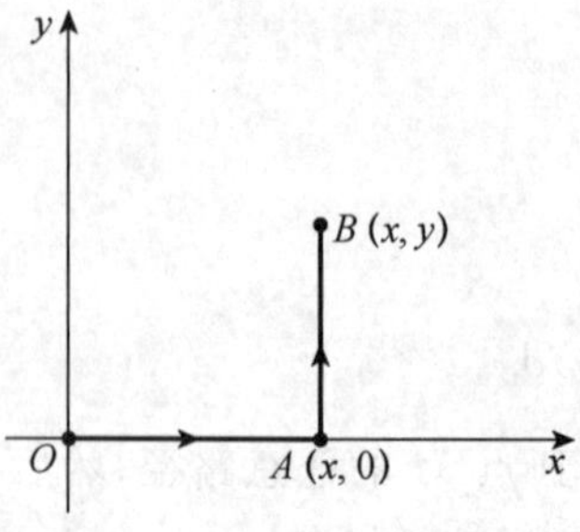

图　4-24

在整个 Oxy 平面内处处成立. 根据定理 3，$xy^2\mathrm{d}x+x^2y\mathrm{d}y$ 是某个函数 $u(x,y)$ 的全微分，且可取

$$u(x,y)=\int_{(0,0)}^{(x,y)}xy^2\mathrm{d}x+x^2y\mathrm{d}y.$$

选择积分的路径如图 4-24 所示，其中

$$\overline{OA}:\begin{cases}y=0,\\x:0\to x,\end{cases}\quad 则\ \mathrm{d}y=0;$$

$$\overline{AB}:\begin{cases}x=x(看作常数),\\y:0\to y,\end{cases}\quad 则\ \mathrm{d}x=0.$$

所以

$$\begin{aligned}u(x,y)&=\int_{(0,0)}^{(x,y)}xy^2\mathrm{d}x+x^2y\mathrm{d}y\\&=\int_{\overline{OA}}xy^2\mathrm{d}x+x^2y\mathrm{d}y+\int_{\overline{AB}}xy^2\mathrm{d}x+x^2y\mathrm{d}y\\&=\int_0^x x\cdot 0\mathrm{d}x+\int_0^y x^2y\mathrm{d}y=\int_0^y x^2y\mathrm{d}y=x^2\int_0^y y\mathrm{d}y\\&=x^2\cdot\left(\frac{1}{2}y^2\right)\Big|_0^y=\frac{1}{2}x^2y^2.\end{aligned}$$

由定理 2 及定理 3 可得如下推论：

推论 1　设开区域 D 为单连通区域，函数 $P(x,y)$，$Q(x,y)$ 在 D 内具有连续偏导数，L 为 D 内任意一条有向分段光滑曲线弧，则曲线积分 $\int_L P(x,y)\mathrm{d}x+Q(x,y)\mathrm{d}y$ 在 D 内与路径无关的充要条件是，在 D 内存在函数 $u(x,y)$，使得

$$\mathrm{d}u(x,y)=P(x,y)\mathrm{d}x+Q(x,y)\mathrm{d}y.$$

习　题　4-3

1. 把下列曲线积分化为相应的二重积分，其中 L 是平面有界闭区域 D 的正向边界：

(1) $\oint_L(1-x^2)y\mathrm{d}x+x(1+y^2)\mathrm{d}y$；

(2) $\oint_L(\mathrm{e}^{xy}+2x\cos y)\mathrm{d}x+(\mathrm{e}^{xy}-x^2\sin y)\mathrm{d}y$.

2. 用格林公式计算在下列曲线 L 上的曲线积分：

(1) $\oint_L(x+y)\mathrm{d}x-(x-y)\mathrm{d}y$，其中 L 为闭区域 $\frac{x^2}{a^2}+\frac{y^2}{b^2}\leqslant 1(a,b>0)$ 的边界，取正向；

(2) $\oint_L\mathrm{e}^x[(1-\cos y)\mathrm{d}x-(y-\sin y)\mathrm{d}y]$，其中 L 为闭区域 $0\leqslant x\leqslant\pi$，$0\leqslant y\leqslant\sin x$ 的边界，取正向.

3. 计算曲线积分 $\int_L(2xy+3x\mathrm{e}^x)\mathrm{d}x+(x^2-y\cos y)\mathrm{d}y$，其中 L 为抛物线 $y=1-(x-1)^2$

上从点 $O(0,0)$ 到点 $A(2,0)$ 的一段有向弧.

4. 验证下列曲线积分与路径无关,并计算其值:

(1) $\int_{(0,1)}^{(2,3)}(x+y)\mathrm{d}x+(x-y)\mathrm{d}y$;

(2) $\int_{(-1,-2)}^{(1,2)}(x^2+xy)\mathrm{d}x+\left(y^2+\dfrac{x^2}{2}\right)\mathrm{d}y$;

(3) $\int_{(3,4)}^{(5,2)}\dfrac{x\mathrm{d}x+y\mathrm{d}y}{x^2+y^2}$.

5. 判断曲线积分 $\int_{(1,2)}^{(3,4)}(6xy^2-y^3)\mathrm{d}x+(6x^2y-3xy^2)\mathrm{d}y$ 是否与路径无关,并计算此曲线积分.

6. 计算曲线积分 $\int_L(y^2+x\mathrm{e}^{2y})\mathrm{d}x+(x^2\mathrm{e}^{2y}+1)\mathrm{d}y$,其中 L 是圆 $(x-2)^2+y^2=4$ 上由点 $O(0,0)$ 到点 $A(4,0)$ 且在第一象限的一段有向弧.

7. 验证 $2xy\mathrm{d}x+x^2\mathrm{d}y$ 在整个 Oxy 平面内是某个函数 $u(x,y)$ 的全微分,并求这样的一个函数 $u(x,y)$.

8. 验证 $4\sin x\sin 3y\cos x\mathrm{d}x-3\cos 3y\cos 2x\mathrm{d}y$ 在整个 Oxy 平面内是某个函数 $u(x,y)$ 的全微分,并求这样的一个函数 $u(x,y)$.

§4 对面积的曲面积分

4.1 对面积的曲面积分的概念与性质

在实际中,与求质量分布不均匀的曲线形构件质量的问题类似,我们也会遇到求质量分布不均匀的曲面形构件质量的问题,即曲线弧 L 改为曲面 Σ,曲线弧 L 上的线密度 $\rho(x,y)$ 改为曲面 Σ 上的面密度 $\rho(x,y,z)$. 利用与求曲线形构件质量类似的处理方法,将曲面 Σ 分割成 n 小块:$\Delta S_1,\Delta S_2,\cdots,\Delta S_n$. 在第 i 块小曲面 $\Delta S_i(i=1,2,\cdots,n)$ 上任取一点 (ξ_i,η_i,ζ_i),做乘积 $\rho(\xi_i,\eta_i,\zeta_i)\Delta S_i$($\Delta S_i$ 在这里表示第 i 小块曲面的面积),再做和式 $\sum_{i=1}^{n}\rho(\xi_i,\eta_i,\zeta_i)\Delta S_i$,得曲面形构件质量的近似值. 令分割无限变细,即小块曲面 $\Delta S_1,\Delta S_2,\cdots,\Delta S_n$ 的直径(曲面的直径,是指曲面上任意两点间距离的最大值)的最大值 $\lambda\to 0$. 若上述和式的极限

$$\lim_{\lambda\to 0}\sum_{i=1}^{n}\rho(\xi_i,\eta_i,\zeta_i)\Delta S_i \tag{1}$$

存在,则定义此极限值为该曲面形构件的质量.

形如(1)式的和式极限在其他问题中也会遇到. 抽去它们的物理意义,可引入下面对面积的曲面积分的定义.

定义 1 设 Σ 是一块光滑曲面(光滑曲面,是指曲面上各点处都有切平面,且当点在曲面上连续移动时,切平面也在连续移动),函数 $f(x,y,z)$ 在 Σ 上有界. 把 Σ 任意分割成 n 块小曲面:$\Delta S_1,\Delta S_2,\cdots,\Delta S_n$($\Delta S_i$ 既表示第 i 块小曲面,同时又代表这块小曲面的面积). 在第 i 块小曲面 $\Delta S_i(i=1,2,\cdots,n)$ 上任取一点 (ξ_i,η_i,ζ_i),做乘积 $f(\xi_i,\eta_i,\zeta_i)\Delta S_i$,并做和式

$$\sum_{i=1}^{n}f(\xi_i,\eta_i,\zeta_i)\Delta S_i.$$

如果当这些小曲面的直径的最大值 $\lambda\to 0$ 时,这个和式的极限存在,则称此极限值为函数 $f(x,y,z)$ 在 Σ 上**对面积的曲面积分**或**第一类曲面积分**(简称**曲面积分**),记作 $\iint\limits_{\Sigma} f(x,y,z)\mathrm{d}S$,即

$$\iint\limits_{\Sigma} f(x,y,z)\mathrm{d}S=\lim_{\lambda\to 0}\sum_{i=1}^{n} f(\xi_i,\eta_i,\zeta_i)\Delta S_i, \tag{2}$$

其中 $f(x,y,z)$ 叫作**被积函数**,Σ 叫作**积分曲面**.

可以证明,若 $f(x,y,z)$ 在 Σ 上连续,则对面积的曲面积分(2)是存在的. 今后我们总是假设 $f(x,y,z)$ 在 Σ 上连续.

如果 Σ 是分片光滑曲面①,我们规定函数 $f(x,y,z)$ 在 Σ 上对面积的曲面积分等于该函数在各块光滑曲面上对面积的曲面积分之和. 例如,设 Σ 可以分成两块光滑曲面 Σ_1,Σ_2(记作 $\Sigma=\Sigma_1+\Sigma_2$),则规定

$$\iint\limits_{\Sigma} f(x,y,z)\mathrm{d}S=\iint\limits_{\Sigma_1} f(x,y,z)\mathrm{d}S+\iint\limits_{\Sigma_2} f(x,y,z)\mathrm{d}S.$$

因此,今后我们也可以在分片光滑曲面上讨论对面积的曲面积分.

与对弧长的曲线积分类似,对面积的曲面积分有下列**性质**(假设所讨论的曲面积分存在):

1) $\iint\limits_{\Sigma}(f(x,y,z)\pm g(x,y,z))\mathrm{d}S=\iint\limits_{\Sigma} f(x,y,z)\mathrm{d}S\pm\iint\limits_{\Sigma} g(x,y,z)\mathrm{d}S.$

2) 如果 k 为常数,则

$$\iint\limits_{\Sigma} kf(x,y,z)\mathrm{d}S=k\iint\limits_{\Sigma} f(x,y,z)\mathrm{d}S.$$

注 由性质 1),2)容易看出,如果 k_1,k_2 是常数,则有

$$\iint\limits_{\Sigma}(k_1f(x,y,z)+k_2g(x,y,z))\mathrm{d}S=k_1\iint\limits_{\Sigma} f(x,y,z)\mathrm{d}S+k_2\iint\limits_{\Sigma} g(x,y,z)\mathrm{d}S.$$

我们称这个性质为曲面积分的**线性性质**. 此性质可以推广到被积函数是有限个函数线性组合的情形.

3) 若积分曲面 Σ 被分成两块曲面 Σ_1,Σ_2(记为 $\Sigma=\Sigma_1+\Sigma_2$),则有

$$\iint\limits_{\Sigma} f(x,y,z)\mathrm{d}S=\iint\limits_{\Sigma_1} f(x,y,z)\mathrm{d}S+\iint\limits_{\Sigma_2} f(x,y,z)\mathrm{d}S.$$

注 性质 3)可以推广到积分曲面分成有限块曲面的情形.

4) $\iint\limits_{\Sigma}\mathrm{d}S=|\Sigma|$,其中 $|\Sigma|$ 为积分曲面 Σ 的面积.

4.2 对面积的曲面积分的计算

设积分曲面 Σ 由方程 $z=z(x,y)$ 确定,Σ 在 Oxy 平面上的投影区域为 D_{xy},函数 $z(x,y)$ 在 D_{xy} 上具有连续偏导数,被积函数 $f(x,y,z)$ 在 Σ 上连续. 注意,在曲面积分 $\iint\limits_{\Sigma} f(x,y,z)\mathrm{d}S$ 中,点 (x,y,z) 在积分曲面 Σ 上,所以它满足 Σ 的方程,即 $z=z(x,y)$;$\mathrm{d}S$ 是由小曲面 ΔS_i 的面积转化来的,由第三章 §3 中的公式(1)可知 Σ 的面积元素为

① 分片光滑曲面,是指由有限块光滑曲面所组成的曲面. 以后我们总假定曲面是光滑或分片光滑的.

$$dS=\sqrt{1+\left(\frac{\partial z}{\partial x}\right)^2+\left(\frac{\partial z}{\partial y}\right)^2}\,dx\,dy.$$

于是,有下面的计算公式:

$$\iint_{\Sigma} f(x,y,z)\,dS=\iint_{D_{xy}} f(x,y,z(x,y))\sqrt{1+\left(\frac{\partial z}{\partial x}\right)^2+\left(\frac{\partial z}{\partial y}\right)^2}\,dx\,dy.$$

例 1 计算曲面积分 $\iint_{\Sigma}\sqrt{R^2-x^2-y^2}\,dS$,其中 Σ 为球心在原点,半径为 R 的上半球面.

解 Σ 的方程为 $z=\sqrt{R^2-x^2-y^2}$,Σ 在 Oxy 平面上的投影区域为圆形闭区域 D:$x^2+y^2\leqslant R^2$. 又因为

$$\frac{\partial z}{\partial x}=\frac{-x}{\sqrt{R^2-x^2-y^2}},\quad \frac{\partial z}{\partial y}=\frac{-y}{\sqrt{R^2-x^2-y^2}},$$

$$\sqrt{1+\left(\frac{\partial z}{\partial x}\right)^2+\left(\frac{\partial z}{\partial y}\right)^2}=\sqrt{1+\frac{x^2+y^2}{R^2-x^2-y^2}}=\frac{R}{\sqrt{R^2-x^2-y^2}},$$

所以

$$\begin{aligned}\iint_{\Sigma}\sqrt{R^2-x^2-y^2}\,dS&=\iint_{D}\sqrt{R^2-x^2-y^2}\sqrt{1+\left(\frac{\partial z}{\partial x}\right)^2+\left(\frac{\partial z}{\partial y}\right)^2}\,dx\,dy\\&=\iint_{D}R\,dx\,dy=\pi R^3.\end{aligned}$$

例 2 计算曲面积分 $I=\iint_{\Sigma}\left(z+2x+\frac{4}{3}y\right)dS$,其中 Σ 是平面 $\frac{x}{2}+\frac{y}{3}+\frac{z}{4}=1$ 在第一卦限的部分(图 4-25).

解 Σ 在 Oxy 平面上的投影区域 D 为 Oxy 平面上由 x 轴、y 轴和经过两点 $(2,0,0)$,$(0,3,0)$ 的直线所围成的三角形闭区域(图 4-25). 又因为 Σ 的方程为

$$\frac{x}{2}+\frac{y}{3}+\frac{z}{4}=1\quad(0\leqslant x\leqslant 2,0\leqslant y\leqslant 3),$$

即

$$z=4-2x-\frac{4}{3}y\quad(0\leqslant x\leqslant 2,0\leqslant y\leqslant 3),$$

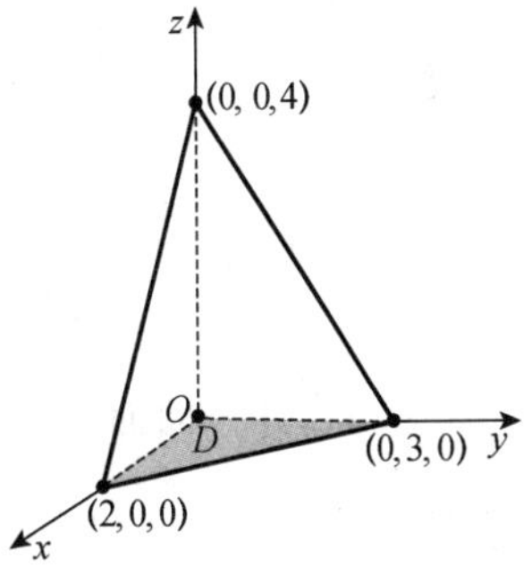

图 4-25

所以

$$\frac{\partial z}{\partial x}=-2,\quad \frac{\partial z}{\partial y}=-\frac{4}{3},\quad z+2x+\frac{4}{3}y=4,$$

从而

$$dS=\sqrt{1+\left(\frac{\partial z}{\partial x}\right)^2+\left(\frac{\partial z}{\partial y}\right)^2}\,dx\,dy=\sqrt{1+(-2)^2+\left(-\frac{4}{3}\right)^2}\,dx\,dy=\frac{\sqrt{61}}{3}dx\,dy,$$

于是

$$I=\iint_{D}4\cdot\frac{\sqrt{61}}{3}dx\,dy=\frac{4}{3}\sqrt{61}\iint_{D}dx\,dy=\frac{4}{3}\sqrt{61}\,|D|=4\sqrt{61},$$

其中$|D|$表示 D 的面积(D 为直角三角形闭区域,故$|D|=3$).

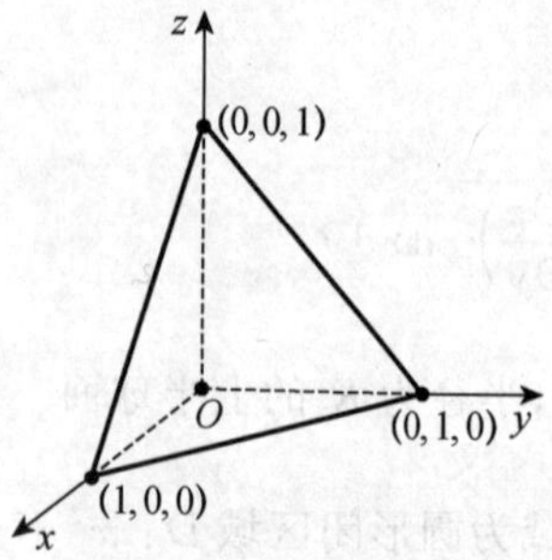

图 4-26

例 3 计算曲面积分 $\oiint\limits_{\Sigma} xyz\,\mathrm{d}S$ ①,其中 Σ 是由平面 $x=0$, $y=0$, $z=0$ 及 $x+y+z=1$ 所围成四面体的表面(图 4-26).

解 将积分曲面 Σ 在平面 $x=0$, $y=0$, $z=0$ 及 $x+y+z=1$ 上的部分依次记为 Σ_1, Σ_2, Σ_3, Σ_4,于是

$$\oiint\limits_{\Sigma} xyz\,\mathrm{d}S=\iint\limits_{\Sigma_1} xyz\,\mathrm{d}S+\iint\limits_{\Sigma_2} xyz\,\mathrm{d}S+\iint\limits_{\Sigma_3} xyz\,\mathrm{d}S+\iint\limits_{\Sigma_4} xyz\,\mathrm{d}S.$$

在 Σ_1, Σ_2, Σ_3 上,均有 $xyz=0$,所以

$$\iint\limits_{\Sigma_1} xyz\,\mathrm{d}S=\iint\limits_{\Sigma_2} xyz\,\mathrm{d}S=\iint\limits_{\Sigma_3} xyz\,\mathrm{d}S=0.$$

在 Σ_4 上,$z=1-x-y$,所以在其上有

$$\mathrm{d}S=\sqrt{1+z_x^2+z_y^2}\,\mathrm{d}x\,\mathrm{d}y=\sqrt{1+(-1)^2+(-1)^2}\,\mathrm{d}x\,\mathrm{d}y=\sqrt{3}\,\mathrm{d}x\,\mathrm{d}y.$$

设 D_{xy} 是Σ_4 在 Oxy 平面上的投影区域,它是曲直线 $x=0$, $y=0$ 及 $x+y=1$ 所围成的三角形闭区域,因此

$$\begin{aligned}\oiint\limits_{\Sigma} xyz\,\mathrm{d}S&=\iint\limits_{\Sigma_4} xyz\,\mathrm{d}S=\iint\limits_{D_{xy}} xy(1-x-y)\cdot\sqrt{3}\,\mathrm{d}x\,\mathrm{d}y\\&=\sqrt{3}\int_0^1 x\,\mathrm{d}x\int_0^{1-x} y(1-x-y)\,\mathrm{d}y\\&=\sqrt{3}\int_0^1 x\left[\frac{1}{2}y^2(1-x)-\frac{1}{3}y^3\right]\Bigg|_0^{1-x}\mathrm{d}x\\&=\sqrt{3}\int_0^1 x\cdot\frac{1}{6}(1-x)^3\,\mathrm{d}x\\&=\frac{\sqrt{3}}{6}\int_0^1(x-3x^2+3x^3-x^4)\,\mathrm{d}x\\&=\frac{\sqrt{3}}{6}\cdot\frac{1}{20}=\frac{\sqrt{3}}{120}.\end{aligned}$$

例 4 计算曲面积分 $I=\iint\limits_{\Sigma}(x^2+y^2+z^2)^2\,\mathrm{d}S$,其中 Σ 是以原点为球心,R 为半径的上半球面.

解 Σ 的方程为 $x^2+y^2+z^2=R^2\,(z\geqslant 0)$,所以

$$\begin{aligned}I&=\iint\limits_{\Sigma} R^4\,\mathrm{d}S=R^4\iint\limits_{\Sigma}\mathrm{d}S\\&=R^4\cdot 2\pi R^2\quad\Big(\text{因}\iint\limits_{\Sigma}\mathrm{d}S\text{ 等于曲面 }\Sigma\text{ 的面积}\Big)\\&=2\pi R^6.\end{aligned}$$

---

① 符号"$\oiint\limits_{\Sigma}$"表示积分曲面 Σ 为闭曲面.

例5 计算曲面积分 $I=\iint\limits_{\Sigma}(x+y+z)\mathrm{d}S$，其中 Σ 为平面 $y+z=5$ 被圆柱面 $x^2+y^2=25$ 所截得含于圆柱面内的部分[图4-27(a)].

解 依题意，Σ 的方程为 $z=5-y\ (x^2+y^2\leqslant 25)$，$\Sigma$ 在 Oxy 平面上的投影区域为圆形闭区域 D：$x^2+y^2\leqslant 25$，如图4-27(b)所示.

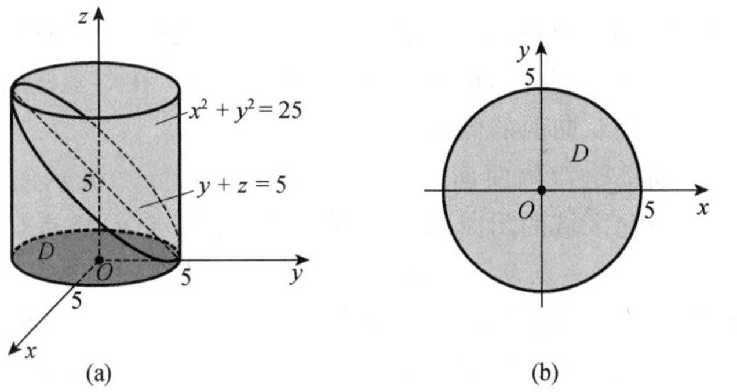

图 4-27

又因为

$$\frac{\partial z}{\partial x}=0,\quad \frac{\partial z}{\partial y}=-1,$$

所以曲面 Σ 的面积元素为

$$\mathrm{d}S=\sqrt{1+\left(\frac{\partial z}{\partial x}\right)^2+\left(\frac{\partial z}{\partial y}\right)^2}\,\mathrm{d}x\mathrm{d}y=\sqrt{1+0+(-1)^2}\,\mathrm{d}x\mathrm{d}y=\sqrt{2}\,\mathrm{d}x\mathrm{d}y.$$

故

$$I=\iint\limits_{\Sigma}(x+y+z)\mathrm{d}S=\sqrt{2}\iint\limits_{D}(x+5)\mathrm{d}x\mathrm{d}y=\sqrt{2}\iint\limits_{D}x\mathrm{d}x\mathrm{d}y+\sqrt{2}\iint\limits_{D}5\mathrm{d}x\mathrm{d}y$$

$$=0+\sqrt{2}\iint\limits_{D}5\mathrm{d}x\mathrm{d}y=125\sqrt{2}\pi.$$

习　题　4-4

1. 计算曲面积分 $\iint\limits_{\Sigma}\sqrt{1-x^2-y^2}\,\mathrm{d}S$，其中 Σ 为球心在原点，半径为1的下半球面.

2. 计算曲面积分 $\iint\limits_{\Sigma}(6x+4y+3z)\mathrm{d}S$，其中 Σ 为平面 $\frac{x}{2}+\frac{y}{3}+\frac{z}{4}=1$ 在第一卦限的部分.

3. 求曲面积分 $\iint\limits_{\Sigma}(x^2+y^2-z^2-1)\mathrm{d}S$，其中 Σ 是锥面 $z=\sqrt{x^2+y^2}$ 中 $0\leqslant z\leqslant 1$ 的部分.

4. 计算曲面积分 $\iint\limits_{\Sigma}z^2\mathrm{d}S$，其中 Σ 是柱面 $x^2+y^2=4$ 介于平面 $z=0$，$z=3$ 之间的部分.

5. 设抛物面壳 Σ：$z=\frac{1}{2}(x^2+y^2)\ (0\leqslant z\leqslant 1)$ 上任意一点 $M(x,y,z)$ 处的面密度为 $\mu(x,y,z)=z$，求此抛物面壳的质量.

§5　对坐标的曲面积分

5.1　对坐标的曲面积分的概念与性质

与对弧长的曲线积分类似，我们引入了对面积的曲面积分. 自然想到，与对坐标的曲线积分类似，也可以引入对坐标的曲面积分. 这也是诸如求流体通过某一曲面的流量等许多实际问题所需要的. 在对坐标的曲线积分中，积分弧段是有向曲线弧. 在对坐标的曲面积分中，积分曲面也应是有向的. 为此，首先对曲面的侧做一些说明.

通常我们遇到的曲面都是双侧曲面. 例如，方程 $z=z(x,y)$ 表示的曲面有上侧、下侧之分；又如，一个包围某一空间区域的闭曲面有外侧、内侧之分. 它们都是双侧曲面的例子. 一般地，任意取定光滑曲面 S 上的一点 M_0，并取定 S 在点 M_0 处法向量的一个朝向，让动点 M 从点 M_0 出发沿 S 上任何一条不越过 S 边界的闭曲线运动，同时让点 M 的法向量连续地变化，若动点 M 回到点 M_0 时，法向量的朝向与出发时相同，则称 S 是**双侧**的；否则，称 S 是**单侧**的. 事实上，确实存在单侧曲面. 如图 4-28(a)所示的一条带子，带子的两端分别是两条线段 AB 和 $A'B'$，它是一个双侧曲面. 将它的一侧涂上灰色，另一侧涂上白色，以此来区别它的两侧. 现将带子的两端对接起来. 若带子的两端按照 A 与 A'，B 与 B' 的方式对接，得到的仍是一个双侧曲面[图 4-28(b)]. 但是，若先扭转带子，然后按照 A 与 B'，B 与 A' 的方式对接，则灰、白两侧在对接处很自然地连接起来[图 4-28(c)]，这时的曲面是一个单侧曲面，它就是著名的默比乌斯(Möbius)带.

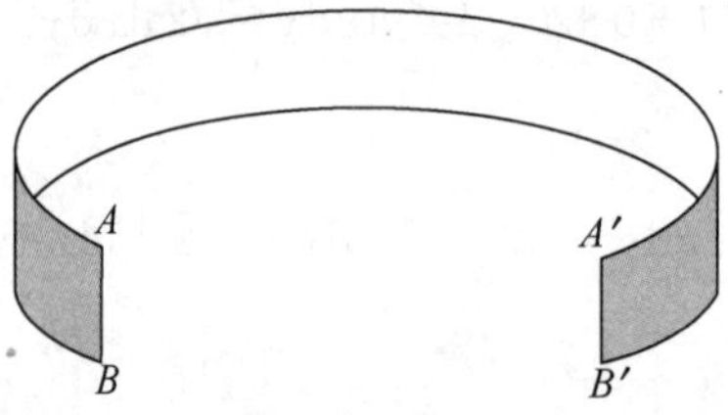

(a)

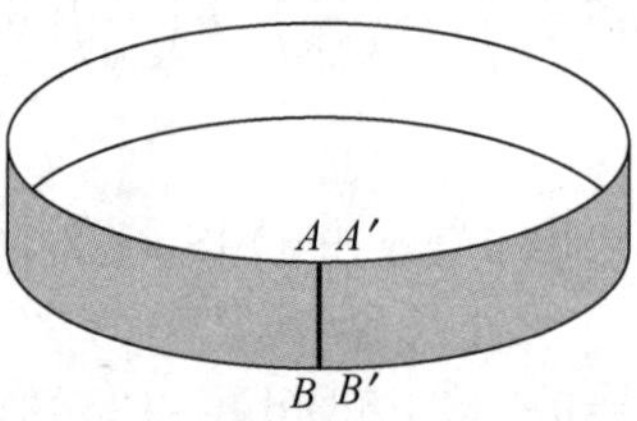

(b)

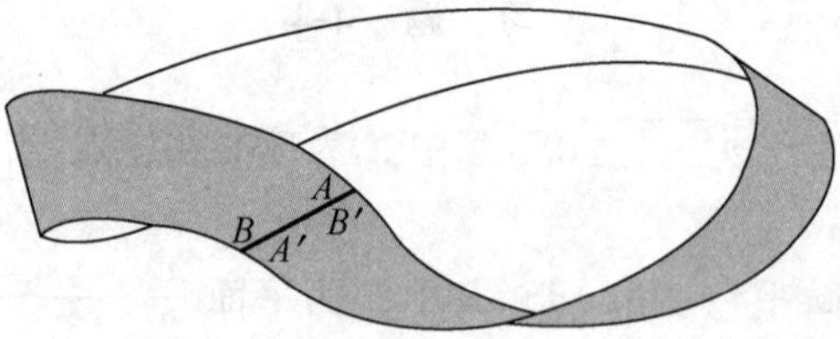

(c)

图　4-28

今后我们所涉及的曲面都指双侧曲面. 对于双侧曲面，其上每一点处的法向量都有两个彼此相反的方向. 如果规定其中一个方向为正向，这样曲面上的点连同其指定的法向量正向就确定了曲面的一侧. 例如，对由方程 $z=f(x,y)$ 所确定的曲面，如果规定其法向量与 z 轴正向夹角为锐角，这就确定了该曲面的上侧；反之，若规定其法向量与 z 轴正向夹角为钝角，就确定了该曲面的下侧. 确定了侧的曲面就是**有向曲面**.

设稳定且不可压缩的流体(假定其密度为1)的流速由

$$\boldsymbol{v}(x,y,z)=P(x,y,z)\boldsymbol{i}+Q(x,y,z)\boldsymbol{j}+R(x,y,z)\boldsymbol{k}$$

确定,Σ 是一块有向曲面,函数 $P(x,y,z)$,$Q(x,y,z)$,$R(x,y,z)$ 都在 Σ 上连续.在单位时间内流向 Σ 指定侧的流体的质量称为流向 Σ 定侧的**流量**,记为 Φ.下面讨论流量 Φ 的求法.

首先分析简单情况,如果曲面 Σ 是空间的一个平面闭区域 A(其面积仍记为 A),设

$$\boldsymbol{n}=\boldsymbol{i}\cos\alpha+\boldsymbol{j}\cos\beta+\boldsymbol{k}\cos\gamma$$

为该平面区域指定侧的单位法向量,且流体在该平面区域各点处的流速 $\boldsymbol{v}$ 是一个常向量:$\boldsymbol{v}=P\boldsymbol{i}+Q\boldsymbol{j}+R\boldsymbol{k}$(图4-29).那么,当 $\boldsymbol{v}$ 与 $\boldsymbol{n}$ 垂直时,在单位时间内通过 A 流向 $\boldsymbol{n}$ 指定侧的流量 Φ 为零;当 $\boldsymbol{v}$ 与 $\boldsymbol{n}$ 不垂直时,单位时间内通过 A 流向 $\boldsymbol{n}$ 指定侧的流体体积恰是以 A 为底,$\boldsymbol{v}$ 为斜高的斜柱体体积(图4-30).因为假定流体的密度为1,所以通过 A 流向 $\boldsymbol{n}$ 指定侧的流量绝对值等于上述斜柱体的体积,即为 $A|\boldsymbol{v}||\cos\theta|$,其中 θ 为 $\boldsymbol{v}$ 与 $\boldsymbol{n}$ 的夹角.当 θ 为锐角时,流量 $\Phi>0$;当 θ 为钝角时,流量 $\Phi<0$.综合 θ 为直角、锐角、钝角三种情况,流体通过 A 流向 $\boldsymbol{n}$ 指定侧的流量为

$$\Phi=A(\boldsymbol{v}\cdot\boldsymbol{n})=(P\cos\alpha+Q\cos\beta+R\cos\gamma)A.$$

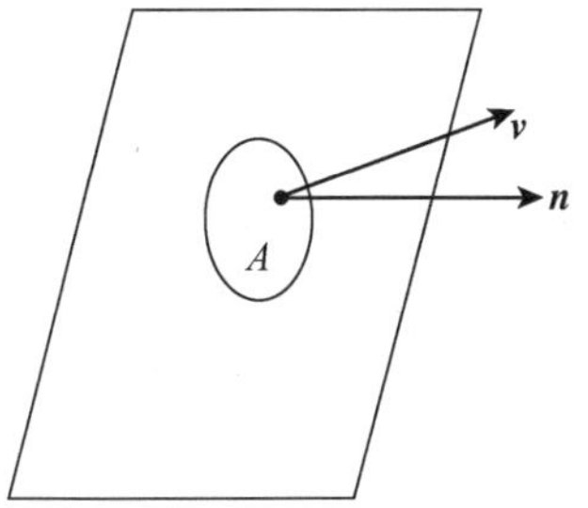

图 4-29

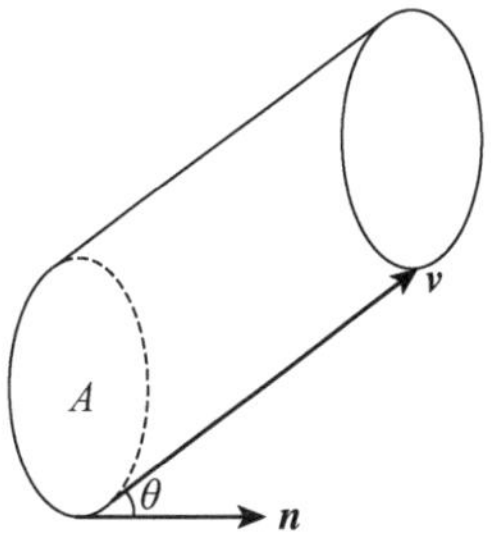

图 4-30

令 $\sigma_{xy}=A\cos\gamma$,容易看出 σ_{xy} 的绝对值就等于 A 在 Oxy 平面上的投影区域面积.当 γ 为锐角时,$\sigma_{xy}>0$;当 γ 为直角时,$\sigma_{xy}=0$;当 γ 为钝角时,$\sigma_{xy}<0$.类似地,可以讨论

$$\sigma_{yz}=A\cos\alpha,\quad \sigma_{zx}=A\cos\beta.$$

于是

$$\Phi=P\sigma_{yz}+Q\sigma_{zx}+R\sigma_{xy}.$$

对于一般情况,我们所考虑的不是平面区域,而是一块曲面,其上各点处的单位法向量是变化的,且流速 $\boldsymbol{v}$ 也不是常向量而是随点的变化而变化的.因此,不能直接应用上面的方法计算.我们又一次遇到了"变与不变"的矛盾,自然想到利用各类积分问题中一再使用过的处理方法.

把曲面 Σ 分割成 n 小块:$\Delta S_1,\Delta S_2,\cdots,\Delta S_n$($\Delta S_i$ 既表示第 i 块小曲面,同时又表示这块小曲面的面积).在 Σ 光滑和流速 $\boldsymbol{v}$ 连续(函数 $P(x,y,z)$,$Q(x,y,z)$,$R(x,y,z)$ 都在 Σ 上连续)的条件下,在 ΔS_i 上任取一点 (ξ_i,η_i,ζ_i),用这点处的单位法向量

$$\boldsymbol{n}_i=\boldsymbol{i}\cos\alpha_i+\boldsymbol{j}\cos\beta_i+\boldsymbol{k}\cos\gamma_i$$

近似代替 ΔS_i 上各点处的单位法向量,用点 (ξ_i,η_i,ζ_i) 处的流速

$$\boldsymbol{v}_i(\xi_i,\eta_i,\zeta_i)=P(\xi_i,\eta_i,\zeta_i)\boldsymbol{i}+Q(\xi_i,\eta_i,\zeta_i)\boldsymbol{j}+R(\xi_i,\eta_i,\zeta_i)\boldsymbol{k}$$

近似代替 ΔS_i 上各点处的流速(图4-31),从而得到通过 ΔS_i 流向指定侧的流量 $\Delta\Phi_i$ 的近

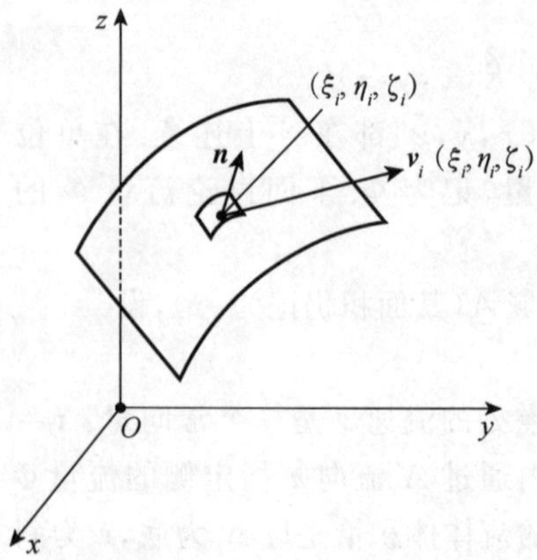

图 4-31

似值：

$$\Delta\Phi_i\approx(\boldsymbol{v}_i\cdot\boldsymbol{n}_i)\Delta S_i\quad(i=1,2,\cdots,n).$$

于是，通过 Σ 流向指定侧的流量的近似值为

$$\begin{aligned}\sum_{i=1}^{n}(\boldsymbol{v}_i\cdot\boldsymbol{n}_i)\Delta S_i&=\sum_{i=1}^{n}(P(\xi_i,\eta_i,\zeta_i)\cos\alpha_i\\&\quad+Q(\xi_i,\eta_i,\zeta_i)\cos\beta_i\\&\quad+R(\xi_i,\eta_i,\zeta_i)\cos\gamma_i)\Delta S_i\\&\overset{\text{记为}}{=\!=}\sum_{i=1}^{n}(P(\xi_i,\eta_i,\zeta_i)(\sigma_i)_{yz}\\&\quad+Q(\xi_i,\eta_i,\zeta_i)(\sigma_i)_{zx}\\&\quad+R(\xi_i,\eta_i,\zeta_i)(\sigma_i)_{xy}).\end{aligned}$$

为了使近似值转化为精确值，令所有 ΔS_i 的直径的最大值 $\lambda\to0$. 若上述和式的极限存在，则定义此极限值为通过 Σ 流向指定侧的流量.

上述这样的和式极限还会在其他问题中遇到，抽去它们的物理意义，就得出下面的对坐标的曲面积分的定义.

定义 1 设 Σ 为一块有向光滑曲面，函数 $R(x,y,z)$ 在 Σ 上有界. 把 Σ 任意分割成 n 块小曲面：$\Delta S_1,\Delta S_2,\cdots,\Delta S_n$($\Delta S_i$ 既表示第 i 块小曲面，又表示这块小曲面的面积). 设(ξ_i,η_i,ζ_i) $(i=1,2,\cdots,n)$是在小曲面 ΔS_i 上任取的一点，$\cos\alpha_i,\cos\beta_i,\cos\gamma_i$ 为 ΔS_i 在点(ξ_i,η_i,ζ_i)处的单位法向量 $\boldsymbol{n}_i$ 的方向余弦，记$(\sigma_i)_{xy}=\cos\gamma_i\Delta S_i$(注意$(\sigma_i)_{xy}$ 的绝对值等于 ΔS_i 在 Oxy 平面上的投影区域面积，其符号的正、负由 γ_i 为锐角或钝角而定). 如果所有 ΔS_i 的直径的最大值 $\lambda\to0$ 时，极限

$$\lim_{\lambda\to0}\sum_{i=1}^{n}R(\xi_i,\eta_i,\zeta_i)(\sigma_i)_{xy}$$

存在，则称此极限值为函数 $R(x,y,z)$ 在 Σ 上**对坐标 x,y 的曲面积分**，记作 $\iint\limits_{\Sigma}R(x,y,z)\mathrm{d}x\mathrm{d}y$，即

$$\iint\limits_{\Sigma}R(x,y,z)\mathrm{d}x\mathrm{d}y=\lim_{\lambda\to0}\sum_{i=1}^{n}R(\xi_i,\eta_i,\zeta_i)(\sigma_i)_{xy},$$

其中 $R(x,y,z)$ 叫作**被积函数**，Σ 叫作**积分曲面**.

类似地，可以定义函数 $P(x,y,z)$ 在有向光滑曲面 Σ 上**对坐标 y,z 的曲面积分** $\iint\limits_{\Sigma}P(x,y,z)\mathrm{d}y\mathrm{d}z$ 以及函数 $Q(x,y,z)$ 在 Σ 上**对坐标 z,x 的曲面积分** $\iint\limits_{\Sigma}Q(x,y,z)\mathrm{d}z\mathrm{d}x$，它们分别为

$$\iint\limits_{\Sigma}P(x,y,z)\mathrm{d}y\mathrm{d}z=\lim_{\lambda\to0}\sum_{i=1}^{n}P(\xi_i,\eta_i,\zeta_i)(\sigma_i)_{yz},$$

$$\iint\limits_{\Sigma}Q(x,y,z)\mathrm{d}z\mathrm{d}x=\lim_{\lambda\to0}\sum_{i=1}^{n}Q(\xi_i,\eta_i,\zeta_i)(\sigma_i)_{zx},$$

其中

$$(\sigma_i)_{yz}=\cos\alpha_i\Delta S_i,\quad(\sigma_i)_{zx}=\cos\beta_i\Delta S_i.$$

以上三个曲面积分也称为**第二类曲面积分**(简称曲面积分).

可以证明，当函数 $P(x,y,z)$，$Q(x,y,z)$，$R(x,y,z)$ 在有向光滑曲面 Σ 上连续时，上述三个对坐标的曲面积分都存在. 以后总假定 $P(x,y,z)$，$Q(x,y,z)$，$R(x,y,z)$ 在 Σ 上连续.

在应用上出现较多的是上述三个曲面积分之和

$$\iint_{\Sigma} P(x,y,z)\mathrm{d}y\mathrm{d}z+\iint_{\Sigma} Q(x,y,z)\mathrm{d}z\mathrm{d}x+\iint_{\Sigma} R(x,y,z)\mathrm{d}x\mathrm{d}y,$$

通常将其简记为

$$\iint_{\Sigma} P(x,y,z)\mathrm{d}y\mathrm{d}z+Q(x,y,z)\mathrm{d}z\mathrm{d}x+R(x,y,z)\mathrm{d}x\mathrm{d}y.$$

如果 Σ 是有向分片光滑曲面，我们规定函数在 Σ 上对坐标的曲面积分等于函数在各块光滑曲面上对坐标的曲面积分之和.

对坐标的曲面积分具有与对坐标的曲线积分类似的一些**性质**. 例如：

如果把积分曲面 Σ 分成 Σ_1，Σ_2 两部分，则

$$\begin{aligned}&\iint_{\Sigma} P(x,y,z)\mathrm{d}y\mathrm{d}z+Q(x,y,z)\mathrm{d}z\mathrm{d}x+R(x,y,z)\mathrm{d}x\mathrm{d}y\\&=\iint_{\Sigma_1} P(x,y,z)\mathrm{d}y\mathrm{d}z+Q(x,y,z)\mathrm{d}z\mathrm{d}x+R(x,y,z)\mathrm{d}x\mathrm{d}y\\&\quad+\iint_{\Sigma_2} P(x,y,z)\mathrm{d}y\mathrm{d}z+Q(x,y,z)\mathrm{d}z\mathrm{d}x+R(x,y,z)\mathrm{d}x\mathrm{d}y.\end{aligned}$$

值得注意的是，如果用 $-\Sigma$ 表示取与 Σ 相反侧的有向曲面，则

$$\iint_{-\Sigma} P(x,y,z)\mathrm{d}y\mathrm{d}z=-\iint_{\Sigma} P(x,y,z)\mathrm{d}y\mathrm{d}z,$$

$$\iint_{-\Sigma} Q(x,y,z)\mathrm{d}z\mathrm{d}x=-\iint_{\Sigma} Q(x,y,z)\mathrm{d}z\mathrm{d}x,$$

$$\iint_{-\Sigma} R(x,y,z)\mathrm{d}x\mathrm{d}y=-\iint_{\Sigma} R(x,y,z)\mathrm{d}x\mathrm{d}y.$$

所以，特别要强调的是，对坐标的曲面积分必须注意积分曲面所取的侧.

5.2 对坐标的曲面积分的计算

对坐标的曲面积分通常都要化为二重积分来计算，这里不加论证地直接给出计算公式.

(1) 设有向光滑曲面 Σ 由方程 $z=z(x,y)$ 给出，它在 Oxy 平面上的投影区域为 D_{xy}，其法向量与 z 轴的夹角为 γ，函数 $R(x,y,z)$ 在 Σ 上连续，则

$$\iint_{\Sigma} R(x,y,z)\mathrm{d}x\mathrm{d}y=\begin{cases}\iint_{D_{xy}} R(x,y,z(x,y))\mathrm{d}x\mathrm{d}y, & \text{若在 }\Sigma\text{ 上恒有 }0\leqslant\gamma<\dfrac{\pi}{2}\text{(上侧)},\\ -\iint_{D_{xy}} R(x,y,z(x,y))\mathrm{d}x\mathrm{d}y, & \text{若在 }\Sigma\text{ 上恒有 }\dfrac{\pi}{2}<\gamma\leqslant\pi\text{(下侧)},\\ 0, & \text{若在 }\Sigma\text{ 上恒有 }\gamma=\dfrac{\pi}{2};\end{cases}$$

(2) 设有向光滑曲面 Σ 由方程 $y=y(z,x)$ 给出，它在 Ozx 平面上的投影区域为 D_{zx}，其法向量与 y 轴的夹角为 β，函数 $Q(x,y,z)$ 在 Σ 上连续，则

$$\iint\limits_{\Sigma} Q(x,y,z)\mathrm{d}z\mathrm{d}x=\begin{cases}\iint\limits_{D_{zx}} Q(x,y(z,x),z)\mathrm{d}z\mathrm{d}x, & \text{若在 } \Sigma \text{ 上恒有 } 0\leqslant\beta<\dfrac{\pi}{2}(\text{右侧}),\\ -\iint\limits_{D_{zx}} Q(x,y(z,x),z)\mathrm{d}z\mathrm{d}x, & \text{若在 } \Sigma \text{ 上恒有 } \dfrac{\pi}{2}<\beta\leqslant\pi(\text{左侧}),\\ 0, & \text{若在 } \Sigma \text{ 上恒有 } \beta=\dfrac{\pi}{2};\end{cases}$$

(3) 设有向光滑曲面 Σ 由方程 $x=x(y,z)$ 给出,它在 Oyz 平面上的投影区域为 D_{yz},其法向量与 x 轴的夹角为 α,函数 $P(x,y,z)$ 在 Σ 上连续,则

$$\iint\limits_{\Sigma} P(x,y,z)\mathrm{d}y\mathrm{d}z=\begin{cases}\iint\limits_{D_{yz}} P(x(y,z),y,z)\mathrm{d}y\mathrm{d}z, & \text{若在 } \Sigma \text{ 上恒有 } 0\leqslant\alpha<\dfrac{\pi}{2}(\text{前侧}),\\ -\iint\limits_{D_{yz}} P(x(y,z),y,z)\mathrm{d}y\mathrm{d}z, & \text{若在 } \Sigma \text{ 上恒有 } \dfrac{\pi}{2}<\alpha\leqslant\pi(\text{后侧}),\\ 0, & \text{若在 } \Sigma \text{ 上恒有 } \alpha=\dfrac{\pi}{2}.\end{cases}$$

例 1 求曲面积分 $I=\iint\limits_{\Sigma} y\mathrm{e}^{x^2}\mathrm{d}z\mathrm{d}x+xyz\mathrm{d}x\mathrm{d}y$,其中 Σ 是柱面 $x^2+z^2=a^2(a>0)$ 在第一和第五卦限内被平面 $y=0$ 及 $y=h(h>0)$ 所截下部分的外侧(图 4-32).

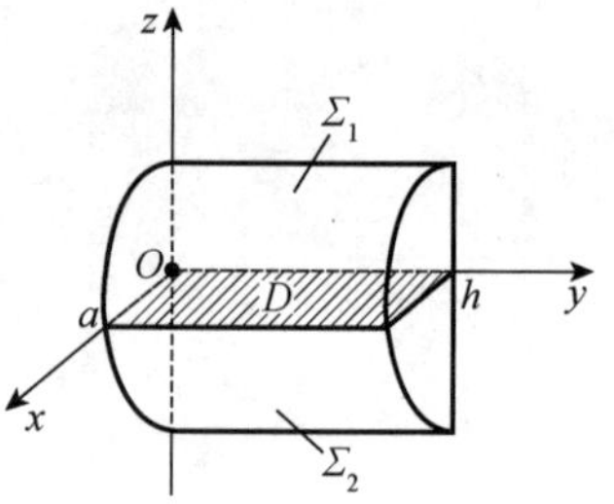

图 4-32

解 $I=\iint\limits_{\Sigma} y\mathrm{e}^{x^2}\mathrm{d}z\mathrm{d}x+\iint\limits_{\Sigma} xyz\mathrm{d}x\mathrm{d}y \xlongequal{\text{记为}} I_1+I_2$.

先计算 $I_1=\iint\limits_{\Sigma} y\mathrm{e}^{x^2}\mathrm{d}z\mathrm{d}x$. 因 Σ 是母线平行于 y 轴的柱面,它的法向量总是垂直于 y 轴,即法向量与 y 轴的夹角总是 $\dfrac{\pi}{2}$,则 $I_1=0$.

再计算 $I_2=\iint\limits_{\Sigma} xyz\mathrm{d}x\mathrm{d}y$. Σ 被 Oxy 平面分为 Σ_1,Σ_2 两部分,其中 Σ_1 在第一卦限,取上侧,Σ_2 在第五卦限,取下侧,它们在 Oxy 平面上的投影区域均为矩形闭区域 D_{xy}: $0\leqslant x\leqslant a$, $0\leqslant y\leqslant h$, Σ_1 的方程为 $z=\sqrt{a^2-x^2}$, $(x,y)\in D_{xy}$, Σ_2 的方程为 $z=-\sqrt{a^2-x^2}$, $(x,y)\in D_{xy}$,所以

$$\begin{aligned}I_2&=\iint\limits_{\Sigma_1} xyz\mathrm{d}x\mathrm{d}y+\iint\limits_{\Sigma_2} xyz\mathrm{d}x\mathrm{d}y\\&=\iint\limits_{D_{xy}} xy\sqrt{a^2-x^2}\mathrm{d}x\mathrm{d}y-\iint\limits_{D_{xy}} xy(-\sqrt{a^2-x^2})\mathrm{d}x\mathrm{d}y\\&=2\iint\limits_{D_{xy}} xy\sqrt{a^2-x^2}\mathrm{d}x\mathrm{d}y=2\int_0^a x\sqrt{a^2-x^2}\,\mathrm{d}x\int_0^h y\mathrm{d}y\\&=\frac{h^2}{2}\left(-\int_0^a\sqrt{a^2-x^2}\,\mathrm{d}(a^2-x^2)\right)\\&=\frac{h^2}{2}\left[-\frac{2}{3}(a^2-x^2)^{\frac{3}{2}}\right]\Bigg|_0^a=\frac{1}{3}h^2a^3.\end{aligned}$$

故

$$I=\frac{1}{3}h^2a^3+0=\frac{1}{3}h^2a^3.$$

注 Σ 在 Ozx 平面上的投影是曲线 $x^2+y^2=a^2$，而不是区域，其面积为零. 故对应的积分为零.

例 2 计算曲面积分 $I=\oiint\limits_{\Sigma} x^2\mathrm{d}y\mathrm{d}z+y^2\mathrm{d}z\mathrm{d}x+z^2\mathrm{d}x\mathrm{d}y$，其中 Σ 是长方体

$$\Omega=\{(x,y,z)\mid 0\leqslant x\leqslant a, 0\leqslant y\leqslant b, 0\leqslant z\leqslant c\}\quad(图 4\text{-}33)$$

的表面的外侧.

解 把积分曲面 Σ 分成以下六部分：

Σ_1：$z=c\ (0\leqslant x\leqslant a, 0\leqslant y\leqslant b)$ 的上侧；

Σ_2：$z=0\ (0\leqslant x\leqslant a, 0\leqslant y\leqslant b)$ 的下侧；

Σ_3：$x=a\ (0\leqslant y\leqslant b, 0\leqslant z\leqslant c)$ 的前侧；

Σ_4：$x=0\ (0\leqslant y\leqslant b, 0\leqslant z\leqslant c)$ 的后侧；

Σ_5：$y=b\ (0\leqslant x\leqslant a, 0\leqslant z\leqslant c)$ 的右侧；

Σ_6：$y=0\ (0\leqslant x\leqslant a, 0\leqslant z\leqslant c)$ 的左侧.

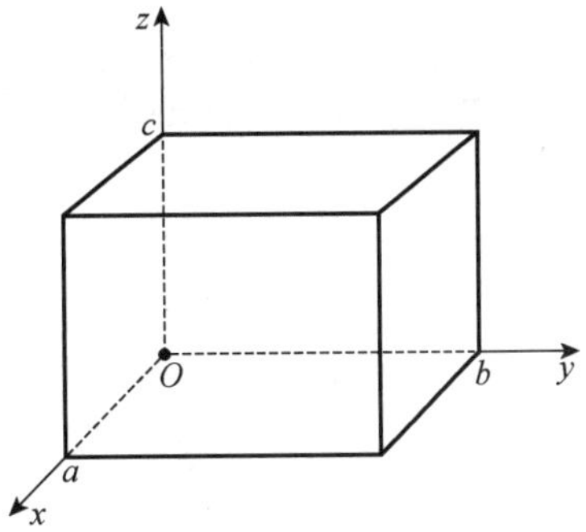

图 4-33

容易看出 $\Sigma_1,\Sigma_2,\Sigma_5,\Sigma_6$ 在 Oyz 平面上的投影的面积为零(或者说它的法向量与 x 轴垂直)，故 $\iint\limits_{\Sigma_i} x^2\mathrm{d}y\mathrm{d}z=0$ 对 $i=1,2,5,6$ 成立. 于是

$$\oiint\limits_{\Sigma} x^2\mathrm{d}y\mathrm{d}z=\iint\limits_{\Sigma_3} x^2\mathrm{d}y\mathrm{d}z+\iint\limits_{\Sigma_4} x^2\mathrm{d}y\mathrm{d}z=\iint\limits_{D_{yz}} a^2\mathrm{d}y\mathrm{d}z-\iint\limits_{D_{yz}} 0^2\mathrm{d}y\mathrm{d}z=a^2bc.$$

类似地可得

$$\oiint\limits_{\Sigma} y^2\mathrm{d}z\mathrm{d}x=ab^2c,\quad \oiint\limits_{\Sigma} z^2\mathrm{d}x\mathrm{d}y=abc^2.$$

因此

$$I=\oiint\limits_{\Sigma} x^2\mathrm{d}y\mathrm{d}z+\oiint\limits_{\Sigma} y^2\mathrm{d}z\mathrm{d}x+\oiint\limits_{\Sigma} z^2\mathrm{d}x\mathrm{d}y=abc(a+b+c).$$

例 3 计算曲面积分 $I=\iint\limits_{\Sigma} x\mathrm{d}y\mathrm{d}z+y\mathrm{d}z\mathrm{d}x+z\mathrm{d}x\mathrm{d}y$，其中 Σ 为球面 $x^2+y^2+z^2=1$ 中 $x\geqslant 0, z\geqslant 0$ 部分的外侧(图 4-34).

解 $I=\iint\limits_{\Sigma} x\mathrm{d}y\mathrm{d}z+\iint\limits_{\Sigma} y\mathrm{d}z\mathrm{d}x+\iint\limits_{\Sigma} z\mathrm{d}x\mathrm{d}y \xlongequal{记为} I_1+I_2+I_3.$

先计算 $I_1=\iint\limits_{\Sigma} x\mathrm{d}y\mathrm{d}z$. Σ 在 Oyz 平面上的投影区域为 D_{yz}：$y^2+z^2\leqslant 1, z\geqslant 0$. Σ 的法向量与 x 轴的夹角小于 $\frac{\pi}{2}$，这时的 Σ 可以表达为 $x=\sqrt{1-y^2-z^2}\ (z\geqslant 0)$. 由计算公式有

$$I_1=\iint\limits_{D_{yz}} \sqrt{1-y^2-z^2}\,\mathrm{d}y\mathrm{d}z=\int_0^{\pi}\mathrm{d}\theta\int_0^1 r\sqrt{1-r^2}\,\mathrm{d}r=\frac{\pi}{3}.$$

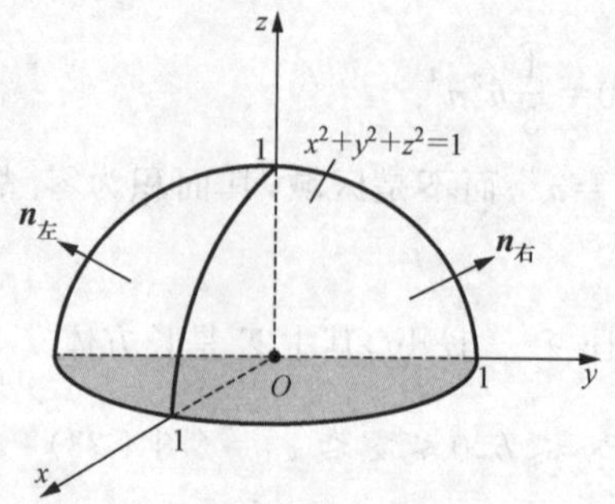

图　4-34

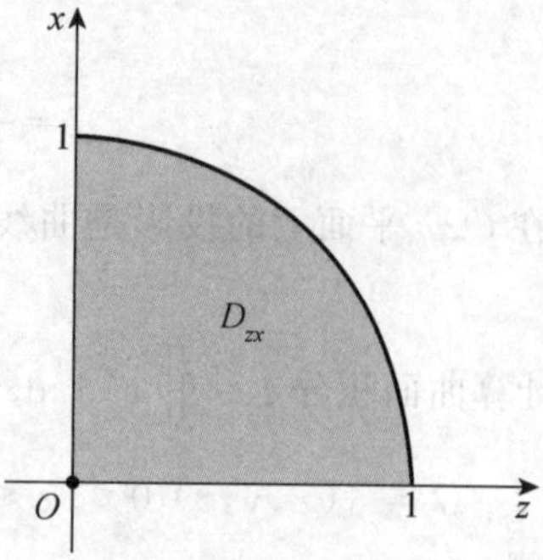

图　4-35

再计算 $I_2=\iint\limits_{\Sigma} y\mathrm{d}z\mathrm{d}x$. Ozx 平面将 Σ 分成 $\Sigma_左,\Sigma_右$ 两部分，其中 $\Sigma_左$ 的方程为 $y=-\sqrt{1-x^2-z^2}\,(x\geqslant0,z\geqslant0)$，它的法向量与 y 轴的夹角总是大于 $\frac{\pi}{2}$；$\Sigma_右$ 的方程为 $y=\sqrt{1-x^2-z^2}\,(x\geqslant0,z\geqslant0)$，它的法向量与 y 轴的夹角总是小于 $\frac{\pi}{2}$. $\Sigma_左,\Sigma_右$ 在 Ozx 平面上的投影区域都为 D_{zx}：$x^2+z^2\leqslant1,x\geqslant0,z\geqslant0$(图 4-35)，所以

$$\begin{aligned}I_2&=\iint\limits_{\Sigma_左} y\mathrm{d}z\mathrm{d}x+\iint\limits_{\Sigma_右} y\mathrm{d}z\mathrm{d}x\\&=-\iint\limits_{D_{xz}}(-\sqrt{1-x^2-z^2})\mathrm{d}z\mathrm{d}x+\iint\limits_{D_{xz}}\sqrt{1-x^2-z^2}\mathrm{d}z\mathrm{d}x\\&=2\iint\limits_{D_{xz}}\sqrt{1-x^2-z^2}\mathrm{d}x\mathrm{d}z=\frac{\pi}{3}.\end{aligned}$$

最后，计算 $I_3=\iint\limits_{\Sigma} z\mathrm{d}x\mathrm{d}y$. Σ 在 Oxy 平面上的投影为 D_{xy}：$x^2+y^2\leqslant1,x\geqslant0$. Σ 的法向量与 z 轴的夹角总是小于 $\frac{\pi}{2}$，这时 Σ 可以表示为 $z=\sqrt{1-x^2-y^2}\,(x\geqslant0)$. 所以

$$I_3=\iint\limits_{D_{xy}}\sqrt{1-x^2-y^2}\mathrm{d}x\mathrm{d}y=\frac{\pi}{3}.$$

综上所述，有 $I=I_1+I_2+I_3=\pi$.

*5.3　高斯公式

作为牛顿-莱布尼茨公式和格林公式的推广，这一部分要介绍高斯(Gauss)公式，它将揭示空间有界闭区域上的三重积分与其边界面外侧上对坐标的曲面积分之间的联系.

定理 1(高斯公式)　设空间有界闭区域 Ω 由分片光滑闭曲面 Σ 围成，函数 $P=P(x,y,z),Q=Q(x,y,z),R=R(x,y,z)$ 在 Ω 上具有连续偏导数，则有

$$\iiint\limits_{\Omega}\left(\frac{\partial P}{\partial x}+\frac{\partial Q}{\partial y}+\frac{\partial R}{\partial z}\right)\mathrm{d}v=\oint\!\!\!\!\oint\limits_{\Sigma}P\mathrm{d}y\mathrm{d}z+Q\mathrm{d}z\mathrm{d}x+R\mathrm{d}x\mathrm{d}y$$

或

$$\iiint\limits_{\Omega}\left(\frac{\partial P}{\partial x}+\frac{\partial Q}{\partial y}+\frac{\partial R}{\partial z}\right)\mathrm{d}v=\oiint\limits_{\Sigma}\boldsymbol{v}\cdot\boldsymbol{n}\,\mathrm{d}S=\oiint\limits_{\Sigma}(P\cos\alpha+Q\cos\beta+R\cos\gamma)\,\mathrm{d}S,$$

其中 Σ 是 Ω 的表面的外侧，$\boldsymbol{v}=P\boldsymbol{i}+Q\boldsymbol{j}+R\boldsymbol{k}$，$\boldsymbol{n}$ 为 Σ 上点 (x,y,z) 处的单位法向量，$\cos\alpha,\cos\beta,\cos\gamma$ 为 $\boldsymbol{n}$ 的方向余弦.

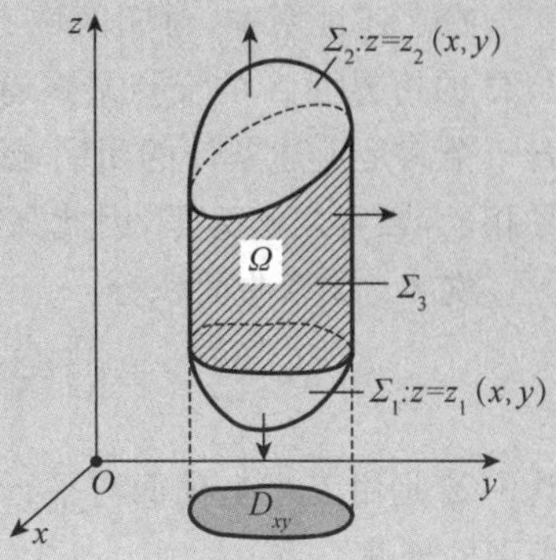

图 4-36

证 设闭区域 Ω 在 Oxy 平面上的投影区域为 D_{xy}，假定穿过 Ω 内部且平行于 z 轴的直线与 Ω 的边界面 Σ 的交点最多有两个，这样 Σ 由 Σ_1,Σ_2 和 Σ_3 三部分组成，其中 Σ_1,Σ_2 分别由方程 $z=z_1(x,y)$ 和 $z=z_2(x,y)$ 给定，这里 $z_1(x,y)\leqslant z_2(x,y)$，$\Sigma_1$ 取下侧，Σ_2 取上侧，Σ_3 是以 D_{xy} 的边界为准线，母线平行于 z 轴的柱面的一部分，取外侧(图 4-36).

根据三重积分的计算方法，有

$$\begin{aligned}\iiint\limits_{\Omega}\frac{\partial R}{\partial z}\mathrm{d}v&=\iint\limits_{D_{xy}}\left(\int_{z_1(x,y)}^{z_2(x,y)}\frac{\partial R}{\partial z}\mathrm{d}z\right)\mathrm{d}x\,\mathrm{d}y\\&=\iint\limits_{D_{xy}}(R(x,y,z_2(x,y))-R(x,y,z_1(x,y)))\,\mathrm{d}x\,\mathrm{d}y.\end{aligned}\quad(1)$$

根据曲面积分的计算方法，有

$$\iint\limits_{\Sigma_1}R(x,y,z)\,\mathrm{d}x\,\mathrm{d}y=-\iint\limits_{D_{xy}}R(x,y,z_1(x,y))\,\mathrm{d}x\,\mathrm{d}y,$$

$$\iint\limits_{\Sigma_2}R(x,y,z)\,\mathrm{d}x\,\mathrm{d}y=\iint\limits_{D_{xy}}R(x,y,z_2(x,y))\,\mathrm{d}x\,\mathrm{d}y.$$

而因为 Σ_3 在 Oxy 平面上的投影的面积为零(Σ_3 的法向量与 z 轴垂直)，所以

$$\iint\limits_{\Sigma_3}R(x,y,z)\,\mathrm{d}x\,\mathrm{d}y=0.$$

把以上三式相加，得

$$\oiint\limits_{\Sigma}R(x,y,z)\,\mathrm{d}x\,\mathrm{d}y=\iint\limits_{D_{xy}}(R(x,y,z_2(x,y))-R(x,y,z_1(x,y)))\,\mathrm{d}x\,\mathrm{d}y.\quad(2)$$

比较(1)，(2)两式，得

$$\iiint\limits_{\Omega}\frac{\partial R}{\partial z}\mathrm{d}v=\oiint\limits_{\Sigma}R(x,y,z)\,\mathrm{d}x\,\mathrm{d}y.$$

如果穿过 Ω 内部且平行于 x 轴的直线以及平行于 y 轴的直线与 Ω 的边界面 Σ 的交点也都最多有两个，那么类似可以得到

$$\iiint\limits_{\Omega}\frac{\partial P}{\partial x}\mathrm{d}v=\oiint\limits_{\Sigma}P(x,y,z)\,\mathrm{d}y\,\mathrm{d}z,$$

$$\iiint_{\Omega}\frac{\partial Q}{\partial y}\mathrm{d}v=\oiint_{\Sigma}Q(x,y,z)\mathrm{d}z\mathrm{d}x.$$

以上三式相加,即得高斯公式.

在上述证明中,对闭区域 Ω 做了下面的限制,即穿过 Ω 内部且与坐标轴平行的直线与 Ω 的边界面 Σ 的交点最多有两个.如果不满足这样的条件,可以引进辅助面把 Σ 分成若干个满足上述条件的闭区域,并注意到在辅助面相反两侧上曲面积分的绝对值相等,符号相反,二者之和为零,因此高斯公式仍然成立.

例 4　计算曲面积分

$$I=\oiint_{\Sigma}(x^3-yz)\mathrm{d}y\mathrm{d}z-2x^2y\mathrm{d}z\mathrm{d}x+z\mathrm{d}x\mathrm{d}y,$$

其中 Σ 是由三个坐标面与平行于坐标面的平面 $x=a,y=a,z=a\,(a>0)$ 所围成正方体表面的外侧.

解　令 Ω 为 Σ 所围成的正方体,$P=x^3-yz,Q=-2x^2y,R=z$,则

$$\frac{\partial P}{\partial x}=3x^2,\quad \frac{\partial Q}{\partial y}=-2x^2,\quad \frac{\partial R}{\partial z}=1.$$

根据高斯公式,有

$$\begin{aligned}I&=\oiint_{\Sigma}(x^3-yz)\mathrm{d}y\mathrm{d}z-2x^2y\mathrm{d}z\mathrm{d}x+z\mathrm{d}x\mathrm{d}y\\&=\oiint_{\Sigma}P\mathrm{d}y\mathrm{d}z+Q\mathrm{d}z\mathrm{d}x+R\mathrm{d}x\mathrm{d}y=\iiint_{\Omega}\left(\frac{\partial P}{\partial x}+\frac{\partial Q}{\partial y}+\frac{\partial R}{\partial z}\right)\mathrm{d}v\\&=\iiint_{\Omega}(3x^2-2x^2+1)\mathrm{d}v=\iiint_{\Omega}(x^2+1)\mathrm{d}v\\&=\iint_{D_{yz}}\mathrm{d}y\mathrm{d}z\int_0^a(x^2+1)\mathrm{d}x=\iint_{D_{yz}}\left(\frac{1}{3}a^3+a\right)\mathrm{d}y\mathrm{d}z,\end{aligned}$$

其中 D_{yz} 为 Ω 在 Oyz 平面上的投影区域,即 Oyz 平面上由直线 $y=0,y=a,z=0,z=a$ 所围成的正方形闭区域.于是

$$I=\iint_{D_{yz}}\left(\frac{1}{3}a^3+a\right)\mathrm{d}y\mathrm{d}z=\left(\frac{1}{3}a^3+a\right)\iint_{D_{yz}}\mathrm{d}y\mathrm{d}z=\frac{1}{3}a^5+a^3.$$

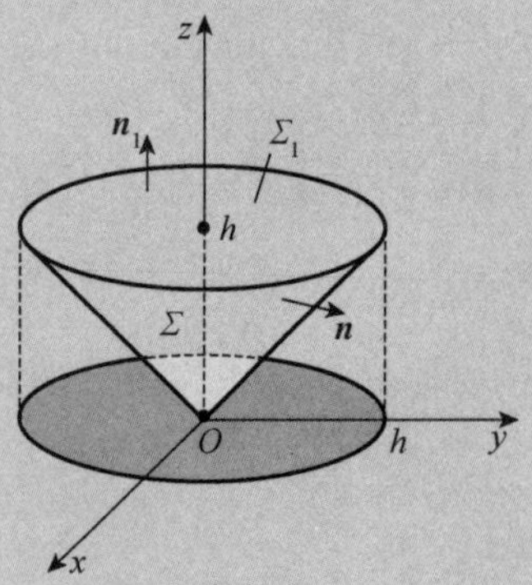

图　4-37

例 5　计算曲面积分

$$I=\iint_{\Sigma}x^2\mathrm{d}y\mathrm{d}z+y^2\mathrm{d}z\mathrm{d}x+z^2\mathrm{d}x\mathrm{d}y,$$

其中 Σ 为锥面 $z=\sqrt{x^2+y^2}$ 介于平面 $z=0$ 及 $z=h\,(h>0)$ 之间部分的下侧(图 4-37).

解　这里 Σ 不是闭曲面.为了使用高斯公式,取 Σ_1 为平面 $z=h$ 被限制在锥面 $z=\sqrt{x^2+y^2}$ 内部分的上侧,它与 Σ 构成一个闭曲面的外侧.令 Σ 与 Σ_1 所围的立体为 Ω,则 Σ 与 Σ_1 在 Oxy 平面上的投影区域均

为以原点 O 为圆心，h 为半径的圆形闭区域 $x^2+y^2\leqslant h^2$.

根据高斯公式，有

$$\begin{aligned}\oiint_{\Sigma+\Sigma_1} x^2\mathrm{d}y\mathrm{d}z+y^2\mathrm{d}z\mathrm{d}x+z^2\mathrm{d}x\mathrm{d}y&=\iiint_{\Omega}2(x+y+z)\mathrm{d}v\\&=\iiint_{\Omega}2(x+y)\mathrm{d}v+2\iiint_{\Omega}z\mathrm{d}v\\&=2\iint_{D_{xy}}(x+y)\mathrm{d}x\mathrm{d}y\int_{\sqrt{x^2+y^2}}^{h}\mathrm{d}z+2\iint_{D_{xy}}\mathrm{d}x\mathrm{d}y\int_{\sqrt{x^2+y^2}}^{h}z\mathrm{d}z.\end{aligned}$$

注意到 D_{xy} 关于 x 轴和 y 轴都对称，且 x,y 分别为 x,y 的奇函数，所以

$$2\iint_{D_{xy}}(x+y)\mathrm{d}x\mathrm{d}y\int_{\sqrt{x^2+y^2}}^{h}\mathrm{d}z=0.$$

而

$$\begin{aligned}2\iint_{D_{xy}}\mathrm{d}x\mathrm{d}y\int_{\sqrt{x^2+y^2}}^{h}z\mathrm{d}z&=\iint_{D_{xy}}[h^2-(x^2+y^2)]\mathrm{d}x\mathrm{d}y\\&=h^2\cdot\pi h^2-\iint_{D_{xy}}(x^2+y^2)\mathrm{d}x\mathrm{d}y=\pi h^4-\int_0^{2\pi}\mathrm{d}\theta\int_0^h r^2r\mathrm{d}r\\&=\pi h^4-2\pi\cdot\frac{1}{4}h^4=\frac{\pi}{2}h^4,\end{aligned}$$

因此

$$\iint_{\Sigma}x^2\mathrm{d}y\mathrm{d}z+y^2\mathrm{d}z\mathrm{d}x+z^2\mathrm{d}x\mathrm{d}y+\iint_{\Sigma_1}x^2\mathrm{d}y\mathrm{d}z+y^2\mathrm{d}z\mathrm{d}x+z^2\mathrm{d}x\mathrm{d}y=\frac{\pi}{2}h^4,$$

从而

$$\begin{aligned}I&=\iint_{\Sigma}x^2\mathrm{d}y\mathrm{d}z+y^2\mathrm{d}z\mathrm{d}x+z^2\mathrm{d}x\mathrm{d}y\\&=\frac{\pi}{2}h^4-\iint_{\Sigma_1}x^2\mathrm{d}y\mathrm{d}z+y^2\mathrm{d}z\mathrm{d}x+z^2\mathrm{d}x\mathrm{d}y.\end{aligned}$$

因 Σ_1 在 Oyz 平面和 Ozx 平面上的投影的面积都为零，故

$$\iint_{\Sigma_1}x^2\mathrm{d}y\mathrm{d}z+y^2\mathrm{d}z\mathrm{d}x=0.$$

而 $\iint_{\Sigma_1}z^2\mathrm{d}x\mathrm{d}y=h^2\iint_{\Sigma_1}\mathrm{d}x\mathrm{d}y=\pi h^4$，于是

$$I=\frac{\pi}{2}h^4-(0+\pi h^4)=-\frac{\pi}{2}h^4.$$

*5.4 散度

我们首先简单地介绍数量场与向量场的概念.

所谓场，就是某个物理量在一个空间区域上的分布. 由于物理量分为数量和向量，所以场分为数量场和向量场. 从数学角度来说，若对于空间区域 G 内任意一点 $M(x,y,z)$，都有唯一确定的数量 $f(M)=f(x,y,z)$ 与之对应，则称在区域 G 内确定了一个数量函数. 一个数量场可以用区域 G 上定义的一个数量函数 $f(x,y,z)$ 来表示(如温度场、密度场等). 如果与点 M 对应的是一个向量 $\boldsymbol{A}(M)$，则称在区域 G 内确定了一个向量场(如力场、速度场等). 一个向量场可以用区域 G 上定义的一个向量值函数

$$\boldsymbol{A}(M)=\boldsymbol{A}(x,y,z)=P(x,y,z)\boldsymbol{i}+Q(x,y,z)\boldsymbol{j}+R(x,y,z)\boldsymbol{k}$$

来表示，其中 $P(x,y,z)$，$Q(x,y,z)$，$R(x,y,z)$ 都是数量函数.

下面介绍向量场的通量和散度的概念.

设向量场 $\boldsymbol{A}=P(x,y,z)\boldsymbol{i}+Q(x,y,z)\boldsymbol{j}+R(x,y,z)\boldsymbol{k}$，$\Sigma$ 为有向光滑曲面，$\boldsymbol{n}=\boldsymbol{i}\cos\alpha+\boldsymbol{j}\cos\beta+\boldsymbol{k}\cos\gamma$ 为该曲面的单位法向量. 我们称对坐标的曲面积分

$$\begin{aligned}\iint_{\Sigma}\boldsymbol{A}\cdot\boldsymbol{n}\,\mathrm{d}S&=\iint_{\Sigma}(P(x,y,z)\cos\alpha+Q(x,y,z)\cos\beta+R(x,y,z)\cos\gamma)\,\mathrm{d}S\\&=\iint_{\Sigma}P(x,y,z)\,\mathrm{d}y\,\mathrm{d}z+Q(x,y,z)\,\mathrm{d}z\,\mathrm{d}x+R(x,y,z)\,\mathrm{d}x\,\mathrm{d}y\end{aligned}$$

为向量场 $\boldsymbol{A}$ 沿 $\boldsymbol{n}$ 通过曲面 Σ 的**通量**.

如果 $\boldsymbol{A}$ 是流体的速度场，可能在场内某些点处有源泉，在这些点处冒出流体，不同的源泉冒出流体的强度也可能不同；而在某些点处可能有渗洞，在这些点处会吸收流体，不同的渗洞吸收流体的强度也会不同. 为了刻画流体的速度场内各点处的这种性质，我们引入向量场内一点处的散度概念.

设 $M(x,y,z)$ 为流体的速度场内任意一点，Σ 为包围点 M 的一个闭曲面的外侧，则 $\oiint_{\Sigma}\boldsymbol{A}\cdot\boldsymbol{n}\,\mathrm{d}S$ 为单位时间内由 Σ 内侧向外侧流出的流体的总量. 令 Ω 表示 Σ 所包围的空间立体，V 表示 Ω 的体积. 根据高斯公式，有

$$\iiint_{\Omega}\left(\frac{\partial P}{\partial x}+\frac{\partial Q}{\partial y}+\frac{\partial R}{\partial z}\right)\mathrm{d}v=\oiint_{\Sigma}\boldsymbol{A}\cdot\boldsymbol{n}\,\mathrm{d}S.$$

上式两边除以 V，得

$$\frac{1}{V}\iiint_{\Omega}\left(\frac{\partial P}{\partial x}+\frac{\partial Q}{\partial y}+\frac{\partial R}{\partial z}\right)\mathrm{d}v=\frac{1}{V}\oiint_{\Sigma}\boldsymbol{A}\cdot\boldsymbol{n}\,\mathrm{d}S.$$

上式右端表示包围在 Σ 内的源泉在单位时间、单位体积内所流出的流体量的平均值. 对上式左端应用积分中值定理知，存在 Ω 上一点 (ξ,η,ζ)，使得

$$\left(\frac{\partial P}{\partial x}+\frac{\partial Q}{\partial y}+\frac{\partial R}{\partial z}\right)\bigg|_{(\xi,\eta,\zeta)}=\frac{1}{V}\iiint_{\Omega}\left(\frac{\partial P}{\partial x}+\frac{\partial Q}{\partial y}+\frac{\partial R}{\partial z}\right)\mathrm{d}v.$$

于是

$$\left(\frac{\partial P}{\partial x}+\frac{\partial Q}{\partial y}+\frac{\partial R}{\partial z}\right)\bigg|_{(\xi,\eta,\zeta)}=\frac{1}{V}\oiint_{\Sigma}\boldsymbol{A}\cdot\boldsymbol{n}\,\mathrm{d}S.$$

为了刻画 M 这一点处流出流体的性质，我们令 Ω 缩向点 M，取极限，得

$$\left(\frac{\partial P}{\partial x}+\frac{\partial Q}{\partial y}+\frac{\partial R}{\partial z}\right)\bigg|_M=\lim_{\Omega\to M}\frac{1}{V}\oiint_{\Sigma}\boldsymbol{A}\cdot\boldsymbol{n}\mathrm{d}S.$$

我们称$\left(\frac{\partial P}{\partial x}+\frac{\partial Q}{\partial y}+\frac{\partial R}{\partial z}\right)\bigg|_M$为向量场$\boldsymbol{A}=P(x,y,z)\boldsymbol{i}+Q(x,y,z)\boldsymbol{j}+R(x,y,z)\boldsymbol{k}$在点$M$处的**散度**,记为$\mathrm{div}\boldsymbol{A}\big|_M$,即

$$\mathrm{div}\boldsymbol{A}\big|_M=\frac{\partial P}{\partial x}+\frac{\partial Q}{\partial y}+\frac{\partial R}{\partial z}\bigg|_M.$$

散度是描述向量场中各点处流出流体的强度的量,它是一个数量.

若$\mathrm{div}\boldsymbol{A}|_M>0$,表示点$M$是一个源泉,这一点处流出流体;

若$\mathrm{div}\boldsymbol{A}|_M<0$,表示点$M$是一个渗洞,这一点处吸收流体;

若$\mathrm{div}\boldsymbol{A}|_M=0$,表示点$M$既不是源泉,也不是渗洞,这一点处既不流出流体,也不吸收流体.

设$\boldsymbol{A}=P(x,y,z)\boldsymbol{i}+Q(x,y,z)\boldsymbol{j}+R(x,y,z)\boldsymbol{k}$是一个向量场,定义

$$\mathrm{div}\boldsymbol{A}=\frac{\partial P}{\partial x}+\frac{\partial Q}{\partial y}+\frac{\partial R}{\partial z}$$

为向量场$\boldsymbol{A}$的散度.

例6 设位于原点且电量为q的点电荷产生的电场强度为

$$\boldsymbol{E}=\frac{q}{r^3}\boldsymbol{r}=\frac{q}{r^3}x\boldsymbol{i}+\frac{q}{r^3}y\boldsymbol{j}+\frac{q}{r^3}z\boldsymbol{k},$$

其中$\boldsymbol{r}=\{x,y,z\}\neq\boldsymbol{0}$,且$r=|\boldsymbol{r}|$,求$\mathrm{div}\boldsymbol{E}$.

解 依题意,有$P(x,y,z)=\frac{q}{r^3}x,Q(x,y,z)=\frac{q}{r^3}y,R(x,y,z)=\frac{q}{r^3}z$,则

$$\begin{aligned}\mathrm{div}\boldsymbol{E}&=q\left[\frac{\partial}{\partial x}\left(\frac{x}{r^3}\right)+\frac{\partial}{\partial y}\left(\frac{y}{r^3}\right)+\frac{\partial}{\partial z}\left(\frac{z}{r^3}\right)\right]\\&=q\left(\frac{r^2-3x^2}{r^5}+\frac{r^2-3y^2}{r^5}+\frac{r^2-3z^2}{r^5}\right)\\&=q\,\frac{3r^2-3(x^2+y^2+z^2)}{r^5}=0.\end{aligned}$$

计算结果与仅原点处有点电荷的事实相符,即除原点外散度处处为零.

习 题 4-5

1. 将曲面积分$\iint\limits_{\Sigma}x^2y^2z\,\mathrm{d}x\,\mathrm{d}y$化为二重积分,其中$\Sigma$为:

(1) 球面$x^2+y^2+z^2=R^2(R>0)$上半部分的上侧;

(2) 球面$x^2+y^2+z^2=R^2(R>0)$下半部分的下侧;

(3) 球面$x^2+y^2+z^2=R^2(R>0)$下半部分的上侧.

2. 计算曲面积分$\iint\limits_{\Sigma}y^2\mathrm{d}z\,\mathrm{d}x$,其中$\Sigma$是曲面$z=\sqrt{1-x^2-y^2}$的上侧.

*3. 利用高斯公式计算曲面积分 $\oiint\limits_{\Sigma} xy^2\mathrm{d}y\mathrm{d}z + yz^2\mathrm{d}z\mathrm{d}x + zx^2\mathrm{d}x\mathrm{d}y$，其中 Σ 为球面 $x^2+y^2+z^2=R^2(R>0)$ 的外侧.

*4. 利用高斯公式计算曲面积分 $\oiint\limits_{\Sigma} yz\mathrm{d}x\mathrm{d}y + zx\mathrm{d}y\mathrm{d}z + xy\mathrm{d}z\mathrm{d}x$，其中 Σ 为柱面 $x^2+y^2=R^2(R>0)$ 与平面 $z=0, z=H(H>0)$ 所围成立体的表面的外侧.

*5. 计算下列向量场在指定点处的散度：

(1) $\boldsymbol{A}\Big|_{(1,1,3)}=\{4x,-2xy,z^2\}\Big|_{(1,1,3)}$； (2) $\boldsymbol{A}\Big|_{(2,1,-2)}=\{xy,yz,zx\}\Big|_{(2,1,-2)}$.

*6. 求下列向量场的散度：

(1) $\boldsymbol{A}=(x^2+yz)\boldsymbol{i}+(y^2+xz)\boldsymbol{j}+(z^2+xy)\boldsymbol{k}$；

(2) $\boldsymbol{A}=\mathrm{e}^{xy}\boldsymbol{i}+\cos(xy)\boldsymbol{j}+\cos(xz^2)\boldsymbol{k}$；

(3) $\boldsymbol{A}=y^2\boldsymbol{i}+xy\boldsymbol{j}+xz\boldsymbol{k}$.

曲线积分与曲面积分内容小结

本章介绍了曲线积分与曲面积分. 从数学角度来讲，与重积分类似，曲线积分与曲面积分都是定积分的推广，它们都是用于处理非均匀变化、具有可加性的整体量的. 诸如求质量分布不均匀的各种形状物体的质量、变力所做的功、不均匀流体的流量等，其处理的方法都是将整体进行分割，在微小的局部取近似，求和，令分割无限变细取极限. 正因为曲线积分和曲面积分的基本思想与定积分的基本思想一致，所以它们的定义及性质也与定积分的定义及性质类似.

本章的重点有两个：一是曲线积分和曲面积分的计算，其基本方法就是转化为定积分或重积分的计算；二是揭示平面有界闭区域上的二重积分与该区域边界线上的对坐标的曲线积分之间关系的格林公式和揭示空间有界闭区域上的三重积分与该区域边界面上的对坐标的曲面积分之间关系的高斯公式.

一、曲线积分和曲面积分的计算

1. 对弧长的曲线积分

在 $\int_L f(x,y)\mathrm{d}s$ 中，L 为 Oxy 平面上的一条光滑曲线弧. 设 L 的参数方程为

$$\begin{cases} x=x(t), \\ y=y(t) \end{cases} \quad (\alpha\leqslant t\leqslant\beta),$$

$f(x,y)$ 为定义在 L 上的连续函数.

要熟练掌握 $\int_L f(x,y)\mathrm{d}s$ 的计算公式，关键是把握以下两点：

1) 积分变量对应的点 (x,y) 在积分弧段 L 上，故 x,y 满足 L 的方程；

2) $\mathrm{d}s$ 是积分弧段 L 的弧微分，故 $\mathrm{d}s=\sqrt{(x'(t))^2+(y'(t))^2}\,\mathrm{d}t$.

所以，有如下计算公式：

$$\int_L f(x,y)\mathrm{d}s=\int_\alpha^\beta f(x(t),y(t))\sqrt{(x'(t))^2+(y'(t))^2}\,\mathrm{d}t.$$

值得注意的是,为了保证 $\mathrm{d}s$ 为正,必须 $\alpha<\beta$,以使 $\mathrm{d}t>0$.

类似地,对于 L 是空间光滑曲线弧的情形,有类似的公式. 设 L 的方程为

$$\begin{cases}x=x(t),\\ y=y(t), \quad (\alpha\leqslant t\leqslant\beta),\\ z=z(t)\end{cases}$$

函数 $f(x,y,z)$ 在 L 上连续,则有对弧长的曲线积分公式

$$\int_L f(x,y,z)\mathrm{d}s=\int_\alpha^\beta f(x(t),y(t),z(t))\sqrt{(x'(t))^2+(y'(t))^2+(z'(t))^2}\,\mathrm{d}t.$$

2. 对坐标的曲线积分

在 $\int_{L_{AB}}P(x,y)\mathrm{d}x+Q(x,y)\mathrm{d}y$ 中,L_{AB} 是 Oxy 平面上以 A 为起点,以 B 为终点的光滑曲线弧. 设 L_{AB} 的参数方程为

$$\begin{cases}x=x(t),\\ y=y(t)\end{cases} \quad (t\text{ 介于 }\alpha\text{ 与 }\beta\text{ 之间,取到 }\alpha,\beta),$$

点 A 的坐标为 $(x(\alpha),y(\alpha))$,点 B 的坐标为 $(x(\beta),y(\beta))$.

要熟练掌握 $\int_{L_{AB}}P(x,y)\mathrm{d}x+Q(x,y)\mathrm{d}y$ 的计算公式,关键是把握以下两点:

1) 积分变量对应的点 (x,y) 在积分弧段 L_{AB} 上,故 x,y 满足 L_{AB} 的方程 $x=x(t),y=y(t)$;

2) $\mathrm{d}x,\mathrm{d}y$ 为积分弧段 L_{AB} 上从点 A 到点 B 的微小切向量 $\mathbf{ds}$ 的坐标,故

$$\mathrm{d}x=x'(t)\mathrm{d}t, \quad \mathrm{d}y=y'(t)\mathrm{d}t.$$

所以,对坐标的曲线积分的计算公式为

$$\int_{L_{AB}}P(x,y)\mathrm{d}x+Q(x,y)\mathrm{d}y=\int_\alpha^\beta(P(x(t),y(t))x'(t)+Q(x(t),y(t))y'(t))\mathrm{d}t.$$

因为 $\mathrm{d}x,\mathrm{d}y$ 为向量 $\mathbf{ds}$(从点 A 到点 B 的方向)的坐标,所以 $t=\alpha,t=\beta$ 分别对应于起点 A 和终点 B,可能 $\alpha<\beta$,也可能 $\alpha>\beta$.

类似地,对于空间有向光滑曲线弧 L_{AB},也有类似的计算公式. 设 L_{AB} 以 A 为起点,以 B 为终点,其参数方程为

$$\begin{cases}x=x(t),\\ y=y(t), \quad (t\text{ 介于 }\alpha\text{ 与 }\beta\text{ 之间,取到 }\alpha,\beta),\\ z=z(t)\end{cases}$$

点 A 的坐标为 $(x(\alpha),y(\alpha),z(\alpha))$,点 B 的坐标为 $(x(\beta),y(\beta),z(\beta))$,函数 $P(x,y,z)$, $Q(x,y,z)$, $R(x,y,z)$ 在 L_{AB} 上连续,则有对坐标的曲线积分的计算公式

$$\begin{aligned}&\int_{L_{AB}}P(x,y,z)\mathrm{d}x+Q(x,y,z)\mathrm{d}y+R(x,y,z)\mathrm{d}z\\ &=\int_\alpha^\beta(P(x(t),y(t),z(t))x'(t)+Q(x(t),y(t),z(t))y'(t)\\ &\quad+R(x(t),y(t),z(t))z'(t))\mathrm{d}t.\end{aligned}$$

3. 对面积的曲面积分

在 $\iint\limits_\Sigma f(x,y,z)\mathrm{d}S$ 中,Σ 是一块光滑曲面. 设 Σ 的方程为 $z=z(x,y)$,它在 Oxy 平面上的投影区域为 D_{xy},$f(x,y,z)$ 是定义在 Σ 上的连续函数.

要熟练掌握$\iint\limits_{\Sigma} f(x,y,z)\mathrm{d}S$的计算公式,关键是把握以下两点:

1) 积分变量对应的点(x,y,z)在积分曲面Σ上,故x,y,z满足Σ的方程$z=z(x,y)$;

2) $\mathrm{d}S$表示积分曲面Σ的面积元素,故

$$\mathrm{d}S=\sqrt{1+\left(\frac{\partial z}{\partial x}\right)^2+\left(\frac{\partial z}{\partial y}\right)^2}\,\mathrm{d}x\mathrm{d}y.$$

所以,有以下计算公式:

$$\iint\limits_{\Sigma} f(x,y,z)\mathrm{d}S=\iint\limits_{D_{xy}} f(x,y,z(x,y))\sqrt{1+\left(\frac{\partial z}{\partial x}\right)^2+\left(\frac{\partial z}{\partial y}\right)^2}\,\mathrm{d}x\mathrm{d}y.$$

如果曲面Σ的方程为$y=y(z,x)$或$x=x(y,z)$,Σ在Ozx平面或Oyz平面上的投影区域为D_{zx}或D_{yz},则有对面积的曲面积分的计算公式

$$\iint\limits_{\Sigma} f(x,y,z)\mathrm{d}S=\iint\limits_{D_{zx}} f(x,y(z,x),z)\sqrt{1+\left(\frac{\partial y}{\partial z}\right)^2+\left(\frac{\partial y}{\partial x}\right)^2}\,\mathrm{d}z\mathrm{d}x$$

或
$$\iint\limits_{\Sigma} f(x,y,z)\mathrm{d}S=\iint\limits_{D_{yz}} f(x(y,z),y,z)\sqrt{1+\left(\frac{\partial x}{\partial y}\right)^2+\left(\frac{\partial x}{\partial z}\right)^2}\,\mathrm{d}y\mathrm{d}z.$$

4. 对坐标的曲面积分

在$\iint\limits_{\Sigma} R(x,y,z)\mathrm{d}x\mathrm{d}y$中,$\Sigma$是一块有向光滑曲面.设$\Sigma$的方程为$z=z(x,y)$,它在$Oxy$平面上的投影区域为$D_{xy}$.如果$\Sigma$的法向量与$z$轴的夹角为$\gamma$,函数$R(x,y,z)$在$\Sigma$上连续,则

$$\iint\limits_{\Sigma} R(x,y,z)\mathrm{d}x\mathrm{d}y=\begin{cases}\iint\limits_{D_{xy}} R(x,y,z(x,y))\mathrm{d}x\mathrm{d}y, & 0\leqslant\gamma<\dfrac{\pi}{2},\\ -\iint\limits_{D_{xy}} R(x,y,z(x,y))\mathrm{d}x\mathrm{d}y, & \dfrac{\pi}{2}<\gamma\leqslant\pi,\\ 0, & \gamma=\dfrac{\pi}{2}.\end{cases}$$

类似地,有以下计算公式:

如果Σ的方程为$y=y(z,x)$,它在Ozx平面上的投影区域为D_{zx},Σ的法向量与y轴的夹角为β,函数$Q(x,y,z)$在Σ上连续,则

$$\iint\limits_{\Sigma} Q(x,y,z)\mathrm{d}z\mathrm{d}x=\begin{cases}\iint\limits_{D_{zx}} Q(x,y(z,x),z)\mathrm{d}z\mathrm{d}x, & 0\leqslant\beta<\dfrac{\pi}{2},\\ -\iint\limits_{D_{zx}} Q(x,y(z,x),z)\mathrm{d}z\mathrm{d}x, & \dfrac{\pi}{2}<\beta\leqslant\pi,\\ 0, & \beta=\dfrac{\pi}{2};\end{cases}$$

如果Σ的方程为$x=x(y,z)$,它在Oyz平面上的投影区域为D_{yz},Σ的法向量与x轴的夹角为α,函数$P(x,y,z)$在Σ上连续,则

$$\iint_{\Sigma} P(x,y,z)\mathrm{d}y\mathrm{d}z=\begin{cases}\displaystyle\iint_{D_{yz}} P(x(y,z),y,z)\mathrm{d}y\mathrm{d}z, & 0\leqslant \alpha<\dfrac{\pi}{2},\\ \displaystyle -\iint_{D_{yz}} P(x(y,z),y,z)\mathrm{d}y\mathrm{d}z, & \dfrac{\pi}{2}<\alpha\leqslant \pi,\\ 0, & \alpha=\dfrac{\pi}{2}.\end{cases}$$

二、格林公式和平面曲线积分与路径无关的条件

1. 格林公式

设有界闭区域 D 由分段光滑闭曲线 L 围成,函数 $P(x,y)$,$Q(x,y)$ 在 D 上具有连续偏导数,则有

$$\iint_D\left(\frac{\partial Q}{\partial x}-\frac{\partial P}{\partial y}\right)\mathrm{d}x\mathrm{d}y=\oint_L P(x,y)\mathrm{d}x+Q(x,y)\mathrm{d}y,$$

其中 L 是 D 的正向边界.

2. 平面曲线积分与路径无关的条件

设开区域 D 是一个单连通区域,函数 $P(x,y)$,$Q(x,y)$ 在 D 内具有连续偏导数,则曲线积分 $\int_L P(x,y)\mathrm{d}x+Q(x,y)\mathrm{d}y$ 在 D 内与路径无关和下列结论互为充要条件:

(1) 沿 D 内任意一条有向分段光滑闭曲线 C 的曲线积分 $\int_C P(x,y)\mathrm{d}x+Q(x,y)\mathrm{d}y$ 为零;

(2) 在 D 内处处有 $\dfrac{\partial Q}{\partial x}=\dfrac{\partial P}{\partial y}$;

(3) 在 D 内存在可微函数 $u(x,y)$,使得 $\mathrm{d}u(x,y)=P(x,y)\mathrm{d}x+Q(x,y)\mathrm{d}y$.

因此,这三个结论之间也互为充要条件.

*三、高斯公式

设空间有界闭区域 Ω 由分片光滑闭曲面 Σ 围成,函数 $P=P(x,y,z)$,$Q=Q(x,y,z)$,$R=R(x,y,z)$ 在 Ω 上具有连续偏导数,则有

$$\iiint_{\Omega}\left(\frac{\partial P}{\partial x}+\frac{\partial Q}{\partial y}+\frac{\partial R}{\partial z}\right)\mathrm{d}v=\oiint_{\Sigma} P\mathrm{d}y\mathrm{d}z+Q\mathrm{d}z\mathrm{d}x+R\mathrm{d}x\mathrm{d}y,$$

其中 Σ 取外侧.

复习题四

一、填空题

1. 设 L 是曲线 $y=\ln x$ 上对应于 $x=1$,$x=2$ 的点间的一段弧,则 $\int_L x^2\mathrm{d}s=$________.

2. 设 L 是圆心在原点,半径为 a 的右半圆周,则 $\int_L x\mathrm{d}s=$________.

3. 设 L 是抛物线 $x=y^2$ 由点(1,−1)到点(4,2)的一段有向弧，则 $\int_L y\,dx=$______.

4. 设 L 为取逆时针方向的圆 $x^2+y^2=9$，则 $\oint_L(2xy-2y)dx+(x^2-4x)dy=$______.

5. 设 L 是圆 $x^2+y^2=a^2(a>0)$ 上由点 $A(a,0)$ 到点 $B(0,a)$ 的较短的一段有向弧，则 $\int_L 2xy\,dx+(1+x^2)dy=$______.

6. 设 Σ 为球面 $x^2+y^2+z^2=a^2(a>0)$，则 $\oiint_\Sigma(x^2+y^2+z^2)dS=$______.

7. 设 Σ 是圆柱面 $x^2+y^2=4$ 介于 $z=0,z=3$ 之间部分的外侧，则 $\iint_\Sigma x^2\,dx\,dy=$______.

8. 设 Σ 为半球面 $z=\sqrt{a^2-x^2-y^2}\,(a>0)$ 的上侧，则 $\iint_\Sigma x^2\,dy\,dz=$______.

9. 设 Σ 为上半球面 $x^2+y^2+z^2=a^2(0\leqslant z\leqslant a)$ 的外侧，则 $\iint_\Sigma z\,dx\,dy=$______.

二、单项选择题

1. 设 L 为双曲线 $xy=1$ 上由点 $\left(\frac{1}{2},2\right)$ 到点(1,1)的一段弧，则 $\int_L y\,ds=$　(　　)

(A) $\int_2^1 y\sqrt{1+\frac{1}{y^4}}\,dy$；　(B) $\int_1^2 y\sqrt{1+\frac{1}{y^4}}\,dy$；

(C) $\int_{\frac{1}{2}}^2 y\sqrt{1+\frac{1}{x^2}}\,dx$；　(D) $\int_{\frac{1}{2}}^2\left(-\frac{1}{x^3}\right)dx$.

2. 设 L 是由点 $A(1,0)$ 到点 $B(-1,2)$ 的线段，则 $\int_L(x+y)ds=$　(　　)

(A) $2\sqrt{2}$；　(B) 0；　(C) 2；　(D) $\sqrt{2}$.

3. 设 L 是直线 $x-2y=4$ 上由点 $A(0,-2)$ 到点 $B(4,0)$ 的一段，则 $\int_L\frac{1}{x-y}ds=$　(　　)

(A) $\sqrt{5}\ln2$；　(B) $\ln2$；　(C) $\sqrt{5}$；　(D) $\sqrt{3}\ln2$.

4. 设 L 为圆 $x^2+y^2=1$，则 $\oint_L(x^2+y^2+5)ds=$　(　　)

(A) 8π；　(B) 10π；　(C) 12π；　(D) 14π.

5. 设 L 是直线 $x+y=2$ 上介于点(0,2)和点(2,0)之间的一段，则 $\int_L\sqrt{x+y}\,ds=$　(　　)

(A) 4；　(B) $2\sqrt{2}$；　(C) $\sqrt{2}$；　(D) 2.

6. 设 L：$x+y=1(0\leqslant x\leqslant1)$，则 $\int_L\sin(x+y)ds=$　(　　)

(A) $\sin1$；　(B) $2\sin1$；　(C) $\sqrt{2}\sin1$；　(D) 0.

7. 设 L 是直线 $2x+y=4$ 上由点(0,4)到(2,0)的一段，则 $\int_L y\,dx=$　(　　)

(A) $\int_2^0(4-2x)dx$；　(B) $\int_0^2(4-2x)dx$；

(C) $\int_{4}^{0}(4-2x)\mathrm{d}x$；　　(D) $\int_{0}^{4}y\left(-\frac{1}{2}\right)\mathrm{d}y$.

8. 设 L 是沿右半单位圆周 $x^2+y^2=1(0\leqslant x\leqslant 1)$ 由点 $(0,1)$ 到点 $(0,-1)$ 的有向弧，则 $\int_L x\mathrm{d}y=$ （　）

(A) $\int_{0}^{1}\frac{x^2}{\sqrt{1-x^2}}\mathrm{d}x$；　　(B) $\int_{-1}^{1}\sqrt{1-y^2}\mathrm{d}y$；

(C) $\int_{1}^{-1}\sqrt{1-y^2}\mathrm{d}y$；　　(D) $2\int_{0}^{1}\frac{x^2}{\sqrt{1-x^2}}\mathrm{d}x$.

9. 设函数 $P(x,y)$，$Q(x,y)$ 在单连通区域 D 内具有连续偏导数，则 $\frac{\partial Q}{\partial x}=\frac{\partial P}{\partial y}$ 在 D 内处处成立是在 D 内沿任意有向分段光滑闭曲线 L 的曲线积分 $\oint_L P(x,y)\mathrm{d}x+Q(x,y)\mathrm{d}y$ 为零的 （　）

(A) 充分但非必要条件；　　(B) 必要但非充分条件；

(C) 充要条件；　　(D) 既非必要又非充分条件.

10. 设 L 是由直线 $x=0$，$y=0$ 及 $x+y=2$ 所围成三角形区域的正向边界，则曲线积分 $\oint_L(x+y)\mathrm{d}x-2x\mathrm{d}y=$ （　）

(A) 6；　　(B) -6；　　(C) 3；　　(D) -3.

11. 设 L 为取逆时针方向的圆 $x^2+y^2=54$，则 $\oint_L(x\cos x-y)\mathrm{d}x+(x+y\sin y)\mathrm{d}y=$ （　）

(A) 54π；　　(B) -54π；　　(C) -108π；　　(D) 108π.

12. 设 L 为椭圆 $\frac{x^2}{a^2}+\frac{y^2}{b^2}=1(a,b>0)$，取顺时针方向，则 $\oint_L(x+y)\mathrm{d}x-(x-y)\mathrm{d}y=$ （　）

(A) $-4\pi ab$；　　(B) $-2\pi ab$；　　(C) 0；　　(D) $2\pi ab$.

13. 设 L 是 D：$1\leqslant x\leqslant 2$，$2\leqslant y\leqslant 3$ 的正向边界，则 $\oint_L x\mathrm{d}y-2y\mathrm{d}x=$ （　）

(A) 1；　　(B) 2；　　(C) 3；　　(D) 4.

14. 设 Σ 为球面 $x^2+y^2+z^2=a^2(a>0)$，则 $\oiint_{\Sigma}\mathrm{d}S=$ （　）

(A) πa^2；　　(B) $2\pi a^2$；　　(C) $3\pi a^2$；　　(D) $4\pi a^2$.

15. 设 Σ 是下半球面 $x^2+y^2+z^2=a^2(-a\leqslant z\leqslant 0)$，则 $\iint_{\Sigma}(x^2+y^2+z^2)\mathrm{d}S=$ （　）

(A) πa^4；　　(B) $2\pi a^4$；　　(C) $3\pi a^4$；　　(D) $4\pi a^4$.

16. 设 Σ 是锥面 $z=\sqrt{x^2+y^2}$ 介于平面 $z=0$，$z=1$ 之间的部分，则 $\iint_{\Sigma}z\mathrm{d}S=$ （　）

(A) $-\iint_D(x^2+y^2)\mathrm{d}x\mathrm{d}y$；　　(B) $\int_0^{2\pi}\mathrm{d}\theta\int_0^1 r^3\mathrm{d}r$；

(C) $\int_0^{2\pi}d\theta\int_0^1\sqrt{2}r\,dr$； (D) $\int_0^{2\pi}d\theta\int_0^1\sqrt{2}r^2\,dr$.

17. 设 Σ 是球面 $x^2+y^2+z^2=2$ 的外侧，则 $\oiint\limits_{\Sigma}x^2\,dy\,dz=$ ( )

(A) 0； (B) 2； (C) π； (D) $\sqrt{2}$.

18. 设 Σ 是抛物面 $z=x^2+y^2$ 在第一卦限中介于平面 $z=0$，$z=2$ 之间部分的下侧，则 $\iint\limits_{\Sigma}z\,dx\,dy=$ ( )

(A) $-\int_0^{2\pi}d\theta\int_0^2 r^3\,dr$； (B) $-\int_0^{\frac{\pi}{2}}d\theta\int_0^{\sqrt{2}}r^3\,dr$；

(C) $\int_0^{\frac{\pi}{4}}d\theta\int_0^{\sqrt{2}}r^2\,dr$； (D) $-\int_0^{\frac{\pi}{2}}d\theta\int_0^{\sqrt{2}}r^2\,dr$.

三、综合题

1. 计算曲线积分 $\oint_L\sqrt{x^2+y^2}\,ds$，其中 L 为圆 $x^2+y^2=ax(a>0)$.(提示：应用 L 的极坐标方程或参数方程.)

2. 计算曲线积分 $\int_L(y+2xy)dx+(x^2+2x+y^2)dy$，其中 L 是沿上半圆周 $x^2+y^2=4x$ $(0\leqslant y\leqslant 2)$ 由点 $A(4,0)$ 到点 $B(0,0)$ 有向弧.

*3. 计算曲面积分 $\iint\limits_{\Sigma}(x+y+z)dx\,dy+(y-z)dy\,dz$，其中 Σ 为三个坐标面及平面 $x=1$，$y=1$，$z=1$ 所围成正方体的表面的外侧.

4. 设质量为 m 的质点 M 除了受到重力作用外，还受到一个指向原点 O，大小与线段 OM 的长度成正比的弹性力 $\boldsymbol{F}$ 的作用. 现在要让这个质点从点 $A(a,0,0)$ 沿螺旋线

$$x=a\cos t,\quad y=a\sin t,\quad z=\frac{h}{2\pi}t$$

上升一整周 $(0\leqslant t\leqslant 2\pi)$，求质点 M 在运动过程中所受的重力和弹性力 $\boldsymbol{F}$ 对质点 M 所做的总功.

5. 设质点 M 在变力 $\boldsymbol{F}=(y^2+1)\boldsymbol{i}+(x+y)\boldsymbol{j}$ 的作用下沿曲线 $y=ax(1-x)$ 从点 $O(0,0)$ 运动到点 $B(1,0)$，求使变力 $\boldsymbol{F}$ 对质点 M 所做功最小的参数 a 的值.

6. 一个质点在变力 $\boldsymbol{F}=(x+y^2)\boldsymbol{i}+(2xy-8)\boldsymbol{j}$ 的作用下运动，证明：变力 $\boldsymbol{F}$ 对该质点所做的功与该质点运动的路径无关.

7. 一个质点受变力 $\boldsymbol{F}=-\frac{k}{r^3}(x\boldsymbol{i}+y\boldsymbol{j})$ 的作用在半平面 $(x>0)$ 上运动，其中 $r=\sqrt{x^2+y^2}$，证明：变力 $\boldsymbol{F}$ 对该质点所做的功与该质点运动的路径无关.

第五章

常微分方程

微积分研究的对象是函数.要应用微积分解决问题,首先要根据实际问题寻找其中存在的函数关系.但是,根据实际问题给出的条件,往往不能直接写出其中的函数关系,而可以列出函数及其导数(偏导数)所满足的方程.这类方程称为微分方程.本章介绍微分方程的一些基本概念和几种简单的微分方程的解法.

§1 微分方程的基本概念

为了说明微分方程的基本概念,先看两个例子.

例 1 设一条曲线通过点(1,2),且该曲线上任意点 $M(x,y)$处的切线斜率为 $2x$,求这条曲线的方程.

解 设所求的曲线方程为 $y=y(x)$.根据导数的几何意义,可知未知函数 $y=y(x)$应满足如下关系:

$$\frac{\mathrm{d}y}{\mathrm{d}x}=2x. \tag{1}$$

此外,因曲线 $y=y(x)$通过点(1,2),所以 $y=y(x)$还满足条件

$$y(1)=2. \tag{2}$$

为了求出满足(1)式的未知函数 $y=y(x)$,把(1)式两边积分,得

$$y=\int 2x\,\mathrm{d}x,$$

即

$$y=x^2+C \quad (C\text{ 是任意常数}). \tag{3}$$

把条件(2)代入(3)式,得

$$2=1^2+C, \quad 故 \quad C=1.$$

于是,得所求的曲线方程为

$$y=x^2+1. \tag{4}$$

例 2 一个质量为 m 的物体在桌面上沿着直线做无摩擦的滑动,它被一端固定在墙上的弹簧所连接,此弹簧的弹性系数为 k.将弹簧松弛时该物体的位置确定为原点 O,直线确定为 x 轴,该物体离开原点的位移记为 x(图 5-1).在初始时刻,该物体的位移为 $x=x_0$ ($x_0>0$).若该物体从静止开始滑动,求它的运动规律(位移 x 随时间 t 变化的函数关系).

解 首先,对该物体进行受力分析.该物体所受到的合力为弹性恢复力 F.根据胡克(Hooke)定律有 $F=-kx$(因为 F 是恢复力,力的方向与

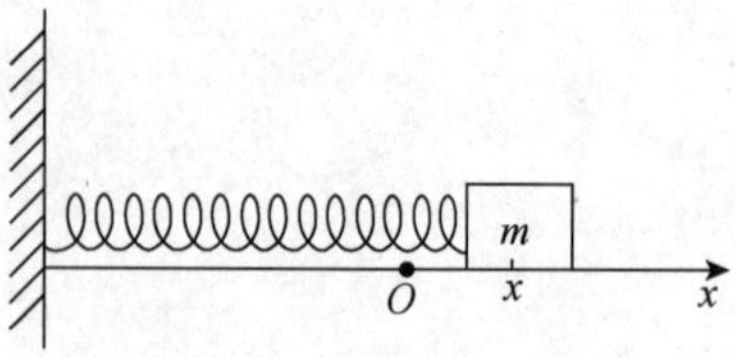

图 5-1

位移 x 的方向相反,所以带有负号),再根据牛顿第二定律有

$$F=m\frac{\mathrm{d}^2x}{\mathrm{d}t^2},$$

于是得到 x 所满足的方程

$$m\frac{\mathrm{d}^2x}{\mathrm{d}t^2}=-kx,\quad 即\quad m\frac{\mathrm{d}^2x}{\mathrm{d}t^2}+kx=0. \tag{5}$$

由题意有

$$x\Big|_{t=0}=x_0,\quad \frac{\mathrm{d}x}{\mathrm{d}t}\Big|_{t=0}=0.$$

如能根据以上条件解出 $x=x(t)$,就可得出该物体的运动规律.

以上两个例子中的方程(1),(5)都是含有未知函数及其导数(包括一阶导数和高阶导数)的方程. 一般地,我们把表示未知函数、未知函数的导数(偏导数)或微分以及自变量之间关系的方程称为**微分方程**,并称未知函数是一元函数的微分方程为**常微分方程**,而称未知函数是多元函数的微分方程为**偏微分方程**. 在本书中,我们只讨论常微分方程.

微分方程中出现的未知函数最高阶导数的阶数,称为**微分方程的阶**. 例如,例 1 中的方程(1)是一阶微分方程,例 2 中的方程(5)是二阶微分方程. 又如,方程

$$x^3y'''+x^2y''-5xy'=3x^2$$

是三阶微分方程.

一般地,n 阶微分方程的形式是

$$F(x,y,y',\cdots,y^{(n)})=0, \tag{6}$$

其中 F 是 $n+2$ 个自变量的函数. 必须指出,这里 $y^{(n)}$ 是必须出现的,而 $x,y,y',\cdots,y^{(n-1)}$ 则可以不出现. 例如,二阶微分方程

$$y''=f(x,y')$$

中 y 就没出现.

什么是微分方程的解呢?如果函数 $y=y(x)$ 满足方程(6),即将 $y=y(x)$ 及其各阶导数代入方程(6)时,方程(6)成为恒等式,则称函数 $y=y(x)$ 为**方程(6)的解**. 例如,

$$y=x^2,\quad y=x^2+1,\quad \cdots,\quad y=x^2+C$$

都是方程(1)的解. 值得指出的是,由于解微分方程的过程需要积分,故微分方程的解中有时包含任意常数. 如果微分方程的解中含有任意常数,且相互独立的任意常数个数等于微分方程的阶数(这里任意常数相互独立是指任意常数不能合并),则称这样的解为**微分方程的通解**. 例如,

$$y=x^2+C\quad (C\ 为任意常数)$$

是方程(1)的通解;又如,

$$y=C_1\cos x+C_2\sin x\quad (C_1,C_2\ 为任意常数)$$

是二阶微分方程 $y''+y=0$ 的通解. 在以后的讨论中,除特殊说明外,C,C_1,C_2 等均指任意常数.

正如例 1 中的情况,为了给出实际问题的解,还必须确定通解中任意常数的值. 例如,在例 1 中,根据曲线通过点(1,2),确定任意常数 $C=1$,得到问题的解 $y=x^2+1$. 我们称在微分方程的通解中确定了任意常数而得到的解为**微分方程的特解**.

为了确定微分方程的特解,必须给出定解条件. 定解条件有多种,我们只介绍**初始条件**. 对

于以 $y=y(x)$ 为未知函数的一阶微分方程,初始条件是

$$\text{当 } x=x_0 \text{ 时, } y=y_0, \quad \text{或写成} \quad y\Big|_{x=x_0}=y_0,$$

其中 x_0,y_0 都是给定的值.如果微分方程是二阶的,则确定两个任意常数的初始条件是

$$\text{当 } x=x_0 \text{ 时}, y=y_0,\ y'=y_1, \quad \text{或写成} \quad y\Big|_{x=x_0}=y_0,\ y'\Big|_{x=x_0}=y_1,$$

其中 x_0,y_0,y_1 都是给定的值.

求微分方程满足初始条件的特解问题称为微分方程的**初值问题**.在例1中,所求的曲线方程就是初值问题

$$\begin{cases} \dfrac{dy}{dx}=2x, \\ y\Big|_{x=1}=2 \end{cases}$$

的解.

例3 验证函数 $x=C_1\cos kt+C_2\sin kt\,(k\neq 0)$ 是微分方程 $\dfrac{d^2x}{dt^2}+k^2x=0$ 的通解,并求满足初始条件 $x\Big|_{t=0}=A$(A 为常数),$\dfrac{dx}{dt}\Big|_{t=0}=0$ 的特解.

解 显然,有

$$\frac{d^2x}{dt^2}=-C_1k^2\cos kt-C_2k^2\sin kt=-k^2(C_1\sin kt+C_2\cos kt)=-k^2x.$$

这说明,$x=C_1\cos kt+C_2\sin kt$ 是微分方程 $\dfrac{d^2x}{dt^2}+k^2x=0$ 的解.又因 C_1,C_2 是两个相互独立的任意常数,故它是这个微分方程的通解.

利用初始条件 $x\Big|_{t=0}=A$,得

$$x\Big|_{t=0}=C_1\cos 0+C_2\sin 0=A \Longrightarrow C_1=A,$$

则有 $x=A\cos kt+C_2\sin kt$,进而有

$$\frac{dx}{dt}=-kA\sin kt+kC_2\cos kt.$$

利用初始条件 $\dfrac{dx}{dt}\Big|_{t=0}=0$,得

$$\frac{dx}{dt}\Big|_{t=0}=-kA\sin 0+kC_2\cos 0=0 \Longrightarrow C_2=0.$$

故所求的特解为

$$x=A\cos kt.$$

习 题 5-1

1. 指出下列微分方程的阶数:

(1) $(x^2-y^2)dx+(x^2+y^2)dy=0$;

(2) $x(y')^2-2xy'+x=0$; (3) $x^2y''-xy'+y=0$;

(4) $xy'''+2y''+x^2y=0$; (5) $\dfrac{d\rho}{d\theta}+\rho=\sin^2\theta$.

2. 指出下列各题中的函数是否为所给微分方程的解：

(1) $xy'=2y$，$y=5x^2$；

(2) $y''+y=0$，$y=3\sin x-4\cos x$；

(3) $y''-2y'+y=0$，$y=x^2e^x$；

(4) $y''-(\lambda_1+\lambda_2)y'+\lambda_1\lambda_2 y=0$，$y=C_1e^{\lambda_1 x}+C_2e^{\lambda_2 x}+1$($\lambda_1,\lambda_2$ 为常数).

§2 一阶微分方程

一阶微分方程的一般形式为

$$F(x,y,y')=0,$$

其通解的形式为

$$y=y(x,C) \quad 或 \quad \psi(x,y,C)=0.$$

后者称为**隐式解**.下面介绍三种特殊一阶微分方程的解法.

2.1 可分离变量的微分方程

形如

$$\frac{dy}{dx}=f(x)g(y) \tag{1}$$

的一阶微分方程称为**可分离变量的微分方程**.其解法是：将变量分离，使自变量 x 及其微分 dx 与未知函数 y 及其微分 dy 分到等号的两边，即将方程(1)化成

$$\frac{dy}{g(y)}=f(x)dx \quad (g(y)\neq 0),$$

再两边积分即可得到方程(1)的通解.

例 1 求微分方程

$$\frac{dy}{dx}=3x^2y \tag{2}$$

的通解.

分析 解微分方程的第一步是判断微分方程的类型，然后根据类型选择解法.这是一个可分离变量的微分方程，故选择先分离变量，后积分的解法.

解 将方程(2)的变量进行分离，得

$$\frac{dy}{y}=3x^2dx,$$

再两边积分，即

$$\int\frac{dy}{y}=\int 3x^2dx, \tag{3}$$

得

$$\ln|y|=x^3+C_1. \tag{4}$$

注意到当 C 取遍全体正数时，$\ln C$ 取遍全体实数，所以我们常常将(4)式中的任意常数 C_1 写成 $\ln C$，得

$$\ln|y|=x^3+\ln C.$$

于是 $$y=\pm Ce^{x^3}.$$

这时 $\pm C$ 取遍全体非零实数,又 $y=0$ 也是方程(2)的解,所以方程(2)的通解可表示成

$$y=Ce^{x^3}, \tag{5}$$

这里 C 为任意常数.

为了方便,今后我们由(3)式两边积分得

$$\ln y=x^3+\ln C,$$

并由此直接得到方程(2)的通解(5).另外,在求通解时,常常略去分离变量时关于分母为零的讨论.

例 2 求微分方程 $\dfrac{dy}{dx}=\dfrac{1+y^2}{(1+x^2)xy}$ 的通解.

解 分离变量得

$$\frac{y\,dy}{1+y^2}=\frac{dx}{(1+x^2)x}. \tag{6}$$

由于 $\dfrac{dx}{(1+x^2)x}=\dfrac{1}{2}\cdot\dfrac{2x\,dx}{(1+x^2)x^2}=\dfrac{1}{2}\cdot\dfrac{d(x^2)}{(1+x^2)x^2}$,因此将(6)式两边积分得

$$\frac{1}{2}\ln(1+y^2)=\frac{1}{2}\int\frac{d(x^2)}{(1+x^2)x^2},\quad 即\quad \ln(1+y^2)=\int\frac{d(x^2)}{(1+x^2)x^2}.$$

而

$$\int\frac{d(x^2)}{(1+x^2)x^2}=\int\left(\frac{1}{x^2}-\frac{1}{1+x^2}\right)d(x^2)=\ln\frac{x^2}{1+x^2}+\ln C,$$

故 $$\ln(1+y^2)=\ln\frac{x^2}{1+x^2}+\ln C.$$

于是,得到原方程的通解

$$\frac{(1+x^2)(1+y^2)}{x^2}=C$$

或 $$(1+x^2)(1+y^2)=Cx^2. \tag{7}$$

在例 2 中,微分方程的解不是显函数,而是由代数方程(7)确定的隐函数,它就是所谓的**隐式解**.

例 3 求初值问题 $\begin{cases}xy\,dx+(1+x^2)dy=0,\\ y\big|_{x=0}=1,\end{cases}$ 的解.

解 对所给的微分方程分离变量得

$$\frac{dy}{y}=-\frac{x}{1+x^2}dx,$$

两边积分得

$$\ln y=\ln\frac{1}{\sqrt{1+x^2}}+\ln C,$$

于是所给微分方程的通解为

$$y\sqrt{1+x^2}=C.$$

由初始条件 $y\big|_{x=0}=1$ 可得 $C=1$,故此初值问题的解为

$$y\sqrt{1+x^2}=1,\quad 即\quad y=\frac{1}{\sqrt{1+x^2}}.$$

例 4　放射性元素铀由于不断地有原子放射出粒子而变成其他元素,铀的含量就不断减少,这种现象叫作**衰变**.由原子物理学知道,铀的衰变速度与当时未衰变的铀原子的含量 M 成正比.已知 $t=0$ 时铀原子的含量为 M_0,求在衰变过程中铀原子的含量 $M(t)$ 随时间 t 变化的规律.

分析　这是一个求未知函数的问题,故希望建立未知函数 $y=M(t)$ 所满足的微分方程及初始条件.

解　因为 $y=M(t)$ 表示衰变过程中铀原子的含量,所以铀的衰变速度为 $\frac{dy}{dt}$.由已知铀的衰变速度与当时未衰变的铀原子的含量 $y=M(t)$ 成正比,得微分方程

$$\frac{dy}{dt}=-\lambda y, \tag{8}$$

其中 $\lambda(\lambda>0)$ 是常数,叫作**衰变常数**,λ 前的负号是由于当 t 增加时,含量 $y=M(t)$ 单调减少,即 $\frac{dy}{dt}<0$ 的缘故.根据题意,初始条件为 $y\big|_{t=0}=M_0$,于是 $y=M(t)$ 所满足的微分方程初值问题为

$$\begin{cases}\dfrac{dy}{dt}=-\lambda y,\\ y\big|_{t=0}=M_0.\end{cases}$$

方程(8)是可分离变量的微分方程.将它分离变量得

$$\frac{dy}{y}=-\lambda\,dt,$$

两边积分得

$$\ln y=-\lambda t+\ln C,$$

故它的通解为

$$y=Ce^{-\lambda t}.$$

由初始条件 $y\big|_{t=0}=M_0$ 得 $C=M_0$,于是铀原子的含量 $y=M(t)$ 随时间 t 变化的规律为

$$y=M(t)=M_0e^{-\lambda t}.$$

例 5　求微分方程 $\cos x\sin y\,dx+\sin x\cos y\,dy=0$ 的通解.

分析　表面上看,这个方程不含未知函数的导数,但因为它含有未知函数的微分,所以也是一个微分方程,且是可分离变量的微分方程.

解　分离变量得

$$\frac{\cos y}{\sin y}dy=-\frac{\cos x}{\sin x}dx,$$

两边积分得

$$\ln\sin y=-\ln\sin x+\ln C,$$

于是原方程的通解为

$$\sin x\sin y=C.$$

例 6　设一个质量为 1 kg 的质点受外力 F 的作用而做直线运动,此外力和时间 t 成正比,与质点运动的速度 v 成反比,且在 $t=10$ s 时,$v=50$ m/s,$F=4$ N,问:从运动开始经过 1 min

后该质点的速度等于多少?

分析 要求经过 1 min 后的速度,只要求出速度函数 $v=v(t)$ 即可. 为此,需要建立未知函数 $v=v(t)$ 所满足的微分方程,并给出所满足的初始条件.

解 根据已知,有 $F=k\dfrac{t}{v}$,其中 k 为某个常数. 又因 $t=10$ s 时,$v=50$ m/s,$F=4$ N,故

$$k=\frac{Fv}{t}=\frac{4\times 50}{10}=20.$$

根据牛顿第二定律,有

$$F=m\frac{\mathrm{d}v}{\mathrm{d}t}.$$

已知 $m=1$ kg,于是得微分方程的初值问题

$$\begin{cases}\dfrac{\mathrm{d}v}{\mathrm{d}t}=20\dfrac{t}{v},\\ v\Big|_{t=10}=50.\end{cases}$$

此初值问题中的微分方程为可分离变量的微分方程. 分离变量得

$$v\,\mathrm{d}v=20t\,\mathrm{d}t,$$

两边积分得

$$\frac{1}{2}v^2=10t^2+C,$$

再代入初始条件得

$$C=\frac{1}{2}\times 50^2-10\times 10^2=250,$$

于是

$$\frac{1}{2}v^2=10t^2+250.$$

当 $t=1\ \mathrm{min}=60$ s 时,有

$$v^2=2\times(10\times 60^2+250)(\mathrm{m/s})^2=72\ 500(\mathrm{m/s})^2.$$

所以,从运动开始经过 1 min 后该质点的速度为

$$v=\sqrt{72\ 500}\ \mathrm{m/s}\approx 269.26\ \mathrm{m/s}.$$

例 7(他是犯罪嫌疑人吗?) 某受害者的尸体于晚上 7:30 被发现. 法医于晚上 8:20 赶到凶案现场,测得尸体温度为 32.6 ℃;1 h 后,当尸体即将被抬走时,测得尸体温度为 31.4 ℃. 室温在几小时内始终保持在 21.1 ℃. 此案件最大的犯罪嫌疑人是张某,但张某声称自己是无罪的,并有证人说:"下午张某一直在办公室,5:00 打了一个电话,打完电话后就离开了办公室." 从张某的办公室到受害者家(凶案现场)步行需 5 min. 现在的问题是:张某不在凶案现场的证言能否使他被排除在犯罪嫌疑人之外?

分析 我们希望根据尸体的温度变化情况来推断罪犯的作案时间,若作案时间在 5:05 之后,就无法排除张某作案的可能性;若作案时间在 5:05 之前,就能使他被排除在犯罪嫌疑人之外. 为此,我们希望知道受害者尸体的温度随时间变化的函数关系.

解 设 $T(t)$ 表示 t(单位:h)时刻尸体的温度,并记晚上 8:20 为 $t=0$,则

$$T(0)=32.6\ ℃,\quad T(1)=31.4\ ℃.$$

假设受害者死亡时体温是正常的,即 $T=37$ ℃. 要确定受害者的死亡时间(凶犯的作案时

间),也就是求使 $T(t)=37\ ^\circ\mathrm{C}$ 的时刻.

人的体温受大脑神经中枢调节,人死后体温调节功能消失,尸体的温度受外界环境温度的影响.假设尸体温度的变化率服从牛顿冷却定律,即尸体温度的变化率正比于尸体温度与室温之差,即

$$\frac{\mathrm{d}T}{\mathrm{d}t}=-k(T-21.1),\tag{9}$$

其中 k 为某个常数,方程右端的负号是因为:当 $T-21.1>0$ 时,T 要降低,故 $\frac{\mathrm{d}T}{\mathrm{d}t}<0$;反之,当 $T-21.1<0$ 时,T 要升高,故 $\frac{\mathrm{d}T}{\mathrm{d}t}>0$.

方程(9)是一个可分离变量的微分方程.分离变量得

$$\frac{\mathrm{d}T}{T-21.1}=-k\,\mathrm{d}t,$$

两边积分得

$$\ln(T-21.1)=-kt+\ln C,$$

于是

$$T=21.1+C\mathrm{e}^{-kt}.$$

因为 $T(0)=32.6$ ℃,所以有

$$32.6=21.1+C\mathrm{e}^{-k\times 0}=21.1+C,\quad 即\quad C=32.6-21.1=11.5.$$

于是

$$T=21.1+11.5\mathrm{e}^{-kt}(单位:℃).$$

又因为 $T(1)=31.4$ ℃,所以有 $31.4=21.1+11.5\mathrm{e}^{-k\times 1}$.由此解得

$$\mathrm{e}^{-k}=\frac{31.4-21.1}{11.5}=\frac{10.3}{11.5}=\frac{103}{115},$$

即
$$k=-(\ln 103-\ln 115)=\ln 115-\ln 103\approx 0.110.$$

所以

$$T=21.1+11.5\mathrm{e}^{-0.110t}(单位:℃).$$

当 $T(t)=37\ ^\circ\mathrm{C}$ 时,有 $37=21.1+11.5\mathrm{e}^{-0.110t}$,得

$$\mathrm{e}^{-0.110t}=\frac{37-21.1}{11.5}\approx 1.38,\quad 于是\quad t\approx-\frac{\ln 1.38}{0.110}\approx-2.95\ (单位:\mathrm{h}).$$

由于 2.95 h≈2 h 57 min,所以受害者的死亡时间大约为 8:20 往前 2 h 57 min,即 5:23,也即作案时间大约在下午 5:23.因此,张某不能被排除在犯罪嫌疑人之外.

思考题 张某的律师发现受害者在死亡的当天下午去医院看过病.病历记录:发烧 38.3 °C.假设受害者死亡时体温为 38.3 °C,试问:张某能被排除在犯罪嫌疑人之外吗?注:受害者体内没有发现服用过阿司匹林或类似的退烧药物的迹象.

2.2 齐次方程

如果一阶微分方程

$$\frac{\mathrm{d}y}{\mathrm{d}x}=f(x,y)\tag{10}$$

中 $f(x,y)$ 是以 $\frac{y}{x}$ 为中间变量的复合函数,即 $f(x,y)=\varphi\left(\frac{y}{x}\right)$,则方程(10)可化为

$$\frac{\mathrm{d}y}{\mathrm{d}x}=\varphi\left(\frac{y}{x}\right). \tag{11}$$

我们称方程(11)右端这种函数为**齐次函数**,称方程(11)为**齐次方程**. 齐次方程可以转化成可分离变量的微分方程,转化的方法是:在方程(11)中,令 $u=\frac{y}{x}$,从而

$$y=xu,\quad \frac{\mathrm{d}y}{\mathrm{d}x}=u+x\frac{\mathrm{d}u}{\mathrm{d}x}.$$

代入方程(11),得

$$u+x\frac{\mathrm{d}u}{\mathrm{d}x}=\varphi(u),$$

于是

$$x\frac{\mathrm{d}u}{\mathrm{d}x}=\varphi(u)-u.$$

此方程为以 x 为自变量,以 u 为未知函数的可分离变量的微分方程.

例 8 求微分方程 $y^2+x^2\frac{\mathrm{d}y}{\mathrm{d}x}=xy\frac{\mathrm{d}y}{\mathrm{d}x}$ 的通解.

解 由原方程得 $(xy-x^2)\frac{\mathrm{d}y}{\mathrm{d}x}=y^2$,即

$$\frac{\mathrm{d}y}{\mathrm{d}x}=\frac{y^2}{xy-x^2}. \tag{12}$$

在方程(12)中,将 $\frac{y^2}{xy-x^2}$ 的分子、分母同时除以 x^2,得

$$\frac{\mathrm{d}y}{\mathrm{d}x}=\frac{\left(\frac{y}{x}\right)^2}{\frac{y}{x}-1}. \tag{13}$$

方程(13)为齐次方程.

令 $u=\frac{y}{x}$,则

$$y=xu,\quad \frac{\mathrm{d}y}{\mathrm{d}x}=u+x\frac{\mathrm{d}u}{\mathrm{d}x}.$$

代入方程(13),得

$$u+x\frac{\mathrm{d}u}{\mathrm{d}x}=\frac{u^2}{u-1},\quad 从而\quad x\frac{\mathrm{d}u}{\mathrm{d}x}=\frac{u^2}{u-1}-u,$$

即

$$x\frac{\mathrm{d}u}{\mathrm{d}x}=\frac{u}{u-1}.$$

这是一个可分离变量的微分方程. 分离变量得

$$\left(1-\frac{1}{u}\right)\mathrm{d}u=\frac{\mathrm{d}x}{x},$$

两边积分得

$$u-\ln u+C=\ln x,\quad 即\quad \ln xu=u+C.$$

将 $u=\frac{y}{x}$ 代入上式,得原方程的通解

$$\ln y=\frac{y}{x}+C.$$

例 9 求微分方程 $(y^2-2xy)\mathrm{d}x+x^2\mathrm{d}y=0$ 的通解.

解 将所给的微分方程变形为

$$\frac{\mathrm{d}y}{\mathrm{d}x}=2\left(\frac{y}{x}\right)-\left(\frac{y}{x}\right)^2. \tag{14}$$

令 $u=\frac{y}{x}$,即 $y=xu$,则 $\frac{\mathrm{d}y}{\mathrm{d}x}=u+x\frac{\mathrm{d}u}{\mathrm{d}x}$. 代入方程(14),得

$$u+x\frac{\mathrm{d}u}{\mathrm{d}x}=2u-u^2,\quad 即\quad x\frac{\mathrm{d}u}{\mathrm{d}x}=u-u^2.$$

这是一个可分离变量的微分方程. 分离变量得

$$\frac{\mathrm{d}u}{u^2-u}=-\frac{\mathrm{d}x}{x},\quad 即\quad \left(\frac{1}{u-1}-\frac{1}{u}\right)\mathrm{d}u=-\frac{\mathrm{d}x}{x},$$

两边积分得

$$\ln\frac{u-1}{u}=-\ln x+\ln C,$$

即

$$\frac{x(u-1)}{u}=C.$$

将 $u=\frac{y}{x}$ 代入上式,得原方程的通解

$$x(y-x)=Cy.$$

2.3 一阶线性微分方程

形如

$$\frac{\mathrm{d}y}{\mathrm{d}x}+P(x)y=Q(x)$$

的微分方程,称为**一阶线性微分方程**. 这里的线性,是指微分方程关于未知函数 y 及其导数 $\frac{\mathrm{d}y}{\mathrm{d}x}$ 都是一次的. 称 $Q(x)$ 为**非齐次项或右端项**. 如果 $Q(x)\equiv 0$,则称该方程为**一阶线性齐次微分方程**;否则,即 $Q(x)\not\equiv 0$,则称该方程为**一阶线性非齐次微分方程**.

设有一阶线性非齐次微分方程

$$\frac{\mathrm{d}y}{\mathrm{d}x}+P(x)y=Q(x), \tag{15}$$

称方程

$$\frac{\mathrm{d}y}{\mathrm{d}x}+P(x)y=0 \tag{16}$$

为方程(15)对应的齐次微分方程.

方程(16)是可分离变量的微分方程. 分离变量得

$$\frac{dy}{y}=-P(x)dx,$$

两边积分得

$$\ln y=-\int P(x)dx+\ln C \text{ [1]},$$

从而得方程(16)的通解

$$y=Ce^{-\int P(x)dx}. \tag{17}$$

下面我们用常数变易法求方程(15)的通解.

所谓**常数变易法**,就是将齐次微分方程(16)的通解(17)中的任意常数 C 改为未知函数 $u(x)$,即做变换

$$y=u(x)e^{-\int P(x)dx}, \tag{18}$$

于是

$$\frac{dy}{dx}=\frac{du}{dx}e^{-\int P(x)dx}-u(x)P(x)e^{-\int P(x)dx}. \tag{19}$$

将(18)式和(19)式代入方程(15),得

$$\frac{du}{dx}e^{-\int P(x)dx}-u(x)P(x)e^{-\int P(x)dx}+P(x)u(x)e^{-\int P(x)dx}=Q(x).$$

即

$$\frac{du}{dx}e^{-\int P(x)dx}=Q(x),\quad \text{亦即}\quad \frac{du}{dx}=Q(x)e^{\int P(x)dx},$$

于是

$$u(x)=\int Q(x)e^{\int P(x)dx}dx+C.$$

将上式代入(18)式,得方程(15)的通解

$$y=\left(\int Q(x)e^{\int P(x)dx}dx+C\right)e^{-\int P(x)dx}, \tag{20}$$

即

$$y=Ce^{-\int P(x)dx}+e^{-\int P(x)dx}\int Q(x)e^{\int P(x)dx}dx,$$

其中第一项 $Ce^{-\int P(x)dx}$ 就是方程(15)对应的齐次微分方程(16)的通解,第二项是方程(15)的通解中取任意常数 C 为零所得到的方程(15)的一个特解. 由此可知,一阶线性非齐次微分方程的通解是它对应的齐次微分方程的通解与它本身的一个特解之和.

例 10 求微分方程 $\frac{dy}{dx}-\frac{y}{x}=x^2$ 的通解.

分析 我们可以直接用公式(20)求该方程的通解,也可以应用常数变易法求该方程的通解. 这里我们采用后者.

解 先求该方程对应的齐次微分方程

$$\frac{dy}{dx}-\frac{y}{x}=0 \tag{21}$$

---

① 这里 $\int P(x)dx$ 表示 $P(x)$ 的某个原函数,以下同.

的通解.对方程(21)分离变量得

$$\frac{\mathrm{d}y}{y}=\frac{\mathrm{d}x}{x},$$

两边积分得

$$\ln y=\ln x+\ln C,$$

从而得方程(21)的通解 $y=Cx$.

应用常数变易法,设

$$y=u(x)x, \tag{22}$$

则 $\frac{\mathrm{d}y}{\mathrm{d}x}=u'(x)x+u(x)$.代入原方程,得

$$u'(x)x+u(x)-\frac{u(x)x}{x}=x^2, \quad 即 \quad u'(x)x=x^2,$$

于是 $u'(x)=x$,从而

$$u(x)=\frac{1}{2}x^2+C.$$

将上式代入(22)式,得原方程的通解

$$y=Cx+\frac{1}{2}x^3.$$

例 11 求微分方程 $\frac{\mathrm{d}y}{\mathrm{d}x}-y\cot x=2x\sin x$ 的通解.

解 我们考虑直接用公式(20)来求解.

这里 $P(x)=-\cot x, Q(x)=2x\sin x$,于是

$$\int P(x)\mathrm{d}x=\int -\cot x\,\mathrm{d}x=-\int\frac{\cos x}{\sin x}\mathrm{d}x=-\int\frac{\mathrm{d}(\sin x)}{\sin x}$$

$$=-\ln\sin x=\ln\frac{1}{\sin x},$$

从而

$$e^{\int P(x)\mathrm{d}x}=\frac{1}{\sin x}, \quad e^{-\int P(x)\mathrm{d}x}=e^{-\ln\frac{1}{\sin x}}=e^{\ln\sin x}=\sin x.$$

将上述结果代入公式(20),得

$$y=\left(\int 2x\sin x\cdot\frac{1}{\sin x}\mathrm{d}x+C\right)\sin x=(x^2+C)\sin x.$$

故原方程的通解为

$$y=(x^2+C)\sin x.$$

例 12 求初值问题

$$\begin{cases}\frac{\mathrm{d}y}{\mathrm{d}x}+\frac{2-3x^2}{x^3}y=1, & (23)\\ y\Big|_{x=1}=0 & (24)\end{cases}$$

的解.

解 方程(23)是一阶线性非齐次微分方程,其中

$$P(x)=\frac{2-3x^2}{x^3},\quad Q(x)=1.$$

于是
$$\int P(x)\mathrm{d}x=\int\frac{2-3x^2}{x^3}\mathrm{d}x=-\frac{1}{x^2}-3\ln x,\tag{25}$$

从而
$$\mathrm{e}^{\int P(x)\mathrm{d}x}=\frac{1}{x^3}\mathrm{e}^{-\frac{1}{x^2}}.$$

由(25)式容易看出

$$-\int P(x)\mathrm{d}x=\frac{1}{x^2}+3\ln x,\quad 从而\quad \mathrm{e}^{-\int P(x)\mathrm{d}x}=x^3\mathrm{e}^{\frac{1}{x^2}},$$

于是

$$\begin{aligned}\left(\int Q(x)\mathrm{e}^{\int P(x)\mathrm{d}x}\mathrm{d}x+C\right)\mathrm{e}^{-\int P(x)\mathrm{d}x}&=\left(\int 1\cdot\frac{1}{x^3}\mathrm{e}^{-\frac{1}{x^2}}\mathrm{d}x+C\right)x^3\mathrm{e}^{\frac{1}{x^2}}\\&=\left(\frac{1}{2}\int\mathrm{e}^{-\frac{1}{x^2}}\mathrm{d}\left(-\frac{1}{x^2}\right)+C\right)x^3\mathrm{e}^{\frac{1}{x^2}}\\&=\left(\frac{1}{2}\mathrm{e}^{-\frac{1}{x^2}}+C\right)x^3\mathrm{e}^{\frac{1}{x^2}}=\frac{1}{2}x^3+Cx^3\mathrm{e}^{\frac{1}{x^2}}.\end{aligned}$$

所以,方程(23)的通解为

$$y=\frac{1}{2}x^3+Cx^3\mathrm{e}^{\frac{1}{x^2}}.\tag{26}$$

把 $y\big|_{x=1}=0$ 代入(26)式,得 $C=-\frac{1}{2\mathrm{e}}$. 于是,所求初值问题的解为

$$y=\frac{1}{2}x^3-\frac{1}{2\mathrm{e}}x^3\mathrm{e}^{\frac{1}{x^2}}.$$

例 13 求微分方程 $\frac{\mathrm{d}y}{\mathrm{d}x}=\frac{1}{x+y}$ 的通解.

分析 这个方程作为以 x 为自变量,y 为未知函数的微分方程,既不属于齐次方程和可分离变量的微分方程,也不属于一阶线性微分方程. 我们希望将它转化成上述可解的类型.

解 由原方程得 $\frac{\mathrm{d}x}{\mathrm{d}y}=x+y$,即

$$\frac{\mathrm{d}x}{\mathrm{d}y}-x=y.\tag{27}$$

它可以看成以 y 为自变量,x 为未知函数的一阶线性微分方程. 这时

$$P(y)=-1,\quad Q(y)=y,$$

相应的公式(20)应该为

$$x=\left(\int Q(y)\mathrm{e}^{\int P(y)\mathrm{d}y}\mathrm{d}y+C\right)\mathrm{e}^{-\int P(y)\mathrm{d}y}.\tag{28}$$

因为

$$\int P(y)\mathrm{d}y=\int(-1)\mathrm{d}y=-y,\quad -\int P(y)\mathrm{d}y=y,$$

所以

$$\mathrm{e}^{\int P(y)\mathrm{d}y}=\mathrm{e}^{-y},\quad \mathrm{e}^{-\int P(y)\mathrm{d}y}=\mathrm{e}^{y},$$

从而

$$\int Q(y)e^{\int P(y)dy}dy=\int ye^{-y}dy=-\int yd(e^{-y})=-\left(ye^{-y}-\int e^{-y}dy\right)$$
$$=-ye^{-y}-e^{-y}.$$

代入(28)式,得方程(27)的通解

$$x=-y-1+Ce^{y},$$

其亦为原方程的通解.

例 14 一条曲线通过原点,并且它在点(x,y)处的切线斜率等于$2x+y$,求这条曲线的方程.

解 设所求的曲线方程为$y=y(x)$,则

$$\begin{cases}\dfrac{dy}{dx}=2x+y, & (29)\\ y\Big|_{x=0}=0. & (30)\end{cases}$$

这是一个一阶微分方程的初值问题.

方程(29)可化为

$$\frac{dy}{dx}-y=2x,$$

故它是一阶线性非齐次微分方程,其中$P(x)=-1,Q(x)=2x$.因为

$$\int P(x)dx=-x,\quad -\int P(x)dx=x,\quad e^{\int P(x)dx}=e^{-x},\quad e^{-\int P(x)dx}=e^{x},$$

$$\int Q(x)e^{\int P(x)dx}dx=\int 2xe^{-x}dx=2\int xe^{-x}dx=-2\int xde^{-x}$$
$$=-2xe^{-x}+2\int e^{-x}dx=-2xe^{-x}-2e^{-x},$$

所以

$$\left(\int Q(x)e^{\int P(x)dx}dx+C\right)e^{-\int P(x)dx}=(-2xe^{-x}-2e^{-x}+C)e^{x}.$$

根据公式(20),得方程(29)的通解

$$y=Ce^{x}-2x-2.$$

因为$y\Big|_{x=0}=0$,所以

$$-2+C=0,\quad 即\quad C=2.$$

于是,所求的曲线方程为

$$y=2(e^{x}-x-1).$$

习 题 5-2

1. 求下列微分方程的通解:

(1) $ydy=xdx$;

(2) $ydx=xdy$;

(3) $(x+xy^{2})dx+(y-x^{2}y)dy=0$;

(4) $\dfrac{dy}{dx}=e^{x+y}$;

(5) $xy'-y\ln y=0$;

(6) $\sec^{2}x\tan y\,dx+\sec^{2}y\tan x\,dy=0$;

(7) $(e^{x+y}-e^{x})dx+(e^{x+y}+e^{y})dy=0$.

2. 求下列微分方程的通解：

(1) $y'=\frac{y}{x}+\tan\frac{y}{x}$；　　(2) $(x+y)y'+(x-y)=0$；

(3) $(x^2+y^2)dx-xydy=0$；　　(4) $2x^3y'=y(2x^2-y^2)$.

3. 求下列一阶线性微分方程的通解：

(1) $\frac{dy}{dx}+y=0$；　　(2) $\frac{dy}{dx}+y=e^{-x}$；

(3) $xy'+2y=x$；　　(4) $ydx+(x-y^3)dy=0$.

4. 求下列微分方程满足所给初始条件的特解：

(1) $(y+3)dx+\cot x\,dy=0, y\big|_{x=0}=1$；　　(2) $y'\sin^2x=y\ln y, y\big|_{x=\frac{\pi}{2}}=e$；

(3) $\cos y\,dx+(1+e^{-x})\sin y\,dy=0, y\big|_{x=0}=\frac{\pi}{4}$；

(4) $y'=\frac{x}{y}+\frac{y}{x}, y\big|_{x=1}=2$；　　(5) $\frac{dy}{dx}+3y=8, y\big|_{x=0}=2$.

§3 可降阶的二阶微分方程

上一节我们讨论了几种一阶微分方程的解法. 很自然，对于二阶及二阶以上微分方程，我们希望通过降阶将它们转化为一阶微分方程来求解.

二阶导数已解出的二阶微分方程的一般形式为

$$y''=f(x,y,y').$$

在这一节中，我们将讨论下列三种可降阶的二阶微分方程的解法：

$$y''=f(x),\quad y''=f(x,y'),\quad y''=f(y,y').$$

3.1 $y''=f(x)$型微分方程

设微分方程 $y''=f(x)$. 这类方程的特点是：解出的未知函数的二阶导数不显含 y, y'. 我们可以用直接积分的方法求解这类方程.

例 1 求微分方程 $y''=e^{3x}-\sin x$ 的通解.

解 对该方程两边连续积分两次，得

$$y'=\frac{1}{3}e^{3x}+\cos x+C_1,$$

$$y=\frac{1}{9}e^{3x}+\sin x+C_1x+C_2.$$

这就是该方程的通解(二阶微分方程的通解含有两个相互独立的任意常数).

例 2 一个质量为 m 的质点受力 F 的作用沿 x 轴做直线运动. 设力 F 是时间 t 的函数：$F=F(t)$，且在 $t=0$ 时，$F(0)=F_0$；随着时间 t 的增大，力 F 均匀地减小，直到 $t=T$ 时，$F(T)=0$. 如果开始时该质点位于原点，且初速度为零，求这个质点的运动规律.

分析 质点在外力作用下的运动遵循牛顿第二定律. 这一定律本身就是一个微分方程，它是建立这类方程的依据.

解 设 $x=x(t)$ 表示 t 时刻该质点的位置.根据牛顿第二定律,有

$$m\frac{\mathrm{d}^2x}{\mathrm{d}t^2}=F(t). \tag{1}$$

根据题意,$F=F(t)$ 随着 t 的增加而均匀地减少,且当 $t=0$ 时,$F(0)=F_0$,故

$$F(t)=F_0-kt,$$

其中 k 为某个常数.又当 $t=T$ 时,$F(T)=0$,所以

$$F_0-kT=0,\quad 从而\quad k=\frac{F_0}{T}.$$

因此

$$F(t)=F_0-\frac{F_0}{T}t=F_0\left(1-\frac{1}{T}t\right).$$

将上式代入(1)式,得

$$m\frac{\mathrm{d}^2x}{\mathrm{d}t^2}=F_0\left(1-\frac{1}{T}t\right),$$

即

$$\frac{\mathrm{d}^2x}{\mathrm{d}t^2}=\frac{F_0}{m}-\frac{F_0}{mT}t. \tag{2}$$

又因开始时,即 $t=0$ 时,该质点位于原点,初速度为零,故有

$$\begin{cases}x(0)=0, & (3)\\ x'(0)=0. & (4)\end{cases}$$

(2),(3),(4)三式构成一个二阶微分方程的初值问题.

对(2)式两边积分,得

$$x'(t)=\frac{F_0}{m}t-\frac{F_0}{2mT}t^2+C_1.$$

代入初始条件(4),得 $C_1=0$.故

$$x'(t)=\frac{F_0}{m}t-\frac{F_0}{2mT}t^2. \tag{5}$$

对(5)式两边积分,得

$$x(t)=\frac{F_0}{2m}t^2-\frac{F_0}{6mT}t^3+C_2.$$

将初始条件(3)代入,得 $C_2=0$.于是,所求的质点运动规律为

$$x(t)=\frac{F_0}{m}\left(\frac{t^2}{2}-\frac{t^3}{6T}\right)\quad(0\leqslant t\leqslant T).$$

3.2 $y''=f(x,y')$ 型微分方程

设微分方程

$$y''=f(x,y'). \tag{6}$$

这类方程的特点是:解出的未知函数的二阶导数不显含未知函数 y.其解法是:做变换,令 $p=y'(x)$,即 p 是 x 的未知函数,则 $y''=p'$,从而方程(6)转化为

$$p'=f(x,p).$$

这是以 x 为自变量,p 为未知函数的一阶微分方程,设其通解为

$$p=\Phi(x,C_1).$$

由 $p=y'$，又得一个一阶微分方程

$$\frac{\mathrm{d}y}{\mathrm{d}x}=\Phi(x,C_1).$$

对它积分即得方程(6)的通解.

例 3 求二阶微分方程 $y''=y'+x$ 的通解.

解 所给的微分方程属于 $y''=f(x,y')$ 型. 令 $p=y'$，则 $y''=p'$. 代入原方程，得

$$p'=p+x,$$

即

$$p'-p=x. \tag{7}$$

这是一个以 x 为自变量，p 为未知函数的一阶线性非齐次微分方程. 它对应的齐次微分方程是

$$p'-p=0.$$

这是一个可分离变量的微分方程. 分离变量得

$$\frac{\mathrm{d}p}{p}=\mathrm{d}x,$$

两边积分得

$$\ln p=x+\ln C_1,\quad 即\quad p=C_1\mathrm{e}^x.$$

应用常数变易法，令

$$p=u(x)\mathrm{e}^x, \tag{8}$$

则

$$p'=u'(x)\mathrm{e}^x+u(x)\mathrm{e}^x. \tag{9}$$

将(8)，(9)两式代入方程(7)，得

$$u'(x)\mathrm{e}^x=x,\quad 即\quad u'(x)=x\mathrm{e}^{-x},$$

积分得

$$\begin{aligned}u(x)&=\int x\mathrm{e}^{-x}\mathrm{d}x=-\int x\mathrm{d}\mathrm{e}^{-x}=-\left(x\mathrm{e}^{-x}-\int\mathrm{e}^{-x}\mathrm{d}x\right)\\&=-x\mathrm{e}^{-x}-\mathrm{e}^{-x}+C_1,\end{aligned}$$

于是得方程(7)的通解

$$p=(-x\mathrm{e}^{-x}-\mathrm{e}^{-x}+C_1)\mathrm{e}^x=C_1\mathrm{e}^x-(x+1).$$

将 $p=y'$代入上式，得

$$y'=C_1\mathrm{e}^x-(x+1),$$

再积分得原方程的通解

$$y=C_1\mathrm{e}^x-\frac{x^2}{2}-x+C_2.$$

例 4 求微分方程$(1+x^2)y''=2xy'$ 满足初始条件 $y\big|_{x=0}=1$，$y'\big|_{x=0}=3$ 的特解.

解 所给的微分方程属于 $y''=f(x,y')$ 型. 令 $p=y'$，则 $y''=p'$. 代入原方程，得

$$(1+x^2)p'=2xp.$$

这是一个以 x 为自变量，p 为未知函数的可分离变量的微分方程. 分离变量得

$$\frac{\mathrm{d}p}{p}=\frac{2x}{1+x^2}\mathrm{d}x,$$

两边积分得

$$\ln p=\ln(1+x^2)+\ln C_1,\quad 即\quad p=C_1(1+x^2).$$

根据初始条件 $y'\big|_{x=0}=3$,得 $C_1=3$. 于是有

$$p=3(1+x^2).$$

将 $p=y'$ 代入上式,得

$$y'=3(1+x^2),$$

再积分得

$$y=3x+x^3+C_2.$$

根据初始条件 $y\big|_{x=0}=1$,得 $C_2=1$. 于是,原方程满足所给初始条件的特解为

$$y=3x+x^3+1.$$

3.3 $y''=f(y,y')$ 型微分方程

设微分方程 $y''=f(y,y')$. 这类方程的特点是:解出的未知函数的二阶导数不显含自变量 x. 为了降阶,我们令

$$p=y'. \tag{10}$$

此时 $p=p(y)$ 看作关于 y 的未知函数,利用复合函数求导法则,得

$$y''=\frac{\mathrm{d}y'}{\mathrm{d}x}=\frac{\mathrm{d}p}{\mathrm{d}y}\cdot\frac{\mathrm{d}y}{\mathrm{d}x}=p\frac{\mathrm{d}p}{\mathrm{d}y}. \tag{11}$$

将(10),(11)两式代入原方程得

$$p\frac{\mathrm{d}p}{\mathrm{d}y}=f(y,p).$$

这是一个以 y 为自变量,p 为未知函数的一阶微分方程.

例 5 求微分方程 $yy''-(y')^2=0$ 的通解.

解 所给的微分方程不显含自变量 x,它是一个 $y''=f(y,y')$ 型微分方程. 因此,设 $p=y'$,则

$$y''=\frac{\mathrm{d}y'}{\mathrm{d}x}=\frac{\mathrm{d}p}{\mathrm{d}x}=\frac{\mathrm{d}p}{\mathrm{d}y}\cdot\frac{\mathrm{d}y}{\mathrm{d}x}=p\frac{\mathrm{d}p}{\mathrm{d}y}.$$

代入原方程,得

$$yp\frac{\mathrm{d}p}{\mathrm{d}y}-p^2=0.$$

这是一个以 y 为自变量,p 为未知函数的可分离变量的微分方程. 当 $p\neq 0$ 时(若 $p=0$,则 $y=C$ 也是原方程的解),上式两端除以 p,再分离变量得

$$\frac{\mathrm{d}p}{p}=\frac{\mathrm{d}y}{y},$$

两边积分得

$$\ln p=\ln y+\ln C_1,\quad 即\quad p=C_1y,$$

所以

$$y'=C_1y.$$

这是一个一阶线性齐次微分方程. 而一般形式的一阶线性齐次微分方程 $y'+P(x)y=0$ 的通

解公式为 $y=Ce^{-\int P(x)\mathrm{d}x}$，套用这个公式，令 $P(x)=-C_1$，所以原方程的通解为

$$y=C_2e^{C_1x}.$$

习 题 5-3

1. 求下列微分方程的通解：

(1) $y''=x+\sin x$；　　(2) $y''=\dfrac{\ln x}{x^2}$；

(3) $y''=1+(y')^2$；　　(4) $y''=y'+x$；

(5) $xy''+y'=0$；　　(6) $y''=(y')^3+y'$.

2. 求下列微分方程满足所给初始条件的特解：

(1) $y''-a(y')^2=0$，$y\big|_{x=0}=0$，$y'\big|_{x=0}=-1$；

(2) $y^3y''+1=0$，$y\big|_{x=1}=1$，$y'\big|_{x=1}=0$；

(3) $y''=3\sqrt{y}$，$y\big|_{x=0}=1$，$y'\big|_{x=0}=2$.

§4 二阶线性微分方程解的结构

二阶线性微分方程的一般形式是

$$y''+p(x)y'+q(x)y=f(x), \tag{1}$$

其中 $p(x)$，$q(x)$，$f(x)$都是 x 的已知函数. 这里的线性，是指微分方程关于未知函数 y 及其一阶导数 y'、二阶导数 y'' 都是一次的(注意：对 x 不要求是线性的). 如果右端项 $f(x)\neq 0$，则称方程(1)为**二阶线性非齐次微分方程**；如果右端项 $f(x)\equiv 0$，则方程(1)化为

$$y''+p(x)y'+q(x)y=0, \tag{2}$$

我们称它为**二阶线性齐次微分方程**，也称它为方程(1)对应的齐次微分方程. 为了说明二阶线性微分方程解的结构，我们先介绍两个函数线性相关的概念.

4.1 两个函数的线性相关性

设 $y_1(x)$，$y_2(x)$为定义在区间 I 上的函数. 如果存在常数 λ，使得对于一切 $x\in I$，恒有

$$y_2(x)=\lambda y_1(x) \quad 或 \quad y_1(x)=\lambda y_2(x),$$

则称 $y_1(x)$，$y_2(x)$在区间 I 上**线性相关**；否则，称它们**线性无关**.

在实际检验两个函数是否线性相关时，经常通过检查两个函数之比得到. 若两个函数之比恒等于常数，则这两个函数线性相关；若两个函数之比不恒等于常数，则这两个函数线性无关.

例 1 判断下列函数组在其定义区间上的线性相关性：

1) 1，$\sin kx$ (k 为非零整数)；　　2) $3\sin x\cos x$，$\sin 2x$；

3) $e^{\lambda_1 x}$，$e^{\lambda_2 x}$ (λ_1，λ_2 为常数且 $\lambda_1\neq\lambda_2$)；　　4) $\sin kx$，$\cos kx$ (k 为非零整数).

解 1) 因为 $\dfrac{\sin kx}{1}$ 在$(-\infty,+\infty)$上不恒等于常数，所以函数组 1，$\sin kx$ 在$(-\infty,+\infty)$上线性无关.

2) 因为 $3\sin x\cos x=\frac{3}{2}\sin 2x$ 在 $(-\infty,+\infty)$ 上不恒等于常数,所以函数组 $3\sin x\cos x$, $\sin 2x$ 在 $(-\infty,+\infty)$ 上线性相关.

3) 因为当 $\lambda_1\neq\lambda_2$ 时, $\frac{e^{\lambda_1 x}}{e^{\lambda_2 x}}=e^{(\lambda_1-\lambda_2)x}$ 在 $(-\infty,+\infty)$ 上不恒等于常数,所以函数组 $e^{\lambda_1 x}$, $e^{\lambda_2 x}$ 在 $(-\infty,+\infty)$ 上线性无关.

4) 因为 $\frac{\sin kx}{\cos kx}=\tan kx$ 在 $(-\infty,+\infty)$ 上不恒等于常数,所以函数组 $\sin kx$, $\cos kx$ 在 $(-\infty,+\infty)$ 上线性无关.

请思考函数组 $e^x\cos 3x$, $e^x\sin 3x$ 在 $(-\infty,+\infty)$ 上的线性相关性.

4.2 二阶线性齐次微分方程解的结构

定理1 设 $y_1(x)$, $y_2(x)$ 都是二阶线性齐次微分方程(2)的解,则对于任意常数 C_1, C_2,

$$y=C_1y_1(x)+C_2y_2(x) \tag{3}$$

都是方程(2)的解.

证 将(3)式代入方程(2)左边,得

$$\begin{aligned}&(C_1y_1(x)+C_2y_2(x))''+p(x)(C_1y_1(x)+C_2y_2(x))'+q(x)(C_1y_1(x)+C_2y_2(x))\\&=C_1y_1''+C_2y_2''+C_1p(x)y_1'+C_2p(x)y_2'+C_1q(x)y_1+C_2q(x)y_2\\&=C_1(y_1''+p(x)y_1'+q(x)y_1)+C_2(y_2''+y_2'p(x)+y_2q(x)).\end{aligned}$$

由于 $y_1(x)$, $y_2(x)$ 都是方程(2)的解,故上式右边两项都恒等于零,因而整个式子恒等于零.这表明,(3)式是方程(2)的解.

表面上看,(3)式包含两个任意常数,但它不一定是方程(2)的通解.这是因为,如果存在常数 k,使得 $y_2(x)=ky_1(x)$ 或 $y_1(x)=ky_2(x)$,即 $y_1(x)$, $y_2(x)$ 线性相关,则

$$y=(C_1+kC_2)y_1(x) \quad 或 \quad y=(C_1+kC_2)y_2(x).$$

记 $C=C_1+kC_2$,从而

$$y=Cy_1(x) \quad 或 \quad y=Cy_2(x),$$

其中只含一个任意常数 C,故它们不是方程(2)的通解.于是,容易想到有下面的定理.

定理2 如果 $y_1(x)$, $y_2(x)$ 是二阶线性齐次微分方程(2)的两个线性无关的解,则

$$y=C_1y_1(x)+C_2y_2(x)$$

就是方程(2)的通解.(证明略)

例2 证明: $y=C_1\sin x+C_2\cos x$ 为二阶线性齐次微分方程 $y''+y=0$ 的通解.

证 令 $y_1(x)=\sin x$,则 $y_1'(x)=\cos x$, $y_1''(x)=-\sin x$.故 $y_1''(x)+y_1(x)=0$,即 $y_1(x)=\sin x$ 是微分方程 $y''+y=0$ 的解.同理, $y_2(x)=\cos x$ 也是微分方程 $y''+y=0$ 的解.又因 $y_1(x)$, $y_2(x)$ 在 $(-\infty,+\infty)$ 上线性无关,故由定理2可知

$$y=C_1\sin x+C_2\cos x$$

为微分方程 $y''+y=0$ 的通解.

4.3 二阶线性非齐次微分方程解的结构

定理3 设 $y^*(x)$ 是二阶线性非齐次微分方程(1)的一个特解, $\bar{y}(x)$ 是方程(1)对应的齐

次微分方程(2)的通解,则

$$y=\bar{y}(x)+y^{*}(x) \tag{4}$$

是方程(1)的通解.

证 将(4)式代入方程(1)的左端,得

$$\begin{aligned}&(\bar{y}(x)+y^{*}(x))''+p(x)(\bar{y}(x)+y^{*}(x))'+q(x)(\bar{y}(x)+y^{*}(x))\\&=(\bar{y}''+p(x)\bar{y}'+q(x)\bar{y})+(y^{*''}+p(x)y^{*'}+q(x)y^{*}).\end{aligned}$$

因为 $\bar{y}(x)$是方程(2)的通解,所以它是方程(2)的解,从而上式右端第一项恒等于零.又因为 $y^{*}(x)$是方程(1)的一个特解,所以上式右端第二项等于 $f(x)$.于是,上式右端两个项之和等于 $f(x)$.故 $y=\bar{y}(x)+y^{*}(x)$是方程(1)的解.又因为 $\bar{y}(x)$是方程(2)的通解,所以 $\bar{y}(x)$中包含两个相互独立任意常数.因此,$y=\bar{y}(x)+y^{*}(x)$是方程(1)的包含两个相互独立任意常数的解,即是方程(1)的通解.

例 3 验证 $y=C_1\cos x+C_2\sin x+x^2-2$ 是二阶线性齐次微分方程 $y''+y=x^2$ 的通解.

证 由例 2 知 $\bar{y}=C_1\cos x+C_2\sin x$ 为微分方程 $y''+y=x^2$ 对应的齐次微分方程的通解.令 $y^{*}(x)=x^2-2$,则

$$y^{*'}(x)=2x,\quad y^{*''}(x)=2.$$

所以

$$y^{*''}(x)+y^{*}(x)=2+x^2-2=x^2.$$

故 $y^{*}(x)=x^2-2$ 是微分方程 $y''+y=x^2$ 的一个特解.根据定理 3,

$$y=\bar{y}(x)+y^{*}(x),\quad 即\quad y=C_1\cos x+C_2\sin x+x^2-2$$

是微分方程 $y''+y=x^2$ 的通解.

例 4 已知函数 $y_1(x)=e^x-x$ 和 $y_2(x)=e^{2x}-x$ 是二阶线性齐次微分方程 $y''+p(x)y'+q(x)y=0$ 的两个特解,$y^{*}=x$ 是二阶线性非齐次微分方程 $y''+p(x)y'+q(x)y=f(x)$的一个特解,求该非齐次微分方程满足初始条件 $y(0)=1,y'(0)=3$ 的特解.

解 容易验证

$$\frac{y_1(x)}{y_2(x)}=\frac{e^x-x}{e^{2x}-x}\neq 常数,$$

因而函数 $y_1(x)$和 $y_2(x)$是二阶线性齐次微分方程 $y''+p(x)y'+q(x)y=0$ 的两个线性无关的解,于是由定理 2 可知

$$\bar{y}=C_1(e^x-x)+C_2(e^{2x}-x)$$

是该齐次微分方程的通解.

由于 $y^{*}=x$ 是二阶线性非齐次微分方程 $y''+p(x)y'+q(x)y=f(x)$的一个特解,根据定理 3,该非齐次微分方程的通解为

$$y=\bar{y}+y^{*}=C_1(e^x-x)+C_2(e^{2x}-x)+x.$$

由此得

$$y'=C_1(e^x-1)+C_2(2e^{2x}-1)+1.$$

由初始条件 $y(0)=1,y'(0)=3$ 可得

$$y(0)=C_1+C_2=1,\quad 且\quad y'(0)=C_2+1=3,$$

进而得

$$C_1=-1,\quad C_2=2,$$

因此该非齐次微分方程满足指定初始条件的特解是

$$y=(-1)(e^x-x)+2(e^{2x}-x)+x=2e^{2x}-e^x.$$

定理 4(叠加原理) 若二阶线性非齐次微分方程(1)的右端项为 $f(x)=f_1(x)+f_2(x)$，而 $y_1^*(x),y_2^*(x)$ 分别是微分方程

$$y''+p(x)y'+q(x)y=f_1(x) \tag{5}$$

与

$$y''+p(x)y'+q(x)y=f_2(x) \tag{6}$$

的解，则 $y_1^*(x)+y_2^*(x)$ 是微分方程

$$y''+p(x)y'+q(x)y=f_1(x)+f_2(x) \tag{7}$$

或

$$y''+p(x)y'+q(x)y=f(x) \tag{7$'$}$$

的解.

证 将 $y_1^*(x)+y_2^*(x)$ 代入方程(7)的左端，得

$$\begin{aligned}&(y_1^*(x)+y_2^*(x))''+p(x)(y_1^*(x)+y_2^*(x))'+q(x)(y_1^*(x)+y_2^*(x))\\&=(y_1^{*\prime\prime}+p(x)y_1^{*\prime}+q(x)y_1^*)+(y_2^{*\prime\prime}+p(x)y_2^{*\prime}+q(x)y_2^*).\end{aligned}$$

因为 $y_1^*(x),y_2^*(x)$ 分别为方程(5)和(6)的解，所以上式右端第一项等于 $f_1(x)$，第二项等于 $f_2(x)$. 故上式右端等于 $f_1(x)+f_2(x)=f(x)$. 因此，$y_1^*(x)+y_2^*(x)$ 是方程(7)或(7)$'$的解.

习 题 5-4

1. 判别下列函数组在其定义区间上的线性相关性：

(1) $x,\sin x$； (2) xe^x,e^x； (3) $1-\cos 2x,\sin^2 x$；

(4) e^x,e^{2x}； (5) $e^x\sin x,e^x\cos x$.

2. 验证 $y_1=\cos\omega x$ 及 $y_2=\sin\omega x$ 都是微分方程 $y''+\omega^2 y=0$(ω 为常数)的解，并写出该方程的通解.

3. 验证 $y_1=e^{x^2}$ 及 $y_2=xe^{x^2}$ 都是微分方程 $y''-4xy'+(4x^2-2)y=0$ 的解，并写出该方程的通解.

4. 验证 $y=C_1x^5+\dfrac{C_2}{x}-\dfrac{x^2}{9}\ln x$ 是微分方程 $x^2y''-3xy'-5y=x^2\ln x$ 的通解.

§5 二阶常系数线性微分方程

5.1 有关一元二次方程根的一些结论

给定一元二次方程 $x^2+px+q=0$(p,q 为常数)，则有求根公式

$$x_1=\frac{-p+\sqrt{p^2-4q}}{2}=-\frac{p}{2}+\frac{\sqrt{\Delta}}{2},\quad x_2=\frac{-p-\sqrt{p^2-4q}}{2}=-\frac{p}{2}-\frac{\sqrt{\Delta}}{2},$$

其中 $\Delta=p^2-4q$ 称为这个一元二次方程根的判别式，且有韦达(Vieta)定理成立：

$$x_1+x_2=-p,\quad x_1x_2=q,$$

并有因式分解公式

$$x^2+px+q=(x-x_1)(x-x_2).$$

在求方程 $x^2+px+q=0$ 的根时,若能很容易做出因式分解

$$x^2+px+q=(x-a)(x-b),$$

则 $x_1=a,x_2=b$ 就是该方程的根;当因式分解不易做出时,才使用求根公式.

如果判别式 $\Delta=p^2-4q>0$,则由求根公式可知方程 $x^2+px+q=0$ 有两个不相等的实根 x_1,x_2,也称 x_1,x_2 是该方程的两个单根.例如,对于方程 $x^2-x-6=0$,做因式分解得

$$x^2-x-6=(x-3)(x+2),$$

于是 $x_1=3,x_2=-2$ 是该方程的两个不相等的实根,它们都是单根.或者利用求根公式,此时判别式 $\Delta=1+24=25>0$,则

$$x_1=\frac{1+\sqrt{25}}{2}=3,\quad x_2=\frac{1-\sqrt{25}}{2}=-2.$$

如果判别式 $\Delta=p^2-4q=0$,则由求根公式可知方程 $x^2+px+q=c$ 有两个相等的实根 $x_1=x_2=-\dfrac{p}{2}$,此时因式分解为

$$x^2+px+q=\left(x+\frac{p}{2}\right)^2,$$

也称 x_1(或 x_2)为该方程的二重根.例如,对于方程 $x^2+2\sqrt{2}x+2=0$,利用求根公式,此时判别式 $\Delta=8-8=0$,则

$$x_1=\frac{-2\sqrt{2}+\sqrt{0}}{2}=-\sqrt{2},\quad x_2=\frac{-2\sqrt{2}-\sqrt{0}}{2}=-\sqrt{2}.$$

因此,该方程有二重根 $x_1=x_2=-\sqrt{2}$.显然,也有因式分解 $x^2+2\sqrt{2}x+2=(x+\sqrt{2})^2$.

如果判别式 $\Delta=p^2-4q<0$,从实数的角度看 $\sqrt{p^2-4q}=\sqrt{\Delta}$ 没有了意义,而 $\sqrt{-\Delta}$ 是有意义的.此时,引入一个记号 $\mathrm{i}=\sqrt{-1}$,称之为虚数单位.于是 $\mathrm{i}^2=-1$,从而有形式演算 $\sqrt{\Delta}=\sqrt{(-\Delta)\cdot(-1)}=\sqrt{-\Delta}\cdot\sqrt{-1}=\sqrt{-\Delta}\,\mathrm{i}$.在这样一种规定下,$\sqrt{\Delta}=\sqrt{-\Delta}\,\mathrm{i}$ 称为纯虚数.例如,当 $\Delta=-4$ 时,$\sqrt{-4}=\sqrt{4}\,\mathrm{i}=2\mathrm{i}$;当 $\Delta=-9$ 时,$\sqrt{-9}=3\mathrm{i}$;等等.

由求根公式可知

$$x_1=-\frac{p}{2}+\frac{\sqrt{-\Delta}}{2}\mathrm{i},\quad x_2=-\frac{p}{2}-\frac{\sqrt{-\Delta}}{2}\mathrm{i}.$$

记实数 $\alpha=-\dfrac{p}{2},\beta=\dfrac{\sqrt{-\Delta}}{2}$,则方程 $x^2+px+q=0$ 的两个根可表示为 $x_1=\alpha+\beta\mathrm{i},x_2=\alpha-\beta\mathrm{i}$,称之为该方程的一对共轭复根.此时,韦达定理仍然成立:

$$\begin{aligned}&x_1+x_2=2\alpha=-p,\\&x_1x_2=(\alpha+\beta\mathrm{i})(\alpha-\beta\mathrm{i})=\alpha^2-(\beta\mathrm{i})^2=\alpha^2-\beta^2\mathrm{i}^2\\&\qquad=\alpha^2+\beta^2=\frac{p^2}{4}+\frac{4q-p^2}{4}=q.\end{aligned}$$

例如,对于方程 $x^2+2x+5=0$,利用求根公式,此时 $\Delta=4-20=-16<0$,则

$$x_1=\frac{-2+\sqrt{-16}}{2}=\frac{-2+4\mathrm{i}}{2}=-1+2\mathrm{i},\quad x_2=\frac{-2-\sqrt{-16}}{2}=\frac{-2-4\mathrm{i}}{2}=-1-2\mathrm{i},$$

它们是该方程的一对共轭复根.

5.2 二阶常系数线性齐次微分方程

在二阶线性齐次微分方程 $y''+p(x)y'+q(x)y=0$ 中,如果 $p(x)=p$,$q(x)=q$ 都为常数,则称此方程为**二阶常系数线性齐次微分方程**.解这类方程的方法是特征根法,它是将解微分方程的问题转化为求一元二次方程根的问题.

为了求解二阶常系数线性齐次微分方程

$$y''+py'+qy=0, \tag{1}$$

先看一阶常系数线性齐次微分方程

$$y'+ky=0 \quad (k\ 为常数),$$

其通解为

$$y=Ce^{-kx}.$$

受此启发,我们设方程(1)的一个解为

$$y=e^{rx}, \tag{2}$$

其中常数 r 待定,则

$$y'=re^{rx},\quad y''=r^2e^{rx}. \tag{3}$$

代入方程(1),得 r 满足的方程

$$r^2e^{rx}+pre^{rx}+qe^{rx}=0.$$

因为 $e^{rx}\neq 0$,在上式两端除以 e^{rx},可知 r 必满足一元二次方程

$$r^2+pr+q=0. \tag{4}$$

称方程(4)为方程(1)的**特征方程**,并称方程(4)的根为方程(1)的**特征根**.这样,求方程(1)的解的问题就归结为求它的特征方程(一个一元二次方程)的根的问题.

下面介绍如何根据特征方程(4)的判别式的三种情形,求出方程(1)的通解.

1) $p^2-4q>0$ 的情形.

这时,特征方程(4)有两个不相等的实根,设为 $r_1,r_2(r_1\neq r_2)$,则

$$y_1=e^{r_1x},\quad y_2=e^{r_2x}$$

为方程(1)的两个线性无关的解.根据§4中的定理2,方程(1)的通解为

$$y=C_1e^{r_1x}+C_2e^{r_2x}.$$

2) $p^2-4q<0$ 的情形.

这时,特征方程(4)有一对共轭复根,设为 $\alpha\pm i\beta(\beta\neq 0)$($\alpha,\beta$ 为实数).由此构造两个函数

$$y_1=e^{\alpha x}\cos\beta x,\quad y_2=e^{\alpha x}\sin\beta x.$$

先看 y_1.我们有

$$\begin{aligned}y_1'&=\alpha e^{\alpha x}\cos\beta x-\beta e^{\alpha x}\sin\beta x=e^{\alpha x}(\alpha\cos\beta x-\beta\sin\beta x),\\ y_1''&=\alpha e^{\alpha x}(\alpha\cos\beta x-\beta\sin\beta x)+e^{\alpha x}(-\alpha\beta\sin\beta x-\beta^2\cos\beta x)\\ &=e^{\alpha x}[(\alpha^2-\beta^2)\cos\beta x-2\alpha\beta\sin\beta x].\end{aligned}$$

将以上结果代入方程(1)的左端,得

$$\begin{aligned}y_1''+py_1'+qy_1&=e^{\alpha x}[(\alpha^2-\beta^2)\cos\beta x-2\alpha\beta\sin\beta x]+pe^{\alpha x}(\alpha\cos\beta x-\beta\sin\beta x)+qe^{\alpha x}\cos\beta x\\ &=e^{\alpha x}[(\alpha^2-\beta^2)\cos\beta x-2\alpha\beta\sin\beta x+p(\alpha\cos\beta x-\beta\sin\beta x)+q\cos\beta x]\\ &=e^{\alpha x}[(\alpha^2-\beta^2+p\alpha+q)\cos\beta x-(2\alpha\beta+p\beta)\sin\beta x].\end{aligned}$$

由共轭复根时的韦达定理有 $p=-2\alpha, q=\alpha^2+\beta^2$，可得 $\alpha^2-\beta^2+p\alpha+q=0$ 及 $2\alpha\beta+p\beta=0$，于是有

$$y_1''+py_1'+qy_1=e^{\alpha x}(0\cdot\cos\beta x-0\cdot\sin\beta x)=0.$$

所以，y_1 是方程(1)的解. 同理可证 y_2 也是方程(1)的解.

因 $\frac{y_1}{y_2}=\frac{\cos\beta x}{\sin\beta x}\neq$常数，故 y_1 与 y_2 是线性无关的. 根据上一节中的定理2，方程(1)的通解为

$$y=C_1y_1+C_2y_2=e^{\alpha x}(C_1\cos\beta x+C_2\sin\beta x).$$

3) $p^2-4q=0$ 的情形.

这时，特征方程只有二重根 $r=-\frac{p}{2}$，由此只能得到方程(1)的一个特解

$$y_1=e^{rx}=e^{-\frac{p}{2}x}.$$

为了求方程(1)的通解，我们先要求出方程(1)的与 $y_1=e^{-\frac{p}{2}x}$ 线性无关的一个解 y_2.

令 $y_2=xe^{-\frac{p}{2}x}$，下面验证它是方程(1)的另一个解：

$$y_2'=e^{-\frac{p}{2}x}-\frac{p}{2}xe^{-\frac{p}{2}x}=\left(1-\frac{p}{2}x\right)e^{-\frac{p}{2}x}$$

$$y_2''=-\frac{p}{2}e^{-\frac{p}{2}x}-\left(1-\frac{p}{2}x\right)\frac{p}{2}e^{-\frac{p}{2}x}=\left(\frac{p^2}{4}x-p\right)e^{-\frac{p}{2}x}.$$

将它们代入方程(1)，得

$$\begin{aligned}y''_2+py'_2+qy_2&=\left(\frac{p^2}{4}x-p\right)e^{-\frac{p}{2}x}+p\left(1-\frac{p}{2}x\right)e^{-\frac{p}{2}x}+qxe^{-\frac{p}{2}x}\\&=e^{-\frac{p}{2}x}\left[\left(\frac{p^2}{4}x-p\right)+p\left(1-\frac{p}{2}x\right)+qx\right]\\&=-\frac{1}{4}e^{-\frac{p}{2}x}(p^2-4q)x=0.\end{aligned}$$

故 y_2 也是方程(1)的解.

因 $\frac{y_1}{y_2}=\frac{1}{x}\neq$常数，故 y_1 与 y_2 线性无关. 根据§4中的定理2，方程(1)的通解为

$$y=C_1y_1+C_2y_2=(C_1+C_2x)e^{-\frac{p}{2}x}.$$

综上所述，用特征根法求二阶常系数线性齐次微分方程(1)的通解的步骤如下：

1) 写出方程(1)的特征方程 $r^2+pr+q=0$；

2) 求出上述特征方程的两个根 r_1,r_2；

3) 根据特征方程两个根的不同情形，按照表5-1写出方程(1)的通解.

表 5-1

特征方程 $r^2+pr+q=0$ 的两个根 r_1,r_2	微分方程 $y''+py'+qy=0$ 的通解
两个不相等的实根 r_1,r_2(单根)	$y=C_1e^{r_1x}+C_2e^{r_2x}$
一对共轭复根 $r_{1,2}=\alpha\pm i\beta\ (\beta\neq0)$	$y=e^{\alpha x}(C_1\cos\beta x+C_2\sin\beta x)$
二重根 $r_1=r_2=r$	$y=(C_1+C_2x)e^{rx}$

例1 求微分方程 $y''-5y'+6y=0$ 的通解.

解 所给微分方程的特征方程为

$$r^2-5r+6=0.$$

由求根公式得

$$r_{1,2}=\frac{5\pm\sqrt{25-24}}{2}=\frac{5\pm1}{2},$$

则特征方程有两个不相等的实根 $r_1=3,r_2=2$,从而原方程有两个线性无关的解 e^{3x} 和 e^{2x}. 故原方程的通解为

$$y=C_1e^{3x}+C_2e^{2x}.$$

注 用十字相乘法做因式分解来求特征根更为简便,此时特征方程变为

$$(r-3)(r-2)=0.$$

例 2 求微分方程 $y''+4y'+4y=0$ 的通解.

解 所给微分方程的特征方程为

$$r^2+4r+4=0.$$

特征方程可做因式分解 $(r+2)^2=0$,则特征方程有二重根 $r_1=r_2=-2$,从而原方程有两个线性无关的解 e^{-2x} 和 xe^{-2x}. 因此,所求的微分方程通解为

$$y=(C_1+C_2x)e^{-2x}.$$

例 3 求微分方程 $y''+2y'+5y=0$ 的通解.

解 所给微分方程的特征方程为

$$r^2+2r+5=0.$$

由求根公式得特征根

$$r_{1,2}=\frac{-2\pm\sqrt{4-20}}{2}=\frac{-2\pm\sqrt{-16}}{2}=\frac{-2\pm4i}{2}=-1\pm2i,$$

则原方程有两个线性无关的解 $e^{-x}\cos2x$ 和 $e^{-x}\sin2x$. 因此,所求的微分方程通解为

$$y=e^{-x}(C_1\cos2x+C_2\sin2x).$$

*5.3 二阶常系数线性非齐次微分方程

二阶常系数线性非齐次微分方程的一般形式是

$$y''+py'+qy=f(x), \tag{5}$$

其中 p,q 是常数.

根据§4 中的定理 3,二阶线性非齐次微分方程的通解等于它对应的齐次微分方程的通解与它自身的一个特解之和. 在 5.2 小节中已经介绍了二阶常系数线性齐次微分方程通解的求法,所以要求方程(5)的通解,只需再求出它的一个特解即可. 这一小节我们只介绍右端项 $f(x)$ 具有如下形式时,方程(5)的特解 y^* 的求法:

$$f(x)=e^{\lambda x}P_m(x),$$

其中 λ 为实数,$P_m(x)$ 为 m 次多项式,即

$$P_m(x)=a_0x^m+a_1x^{m-1}+a_2x^{m-2}+\cdots+a_{m-1}x+a_m.$$

这里 $a_i(i=0,1,\cdots,m)$ 为常数,$a_0\neq0$.

我们用待定系数法求特解 y^*. 注意到方程(5)的右端项 $f(x)$ 是多项式 $P_m(x)$ 与指数函数 $e^{\lambda x}$ 的乘积,而这类函数的一阶和二阶导数仍然是这类函数,故我们猜测方程(5)有这种类型的特解. 于是,设方程(5)的特解为

$$y^* = e^{\lambda x}Q(x),$$

其中 $Q(x)$ 为多项式.下面的重点是如何选择 $Q(x)$ 的次数及系数.由 $y^* = e^{\lambda x}Q(x)$,则

$$y^{*\prime} = (\lambda Q(x) + Q'(x))e^{\lambda x}, \quad y^{*\prime\prime} = (2\lambda Q'(x) + \lambda^2 Q(x) + Q''(x))e^{\lambda x}.$$

将它们代入方程(5)并化简,得

$$[Q''(x) + (2\lambda + p)Q'(x) + (\lambda^2 + p\lambda + q)Q(x)]e^{\lambda x} = P_m(x)e^{\lambda x}.$$

因 $e^{\lambda x} \neq 0$,故由上式两端除以 $e^{\lambda x}$ 可得

$$Q''(x) + (2\lambda + p)Q'(x) + (\lambda^2 + p\lambda + q)Q(x) = P_m(x). \tag{6}$$

(6)式的左、右两端都是多项式,其中 $P_m(x)$ 是已知的.根据多项式相等的定义,左、右两端同次项的系数必相同,由此就可以确定出多项式 $Q(x)$ 的系数和次数.

1) 如果 λ 不是对应的齐次微分方程

$$y'' + py' + qy = 0 \tag{7}$$

的特征方程 $r^2 + pr + q = 0$ 的根,即 $\lambda^2 + p\lambda + q \neq 0$(也称为零重根),则(6)式左端的最高次项取决于 $Q(x)$,它应是一个 m 次多项式.令

$$Q(x) = b_0x^m + b_1x^{m-1} + b_2x^{m-2} + \cdots + b_{m-1}x + b_m,$$

其中 $b_0, b_1, \cdots, b_m$ 为待定系数.代入(6)式,比较两端 x 的同次项系数,就可求出 b_0, $b_1, \cdots, b_m$.这种方法称为待定系数法.

2) 如果 λ 是对应的齐次微分方程(7)的特征方程 $r^2 + pr + q = 0$ 的单根(也称为一重根),则 $\lambda^2 + p\lambda + q = 0$ 且 $2\lambda + p \neq 0$.于是,(6)式变为

$$Q''(x) + (2\lambda + p)Q'(x) = P_m(x).$$

这时,$Q'(x)$ 为 m 次多项式,则 $Q(x)$ 为 $m+1$ 次多项式,因此可令 $Q(x) = xQ_m(x)$,其中

$$Q_m(x) = b_0x^m + b_1x^{m-1} + b_2x^{m-2} + \cdots + b_{m-1}x + b_m.$$

代入(6)式,用待定系数法可求出 $b_0, b_1, \cdots, b_m$.

3) 如果 λ 是对应的齐次微分方程(7)的特征方程 $r^2 + pr + q = 0$ 的二重根,则 $\lambda^2 + p\lambda + q = 0$ 且 $2\lambda + p = 0$.于是,(6)式变为

$$Q''(x) = P_m(x).$$

这时,$Q''(x)$ 为 m 次多项式,$Q(x)$ 应为 $m+2$ 次多项式,因此可令 $Q(x) = x^2Q_m(x)$,其中

$$Q_m(x) = b_0x^m + b_1x^{m-1} + b_2x^{m-2} + \cdots + b_{m-1}x + b_m.$$

代入(6)式,用待定系数法可求出 $b_0, b_1, \cdots, b_m$.

综上所述,我们有如下结论:

当 $f(x) = P_m(x)e^{\lambda x}$ 时,可设二阶常系数线性非齐次微分方程(5)有形如

$$y^* = Q(x)e^{\lambda x}$$

的特解,其中 $Q(x)$ 是多项式.如果 λ 是方程(5)对应的齐次微分方程的特征方程 $r^2 + pr + q = 0$ 的 $k(k=0,1,2)$ 重根,则方程(5)的特解可设为

$$y^* = x^kQ_m(x)e^{\lambda x}, \tag{8}$$

其中 $Q_m(x) = b_0x^m + b_1x^{m-1} + b_2x^{m-2} + \cdots + b_{m-1}x + b_m$ 是与 $P_m(x)$ 同次的 m 次多项式,其系数 $b_0, b_1, \cdots, b_m$ 可用待定系数法求出.

例 4 求微分方程 $y''+y'-2y=-4x$ 的一个特解.

解 这是二阶常系数线性非齐次微分方程,右端项 $f(x)=-4x$ 属于 $P_m(x)e^{\lambda x}$ 型,其中 $m=1,\lambda=0$.

该非齐次微分方程对应的齐次微分方程为

$$y''+y'-2y=0.$$

此齐次微分方程的特征方程为

$$r^2+r-2=0,$$

则特征根为 $r_1=-2,r_2=1$,它们均不等于零.所以,$\lambda=0$ 不是原方程对应的齐次微分方程的特征根.于是,特解(8)中,$k=0$,即可设原方程的一个特解为

$$y^*=(b_0x+b_1)e^{0x}=b_0x+b_1,$$

其中 b_0,b_1 为待定系数,则

$$y^{*\prime}=b_0,\quad y^{*\prime\prime}=0.$$

代入原方程得

$$b_0-2(b_0x+b_1)=-4x \Longrightarrow -2b_0x+b_0-2b_1=-4x,$$

再比较等式两端 x 的同次项系数得

$$\begin{cases}-2b_0=-4,\\ b_0-2b_1=0.\end{cases}$$

由此求出

$$b_0=2,\quad b_1=1.$$

于是,原方程的一个特解为

$$y^*=2x+1.$$

例 5 求微分方程 $y''+2y'-3y=e^x$ 的通解.

解 这是二阶常系数线性非齐次微分方程.为了求它的通解,先求它所对应的齐次微分方程的通解.

该非齐次微分方程对应的齐次微分方程为

$$y''+2y'-3y=0.$$

此齐次微分方程的特征方程为

$$r^2+2r-3=0,$$

特征根为 $r_1=-3,r_2=1$,故此齐次微分方程的通解为

$$\bar{y}=C_1e^{-3x}+C_2e^x.$$

下面再求原方程的一个特解.原方程的右端项 $f(x)=e^x$ 属于 $P_m(x)e^{\lambda x}$ 型,其中 $m=0,\lambda=1$ 是特征方程的单根(一重根).于是,在特解(8)中,$k=1$,即可设原方程的一个特解为

$$y^*=b_0xe^x,$$

其中 b_0 为待定系数,则

$$y^{*\prime}=(b_0x+b_0)e^x,\quad y^{*\prime\prime}=(b_0x+2b_0)e^x.$$

将它们代入原方程,得

$$(b_0x+2b_0)e^x+2(b_0x+b_0)e^x-3b_0xe^x=e^x \Longrightarrow 4b_0e^x=e^x.$$

解得 $b_0=\frac{1}{4}$. 因此,原方程的一个特解为

$$y^*=\frac{1}{4}xe^x.$$

于是,原方程的通解为

$$y=\bar{y}+y^*,\quad 即\quad y=C_1e^{-3x}+C_2e^x+\frac{1}{4}xe^x.$$

例6 求微分方程 $y''-4y'+4y=(2x+1)e^{2x}$ 的通解.

解 先求该方程对应的齐次微分方程 $y''-4y'+4y=0$ 的通解.

该方程对应的齐次微分方程的特征方程为 $r^2-4r+4=0$,特征根为 $r_1=r_2=2$(二重根),所以此齐次微分方程的通解为

$$\bar{y}=(C_1+C_2x)e^{2x}.$$

原方程的右端项 $f(x)=(2x+1)e^{2x}$ 属于 $f(x)=P_m(x)e^{\lambda x}$ 型,其中 $m=1,\lambda=2$ 为对应的齐次微分方程的二重特征根. 于是,在特解(8)中,$k=2$,即可设原方程的一个特解为

$$y^*=x^2(b_0x+b_1)e^{2x}=(b_0x^3+b_1x^2)e^{2x},$$

其中 b_0,b_1 为待定系数,则

$$y^{*\prime}=[2b_0x^3+(3b_0+2b_1)x^2+2b_1x]e^{2x},$$

$$y^{*\prime\prime}=[4b_0x^3+(12b_0+4b_1)x^2+(6b_0+8b_1)x+2b_1]e^{2x}.$$

将它们代入原方程,得

$$\{[4b_0x^3+(12b_0+4b_1)x^2+(6b_0+8b_1)x+2b_1]-4[2b_0x^3+(3b_0+2b_1)x^2+2b_1x]$$
$$+4(b_0x^3+b_1x^2)\}e^{2x}=(2x+1)e^{2x},$$

化简后得

$$(6b_0x+2b_1)e^{2x}=(2x+1)e^{2x}\Longrightarrow 6b_0x+2b_1=2x+1,$$

再比较等式两端 x 的同次项系数,得 $6b_0=2,2b_1=1$,于是

$$b_0=\frac{1}{3},\quad b_1=\frac{1}{2}.$$

所以,原方程的一个特解为

$$y^*=x^2\left(\frac{1}{3}x+\frac{1}{2}\right)e^{2x},$$

从而原方程的通解为

$$y=(C_1+C_2x)e^{2x}+x^2\left(\frac{1}{3}x+\frac{1}{2}\right)e^{2x}.$$

习 题 5-5

1. 求下列二阶常系数线性齐次微分方程的通解:

(1) $y''+y'-2y=0$;　　(2) $y''-4y'=0$;

(3) $y''+6y'+13y=0$;　　(4) $y''+y=0$;

(5) $4y''-20y'+25y=0$.

*2. 求下列二阶常系数线性非齐次微分方程的通解：

(1) $2y''+y'-y=2e^x$；　(2) $2y''+5y'=5x^2-2x-1$；

(3) $y''+5y'+4y=3-2x$；　(4) $y''+3y'+2y=3xe^{-x}$；

(5) $y''-6y'+9y=(x+1)e^{3x}$.

3. 求下列微分方程满足所给初始条件的特解：

(1) $y''-4y'+3y=0$, $y\big|_{x=0}=6$, $y'\big|_{x=0}=10$；

(2) $4y''+4y'+y=0$, $y\big|_{x=0}=2$, $y'\big|_{x=0}=0$；

(3) $y''-3y'-4y=0$, $y\big|_{x=0}=0$, $y'\big|_{x=0}=-5$；

(4) $y''+4y'+29y=0$, $y\big|_{x=0}=0$, $y'\big|_{x=0}=15$；

*(5) $y''-3y'+2y=5$, $y\big|_{x=0}=1$, $y'\big|_{x=0}=2$.

常微分方程内容小结

微分方程是高等数学的一个重要组成部分，它在科学研究及工程技术中有广泛的应用.本章介绍微分方程的基本概念和一些简单微分方程的解法.

一、微分方程的基本概念

1) **微分方程** 称表示未知函数、未知函数的导数(偏导数)或微分以及自变量之间关系的方程为微分方程.

2) **微分方程的阶** 称微分方程中出现的未知函数最高阶导数的阶数为微分方程的阶.

3) **微分方程的解** 如果把函数 $y=y(x)$ 及其各阶导数代入微分方程中，能使微分方程成为恒等式，则称 $y=y(x)$ 为微分方程的解.

4) **微分方程的通解** n 阶微分方程的含有 n 个相互独立任意常数的解，称为微分方程的通解.

5) **微分方程的特解** 微分方程的通解中确定了任意常数而得到的解，称为微分方程的特解.

6) **初值问题** 设 $y_0, y_0', \cdots, y_0^{(n-1)}$ 为一组确定的数值.求 n 阶微分方程满足初始条件 $y\big|_{x=x_0}=y_0, y'\big|_{x=x_0}=y_0', \cdots, y^{(n-1)}\big|_{x=x_0}=y_0^{(n-1)}$ 的特解的问题叫作微分方程的初值问题.

二、三种一阶微分方程的标准形及其解法

1. 可分离变量的微分方程

标准形 $y'=f(x)g(y)$.

解法 分离变量得

$$\frac{dy}{g(y)}=f(x)dx,$$

两边积分得

$$\int\frac{dy}{g(y)}=\int f(x)dx+C.$$

2. 齐次方程

标准形 $y'=\varphi\left(\frac{y}{x}\right)$.

解法 令 $u=\frac{y}{x}$,则 $y=ux$, $\frac{\mathrm{d}y}{\mathrm{d}x}=u+x\frac{\mathrm{d}u}{\mathrm{d}x}$,从而原方程化为以 x 为自变量,u 为未知函数的可分离变量的微分方程 $x\frac{\mathrm{d}u}{\mathrm{d}x}=\varphi(u)-u$. 解之.

3. 一阶线性微分方程

标准形 $\frac{\mathrm{d}y}{\mathrm{d}x}+P(x)y=Q(x)$.

解法 1 常数变易法.

先解原方程对应的齐次微分方程 $\frac{\mathrm{d}y}{\mathrm{d}x}+P(x)y=0$,得其通解 $y=C\mathrm{e}^{-\int P(x)\mathrm{d}x}$;再将其中的常数 C 换成函数 $u(x)$,即令

$$y=u(x)\mathrm{e}^{-\int P(x)\mathrm{d}x}; \tag{1}$$

最后,代入原方程,求出 $u(x)$,再代入(1)式即得原方程的通解.

解法 2 公式法.

方程(1)的通解为

$$y=\mathrm{e}^{-\int P(x)\mathrm{d}x}\left(\int Q(x)\mathrm{e}^{\int P(x)\mathrm{d}x}\mathrm{d}x+C\right).$$

三、三种可降阶的二阶微分方程及其解法

1) **标准形** $y''=f(x)$.

解法 直接积分两次即可得结果.

2) **标准形** $y''=f(x,y')$ (y'' 已解出,其中不显含 y).

解法 令 $p=y'$,代入原方程,则原方程化为以 x 为自变量,p 为未知函数的一阶微分方程 $\frac{\mathrm{d}p}{\mathrm{d}x}=f(x,p)$. 解之.

3) **标准形** $y''=f(y,y')$ (y'' 已解出,其中不显含 x).

解法 令 $p=y'$,将 p 看作 y 的函数 $p=p(y)$,则 $y''=\frac{\mathrm{d}y'}{\mathrm{d}x}=\frac{\mathrm{d}p}{\mathrm{d}x}=\frac{\mathrm{d}p}{\mathrm{d}y}\cdot\frac{\mathrm{d}y}{\mathrm{d}x}=p\frac{\mathrm{d}p}{\mathrm{d}y}$. 代入原方程,则原方程化为以 y 为自变量,p 为未知函数的一阶微分方程 $p\frac{\mathrm{d}p}{\mathrm{d}y}=f(y,p)$. 解之.

四、二阶线性微分方程解的性质与结构

1. 二阶线性齐次微分方程解的性质

二阶线性齐次微分方程

$$y''+p(x)y'+q(x)y=0 \tag{2}$$

的解有如下性质:

设 $y_1(x)$, $y_2(x)$都是方程(2)的解,则对于任意常数 C_1,C_2,

$$y=C_1y_1(x)+C_2y_2(x)$$

都是方程(2)的解.

2. 二阶线性齐次微分方程解的结构

如果 $y_1(x)$，$y_2(x)$是方程(2)的两个线性无关的解，则方程(2)的通解为

$$y=C_1y_1(x)+C_2y_2(x).$$

3. 二阶线性非齐次微分方程解的结构

设 y^* 是二阶线性非齐次微分方程

$$y''+p(x)y'+q(x)y=f(x) \tag{3}$$

的一个特解，$C_1y_1(x)+C_2y_2(x)$是方程(3)所对应的齐次微分方程的通解，则

$$y=y^*+C_1y_1(x)+C_2y_2(x)$$

为方程(3)的通解.

五、二阶常系数线性微分方程通解的求法

1. 二阶常系数线性齐次微分方程的解法

标准形 $y''+py'+qy=0.$ (4)

解法 特征根法.

写出方程(4)的特征方程

$$r^2+pr+q=0. \tag{5}$$

根据特征方程根的不同情况，写出方程(4)的通解，公式如表 5-2 所示.

表 5-2

特征方程 $r^2+pr+q=0$ 的两个根 r_1,r_2	微分方程 $y''+py'+qy=0$ 的通解
两个不相等的实根 r_1,r_2(单根)	$y=C_1e^{r_1x}+C_2e^{r_2x}$
一对共轭复根 $r_{1,2}=\alpha\pm i\beta\ (\beta\neq 0)$	$y=e^{\alpha x}(C_1\cos\beta x+C_2\sin\beta x)$
二重根 $r_1=r_2=r$	$y=(C_1+C_2x)e^{rx}$

*2. 二阶常系数线性非齐次微分方程的解法

标准形 $y''+py'+qy=f(x).$ (6)

解法 先求出方程(6)对应的齐次微分方程(4)的通解及方程(6)的一个特解，再相加即得方程(6)的通解. 方程(6)的特解求法如下：

只考虑如下情况：

$$f(x)=e^{\lambda x}P_m(x),$$

其中 $P_m(x)$是 m 次多项式. 应用待定系数法求特解，关键是确定特解的形式. 这要根据右端项 $f(x)=e^{\lambda x}P_m(x)$中，λ 是不是方程(6)对应的齐次微分方程的特征根，按照表 5-3 确定.

表 5-3

λ 的情况	方程(6)的特解形式
λ 不是对应的齐次微分方程的特征根	$y^*=e^{\lambda x}Q_m(x)$
λ 是对应的齐次微分方程的特征根，且为单根	$y^*=xe^{\lambda x}Q_m(x)$
λ 是对应的齐次微分方程的特征根，且为二重根	$y^*=x^2e^{\lambda x}Q_m(x)$

注：表中，$Q_m(x)=b_0x^m+b_1x^{m-1}+b_2x^{m-2}+\cdots+b_{m-1}x+b_m$ 是与 $P_m(x)$同次的 m 次的多项式，其系数 $b_0,b_1,\cdots,b_m$ 由待定系数法确定.

复习题五

一、填空题

1. 微分方程 $e^{-x}dy+e^{-y}dx=0$ 的通解是________.

2. 以函数 $y=Cx^2+x$ 为通解的微分方程是________.

3. 微分方程 $y'+y\cos x=0$ 的通解是________.

4. 微分方程 $y''=e^x$ 的通解是________.

二、单项选择题

1. 微分方程 $y'=y$ 的通解为 ( )

(A) $y=x$; (B) $y=Cx$; (C) $y=e^x$; (D) $y=Ce^x$.

2. 下列方程中为可分离变量的微分方程的是 ( )

(A) $y'=x^2+y$; (B) $x^2(dx+dy)=y(dx-dy)$;

(C) $(3x+xy^2)dx=(5y+xy)dy$; (D) $(x+y^2)dx=(y+x^2)dy$.

3. 下列方程中为齐次方程的是 ( )

(A) $(x^2+xy)dx=(y^2+2xy)(dx-dy)$; (B) $(e^{2x}+2y)dx+(ye^x+2x)dy=0$;

(C) $y'=2y+x^2\sin y$; (D) $y'-(\sin x+1)y=5$.

4. 下列方程中为齐次方程的是 ( )

(A) $x^2y'-y=\sqrt{x^2-y^2}$; (B) $xy'-y=\sqrt{x^2+y^2}$;

(C) $xy'+y^2=x^2-xy$; (D) $xy'+y=x^2+y^2$.

5. 下列方程中为一阶线性微分方程的是 ( )

(A) $y'-x\sin y=10$; (B) $ydx=(x+y^2)dy$;

(C) $xdx=(x+y)dy$; (D) $y'=x^3y^2+3$.

6. 微分方程 $y'=y$ 满足初始条件 $y\big|_{x=0}=2$ 的特解是 ( )

(A) $y=e^x+1$; (B) $y=e^{2x}$; (C) $y=2e^{2x}$; (D) $y=2e^x$.

7. 微分方程 $y'+2y-3=0$ 的通解为 ( )

(A) $y=2(3-Ce^{-2x})$; (B) $y=2(3-Ce^{-\frac{x}{2}})$;

(C) $y=\dfrac{3}{2}+Ce^{-2x}$; (D) $y=\dfrac{1}{2}(3-Ce^{-\frac{x}{2}})$.

8. 微分方程 $xy''-y'=0$ 的通解是 ( )

(A) $y=C_1+C_2e^{\frac{1}{x}}$; (B) $y=C_1x^2+C_2$;

(C) $y=C_1+C_2e^{-\frac{1}{x}}$; (D) $y=C_1x+C_2e^x$.

9. 微分方程 $xy'-y\ln y=0$ 满足初始条件 $y\big|_{x=1}=e$ 的特解是 ( )

(A) $y=ex$; (B) $y=e^x$; (C) $y=xe^{2x-1}$; (D) $y=e\ln x$.

10. 微分方程 $y''-3y'-4y=0$ 的通解为 ( )

(A) $C_1e^{-x}+C_2e^{4x}$; (B) $C_1e^x+C_2e^{-4x}$; (C) $C_1e^x+C_2e^{4x}$; (D) $C_1e^{-x}+C_2e^{-4x}$.

11. 下列微分方程中以 $y=\sin 2x$ 为特解的是 ( )

(A) $y''+y=0$; (B) $y''+2y=0$; (C) $y''+4y=0$; (D) $y''-4y=0$.

*12. 微分方程 $y''-y'-2y=xe^{x}$ 的一个特解应设为 $y^{*}=$ ( )

(A) $(ax+b)e^{x}$; (B) $x(ax+b)e^{x}$; (C) $x^{2}(ax+b)e^{x}$; (D) $x(ax)e^{x}$.

13. 设 y_1,y_2,y_3 都是微分方程 $y''+P(x)y'+Q(x)y=f(x)$ 的解,且 $\dfrac{y_1-y_3}{y_2-y_3}\neq$ 常数,则该方程的通解为 ( )

(A) $y=C_1y_1+C_2y_2+y_3$; (B) $y=C_1y_1+C_2y_2-(C_1+C_2)y_3$;

(C) $y=C_1y_1+C_2y_2-(1-C_1-C_2)y_3$; (D) $y=C_1y_1+C_2y_2+(1-C_1-C_2)y_3$.

14. 设 y_1 是二阶常系数线性非齐次微分方程 $y''+py'+qy=f(x)$ 的解,y_0 是该方程对应的齐次微分方程的解,则在下列函数中仍为该方程的解的是 ( )

(A) $y=y_1+y_0$; (B) $y=C_1y_1+C_2y_0$;

(C) $y=C_1y_1+y_0$; (D) 前三个都不是.

三、综合题

1. 求微分方程 $yy''-(y')^{2}=0$ 的通解.

*2. 求微分方程 $y''-4y=2e^{2x}$ 的通解.

3. 求解初值问题 $yy''=2[(y')^{2}-y']$,$y\big|_{x=0}=1$,$y'\big|_{x=0}=2$.

4. 一个质量为 m 的质点沿直线运动,运动时该质点所受的力为 $F=a-bv$(a,b 为正的常数,v 为运动的速度).设该质点由静止出发,求该质点的速度 v 与时间 t 的关系.

5. 已知曲线 $y=y(x)$ 通过原点,且其在原点处的切线平行于直线 $x-y+6=0$,又 $y=y(x)$ 满足微分方程 $y''=\sqrt{1-(y')^{2}}$,求此曲线的方程 $y=y(x)$.

6. 一个质量为 m 的物体由高塔落下,下落时所受空气阻力与速度成正比,比例常数为 $k>0$.已知下落的初速度为零,求该物体下落过程中速度 v 和时间 t 的函数关系.

7. 将一个温度为 100 ℃的物体放入温度为 20 ℃的介质中自由冷却.已知物体的冷却速度和当时物体与介质的温差成正比,求该物体的温度 T 与时间 t 的关系.

第六章

无穷级数

无穷级数是高等数学的重要组成部分，是表示函数、研究函数以及进行近似计算的一个有力工具.

§1 数项级数的概念及基本性质

1.1 数项级数的概念

如果给定一个无穷数列

$$u_1, u_2, \cdots, u_n, \cdots,$$

则称形式和

$$\sum_{n=1}^{\infty} u_n = u_1 + u_2 + \cdots + u_n + \cdots \tag{1}$$

为**无穷级数**或**数项级数**(简称**级数**)，其中 $u_1, u_2, \cdots$ 依次称为该级数的第 $1, 2, \cdots$ 项，并称 u_n 为该级数的**一般项**.

对于有限个数求和，我们已十分熟悉，它总是有意义的. 然而，(1)式是无穷多个数求和，它有意义吗？这无穷多个数有和吗？事实上，(1)式只是一个形式上的和式，它是否有和，需用下面级数收敛的定义来判别.

定义 1 给定级数(1)，称

$$s_n = \sum_{k=1}^{n} u_k = u_1 + u_2 + \cdots + u_n$$

为级数(1)的**第 n 个部分和**(简称**部分和**. 注意：这是有限项的和，总是有意义的)，并称 $s_1, s_2, \cdots, s_n, \cdots$ 为级数(1)的**部分和数列**. 如果该数列有极限，即存在常数 s，使得

$$s = \lim_{n \to \infty} s_n,$$

则称级数(1)**收敛**，或称级数(1)收敛于 s，并称 s 为级数(1)的**和**，记为

$$s = \sum_{n=1}^{\infty} u_n;$$

否则，即部分和数列 $s_1, s_2, \cdots, s_n, \cdots$ 无极限(包括极限为无穷大量)，则称级数(1)**发散**.

由定义 1 容易看出，所谓级数(1)收敛，就是它的部分和数列有极限.

例 1 级数

$$\sum_{n=1}^{\infty} aq^{n-1} = a + aq + aq^2 + \cdots + aq^{n-1} + \cdots \tag{2}$$

称为**等比级数**,也称为**几何级数**,其中 $a\neq 0$,q 称为该级数的公比,a 为其首项. 试讨论该级数的敛散(收敛与发散的简称)性.

解 先求该级数的部分和:

$$s_n=\sum_{k=1}^{n}aq^{k-1}=a+aq+aq^2+\cdots+aq^{n-1}$$

$$=\begin{cases}\dfrac{a(1-q^n)}{1-q}, & q\neq 1,\\ na, & q=1.\end{cases}$$

当 $|q|<1$ 时,因为 $\lim\limits_{n\to\infty}q^n=0$,所以

$$\lim_{n\to\infty}\frac{a(1-q^n)}{1-q}=\frac{a}{1-q},\quad 即\quad \lim_{n\to\infty}s_n=\frac{a}{1-q}.$$

故级数(2)收敛,其和为 $s=\dfrac{a}{1-q}$.

当 $|q|>1$ 时,因为 $\lim\limits_{n\to\infty}q^n=\infty$,所以

$$\lim_{n\to\infty}s_n=\lim_{n\to\infty}\frac{a(1-q^n)}{1-q}=\infty.$$

故级数(2)发散.

当 $q=1$ 时,$\lim\limits_{n\to\infty}s_n=\lim\limits_{n\to\infty}na=\infty$,故级数(2)发散.

当 $q=-1$ 时,因为

$$s_n=\frac{a[1-(-1)^n]}{1-(-1)}=\frac{a[1-(-1)^n]}{2},$$

所以当 $n\to\infty$ 时,s_n 无极限. 故级数(2)发散.

综合以上讨论知:

当 $|q|<1$ 时,级数(2)收敛,其和为 $s=\sum\limits_{n=1}^{\infty}aq^{n-1}=\dfrac{a}{1-q}$;

当 $|q|\geqslant 1$ 时,级数(2)发散.

例 2 判别级数 $\dfrac{1}{1\times 2}+\dfrac{1}{2\times 3}+\cdots+\dfrac{1}{n(n+1)}+\cdots$ 的敛散性.

解 注意到 $u_n=\dfrac{1}{n(n+1)}=\dfrac{1}{n}-\dfrac{1}{n+1}$,因此该级数的部分和为

$$s_n=\frac{1}{1\times 2}+\frac{1}{2\times 3}+\cdots+\frac{1}{n(n+1)}$$

$$=\left(1-\frac{1}{2}\right)+\left(\frac{1}{2}-\frac{1}{3}\right)+\cdots+\left(\frac{1}{n}-\frac{1}{n+1}\right)$$

$$=1-\frac{1}{n+1},$$

从而

$$\lim_{n\to\infty}s_n=\lim_{n\to\infty}\left(1-\frac{1}{n+1}\right)=1.$$

所以,该级数收敛,其和为 1.

例 3 判别级数 $\sum\limits_{n=1}^{\infty}\ln\dfrac{n+1}{n}$ 的敛散性.

解 注意到 $u_n=\ln\frac{n+1}{n}=\ln(n+1)-\ln n$，因此该级数的部分和为

$$s_n=(\ln2-\ln1)+(\ln3-\ln2)+\cdots+(\ln(n+1)-\ln n)=\ln(n+1).$$

显然有

$$\lim_{n\to\infty}s_n=\lim_{n\to\infty}\ln(n+1)=+\infty,$$

所以部分和数列 $\{s_n\}$ 发散，从而该级数发散.

例 4 判别级数 $1+(-1)+1+(-1)+\cdots+(-1)^{n-1}+\cdots$ 的敛散性.

解 该级数就是公比为 -1 的等比级数，它的部分和数列为

$$s_1=1,\quad s_2=1+(-1)=0,\quad s_3=1+(-1)+(-1)^2=1,$$
$$s_4=1+(-1)+(-1)^2+(-1)^3=0,\quad \cdots.$$

一般地，当 n 为奇数时，$s_n=1$；当 n 为偶数时，$s_n=0$. 所以，部分和数列 $\{s_n\}$ 无极限. 故该级数发散.

1.2 数项级数的基本性质

根据数项级数收敛、发散的定义和数列极限的性质，可以得出关于数项级数敛散性的一些基本性质.

性质 1 设 C 是任意非零常数，则级数 $\sum_{n=1}^{\infty}u_n$ 和 $\sum_{n=1}^{\infty}Cu_n$ 的敛散性相同，且当它们收敛时，

$$\sum_{n=1}^{\infty}Cu_n=C\sum_{n=1}^{\infty}u_n.$$

证 先证：若级数 $\sum_{n=1}^{\infty}u_n$ 收敛，则必有 $\sum_{n=1}^{\infty}Cu_n$ 收敛，且 $\sum_{n=1}^{\infty}Cu_n=C\sum_{n=1}^{\infty}u_n$.

设级数 $\sum_{n=1}^{\infty}u_n$ 和 $\sum_{n=1}^{\infty}Cu_n$ 的部分和分别为 s_n 和 σ_n，则

$$\sigma_n=\sum_{k=1}^{n}Cu_k=C\sum_{k=1}^{n}u_k=Cs_n.$$

由于级数 $\sum_{n=1}^{\infty}u_n$ 收敛，若设其和为 s，则 $\lim_{n\to\infty}s_n=s$. 根据数列极限的性质，必有

$$\lim_{n\to\infty}\sigma_n=C\lim_{n\to\infty}s_n=Cs.$$

这表明，级数 $\sum_{n=1}^{\infty}Cu_n$ 也收敛，且其和为 Cs，即 $\sum_{n=1}^{\infty}Cu_n=C\sum_{n=1}^{\infty}u_n$.

再证：如果级数 $\sum_{n=1}^{\infty}u_n$ 发散，则 $\sum_{n=1}^{\infty}Cu_n$ 必发散.

用反证法. 设级数 $\sum_{n=1}^{\infty}Cu_n$ 不发散，即收敛. 因为 $C\neq0$，所以 $\sum_{n=1}^{\infty}u_n=\sum_{n=1}^{\infty}\frac{1}{C}(Cu_n)$. 根据上面已证明的结论，可知 $\sum_{n=1}^{\infty}u_n$ 也收敛，与已知矛盾. 故 $\sum_{n=1}^{\infty}Cu_n$ 必发散.

注 若 $C=0$，由 $\sum_{n=1}^{\infty}Cu_n$ 收敛，得不到 $\sum_{n=1}^{\infty}u_n$ 收敛. 这是因为，对于任意的级数 $\sum_{n=1}^{\infty}u_n$（无论它是收敛的，还是发散的），都有 $\sum_{n=1}^{\infty}(0\cdot u_n)$ 必收敛.

性质2 如果级数 $\sum_{n=1}^{\infty}u_n$, $\sum_{n=1}^{\infty}v_n$ 分别收敛于 s,σ,则级数 $\sum_{n=1}^{\infty}(u_n\pm v_n)$ 也收敛,且其和为 $s\pm\sigma$.

证 设级数 $\sum_{n=1}^{\infty}u_n$ 和 $\sum_{n=1}^{\infty}v_n$ 的部分和分别为 s_n 和 σ_n,则级数 $\sum_{n=1}^{\infty}(u_n\pm v_n)$ 的部分和为

$$\begin{aligned}\tau_n&=(u_1\pm v_1)+(u_2\pm v_2)+\cdots+(u_n\pm v_n)\\&=(u_1+u_2+\cdots+u_n)\pm(v_1+v_2+\cdots+v_n)\\&=s_n\pm\sigma_n.\end{aligned}$$

因为级数 $\sum_{n=1}^{\infty}u_n$, $\sum_{n=1}^{\infty}v_n$ 分别收敛于 s,σ,所以

$$\lim_{n\to\infty}s_n=s,\quad \lim_{n\to\infty}\sigma_n=\sigma,$$

从而

$$\lim_{n\to\infty}\tau_n=\lim_{n\to\infty}(s_n\pm\sigma_n)=\lim_{n\to\infty}s_n\pm\lim_{n\to\infty}\sigma_n=s\pm\sigma.$$

这表明,级数 $\sum_{n=1}^{\infty}(u_n\pm v_n)$ 收敛,且其和为 $s\pm\sigma$.

请思考:如果级数 $\sum_{n=1}^{\infty}u_n$ 收敛,级数 $\sum_{n=1}^{\infty}v_n$ 发散,那么级数 $\sum_{n=1}^{\infty}(u_n\pm v_n)$ 是收敛还是发散的?如果级数 $\sum_{n=1}^{\infty}u_n$ 发散,级数 $\sum_{n=1}^{\infty}v_n$ 发散,那么级数 $\sum_{n=1}^{\infty}(u_n\pm v_n)$ 的敛散性如何?

性质3 在级数中去掉、增加或改变有限项,其敛散性不变.

证 我们先看在级数前面去掉有限项时,其部分和是如何变化的.

设级数为 $\sum_{n=1}^{\infty}u_n$,其部分和为 s_n. 如果去掉第1项,得级数 $\sum_{n=2}^{\infty}u_n$,其部分和为

$$\sigma_{1n}=u_2+u_3+\cdots+u_n+u_{n+1}=s_{n+1}-u_1=s_{n+1}-s_1;$$

如果去掉前2项,得级数 $\sum_{n=3}^{\infty}u_n$,其部分和为

$$\sigma_{2n}=u_3+u_4+\cdots+u_{n+1}+u_{n+2}=s_{n+2}-(u_1+u_2)=s_{n+2}-s_2.$$

一般地,如果去掉前 k 项,得级数 $\sum_{n=k+1}^{\infty}u_n$,其部分和为

$$\sigma_{kn}=u_{k+1}+u_{k+2}+\cdots+u_{n+k}=s_{n+k}-(u_1+u_2+\cdots+u_k)=s_{n+k}-s_k.$$

注意,当 n 变化时,k 是一个固定的数,从而 $s_k=u_1+u_2+\cdots+u_k$ 也是一个固定的数,所以数列 $\{\sigma_{kn}\}$ 与 $\{s_{n+k}\}$ 的敛散性相同. 由于数列 $\{s_{n+k}\}$ 与 $\{s_n\}$ 的敛散性也相同,故数列 $\{\sigma_{kn}\}$ 与 $\{s_n\}$ 的敛散性相同. 这表明,级数 $\sum_{n=1}^{\infty}u_n$ 与 $\sum_{n=k+1}^{\infty}u_n$ 的敛散性相同,即在级数前面去掉有限项,其敛散性不变. 类似地,可以证明在级数前面增加有限项,其敛散性不变.

在级数中去掉或增加有限项可以看成先在前面去掉有限项,再增加有限项,故其敛散性不变. 同样,在级数中改变有限项可以看成先去掉有限项,再增加有限项,故其敛散性也不变. 所有这些说明,级数的敛散性与其前有限项无关,完全由某个 n 之后的项确定.

注 这里只说在级数中去掉、增加或改变有限项,其敛散性不变,而没说其和不变. 事实上,其和一般会发生变化. 这从 $\sigma_{kn}=s_{n+k}-s_k$ 中即可看到. 若分别记级数 $\sum_{n=k+1}^{\infty}u_n$ 与 $\sum_{n=1}^{\infty}u_n$ 的

和为σ与s，则$\sigma=s-s_k$.

性质4 如果级数$\sum_{n=1}^{\infty}u_n$收敛，则对这个级数的项任意加括号所得的新级数

$$(u_1+\cdots+u_{n_1})+(u_{n_1+1}+\cdots+u_{n_2})+\cdots+(u_{n_{k-1}+1}+\cdots+u_{n_k})+\cdots \quad (3)$$

也收敛，且其和不变.

证 设级数$\sum_{n=1}^{\infty}u_n$的部分和为s_n，加括号后的级数(3)的部分和为A_k，则

$$A_1=u_1+\cdots+u_{n_1}=s_{n_1},$$

$$A_2=(u_1+\cdots+u_{n_1})+(u_{n_1+1}+\cdots+u_{n_2})=s_{n_2},$$

……

$$A_k=(u_1+\cdots+u_{n_1})+(u_{n_1+1}+\cdots+u_{n_2})+\cdots+(u_{n_{k-1}+1}+\cdots+u_{n_k})=s_{n_k},$$

……

可见，级数(3)的部分和数列$\{A_k\}$就是级数$\sum_{n=1}^{\infty}u_n$的部分和数列$\{s_n\}$的子列，所以

$$\lim_{k\to\infty}A_k=\lim_{k\to\infty}s_{n_k}=\lim_{n\to\infty}s_n.$$

这表明，级数(3)也收敛，且其和不变.

注 由加括号后的级数收敛不能推出原级数收敛. 例如，级数

$$(1-1)+(1-1)+\cdots+(1-1)+\cdots$$

收敛，但级数

$$1+(-1)+1+(-1)+\cdots+(-1)^{n-1}+\cdots$$

发散.

性质5(级数收敛的必要条件) 若级数$\sum_{n=1}^{\infty}u_n$收敛，则必有$\lim_{n\to\infty}u_n=0$.

证 设级数$\sum_{n=1}^{\infty}u_n$的部分和数列为$\{s_n\}$. 因为该级数收敛，所以部分和数列$\{s_n\}$有极限，设为s. 显然，有

$$\lim_{n\to\infty}s_{n-1}=\lim_{n\to\infty}s_n=s.$$

由于该级数的一般项$u_n=s_n-s_{n-1}$，所以

$$\lim_{n\to\infty}u_n=\lim_{n\to\infty}(s_n-s_{n-1})=s-s=0.$$

级数收敛的必要条件说明，当级数$\sum_{n=1}^{\infty}u_n$收敛时，它的一般项u_n是$n\to\infty$时的无穷小量. 与它等价的命题是：若级数$\sum_{n=1}^{\infty}u_n$的一般项u_n不是$n\to\infty$时的无穷小量，则级数$\sum_{n=1}^{\infty}u_n$必发散. 这给出了判断级数发散的一个方法.

例5 证明：级数$\sum_{n=1}^{\infty}\frac{n+1}{n}$发散.

证 因为当$n\to\infty$时，级数$\sum_{n=1}^{\infty}\frac{n+1}{n}$的一般项$u_n=\frac{n+1}{n}\to1\neq0$，所以级数$\sum_{n=1}^{\infty}\frac{n+1}{n}$发散.

一个自然的问题是：$\lim\limits_{n\to\infty}u_n=0$ 是级数 $\sum\limits_{n=1}^{\infty}u_n$ 收敛的充分条件吗？请看下面的例子.

例 6 证明：**调和级数** $\sum\limits_{n=1}^{\infty}\frac{1}{n}$ 发散.

证 调和级数 $\sum\limits_{n=1}^{\infty}\frac{1}{n}$ 的部分和为

$$\begin{aligned}s_n&=1+\frac{1}{2}+\cdots+\frac{1}{n}=\int_1^2 1\mathrm{d}x+\int_2^3\frac{1}{2}\mathrm{d}x+\cdots+\int_n^{n+1}\frac{1}{n}\mathrm{d}x\\&\geqslant\int_1^2\frac{1}{x}\mathrm{d}x+\int_2^3\frac{1}{x}\mathrm{d}x+\cdots+\int_n^{n+1}\frac{1}{x}\mathrm{d}x\\&=\int_1^{n+1}\frac{1}{x}\mathrm{d}x=\ln(n+1).\end{aligned}$$

因为 $\lim\limits_{n\to\infty}\ln(n+1)=+\infty$，所以 $\lim\limits_{n\to\infty}s_n=+\infty$. 故调和级数 $\sum\limits_{n=1}^{\infty}\frac{1}{n}$ 发散.

这个例子中，虽然调和级数 $\sum\limits_{n=1}^{\infty}\frac{1}{n}$ 的一般项 $u_n=\frac{1}{n}$ 是 $n\to\infty$ 时的无穷小量，但是调和级数 $\sum\limits_{n=1}^{\infty}\frac{1}{n}$ 却发散. 这表明，级数 $\sum\limits_{n=1}^{\infty}u_n$ 的一般项 u_n 是 $n\to\infty$ 时的无穷小量，只是该级数收敛的必要条件，而不是充分条件. 因此，不能用性质(5)来判断级数收敛.

习 题 6-1

1. 写出下列级数的前 3 项：

(1) $\sum\limits_{n=1}^{\infty}\frac{n}{1+n^3}$； (2) $\sum\limits_{n=1}^{\infty}\frac{n!}{n^n}$； (3) $\sum\limits_{n=1}^{\infty}\frac{(-1)^{n-1}}{5^n}$； (4) $\sum\limits_{n=1}^{\infty}\frac{\sin nx}{1+n}$.

2. 判别下列级数的敛散性：

(1) $\sum\limits_{n=1}^{\infty}(\sqrt{n+1}-\sqrt{n})$； (2) $\sum\limits_{n=1}^{\infty}\frac{1}{3^n}$；

(3) $\sum\limits_{n=1}^{\infty}\frac{1}{\left(1+\frac{1}{n}\right)^n}$； (4) $\frac{1}{3}+\frac{1}{6}+\frac{1}{9}+\cdots+\frac{1}{3n}+\cdots$.

§2 数项级数的审敛法

根据级数收敛和发散的定义可以判别级数的敛散性，但在绝大多数情况下，求出级数部分和的表达式，进而求出其极限是十分困难的，因此我们希望从级数的一般项来判别其敛散性. 虽然在大多数情况下，并不能求出级数的和，但只要知道级数收敛，就可以用部分和作为级数的和的近似值，这对于实际问题已经足够了.

2.1 正项级数及其审敛法

一般的级数，其各项可以取正数、负数或零，而各项取值都非负的级数称为**正项级数**. 这类级数很基本,又特别重要,因为许多级数的敛散性问题都可将归结为正项级数的敛散性问题.

要讨论正项级数敛散性的判别法——审敛法,首先要抓住其部分和数列的特征.

设级数

$$\sum_{n=1}^{\infty} u_n = u_1 + u_2 + \cdots + u_n + \cdots \tag{1}$$

是一个正项级数($u_n \geqslant 0, n=1,2,\cdots$),其部分和为 s_n. 注意到 $s_{n+1}=s_n+u_{n+1}$,显然有

$$s_1 \leqslant s_2 \leqslant \cdots \leqslant s_n \leqslant \cdots.$$

所以,正项级数的部分和数列$\{s_n\}$是一个单调递增数列.

根据数列的收敛准则,如果单调递增的部分和数列$\{s_n\}$有上界,即存在正数 M,使得对于一切正整数 n,都有 $s_n \leqslant M$,则部分和数列$\{s_n\}$必有极限,从而级数(1)收敛. 反之,如果级数(1)收敛,即部分和数列$\{s_n\}$有极限,则根据收敛数列必有界,部分和数列$\{s_n\}$必有界. 故有以下重要的定理.

定理 1 正项级数 $\sum\limits_{n=1}^{\infty} u_n$ 收敛的充要条件是它的部分和数列$\{s_n\}$有上界.

此定理说明,若正项级数发散,则其部分和数列$\{s_n\}$必无界. 又注意到其部分和数列非负、单调递增,故有 $\lim\limits_{n\to\infty} s_n = +\infty$,记为 $\sum\limits_{n=1}^{\infty} u_n = +\infty$.

根据定理 1,可得关于正项级数的一个基本审敛法.

定理 2(比较审敛法) 设 $\sum\limits_{n=1}^{\infty} u_n$ 和 $\sum\limits_{n=1}^{\infty} v_n$ 都是正项级数,且 $u_n \leqslant v_n (n=1,2,\cdots)$. 若级数 $\sum\limits_{n=1}^{\infty} v_n$ 收敛,则级数 $\sum\limits_{n=1}^{\infty} u_n$ 收敛;若级数 $\sum\limits_{n=1}^{\infty} u_n$ 发散,则级数 $\sum\limits_{n=1}^{\infty} v_n$ 发散.

证 因为级数 $\sum\limits_{n=1}^{\infty} v_n$ 收敛,所以 $\sum\limits_{n=1}^{\infty} v_n$ 的部分和数列有上界,即存在正数 M,使得对于一切正整数 n,都有 $v_1+v_2+\cdots+v_n \leqslant M$. 又因为

$$u_n \leqslant v_n \quad (n=1,2,\cdots),$$

所以

$$u_1+u_2+\cdots+u_n \leqslant v_1+v_2+\cdots+v_n \leqslant M.$$

这表明,级数 $\sum\limits_{n=1}^{\infty} u_n$ 的部分和数列有上界. 根据定理 1,级数 $\sum\limits_{n=1}^{\infty} u_n$ 收敛.

反之,若级数 $\sum\limits_{n=1}^{\infty} u_n$ 发散,则必有级数 $\sum\limits_{n=1}^{\infty} v_n$ 发散. 这是因为,若级数 $\sum\limits_{n=1}^{\infty} v_n$ 收敛,则级数 $\sum\limits_{n=1}^{\infty} u_n$ 收敛,与已知矛盾.

注意到级数的敛散性完全由某个 n 之后的项所决定,且级数的每项都乘以一个非零常数所得新级数的敛散性与原级数相同,于是有下面的推论.

推论 1 设 $\sum\limits_{n=1}^{\infty} u_n$ 和 $\sum\limits_{n=1}^{\infty} v_n$ 都是正项级数,且存在正数 k 和正整数 N,使得当 $n>N$ 时,都有 $u_n \leqslant k v_n$ 成立. 如果级数 $\sum\limits_{n=1}^{\infty} v_n$ 收敛,则级数 $\sum\limits_{n=1}^{\infty} u_n$ 也收敛.

推论2 设 $\sum_{n=1}^{\infty} u_n$ 和 $\sum_{n=1}^{\infty} v_n$ 都是正项级数，且存在正数 k 和正整数 N，使得当 $n>N$ 时，都有 $u_n \geqslant k v_n$ 成立. 如果级数 $\sum_{n=1}^{\infty} v_n$ 发散，则级数 $\sum_{n=1}^{\infty} u_n$ 也发散.

例1 判别级数 $\sum_{n=1}^{\infty} \frac{1}{1+a^n}(a>0)$ 的敛散性.

解 当 $0<a<1$ 时，$\lim_{n\to\infty} u_n=\lim_{n\to\infty} \frac{1}{1+a^n}=1$；当 $a=1$ 时，$\lim_{n\to\infty} u_n=\lim_{n\to\infty} \frac{1}{1+a^n}=\frac{1}{2}$. 可见，对于这两种情况，当 $n\to\infty$ 时，级数 $\sum_{n=1}^{\infty} \frac{1}{1+a^n}$ 的一般项都不趋向于零. 所以，当 $0<a\leqslant 1$ 时，该级数发散.

当 $a>1$ 时，$\sum_{n=1}^{\infty} \frac{1}{1+a^n}$ 为正项级数，且

$$\frac{1}{1+a^n} \leqslant \frac{1}{a^n} \quad (n=1,2,\cdots).$$

注意到 $\sum_{n=1}^{\infty} \frac{1}{a^n}$ 为几何级数，又 $\left|\frac{1}{a}\right|<1$，故级数 $\sum_{n=1}^{\infty} \frac{1}{a^n}$ 收敛，从而级数 $\sum_{n=1}^{\infty} \frac{1}{1+a^n}$ 收敛.

例2 判别级数 $\sum_{n=1}^{\infty} \frac{1}{n^n}$ 的敛散性.

解 因为 $\sum_{n=1}^{\infty} \frac{1}{n^n}$ 和 $\sum_{n=1}^{\infty} \frac{1}{2^n}$ 都是正项级数，且当 $n>1$ 时，都有 $\frac{1}{n^n} \leqslant \frac{1}{2^n}$，而 $\sum_{n=1}^{\infty} \frac{1}{2^n}$ 是收敛级数，所以由推论1知，级数 $\sum_{n=1}^{\infty} \frac{1}{n^n}$ 必收敛.

例3 讨论 p **级数** $\sum_{n=1}^{\infty} \frac{1}{n^p}(p>0)$ 的敛散性.

解 p 级数 $\sum_{n=1}^{\infty} \frac{1}{n^p}$ 为正项级数. 当 $0<p\leqslant 1$ 时，因为对于一切正整数 n，都有 $\frac{1}{n^p} \geqslant \frac{1}{n}>0$，而调和级数 $\sum_{n=1}^{\infty} \frac{1}{n}$ 发散，所以 p 级数 $\sum_{n=1}^{\infty} \frac{1}{n^p}$ 必发散.

当 $p>1$ 时，因为对于 $n-1\leqslant x<n(n=2,3,\cdots)$，都有 $\frac{1}{n^p} \leqslant \frac{1}{x^p}$，所以

$$\int_{n-1}^{n} \frac{1}{n^p}\mathrm{d}x \leqslant \int_{n-1}^{n} \frac{1}{x^p}\mathrm{d}x, \quad \text{即} \quad \frac{1}{n^p} \leqslant \frac{1}{p-1}\left[\frac{1}{(n-1)^{p-1}}-\frac{1}{n^{p-1}}\right] \quad (n=2,3,\cdots).$$

而 $\sum_{n=2}^{\infty} \left[\frac{1}{(n-1)^{p-1}}-\frac{1}{n^{p-1}}\right]$ 为正项级数，其部分和为

$$\begin{aligned} s_n &= \left(1-\frac{1}{2^{p-1}}\right)+\left(\frac{1}{2^{p-1}}-\frac{1}{3^{p-1}}\right)+\cdots+\left[\frac{1}{n^{p-1}}-\frac{1}{(n+1)^{p-1}}\right] \\ &= 1-\frac{1}{(n+1)^{p-1}}, \end{aligned}$$

且 $\lim_{n\to\infty}\left[1-\frac{1}{(n+1)^{p-1}}\right]=1$，所以级数 $\sum_{n=2}^{\infty} \left[\frac{1}{(n-1)^{p-1}}-\frac{1}{n^{p-1}}\right]$ 收敛，从而根据比较审敛法的推

论1知,p 级数 $\sum\limits_{n=1}^{\infty}\frac{1}{n^p}$ 当 $p>1$ 时收敛.

综上所述,p 级数 $\sum\limits_{n=1}^{\infty}\frac{1}{n^p}$ 当 $p>1$ 时收敛,当 $0<p\leqslant 1$ 时发散.

利用比较审敛法判断正项级数的敛散性,必须要找一个比较标准.在实际应用中,经常选择 p 级数作为比较标准,故 p 级数十分重要.

例4 判别级数 $\sum\limits_{n=2}^{\infty}\frac{1}{\sqrt{n(n-1)}}$ 的敛散性.

解 $\sum\limits_{n=2}^{\infty}\frac{1}{\sqrt{n(n-1)}}$ 是正项级数.对于 $n\geqslant 2$,都有 $\frac{1}{\sqrt{n(n-1)}}>\frac{1}{\sqrt{n^2}}=\frac{1}{n}$,而调和级数 $\sum\limits_{n=2}^{\infty}\frac{1}{n}$ 发散,所以根据比较审敛法知,级数 $\sum\limits_{n=2}^{\infty}\frac{1}{\sqrt{n(n-1)}}$ 也发散.

下面介绍更能反映问题本质的比较审敛法的极限形式.

定理3(比较审敛法的极限形式) 设 $\sum\limits_{n=1}^{\infty}u_n$ 和 $\sum\limits_{n=1}^{\infty}v_n$ 都是正项级数.如果

$$\lim_{n\to\infty}\frac{u_n}{v_n}=l\quad(0<l<+\infty),$$

则级数 $\sum\limits_{n=1}^{\infty}u_n$ 和 $\sum\limits_{n=1}^{\infty}v_n$ 同时收敛或发散.

证 由极限的定义可知,对于 $\varepsilon=\frac{l}{2}>0$,存在正整数 N,使得当 $n>N$ 时,有不等式

$$l-\frac{l}{2}<\frac{u_n}{v_n}<l+\frac{l}{2},\quad 即\quad \frac{l}{2}v_n<u_n<\frac{3l}{2}v_n.$$

根据比较审敛法的推论1和推论2,即得定理的结论.

注 因为一般项趋向于零是级数收敛的必要条件,所以我们只要对一般项 u_n 是 $n\to\infty$ 时的无穷小量的情况讨论级数 $\sum\limits_{n=1}^{\infty}u_n$ 的敛散性.此定理说明,如果两个正项级数的一般项是 $n\to\infty$ 时的同阶无穷小量,则这两个级数的敛散性相同.

例5 讨论级数 $\sum\limits_{n=1}^{\infty}\sin\frac{1}{n^p}(p>0)$ 的敛散性.

解 注意到 $\sum\limits_{n=1}^{\infty}\sin\frac{1}{n^p}(p>0)$ 是一个正项级数.因为

$$\lim_{n\to\infty}\frac{\sin\frac{1}{n^p}}{\frac{1}{n^p}}=1,$$

所以根据定理3知,级数 $\sum\limits_{n=11}^{\infty}\sin\frac{1}{n^p}$ 与 $\sum\limits_{n=1}^{\infty}\frac{1}{n^p}$ 的敛散性相同.所以,当 $0<p\leqslant 1$ 时,级数 $\sum\limits_{n=11}^{\infty}\sin\frac{1}{n^p}$ 发散;当 $p>1$ 时,级数 $\sum\limits_{n=11}^{\infty}\sin\frac{1}{n^p}$ 收敛.

注 此例启发我们,若正项级数的一般项 u_n 与 $\frac{1}{n^p}$ 是 $n\to\infty$ 时的同阶无穷小量,则级数 $\sum_{n=1}^{\infty}u_n$ 与 $\sum_{n=1}^{\infty}\frac{1}{n^p}$ 的敛散性相同.

请思考下列级数的敛散性:

1) $\sum_{n=1}^{\infty}\ln\left(1+\frac{1}{n}\right)$; 2) $\sum_{n=1}^{\infty}\left(1-\cos\frac{1}{n}\right)$;

3) $\sum_{n=1}^{\infty}\tan\frac{1}{n\sqrt{n}}$; 4) $\sum_{n=1}^{\infty}\left(e^{\frac{1}{\sqrt{n}}}-1\right)$.

比较审敛法的极限形式反映了正项级数收敛的本质,但在使用中,为了判别一个正项级数 $\sum_{n=1}^{\infty}u_n$ 的敛散性,必须适当选择另一个已知敛散性的正项级数 $\sum_{n=1}^{\infty}v_n$ 作为比较标准.是否可以直接根据一般项 u_n 来判别正项级数 $\sum_{n=1}^{\infty}u_n$ 的敛散性呢?

定理4[比值审敛法,达朗贝尔(D'Alembert)审敛法] 若正项级数 $\sum_{n=1}^{\infty}u_n$ 的后项与前项之比的极限等于 ρ,即

$$\lim_{n\to\infty}\frac{u_{n+1}}{u_n}=\rho,$$

则当 $\rho<1$ 时,该级数收敛;当 $\rho>1$(包括 $\rho=+\infty$)时,该级数发散;当 $\rho=1$ 时,此审敛法失效,即该级数可能收敛,也可能发散.

证 当 $\rho<1$ 时,取适当小的正数 ε,使得 $\rho+\varepsilon<1$.根据极限的定义,存在正整数 N,使得当 $n\geqslant N$ 时,有不等式

$$\frac{u_{n+1}}{u_n}<\rho+\varepsilon\overset{\text{记为}}{=\!=}r,$$

因此

$$u_{N+1}<ru_N,\quad u_{N+2}<ru_{N+1}<r^2u_N,\quad u_{N+3}<ru_{N+2}<r^3u_N,\quad\cdots.$$

这样,级数

$$u_{N+1}+u_{N+2}+u_{N+3}+\cdots$$

的各项就小于收敛的等比级数

$$ru_N+r^2u_N+r^3u_N+\cdots$$

的对应项.根据比较审敛法的推论1知,级数 $\sum_{n=1}^{\infty}u_n$ 也收敛.

当 $\rho>1$ 时,取一个适当小的正数 ε,使得 $\rho-\varepsilon>1$.根据极限的定义,存在正整数 N,使得当 $n\geqslant N$ 时,有不等式

$$\frac{u_{n+1}}{u_n}>\rho-\varepsilon>1,\quad\text{即}\quad u_{n+1}>u_n.$$

所以,当 $n\geqslant N$ 时,一般项 u_n 是正数且单调递增,从而 $\lim_{n\to\infty}u_n\neq0$.根据级数收敛的必要条件知,级数 $\sum_{n=1}^{\infty}u_n$ 发散.

当 $\rho=1$ 时,级数 $\sum\limits_{n=1}^{\infty}u_n$ 可能收敛,也可能发散.这只要看 p 级数 $\sum\limits_{n=1}^{\infty}\frac{1}{n^p}$ 即可.事实上,对于一切 $p>0$,都有

$$\lim_{n\to\infty}\frac{u_{n+1}}{u_n}=\lim_{n\to\infty}\frac{\frac{1}{(n+1)^p}}{\frac{1}{n^p}}=\lim_{n\to\infty}\left(\frac{n}{n+1}\right)^p=1.$$

但是,当 $p>1$ 时,该级数收敛;当 $0<p\leqslant 1$ 时,该级数发散.因此,只根据 $\rho=1$ 不能判别级数的敛散性.

例 6 判别级数 $\sum\limits_{n=1}^{\infty}\frac{1}{n!}$ 的敛散性.

解 因为 $\sum\limits_{n=1}^{\infty}\frac{1}{n!}$ 为正项级数,且

$$\lim_{n\to\infty}\frac{u_{n+1}}{u_n}=\lim_{n\to\infty}\frac{\frac{1}{(n+1)!}}{\frac{1}{n!}}=\lim_{n\to\infty}\frac{1}{n+1}=0,$$

所以根据比值审敛法知,级数 $\sum\limits_{n=1}^{\infty}\frac{1}{n!}$ 收敛.

例 7 判别级数 $\sum\limits_{n=1}^{\infty}\frac{n!}{10^n}$ 的敛散性.

解 $\sum\limits_{n=1}^{\infty}\frac{n!}{10^n}$ 为正项级数.因为

$$\lim_{n\to\infty}\frac{u_{n+1}}{u_n}=\lim_{n\to\infty}\frac{(n+1)!}{10^{n+1}}\cdot\frac{10^n}{n!}=\lim_{n\to\infty}\frac{n+1}{10}=+\infty,$$

所以根据比值审敛法知,级数 $\sum\limits_{n=1}^{\infty}\frac{n!}{10^n}$ 发散.

例 8 判别级数 $\sum\limits_{n=1}^{\infty}\frac{1}{(2n-1)\cdot 2n}$ 的敛散性.

解 该级数是正项级数.注意到

$$\lim_{n\to\infty}\frac{u_{n+1}}{u_n}=\lim_{n\to\infty}\frac{\frac{1}{(2n+1)\cdot 2(n+1)}}{\frac{1}{(2n-1)\cdot 2n}}=\lim_{n\to\infty}\frac{(2n-1)\cdot 2n}{(2n+1)(2n+2)}=\lim_{n\to\infty}\frac{\left(1-\frac{1}{2n}\right)\cdot 1}{\left(1+\frac{1}{2n}\right)\left(1+\frac{1}{n}\right)}=1,$$

所以比值审敛法失效.考虑用比较审敛法.因为

$$\lim_{n\to\infty}\frac{\frac{1}{(2n-1)\cdot 2n}}{\frac{1}{n^2}}=\lim_{n\to\infty}\frac{n^2}{(2n-1)\cdot 2n}=\lim_{n\to\infty}\frac{1}{\left(2-\frac{1}{n}\right)\cdot 2}=\frac{1}{4},$$

所以根据定理 3,级数 $\sum\limits_{n=1}^{\infty}\frac{1}{(2n-1)\cdot 2n}$ 和 $\sum\limits_{n=1}^{\infty}\frac{1}{n^2}$ 的敛散性相同.而级数 $\sum\limits_{n=1}^{\infty}\frac{1}{n^2}$ 收敛,故级数

$\sum\limits_{n=1}^{\infty}\dfrac{1}{(2n-1)\cdot 2n}$ 收敛.

例 9 判别级数 $\sum\limits_{n=1}^{\infty}\dfrac{a^n n!}{n^n}$ $(a>0,a\neq \mathrm{e})$ 的敛散性.

解 $\sum\limits_{n=1}^{\infty}\dfrac{a^n n!}{n^n}$ 为正项级数. 因为

$$\lim_{n\to\infty}\frac{u_{n+1}}{u_n}=\lim_{n\to\infty}\frac{a^{n+1}(n+1)!}{(n+1)^{n+1}}\cdot\frac{n^n}{a^n n!}=\lim_{n\to\infty}a\left(\frac{n}{n+1}\right)^n$$
$$=\lim_{n\to\infty}a\frac{1}{\left(1+\frac{1}{n}\right)^n}=\frac{a}{\mathrm{e}},$$

所以根据比值审敛法知:

当 $0<a<\mathrm{e}$,即 $\dfrac{a}{\mathrm{e}}<1$ 时,级数 $\sum\limits_{n=1}^{\infty}\dfrac{a^n n!}{n^n}$ 收敛;

当 $a>\mathrm{e}$,即 $\dfrac{a}{\mathrm{e}}>1$ 时,级数 $\sum\limits_{n=1}^{\infty}\dfrac{a^n n!}{n^n}$ 发散.

利用类似于证明比值审敛法的方法,容易证明下面的定理.

定理 5[根值审敛法,柯西(Cauchy)审敛法] 若正项级数 $\sum\limits_{n=1}^{\infty}u_n$ 的一般项 u_n 的 n 次方根 $\sqrt[n]{u_n}$ 的极限等于 ρ,即

$$\lim_{n\to\infty}\sqrt[n]{u_n}=\rho,$$

则当 $\rho<1$ 时,该级数收敛;当 $\rho>1$(包括 $\rho=+\infty$)时,该级数发散;当 $\rho=1$ 时,该级数可能收敛,也可能发散.

例 10 证明:级数 $\sum\limits_{n=1}^{\infty}\left(\dfrac{2n+1}{3n-5}\right)^n$ 收敛.

证 级数 $\sum\limits_{n=1}^{\infty}\left(\dfrac{2n+1}{3n-5}\right)^n$ 从第 2 项起各项均为正数,所以可当成正项级数讨论其敛散性.又因为

$$\lim_{n\to\infty}\sqrt[n]{u_n}=\lim_{n\to\infty}\sqrt[n]{\left(\frac{2n+1}{3n-5}\right)^n}=\lim_{n\to\infty}\frac{2n+1}{3n-5}=\frac{2}{3}<1,$$

所以根据根值审敛法知,级数 $\sum\limits_{n=1}^{\infty}\left(\dfrac{2n+1}{3n-5}\right)^n$ 收敛.

2.2 交错级数及其审敛法

设对于一切正整数 n,都有 $u_n>0$,称级数 $\sum\limits_{n=1}^{\infty}(-1)^{n-1}u_n$ 和 $\sum\limits_{n=1}^{\infty}(-1)^n u_n$ 为**交错级数**. 这两个交错级数的敛散性相同.

下面介绍交错级数的审敛法.

定理 6(莱布尼茨审敛法) 如果交错级数 $\sum\limits_{n=1}^{\infty}(-1)^{n-1}u_n$ 满足:

1) 数列$\{u_n\}$单调递减,即对于一切正整数 n,都有 $u_n \geqslant u_{n+1}$;

2) $\lim\limits_{n\to\infty} u_n = 0$,

则级数 $\sum\limits_{n=1}^{\infty}(-1)^{n-1}u_n$ 收敛,且其和小于或等于 u_1.

证 先证级数 $\sum\limits_{n=1}^{\infty}(-1)^{n-1}u_n$ 的第 $2n$ 个部分和

$$s_{2n} = u_1 - u_2 + u_3 - u_4 + \cdots + u_{2n-1} - u_{2n}$$

所构成的数列$\{s_{2n}\}$收敛. 为此,将 s_{2n} 表示成两种形式:

$$s_{2n} = (u_1 - u_2) + (u_3 - u_4) + \cdots + (u_{2n-1} - u_{2n})$$

及

$$s_{2n} = u_1 - (u_2 - u_3) - (u_4 - u_5) - \cdots - (u_{2n-2} - u_{2n-1}) - u_{2n}.$$

根据条件 1)知,s_{2n} 的这两个表达式中每个括号内的差都是非负数. 所以,由第一个表达式知,数列$\{s_{2n}\}$单调递增;由第二个表达式知,对于一切正整数 n,都有 $s_{2n} \leqslant u_1$,即数列$\{s_{2n}\}$有上界. 根据数列的收敛准则知,数列$\{s_{2n}\}$必有极限. 设 $\lim\limits_{n\to\infty} s_{2n} = s$,则 $s \leqslant u_1$.

再看级数 $\sum\limits_{n=1}^{\infty}(-1)^{n-1}u_n$ 的第 $2n+1$ 个部分和

$$s_{2n+1} = u_1 - u_2 + u_3 - u_4 + \cdots + u_{2n-1} - u_{2n} + u_{2n+1} = s_{2n} + u_{2n+1}.$$

根据条件 2),有 $\lim\limits_{n\to\infty} u_{2n+1} = 0$,故

$$\lim_{n\to\infty} s_{2n+1} = \lim_{n\to\infty}(s_{2n} + u_{2n+1}) = \lim_{n\to\infty} s_{2n} = s.$$

由于级数 $\sum\limits_{n=1}^{\infty}(-1)^{n-1}u_n$ 的部分和数列$\{s_n\}$的奇数项和偶数项所构成的子列都趋向于同一个极限 s,所以数列$\{s_n\}$有极限 s,从而级数 $\sum\limits_{n=1}^{\infty}(-1)^{n-1}u_n$ 收敛,且其和 $s \leqslant u_1$.

例 11 判别级数 $\sum\limits_{n=2}^{\infty}\dfrac{(-1)^{n-1}\sqrt{n}}{n-1}$ 的敛散性.

解 显然,该级数是交错级数. 注意到函数 $f(x) = \dfrac{\sqrt{x}}{x-1}$ 满足

$$f'(x) = \left(\frac{\sqrt{x}}{x-1}\right)' = \frac{\dfrac{1}{2\sqrt{x}}(x-1) - \sqrt{x}}{(x-1)^2} = \frac{-(x+1)}{2\sqrt{x}(x-1)^2} < 0 \quad (x \geqslant 2),$$

所以函数 $f(x) = \dfrac{\sqrt{x}}{x-1}$ 单调减少. 令 $u_n = \dfrac{\sqrt{n}}{n-1}$,那么数列$\{u_n\}$单调递减. 另外,数列$\{u_n\}$还满足

$$\lim_{n\to\infty}\frac{\sqrt{n}}{n-1} = \lim_{n\to\infty}\frac{1}{\sqrt{n} - \dfrac{1}{\sqrt{n}}} = 0.$$

根据莱布尼茨审敛法知,该级数收敛.

2.3 绝对收敛和条件收敛

对于一般的级数,即一般项可以取正数,也可以取负数的级数,我们称它们为任意项级

数.我们可以利用正项级数讨论它们的敛散性.为此,我们先介绍绝对收敛和条件收敛的概念.

定义1 如果级数 $\sum_{n=1}^{\infty}|u_n|$ 收敛,则称级数 $\sum_{n=1}^{\infty}u_n$ **绝对收敛**;如果级数 $\sum_{n=1}^{\infty}u_n$ 收敛,而级数 $\sum_{n=1}^{\infty}|u_n|$ 发散,则称级数 $\sum_{n=1}^{\infty}u_n$ **条件收敛**.

根据上面的定义,容易知道级数 $\sum_{n=1}^{\infty}(-1)^{n-1}\frac{1}{n^2}$ 绝对收敛,而级数 $\sum_{n=1}^{\infty}(-1)^{n-1}\frac{1}{n}$ 条件收敛.级数绝对收敛与收敛有如下关系:

定理7 如果级数 $\sum_{n=1}^{\infty}u_n$ 绝对收敛,则级数 $\sum_{n=1}^{\infty}u_n$ 必收敛.

证 因为级数 $\sum_{n=1}^{\infty}u_n$ 绝对收敛,所以正项级数 $\sum_{n=1}^{\infty}|u_n|$ 收敛.

令

$$v_n=|u_n|+u_n \quad (n=1,2,\cdots). \tag{2}$$

显然,$v_n\geqslant 0$ 且 $v_n\leqslant 2|u_n|(n=1,2,\cdots)$.根据比较审敛法的推论1知,级数 $\sum_{n=1}^{\infty}v_n$ 收敛.由(2)式知 $u_n=v_n-|u_n|$,再根据级数的基本性质得级数 $\sum_{n=1}^{\infty}u_n$ 必收敛.

例12 判别级数 $\sum_{n=1}^{\infty}\frac{\sin n\alpha}{n^3}$ 的敛散性.

解 因为 $\left|\frac{\sin n\alpha}{n^3}\right|\leqslant\frac{1}{n^3}$,而级数 $\sum_{n=1}^{\infty}\frac{1}{n^3}$ 收敛,所以级数 $\sum_{n=1}^{\infty}\left|\frac{\sin n\alpha}{n^3}\right|$ 收敛,即级数 $\sum_{n=1}^{\infty}\frac{\sin n\alpha}{n^3}$ 绝对收敛,从而级数 $\sum_{n=1}^{\infty}\frac{\sin n\alpha}{n^3}$ 收敛.

习 题 6-2

1. 用比较审敛法判别下列级数的敛散性:

(1) $\sum_{n=1}^{\infty}\frac{1}{\sqrt{n}}$; (2) $\sum_{n=1}^{\infty}\frac{1}{n^2+2n+1}$;

(3) $\sum_{n=1}^{\infty}(\sqrt{n^4+1}-\sqrt{n^4-1})$; (4) $\sum_{n=1}^{\infty}\sin\frac{\pi}{2^n}$.

2. 用比值审敛法或根值审敛法判别下列级数的敛散性:

(1) $\sum_{n=1}^{\infty}\frac{3^n}{2^n n}$; (2) $\sum_{n=1}^{\infty}\frac{n}{3^n}$; (3) $\sum_{n=1}^{\infty}\left(\frac{n}{2n+1}\right)^n$;

(4) $\sum_{n=1}^{\infty}\left(\frac{n}{3n-1}\right)^{2n}$; (5) $\sum_{n=1}^{\infty}\frac{1}{(\ln(n+1))^n}$; (6) $\sum_{n=1}^{\infty}\frac{3^n\cdot n!}{n^n}$.

3. 下列级数是否收敛?如果收敛,是绝对收敛还是条件收敛?

(1) $1-\frac{1}{\sqrt{2}}+\frac{1}{\sqrt{3}}-\frac{1}{\sqrt{4}}+\cdots$; (2) $\sum_{n=1}^{\infty}(-1)^{n-1}\frac{n}{3^{n-1}}$;

(3) $\frac{1}{5}-\frac{1}{5}\times\frac{1}{2}+\frac{1}{5}\times\frac{1}{2^2}-\frac{1}{5}\times\frac{1}{2^3}+\cdots$;　　(4) $\frac{1}{\ln 2}-\frac{1}{\ln 3}+\frac{1}{\ln 4}-\frac{1}{\ln 5}+\cdots$.

§3 幂 级 数

3.1 函数项级数

设 $u_1(x),u_2(x),\cdots,u_n(x),\cdots$是定义在区间 I 上的函数序列,称表达式

$$u_1(x)+u_2(x)+\cdots+u_n(x)+\cdots \tag{1}$$

为定义在区间 I 上的**函数项级数**(简称**级数**),其中 $u_n(x)$称为该函数项级数的**一般项**,前 n 项和 $s_n(x)=u_1(x)+u_2(x)+\cdots+u_n(x)$称为该函数项级数的**部分和函数**.

对于每个确定的值 $x_0\in I$,

$$u_1(x_0)+u_2(x_0)+\cdots+u_n(x_0)+\cdots \tag{2}$$

为一个数项级数.如果级数(2)收敛,则称 x_0 为函数项级数(1)的**收敛点**,也称函数项级数(1)在点 x_0 处**收敛**;如果级数(2)发散,则称 x_0 为函数项级数(1)的**发散点**,也称函数项级数(1)在点 x_0 处**发散**.函数项级数的所有收敛点组成的集合叫作函数项级数的**收敛域**,所有发散点组成的集合叫作函数项级数的**发散域**.

对于函数项级数(1)的收敛域内的任意一个数 x,数项级数

$$u_1(x)+u_2(x)+\cdots+u_n(x)+\cdots$$

都有与 x 有关的唯一的和,记为 $s(x)$,它是定义在收敛域上的一个函数,称为函数项级数(1)的**和函数**,并记为

$$s(x)=u_1(x)+u_2(x)+\cdots+u_n(x)+\cdots.$$

3.2 幂级数的收敛半径和收敛域

幂级数是函数项级数中最简单、应用最广泛的一类级数,其一般形式为

$$\sum_{n=0}^{\infty}a_n(x-x_0)^n=a_0+a_1(x-x_0)+a_2(x-x_0)^2+\cdots+a_n(x-x_0)^n+\cdots, \tag{3}$$

其中常数 $a_0,a_1,\cdots,a_n,\cdots$叫作幂级数(3)的**系数**.

对于幂级数(3),只要做代换 $t=x-x_0$,则它就转化为特殊形式

$$\sum_{n=0}^{\infty}a_nt^n=a_0+a_1t+a_2t^2+\cdots+a_nt^n+\cdots. \tag{4}$$

故我们主要讨论形如(4)式的幂级数.

关于幂级数,我们要讨论的第一个问题是:对于给定的幂级数,如何确定它的收敛域?为此,我们先介绍如下定理:

定理 1[阿贝尔(Abel)定理]　如果幂级数 $\sum\limits_{n=0}^{\infty}a_nx^n$ 在点 $x_0(x_0\neq 0)$处收敛,则对于适合不等式$|x|<|x_0|$的一切 x,幂级数 $\sum\limits_{n=0}^{\infty}a_nx^n$ 在点 x 处都绝对收敛;反之,如果幂级数 $\sum\limits_{n=0}^{\infty}a_nx^n$ 在点 $x_0(x_0\neq 0)$处发散,则对于适合不等式$|x|>|x_0|$的一切 x,幂级数 $\sum\limits_{n=0}^{\infty}a_nx^n$ 在点 x 处都

发散.

证 设 x_0 是幂级数 $\sum_{n=0}^{\infty}a_nx^n$ 的收敛点，则级数

$$a_0+a_1x_0+a_2x_0^2+\cdots+a_nx_0^n+\cdots$$

收敛.根据级数收敛的必要条件知

$$\lim_{n\to\infty}a_nx_0^n=0,$$

故数列 $\{a_nx_0^n\}$ 有界，即存在正数 M，使得

$$|a_nx_0^n|\leqslant M\quad(n=0,1,2,\cdots).$$

于是，对于适合不等式 $|x|<|x_0|$ 的一切 x，级数 $\sum_{n=0}^{\infty}|a_nx^n|$ 的一般项满足

$$|a_nx^n|=|a_nx_0^n|\frac{|x|^n}{|x_0|^n}\leqslant M\left(\frac{|x|}{|x_0|}\right)^n.$$

因为 $|x|<|x_0|$，从而 $\frac{|x|}{|x_0|}<1$，所以等比级数 $\sum_{n=0}^{\infty}M\left(\frac{|x|}{|x_0|}\right)^n$ 收敛.根据正项级数的比较审敛法知，幂级数 $\sum_{n=0}^{\infty}a_nx^n$ 在点 x 处绝对收敛.

下面应用反证法证明定理的第二部分.若存在一点 x_1，适合不等式 $|x_1|>|x_0|$，而幂级数 $\sum_{n=0}^{\infty}a_nx^n$ 在点 x_1 处收敛，则根据定理的第一部分知，幂级数 $\sum_{n=0}^{\infty}a_nx^n$ 在点 x_0 处必收敛，与已知矛盾.

定理1告诉我们，若存在 $x_0\neq0$，使得幂级数 $\sum_{n=0}^{\infty}a_nx^n$ 在点 x_0 处收敛，则幂级数 $\sum_{n=0}^{\infty}a_nx^n$ 在开区间 $(-|x_0|,|x_0|)$ 内处处绝对收敛；若存在点 x_1，使得幂级数 $\sum_{n=0}^{\infty}a_nx^n$ 在点 x_1 处发散，则幂级数 $\sum_{n=0}^{\infty}a_nx^n$ 在 $(-\infty,-|x_1|)\cup(|x_1|,+\infty)$ 内处处发散.容易看出，对于这样的幂级数，必然存在一个正数 R，使得对于满足 $|x|<R$ 的一切 x，该幂级数都绝对收敛，从而该幂级数收敛；对于满足 $|x|>R$ 的一切 x，该幂级数都发散；对于 $x=\pm R$ 这两点，该幂级数的敛散性不能确定，要具体情况具体分析.我们称 R 为该幂级数的**收敛半径**，称开区间 $(-R,R)$ 为该幂级数的**收敛区间**.

如果幂级数 $\sum_{n=0}^{\infty}a_nx^n$ 除 $x=0$ 外没有其他的收敛点，则定义该幂级数的收敛半径为 $R=0$；如果幂级数 $\sum_{n=0}^{\infty}a_nx^n$ 没有发散点，即处处收敛，则定义该幂级数的收敛半径为 $R=+\infty$，这时其收敛区间为 $(-\infty,+\infty)$.

可见，要求幂级数的收敛域，关键是求出其收敛半径和收敛区间.关于收敛半径的求法有下面的定理.

定理2 如果

$$\lim_{n\to\infty}\left|\frac{a_{n+1}}{a_n}\right|=\rho,$$

其中 a_n,a_{n+1} 分别是幂级数 $\sum\limits_{n=0}^{\infty}a_nx^n$ 中 x^n,x^{n+1} 项的系数,且 $a_n\neq 0$,则

1) 当 $0<\rho<+\infty$ 时,该幂级数的收敛半径为 $R=\dfrac{1}{\rho}$;

2) 当 $\rho=0$ 时,该幂级数的收敛半径为 $R=+\infty$;

3) 当 $\rho=+\infty$ 时,该幂级数的收敛半径为 $R=0$.

证 幂级数 $\sum\limits_{n=0}^{\infty}a_nx^n$ 的各项取绝对值,所得的正项级数为

$$|a_0|+|a_1x|+\cdots+|a_nx^n|+\cdots, \tag{5}$$

其后项与前项之比的极限为

$$\lim_{n\to\infty}\left|\frac{a_{n+1}x^{n+1}}{a_nx^n}\right|=\lim_{n\to\infty}\left|\frac{a_{n+1}}{a_n}\right||x|=\rho\ |x|.$$

1) 当 $0<\rho<+\infty$ 时,若 $|x|<\dfrac{1}{\rho}$,则

$$\lim_{n\to\infty}\left|\frac{a_{n+1}x^{n+1}}{a_nx^n}\right|=\rho|x|<1.$$

根据正项级数的比值审敛法知,级数(5)收敛,从而幂级数 $\sum\limits_{n=0}^{\infty}a_nx^n$ 绝对收敛. 若 $|x|>\dfrac{1}{\rho}$,则

$$\lim_{n\to\infty}\left|\frac{a_{n+1}x^{n+1}}{a_nx^n}\right|=\rho|x|>1.$$

于是,级数(5)从某一个 n 开始满足

$$|a_{n+1}x^{n+1}|>|a_nx^n|.$$

因此,幂级数 $\sum\limits_{n=0}^{\infty}a_nx^n$ 的一般项不能趋向于零,从而幂级数 $\sum\limits_{n=0}^{\infty}a_nx^n$ 发散. 所以,幂级数 $\sum\limits_{n=0}^{\infty}a_nx^n$ 的收敛半径为 $R=\dfrac{1}{\rho}$.

2) 若 $\rho=0$,则对于任意 $x\neq 0$,都有 $\lim\limits_{n\to\infty}\left|\dfrac{a_{n+1}x^{n+1}}{a_nx^n}\right|=0$,从而幂级数 $\sum\limits_{n=0}^{\infty}a_nx^n$ 都绝对收敛. 故幂级数 $\sum\limits_{n=0}^{\infty}a_nx^n$ 的收敛半径为 $R=+\infty$.

3) 若 $\rho=+\infty$,则对于除 $x=0$ 外的一切 x,都有

$$\lim_{n\to\infty}\left|\frac{a_{n+1}x^{n+1}}{a_nx^n}\right|=+\infty,$$

从而幂级数 $\sum\limits_{n=0}^{\infty}a_nx^n$ 发散. 于是,幂级数 $\sum\limits_{n=0}^{\infty}a_nx^n$ 的收敛半径为 $R=0$.

例 1 求幂级数 $x-\dfrac{x^2}{2}+\dfrac{x^3}{3}-\dfrac{x^4}{4}+\cdots+(-1)^{n-1}\dfrac{x^n}{n}+\cdots$ 的收敛半径、收敛区间和收敛域.

解 因为

$$\rho=\lim_{n\to\infty}\left|\frac{a_{n+1}}{a_n}\right|=\lim_{n\to\infty}\frac{\dfrac{1}{n+1}}{\dfrac{1}{n}}=\lim_{n\to\infty}\frac{n}{n+1}=1,$$

所以该幂级数的收敛半径为 $R=\frac{1}{\rho}=1$,收敛区间为$(-1,1)$.

当 $x=1$ 时,该幂级数成为交错级数

$$1-\frac{1}{2}+\frac{1}{3}-\frac{1}{4}+\cdots+(-1)^{n-1}\frac{1}{n}+\cdots.$$

根据莱布尼茨审敛法知,此级数收敛.

当 $x=-1$ 时,该幂级数成为

$$-1-\frac{1}{2}-\frac{1}{3}-\frac{1}{4}-\cdots-\frac{1}{n}-\cdots=\sum_{n=1}^{\infty}(-1)\frac{1}{n}.$$

由调和级数发散知,此级数也发散.

因此,该幂级数的收敛域为$(-1,1]$.

例 2 求幂级数 $1+x+2!x^2+3!x^3+\cdots+n!x^n+\cdots$ 的收敛半径和收敛域.

解 因为

$$\rho=\lim_{n\to\infty}\left|\frac{a_{n+1}}{a_n}\right|=\lim_{n\to\infty}\frac{(n+1)!}{n!}=\lim_{n\to\infty}(n+1)=+\infty,$$

所以该幂级数的收敛半径为 $R=0$. 该幂级数只在点 $x=0$ 处收敛,即其收敛域为$\{x\mid x=0\}$.

例 3 求幂级数 $1+x+\frac{x^2}{2!}+\frac{x^3}{3!}+\cdots+\frac{x^n}{n!}+\cdots$ 的收敛半径、收敛区间和收敛域.

解 因为

$$\rho=\lim_{n\to\infty}\left|\frac{a_{n+1}}{a_n}\right|=\lim_{n\to\infty}\frac{\frac{1}{(n+1)!}}{\frac{1}{n!}}=\lim_{n\to\infty}\frac{1}{n+1}=0,$$

所以该幂级数的收敛半径为 $R=+\infty$,收敛区间为$(-\infty,+\infty)$,即对于任意 $x\in(-\infty,+\infty)$,该幂级数都绝对收敛,从而其收敛域为$(-\infty,+\infty)$.

例 4 求幂级数 $\sum_{n=1}^{\infty}\frac{x^{2n-1}}{2^n}$ 的收敛半径、收敛区间和收敛域.

解 此幂级数只有奇数项,没有偶次项,称为缺项级数,不能直接应用定理 2 来求收敛半径. 可以把幂级数 $\sum_{n=1}^{\infty}\frac{x^{2n-1}}{2^n}$ 看成数项级数,找出使之绝对收敛的 x 的范围. 因此,令 $u_n(x)=\frac{x^{2n-1}}{2^n}$,考虑用达朗贝尔审敛法找出使得正项级数 $\sum_{n=1}^{\infty}|u_n(x)|$ 收敛的 x 的范围.

我们有

$$\lim_{n\to\infty}\left|\frac{u_{n+1}(x)}{u_n(x)}\right|=\lim_{n\to\infty}\left|\frac{\frac{x^{2n+1}}{2^{n+1}}}{\frac{x^{2n-1}}{2^n}}\right|=\frac{1}{2}|x|^2.$$

那么,当 $\frac{1}{2}|x|^2<1$ 时,即 $|x|<\sqrt{2}$ 时,正项级数 $\sum_{n=1}^{\infty}|u_n(x)|$ 收敛,从而原幂级数绝对收敛;当 $\frac{1}{2}|x|^2>1$ 时,即 $|x|>\sqrt{2}$ 时,$u_n(x)\nrightarrow 0$,原幂级数发散. 因此,原幂级数的收敛半径为

$R=\sqrt{2}$，收敛区间为$(-\sqrt{2},\sqrt{2})$.

在收敛区间的左端点 $x=-\sqrt{2}$ 处，原幂级数变成 $\sum\limits_{n=1}^{\infty}\frac{(-\sqrt{2})^{2n-1}}{2^n}=\sum\limits_{n=1}^{\infty}\frac{-2^n}{2^n\sqrt{2}}=\sum\limits_{n=1}^{\infty}\frac{-1}{\sqrt{2}}$. 它的一般项不趋向于零，从而它发散.

在收敛区间的右端点 $x=\sqrt{2}$ 处，原幂级数变成 $\sum\limits_{n=1}^{\infty}\frac{(\sqrt{2})^{2n-1}}{2^n}=\sum\limits_{n=1}^{\infty}\frac{2^n}{2^n\sqrt{2}}=\sum\limits_{n=1}^{\infty}\frac{1}{\sqrt{2}}$. 同样，它因一般项不趋向于零而发散.

综上所述，原幂级数的收敛域为$(-\sqrt{2},\sqrt{2})$.

例 5 求幂级数 $\sum\limits_{n=0}^{\infty}2^{n+1}x^{2n+1}$ 的收敛半径、收敛区间和收敛域.

解 此级数是只含奇次项，不含偶次项的级数，也是缺项级数. 但对于任意 x，此幂级数与幂级数 $\sum\limits_{n=0}^{\infty}2^{n+1}x^{2n}$ 的敛散性相同，故只要求出幂级数 $\sum\limits_{n=0}^{\infty}2^{n+1}x^{2n}$ 的收敛半径、收敛区间和收敛域即可.

令 $y=x^2$，则幂级数 $\sum\limits_{n=0}^{\infty}2^{n+1}x^{2n}$ 转化成幂级数 $\sum\limits_{n=0}^{\infty}2^{n+1}y^n$. 对于此幂级数，有

$$\rho_1=\lim_{n\to\infty}\left|\frac{a_{n+1}}{a_n}\right|=\lim_{n\to\infty}\frac{2^{(n+1)+1}}{2^{n+1}}=\lim_{n\to\infty}\frac{2^{n+2}}{2^{n+1}}=2,$$

所以它的收敛半径为 $R_1=\frac{1}{\rho_1}=\frac{1}{2}$. 于是，幂级数 $\sum\limits_{n=0}^{\infty}2^{n+1}x^{2n}$ 当 $|x^2|<\frac{1}{2}$，即 $|x|<\frac{\sqrt{2}}{2}$ 时，绝对收敛；当 $|x^2|>\frac{1}{2}$，即 $|x|>\frac{\sqrt{2}}{2}$ 时，发散. 所以，该幂级数的收敛半径为 $R=\frac{\sqrt{2}}{2}$，收敛区间为 $\left(-\frac{\sqrt{2}}{2},\frac{\sqrt{2}}{2}\right)$.

当 $x=\pm\frac{\sqrt{2}}{2}$ 时，幂级数 $\sum\limits_{n=0}^{\infty}2^{n+1}x^{2n}$ 化为 $\sum\limits_{n=0}^{\infty}2^{n+1}\left(\frac{\sqrt{2}}{2}\right)^{2n}=\sum\limits_{n=0}^{\infty}\frac{2^{n+1}}{2^n}=\sum\limits_{n=0}^{\infty}2$，它发散. 因此，原幂级数 $\sum\limits_{n=0}^{\infty}2^{n+1}x^{2n+1}$ 的收敛半径为 $R=\frac{\sqrt{2}}{2}$，收敛区间为 $\left(-\frac{\sqrt{2}}{2},\frac{\sqrt{2}}{2}\right)$，收敛域为 $\left(-\frac{\sqrt{2}}{2},\frac{\sqrt{2}}{2}\right)$.

例 6 求幂级数 $\sum\limits_{n=1}^{\infty}\frac{(x-1)^n}{3^n n}$ 的收敛域.

解 令 $t=x-1$，原幂级数转化为

$$\sum_{n=1}^{\infty}\frac{t^n}{3^n n}. \tag{6}$$

对于幂级数(6)，有

$$\rho_1=\lim_{n\to\infty}\left|\frac{a_{n+1}}{a_n}\right|=\lim_{n\to\infty}\frac{\frac{1}{3^{n+1}(n+1)}}{\frac{1}{3^n n}}=\lim_{n\to\infty}\frac{n}{n+1}\cdot\frac{3^n}{3^{n+1}}$$

$$=\lim_{n\to\infty}\frac{n}{n+1}\cdot\frac{1}{3}=\frac{1}{3},$$

故它的收敛半径为 $R_1=3$. 所以,当 $|t|<3$ 时,幂级数(6)绝对收敛;当 $|t|>3$ 时,幂级数(6)发散;当 $t=3$ 时,幂级数(6)成为级数 $\sum_{n=1}^{\infty}\frac{1}{n}$,它是调和级数,故发散;当 $t=-3$ 时,幂级数(6)成为交错级数 $\sum_{n=1}^{\infty}(-1)^n\frac{1}{n}$,由莱布尼茨审敛法知它收敛. 因此,幂级数(6)的收敛域为 $[-3,3)$,即原幂级数当 $-3\leqslant x-1<3$,即 $-2\leqslant x<4$ 时收敛,从而原幂级数的收敛域为 $[-2,4)$.

3.3　幂级数的性质及其应用

由一元微积分知道:

1) 如果 $u_1(x),u_2(x),\cdots,u_n(x)$ 都是区间 (a,b) 上的连续函数,则它们的和

$$u_1(x)+u_2(x)+\cdots+u_n(x)$$

也是区间 (a,b) 上的连续函数,即有限个连续函数的和也是连续函数.

2) 如果 $u_1(x),u_2(x),\cdots,u_n(x)$ 在区间 (a,b) 内可导,则它们的和

$$u_1(x)+u_2(x)+\cdots+u_n(x)$$

在区间 (a,b) 内也可导,且

$$(u_1(x)+u_2(x)+\cdots+u_n(x))'=u_1'(x)+u_2'(x)+\cdots+u_n'(x),$$

即"和的导数等于导数的和". 这表明,求导运算与求和运算可以交换次序.

3) 如果 $u_1(x),u_2(x),\cdots,u_n(x)$ 都是区间 $[a,b]$ 上可积,则

$$\int_a^b(u_1(x)+u_2(x)+\cdots+u_n(x))\mathrm{d}x=\int_a^b u_1(x)\mathrm{d}x+\int_a^b u_2(x)\mathrm{d}x+\cdots+\int_a^b u_n(x)\mathrm{d}x,$$

即"和的积分等于积分的和". 这表明,积分运算与求和运算可以交换次序.

一个自然的问题是:上述有限个函数之和的性质能否推广到函数项级数上?特别地,对于幂级数,在它的收敛区间内是否也有这些性质?回答是肯定的.

我们不加证明地介绍幂级数的这些重要性质.

性质 1(和函数连续性)　设幂级数 $\sum_{n=0}^{\infty}a_nx^n$ 的收敛半径为 $R(0<R\leqslant+\infty)$,则其和函数 $s(x)$ 在区间 $(-R,R)$ 内连续. 如果它在点 $x=R$(或 $-R$)处收敛,则其和函数 $s(x)$ 在区间 $(-R,R]$(或 $[-R,R)$)上连续.

性质 2(逐项积分)　设幂级数 $\sum_{n=0}^{\infty}a_nx^n$ 的收敛半径为 $R(0<R\leqslant+\infty)$,则其和函数 $s(x)$ 在区间 $(-R,R)$ 内是可积的;对于任意 $x\in(-R,R)$,有逐项积分公式

$$\int_0^x s(t)\mathrm{d}t=\int_0^x\left(\sum_{n=0}^{\infty}a_nt^n\right)\mathrm{d}t=\sum_{n=0}^{\infty}\int_0^x a_nt^n\mathrm{d}t=\sum_{n=0}^{\infty}\frac{a_n}{n+1}x^{n+1},$$

且逐项积分后所得的幂级数 $\sum_{n=0}^{\infty}\frac{a_n}{n+1}x^{n+1}$ 与原幂级数 $\sum_{n=0}^{\infty}a_nx^n$ 有相同的收敛半径.

性质 3(逐项求导)　设幂级数 $\sum_{n=0}^{\infty}a_nx^n$ 的收敛半径为 $R(0<R\leqslant+\infty)$,则其和函数 $s(x)$ 在区间 $(-R,R)$ 内是可导的;对于任意 $x\in(-R,R)$,有逐项求导公式

$$s'(x)=\left(\sum_{n=0}^{\infty}a_nx^n\right)'=\sum_{n=0}^{\infty}(a_nx^n)'=\sum_{n=1}^{\infty}na_nx^{n-1},$$

且逐项求导后所得的幂级数 $\sum_{n=1}^{\infty}na_nx^{n-1}$ 与原幂级数 $\sum_{n=0}^{\infty}a_nx^n$ 有相同的收敛半径.

一般地,求幂级数的和函数是一个十分困难的问题.我们现在已知的只有几何级数 $\sum_{n=0}^{\infty}ax^n(|x|<1)$ 的和函数为 $\dfrac{a}{1-x}$.应用幂级数逐项积分、逐项求导的性质,可以把一些求幂级数和函数的问题转化为求几何级数和函数的问题.

例 7 在区间$(-1,1)$内求幂级数 $\sum_{n=1}^{\infty}\dfrac{1}{n}x^n$ 的和函数.

解 设所求的和函数为 $s(x)$,即 $s(x)=\sum_{n=1}^{\infty}\dfrac{1}{n}x^n$,则

$$s'(x)=\sum_{n=1}^{\infty}x^{n-1}=\frac{1}{1-x},\quad x\in(-1,1).$$

对上式两边从 0 到 x 积分,注意到 $s(0)=0$,有

$$s(x)=-\ln(1-x),\quad x\in(-1,1).$$

例 8 在区间$(-1,1)$内,求幂级数 $\sum_{n=0}^{\infty}\dfrac{1}{n+1}x^n$ 的和函数.

解 设所求的和函数为 $s(x)$,则

$$s(x)=\sum_{n=0}^{\infty}\frac{1}{n+1}x^n,$$

且 $s(0)=1$.为了使幂级数的一般项求导后消掉系数 $\dfrac{1}{n+1}$,在上式两边乘以 x,得

$$xs(x)=\sum_{n=0}^{\infty}\frac{1}{n+1}x^{n+1}=\sum_{n=1}^{\infty}\frac{1}{n}x^n.$$

利用例 7 的结果,知

$$xs(x)=-\ln(1-x),\quad x\in(-1,1),$$

从而

$$s(x)=\begin{cases}-\dfrac{1}{x}\ln(1-x), & x\in(-1,0)\cup(0,1),\\ 1, & x=0.\end{cases}$$

例 9 在区间$(-1,1)$内,求幂级数 $\sum_{n=1}^{\infty}nx^n$ 的和函数.

解 $$\sum_{n=1}^{\infty}nx^n=x\sum_{n=1}^{\infty}nx^{n-1}=x\sum_{n=1}^{\infty}(x^n)'=x\left(\sum_{n=1}^{\infty}x^n\right)'=x\left(\frac{x}{1-x}\right)'$$

$$=x\cdot\frac{1}{(1-x)^2}=\frac{x}{(1-x)^2},\quad x\in(-1,1).$$

3.4 幂级数的简单运算

设幂级数

$$a_0 + a_1x + a_2x^2 + \cdots + a_nx^n + \cdots$$

和

$$b_0 + b_1x + b_2x^2 + \cdots + b_nx^n + \cdots$$

的收敛半径分别为 R_1, R_2，在收敛域内的和函数分别为 $s_1(x), s_2(x)$，并取 $R=\min\{R_1,R_2\}$，则当 $|x|<R$ 时，幂级数

$$(a_0 \pm b_0) + (a_1 \pm b_1)x + (a_2 \pm b_2)x^2 + \cdots + (a_n \pm b_n)x^n + \cdots$$

收敛于 $s_1(x) \pm s_2(x)$.

习 题 6-3

1. 求下列幂级数的收敛域：

(1) $x+2x^2+3x^3+\cdots+nx^n+\cdots$；　(2) $1-x+\dfrac{x^2}{2^2}+\cdots+(-1)^n\dfrac{x^n}{n^2}+\cdots$；

(3) $\displaystyle\sum_{n=0}^{\infty}\frac{n!}{2n+1}x^n$；　(4) $\displaystyle\sum_{n=1}^{\infty}\frac{2^n}{2n+1}x^n$；

(5) $\displaystyle\sum_{n=1}^{\infty}\frac{2n-1}{2^n}x^{2n}$；　(6) $\displaystyle\sum_{n=1}^{\infty}(-1)^n\frac{x^{2n+1}}{2n+1}$；

(7) $\displaystyle\sum_{n=1}^{\infty}\frac{(x-3)^n}{n^2}$；　(8) $\displaystyle\sum_{n=1}^{\infty}n(3x-5)^n$.

2. 利用幂级数逐项积分或逐项求导的性质，求下列幂级数的和函数：

(1) $\displaystyle\sum_{n=1}^{\infty}nx^{n-1}$；　(2) $\displaystyle\sum_{n=1}^{\infty}\frac{x^n}{n}$；　(3) $\displaystyle\sum_{n=0}^{\infty}\frac{x^{2n+1}}{2n+1}$.

§4 函数的幂级数展开式

4.1 函数的幂级数展开式及其唯一性

幂级数具有很好的性质：收敛域特别简单，在收敛域内和函数连续，又能逐项积分和逐项求导，而且部分和函数是多项式. 所以，在收敛域内，幂级数可以用多项式来逼近. 这就启发我们讨论把函数展开成幂级数的问题.

设 $f(x)$ 是一个给定的函数. 如果能找到一个幂级数，使得该幂级数在某个区间内收敛于 $f(x)$，即在这个区间内该幂级数的和函数恰好为 $f(x)$，则称 $f(x)$ 在这个区间内可以展开成幂级数，并称该幂级数为 $f(x)$ 的**幂级数展开式**.

下面的定理说明，如果 $f(x)$ 在区间 $(-R,R)$ 内能展开成幂级数，则该幂级数是被 $f(x)$ 在点 $x=0$ 处的函数值和各阶导数值唯一确定的.

定理1(唯一性定理) 如果函数 $f(x)$ 在区间 $(-R,R)$ 内可以展开成幂级数，即

$$f(x) = a_0 + a_1x + a_2x^2 + \cdots + a_nx^n + \cdots, \tag{1}$$

则

$$a_n = \frac{f^{(n)}(0)}{n!} \quad (n=0,1,2,\cdots). \tag{2}$$

证 将 $x=0$ 代入(1)式，得 $a_0=f(0)$，即 $n=0$ 时(2)式成立.

根据幂级数在收敛区间内可以逐项求导，对(1)式两端连续逐项求导，得

$$f'(x)=a_1+2a_2x+3a_3x^2+\cdots+na_nx^{n-1}+\cdots,$$
$$f''(x)=2a_2+3\cdot 2a_3x+\cdots+n\cdot(n-1)a_nx^{n-2}+\cdots,$$
$$f'''(x)=3\cdot 2a_3+4\cdot 3\cdot 2a_4x+\cdots+n\cdot(n-1)\cdot(n-2)a_nx^{n-3}+\cdots,$$
……
$$f^{(n)}(x)=n\cdot(n-1)\cdot\cdots\cdot 2a_n+(n+1)\cdot n\cdot\cdots\cdot 2x+\cdots,$$
……

将 $x=0$ 代入,于是有

$$f^{(n)}(0)=n!a_n\quad(n=1,2,\cdots).$$

综合可得

$$a_n=\frac{f^{(n)}(0)}{n!}\quad(n=0,1,2,\cdots).$$

根据上述定理不难得出,如果 $f(x)$在点 x_0 的一个邻域内可以展开成幂级数,即

$$f(x)=\sum_{n=0}^{\infty}a_n(x-x_0)^n,$$

则其系数必为

$$a_n=\frac{f^{(n)}(x_0)}{n!}\quad(n=0,1,2,\cdots).$$

*4.2 泰勒公式

在一元微积分中,我们已学过如下拉格朗日中值定理:

设函数 $f(x)$在闭区间$[a,b]$上连续,在开区间(a,b)内可导,则至少存在一点 $\xi\in(a,b)$,使得

$$f(b)-f(a)=f'(\xi)(b-a).$$

将它应用到以 x_0,x 为端点的区间上,有

$$f(x)=f(x_0)+f'(\xi)(x-x_0),$$

其中 ξ 介于 x_0 与 x 之间.

下面我们将此公式推广,以达到用多项式来近似函数 $f(x)$的目的. 为此,设 $f(x)$在点 x_0 的某个邻域 $U(x_0)$内有直到 $n+1$ 阶导数. 定义

$$R_n(x)=f(x)-\Big[f(x_0)+f'(x_0)(x-x_0)+\frac{1}{2!}f''(x_0)(x-x_0)^2+\cdots+\frac{1}{n!}f^{(n)}(x_0)(x-x_0)^n\Big].$$

令 $F(x)=R_n(x)$,$G(x)=(x-x_0)^{n+1}$. 显然,$F(x)$,$G(x)$在邻域 $U(x_0)$内有直到 $n+1$ 阶导数,且

$$F(x_0)=F'(x_0)=F''(x_0)=\cdots=F^{(n)}(x_0)=0,$$
$$G(x_0)=G'(x_0)=G''(x_0)=\cdots=G^{(n)}(x_0)=0,$$
$$F^{(n+1)}(x)=f^{(n+1)}(x),\quad G^{(n+1)}(x)=(n+1)!.$$

连续 $n+1$ 次使用柯西中值定理,有

$$\frac{R_n(x)}{(x-x_0)^{n+1}}=\frac{F(x)}{G(x)}=\frac{F(x)-F(x_0)}{G(x)-G(x_0)}=\frac{F'(\xi_1)}{G'(\xi_1)}=\frac{F'(\xi_1)-F'(x_0)}{G'(\xi_1)-G'(x_0)}=\cdots$$
$$=\frac{F^{(n)}(\xi_n)}{G^{(n)}(\xi_n)}=\frac{F^{(n)}(\xi_n)-F^{(n)}(x_0)}{G^{(n)}(\xi_n)-G^{(n)}(x_0)}=\frac{F^{(n+1)}(\xi)}{G^{(n+1)}(\xi)}=\frac{f^{(n+1)}(\xi)}{(n+1)!},$$

其中 $\xi_1,\xi_2,\cdots,\xi_n$ 和 ξ 介于 x_0 与 x 之间.因此

$$R_n(x)=\frac{1}{(n+1)!}f^{(n+1)}(\xi)(x-x_0)^{(n+1)}.$$

于是,有下面的泰勒公式.

泰勒(Taylor)公式 设函数 $f(x)$ 在点 x_0 的某个邻域 $U(x_0)$ 内有直到 $n+1$ 阶导数,则对于任意 $x\in U(x_0)$,有

$$f(x)=f(x_0)+f'(x_0)(x-x_0)+\frac{1}{2!}f''(x_0)(x-x_0)^2+\cdots$$
$$+\frac{1}{n!}f^{(n)}(x_0)(x-x_0)^n+R_n(x),$$

其中

$$R_n(x)=\frac{1}{(n+1)!}f^{(n+1)}(\xi)(x-x_0)^{n+1}\quad(\xi\text{ 介于 }x_0\text{ 与 }x\text{ 之间}).$$

我们称 $R_n(x)$ 为 $f(x)$ 在点 x_0 处的**泰勒公式的余项**.

4.3 泰勒级数及泰勒展开式

设函数 $f(x)$ 在点 x_0 附近有任意阶导数,称幂级数

$$f(x_0)+f'(x_0)(x-x_0)+\frac{f''(x_0)}{2!}(x-x_0)^2+\cdots+\frac{f^{(n)}(x_0)}{n!}(x-x_0)^n+\cdots \tag{3}$$

为 $f(x)$ 在点 x_0 处的**泰勒级数**,称 $a_n=\dfrac{f^{(n)}(x_0)}{n!}$ $(n=0,1,2,\cdots)$ 为 $f(x)$ 在点 x_0 处的**泰勒系数**.特别地,当 $x_0=0$ 时,称幂级数

$$f(0)+f'(0)x+\frac{f''(0)}{2!}x^2+\cdots+\frac{f^{(n)}(0)}{n!}x^n+\cdots$$

为 $f(x)$ 的**麦克劳林(Maclaurin)级数**,称 $a_n=\dfrac{f^{(n)}(0)}{n!}(n=0,1,2,\cdots)$ 为 $f(x)$ 的**麦克劳林系数**.

显然,幂级数(3)在点 x_0 处收敛到 $f(x_0)$.但除了点 x_0 外,幂级数(3)是否收敛?若收敛,是否收敛到 $f(x)$ 呢?为了回答这个问题,给出下面的定理.

定理 2 设函数 $f(x)$ 在点 x_0 的某个邻域 $U(x_0)$ 内具有任意阶导数,则 $f(x)$ 在该邻域内可以展开成泰勒级数($f(x)$ 在点 x_0 处的泰勒级数在 $U(x_0)$ 内收敛到 $f(x)$)的充要条件是,在 $U(x_0)$ 内,当 $n\to\infty$ 时,$f(x)$ 的泰勒公式的余项 $R_n(x)$ 的极限为零,即

$$\lim_{n\to\infty}R_n(x)=0,\quad x\in U(x_0).$$

证 必要性 设 $f(x)$ 在 $U(x_0)$ 内可以展开为泰勒级数,即

$$f(x)=f(x_0)+f'(x_0)(x-x_0)+\frac{f''(x_0)}{2!}(x-x_0)^2+\cdots+\frac{f^{(n)}(x_0)}{n!}(x-x_0)^n+\cdots \tag{4}$$

对于一切 $x\in U(x_0)$都成立. 又由 $f(x)$的泰勒公式有

$$\begin{aligned}f(x)&=f(x_0)+f'(x_0)(x-x_0)+\frac{f''(x_0)}{2!}(x-x_0)^2+\cdots+\frac{f^{(n)}(x_0)}{n!}(x-x_0)^n+R_n(x)\\&=s_{n+1}(x)+R_n(x),\end{aligned} \tag{5}$$

其中 $s_{n+1}(x)$是 $f(x)$的泰勒级数的部分和函数,$R_n(x)$为 $f(x)$的泰勒公式的余项,而由(4)式知 $f(x)$的泰勒级数收敛到 $f(x)$,即对于一切 $x\in U(x_0)$,都有

$$\lim_{n\to\infty}s_{n+1}(x)=f(x),$$

故

$$\lim_{n\to\infty}R_n(x)=\lim_{n\to\infty}(f(x)-s_{n+1}(x))=0,\quad x\in U(x_0).$$

充分性 设 $\lim\limits_{n\to\infty}R_n(x)=0$ 对于一切 $x\in U(x_0)$成立,则由(5)式知

$$\lim_{n\to\infty}(f(x)-s_{n+1}(x))=0,\quad 即\quad \lim_{n\to\infty}s_{n+1}(x)=f(x).$$

这表明,$f(x)$的泰勒级数在 $U(x_0)$内的每一点都收敛到 $f(x)$,即 $f(x)$在 $U(x_0)$内可以展开成泰勒级数.

4.4 函数展开成幂级数

下面我们来讨论一些常用函数的幂级数展开式.

例1 将函数 $f(x)=e^x$ 展开成 x 的幂级数.

解 $f(x)=e^x$ 的各阶导数为 $f^{(n)}(x)=e^x(n=0,1,2,\cdots)$,因此

$$f^{(n)}(0)=1\quad(n=0,1,2,\cdots).$$

于是,$f(x)=e^x$ 的麦克劳林系数为

$$a_n=\frac{f^{(n)}(0)}{n!}=\frac{1}{n!}\quad(n=0,1,2,\cdots).$$

所以,$f(x)=e^x$ 的麦克劳林级数为

$$\sum_{n=0}^{\infty}\frac{x^n}{n!}=1+x+\frac{1}{2!}x^2+\cdots+\frac{1}{n!}x^n+\cdots, \tag{6}$$

其收敛半径为 $R=+\infty$.

对于任意给定的 $x\in(-\infty,+\infty)$,根据泰勒公式知,在 0 与 x 之间存在ξ,使得余项

$$R_n(x)=\frac{f^{(n+1)}(\xi)}{(n+1)!}x^{n+1}=\frac{e^{\xi}}{(n+1)!}x^{n+1},$$

所以

$$|R_n(x)|=\left|\frac{e^{\xi}}{(n+1)!}x^{n+1}\right|<e^{|x|}\frac{|x|^{n+1}}{(n+1)!}.$$

根据正项级数的比值审敛法知,$\sum\limits_{n=0}^{\infty}\frac{|x|^{n+1}}{(n+1)!}$ 收敛,因此 $\lim\limits_{n\to\infty}\frac{|x|^{n+1}}{(n+1)!}=0$. 又因为当 $n\to\infty$ 时,$e^{|x|}$是常数,所以

$$\lim_{n\to\infty}e^{|x|}\frac{|x|^{n+1}}{(n+1)!}=0,\quad 从而\quad \lim_{n\to\infty}R_n(x)=0.$$

根据定理 2 知,对于一切 $x\in(-\infty,+\infty)$,都有幂级数(6)收敛于 e^x,即有展开式

$$e^x=\sum_{n=0}^{\infty}\frac{x^n}{n!}=1+x+\frac{1}{2!}x^2+\cdots+\frac{1}{n!}x^n+\cdots,\quad x\in(-\infty,+\infty).$$

例 2 将函数 $f(x)=\sin x$ 展开成 x 的幂级数.

解 $f(x)=\sin x$ 的各阶导数为

$$f^{(n)}(x)=\sin\left(x+\frac{n\pi}{2}\right)\quad(n=0,1,2,\cdots).$$

将 $x=0$ 代入上式,得 $f^{(n)}(0)$ 依次循环地取

$$0,1,0,-1,0,1,0,-1,\cdots,$$

于是得 $f(x)=\sin x$ 的麦克劳林级数

$$x-\frac{1}{3!}x^3+\frac{1}{5!}x^5+\cdots+\frac{(-1)^n}{(2n+1)!}x^{2n+1}+\cdots. \tag{7}$$

容易验证该幂级数的收敛半径为 $R=+\infty$.

对于任意给定的 $x\in(-\infty,+\infty)$,在以 $0,x$ 为端点的区间上应用泰勒公式知,在 0 与 x 之间存在 ξ,使得余项 $R_n(x)=\dfrac{f^{(n+1)}(\xi)}{(n+1)!}x^{n+1}$,所以

$$|R_n(x)|=\left|\frac{\sin\left(\xi+\frac{n+1}{2}\pi\right)}{(n+1)!}x^{n+1}\right|\leqslant\frac{|x|^{n+1}}{(n+1)!}.$$

根据例 1 中的证明知 $\lim\limits_{n\to\infty}\dfrac{|x|^{n+1}}{(n+1)!}=0$,所以 $\lim\limits_{n\to\infty}R_n(x)=0$. 于是,根据定理 2 知,对于一切 $x\in(-\infty,+\infty)$,都有幂级数(7)收敛于 $\sin x$,即有展开式

$$\sin x=\sum_{n=0}^{\infty}\frac{(-1)^n}{(2n+1)!}x^{2n+1}=x-\frac{1}{3!}x^3+\frac{1}{5!}x^5+\cdots+\frac{(-1)^n}{(2n+1)!}x^{2n+1}+\cdots,$$
$$x\in(-\infty,+\infty).$$

由例 1 和例 2,我们不难总结出求函数 $f(x)$ 的幂级数展开式的一般步骤:

1) 求出 $f(x)$ 的各阶导数;

2) 求出泰勒系数 a_n;

3) 写出 $f(x)$ 的泰勒级数,并求出收敛域;

4) 在收敛域上,证明泰勒公式的余项 $R_n(x)$ 当 $n\to\infty$ 时以零为极限.

上述将函数 $f(x)$ 展开成幂级数的方法称为**直接展开法**. 但是,对于一般的函数,求出各阶导数的表达式,并证明泰勒公式中的余项 $R_n(x)$ 当 $n\to\infty$ 时以零为极限都可能十分困难,因此上述方法不一定能奏效,更不一定简便. 根据函数幂级数展开式的唯一性定理,我们也可以利用已知的幂级数展开式求出一些新的幂级数展开式. 这种方法称为**间接展开法**.

例 3 将函数 $f(x)=\cos x$ 展开成 x 的幂级数.

解 因为

$$\sin x=\sum_{n=0}^{\infty}\frac{(-1)^n}{(2n+1)!}x^{2n+1}=x-\frac{1}{3!}x^3+\frac{1}{5!}x^5+\cdots+\frac{(-1)^n}{(2n+1)!}x^{2n+1}+\cdots,$$
$$x\in(-\infty,+\infty),$$

且 $(\sin x)'=\cos x$,所以根据幂级数在收敛区间内可以逐项求导,我们得

$$\cos x=\sum_{n=0}^{\infty}(-1)^n\frac{x^{2n}}{(2n)!}=1-\frac{1}{2!}x^2+\frac{1}{4!}x^4+\cdots+(-1)^n\frac{x^{2n}}{(2n)!}+\cdots,$$
$$x\in(-\infty,+\infty).$$

例 4 将函数 $\frac{1}{1+x^2}$ 展开成 x 的幂级数.

解 因为

$$\frac{1}{1-x}=\sum_{n=0}^{\infty}x^n=1+x+x^2+\cdots+x^n+\cdots\quad(-1<x<1),$$

所以用 $-x^2$ 代替 x,得

$$\frac{1}{1+x^2}=\sum_{n=0}^{\infty}(-1)^n x^{2n}=1-x^2+x^4+\cdots+(-1)^n x^{2n}+\cdots\quad(-1<x<1).$$

例 5 将函数 $f(x)=\ln(1+x)$ 展开成 x 的幂级数.

解 因为 $f'(x)=\frac{1}{1+x}$,又知

$$\frac{1}{1+x}=1-x+x^2+\cdots+(-1)^n x^n+\cdots\quad(-1<x<1),$$

所以

$$f'(x)=\sum_{n=0}^{\infty}(-1)^n x^n=1-x+x^2+\cdots+(-1)^n x^n+\cdots\quad(-1<x<1).$$

上式两边从 0 到 x 积分,得

$$f(x)=\ln(1+x)=\sum_{n=1}^{\infty}\frac{(-1)^{n-1}x^n}{n}=x-\frac{x^2}{2}+\frac{x^3}{3}+\cdots+(-1)^n\frac{x^{n+1}}{n+1}+\cdots$$
$$(-1<x<1).$$

在点 $x=1$ 处,上式右端的级数为 $\sum_{n=1}^{\infty}\frac{(-1)^{n-1}}{n}$,根据莱布尼茨审敛法可知它是收敛的,于是

$$\ln(1+x)=\sum_{n=1}^{\infty}\frac{(-1)^{n-1}x^n}{n}=x-\frac{x^2}{2}+\frac{x^3}{3}+\cdots+(-1)^n\frac{x^{n+1}}{n+1}+\cdots$$
$$(-1<x\leqslant 1).$$

我们不加证明地给出函数 $f(x)=(1+x)^\alpha$(α 为常数)的幂级数展开式:

$$(1+x)^\alpha=\sum_{n=0}^{\infty}\frac{\alpha(\alpha-1)\cdots(\alpha-n+1)}{n!}x^n$$
$$=1+\alpha x+\frac{\alpha(\alpha-1)}{2!}x^2+\cdots+\frac{\alpha(\alpha-1)\cdots(\alpha-n+1)}{n!}x^n+\cdots,$$

且对于任意 α,上式在 $-1<x<1$ 内都成立.

容易看出,对于 α 为正整数 n 的情况,这就是二项式定理,故这个展开式可以看成二项式定理的推广.需要注意的是,对于 α 不是正整数的情况,这个展开式是一个无穷级数,它的收敛区间为 $(-1,1)$.对于 $x=\pm 1$ 时的敛散性,要根据 α 的不同值,具体问题具体分析.例如:

当 $\alpha=-1$ 时,有

$$(1+x)^{-1}=\frac{1}{1+x}=1-x+x^2-x^3+x^4-x^5+\cdots\quad(-1<x<1);$$

当 $\alpha=-\frac{1}{2}$ 时,有

$$\frac{1}{\sqrt{1+x}}=1-\frac{1}{2}x+\frac{1\times 3}{2\times 4}x^2-\frac{1\times 3\times 5}{2\times 4\times 6}x^3+\frac{1\times 3\times 5\times 7}{2\times 4\times 6\times 8}x^4+\cdots\quad(-1<x\leqslant 1).$$

下面的例子说明,今后可以直接引用上面得到的各幂级数展开式,用间接方法求出一些函数的幂级数展开式.

例 6 将函数 $f(x)=\sin x\cos 2x$ 展开成麦克劳林级数.

解 根据积化和差公式 $\sin\alpha\cos\beta=\frac{1}{2}(\sin(\alpha+\beta)+\sin(\alpha-\beta))$,得

$$f(x)=\sin x\cos 2x=\frac{1}{2}(\sin 3x-\sin x).$$

因为

$$\sin x=\sum_{n=0}^{\infty}\frac{(-1)^n}{(2n+1)!}x^{2n+1},\quad x\in(-\infty,+\infty),$$

所以

$$\begin{aligned}f(x)&=\frac{1}{2}(\sin 3x-\sin x)=\frac{1}{2}\sum_{n=0}^{\infty}\frac{(-1)^n}{(2n+1)!}(3x)^{2n+1}-\frac{1}{2}\sum_{n=0}^{\infty}\frac{(-1)^n}{(2n+1)!}x^{2n+1}\\&=\frac{1}{2}\left\{\sum_{n=0}^{\infty}\left[\frac{(-1)^n}{(2n+1)!}3^{2n+1}-\frac{(-1)^n}{(2n+1)!}\right]x^{2n+1}\right\}=\frac{1}{2}\sum_{n=0}^{\infty}(-1)^n\frac{3^{2n+1}-1}{(2n+1)!}x^{2n+1},\\&\qquad x\in(-\infty,+\infty).\end{aligned}$$

例 7 求函数 $\ln\frac{1+x}{1-x}$ 的麦克劳林级数展开式.

解 因为

$$\ln(1+x)=x-\frac{x^2}{2}+\frac{x^3}{3}+\cdots+(-1)^n\frac{x^{n+1}}{n+1}+\cdots\quad(-1<x\leqslant 1),$$

所以

$$\ln(1-x)=-x-\frac{x^2}{2}-\frac{x^3}{3}-\cdots-\frac{x^{n+1}}{n+1}-\cdots\quad(-1\leqslant x<1).$$

而 $\ln\frac{1+x}{1-x}=\ln(1+x)-\ln(1-x)$,因此

$$\ln\frac{1+x}{1-x}=2x+\frac{2}{3}x^3+\cdots+\frac{2}{2n+1}x^{2n+1}+\cdots\quad(-1<x<1).$$

例 8 求函数 $\arctan x$ 的麦克劳林级数展开式.

解 因为

$$(\arctan x)'=\frac{1}{1+x^2}=1-x^2+x^4+\cdots+(-1)^n x^{2n}+\cdots\quad(-1<x<1),$$

所以将等式两边从 0 到 x 积分,得

$$\arctan x=x-\frac{1}{3}x^3+\frac{1}{5}x^5+\cdots+\frac{(-1)^n}{2n+1}x^{2n+1}+\cdots\quad(-1<x<1).$$

其实可以证明上式在 $x=\pm 1$ 处也是成立的.

例 9 将函数 $\frac{1}{x^2+4x+3}$ 展开成 $x-1$ 的幂级数.

解 我们有

$$\frac{1}{x^2+4x+3}=\frac{1}{(x+1)(x+3)}=\frac{1}{2(1+x)}-\frac{1}{2(3+x)}=\frac{1}{2(2+x-1)}-\frac{1}{2(4+x-1)}$$

$$=\frac{1}{4\left(1+\frac{x-1}{2}\right)}-\frac{1}{8\left(1+\frac{x-1}{4}\right)}=\frac{1}{4}\cdot\frac{1}{1+\frac{x-1}{2}}-\frac{1}{8}\cdot\frac{1}{1+\frac{x-1}{4}}.$$

因为

$$\frac{1}{1+x}=1-x+x^2+\cdots+(-1)^n x^n+\cdots=\sum_{n=0}^{\infty}(-1)^n x^n \quad (|x|<1),$$

所以

$$\frac{1}{1+\frac{x-1}{2}}=1-\frac{x-1}{2}+\left(\frac{x-1}{2}\right)^2+\cdots+(-1)^n\left(\frac{x-1}{2}\right)^n+\cdots$$

$$=\sum_{n=0}^{\infty}(-1)^n\left(\frac{x-1}{2}\right)^n \quad (|x-1|<2),$$

$$\frac{1}{1+\frac{x-1}{4}}=1-\frac{x-1}{4}+\left(\frac{x-1}{4}\right)^2+\cdots+(-1)^n\left(\frac{x-1}{4}\right)^n+\cdots$$

$$=\sum_{n=0}^{\infty}(-1)^n\left(\frac{x-1}{4}\right)^n \quad (|x-1|<4).$$

因此

$$\frac{1}{x^2+4x+3}=\frac{1}{4}\cdot\frac{1}{1+\frac{x-1}{2}}-\frac{1}{8}\cdot\frac{1}{1+\frac{x-1}{4}}$$

$$=\frac{1}{4}\sum_{n=0}^{\infty}(-1)^n\left(\frac{x-1}{2}\right)^n-\frac{1}{8}\sum_{n=0}^{\infty}(-1)^n\left(\frac{x-1}{4}\right)^n$$

$$=\frac{1}{2^2}\sum_{n=0}^{\infty}(-1)^n\frac{1}{2^n}(x-1)^n-\frac{1}{2^3}\sum_{n=0}^{\infty}(-1)^n\frac{1}{2^{2n}}(x-1)^n$$

$$=\sum_{n=0}^{\infty}(-1)^n\left(\frac{1}{2^{n+2}}-\frac{1}{2^{2n+3}}\right)(x-1)^n \quad (|x-1|<2).$$

要使得上式第二个等号右端两个级数的都收敛,应有$|x-1|<2$,即$-1<x<3$.

4.5 函数幂级数展开式的应用

***一、函数的幂级数展开式在近似计算中的应用**

例 10 求 e 的近似值,要求误差不超过 10^{-3}.

解 因为

$$e^x=1+x+\frac{1}{2!}x^2+\cdots+\frac{1}{n!}x^n+\cdots, \quad x\in(-\infty,+\infty),$$

所以令 $x=1$,得

$$e=1+1+\frac{1}{2!}+\cdots+\frac{1}{n!}+\cdots.$$

故

$$e \approx 2+\frac{1}{2!}+\cdots+\frac{1}{n!},$$

其中误差为

$$\begin{aligned} R_n &= \frac{1}{(n+1)!}+\frac{1}{(n+2)!}+\cdots \\ &= \frac{1}{(n+1)!}\left[1+\frac{1}{(n+2)}+\frac{1}{(n+2)(n+3)}+\cdots\right] \\ &\leqslant \frac{1}{(n+1)!}\left[1+\frac{1}{n+1}+\left(\frac{1}{n+1}\right)^2+\cdots+\left(\frac{1}{n+1}\right)^k+\cdots\right] \\ &= \frac{1}{(n+1)!}\cdot\frac{1}{1-\frac{1}{n+1}}=\frac{1}{(n+1)!}\cdot\frac{n+1}{n}=\frac{1}{n\cdot n!}. \end{aligned}$$

取 $n=6$,则有

$$R_6=\frac{1}{6\times 6!}=\frac{1}{4\ 320}<\frac{1}{1\ 000}.$$

所以

$$e \approx 2+\frac{1}{2!}+\frac{1}{3!}+\frac{1}{4!}+\frac{1}{5!}+\frac{1}{6!}\approx 2.718,$$

其中误差不超过 10^{-3}.

例 11 计算 $\sqrt[5]{245}$ 的近似值,要求误差不超过 10^{-4}.

解 因为

$$\sqrt[5]{245}=\sqrt[5]{3^5+2}=3\times\left(1+\frac{2}{243}\right)^{\frac{1}{5}},$$

所以利用 $(1+x)^\alpha$ 的幂级数展开式,得

$$\sqrt[5]{245}=3\times\left[1+\frac{1}{5}\times\frac{2}{243}+\frac{1}{2!}\times\frac{1}{5}\times\left(\frac{1}{5}-1\right)\times\left(\frac{2}{243}\right)^2+\cdots\right].$$

注意到上式右端的级数从第 2 项起构成交错级数,且满足莱布尼茨审敛法的条件,所以若用上式右端前 2 项作为 $\sqrt[5]{245}$ 的近似值,则误差 R_2 满足

$$\begin{aligned} |R_2| &= \left|3\times\frac{2^2}{2!\times 243^2}\times\frac{1}{5}\times\left(\frac{1}{5}-1\right)+\cdots\right| \\ &\leqslant 3\times\frac{2^2}{2!\times 243^2}\times\frac{4}{25}\approx 1.6\times 10^{-5}<10^{-4}. \end{aligned}$$

故

$$\sqrt[5]{245}\approx 3\times\left(1+\frac{1}{5}\times\frac{2}{243}\right)\approx 3.004\ 94,$$

其中误差不超过 10^{-4}.

例 12 计算定积分 $\int_0^1 \frac{\sin x}{x}dx$ 的近似值,要求误差不超过 10^{-4}.

解 由于函数 $\dfrac{\sin x}{x}$ 的原函数不是初等函数,故不能用我们所学过的积分法求出其原函数,进而用牛顿-莱布尼茨公式求出此定积分的值.但是,我们可以应用幂级数求此定积分的近似值.

因为

$$\sin x=x-\frac{1}{3!}x^3+\frac{1}{5!}x^5+\cdots+\frac{(-1)^n}{(2n+1)!}x^{2n+1}+\cdots,\quad x\in(-\infty,+\infty),$$

所以

$$\frac{\sin x}{x}=1-\frac{1}{3!}x^2+\frac{1}{5!}x^4+\cdots+\frac{(-1)^n}{(2n+1)!}x^{2n}+\cdots,\quad x\in(-\infty,0)\cup(0,+\infty).$$

上式在 $x\neq0$ 时成立,$x=0$ 是 $\dfrac{\sin x}{x}$ 的可去间断点,只要补充其函数值为1,则新函数在区间$[0,1]$上连续.此新函数仍记为 $\dfrac{\sin x}{x}$,根据逐项积分公式,得

$$\begin{aligned}\int_0^1\frac{\sin x}{x}\mathrm{d}x&=\left(x-\frac{1}{3\times3!}x^3+\frac{1}{5\times5!}x^5-\frac{1}{7\times7!}x^7+\cdots\right)\Big|_0^1\\&=1-\frac{1}{3\times3!}+\frac{1}{5\times5!}-\frac{1}{7\times7!}+\cdots.\end{aligned}$$

这是一个满足莱布尼茨审敛法条件的交错级数,所以若用此交错级数的前6项作为定积分 $\int_0^1\dfrac{\sin x}{x}\mathrm{d}x$ 的近似值,此时的误差 R_6 满足

$$|R_6|=\left|-\frac{1}{7\times7!}+\frac{1}{8\times8!}-\cdots\right|\leqslant\frac{1}{7\times7!}<0.000\,028\,4<10^{-4}.$$

因此

$$\int_0^1\frac{\sin x}{x}\mathrm{d}x\approx1-\frac{1}{3\times3!}+\frac{1}{5\times5!}=0.946\,1,$$

其中误差不超过 10^{-4}.

二、欧拉公式

事实上,可以把幂级数 $\sum\limits_{n=0}^{\infty}a_nx^n$ 中的变量 x 推广到复变量 $z=x+\mathrm{i}y$(x,y 为实变量),对应的幂级数为 $\sum\limits_{n=0}^{\infty}a_nz^n$.相应地,指数函数 e^x 的幂级数展开式可以推广为

$$\mathrm{e}^z=1+z+\frac{z^2}{2!}+\frac{z^3}{3!}+\cdots+\frac{z^n}{n!}+\cdots.$$

特别地,对于 $z=\mathrm{i}y$,有

$$\begin{aligned}\mathrm{e}^{\mathrm{i}y}&=1+\mathrm{i}y+\frac{(\mathrm{i}y)^2}{2!}+\frac{(\mathrm{i}y)^3}{3!}+\frac{(\mathrm{i}y)^4}{4!}+\cdots+\frac{(\mathrm{i}y)^n}{n!}+\cdots\\&=1+\mathrm{i}y-\frac{1}{2!}y^2-\mathrm{i}\frac{1}{3!}y^3+\frac{1}{4!}y^4+\mathrm{i}\frac{1}{5!}y^5-\cdots\\&=\left(1-\frac{y^2}{2!}+\frac{y^4}{4!}-\cdots\right)+\mathrm{i}\left(y-\frac{y^3}{3!}+\frac{y^5}{5!}-\cdots\right).\end{aligned}$$

根据 $\sin x,\cos x$ 的幂级数展开式,容易知道

$$e^{iy}=\cos y+i\sin y.$$

用 x 代换 y,就得到下面的**欧拉(Euler)公式**:

$$e^{ix}=\cos x+i\sin x.$$

因此,对于 $z=\alpha+i\beta$ (α,β 为实数),有

$$e^{\alpha+i\beta}=e^{\alpha}\cdot e^{i\beta}=e^{\alpha}(\cos\beta+i\sin\beta).$$

欧拉公式使得在复数范围指数函数和三角函数之间建立了联系.

习 题 6-4

1. 将下列函数展开成 x 的幂级数,并求幂级数展开式成立的区间:

(1) $\dfrac{x}{1-x^2}$;　(2) e^{-x^2};　(3) $\cos^2 x$;　(4) $\ln(3+x)$.

2. 将函数 $f(x)=\dfrac{1}{x^2+3x+2}$ 展开成 $x+4$ 的幂级数.

*3. 利用函数的幂级数展开式求下列各数的近似值:

(1) $\sqrt{e}$ (误差不超过 0.001);　(2) $\cos 2^\circ$ (误差不超过 0.000 1).

*4. 利用函数的幂级数展开式求定积分 $\int_0^{0.5}\dfrac{\arctan x}{x}dx$ 的误差不超过 0.001 的近似值.

§5 傅里叶级数

5.1 三角级数和三角函数系的正交性

在自然界和工程技术中,经常出现周期现象.周期函数就是描述周期现象的.最简单的周期现象就是简谐振动,它可以用正弦函数来描述.一个自然的问题是:对于一个复杂的周期运动,能否分解成简谐振动的叠加?反映到数学上,这就是:一个复杂的周期函数,能否展开成由正弦函数和余弦函数构成的三角级数?为了讨论这个问题,我们先介绍相关的概念.

我们称形如

$$\frac{a_0}{2}+\sum_{n=1}^{\infty}(a_n\cos nx+b_n\sin nx)$$

的函数项级数为**三角级数**,称 $\{1,\cos x,\sin x,\cos 2x,\sin 2x,\cdots,\cos nx,\sin nx,\cdots\}$ 为**三角函数系**.

下面介绍三角函数系的正交性.

所谓三角函数系的**正交性**,是指三角函数系中每个函数的平方在区间 $[-\pi,\pi]$ 上的积分都大于零,而每两个不同的函数的乘积在区间 $[-\pi,\pi]$ 上的积分都等于零,即

$$\int_{-\pi}^{\pi}1^2dx=2\pi,$$

$$\int_{-\pi}^{\pi}\cos^2 nx\,dx=\int_{-\pi}^{\pi}\frac{1+\cos 2nx}{2}dx=\pi\quad(n=1,2,\cdots),$$

$$\int_{-\pi}^{\pi}\sin^2 nx\,dx=\int_{-\pi}^{\pi}\frac{1-\cos 2nx}{2}dx=\pi\quad(n=1,2,\cdots),$$

$$\int_{-\pi}^{\pi}1\cdot\cos nx\,dx=\frac{1}{n}\sin nx\Big|_{-\pi}^{\pi}=0\quad(n=1,2,\cdots),$$

$$\int_{-\pi}^{\pi}1\cdot\sin nx\,dx=-\frac{1}{n}\cos nx\Big|_{-\pi}^{\pi}=0\quad(n=1,2,\cdots),$$

$$\int_{-\pi}^{\pi}\cos nx\sin mx\,dx=\frac{1}{2}\int_{-\pi}^{\pi}(\sin(n+m)x-\sin(n-m)x)dx=0\quad(n,m=1,2,\cdots),$$

$$\int_{-\pi}^{\pi}\cos nx\cos mx\,dx=0\quad(n,m=1,2,\cdots,\text{且 }n\neq m),$$

$$\int_{-\pi}^{\pi}\sin nx\sin mx\,dx=0\quad(n,m=1,2,\cdots,\text{且 }n\neq m).$$

5.2 函数展开成傅里叶级数

设 $f(x)$是以 2π 为周期的函数,且能展开成三角级数,即

$$f(x)=\frac{a_0}{2}+\sum_{n=1}^{\infty}(a_n\cos nx+b_n\sin nx).\tag{1}$$

自然要问:系数 $a_0,a_1,b_1,a_2,b_2,\cdots$与函数 $f(x)$之间存在着怎样的关系?即能否由函数 $f(x)$得到这些系数呢?

为此,我们假设在(1)式两边可以从$-\pi$ 到 π 逐项积分,得

$$\int_{-\pi}^{\pi}f(x)dx=\int_{-\pi}^{\pi}\frac{a_0}{2}dx+\sum_{n=1}^{\infty}\left(a_n\int_{-\pi}^{\pi}\cos nx\,dx+b_n\int_{-\pi}^{\pi}\sin nx\,dx\right).$$

根据三角函数系的正交性,立得

$$\int_{-\pi}^{\pi}f(x)dx=\int_{-\pi}^{\pi}\frac{a_0}{2}dx=\frac{a_0}{2}\cdot 2\pi=a_0\pi,$$

所以

$$a_0=\frac{1}{\pi}\int_{-\pi}^{\pi}f(x)dx.$$

再在(1)式两边乘以 $\cos nx\,(n=1,2,\cdots)$,然后从$-\pi$ 到 π 逐项积分,得

$$\int_{-\pi}^{\pi}f(x)\cos nx\,dx=\int_{-\pi}^{\pi}\frac{a_0}{2}\cos nx\,dx$$
$$+\sum_{k=1}^{\infty}\left(a_k\int_{-\pi}^{\pi}\cos kx\cos nx\,dx+b_k\int_{-\pi}^{\pi}\sin kx\cos nx\,dx\right)\quad(n=1,2,\cdots).$$

根据三角函数系的正交性知,上式右端除 $a_n\int_{-\pi}^{\pi}\cos^2 nx\,dx=a_n\pi(n=1,2,\cdots)$外,其余各项积分均为零,故

$$a_n=\frac{1}{\pi}\int_{-\pi}^{\pi}f(x)\cos nx\,dx\quad(n=1,2,\cdots).$$

类似地,可以得到

$$b_n=\frac{1}{\pi}\int_{-\pi}^{\pi}f(x)\sin nx\,\mathrm{d}x\quad(n=1,2,\cdots).$$

总结以上的结果,我们得到如下一组公式:

$$a_0=\frac{1}{\pi}\int_{-\pi}^{\pi}f(x)\mathrm{d}x,$$

$$a_n=\frac{1}{\pi}\int_{-\pi}^{\pi}f(x)\cos nx\,\mathrm{d}x\quad(n=1,2,\cdots),$$

$$b_n=\frac{1}{\pi}\int_{-\pi}^{\pi}f(x)\sin nx\,\mathrm{d}x\quad(n=1,2,\cdots).$$

我们称这组公式为**欧拉-傅里叶(Euler-Fourier)公式**.

若欧拉-傅里叶公式中的积分都存在,则称由这组公式确定的系数 $a_0,a_1,b_1,a_2,b_2,\cdots$ 为函数 $f(x)$ 的**傅里叶系数**. 将这些系数代入(1)式右端所得的三角级数

$$\frac{a_0}{2}+\sum_{n=1}^{\infty}(a_n\cos nx+b_n\sin nx)$$

$$=\frac{1}{2\pi}\int_{-\pi}^{\pi}f(x)\mathrm{d}x+\sum_{n=1}^{\infty}\left[\left(\frac{1}{\pi}\int_{-\pi}^{\pi}f(x)\cos nx\,\mathrm{d}x\right)\cos nx+\left(\frac{1}{\pi}\int_{-\pi}^{\pi}f(x)\sin nx\,\mathrm{d}x\right)\sin nx\right]$$

叫作函数 $f(x)$ 的**傅里叶级数**.

一个以 2π 为周期的函数,只要它在区间 $[-\pi,\pi]$ 上可积,就能用欧拉-傅里叶公式确定它的傅里叶系数 $a_0,a_1,b_1,a_2,b_2,\cdots$,从而确定它的傅里叶级数. 问题是:$f(x)$ 的傅里叶级数收敛吗? 若收敛,是否收敛到 $f(x)$? 我们不加证明地介绍下面的重要定理.

狄利克雷(Dirichlet)收敛定理 设 $f(x)$ 是以 2π 为周期的函数,如果它满足:

(i) 在一个周期内连续或者只有有限个第一类间断点;

(ii) 在一个周期内至多有有限个极值点,

则 $f(x)$ 的傅里叶级数在区间 $(-\infty,+\infty)$ 内收敛,且

1) 当 x 是 $f(x)$ 的连续点时,该傅里叶级数收敛于 $f(x)$;

2) 当 x 是 $f(x)$ 的间断点时,该傅里叶级数收敛于 $\frac{1}{2}(f(x-0)+f(x+0))$,其中 $f(x-0)$, $f(x+0)$ 分别是 $f(x)$ 在点 x 处的左、右极限.

根据上述定理容易得出,在点 $x=\pm\pi+2k\pi(k=0,\pm1,\pm2,\cdots)$ 处,满足该定理条件的函数 $f(x)$ 的傅里叶级数收敛于 $\frac{1}{2}(f(-\pi+0)+f(\pi-0))$.

从上面的定理可以看出,若函数 $f(x)$ 连续且以 2π 为周期,则 $f(x)$ 的傅里叶级数必收敛于 $f(x)$,即 $f(x)$ 可以展开成傅里叶级数. 可见,函数 $f(x)$ 能展开成傅里叶级数的条件比能展开成幂级数的条件要弱得多,这使得傅里叶级数得到广泛的应用.

例 1 设 $f(x)$ 是周期为 2π 的函数,它在区间 $[-\pi,\pi)$ 上的表达式为

$$f(x)=\begin{cases}0, & -\pi\leqslant x<0,\\ 1, & 0\leqslant x<\pi,\end{cases}$$

将 $f(x)$ 展开成傅里叶级数.

解 所给的函数 $f(x)$ 满足狄利克雷收敛定理的条件,且它只在点 $x=k\pi(k=0,\pm1,\pm2,\cdots)$ 处不连续,在其他点处均连续,根据狄利克雷收敛定理知 $f(x)$ 的傅里叶级数收敛,且

当 $x=\pm\pi+2k\pi(k=0,\pm1,\pm2,\cdots)$ 时，该傅里叶级数收敛于

$$\frac{1}{2}(f(-\pi+0)+f(\pi-0))=\frac{1}{2}(0+1)=\frac{1}{2};$$

当 $x=2k\pi(k=0,\pm1,\pm2,\cdots)$ 时，该傅里叶级数收敛于

$$\frac{1}{2}(f(0-0)+f(0+0))=\frac{1}{2}(0+1)=\frac{1}{2};$$

当 $x\neq k\pi$ 时，该傅里叶级数收敛于 $f(x)$. 该傅里叶级数的和函数的图形如图 6-1 所示.

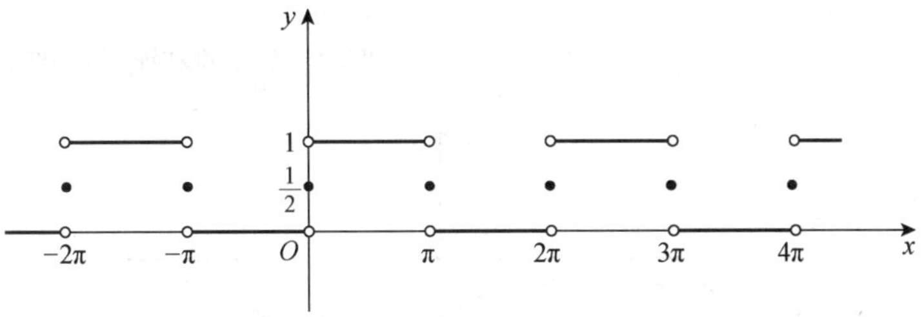

图 6-1

下面计算 $f(x)$ 的傅里叶系数：

$$a_0=\frac{1}{\pi}\int_{-\pi}^{\pi}f(x)\mathrm{d}x=\frac{1}{\pi}\int_0^{\pi}\mathrm{d}x=1,$$

$$a_n=\frac{1}{\pi}\int_{-\pi}^{\pi}f(x)\cos nx\,\mathrm{d}x=\frac{1}{\pi}\int_0^{\pi}\cos nx\,\mathrm{d}x$$

$$=\frac{1}{n\pi}\sin nx\Big|_0^{\pi}=0\quad(n=1,2,\cdots),$$

$$b_n=\frac{1}{\pi}\int_{-\pi}^{\pi}f(x)\sin nx\,\mathrm{d}x=\frac{1}{\pi}\int_0^{\pi}\sin nx\,\mathrm{d}x=-\frac{1}{n\pi}\cos nx\Big|_0^{\pi}$$

$$=-\frac{1}{n\pi}(\cos n\pi-1)=-\frac{1}{n\pi}[(-1)^n-1]$$

$$=\begin{cases}0, & n=2k,\\ \dfrac{2}{(2k-1)\pi}, & n=2k-1\end{cases}\quad(k=1,2,\cdots).$$

因此，$f(x)$ 的傅里叶级数展开式为

$$f(x)=\frac{a_0}{2}+\sum_{n=1}^{\infty}(a_n\cos nx+b_n\sin nx)$$

$$=\frac{1}{2}+\frac{2}{\pi}\sin x+\frac{2}{3\pi}\sin 3x+\cdots+\frac{2}{(2k-1)\pi}\sin(2k-1)x+\cdots$$

$$(-\infty<x<+\infty;x\neq0,\pm\pi,\pm2\pi,\cdots).$$

上例中的函数是矩形波的一种波形函数，它的傅里叶级数展开式说明这种矩形波是由常数 $\frac{1}{2}$ 和一系列正弦波叠加而成的，它在通信中有重要的应用.

例 2 设 $f(x)$ 是以 2π 为周期的函数，它在区间 $[-\pi,\pi)$ 上的表达式为

$$f(x)=\begin{cases}x, & -\pi\leqslant x<0,\\ 0, & 0\leqslant x<\pi,\end{cases}$$

求 $f(x)$ 的傅里叶级数展开式.

解　容易看出 $f(x)$ 满足狄利克雷收敛定理的条件,且它在 $x\neq(2k+1)\pi(k=0,\pm1,\pm2,\cdots)$ 时处处连续,点 $x=(2k+1)\pi(k=0,\pm1,\pm2,\cdots)$ 为它的第一类间断点,因此它的傅里叶级数在点 $x=(2k+1)\pi(k=0,\pm1,\pm2,\cdots)$ 处收敛于

$$\frac{1}{2}(f(-\pi+0)+f(\pi-0))=\frac{1}{2}(-\pi+0)=-\frac{\pi}{2},$$

在 $x\neq(2k+1)\pi(k=0,\pm1,\pm2,\cdots)$ 时收敛于 $f(x)$. 该傅里叶级数的和函数的图形如图 6-2 所示.

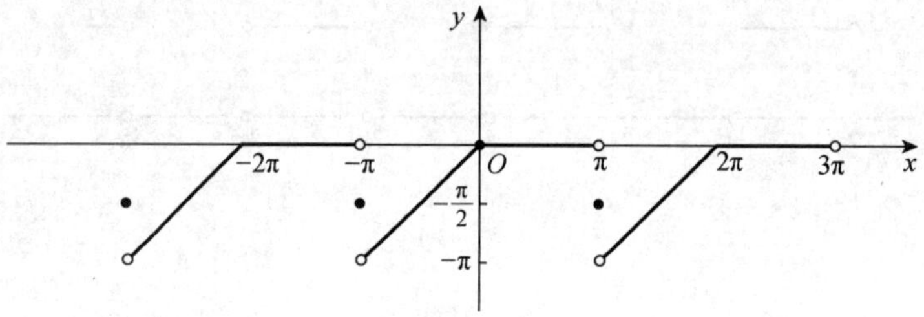

图　6-2

下面计算 $f(x)$ 的傅里叶系数:

$$a_0=\frac{1}{\pi}\int_{-\pi}^{\pi}f(x)\mathrm{d}x=\frac{1}{\pi}\int_{-\pi}^{0}x\mathrm{d}x=\frac{1}{\pi}\cdot\frac{x^2}{2}\Big|_{-\pi}^{0}=-\frac{\pi}{2},$$

$$\begin{aligned}a_n&=\frac{1}{\pi}\int_{-\pi}^{\pi}f(x)\cos nx\mathrm{d}x=\frac{1}{\pi}\int_{-\pi}^{0}x\cos nx\mathrm{d}x=\frac{1}{n\pi}\int_{-\pi}^{0}x\mathrm{d}(\sin nx)\\&=\frac{1}{n\pi}\left(x\sin nx\Big|_{-\pi}^{0}-\int_{-\pi}^{0}\sin nx\mathrm{d}x\right)=\frac{1}{n\pi}\cdot\frac{1}{n}\cos nx\Big|_{-\pi}^{0}=\frac{1}{n^2\pi}(1-\cos n\pi)\\&=\frac{1}{n^2\pi}[1-(-1)^n]=\begin{cases}0, & n=2,4,6,\cdots,\\ \dfrac{2}{n^2\pi}, & n=1,3,5,\cdots,\end{cases}\end{aligned}$$

$$\begin{aligned}b_n&=\frac{1}{\pi}\int_{-\pi}^{\pi}f(x)\sin nx\mathrm{d}x=\frac{1}{\pi}\int_{-\pi}^{0}x\sin nx\mathrm{d}x\\&=-\frac{1}{n\pi}\int_{-\pi}^{0}x\mathrm{d}(\cos nx)=-\frac{1}{n\pi}\left(x\cos nx\Big|_{-\pi}^{0}-\int_{-\pi}^{0}\cos nx\mathrm{d}x\right)\\&=-\frac{1}{n\pi}[\pi(-1)^n]=\frac{(-1)^{n+1}}{n}\quad(n=1,2,\cdots).\end{aligned}$$

所以,$f(x)$ 的傅里叶级数展开式为

$$\begin{aligned}f(x)&=\frac{a_0}{2}+\sum_{n=1}^{\infty}(a_n\cos nx+b_n\sin nx)\\&=-\frac{\pi}{4}+\frac{2}{\pi}\cos x+\sin x+\left(-\frac{1}{2}\right)\sin 2x+\frac{2}{9\pi}\cos 3x+\frac{1}{3}\sin 3x+\cdots\\&\qquad(-\infty<x<+\infty,x\neq\pm\pi,\pm3\pi,\pm5\pi,\cdots).\end{aligned}$$

例 3　将函数 $f(x)=x,x\in[-\pi,\pi)$ 展开成傅里叶级数.

解 $f(x)$只在区间$[-\pi,\pi)$上有定义,我们可以将其延拓成区间$(-\infty,+\infty)$上以2π为周期的函数(这称为对$f(x)$做**周期性延拓**),则延拓后的函数在$(-\infty,+\infty)$上有定义,除点$x=\pm\pi,\pm3\pi,\pm5\pi,\cdots$外处处连续(图 6-3).因此,此函数的傅里叶级数在区间$(-\pi,\pi)$内处处收敛于$f(x)$,在点$x=\pm\pi$处收敛于

$$\frac{1}{2}(f(-\pi+0)+f(\pi-0))=\frac{1}{2}(-\pi+\pi)=0.$$

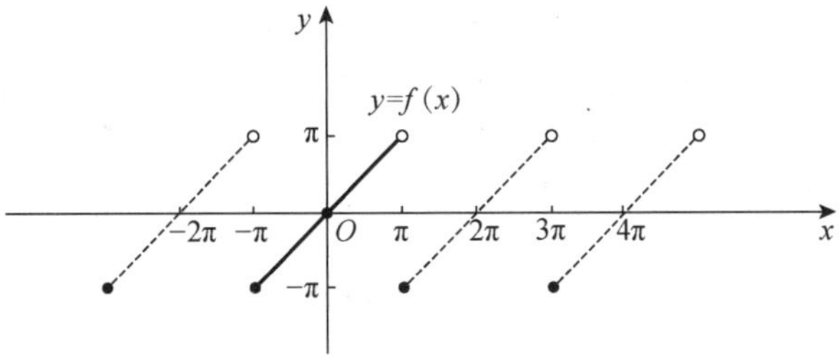

图 6-3

下面计算$f(x)$的傅里叶系数:

$$a_0=\frac{1}{\pi}\int_{-\pi}^{\pi}f(x)\mathrm{d}x=\frac{1}{\pi}\int_{-\pi}^{\pi}x\,\mathrm{d}x=0,$$

$$a_n=\frac{1}{\pi}\int_{-\pi}^{\pi}f(x)\cos nx\,\mathrm{d}x=\frac{1}{\pi}\int_{-\pi}^{\pi}x\cos nx\,\mathrm{d}x=0\quad(n=1,2,\cdots),$$

$$\begin{aligned}b_n&=\frac{1}{\pi}\int_{-\pi}^{\pi}f(x)\sin nx\,\mathrm{d}x=\frac{1}{\pi}\int_{-\pi}^{\pi}x\sin nx\,\mathrm{d}x=\frac{2}{\pi}\int_{0}^{\pi}x\sin nx\,\mathrm{d}x\\&=-\frac{2}{n\pi}\int_{0}^{\pi}x\,\mathrm{d}(\cos nx)=-\frac{2}{n\pi}\left(x\cos nx\Big|_0^{\pi}-\int_0^{\pi}\cos nx\,\mathrm{d}x\right)\\&=-\frac{2}{n\pi}(\pi\cos n\pi)=(-1)^{n+1}\frac{2}{n}\quad(n=1,2,\cdots).\end{aligned}$$

所以,$f(x)$的傅里叶级数展开式为

$$\begin{aligned}f(x)&=\frac{a_0}{2}+\sum_{n=1}^{\infty}(a_n\cos nx+b_n\sin nx)=\sum_{n=1}^{\infty}\frac{(-1)^{n+1}\cdot2}{n}\sin nx\\&=2\sin x-\sin2x+\frac{2}{3}\sin3x-\frac{1}{2}\sin4x+\cdots,\quad x\in(-\pi,\pi).\end{aligned}$$

注意到$f(x)$在区间$(-\pi,\pi)$上是奇函数,因此它的傅里叶级数中余弦项的系数(包括a_0在内)都为零,从而其傅里叶级数中只出现正弦项.我们称这样的傅里叶级数为**正弦级数**.

例 4 求函数$f(x)=\left|\frac{1}{4}\sin x\right|$的傅里叶级数展开式.

解 显然,函数$f(x)=\left|\frac{1}{4}\sin x\right|$在区间$(-\infty,+\infty)$上有定义,处处连续(图 6-4),且以$2\pi$为周期.根据狄利克雷收敛定理,它的傅里叶级数在$(-\infty,+\infty)$上处处收敛于它本身.

下面计算$f(x)$的傅里叶系数:

$$a_0=\frac{1}{\pi}\int_{-\pi}^{\pi}f(x)\mathrm{d}x=\frac{1}{\pi}\int_{-\pi}^{\pi}\left|\frac{1}{4}\sin x\right|\mathrm{d}x=\frac{1}{4\pi}\int_{-\pi}^{\pi}|\sin x|\,\mathrm{d}x=\frac{1}{2\pi}\int_0^{\pi}\sin x\,\mathrm{d}x=\frac{1}{\pi},$$

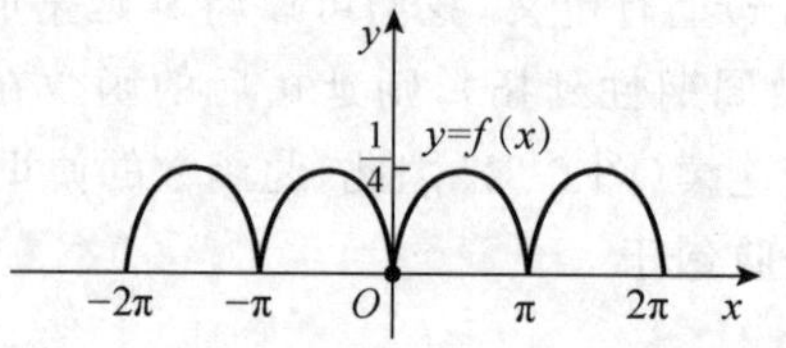

图 6-4

$$a_n=\frac{1}{\pi}\int_{-\pi}^{\pi}f(x)\cos nx\,dx=\frac{1}{4\pi}\int_{-\pi}^{\pi}|\sin x|\cos nx\,dx=\frac{1}{2\pi}\int_0^{\pi}\sin x\cos nx\,dx$$
$$=\frac{1}{2\pi}\int_0^{\pi}\frac{1}{2}[\sin(n+1)x-\sin(n-1)x]\,dx$$
$$=\frac{1}{4\pi}\int_0^{\pi}\sin(n+1)x\,dx-\frac{1}{4\pi}\int_0^{\pi}\sin(n-1)x\,dx\quad(n=1,2,\cdots).$$

当 $n=1$ 时，

$$a_1=\frac{1}{4\pi}\int_0^{\pi}\sin 2x\,dx-\frac{1}{4\pi}\int_0^{\pi}\sin 0x\,dx=\frac{1}{8\pi}\int_0^{\pi}\sin 2x\,d(2x)=\frac{1}{8\pi}(-\cos 2x)\Big|_0^{\pi}=0;$$

当 $n\geqslant 2$ 时，

$$a_n=\frac{1}{4\pi}\int_0^{\pi}\sin(n+1)x\,dx-\frac{1}{4\pi}\int_0^{\pi}\sin(n-1)x\,dx$$
$$=\frac{1}{4\pi}\left[-\frac{\cos(n+1)x}{n+1}\Big|_0^{\pi}+\frac{\cos(n-1)x}{n-1}\Big|_0^{\pi}\right]\quad(n=2,3,\cdots)$$
$$=\begin{cases}-\dfrac{1}{[(2k)^2-1]\pi}, & n=2k,\\ 0, & n=2k+1\end{cases}\quad(k=1,2,\cdots).$$

$$b_n=\frac{1}{\pi}\int_{-\pi}^{\pi}f(x)\sin nx\,dx=\frac{1}{4\pi}\int_{-\pi}^{\pi}|\sin x|\sin nx\,dx=0\quad(n=1,2,\cdots).$$

所以，$f(x)$的傅里叶级数展开式为

$$f(x)=\frac{1}{2\pi}-\frac{1}{\pi}\sum_{n=1}^{\infty}\frac{\cos 2nx}{4n^2-1}=\frac{1}{\pi}\left(\frac{1}{2}-\frac{1}{3}\cos 2x-\frac{1}{15}\cos 4x-\frac{1}{35}\cos 6x-\cdots\right),$$
$$x\in(-\infty,+\infty).$$

注意到例 4 中 $f(x)$是偶函数，因此它的傅里叶级数中正弦项的系数都等于零. 此外，该傅里叶级数的余弦项中奇数项系数也都等于零. 所以，上式第二个等号右端的傅里叶级数就是只含有偶数项的余弦级数.

例 5 将函数

$$f(x)=\begin{cases}-x, & -\pi\leqslant x<0,\\ x, & 0\leqslant x<\pi\end{cases}$$

展开成傅里叶级数.

解 与例 3、例 4 的情况类似，我们可以将 $f(x)$延拓成区间$(-\infty,+\infty)$上以 2π 为周期的函数，则延拓后的函数在$(-\infty,+\infty)$上有定义，且处处连续(图 6-5). 根据狄利克雷收敛定理知，延拓后的函数的傅里叶级数处处收敛于它本身，从而在区间$[-\pi,\pi)$上处处收敛于 $f(x)$.

下面计算 $f(x)$的傅里叶系数：

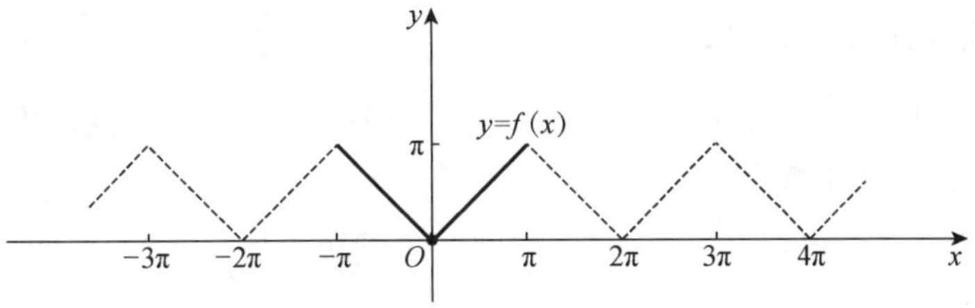

图 6-5

因 $f(x)$ 为偶函数，故 $b_n=0(n=1,2,\cdots)$；而

$$a_0=\frac{1}{\pi}\int_{-\pi}^{\pi}f(x)\,\mathrm{d}x=\frac{2}{\pi}\int_0^{\pi}x\,\mathrm{d}x=\pi,$$

$$\begin{aligned}a_n&=\frac{1}{\pi}\int_{-\pi}^{\pi}f(x)\cos nx\,\mathrm{d}x=\frac{2}{\pi}\int_0^{\pi}x\cos nx\,\mathrm{d}x=\frac{2}{n\pi}\int_0^{\pi}x\,\mathrm{d}(\sin nx)\\&=\frac{2}{n\pi}\left(x\sin nx\Big|_0^{\pi}-\int_0^{\pi}\sin nx\,\mathrm{d}x\right)=\frac{2}{n^2\pi}\cos nx\Big|_0^{\pi}=\frac{2}{n^2\pi}[(-1)^n-1]\\&=\begin{cases}0, & n=2,4,6,\cdots,\\-\dfrac{4}{n^2\pi}, & n=1,3,5,\cdots.\end{cases}\end{aligned}$$

所以，$f(x)$ 的傅里叶级数展开式为

$$f(x)=\frac{\pi}{2}-\frac{4}{\pi}\left[\cos x+\frac{1}{9}\cos 3x+\cdots+\frac{1}{(2k-1)^2}\cos(2k-1)x+\cdots\right]\quad(-\pi\leqslant x<\pi).$$

利用这个展开式可以求出几个特殊数项级数的和. 当 $x=0$ 时，$f(0)=0$，于是由这个展开式得出

$$\frac{\pi}{2}-\frac{4}{\pi}\left(1+\frac{1}{3^2}+\frac{1}{5^2}+\cdots\right)=0,$$

故

$$1+\frac{1}{3^2}+\frac{1}{5^2}+\cdots=\frac{\pi^2}{8}.$$

设

$$\sigma=1+\frac{1}{2^2}+\frac{1}{3^2}+\frac{1}{4^2}+\cdots,\quad \sigma_1=1+\frac{1}{3^2}+\frac{1}{5^2}+\cdots=\frac{\pi^2}{8},$$

$$\sigma_2=\frac{1}{2^2}+\frac{1}{4^2}+\frac{1}{6^2}+\cdots=\frac{1}{4}\left(1+\frac{1}{2^2}+\frac{1}{3^2}+\cdots\right)=\frac{1}{4}\sigma.$$

因为 $\sigma=\sigma_1+\sigma_2$，从而 $\sigma=\dfrac{\pi^2}{8}+\dfrac{1}{4}\sigma$，所以

$$\sigma=1+\frac{1}{2^2}+\frac{1}{3^2}+\frac{1}{4^2}+\cdots=\sum_{n=1}^{\infty}\frac{1}{n^2}=\frac{\pi^2}{6},$$

$$\sigma_2=\frac{1}{2^2}+\frac{1}{4^2}+\frac{1}{6^2}+\cdots=\sum_{n=1}^{\infty}\frac{1}{(2n)^2}=\frac{1}{4}\sigma=\frac{\pi^2}{24}.$$

令 $\sigma_3=1-\dfrac{1}{2^2}+\dfrac{1}{3^2}-\dfrac{1}{4^2}+\cdots$，则

$$\sigma_3=\sigma_1-\sigma_2=\frac{\pi^2}{8}-\frac{\pi^2}{24}=\frac{\pi^2}{12},\qquad 即\qquad \sum_{n=1}^{\infty}\frac{(-1)^{n-1}}{n^2}=\frac{\pi^2}{12}.$$

*5.3 正弦级数和余弦级数

在上一小节已经看出,如果 $f(x)$ 是以 2π 为周期的奇函数,则其傅里叶级数展开式是正弦级数,其傅里叶系数必为

$$\begin{cases} a_n = 0, & n = 0,1,2,\cdots, \\ b_n = \dfrac{2}{\pi}\displaystyle\int_0^{\pi} f(x)\sin nx\,dx, & n = 1,2,\cdots; \end{cases} \tag{2}$$

如果 $f(x)$ 是以 2π 为周期的偶函数,则其傅里叶级数展开式是余弦级数,其傅里叶系数必为

$$\begin{cases} b_n = 0, & n = 1,2,\cdots, \\ a_n = \dfrac{2}{\pi}\displaystyle\int_0^{\pi} f(x)\cos nx\,dx, & n = 0,1,2,\cdots. \end{cases} \tag{3}$$

在实际应用中,有时还需要把定义在区间 $[0,\pi]$ 上的某个函数 $f(x)$ 展开成正弦级数或余弦级数.我们的做法是:对 $[0,\pi]$ 上的函数 $f(x)$ 做奇延拓或偶延拓,即补充它在区间 $[-\pi,0)$ 上的定义,从而得到定义在区间 $[-\pi,\pi]$ 上的 $F(x)$,它是奇函数或偶函数,可将其展开成正弦级数或余弦级数,而限制在 $[0,\pi]$ 上就有 $F(x)=f(x)$,于是得到 $f(x)$ 的正弦级数展开式或余弦级数展开式.

例 6 将函数 $f(x)=x+1(0\leqslant x\leqslant\pi)$ 展开成正弦级数和余弦级数.

解 先求 $f(x)$ 的正弦级数展开式.为此,先对 $f(x)$ 进行奇延拓,再如例 3 和例 5 一样进行周期延拓(图 6-6).延拓后的函数当 $x\neq k\pi(k=0,\pm1,\pm2,\cdots)$ 时处处连续,在点 $x=k\pi(k=0,\pm1,\pm2,\cdots)$ 处有第一类间断点,所以其傅里叶级数在区间 $(0,\pi)$ 上收敛于 $f(x)$,在点 $x=0$ 处收敛于

$$\frac{1}{2}[f(0+0)+(-f(0+0))]=\frac{1}{2}(1-1)=0,$$

在点 $x=\pi$ 处收敛于

$$\frac{1}{2}[f(\pi-0)+(-f(\pi-0))]=\frac{1}{2}[1+\pi-(1+\pi)]=0.$$

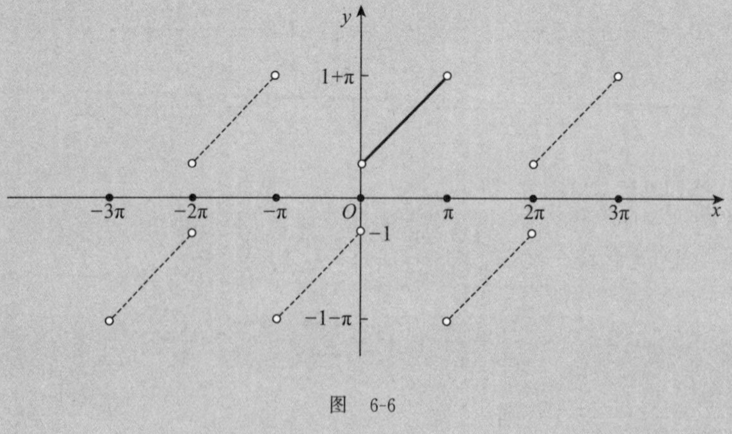

图 6-6

下面根据公式(2)计算 $f(x)$ 的正弦级数的系数:

$$b_n=\frac{2}{\pi}\int_0^{\pi}f(x)\sin nx\,\mathrm{d}x=\frac{2}{\pi}\int_0^{\pi}(x+1)\sin nx\,\mathrm{d}x=-\frac{2}{n\pi}\int_0^{\pi}(x+1)\mathrm{d}(\cos nx)$$

$$=-\frac{2}{n\pi}\left[(x+1)\cos nx\Big|_0^{\pi}-\int_0^{\pi}\cos nx\,\mathrm{d}x\right]$$

$$=-\frac{2}{n\pi}\left[(\pi+1)\cos n\pi-1-\frac{1}{n}\sin nx\Big|_0^{\pi}\right]$$

$$=\frac{2}{n\pi}[1-(-1)^n(\pi+1)]=\begin{cases}\dfrac{2}{\pi}\cdot\dfrac{\pi+2}{n}, & n=1,3,5,\cdots,\\ -\dfrac{2}{n}, & n=2,4,6,\cdots.\end{cases}$$

于是,得到 $f(x)$ 的正弦级数展开式

$$f(x)=\frac{2}{\pi}\left[(\pi+2)\sin x-\frac{\pi}{2}\sin 2x+\frac{\pi+2}{3}\sin 3x-\frac{\pi}{4}\sin 4x+\cdots\right]\quad(0<x<\pi).$$

再求 $f(x)$ 的余弦级数展开式.为此,对 $f(x)$ 进行偶延拓,再进行周期延拓(图 6-7),则延拓后的函数在区间 $(-\infty,+\infty)$ 上处处连续,所以其余弦级数在区间 $[0,\pi]$ 上处处收敛于 $f(x)$.

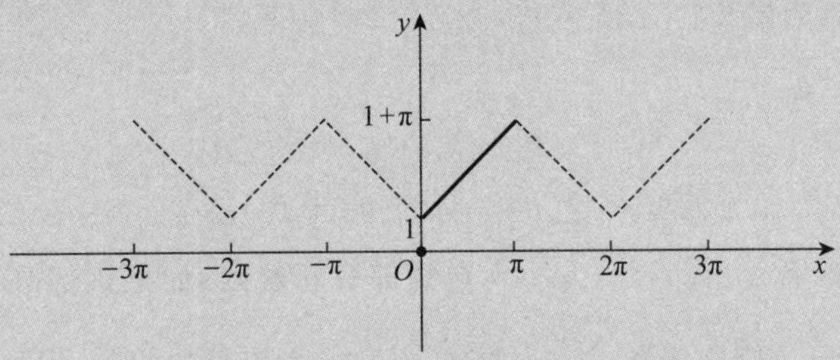

图 6-7

下面根据公式(3)计算 $f(x)$ 的余弦级数的系数:

$$a_0=\frac{2}{\pi}\int_0^{\pi}f(x)\mathrm{d}x=\frac{2}{\pi}\int_0^{\pi}(x+1)\mathrm{d}x=\frac{2}{\pi}\left(\frac{1}{2}x^2+x\right)\Big|_0^{\pi}$$

$$=\frac{2}{\pi}\left(\frac{1}{2}\pi^2+\pi\right)=\pi+2,$$

$$a_n=\frac{2}{\pi}\int_0^{\pi}f(x)\cos nx\,\mathrm{d}x=\frac{2}{\pi}\int_0^{\pi}(x+1)\cos nx\,\mathrm{d}x$$

$$=\frac{2}{n\pi}\int_0^{\pi}(x+1)\mathrm{d}(\sin nx)=\frac{2}{n\pi}\left[(x+1)\sin nx\Big|_0^{\pi}-\int_0^{\pi}\sin nx\,\mathrm{d}x\right]$$

$$=\frac{2}{n^2\pi}\cos nx\Big|_0^{\pi}=\frac{2}{n^2\pi}[(-1)^n-1]=\begin{cases}-\dfrac{4}{n^2\pi}, & n=1,3,5,\cdots,\\ 0, & n=2,4,6,\cdots.\end{cases}$$

于是,得到 $f(x)$ 的余弦级数展开式

$$f(x)=\left(\frac{\pi}{2}+1\right)-\frac{4}{\pi}\left(\cos x+\frac{1}{3^2}\cos 3x+\frac{1}{5^2}\cos 5x+\cdots\right)\quad(0\leqslant x\leqslant\pi).$$

习 题 6-5

1. 将下列以 2π 为周期的函数展开成傅里叶级数,这里仅给出它们在一个周期上的表达式:

(1) $f(x)=x+1\ (-\pi<x\leqslant\pi)$;

(2) $f(x)=\begin{cases}0, & -\pi\leqslant x<0,\\ 2, & 0\leqslant x<\pi;\end{cases}$

(3) $f(x)=\begin{cases}0, & -\pi\leqslant x<0,\\ x, & 0\leqslant x<\pi.\end{cases}$

*2. 将函数 $f(x)=x(0\leqslant x\leqslant\pi)$ 展开成正弦级数和余弦级数.

无穷级数内容小结

无穷级数是表示函数、研究函数及进行数值计算的一个有力工具,在实际应用中具有重要的作用. 本章主要包括三部分:数项级数、幂级数和傅里叶级数.

一、数项级数

1. 数项级数收敛的定义

给定级数 $\sum_{n=1}^{\infty}u_n$,称

$$s_n=\sum_{k=1}^{n}u_k=u_1+u_2+\cdots+u_n$$

为它的第 n 个部分和,称 $s_1,s_2,\cdots,s_n,\cdots$ 为它的部分和数列. 如果该部分和数列有极限,即存在常数 s,使得 $s=\lim_{n\to\infty}s_n$,则称级数 $\sum_{n=1}^{\infty}u_n$ 收敛,并称 s 为该级数的和,记为 $s=\sum_{n=1}^{\infty}u_n$;否则,若该部分和数列无极限(包括无穷大),则称该级数发散.

2. 数项级数的基本性质

性质 1 设 C 是任意非零常数,则级数 $\sum_{n=1}^{\infty}u_n$ 和 $\sum_{n=1}^{\infty}Cu_n$ 的敛散性相同,且当收敛时,有

$$\sum_{n=1}^{\infty}Cu_n=C\sum_{n=1}^{\infty}u_n.$$

性质 2 如果级数 $\sum_{n=1}^{\infty}u_n$,$\sum_{n=1}^{\infty}v_n$ 分别收敛于 s,σ,则级数 $\sum_{n=1}^{\infty}(u_n\pm v_n)$ 也收敛,且其和为 $s\pm\sigma$.

性质 3 在级数中去掉、增加或改变有限项,其敛散性不变.

性质 4 收敛级数任意加括号所得的级数仍收敛,且其和不变.

3. 级数收敛的必要条件

若级数 $\sum_{n=1}^{\infty}u_n$ 收敛,则必有 $\lim_{n\to\infty}u_n=0$.

4. 两个重要级数及其敛散性

1) **几何级数**:$\sum_{n=1}^{\infty}aq^{n-1}=a+aq+aq^2+\cdots+aq^{n-1}+\cdots\ (a\neq0)$.

当$|q|<1$时,该级数收敛,其和为$\frac{a}{1-q}$;

当$|q|\geqslant 1$时,该级数发散.

2) p **级数**:$\sum_{n=1}^{\infty}\frac{1}{n^p}=1+\frac{1}{2^p}+\frac{1}{3^p}+\cdots+\frac{1}{n^p}+\cdots\ (p>0)$.

当$p>1$时,该级数收敛;当$p\leqslant 1$时,该级数发散.

当$p=1$时,该级数为$\sum_{n=1}^{\infty}\frac{1}{n}=1+\frac{1}{2}+\frac{1}{3}+\cdots+\frac{1}{n}+\cdots$,称之为调和级数,它是一个发散级数.

5. 正项级数的审敛法

若对于一切正整数n,都有$u_n\geqslant 0$,则称级数$\sum_{n=1}^{\infty}u_n$为**正项级数**.

判别正项级数敛散性的主要方法如下:

1) **比较审敛法** 设$\sum_{n=1}^{\infty}u_n$和$\sum_{n=1}^{\infty}v_n$都是正项级数,且$u_n\leqslant v_n(n=1,2,\cdots)$. 若级数$\sum_{n=1}^{\infty}v_n$收敛,则级数$\sum_{n=1}^{\infty}u_n$收敛;若级数$\sum_{n=1}^{\infty}u_n$发散,则级数$\sum_{n=1}^{\infty}v_n$发散.

2) **比较审敛法的极限形式** 设$\sum_{n=1}^{\infty}u_n$和$\sum_{n=1}^{\infty}v_n$都是正项级数. 如果$\lim_{n\to\infty}\frac{u_n}{v_n}=l\ (0<l<+\infty)$,则级数$\sum_{n=1}^{\infty}u_n$和$\sum_{n=1}^{\infty}v_n$同时收敛或发散.

3) **比值审敛法** 若正项级数$\sum_{n=1}^{\infty}u_n$的后项与前项之比的极限等于ρ,即$\lim_{n\to\infty}\frac{u_{n+1}}{u_n}=\rho$,则当$\rho<1$时,该级数收敛;当$\rho>1$(包括$\rho=+\infty$)时,该级数发散;当$\rho=1$时,该级数可能收敛,也可能发散.

4) **根值审敛法** 若正项级数$\sum_{n=1}^{\infty}u_n$的一般项u_n的n次方根$\sqrt[n]{u_n}$的极限等于ρ,即$\lim_{n\to\infty}\sqrt[n]{u_n}=\rho$,则当$\rho<1$时,该级数收敛;当$\rho>1$(包括$\rho=+\infty$)时,该级数发散;当$\rho=1$时,该级数可能收敛,也可能发散.

6. 交错级数的莱布尼茨审敛法

设$u_n>0(n=1,2,\cdots)$,称级数$\sum_{n=1}^{\infty}(-1)^{n-1}u_n$和$\sum_{n=1}^{\infty}(-1)^{n}u_n$为交错级数. 它们具有相同的敛散性.

莱布尼茨审敛法 设$\sum_{n=1}^{\infty}(-1)^{n-1}u_n$为交错级数. 如果$u_n$满足:

1) 对于一切正整数n,都有$u_{n+1}\leqslant u_n$;

2) $\lim_{n\to\infty}u_n=0$,

则级数$\sum_{n=1}^{\infty}(-1)^{n-1}u_n$收敛,且其和$s\leqslant u_1$.

7. 级数的绝对收敛和条件收敛

如果级数 $\sum_{n=1}^{\infty}|u_n|$ 收敛,则称级数 $\sum_{n=1}^{\infty}u_n$ 绝对收敛.绝对收敛的级数必收敛.如果级数 $\sum_{n=1}^{\infty}u_n$ 收敛,而级数 $\sum_{n=1}^{\infty}|u_n|$ 发散,则称级数 $\sum_{n=1}^{\infty}u_n$ 条件收敛.

二、幂级数

1. 幂级数的收敛半径、收敛区间和收敛域

1) 幂级数的收敛半径和收敛区间:

对于任意一个幂级数 $\sum_{n=0}^{\infty}a_nx^n$,都存在一个常数 $R(0\leqslant R\leqslant+\infty)$,使得对于一切 $|x|<R$,级数 $\sum_{n=0}^{\infty}a_nx^n$ 都绝对收敛;而当 $|x|>R$ 时,级数 $\sum_{n=0}^{\infty}a_nx^n$ 发散.称 R 为该幂级数的收敛半径;若 $R>0$,则称开区间 $(-R,R)$ 为该幂级数的收敛区间.当该幂级数只在点 $x=0$ 处收敛时,$R=0$;当对于一切 x,该幂级数都收敛时,$R=+\infty$.

2) 幂级数的收敛半径、收敛区间和收敛域的求法:

对于幂级数 $\sum_{n=0}^{\infty}a_nx^n$,如果 $\lim_{n\to\infty}\frac{|a_{n+1}|}{|a_n|}=\rho$,则当 $0<\rho<+\infty$ 时,$R=\frac{1}{\rho}$;当 $\rho=0$ 时,$R=+\infty$;当 $\rho=+\infty$ 时,$R=0$.

求出收敛半径 R 后,若 $R>0$,则收敛区间为 $(-R,R)$.再分别用 $x=R$,$x=-R$ 代入该幂级数,讨论该幂级数在区间端点处的敛散性,从而求出该幂级数的收敛域.

2. 幂级数的性质

性质5(和函数连续性) 设幂级数 $\sum_{n=0}^{\infty}a_nx^n$ 的收敛半径为 $R(0<R\leqslant+\infty)$,则其和函数 $s(x)$ 在区间 $(-R,R)$ 内连续.如果该幂级数在点 $x=R$(或 $-R$)处收敛,则和函数 $s(x)$ 在区间 $(-R,R]$(或 $[-R,R)$)上连续.

性质6(逐项积分) 设幂级数 $\sum_{n=0}^{\infty}a_nx^n$ 的收敛半径为 $R(0<R\leqslant+\infty)$,则其和函数 $s(x)$ 在区间 $(-R,R)$ 内可积;对于一切 $x\in(-R,R)$,有逐项积分公式

$$\int_0^x s(t)\,\mathrm{d}t=\int_0^x\left(\sum_{n=0}^{\infty}a_nt^n\right)\mathrm{d}t=\sum_{n=0}^{\infty}\int_0^x a_nt^n\,\mathrm{d}t=\sum_{n=0}^{\infty}\frac{a_n}{n+1}x^{n+1},$$

且逐项积分后所得的幂级数 $\sum_{n=0}^{\infty}\frac{a_n}{n+1}x^{n+1}$ 与原幂级数 $\sum_{n=0}^{\infty}a_nx^n$ 有相同的收敛半径.

性质7(逐项求导) 设幂级数 $\sum_{n=0}^{\infty}a_nx^n$ 的收敛半径为 $R(0<R\leqslant+\infty)$,则其和函数 $s(x)$ 在 $(-R,R)$ 内可导;对于一切 $x\in(-R,R)$,有逐项求导公式

$$s'(x)=\left(\sum_{n=0}^{\infty}a_nx^n\right)'=\sum_{n=0}^{\infty}(a_nx^n)'=\sum_{n=1}^{\infty}na_nx^{n-1},$$

且逐项求导后所得的幂级数 $\sum_{n=1}^{\infty}na_nx^{n-1}$ 与原幂级数 $\sum_{n=0}^{\infty}a_nx^n$ 有相同的收敛半径.

应用性质6和性质7可以求出一些幂级数的和函数.

3. 函数的幂级数展开式

设函数 $f(x)$ 在点 x_0 附近有任意阶导数,则称幂级数

$$f(x_0)+f'(x_0)(x-x_0)+\frac{f''(x_0)}{2!}(x-x_0)^2+\cdots+\frac{f^{(n)}(x_0)}{n!}(x-x_0)^n+\cdots$$

为 $f(x)$ 在点 x_0 处的泰勒级数,并称 $a_n=\frac{f^{(n)}(x_0)}{n!}(n=0,1,2,\cdots)$ 为 $f(x)$ 在点 x_0 处的泰勒系数.特别地,当 $x_0=0$ 时,称幂级数

$$f(0)+f'(0)x+\frac{f''(0)}{2!}x^2+\cdots+\frac{f^{(n)}(0)}{n!}x^n+\cdots$$

为 $f(x)$ 的麦克劳林级数,并称 $a_n=\frac{f^{(n)}(0)}{n!}$ 为 $f(x)$ 的麦克劳林系数.

幂级数展开式的唯一性定理 如果函数 $f(x)$ 在点 x_0 的一个邻域内可以展开成幂级数,即

$$f(x)=\sum_{n=0}^{\infty}a_n(x-x_0)^n,$$

则其系数必为

$$a_n=\frac{f^{(n)}(x_0)}{n!}\quad (n=0,1,2,\cdots).$$

根据此定理可知,如果函数 $f(x)$ 在点 x_0 的某个邻域内能展开成幂级数,则该幂级数必为 $f(x)$ 在点 x_0 处的泰勒级数.

4. 几个常用函数的幂级数展开式

$$e^x=\sum_{n=0}^{\infty}\frac{x^n}{n!}=1+x+\frac{1}{2!}x^2+\cdots+\frac{1}{n!}x^n+\cdots,\quad -\infty<x<+\infty;$$

$$\sin x=\sum_{n=0}^{\infty}\frac{(-1)^n}{(2n+1)!}x^{2n+1}=x-\frac{1}{3!}x^3+\cdots+\frac{(-1)^n}{(2n+1)!}x^{2n+1}+\cdots,\quad -\infty<x<+\infty;$$

$$\cos x=\sum_{n=0}^{\infty}(-1)^n\frac{x^{2n}}{(2n)!}=1-\frac{1}{2!}x^2+\frac{1}{4!}x^4+\cdots+(-1)^n\frac{x^{2n}}{(2n)!}+\cdots,\quad -\infty<x<+\infty;$$

$$\ln(1+x)=\sum_{n=1}^{\infty}\frac{(-1)^{n-1}x^n}{n}=x-\frac{x^2}{2}+\frac{x^3}{3}-\frac{x^4}{4}+\cdots,\quad -1<x\leqslant 1;$$

$$\frac{1}{1-x}=\sum_{n=0}^{\infty}x^n=1+x+x^2+x^3+\cdots+x^n+\cdots,\quad -1<x<1;$$

$$\frac{1}{1+x}=\sum_{n=0}^{\infty}(-1)^nx^n=1-x+x^2-x^3+\cdots+(-1)^nx^n+\cdots,\quad -1<x<1;$$

$$(1+x)^\alpha=\sum_{n=0}^{\infty}\frac{\alpha(\alpha-1)\cdots(\alpha-n+1)}{n!}x^n$$
$$=1+\alpha x+\frac{\alpha(\alpha-1)}{2!}x^2+\cdots+\frac{\alpha(\alpha-1)\cdots(\alpha-n+1)}{n!}x^n+\cdots,$$

对于任意 α,上式在 $-1<x<1$ 内都成立.

5. 求函数幂级数展开式的方法

1) **直接展开法**:求出 $f(x)$ 的各阶导数,代入泰勒级数的公式,写出其泰勒级数,并检查

满足泰勒公式的余项 $R_n(x)\to 0\ (n\to\infty)$ 的区间,以给出该展开式成立的区间.

2) **间接展开法**:利用 $f(x)$ 与已知幂级数展开式的函数之间的关系以及幂级数在收敛区间内的性质,求出 $f(x)$ 的幂级数展开式.

三、傅里叶级数

1. 傅里叶系数和傅里叶级数的定义

设 $f(x)$ 是以 2π 为周期的函数,则由公式

$$a_n=\frac{1}{\pi}\int_{-\pi}^{\pi}f(x)\cos nx\,dx\quad(n=0,1,2,\cdots),$$

$$b_n=\frac{1}{\pi}\int_{-\pi}^{\pi}f(x)\sin nx\,dx\quad(n=1,2,\cdots)$$

所确定的系数称为 $f(x)$ 的**傅里叶系数**. 称由上述傅里叶系数所确定的级数

$$\frac{a_0}{2}+\sum_{n=1}^{\infty}(a_n\cos nx+b_n\sin nx)$$

为 $f(x)$ 的**傅里叶级数**.

2. 傅里叶级数的收敛定理

狄利克雷收敛定理 设 $f(x)$ 是以 2π 为周期的函数. 如果它满足:

(i) 在一个周期内连续或者只有有限个第一类间断点;

(ii) 在一个周期内至多有有限个极值点,

则 $f(x)$ 的傅里叶级数在区间 $(-\infty,+\infty)$ 上收敛,且

1) 当 x 是 $f(x)$ 的连续点时,该傅里叶级数收敛于 $f(x)$;

2) 当 x 是 $f(x)$ 的间断点时,该傅里叶级数收敛于 $\frac{1}{2}(f(x-0)+f(x+0))$,其中 $f(x-0)$,$f(x+0)$ 分别是 $f(x)$ 在点 x 处的左、右极限.

*3. 正弦级数与余弦级数

设 $f(x)$ 是定义在区间 $[0,\pi]$ 上满足狄利克雷收敛定理条件(在一个周期内)的函数,则它的正弦级数展开式和余弦级数展开式分别为

$$f(x)=\sum_{n=1}^{\infty}b_n\sin nx,\quad 其中\quad b_n=\frac{2}{\pi}\int_0^{\pi}f(x)\sin nx\,dx\ (n=1,2,\cdots);$$

$$f(x)=\frac{a_0}{2}+\sum_{n=1}^{\infty}a_n\cos nx,\quad 其中\quad a_n=\frac{2}{\pi}\int_0^{\pi}f(x)\cos nx\,dx\ (n=0,1,2,\cdots).$$

复习题六

一、填空题

1. 幂级数 $\sum_{n=1}^{\infty}(-1)^{n-1}\frac{x^n}{n}$ 在区间 $(-1,1]$ 上的和函数是__________.

2. 幂级数 $\sum_{n=1}^{\infty}\frac{(x-3)^n}{3^n n}$ 的收敛域是__________.

3. 设 $f(x)$是周期为 2π 的函数,它在区间$[-\pi,\pi)$上的表达式为

$$f(x)=\begin{cases}0, & -\pi\leqslant x<0,\\ k, & 0\leqslant x<\pi\end{cases}\quad (常数 k\neq 0),$$

则 $f(x)$的傅里叶级数的和函数在点 $x=\pi$ 处的值为__________.

*4. 函数 $f(x)=x+1(0\leqslant x\leqslant\pi)$的正弦级数 $\sum\limits_{n=1}^{\infty}b_n\sin nx$ 在点 $x=-\frac{1}{2}$ 处收敛于__________.

5. 函数 $f(x)=e^{\frac{x}{2}}$ 在点 $x=0$ 处的泰勒级数为__________.

二、单项选择题

1. 设常数 $a\neq 0$,几何级数 $\sum\limits_{n=1}^{\infty}aq^n$ 收敛,则 q 应满足 ( )

(A) $q<1$; (B) $-1<q<1$; (C) $q>-1$; (D) $q>1$.

2. 若级数 $\sum\limits_{n=1}^{\infty}\frac{1}{n^{p-2}}$ 发散,则有 ( )

(A) $p>0$; (B) $p>3$; (C) $p\leqslant 3$; (D) $p\leqslant 2$.

3. 若极限 $\lim\limits_{n\to\infty}u_n\neq 0$,则级数 $\sum\limits_{n=1}^{\infty}u_n$ ( )

(A) 收敛; (B) 发散; (C) 条件收敛; (D) 绝对收敛.

4. 如果级数 $\sum\limits_{n=1}^{\infty}u_n$ 发散,k 为常数,则级数 $\sum\limits_{n=1}^{\infty}ku_n$ ( )

(A) 发散; (B) 可能收敛,也可能发散;

(C) 收敛; (D) 无界.

5. 如果级数 $\sum\limits_{n=1}^{\infty}u_n$ 发散,则下列结论中正确的是 ( )

(A) $\lim\limits_{n\to\infty}u_n\neq 0$; (B) $\lim\limits_{n\to\infty}u_n=0$;

(C) $\lim\limits_{n\to\infty}u_n=\infty$; (D) $\sum\limits_{n=1}^{\infty}|u_n|$ 发散.

6. 若级数 $\sum\limits_{n=1}^{\infty}u_n$ 收敛,且 $u_n\neq 0\ (n=1,2,\cdots)$,其和为 s,则级数 $\sum\limits_{n=1}^{\infty}\frac{1}{u_n}$ ( )

(A) 收敛且其和为 $\frac{1}{s}$; (B) 收敛但其和不一定为 s;

(C) 发散; (D) 可能收敛,也可能发散.

7. 若级数 $\sum\limits_{n=1}^{\infty}a_n^2$ 收敛,则级数 $\sum\limits_{n=1}^{\infty}a_n$ ( )

(A) 发散; (B) 绝对收敛;

(C) 条件收敛; (D) 可能收敛,也可能发散.

8. 若级数 $\sum_{n=1}^{\infty}a_n$, $\sum_{n=1}^{\infty}b_n$ 均发散,则 ( )

(A) $\sum_{n=1}^{\infty}(a_n+b_n)$ 发散; (B) $\sum_{n=1}^{\infty}(|a_n|+|b_n|)$ 发散;

(C) $\sum_{n=1}^{\infty}(a_n^2+b_n^2)$ 发散; (D) $\sum_{n=1}^{\infty}a_nb_n$ 发散.

9. 若极限 $\lim\limits_{n\to\infty}a_n=a$($a$ 为常数),则级数 $\sum_{n=1}^{\infty}(a_{n+1}-a_n)$ ( )

(A) 收敛且和为 $a-a_1$; (B) 收敛且和为 a;

(C) 收敛且和为 0; (D) 发散.

10. 若级数 $\sum_{n=1}^{\infty}u_n$ 收敛,则下列结论中不成立的是 ( )

(A) $\lim\limits_{n\to\infty}u_n=0$; (B) $\sum_{n=1}^{\infty}|u_n|$ 收敛;

(C) $\sum_{n=1}^{\infty}Cu_n$(C 为常数)收敛; (D) $\sum_{n=1}^{\infty}(u_{2n-1}+u_{2n})$ 收敛.

11. 关于级数 $\sum_{n=1}^{\infty}\frac{(-1)^{n-1}}{n^p}$ 敛散性的正确答案是 ( )

(A) 当 $p>1$ 时,条件收敛; (B) 当 $0<p\leqslant 1$ 时,绝对收敛;

(C) 当 $0<p\leqslant 1$ 时,条件收敛; (D) 当 $0<p\leqslant 1$ 时,发散.

12. 交错级数 $\sum_{n=1}^{\infty}(-1)^n(\sqrt{n+1}-\sqrt{n})$ ( )

(A) 绝对收敛; (B) 发散;

(C) 条件收敛; (D) 可能收敛,也可能发散.

13. 设幂级数 $\sum_{n=1}^{\infty}a_nx^n$ 在点 $x=2$ 处收敛,则它在点 $x=-1$ 处 ( )

(A) 绝对收敛; (B) 条件收敛;

(C) 发散; (D) 敛散性不定.

14. 已知幂级数 $\sum_{n=1}^{\infty}a_nx^n$ 在点 x_0 处收敛,又极限 $\lim\limits_{n\to\infty}\left|\frac{a_n}{a_{n+1}}\right|=R(R>0)$,则 ( )

(A) $0\leqslant x_0\leqslant R$; (B) $x_0>R$; (C) $|x_0|\leqslant R$; (D) $|x_0|>R$.

15. 设幂级数 $\sum_{n=1}^{\infty}a_nx^n$ 的收敛半径为 $R(0<R<+\infty)$,则幂级数 $\sum_{n=0}^{\infty}a_n\left(\frac{x}{2}\right)^n$ 的收敛半径为 ( )

(A) $\frac{R}{2}$; (B) $2R$; (C) R; (D) $\frac{2}{R}$.

16. 幂级数 $1-\frac{x^2}{2!}+\frac{x^4}{4!}-\frac{x^6}{6!}+\cdots$ 在区间 $(-\infty,+\infty)$ 上的和函数是 ( )

(A) $\sin x$; (B) $\cos x$; (C) $\ln(1+x^2)$; (D) e^x.

17. 函数 $f(x)=x^2e^{x^2}$ 在区间$(-\infty,+\infty)$上展开成的 x 的幂级数是 ( )

(A) $\sum\limits_{n=1}^{\infty}(-1)^{n-1}\dfrac{x^{2n-1}}{(2n-1)!}$;

(B) $\sum\limits_{n=0}^{\infty}\dfrac{x^{n+2}}{n!}$;

(C) $\sum\limits_{n=0}^{\infty}\dfrac{x^{2(n+1)}}{n!}$;

(D) $\sum\limits_{n=0}^{\infty}\dfrac{x^{2n}}{n!}$.

三、综合题

1. 判断下列级数的敛散性,若收敛,说明是绝对收敛还是条件收敛:

(1) $\sum\limits_{n=1}^{\infty}(-1)^{n-1}\dfrac{1}{\ln(n+1)}$;

(2) $\sum\limits_{n=1}^{\infty}\dfrac{\sin 2^n}{3^n}$;

(3) $\sum\limits_{n=1}^{\infty}(-1)^{n-1}\ln\dfrac{n}{n+1}$;

(4) $\sum\limits_{n=1}^{\infty}\left(\dfrac{1}{n}+\dfrac{1}{3^n}\right)$.

2. 求下列级数的收敛域:

(1) $\sum\limits_{n=1}^{\infty}4^{n-1}nx^n$;

(2) $\sum\limits_{n=1}^{\infty}\dfrac{x^n}{a^n+b^n}\ (a>b>0)$;

(3) $\sum\limits_{n=1}^{\infty}a^{n^2}x^n\ (a>0)$;

(4) $\sum\limits_{n=1}^{\infty}(\lg x)^n$.

*3. 确定下列级数的收敛域,并求其和函数:

(1) $\sum\limits_{n=0}^{\infty}(1-x)x^n$;

(2) $\sum\limits_{n=0}^{\infty}(-1)^n(n+1)x^n$;

(3) $\sum\limits_{n=1}^{\infty}(-1)^{n-1}\dfrac{x^{2n-1}}{2n-1}$.

4. 证明:

(1) 若 $a_n\leqslant c_n\leqslant b_n\ (n=1,2,\cdots)$,且级数 $\sum\limits_{n=1}^{\infty}a_n$,$\sum\limits_{n=1}^{\infty}b_n$ 均收敛,则级数 $\sum\limits_{n=1}^{\infty}c_n$ 收敛;

(2) 若 $a_n\geqslant 0\ (n=1,2,\cdots)$,且级数 $\sum\limits_{n=1}^{\infty}a_n$ 收敛,则级数 $\sum\limits_{n=1}^{\infty}a_n^2$ 也收敛;

(3) 级数 $\sum\limits_{n=2}^{\infty}\dfrac{(-1)^n}{\sqrt{n}+(-1)^n}$ 是发散的.

补充样题与解答

1. (1) 根据下列点的坐标，尽量准确地指出它们在空间直角坐标系中的位置，即它们所属的卦限、坐标面、坐标轴：

$A(1,2,4)$，　$B(1,4,0)$，　$C(5,0,0)$，　$D(0,4,0)$，　$E(-2,-3,-4)$，

$F(0,-3-4)$，　$G(-5,0,7)$，　$H(-2,-3,1)$，　$I(0,0,7)$，　$J(1,-2,4)$；

(2) 指出下列给定点关于原点、y 轴、Oxy 平面、Ozx 平面的对称点是什么：

$$(1,3,9),\quad (-1,3,7),\quad (2,0,0),\quad (3,5,0).$$

解　(1) 由习题 1.1 中第 1,2 题的解法，各点所在的位置如表 1 所示.

表 1

点	A	B	C	D	E	F	G	H	I	J
位置	第一卦限	Oxy 平面	x 轴	y 轴	第七卦限	Oyz 平面	Ozx 平面	第三卦限	z 轴	第四卦限

(2) 由习题 1.1 中第 3 题的解法，各点关于原点、定指坐标轴及坐标面的对称点如表 2 所示.

表 2

点	关于原点对称	关于 y 轴对称	关于 Oxy 平面对称	关于 Oyz 平面对称
(1,3,9)	(−1,−3,−9)	(−1,3,−9)	(1,3,−9)	(−1,3,9)
(−1,3,7)	(1,−3,−7)	(1,3,−7)	(−1,3,−7)	(1,3,7)
(−2,0,0)	(2,0,0)	(2,0,0)	(−2,0,0)	(2,0,0)
(3,5,0)	(−3,−5,0)	(−3,5,0)	(3,5,0)	(−3,5,0)

2. 求直线 L：$\begin{cases}2x-3y+6z-4=0,\\4x-y+5z+2=0\end{cases}$ 的方向向量 $\boldsymbol{v}$.

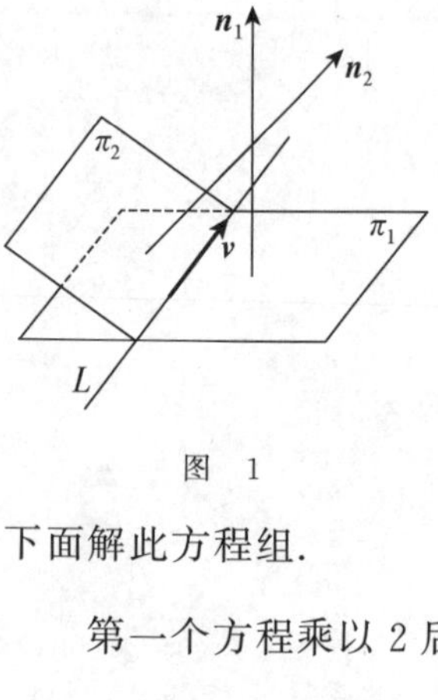

图　1

解　这里 L 的方程是直线的一般方程，可见 L 是两个平面 π_1：$2x-3y+6z-4=0$ 与 π_2：$4x-y+5z+2=0$ 的交线(图 1). π_1 的法向量是 $\boldsymbol{n}_1=\{2,-3,6\}$，$\pi_2$ 的法向量是 $\boldsymbol{n}_2=\{4,-1,5\}$. 设 L 的方向向量为 $\boldsymbol{v}=\{a,b,c\}$. 可以将 $\boldsymbol{v}$ 看作位于 L 上的向量，则 $\boldsymbol{v}$ 既在 π_1 上，又在 π_2 上，它必然与 π_1 和 π_2 的法向量都垂直，即有 $\boldsymbol{n}_1\cdot\boldsymbol{v}=0$，$\boldsymbol{n}_2\cdot\boldsymbol{v}=0$. 于是，得到方程组

$$\begin{cases}2a-3b+6c=0,\\4a-b+5c=0.\end{cases}$$

下面解此方程组.

第一个方程乘以 2 后减去第二个方程得 $-5b+7c=0$，可推出 $b=\dfrac{7}{5}c$；第二个方程乘以 3

后减去第一个方程得 $10a+9c=0$,可推出 $a=-\frac{9}{10}c$. 取 $c=10$,则 $b=14$,$a=-9$. 因此,得到方向向量 $\boldsymbol{v}=\{-9,14,10\}$.

注 方程组 $\begin{cases}2a-3b+6c=0,\\4a-b+5c=0\end{cases}$ 的解不是唯一的. 例如,解该方程组的过程中可以分别取 $c=20,30,\cdots$. c 的每个非零取值都可以确定一个方向向量. 由此可见,方向向量不是唯一的.

3. 设函数 $f(x,y,z)=x^2z+y^2x+z^2y+x+y+z$,求梯度 $\mathbf{grad}f(-1,1,-1)$.

解
$$\begin{aligned}\mathbf{grad}f(-1,1,-1)&=\left\{\frac{\partial f}{\partial x},\frac{\partial f}{\partial y},\frac{\partial f}{\partial z}\right\}\Bigg|_{(-1,1,-1)}\\&=\{2xz+y^2+1,2yx+z^2+1,2zy+x^2+1\}\Big|_{(-1,1,-1)}\\&=\{4,0,0\}.\end{aligned}$$

4. 求曲线 $\begin{cases}x=t^2,\\y=2t^2,\\z=\ln t+1\end{cases}$ 在 $t=1$ 对应点处的切线方程和法平面方程.

解 当 $t=1$ 时,该曲线上的对应点为 $P(1,2,1)$. 该曲线在点 (x,y,z) 处的切向量为
$$\{x',y',z'\}=\left\{2t,4t,\frac{1}{t}\right\},$$
其中 t 是点 (x,y,z) 所对应的参数. 因点 P 对应于参数 $t=1$,故此处的切向量为 $\boldsymbol{v}=\{2,4,1\}$,它也是所求法平面的法向量. 于是,所求的切线方程为
$$\frac{x-1}{2}=\frac{y-2}{4}=\frac{z-1}{1}.$$
根据平面的点法式方程,所求的法平面方程为
$$2(x-1)+4(y-2)+(z-1)=0,\quad 即\quad 2x+4y+z-11=0.$$

5. 计算二重积分 $I=\iint\limits_D(3-4x^3y)\mathrm{d}x\,\mathrm{d}y$,其中 D 是由曲线 $y=1-x^2$ 与 x 轴所围成的闭区域.

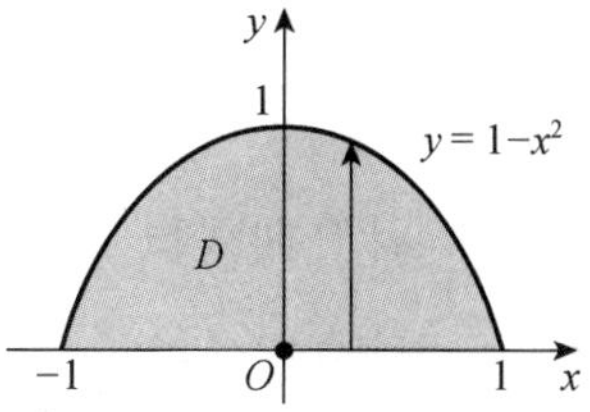

图 2

解 $I=\iint\limits_D 3\mathrm{d}x\,\mathrm{d}y-4\iint\limits_D x^3y\,\mathrm{d}x\,\mathrm{d}y$,其中积分区域 D 如图 2 所示. D 关于 y 轴对称,x^3y 关于 x 是奇函数,于是由对称奇偶性可知
$$\iint\limits_D x^3y\,\mathrm{d}x\,\mathrm{d}y=0.$$
所以
$$\begin{aligned}I&=\iint\limits_D 3\mathrm{d}x\,\mathrm{d}y-0=3\int_{-1}^{1}\mathrm{d}x\int_0^{1-x^2}\mathrm{d}y=3\int_{-1}^{1}(1-x^2)\mathrm{d}x\\&=3\left(x-\frac{x^3}{3}\right)\Bigg|_{-1}^{1}=3\times\frac{4}{3}=4.\end{aligned}$$

6. 计算三重积分 $I=\iiint\limits_\Omega(x^3+y^3+z)\mathrm{d}x\,\mathrm{d}y\,\mathrm{d}z$,其中 Ω 是由旋转抛物面 $z=2-x^2-y^2$ 与 Oxy 平面所围成的闭区域.

解 $I=\iiint\limits_{\Omega}x^3\mathrm{d}x\mathrm{d}y\mathrm{d}z+\iiint\limits_{\Omega}y^3\mathrm{d}x\mathrm{d}y\mathrm{d}z+\iiint\limits_{\Omega}z\mathrm{d}x\mathrm{d}y\mathrm{d}z$.

因 Ω 关于 Oyz 平面对称,被积函数 x^3 关于 x 是奇函数,于是由对称奇偶性可知

$$\iiint\limits_{\Omega}x^3\mathrm{d}x\mathrm{d}y\mathrm{d}z=0;$$

因 Ω 关于 Ozx 平面对称,被积函数 y^3 关于 y 是奇函数,于是由对称奇偶性可知

$$\iiint\limits_{\Omega}y^3\mathrm{d}x\mathrm{d}y\mathrm{d}z=0.$$

故

$$I=\iiint\limits_{\Omega}z\mathrm{d}x\mathrm{d}y\mathrm{d}z.$$

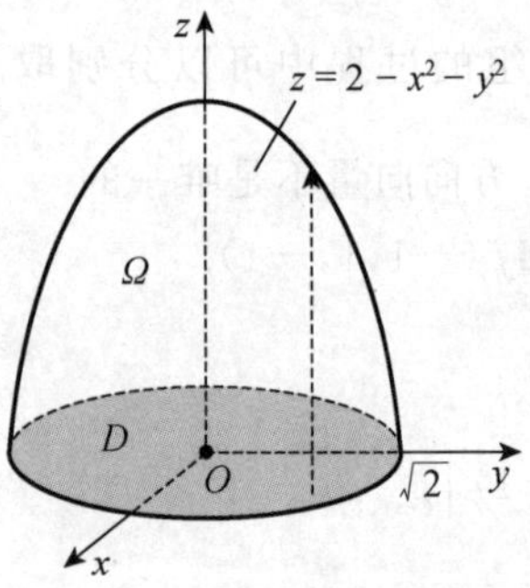

图 3

用"先一后二"法计算这个三重积分.积分区域 Ω 在 Oxy 平面上的投影区域为 D:$x^2+y^2\leqslant 2$(图 3),所以

$$I=\iint\limits_{D}\mathrm{d}x\mathrm{d}y\int_0^{2-x^2-y^2}z\mathrm{d}z=\iint\limits_{D}\frac{z^2}{2}\Bigg|_0^{2-x^2-y^2}\mathrm{d}x\mathrm{d}y$$
$$=\frac{1}{2}\iint\limits_{D}(2-x^2-y^2)^2\mathrm{d}x\mathrm{d}y.$$

在极坐标 $x=r\cos\theta,y=r\sin\theta$ 下计算上式最后的二重积分,此时 D:$0\leqslant r\leqslant\sqrt{2},0\leqslant\theta\leqslant 2\pi$,从而

$$I=\frac{1}{2}\int_0^{2\pi}\mathrm{d}\theta\int_0^{\sqrt{2}}(2-r^2)^2r\mathrm{d}r=\pi\int_0^{\sqrt{2}}(2-r^2)^2r\mathrm{d}r$$
$$=-\frac{\pi}{2}\int_0^{\sqrt{2}}(2-r^2)^2\mathrm{d}(2-r^2)$$
$$=-\frac{\pi}{2}\cdot\frac{(2-r^2)^3}{3}\Bigg|_0^{\sqrt{2}}=\frac{4\pi}{3}.$$

7. 计算曲线积分 $I=\int_C(xy^2-2x)\mathrm{d}x+(2x^2+y^2+2)\mathrm{d}y$,其中 C 为由点 $O(0,0)$ 到点 $B(1,2)$ 的有向线段.

解 易知,积分弧段 C 的方程为 $y=2x$,x 从 0 到 1(图 4),则

$$I=\int_C(xy^2-2x)\mathrm{d}x+(2x^2+y^2+2)\mathrm{d}y$$
$$=\int_0^1[(4x^3-2x)+2(2x^2+4x^2+2)]\mathrm{d}x$$
$$=\int_0^1(4x^3+12x^2-2x+4)\mathrm{d}x$$
$$=\int_0^1 4x^3\mathrm{d}x+\int_0^1 12x^2\mathrm{d}x-\int_0^1 2x\mathrm{d}x+4\int_0^1\mathrm{d}x$$
$$=1+4-1+4=8.$$

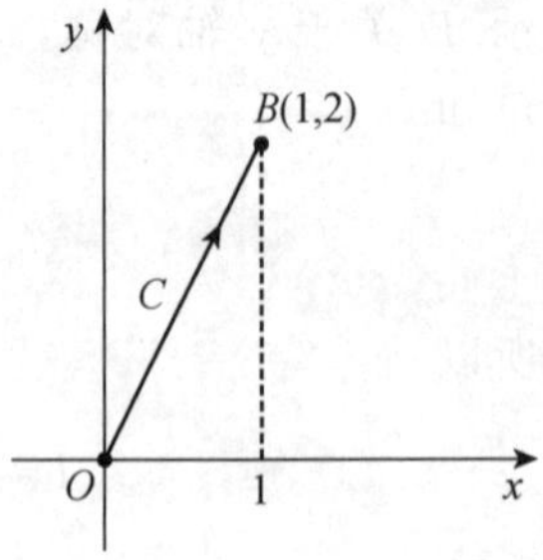

图 4

8. 计算曲线积分 $I=\int_C\sqrt{1+2x^2}\mathrm{d}s$,其中 C 是抛物线 $y=\frac{\sqrt{2}}{2}x^2+1$ 上满足 $0\leqslant x\leqslant 1$ 的一段弧.

解 积分弧段 C 如图 5 所示. 弧微分为

$$ds=\sqrt{1+(y')^2}\,dx=\sqrt{1+(\sqrt{2}x)^2}\,dx=\sqrt{1+2x^2}\,dx,$$

则

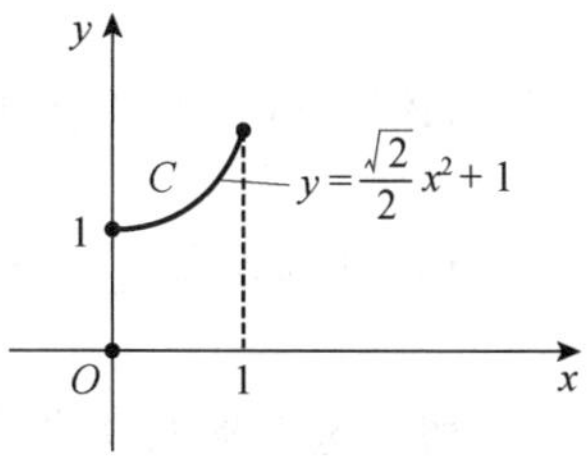

图 5

$$\begin{aligned}I&=\int_C\sqrt{1+2x^2}\,ds=\int_0^1\sqrt{1+2x^2}\cdot\sqrt{1+2x^2}\,dx\\&=\int_0^1(1+2x^2)\,dx=\int_0^1 dx+\int_0^1 2x^2\,dx\\&=1+\frac{2}{3}=\frac{5}{3}.\end{aligned}$$

9. 求微分方程 $\frac{dy}{dx}=4x^3y$ 满足初始条件 $y(0)=4$ 的特解.

解 对所给的微分方程分离变量得

$$\frac{dy}{y}=4x^3\,dx,$$

再两边积分,即

$$\int\frac{dy}{y}=\int 4x^3\,dx,$$

得

$$\ln y=x^4+\ln C,$$

于是所给微分方程的通解为

$$y=Ce^{x^4}.$$

因为 $y(0)=4$,得 $C=4$,所以所求的特解为

$$y=4e^{x^4}.$$

10. 求微分方程 $y''+y'-6y=0$ 的通解.

解 所给的微分方程是二阶常系数线性齐次微分方程,其特征方程为

$$r^2+r-6=0,\quad 即\quad (r-2)(r+3)=0,$$

所以该微分方程有两个互不相同的实特征根

$$r_1=2,\quad r_2=-3,$$

从而它有两个线性无关的解 e^{2x},e^{-3x}. 因此,所求的通解为

$$y=C_1e^{2x}+C_2e^{-3x}.$$

11. 用定义证明:级数 $\sum_{n=1}^{\infty}\frac{1}{n(n+2)}$ 收敛,并且收敛于 $\frac{3}{4}$.

证 注意到 $u_n=\frac{1}{n(n+2)}=\frac{1}{2}\left(\frac{1}{n}-\frac{1}{n+2}\right)$,因此该级数的部分和为

$$\begin{aligned}s_n&=\frac{1}{2}\left[\left(1-\frac{1}{3}\right)+\left(\frac{1}{2}-\frac{1}{4}\right)+\left(\frac{1}{3}-\frac{1}{5}\right)+\left(\frac{1}{4}-\frac{1}{6}\right)+\cdots\right.\\&\quad\left.+\left(\frac{1}{n-2}-\frac{1}{n}\right)+\left(\frac{1}{n-1}-\frac{1}{n+1}\right)+\left(\frac{1}{n}-\frac{1}{n+2}\right)\right]\\&=\frac{1}{2}\left(1+\frac{1}{2}-\frac{1}{n+1}-\frac{1}{n+2}\right)=\frac{1}{2}\left(\frac{3}{2}-\frac{1}{n+1}-\frac{1}{n+2}\right).\end{aligned}$$

显然

$$\lim_{n\to\infty}s_n=\frac{1}{2}\lim_{n\to\infty}\left(\frac{3}{2}-\frac{1}{n+1}-\frac{1}{n+2}\right)=\frac{3}{4},$$

所以,该级数收敛,并且其和为 $\frac{3}{4}$.

12. 求幂级数 $\sum_{n=1}^{\infty}\frac{x^n}{\sqrt{n}\cdot 2^n}$ 的收敛半径和收敛区间.

解 这里幂级数的系数为 $a_n=\frac{1}{\sqrt{n}\cdot 2^n}$,显然 $a_n\neq 0$.因为

$$\rho=\lim_{n\to\infty}\left|\frac{a_{n+1}}{a_n}\right|=\lim_{n\to\infty}\left|\frac{\frac{1}{\sqrt{n+1}\cdot 2^{n+1}}}{\frac{1}{\sqrt{n}\cdot 2^n}}\right|=\lim_{n\to\infty}\left|\frac{\sqrt{n}}{2\sqrt{n+1}}\right|=\frac{1}{2},$$

所以该幂级数的收敛半径为 $R=\frac{1}{\rho}=2$,从而该幂级数的收敛区间为$(-2,2)$.

习题参考答案与提示

习　题　1-1

1. 点 A,B,C,D,E 分别在第四、五、八、三、一卦限.
2. 点 A,B 分别在 Oxy 平面、Oyz 平面上;点 C,D,E 分别在 x 轴、y 轴、z 轴上.
3. (1) 关于 Oxy 平面、Oyz 平面、Ozx 平面的对称点分别是 $(a,b,-c)$,$(-a,b,c)$,$(a,-b,c)$;
   (2) 关于 x 轴、y 轴、z 轴的对称点分别是 $(a,-b,-c)$,$(-a,b,-c)$,$(-a,-b,c)$;
   (3) 关于原点的对称点是 $(-a,-b,-c)$.
4. 在 Oxy 平面、Oyz 平面、Ozx 平面上的投影点分别是 $(-2,3,0)$,$(0,3,-1)$,$(-2,0,-1)$;在 x 轴、y 轴、z 轴上的投影点分别为 $(-2,0,0)$,$(0,3,0)$,$(0,0,-1)$.
5. $|AB|=\sqrt{149}$,$|BC|=7$,$|AC|=\sqrt{146}$.
6. 到 x 轴、y 轴、z 轴的距离分别为 $\sqrt{34}$,$\sqrt{41}$,5.

习　题　1-2

1. (1) $4\boldsymbol{b}$;　　(2) $-2\boldsymbol{a}-\frac{5}{2}\boldsymbol{b}$;　　(3) $2m\boldsymbol{b}-2n\boldsymbol{a}$.
2. $5\boldsymbol{i}-11\boldsymbol{j}+7\boldsymbol{k}$.
3. (1) $\{6,10,-2\}$;　(2) $\{1,8,5\}$;　(3) $\{16,0,-23\}$;　(4) $\{3m+2n,5m+2n,-m+3n\}$.
4. $\left\{\frac{6}{11},\frac{7}{11},-\frac{6}{11}\right\}$ 和 $\left\{-\frac{6}{11},-\frac{7}{11},\frac{6}{11}\right\}$.
5. $\left\{\frac{3}{\sqrt{14}},\frac{1}{\sqrt{14}},-\frac{2}{\sqrt{14}}\right\}$.
6. (1) 垂直于 x 轴;　(2) 与 y 轴正向同向;　(3) 平行于 z 轴.
7. $\boldsymbol{a}^0=\left\{\frac{1}{2},\frac{\sqrt{2}}{2},\frac{1}{2}\right\}$,与 x 轴的夹角为 $\alpha=\frac{\pi}{3}$,与 y 轴的夹角为 $\beta=\frac{\pi}{4}$,与 z 轴的夹角为 $\gamma=\frac{\pi}{3}$.
8. 略.

习　题　1-3

1. (1) -1;　(2) -15;　(3) 3, 2, -1.
2. (1) -7;　(2) 14;　(3) 38;　(4) 24;　(5) -221.
3. 不一定.反例:设 $\boldsymbol{a}=\boldsymbol{i}$,$\boldsymbol{b}=\boldsymbol{j}$,$\boldsymbol{c}=\boldsymbol{k}$,则 $\boldsymbol{a}\cdot\boldsymbol{b}=\boldsymbol{a}\cdot\boldsymbol{c}=0$,但 $\boldsymbol{b}\neq\boldsymbol{c}$.
4. (1) -4;　(2) $|\boldsymbol{a}|=3\sqrt{2}$,$|\boldsymbol{b}|=3$;　(3) $\theta=\arccos\left(-\frac{2\sqrt{2}}{9}\right)$.
5. 略.
6. 可用勾股定理证明 $\triangle ABC$ 是直角三角形,且 $\angle B=\frac{\pi}{4}$.
7. (1) $\{3,2,-5\}$;　(2) $\{-1,-1,-1\}$.
8. (1) $\{3,-7,-5\}$;　(2) $\{42,-98,-70\}$;　(3) $\{-42,98,70\}$.

9. 不一定. 反例：取 $\boldsymbol{b}=\boldsymbol{a}=\boldsymbol{i}, \boldsymbol{c}=\boldsymbol{0}$, 则 $\boldsymbol{a}\times\boldsymbol{b}=\boldsymbol{a}\times\boldsymbol{c}=\boldsymbol{0}$, 但 $\boldsymbol{b}\neq\boldsymbol{c}=\boldsymbol{0}$.

10. (1) $\{0,-8,-24\}$； (2) $\{0,-1,-1\}$； (3) 2.

11. $\pm\frac{1}{\sqrt{11}}\{-1,-1,3\}$.

12. $\frac{1}{2}\sqrt{19}$.

习　题　1-4

1. $\left(x+\frac{2}{3}\right)^2+(y+1)^2+\left(z+\frac{4}{3}\right)^2=\frac{116}{9}$；球心为$\left(-\frac{2}{3},-1,-\frac{4}{3}\right)$，半径为 $\frac{2}{3}\sqrt{29}$ 的球面.

2. $2x-10y+2z-11=0$.

3. $(x-3)^2+(y+2)^2+(z-5)^2=16$.

4. $(x+1)^2+(y+3)^2+(z-2)^2=9$.

5. (1) 球心为(0,0,3)，半径为 4； (2) 球心为(6,−2,3)，半径为 7；
(3) 球心为(1,−2,2)，半径为 4.

6. (1) 柱面，准线为 Ozx 平面上的椭圆 $\frac{x^2}{4}+\frac{z^2}{9}=1$，母线平行于 y 轴；
(2) 柱面，准线为 Oxy 平面上的双曲线 $x^2-y^2=1$，母线平行于 z 轴；
(3) 柱面，准线为 Oyz 平面上的抛物线 $y^2-z-1=0$，母线平行于 x 轴；
(4) 柱面(也是平面)，准线为 Oyz 平面上的直线 $y=z$，母线平行于 x 轴；
(5) 不是柱面.

7. 图略.
(1) $z=x^2+y^2$； (2) $x^2+y^2+z^2=9$；
(3) 绕 x 轴旋转时方程为 $4x^2-9y^2-9z^2=36$，绕 y 轴旋转时方程为 $4x^2-9y^2+4z^2=36$；
(4) $z^2=x^2+y^2$.

8. (1) Ozx 平面上的曲线 $3x^2+4z^2=12$ 绕 z 轴旋转，或 Oyz 平面上的曲线 $3y^2+4z^2=12$ 绕 z 轴旋转；
(2) Oxy 平面上的曲线 $x^2-y^2=1$ 绕 y 轴旋转，或 Oyz 平面上的曲线 $z^2-y^2=1$ 绕 y 轴旋转；
(3) Oxy 平面上的曲线 $x^2-9y^2=1$ 绕 x 轴旋转，或 Ozx 平面上的曲线 $x^2-9z^2=1$ 绕 x 轴旋转.

9. x 轴：$\begin{cases}y=0,\\z=0;\end{cases}$ y 轴：$\begin{cases}x=0,\\z=0.\end{cases}$

10. 图略. 以原点为球心，半径为 $2a$ 的上半球面与圆柱面 $x^2+(y-a)^2=a^2$ 的交线.

11. $\begin{cases}2x^2-2x+y^2=8,\\z=0.\end{cases}$

12. 图略. 投影区域为 $x^2+y^2\leqslant4$.

习　题　1-5

1. (1) $x-y+2z+1=0$； (2) $y+2z=0$.

2. (1) 法向量为$\{5,-3,0\}$，经过的一个点为$(2,-7,4)$；(2) 法向量为$\{3,4,7\}$，经过的一个点为$(0,0,-2)$.

3. 图略.
(1) Oyz 平面； (2) 垂直于 y 轴； (3) 平行于 z 轴；
(4) 经过 z 轴； (5) 平行于 x 轴； (6) 经过原点.

4. $\cos\alpha=\frac{2}{3}$，$\cos\beta=-\frac{2}{3}$，$\cos\gamma=\frac{1}{3}$.

5. (1) $3x+2y+6z-12=0$； (2) $11x-17y-13z+3=0$.

6. $2x-8y+z-1=0$.

7. $x-y=0$.

8. $2x-y-3z=0$.

9. $y-2=0$.

10. $\frac{x}{-6}+\frac{y}{4}+\frac{z}{12}=1$,在 x 轴、y 轴、z 轴上的截距分别为$-6,4,12$.

11. $\varphi=\frac{\pi}{3}$.

12. $d=1$.

13. (1) $\frac{x-2}{1}=\frac{y+2}{-3}=\frac{z-2}{2}$; (2) $\frac{x-2}{3}=\frac{y-5}{-1}=\frac{z-8}{5}$;

(3) $\frac{x-2}{1}=\frac{y+8}{2}=\frac{z-3}{-3}$; (4) $\frac{x+1}{-9}=\frac{y-2}{14}=\frac{z-5}{10}$.

14. (1) 参数方程:$\begin{cases}x=1+3t,\\y=-5t,\\z=2+6t,\end{cases}$一般方程:$\begin{cases}5x+3y-5=0,\\6y+5z-10=0;\end{cases}$

(2) 对称式方程:$\frac{x-1}{2}=\frac{y-2}{-1}=\frac{z-3}{1}$,一般方程:$\begin{cases}x+2y-5=0,\\y+z-5=0\end{cases}$ 或 $\begin{cases}x-2z+5=0,\\y+z-5=0;\end{cases}$

(3) 参数方程:$\begin{cases}x=3+t,\\y=-4-2t,\\z=1+t,\end{cases}$对称式方程:$\frac{x-3}{1}=\frac{y+4}{-2}=\frac{z-1}{1}$.

15. (1) $x+y+3z-6=0$; (2) $x-y+z=0$; (3) $8x-9y-22z-59=0$.

16. $\varphi=\frac{\pi}{2}$.

17. $\varphi=0$.

18. $(1,2,2)$.

19. $(1,-1,3)$.

习 题 1-6

1. (1) 可化为 $\frac{x^2}{4}+\frac{y^2}{9}+\frac{z^2}{1}=1$,中心为原点,三个轴长分别为$4,6,2$;

(2) 可化为 $\frac{(x-1)^2}{4}+\frac{(y+1)^2}{1}+\frac{z^2}{25}=1$,中心为$(1,-1,0)$,三个轴长分别为$4,2,10$.

2. 图略.

(1) 椭球面,中心在原点;

(2) 椭圆抛物面,顶点在原点,开口向上;

(3) 椭圆抛物面,顶点在原点,开口向下;

(4) 椭圆抛物面,顶点在$(1,1,0)$,开口向下;

(5) 椭圆抛物面,顶点在$(0,0,4)$,开口向下;

(6) 椭圆抛物面,顶点在原点,开口向右;

(7) 椭圆柱面,母线平行于 z 轴;

(8) 椭圆柱面,母线平行于 y 轴;

(9) 椭圆锥面,顶点在原点;

(10) 上半椭圆锥面,顶点在原点;

(11) 上半椭球面,中心在原点;

(12) 经过 z 轴,两个相互垂直的平面.

3. 图略.投影区域如下:

(1) $x^2+y^2\leqslant 2$; (2) $x^2+y^2\leqslant ax$; (3) $x^2+y^2\leqslant 1$; (4) $x^2+y^2\leqslant a^2$;

(5) $x^2+y^2\leqslant 4$; (6) $x^2+y^2\leqslant 1$; (7) $x^2+y^2\leqslant\frac{3}{4}R^2$; (8) $y^2+z^2\leqslant 10$.

复 习 题 一

一、填空题

1. -5, 7.

2. $\left(0,0,\frac{14}{9}\right)$.

3. $\{1,\sqrt{3},0\}$.

4. -6.

5. $4\sqrt{2}$.

6. 10.

7. $\{y-z,z-x,x-y\}$.

8. $y^2+z^2=e^{2x}$.

9. z 轴;准线为 $\begin{cases} y=2x^2, \\ z=0. \end{cases}$ 10. $\begin{cases} y=z^2, \\ x=0; \end{cases}$ y 轴.

二、单项选择题

1	2	3	4	5	6	7	8	9	10
A	D	C	A	A	B	C	C	D	B

三、综合题

1. 只需证明有两条边的长度相等,且边长满足勾股定理,证明略.

2. $(0,1,-2)$.

3. 图略.各顶点的坐标为

$$\left(\frac{a}{\sqrt{2}},0,0\right),\ \left(-\frac{a}{\sqrt{2}},0,0\right),\ \left(0,\frac{a}{\sqrt{2}},0\right),\ \left(0,-\frac{a}{\sqrt{2}},0\right),\ \left(\frac{a}{\sqrt{2}},0,a\right),\ \left(-\frac{a}{\sqrt{2}},0,a\right),\ \left(0,\frac{a}{\sqrt{2}},a\right),\ \left(0,-\frac{a}{\sqrt{2}},a\right).$$

4. $\boldsymbol{F}=\boldsymbol{F}_1+\boldsymbol{F}_2+\boldsymbol{F}_3=\{2,1,4\}$, $|\boldsymbol{F}|=\sqrt{21}$, $\cos\alpha=\frac{2}{\sqrt{21}}$, $\cos\beta=\frac{1}{\sqrt{21}}$, $\cos\gamma=\frac{4}{\sqrt{21}}$.

5. 略. 6. 1. 7. $\arccos\frac{2}{\sqrt{7}}$. 8. 略. 9. 直线 $\begin{cases} x=-1, \\ y=4. \end{cases}$

10. $\begin{cases} x=8\cos t, \\ y=4\sqrt{2}\sin t, \\ z=-4\sqrt{2}\sin t, \end{cases}$ $t\in[0,2\pi]$.

11. 母线平行于 x 轴的柱面方程为 $3y^2-z^2=16$;母线平行于 y 轴的柱面方程为 $3x^2+2z^2=16$.

12. $(-5,2,4)$.

习 题 2-1

1. 图略.

(1) 边界为 $x=0,y=0,x+y=1$,闭区域,无界; (2) 边界为 $|x|+|y|=1$,开区域,有界.

2. 图略.

(1) $x^2\geqslant y$, $x\geqslant 0$, $y\geqslant 0$; (2) $y^2-2x+1>0$; (3) $x^2+y^2\neq 0$; (4) $x+y\geqslant 0$, $x-y>0$.

3. $\frac{4}{3}$, $\frac{2xy}{x^2-y^2}$.

4. (1) $\ln(x_0+h)\cdot\ln(y_0+k)-\ln x_0\cdot\ln y_0$; (2) $\ln 2\cdot\ln(1+k)$; (3) 0.

5. (1) -1; (2) $\frac{\pi}{4}$; (3) 2; (4) $-\frac{1}{4}$.

6. (1) $V=\frac{1}{3}\pi r^2 h$; (2) $l=r\varphi$; (3) $V=x(y-2x)^2$.

7. 略.

8. 提示:沿两条特殊的路径 x 轴和 y 轴,使得点 (x,y) 趋向于原点,两个极限值不同.

9. (1) 原点; (2) 在抛物线 $x=y^2$ 上处处间断.

习 题 2-2

1. 略.

2. (1) $\frac{\partial z}{\partial x}=3x^2y-y^3$, $\frac{\partial z}{\partial y}=x^3-3xy^2$; (2) $\frac{\partial z}{\partial x}=\frac{1}{3\sqrt[3]{x^4}}$, $\frac{\partial z}{\partial y}=-\frac{6}{y^3}$;

(3) $\frac{\partial z}{\partial x}=e^{-xy}(1-xy)$, $\frac{\partial z}{\partial y}=-x^2e^{-xy}$; (4) $\frac{\partial z}{\partial x}=\frac{-2y}{(x-y)^2}$, $\frac{\partial z}{\partial y}=\frac{2x}{(x-y)^2}$;

(5) $\frac{\partial z}{\partial x}=-\frac{y}{x^2+y^2}$，$\frac{\partial z}{\partial y}=\frac{x}{x^2+y^2}$；

(6) $\frac{\partial z}{\partial x}=y\cos(xy)(1-2\sin(xy))$，$\frac{\partial z}{\partial y}=x\cos(xy)(1-2\sin(xy))$；

(7) $\frac{\partial u}{\partial x}=2x\cos(x^2+y^2+z^2)$，$\frac{\partial u}{\partial y}=2y\cos(x^2+y^2+z^2)$，$\frac{\partial u}{\partial z}=2z\cos(x^2+y^2+z^2)$；

(8) $\frac{\partial u}{\partial x}=\frac{y}{z}x^{\frac{y}{z}-1}$，$\frac{\partial u}{\partial y}=\frac{1}{z}x^{\frac{y}{z}}\ln x$，$\frac{\partial u}{\partial z}=-\frac{y}{z^2}x^{\frac{y}{z}}\ln x$.

3. $\frac{2}{5}$.　　**4.** $1+2\ln 2$.

5. (1) $\frac{\partial^2 z}{\partial x^2}=6x-4y^2$，$\frac{\partial^2 z}{\partial x\partial y}=-8xy$，$\frac{\partial^2 z}{\partial y^2}=6y-4x^2$；

(2) $\frac{\partial^2 z}{\partial x^2}=\frac{-2xy}{(x^2+y^2)^2}$，$\frac{\partial^2 z}{\partial x\partial y}=\frac{x^2-y^2}{(x^2+y^2)^2}$，$\frac{\partial^2 z}{\partial y^2}=\frac{2xy}{(x^2+y^2)^2}$；

(3) $\frac{\partial^2 z}{\partial x^2}=y(y-1)x^{y-2}$，$\frac{\partial^2 z}{\partial x\partial y}=x^{y-1}(1+y\ln x)$，$\frac{\partial^2 z}{\partial y^2}=x^y\ln^2 x$；

(4) $\frac{\partial^2 z}{\partial x^2}=-e^y\cos(x-y)$，$\frac{\partial^2 z}{\partial x\partial y}=e^y(\cos(x-y)-\sin(x-y))$，$\frac{\partial^2 z}{\partial y^2}=2e^y\sin(x-y)$.

6. $f_{xx}(0,0,1)=2$，$f_{xz}(1,0,2)=2$，$f_{yz}(0,-1,0)=0$，$f_{zzx}(2,0,1)=0$.

7. 略.　　**8.** 略.

9. (1) $dz=\left(y+\frac{1}{y}\right)dx+\left(x-\frac{x}{y^2}\right)dy$；　　(2) $dz=\frac{2(x\,dx+y\,dy)}{1+x^2+y^2}$；

(3) $dz=y^x\left(\ln y\,dx+\frac{x}{y}dy\right)$；　　(4) $du=yzx^{yz-1}dx+zx^{yz}\ln x\,dy+yx^{yz}\ln x\,dz$.

10. 全增量为-0.119，全微分为-0.125.

习　题　2-3

1. 验证略.　(1) $\frac{dz}{dt}=\frac{e^t(t\ln t-1)}{t\ln^2 t}$；

(2) $\frac{\partial z}{\partial r}=3r^2\sin\theta\cos\theta(\cos\theta-\sin\theta)$，$\frac{\partial z}{\partial \theta}=-2r^3\sin\theta\cos\theta(\sin\theta+\cos\theta)+r^3(\sin^3\theta+\cos^3\theta)$；

(3) $\frac{\partial z}{\partial x}=-\frac{2y^2}{x^3}\left(\ln(3y-2x)+\frac{x}{3y-2x}\right)$，$\frac{\partial z}{\partial y}=\frac{y}{x^2}\left(2\ln(3y-2x)+\frac{3y}{3y-2x}\right)$；

(4) $\frac{\partial z}{\partial x}=e^{x\sin y}\sin y$，$\frac{\partial z}{\partial y}=e^{x\sin y}x\cos y$.

2. (1) $\frac{\partial z}{\partial x}=2xf_1+ye^{xy}f_2$，$\frac{\partial z}{\partial y}=-2yf_1+xe^{xy}f_2$，$dz=(2xf_1+ye^{xy}f_2)dx+(-2yf_1+xe^{xy}f_2)dy$；

(2) $\frac{\partial z}{\partial x}=f_1-\frac{1}{x^2}f_2$，$\frac{\partial z}{\partial y}=-\frac{1}{y^2}f_1+f_2$，$dz=\left(f_1-\frac{1}{x^2}f_2\right)dx+\left(-\frac{1}{y^2}f_1+f_2\right)dy$；

(3) $\frac{\partial z}{\partial x}=y\left(1-\frac{1}{x^2}\right)f'$，$\frac{\partial z}{\partial y}=\left(x+\frac{1}{x}\right)f'$，$dz=y\left(1-\frac{1}{x^2}\right)f'dx+\left(x+\frac{1}{x}\right)f'dy$.

3. $\frac{\partial u}{\partial s}=f_1x_1+f_2y_1$，$\frac{\partial u}{\partial t}=f_1x_2+f_2y_2+f_3$，

其中 $f_1=\frac{\partial f}{\partial x}$，$f_2=\frac{\partial f}{\partial y}$，$f_3=\frac{\partial f}{\partial t}$，$x_1=\frac{\partial x}{\partial s}$，$y_1=\frac{\partial y}{\partial s}$，$x_2=\frac{\partial x}{\partial t}$，$y_2=\frac{\partial y}{\partial t}$.

4. 略.

5. (1) $\frac{\partial^2 z}{\partial x^2}=2f'+4x^2f''$, $\frac{\partial^2 z}{\partial x\partial y}=4xyf''$, $\frac{\partial^2 z}{\partial y^2}=2f'+4y^2f''$;

(2) $\frac{\partial^2 z}{\partial x^2}=f_{11}+2yf_{12}+y^2f_{22}$, $\frac{\partial^2 z}{\partial x\partial y}=f_{11}+(x+y)f_{12}+xyf_{22}+f_2$, $\frac{\partial^2 z}{\partial y^2}=f_{11}+2xf_{12}+x^2f_{22}$;

(3) $\frac{\partial^2 z}{\partial x^2}=4f_{11}+\frac{4}{y}f_{12}+\frac{1}{y^2}f_{22}$, $\frac{\partial^2 z}{\partial x\partial y}=-\frac{1}{y^2}f_2-\frac{2x}{y^2}f_{12}-\frac{x}{y^3}f_{22}$, $\frac{\partial^2 z}{\partial y^2}=\frac{2x}{y^3}f_2+\frac{x^2}{y^4}f_{22}$.

6. (1) $\frac{\mathrm{d}y}{\mathrm{d}x}=\frac{y^2}{1-xy}$;　(2) $\frac{\mathrm{d}y}{\mathrm{d}x}=\frac{x+y}{x-y}$;　(3) $\frac{\partial z}{\partial x}=\frac{\partial z}{\partial y}=-1$;

(4) $\frac{\partial z}{\partial x}=\frac{z^{x+1}\ln z}{-xz^x+zy^z\ln y}=\frac{z\ln z}{z\ln y-x}$, $\frac{\partial z}{\partial y}=\frac{y^{z-1}z^2}{xz^x-zy^z\ln y}=\frac{z^2}{y(x-z\ln y)}$;

(5) $\frac{\partial z}{\partial x}=\frac{yz-\sqrt{xyz}}{2\sqrt{xyz}-xy}$, $\frac{\partial z}{\partial y}=\frac{xz-2\sqrt{xyz}}{2\sqrt{xyz}-xy}$;

(6) $\frac{\partial x}{\partial y}=\frac{y}{2-x}$, $\frac{\partial x}{\partial z}=\frac{z}{2-x}$.

7. (1) $\mathrm{d}z=\frac{x\mathrm{d}x+y\mathrm{d}y}{1-z}$;　(2) $\mathrm{d}z=\frac{(\cos y-z\sin x)\mathrm{d}x+(\cos z-x\sin y)\mathrm{d}y}{y\sin z-\cos x}$.

8. $\frac{\partial^2 z}{\partial x^2}=\frac{2y^2ze^z-2xy^3z-y^2z^2e^z}{(e^z-xy)^3}=\frac{z^3-2z^2+2z}{x^2(1-z)^3}$, $\frac{\partial^2 z}{\partial y^2}=\frac{2x^2ze^z-2x^3yz-x^2z^2e^z}{(e^z-xy)^3}=\frac{z^3-2z^2+2z}{y^2(1-z)^3}$,

$\frac{\partial^2 z}{\partial x\partial y}=\frac{ze^{2z}-xyz^2e^z-x^2y^2z}{(e^z-xy)^3}=\frac{z}{xy(1-z)^3}$.

9. 略.

习　题　2-4

1. (1) 极大值为 $z(2,-2)=8$;　(2) 极小值为 $z\left(\frac{1}{2},-1\right)=-\frac{1}{2}e$;

(3) 极小值为 $z(5,2)=30$;　(4) 极小值为 $z(1,1)=-1$;

(5) 无极值;　(6) 极大值为 $z(0,0)=5$.

2. (1) 极大值为 $z\left(\frac{1}{2},\frac{1}{2}\right)=\frac{1}{4}$;　(2) 极小值为 $z\left(\frac{ab^2}{a^2+b^2},\frac{a^2b}{a^2+b^2}\right)=\frac{a^2b^2}{a^2+b^2}$;

(3) 极大值为 $u\left(\frac{1}{3},-\frac{2}{3},\frac{2}{3}\right)=3$,极小值为 $u\left(-\frac{1}{3},\frac{2}{3},-\frac{2}{3}\right)=-3$.

3. 三个正数都为$\frac{a}{3}$.　**4.** 长、宽、高均为 3 m.

5. 两条直角边长均为 $\frac{l}{\sqrt{2}}$ 的等腰直角三角形.

6. 高为 $\frac{2R}{\sqrt{3}}$.　**7.** 各边长分别为 $\sqrt{2}a$, $\sqrt{2}b$.

8. (1) 切线方程为 $\frac{x-\frac{1}{2}}{1}=\frac{y-2}{-4}=\frac{z-1}{8}$,法平面方程为 $2x-8y+16z-1=0$;

(2) 切线方程为 $\frac{x-1}{2}=\frac{y}{-1}=\frac{z-1}{3}$,法平面方程为 $2x-y+3z-5=0$;

(3) 切线方程为 $\frac{x-3/\sqrt{2}}{-3/\sqrt{2}}=\frac{y-3/\sqrt{2}}{3/\sqrt{2}}=\frac{z-\pi}{4}$,法平面方程为 $-\sqrt{2}x+\sqrt{2}y+\frac{8}{3}z-\frac{8}{3}\pi=0$.

9. 点$(-1,1,-1)$或点$\left(-\frac{1}{3},\frac{1}{9},-\frac{1}{27}\right)$.

10. (1) 切平面方程为 $x-z=0$，法线方程为 $\frac{x-1}{1}=\frac{y-1}{0}=\frac{z-1}{-1}$；

(2) 切平面方程为 $3x+4y-5z=0$，法线方程为 $\frac{x-3}{3}=\frac{y-4}{4}=\frac{z-5}{-5}$；

(3) 切平面方程为 $x+11y+5z-18=0$，法线方程为 $\frac{x-1}{1}=\frac{y-2}{11}=\frac{z+1}{5}$；

(4) 切平面方程为 $x+2y-4=0$，法线方程为 $\frac{x-2}{1}=\frac{y-1}{2}=\frac{z}{0}$.

11. 两个切平面：$x+4y+6z=\pm 21$.

12. 点为 $(-3,-1,3)$，法线方程为 $\frac{x+3}{1}=\frac{y+1}{3}=\frac{z-3}{1}$.

13. 略.

14. (1) $1-\sqrt{3}$；　(2) $1+2\sqrt{3}$；　(3) 5；　(4) $\frac{98}{13}$.

15. $\mathbf{grad}u(0,0,0)=\{3,-2,-6\}$，$\mathbf{grad}u(1,1,1)=\{6,3,0\}$，$\mathbf{grad}u(2,0,1)=\{7,0,0\}$. 在点 $M(-2,1,1)$ 处的梯度为 $\mathbf{0}$.

16. $\frac{\sqrt{10}}{4}$.

复习题二

一、填空题

1. $\frac{xy}{x^2+y^2}$.　**2.** $2\ln(\sqrt{x}-\sqrt{y})$.　**3.** $x+y>0, x+y\neq 1$.　**4.** $\frac{y^2-xy\ln y}{x^2-xy\ln x}$.

5. $\mathrm{d}x-\sqrt{2}\,\mathrm{d}y$.　**6.** $\frac{2}{9}\{1,2,-2\}$.　**7.** $\left\{0,\sqrt{\frac{2}{5}},\sqrt{\frac{3}{5}}\right\}$.　**8.** $\mathrm{e}^y\cos\mathrm{e}^y f_v+\frac{1}{y}f_w$.

9. $3x+y-z=0$.　**10.** $(0,0)$.

二、单项选择题

1	2	3	4	5	6	7	8	9	10
D	B	D	D	C	C	B	A	B	A

三、综合题

1. $x^2\frac{1-x}{1+y}$.　**2.** 略.　**3.** 1.　**4.** 减少约 5 cm.　**5.** 略.

6. $\frac{\partial z}{\partial x}=\frac{1}{x^2y}\mathrm{e}^{\frac{x^2+y^2}{xy}}(x^4-y^4+2x^3y)$，$\frac{\partial z}{\partial y}=\frac{1}{xy^2}\mathrm{e}^{\frac{x^2+y^2}{xy}}(-x^4+y^4+2xy^3)$.

7. 略.　**8.** 略.

9. $\frac{\partial^2 z}{\partial x\partial y}=\frac{z(z^4-2xyz^2-x^2y^2)}{(z^2-xy)^3}$.

10. $\frac{\partial z}{\partial x}=-\frac{F_1+F_2+F_3}{F_3}$，$\frac{\partial z}{\partial y}=-\frac{F_2+F_3}{F_3}$.

11. 在点 $\left(1,-\frac{1}{6}\right)$ 处取得极小值.　**12.** $z_x(0,1)=2$.　**13.** $R=\sqrt{\frac{S}{3\pi}}, H=2\sqrt{\frac{S}{3\pi}}$.

14. 边长分别为 $\frac{2p}{3}$ 和 $\frac{p}{3}$.　**15.** 当长、宽、高均为 $\frac{2}{\sqrt{3}}a$ 时体积最大.

16. 切点为 $\left(\frac{a}{\sqrt{3}},\frac{b}{\sqrt{3}},\frac{c}{\sqrt{3}}\right)$，最小体积为 $\frac{\sqrt{3}abc}{2}$.

17. 购进100吨原料A,25吨原料B,此时达到最大产量1 250吨.

18. 证明略,常数为 $\frac{9}{2}a^3$.　　**19.** 略.　　**20.** 略.

21. (1) 在曲面 $z^2=xy$ 上的点;　(2) 在直线 $x=y=z$ 上的点.

习 题 3-1

1. (1) $I>0$;　(2) $I<0$.

2. (1) $\frac{1}{\mathrm{e}}$;　(2) $\ln\frac{4}{3}$;　(3) $\frac{20}{3}$;　(4) $-\frac{3\pi}{2}$;　(5) $\frac{1}{21}$;　(6) $\frac{9}{4}$;　(7) $\frac{6}{55}$.

3. (1) $I=\int_0^4 \mathrm{d}x\int_x^{2\sqrt{x}} f(x,y)\mathrm{d}y=\int_0^4 \mathrm{d}y\int_{\frac{y^2}{4}}^{y} f(x,y)\mathrm{d}x$;

(2) $I=\int_{-2}^{2} \mathrm{d}x\int_0^{\sqrt{4-x^2}} f(x,y)\mathrm{d}y=\int_0^2 \mathrm{d}y\int_{-\sqrt{4-y^2}}^{\sqrt{4-y^2}} f(x,y)\mathrm{d}x$;

(3) $I=\int_{-\sqrt{2}}^{\sqrt{2}} \mathrm{d}x\int_{x^2}^{4-x^2} f(x,y)\mathrm{d}y=\int_0^2 \mathrm{d}y\int_{-\sqrt{y}}^{\sqrt{y}} f(x,y)\mathrm{d}x+\int_2^4 \mathrm{d}y\int_{-\sqrt{4-y}}^{\sqrt{4-y}} f(x,y)\mathrm{d}x$;

(4) $I=\int_1^3 \mathrm{d}x\int_x^{3x} f(x,y)\mathrm{d}y=\int_1^3 \mathrm{d}y\int_1^{y} f(x,y)\mathrm{d}x+\int_3^9 \mathrm{d}y\int_{\frac{y}{3}}^{3} f(x,y)\mathrm{d}x$.

4. (1) $I=\int_0^1 \mathrm{d}x\int_{x^2}^{x} f(x,y)\mathrm{d}y$;　(2) $I=\int_{-1}^{1} \mathrm{d}x\int_0^{\sqrt{1-x^2}} f(x,y)\mathrm{d}y$;

(3) $I=\int_0^1 \mathrm{d}y\int_{\mathrm{e}^y}^{\mathrm{e}} f(x,y)\mathrm{d}x$;　(4) $I=\int_{-1}^{0} \mathrm{d}y\int_{-\sqrt{1-y^2}}^{\sqrt{1-y^2}} f(x,y)\mathrm{d}x+\int_0^1 \mathrm{d}y\int_{-\sqrt{1-y}}^{\sqrt{1-y}} f(x,y)\mathrm{d}x$;

(5) $I=\int_0^1 \mathrm{d}y\int_y^{2-y} f(x,y)\mathrm{d}x$.

5. (1) $6\pi R^2$;　(2) $\frac{R^3}{9}(3\pi-4)$;　(3) $-6\pi^2$;　(4) $\frac{\pi}{4}(2\ln2-1)$.

6. (1) $I=\int_0^{\frac{\pi}{2}} \mathrm{d}\theta\int_0^R f(r^2)r\mathrm{d}r$;　(2) $I=\int_0^{\frac{\pi}{2}} \mathrm{d}\theta\int_0^{2R\sin\theta} f(r\cos\theta,r\sin\theta)r\mathrm{d}r$;

(3) $I=\int_0^{\frac{\pi}{4}} \mathrm{d}\theta\int_{\tan\theta\sec\theta}^{\sec\theta} f(r\cos\theta,r\sin\theta)r\mathrm{d}r$.

7. (1) $\frac{\pi}{6}$;　(2) $\frac{2}{9}+\frac{5}{36}\sqrt{2}$;　(3) $\pi(\mathrm{e}^4-1)$;　(4) $\frac{20}{3}a^4$;　(5) $\pi^2-\frac{40}{9}$.

8. (1) 18;　(2) 2π.

9. (1) $\frac{3}{2}$;　(2) 18π;　(3) 0;　(4) 0;　(5) 0;　(6) $\frac{\pi}{2}$.

10. $\frac{7}{2}$.　**11.** $\frac{17}{6}$.　**12.** 6π.　**13.** $\frac{1}{3}$.　**14.** $\frac{\pi^5}{40}$.

习 题 3-2

1. (1) $I=\int_0^1 \mathrm{d}x\int_0^{1-x} \mathrm{d}y\int_0^{1-x-y} f(x,y,z)\mathrm{d}z$;　(2) $I=\int_{-1}^{1} \mathrm{d}x\int_{-\sqrt{1-x^2}}^{\sqrt{1-x^2}} \mathrm{d}y\int_{x^2+y^2}^{1} f(x,y,z)\mathrm{d}z$;

(3) $I=\int_{-1}^{1} \mathrm{d}x\int_{-\sqrt{1-x^2}}^{\sqrt{1-x^2}} \mathrm{d}y\int_{x^2+2y^2}^{2-x^2} f(x,y,z)\mathrm{d}z$;　(4) $I=\int_0^a \mathrm{d}x\int_0^{\sqrt{a^2-x^2}} \mathrm{d}y\int_{-\sqrt{a^2-x^2-y^2}}^{\sqrt{a^2-x^2-y^2}} f(x,y,z)\mathrm{d}z$.

2. (1) 30;　(2) $\frac{1}{2}\left(\ln2-\frac{5}{8}\right)$;　(3) $\frac{8}{35}$;　(4) $\frac{1}{48}$;　(5) 0.

3. 略.

4. (1) $\frac{1}{60}abc^3$; (2) $\frac{4}{15}ab^3c\pi$.

5. (1) $\frac{1}{8}$; (2) $\frac{7\pi}{12}$; (3) $\frac{16\pi}{3}$.

6. (1) $\frac{4\pi}{5}$; (2) $\frac{1}{48}$; (3) $\frac{59}{480}\pi R^5$.

7. (1) $\frac{1}{2}$; (2) 8π; (3) 0; (4) 0; (5) $\frac{4\pi}{5}$.

8. (1) $\frac{32\pi}{3}$; (2) $\frac{2\pi}{3}(5\sqrt{5}-4)$.

9. $k\pi R^4$,其中 k 是比例常数.

习 题 3-3

1. $8a^2(\pi-2)$. **2.** $\sqrt{2}\pi$. **3.** $\frac{14}{3}\pi a^2$. **4.** $\left(0,\frac{7}{3}\right)$. **5.** $\left(\frac{35}{48},\frac{35}{54}\right)$.

6. $\left(0,0,\frac{2}{3}\right)$. **7.** $\left(\frac{3a}{8},\frac{3b}{8},\frac{3c}{8}\right)$. **8.** $I_x=\frac{72}{5}$, $I_y=\frac{96}{7}$.

9. $\frac{4}{9}k\pi R^6$ 或 $\frac{4}{9}MR^2$,其中 k 是比例常数,R 是球体的半径,M 是球体的质量.

复 习 题 三

一、填空题

1. $\frac{1}{6}$. **2.** $\iint\limits_{x^2+y^2\leqslant 1} f^2(x,y)\mathrm{d}\sigma$. **3.** 2.

4. $\int_0^1\mathrm{d}z\int_0^{\sqrt{z}}\mathrm{d}y\int_0^{\sqrt{z-y^2}} f(x,y,z)\mathrm{d}x$. **5.** $\frac{\pi^3}{8}$.

二、单项选择题

1	2	3	4	5
B	A	C	D	A

三、综合题

1. $\mathrm{e}-\mathrm{e}^{-1}$. **2.** $\frac{a^3}{18}(3\pi-4)$. **3.** $1-\sin 1$. **4.** $\frac{3}{2}\pi a^4$. **5.** $\frac{1}{6}$.

6. $\frac{560}{3}$. **7.** $16a^2$. **8.** $\frac{2\pi a^2}{3}(2\sqrt{2}-1)$.

习 题 4-1

1. $\sqrt{5}\ln 2$. **2.** $2\pi a^{2n+1}$. **3.** $4\pi\mathrm{e}^2$. **4.** $\frac{\pi}{2}$. **5.** $\frac{256}{15}a^3$.

6. $\frac{1}{3}\left(5\sqrt{5}-\frac{1}{5}\sqrt{2}\right)$. **7.** $2+\sqrt{2}$. **8.** $\frac{1}{3}[(2+t_0^2)\sqrt{2+t_0^2}-2\sqrt{2}]$.

习 题 4-2

1. $-\frac{14}{15}$. **2.** (1) $\frac{1}{3}$; (2) $\frac{1}{12}$; (3) $-\frac{1}{20}$.

3. 0. **4.** $-\frac{4}{3}ab^2$. **5.** 32. **6.** 10.

7. 0. **8.** -2π. **9.** 0.

习 题 4-3

1. (1) $\iint\limits_D (x^2+y^2)\mathrm{d}\sigma$; (2) $\iint\limits_D (y-x)\mathrm{e}^{xy}\mathrm{d}\sigma$.

2. (1) $-2\pi ab$; (2) $-\frac{1}{5}(\mathrm{e}^{\pi}-1)$. **3.** $3(\mathrm{e}^2+1)$.

4. 验证略. (1) 4; (2) 8; (3) $\frac{1}{2}\ln\frac{29}{25}$.

5. 236. **6.** $\frac{56}{3}$. **7.** 验证略. x^2y. **8.** 验证略. $-\cos 2x\sin 3y$.

习 题 4-4

1. π. **2.** $12\sqrt{61}$. **3.** $-\sqrt{2}\pi$. **4.** 36π. **5.** $\frac{2\pi}{15}(6\sqrt{3}+1)$.

习 题 4-5

1. (1) $\iint\limits_{D_{xy}} x^2y^2\sqrt{R^2-x^2-y^2}\,\mathrm{d}x\mathrm{d}y$; (2) $\iint\limits_{D_{xy}} x^2y^2\sqrt{R^2-x^2-y^2}\,\mathrm{d}x\mathrm{d}y$;

(3) $-\iint\limits_{D_{xy}} x^2y^2\sqrt{R^2-x^2-y^2}\,\mathrm{d}x\mathrm{d}y$.

2. 0. **3.** $\frac{4}{5}\pi R^5$. **4.** $\frac{1}{2}\pi R^2H^2$. **5.** (1) 8; (2) 1.

6. (1) $\mathrm{div}\mathbf{A}=2(x+y+z)$; (2) $\mathrm{div}\mathbf{A}=y\mathrm{e}^{xy}-x\sin(xy)-2xz\sin(xz^2)$; (3) $\mathrm{div}\mathbf{A}=2x$.

复 习 题 四

一、填空题

1. $\frac{1}{3}(5\sqrt{5}-2\sqrt{2})$. **2.** $2a^2$. **3.** 6. **4.** -18π. **5.** a.

6. $4\pi a^4$. **7.** 0. **8.** 0. **9.** $\frac{2}{3}\pi a^3$.

二、单项选择题

1	2	3	4	5	6	7	8	9	10	11	12	13	14	15	16	17	18
B	A	A	C	A	C	B	C	C	B	D	D	C	D	B	D	A	B

三、综合题

1. $2a^2$. **2.** 2π. **3.** 1. **4.** $-\frac{k}{2}h^2-mgh$,其中 g 为重力加速度.

5. $a=\frac{5}{2}$,功的最小值为 $W_{\min}=\frac{19}{24}$. **6.** 略. **7.** 略.

习 题 5-1

1. (1) 一阶; (2) 一阶; (3) 二阶; (4) 三阶; (5) 一阶.

2. (1) 是; (2) 是; (3) 不是; (4) 当 $\lambda_1\lambda_2=0$ 时,是;当 $\lambda_1\lambda_2\neq 0$ 时,不是.

习 题 5-2

1. (1) $y^2=x^2+C$; (2) $y=Cx$; (3) $1+y^2=C(x^2-1)$; (4) $e^x+e^{-y}=C$;

(5) $y=e^{Cx}$; (6) $\tan x\tan y=C$; (7) $(e^x+1)(e^y-1)=C$.

2. (1) $\sin\frac{y}{x}=Cx$; (2) $\sqrt{x^2+y^2}=Ce^{-\arctan\frac{y}{x}}$; (3) $y^2=x^2(2\ln|x|+C)$; (4) $x^2=y^2(\ln|x|+C)$.

3. (1) $y=Ce^{-x}$; (2) $y=e^{-x}(x+C)$; (3) $y=\frac{x}{3}+\frac{C}{x^2}$; (4) $x=\frac{1}{y}\left(\frac{y^4}{4}+C\right)$.

4. (1) $y+3=4\cos x$; (2) $\ln y=e^{-\cot x}$; (3) $1+e^x=2\sqrt{2}\cos y$;

(4) $y^2=2x^2(\ln|x|+2)$; (5) $y=\frac{2}{3}(4-e^{-3x})$.

习 题 5-3

1. (1) $y=\frac{1}{6}x^3-\sin x+C_1x+C_2$; (2) $y=-\frac{1}{2}\ln^2x-\ln x+C_1x+C_2$;

(3) $y=-\ln|\cos(x+C_1)|+C_2$; (4) $y=-\frac{1}{2}x^2-x+C_1e^x+C_2$;

(5) $y=C_1\ln|x|+C_2$; (6) $y=\arcsin(C_2e^x)+C_1$.

2. (1) $y=-\frac{1}{a}\ln|ax+1|$; (2) $y^2=2x-x^2$; (3) $y=\left(1+\frac{1}{2}x\right)^4$.

习 题 5-4

1. (1),(2),(4),(5)线性无关;(3)线性相关.

2. 验证略. $y=C_1\cos\omega x+C_2\sin\omega x$.

3. 验证略. $y=C_1e^{x^2}+C_2xe^{x^2}$. **4.** 略.

习 题 5-5

1. (1) $y=C_1e^x+C_2e^{-2x}$; (2) $y=C_1+C_2e^{4x}$; (3) $y=e^{-3x}(C_1\cos 2x+C_2\sin 2x)$;

(4) $y=C_1\cos x+C_2\sin x$; (5) $y=e^{\frac{5}{2}x}(C_1x+C_2)$.

2. (1) $y=e^x+\left(C_1e^{\frac{1}{2}x}+C_2e^{-x}\right)$; (2) $y=x\left(\frac{1}{3}x^2-\frac{3}{5}x+\frac{7}{25}\right)+\left(C_1+C_2e^{-\frac{5}{2}x}\right)$;

(3) $y=\left(\frac{11}{8}-\frac{1}{2}x\right)+(C_1e^{-x}+C_2e^{-4x})$; (4) $y=\left(\frac{3}{2}x^2-3x\right)e^{-x}+C_1e^{-x}+C_2e^{-2x}$;

(5) $y=\left[x^2\left(\frac{1}{6}x+\frac{1}{2}\right)+C_1x+C_2\right]e^{3x}$.

3. (1) $y=4e^x+2e^{3x}$; (2) $y=(x+2)e^{-\frac{x}{2}}$; (3) $y=e^{-x}-e^{4x}$;

(4) $y=3e^{-2x}\sin 5x$; (5) $y=\frac{5}{2}+\left(-5e^x+\frac{7}{2}e^{2x}\right)$.

复 习 题 五

一、填空题

1. $e^x+e^y=C$. **2.** $y'-\frac{2y}{x}+1=0$. **3.** $y=Ce^{-\sin x}$. **4.** $y=e^x+C_1x+C_2$.

二、单项选择题

1	2	3	4	5	6	7	8	9	10	11	12	13	14
D	C	A	B	B	D	C	B	B	A	C	A	D	A

三、综合题

1. $y=C_2e^{C_1x}$.　　**2.** $y=\frac{1}{2}xe^{2x}+(C_1e^{2x}+C_2e^{-2x})$.

3. $\arctan y=x+\frac{\pi}{4}$.　　**4.** $v=\frac{a}{b}(1-e^{-\frac{b}{m}t})$.　　**5.** $y=\sin x$.

6. $v=\frac{mg}{k}(1-e^{-\frac{k}{m}t})$,其中 g 为重力加速度.　　**7.** $T=20+80e^{-kt}$,其中 k 为比例常数.

习　题　6-1

1. (1) $\frac{1}{2}+\frac{2}{9}+\frac{3}{28}+\cdots$;　　(2) $1+\frac{1}{2}+\frac{2}{9}+\cdots$;

(3) $\frac{1}{5}-\frac{1}{25}+\frac{1}{125}-+\cdots$;　　(4) $\frac{\sin x}{2}+\frac{\sin 2x}{3}+\frac{\sin 3x}{4}+\cdots$.

2. (1) 发散;　(2) 收敛;　(3) 发散;　(4) 发散.

习　题　6-2

1. (1) 发散;　(2) 收敛;　(3) 收敛;　(4) 收敛.

2. (1) 发散;　(2) 收敛;　(3) 收敛;　(4) 收敛;　(5) 收敛;　(6) 发散.

3. (1) 条件收敛;　(2) 绝对收敛;　(3) 绝对收敛;　(4) 条件收敛.

习　题　6-3

1. (1) $(-1,1)$;　(2) $[-1,1]$;　(3) $\{x\mid x=0\}$;　(4) $\left(-\frac{1}{2},\frac{1}{2}\right)$;

(5) $(-\sqrt{2},\sqrt{2})$;　(6) $[-1,1]$;　(7) $[2,4]$;　(8) $\left(\frac{4}{3},2\right)$.

2. (1) $\frac{1}{(1-x)^2}\ (-1<x<1)$;　　(2) $-\ln(1-x)\ (-1\leqslant x<1)$;

(3) $\frac{1}{2}\ln\frac{1+x}{1-x}\ (-1<x<1)$.

习　题　6-4

1. (1) $\sum_{n=0}^{\infty}x^{2n+1}\ (-1<x<1)$;

(2) $\sum_{n=0}^{\infty}\frac{(-1)^n x^{2n}}{n!}\ (-\infty<x<+\infty)$;

(3) $1+\sum_{n=1}^{\infty}\frac{(-1)^n 4^n x^{2n}}{2\cdot(2n)!}\ (-\infty<x<+\infty)$;

(4) $\ln 3+\sum_{n=1}^{\infty}\frac{(-1)^{n-1}x^n}{3^n n}(-3<x\leqslant 3)$.

2. $\frac{1}{2}\sum_{n=0}^{\infty}\frac{(x+4)^n}{2^n}-\frac{1}{3}\sum_{n=0}^{\infty}\frac{(x+4)^n}{3^n}=\sum_{n=0}^{\infty}\left(\frac{1}{2^{n+1}}-\frac{1}{3^{n+1}}\right)(x+4)^n\ (-6<x<-2)$.

3. (1) 1.648;　(2) 0.999 4.　　**4.** 0.487.

习　题　6-5

1. (1) $f(x)=1+\sum_{n=1}^{\infty}(-1)^{n+1}\frac{2}{n}\sin nx\ [x\neq(2k+1)\pi,k=0,\pm1,\pm2,\cdots]$;

(2) $f(x)=1+\sum_{n=0}^{\infty}\frac{4}{(2n+1)\pi}\sin(2n+1)x\ (x\neq k\pi,k=0,\pm1,\pm2,\cdots)$;

(3) $f(x)=\frac{\pi}{4}-\sum_{n=1}^{\infty}\left[\frac{2}{(2n-1)^2\pi}\cos(2n-1)x+\frac{(-1)^n}{n}\sin nx\right]$

$[x\neq(2k+1)\pi,k=0,\pm1,\pm2,\cdots]$.

2. 正弦级数：$f(x)=\sum_{n=1}^{\infty}\frac{(-1)^{n+1}2}{n}\sin nx\ (0\leqslant x<\pi)$；

余弦级数：$f(x)=\frac{\pi}{2}-\sum_{n=0}^{\infty}\frac{4}{(2n+1)^2\pi}\cos(2n+1)x\ (0\leqslant x\leqslant\pi)$.

复 习 题 六

一、填空题

1. $\ln(1+x)$.　**2.** $[0,6)$.　**3.** $\frac{k}{2}$.　**4.** $-\frac{3}{2}$.　**5.** $\sum_{n=0}^{\infty}\frac{x^n}{n!\,2^n}\ (-\infty<x<+\infty)$.

二、单项选择题

1	2	3	4	5	6	7	8	9	10	11	12	13	14	15	16	17
B	C	B	B	D	C	D	B	A	B	C	C	A	C	B	B	C

三、综合题

1. (1) 条件收敛；　(2) 绝对收敛；　(3) 条件收敛；　(4) 发散.

2. (1) 收敛域为$\left(-\frac{1}{4},\frac{1}{4}\right)$.　(2) 收敛域为$(-a,a)$.

(3) 当$0<a<1$时，收敛域为$(-\infty,+\infty)$；

当$a>1$时，只在点$x=0$处收敛；

当$a=1$时，收敛域为$(-1,1)$.

(4) 收敛域为$\left(\frac{1}{10},10\right)$.

3. (1) 收敛域为$(-1,1]$，和函数为$s(x)=\begin{cases}0, & x=1,\\ 1, & -1<x<1;\end{cases}$

(2) 收敛域为$(-1,1)$，和函数为$s(x)=\frac{1}{(1+x)^2}$；

(3) 收敛域为$[-1,1]$，和函数为$s(x)=\arctan x$.

4. (1) 提示：考虑由b_n-c_n和b_n-a_n组成的正项级数；

(2) 略；

(3) 提示：将$\frac{(-1)^n}{\sqrt{n}+(-1)^n}$的分母有理化.

附录　基本积分表

$$\int k\,dx = kx + C$$

$$\int x^\mu\,dx = \frac{1}{\mu+1}x^{\mu+1} + C\ (\mu \neq -1)$$

$$\int \frac{1}{x}\,dx = \ln|x| + C$$

$$\int \frac{1}{1+x^2}\,dx = \arctan x + C = -\operatorname{arccot} x + C$$

$$\int \frac{1}{\sqrt{1-x^2}}\,dx = \arcsin x + C = -\arccos x + C$$

$$\int \cos x\,dx = \sin x + C$$

$$\int \sin x\,dx = -\cos x + C$$

$$\int \frac{1}{\cos^2 x}\,dx = \int \sec^2 x\,dx = \tan x + C$$

$$\int \frac{1}{\sin^2 x}\,dx = \int \csc^2 x\,dx = -\cot x + C$$

$$\int \sec x\tan x\,dx = \sec x + C$$

$$\int \csc x\cot x\,dx = -\csc x + C$$

$$\int e^x\,dx = e^x + C$$

$$\int a^x\,dx = \frac{a^x}{\ln a} + C\ (a > 0, a \neq 1)$$

$$\int \ln x\,dx = x\ln x - x + C$$

$$\int \tan x\,dx = -\ln|\cos x| + C = \ln|\sec x| + C$$

$$\int \cot x\,dx = \ln|\sin x| + C = -\ln|\csc x| + C$$

$$\int \sec x\,dx = \ln|\sec x + \tan x| + C$$

$$\int \csc x\,dx = \ln|\csc x - \cot x| + C$$

$$\int \arcsin x\,dx = x\arcsin x + \sqrt{1-x^2} + C$$

$$\int \arccos x\,dx = x\arccos x - \sqrt{1-x^2} + C$$

$$\int \arctan x\,dx = x\arctan x - \frac{1}{2}\ln(1+x^2) + C$$

$$\int \operatorname{arccot} x\,dx = x\operatorname{arccot} x + \frac{1}{2}\ln(1+x^2) + C$$

$$\int \frac{1}{a^2+x^2}\,dx = \frac{1}{a}\arctan\frac{x}{a} + C\ (a > 0)$$

$$\int \frac{1}{a^2-x^2}\,dx = \frac{1}{2a}\ln\left|\frac{x+a}{x-a}\right| + C\ (a > 0)$$

$$\int \frac{1}{x^2-a^2}\,dx = \frac{1}{2a}\ln\left|\frac{x-a}{x+a}\right| + C\ (a > 0)$$

$$\int \frac{1}{\sqrt{a^2-x^2}}\,dx = \arcsin\frac{x}{a} + C\ (a > 0)$$

$$\int \frac{1}{\sqrt{x^2-a^2}}\,dx = \ln\left|x + \sqrt{x^2-a^2}\right| + C$$

$$\int \frac{1}{\sqrt{x^2+a^2}}\,dx = \ln(x + \sqrt{x^2+a^2}) + C$$

$$\int \sqrt{x^2+a^2}\,dx = \frac{x}{2}\sqrt{x^2+a^2} + \frac{a^2}{2}\ln(x + \sqrt{x^2+a^2}) + C$$

$$\int \sqrt{x^2-a^2}\,dx = \frac{x}{2}\sqrt{x^2-a^2} - \frac{a^2}{2}\ln\left|x + \sqrt{x^2-a^2}\right| + C$$

$$\int \sqrt{a^2-x^2}\,dx = \frac{x}{2}\sqrt{a^2-x^2} + \frac{a^2}{2}\arcsin\frac{x}{a} + C\ (a > 0)$$

后　记

经全国高等教育自学考试指导委员会同意，由公共课课程指导委员会负责高等教育自学考试数学类教材的审定工作.

《高等数学(工本)》自学考试教材由中国地质大学(北京)陈兆斗教授、中国石油大学(北京)克拉玛依校区马鹏老师担任主编.

参加本教材审稿讨论会并提出修改意见的有北京化工大学崔丽鸿教授、清华大学李铁成副教授、北京交通大学冯国臣副教授.全书由陈兆斗教授修改定稿.

编审人员付出了大量努力，在此一并表示感谢!

全国高等教育自学考试指导委员会

公共课课程指导委员会

2023 年 1 月